U0292132

精通
VMware vSphere 5.5

Scott Lowe
Nick Marshall
[美] Forbes Guthrie 著 赵俐 曾少宁 译
Matt Liebowitz
Josh Atwell

人民邮电出版社
北京

图书在版编目（ＣＩＰ）数据

精通VMware vSphere 5.5 / （美）罗威（Lowe, S.）
等著；赵俐，曾少宁译. -- 北京：人民邮电出版社，
2015.4（2016.4重印）
 ISBN 978-7-115-38523-9

Ⅰ. ①精… Ⅱ. ①罗… ②赵… ③曾… Ⅲ. ①虚拟处
理机 Ⅳ. ①TP338

中国版本图书馆CIP数据核字(2015)第038643号

版权声明

- ◆ 著　　[美] Scott Lowe　　Nick Marshall
　　　　　　Forbes Guthrie　　Matt Liebowitz
　　　　　　Josh Atwell
　　译　　赵　俐　曾少宁
　　责任编辑　陈冀康
　　责任印制　张佳莹　焦志炜
- ◆ 人民邮电出版社出版发行　北京市丰台区成寿寺路 11 号
　　邮编　100164　电子邮件　315@ptpress.com.cn
　　网址　http://www.ptpress.com.cn
　　北京九州迅驰传媒文化有限公司印刷
- ◆ 开本：800×1000　1/16
　　印张：40.75
　　字数：930 千字　　　　　　2015 年 4 月第 1 版
　　印数：4 601–5 400 册　　　2016 年 4 月北京第 5 次印刷
　　著作权合同登记号　图字：01-2014-2669 号
定价：99.00 元
读者服务热线：(010)81055410　印装质量热线：(010)81055316
反盗版热线：(010)81055315

内容提要

VMware vSphere 5.5 是 VMware 公司推出的一套服务器虚拟化解决方案，是业界领先且可靠的虚拟化平台，在企业中得到广泛的部署和应用。

本书全面介绍了使用 VMware vSphere 5.5 产品套件安装、配置、管理和监控虚拟环境的一整套方法。全书共分为 14 章。首先介绍 vSphere 产品套件及其所有重要特性，然后详细介绍产品的安装与配置，包括配置 vSphere 的大量网络与存储功能。最后是虚拟机创建和管理，以及监控和故障恢复。读者可以从头到尾阅读本书，以便全面了解使用 vSphere 产品套件创建新的虚拟环境的方法。

本书是权威的 VMware vSphere 5.5 参考资料。虚拟化技术从业人员，可以通过本书学习实现、管理、维护和修复企业级虚拟化环境的各种知识。IT 专业人员也可以将本书作为虚拟化参考书，利用其中的技巧和最佳实践充实自己的专业技术。

致读者

非常感谢您选择《精通 VMware vSphere 5.5》。本书是 Sybex 系列丛书中的一本。Sybex 系列丛书都是由优秀作者结合教学实践经验所撰写的。

Sybex 成立于 1976 年。30 多年来，我们一直致力于出版卓越的书籍。对于每一个主题，我们都努力树立新的行业标准。从打印的纸张到合作的作者，我们都秉承为读者带来最好书籍的宗旨。

我希望您能够领会本书中的所有内容。我也非常乐意听取您的意见以及对我们工作的反馈。如果您对本书或其他 Sybex 系列丛书有任何想法，请随时给我发邮件，邮箱是 nedde@wiley.com。如果您发现本书中存在技术错误，请提交至 http://sybex.custhelp.com。您的反馈意见对于我们是非常重要的。

Chris Webb
Associate Publisher
Sybex, an Imprint of Wiley

谨以此书献给我的妻子 Natalie。感谢你坚定不移的支持和鼓励。没有你，我不可能完成这个任务。另外，将此书献给我的母亲。妈妈，您离开得太早，但您仍然每天影响着我。

——Nick Marshall

谨以此书献给我身在天堂的父亲，他给了我各种美好的恩赐（James 1:17 NIV）。其中一个恩赐就是给予了我写作这本书的机会，但比这更珍贵的是让我拥有家庭的温暖：我的妻子和最真心的朋友 Crystal；我的孩子（Summer、Johnny、Mike、Liz、Rhys、Sean 和 Cameron）；以及进入我的家庭的新成员（Matt、Christopher 和 Tim）。

——Scott Lowe

致谢

当 Scott Lowe 表示有兴趣"就一个写作项目开展合作"时，我真不敢相信接下来的旅程。这个旅程就像过山车一样，但我非常享受。虽然写一本书对我而言是一个复杂费时的过程，但有一点是清楚的：你不能低估周围的人的重要性。

首先，我要感谢 Scott。他将这么大的责任交给我，这是我永生不会忘记的荣誉。他的慷慨大方有目共睹，他的声誉在业界首屈一指。他在第 1 章和第 5 章中所做的工作（像往常一样）出众，希望以后我们还有机会一起合作。

其次，我要感谢我的撰稿人 Forbes、Matt 和 Josh。你们的饱满干劲和高质量工作对我而言真是幸事，让我能够稳扎稳打地完成这本书。Forbes，非常感谢你的建议和对第 4 章的高效撰稿。Matt，你在手头还有许多项目的情况下承诺为第 9 章撰稿，对我而言是一大鼓舞。Josh，感谢你在第 14 章进一步分享你的技能。没有你们，我不可能完成这本书。

我还要感谢技术编辑 Jason Boche。Jason，感谢你不仅帮我找错误，还让我更详细地了解某些方面。正因为你对细节的关注，这本书才更好。

Wiley/Sybex 团队在这整个过程中一直给予支持，我非常感谢他们的领导。Mariann Barsolo，感谢你忍受我无休止的问题；Stephanie Barton 和 Dassi Zeidel 以及编辑团队其他成员，感谢你们为保证本书的质量所做的工作，也感谢你们理解我所有奇怪的澳大利亚式拼写。

还有不少人帮助确保了本项目的成功。Duncan Epping，感谢你在我着手项目时送给我的智慧箴言。Grant Orchard，感谢你阅读我的初稿。Trevor Roberts Jr.，感谢你在我最需要帮助的时候带我走出困境。Fausto Ibarra，感谢你帮助我与需要的人员取得联系。我还要感谢整个 VMware 社区，感谢所有博主、演讲者、推特博友和播客：没有你们，我就不会走上这条路。

最后，我要感谢 VMware，这家公司不仅提供给我就业机会，而且如果没有 VMware，这本书乃至这个行业，都不会是今天这个样子。

——Nick Marshall

有些事情做过多次后就变得容易起来。向为这本书的编著提供支持的所有人表示感谢却并不容易。

首先我要感谢 Nick Marshall，与我一同编著本书和负责 *Master VMware vSphere* 未来版本更新的搭档。我很高兴有机会与你合作，我也很高兴得知，这个系列丛书于你我都是爱心成果。我期待看到后续版本。

我还要感谢撰稿人（排名不分先后）：Forbes Guthrie、Matt Liebowitz 和 Josh Atwell。感谢你们所有人的辛勤努力和贡献。

对于任何技术书籍而言，技术准确性至关重要。我要感谢 Jason Boche，这个版本的技术编辑。Jason，你的监督帮助确保我们做到每一个细节都无误。感谢你的反馈、纠错和建设性意见。

接下来，我要感谢整个 Sybex 团队：组稿编辑 Mariann Barsolo、开发编辑 Stephanie Barton、制作编辑 Dassi Zeidel、文字编辑 Judy Flynn、校对 Rebecca Rider、编辑经理 Pete Gaughan 以及出版商 Neil Edde。我不知道其他出版商的图书出版流程是怎样的，但我可以说，你们让这个流程变得轻松、高效。谢谢你们所有人。

最后，感谢我的家人的支持。Crystal，我无法用言语来形容，在我自 2009 年开始走上图书写作之路后，你的支持对我而言有多么重要。总有一天我会想法回报你。还要感谢我的孩子们 Sean 和 Cameron 忍受我大晚上坐在电脑前赶稿子。非常感谢你们的支持。

——Scott Lowe

作者简介

Nick Marshall 是一位拥有超过 13 年 IT 从业经验的顾问，持有多项高级 IT 认证，包括 VMware Certified Advanced Professional 5—Datacenter Administrator (VCAP5-DCA) 和 VMware Certified Advanced Professional 5—Datacenter Design (VCAP5-DCD)。目前他在 VMware 负责提供虚拟化和云计算解决方案给亚太地区一些最大的组织。

此前，Nick 担任过多个职务，从计算机装配工到基础架构师，经验非常丰富。令 Nick 尤为自豪的是，他凭借技术解决方案解决业务问题的能力。

在工作之余，Nick 继续发挥他对虚拟化的热情，帮助运营最受欢迎的虚拟化播客——vBrownBag，以及在他的个人博客 www.nickmarshall.com.au 发表博文。他还在 VMUG 和 PEX 等行业会议上发表过演讲。为了表彰他对 VMware 社区的贡献，Nick 于 2012 年和 2013 年被授予了 vExpert 称号。

Nick 与他的妻子 Natalie 和儿子 Ethan 住在澳大利亚悉尼。

Scott Lowe 是一位专注于虚拟化、网络、存储和其他企业技术的作家、顾问、演讲家和博主。目前，Scott 是 VMware 的技术架构师，致力于软件定义网络（SDN）和网络虚拟化。

Scott 的专业技术涉及几个领域。他持有思科、EMC、微软、NetApp、VMware 等行业认证。同时，他还持有首屈一指的 VMware 认证设计专家（VCDX）认证，他的编号是 VCDX 39。鉴于 Scott 对 VMware 社区的领导和参与，他自 vExpert 奖项设立以来连续 5 年获得 vExpert 奖，分别是 2009 年、2010 年、2011 年、2012 年和 2013 年。

作为一名作家，Scott 一直专注于 VMware 和相关虚拟技术的在线杂志。虚拟化新闻报道经常引用他作为虚拟化专家的观点。他还通过 Sybex 出版了另外 5 本书：*Mastring VMware vSphere 4*、*VMware vSphere 4 Administration Instant Reference*（与 Jase McCarty 和 Matthew Johnson 合著）、*VMware vSphere Design*（与 Forbes Guthrie 和 Maish Saidel-Keesing 合著）以及 *Mastering VMware vSphere 5* 和 *VMware vSphere Design, 2nd Edition*（都与 Forbes Guthrie 合著）。

Scott 曾在几个虚拟化会议上发表演讲，并且自 2009 年以来每年在 VMworld 会议上发表演讲。同时，他也经常在美国和其他国家的 VMware 用户群会议上讲话。

可能 Scott 更为人所知的是他广受欢迎的虚拟化博客 http://blog.scottlowe.org。他在博客上定期发布各种主题的技术文章。该网站上的内容经常被 VMware、微软和其他虚拟化行业领导者提到，同时，该网站在全球虚拟化博客的定期投票中位居前五位。Scott 的博客是一个非常活跃并且历史最悠久的虚拟化博客。2005 年年初，Scott 便创建了博客。

Scott 住在科罗拉多州丹佛市附近，与他的妻子 Crystal、他的两个最小的儿子 Sean 和 Cameron 以及本学年内的中国交换生 Tim 住在一起。

撰稿人介绍

以下人员也是本书的撰稿人。

Forbes Guthrie（第 4 章）是一位专注于虚拟化的基础架构工程师。他从事过各种技术工作超过 15 年来，并且获得了多项行业认证，其中包括 VMware Certified Professional—Datacenter Virtualization (VCP2/3/4/5-DV)、VMware Certified Advanced Professional 5—Datacenter Administrator (VCAP5-DCA) 和 VMware Certified Advanced Professional 5—Datacenter Design (VCAP5-DCD)。他还拥有多个不同行业的从业经历，先后在欧洲、亚太和北美工作。他拥有数学和业务分析专业的学士学位，并且曾经是英国军队的一名上尉。

Forbes 是一位广受好评的作者，他是 Sybex 出版的 *VMware vSphere Design* 一书的第一版（vSphere4）和第二版（vSphere5）的第一作者（与 Scott Lowe 合著）。他还是 Scott 的 *Mastering VMware vSphere 5* 一书的撰稿人。Forbes 在 VMware 自己的 VMworld 会议上发表过有关设计和 vSphere5 主题的演讲。

Forbes 的博客 www.vReference.com 在虚拟化领域受到好评，并且也被收录到 VMware Planet V12n 网站上。但是，可能他最为人知的是他所收集的免费参考卡片。这些参考卡片一直以来都受到致力于获得 VMware 资格证书的学习者的推崇。由于 Forbes 对虚拟化社区的贡献，因此 VMware 授予他 "vExpert 杰出人物" 称号。而他的激情和知识也在最近 5 年的同行评审的顶级虚拟化博客列表中占据一席之地。

Matt Liebowitz（第 9 章）是 EMC Consulting 的一位顾问解决方案架构师，专注于虚拟化业务关键型应用程序。他担任顾问和架构师已经超过 12 年，自 2002 年以来一直致力于 VMware 的企业虚拟化产品。Matt 是多本有关虚拟化的书籍的作者，经常给 VMware Technology Network (VMTN) 撰稿，而且自 2009 年以来一直积极发表有关虚拟化的博文。

Matt 自 2010 年以来每年都被授予 VMware vExpert 称号，而且持有来自 VMware 和微软的多项行业认证。他有一个集中探讨虚拟化的博客 www.thelowercasew.com，而且通过 @mattliebowitz 积极在 Twitter 上发表推文。

在工作之余，Matt 会与他的妻子 Joann 和两个孩子 Tyler 和 Kaitlyn 享受幸福的家庭时光。

Josh Atwell（第 14 章）是 VCE 的一位 vArchitect，专注于 VMware 和 Vblock 自动化解决方案。在过去 10 多年，他很努力致力于通过各种自动化工具（特别是 PowerCLI）编写少许代码完成他的工作。Josh 在虚拟化社区非常活跃，领导了多个基于技术的用户群，比如 CIPTUG、VMUG 和 UCS 用户群。

Josh 持有 VMware Certified Advanced Professional 5—Datacenter Administrator (VCAP5-DCA) 和 VMware Certified Advanced Professional 5—Datacenter Design (VCAP5-DCD) 认证，并且喜欢通过 vBrownBag 播客与他人合作为获得认证做准备。他在播客 vtesseract.com 上经常发表意见，且使用 @Josh_Atwell 在 Twitter 上讨论工作上的事。在不帮助人们解决虚拟化问题时，他会与他的孩子和在背后默默支持他事业的妻子享受幸福的家庭时光。

序言

大多数人都有一个"愿望清单"，其中列出他们希望在人生某个阶段看到、执行或完成的事情。我的愿望清单中的一个愿望就是写一本书。写书的愿望最初萌生于我的青少年期，一直持续到成年期。然而，不管我怎么努力，似乎都无法从愿望清单中划去这个愿望。我知道现在这么说很奇怪，但请耐心听我分享一个（并非所有人知道的）故事，了解这一切如何发生了变化。

故事始于 2008 年。通过 VMworld 2007 和 VMworld 2008 直播博客，我在 VMware 社区有了一些知名度，正是在 2008 年我遇到了 Chad Sakac。Chad 目前是 EMC 公司的高级副总裁，但当时他是一个小团队的主管，这支团队后来成为了著名的 vSpecialist。那时，与 Chad 交流就如同与一名虚拟化技术同行交流一样。我们聊了聊，分享了虚拟化故事、谈了一会儿技术，仅此而已。或者我认为是这样。

快进到 2009 年年初，我突然收到 Chad 的一封电子邮件。邮件中提到，他应邀写一本有关 VMware 即将发布的 vSphere 4.0 产品版本的书，但他无法完成这个任务。他问我是否有兴趣写这本书，说他认为我是这一任务的完美人选。我有兴趣吗？这是多么好的问题！我当然有兴趣。所以我给出了肯定回应，Chad 通过他在 Wiley/Sybex 的联系人联系了我，我们签订了合同，然后我就开始着手写书了。那一年晚些时候，在 VMworld 2009 年会上，我的第一本书 *Mastering VMware vSphere 4* 发行，且很快成为最热门的虚拟化书籍之一。（顺便说一下，Chad 撰写了那本书中有关存储的一章。）

接下来发生的就众所周知了。我的第二本书 *VMware vSphere 4 Administration Instant Reference* 是与 Jase McCarty 和 Matthew Johnson 合著的，于 2009 年晚些时候发行。第三本书 *VMware vSphere Design* 是与 Forbes Guthrie 和 Maish Saidel-Keesing 合著的，于 2011 年年初出版。*Mastering VMware vSphere 5*，即我写的第一本书的更新版本，于 2011 年晚些时候发行。Forbes 与我再次合著了 *VMware vSphere Design, 2nd Edition*，这本书于 2013 年年初发行。

在考虑为 vSphere5.5 版本修订 *Mastering VMware vSphere* 系列时，Wiley/Sybex 自然而然又找到了我。尽管我像以往一样喜欢写这个系列的书籍，这次我不禁想起了 2009 年年初，想起了在出乎意料地得到一直以来想要的机会时所感到的无比喜悦。当然，我可以写修订版，但如果我可以"将爱传出去"，就是说给予社区中的其他人与我一样的机会，岂不是更好？我被慷慨地给予了写 *Mastering VMware vSphere 4* 的机会，为何我不为其他人做同样的事情呢？

你现在在手里拿着的这本书代表着我要将爱传出去的决定。随着 *Mastering VMware vSphere 5.5* 的发行，我正式将接力棒交给 Nick Marshall。Nick 是传承这一使命的一个不错人选。他已经通过 vBrownBag 播客系列的工作以及他与 Alastair Cooke 在 AutoLab 上所做的工作展现出了对社区的责任感。在撰写本书期间，Nick 的渊博知识、对质量的重视和对细节的关注给我留下了深刻的印象。我很高兴 Nick 接管本系列，希望你也是如此。我还希望 VMware 社区在 Nick 的写作旅程中给予他的支持、反馈和鼓励与我在写作旅程中得到的一样。

我相信，你会发现这本书的每一部分内容都与本系列前几个版本一样有用、有益且有价值。Nick 以及我和所有星级撰稿人，包括 Forbes Guthrie、Matt Liebowitz 和 Josh Atwell，做出了最大努力，确保我们全方位描述了 vSphere 5.5 中的新特性和功能。这包括像 VSAN 这样的主要新特性以及对 LACP 等网络协议的扩展支持。这里要提及的东西太多，但可以肯定的是，整个团队确实尽了最大努力来让这本书成为你（社区）需要的权威书籍。

vSphere 5.5 是 VMware 的一个新版本，*Mastering VMware vSphere 5.5* 是这一系列丛书的最新版本。希望你对两者都喜欢。

——Scott Lowe

VCDX, vExpert

前言

早在 2005 年，我试图说服我的老板在新的 DL385 机器上使用 GSX Server 系统。说服他这样做是一件很困难的事情。他不理解为什么要在一台服务器上安装两个操作系统。他认为"这只会减慢速度"。于是我开始在我的台式机上尝试 VMware 软件。幸运的是，我当时拥有一台工作站，能够运行这些软件。

如今世界飞速变化，虚拟化（特别是服务器虚拟化）已经广泛应用于全世界的企业数据中心内。VMware 也从一家小公司发展成为大企业，它以自己一流的虚拟化产品赢得了巨大的市场份额。即使到现在，虽然已经有其他一些公司进入了服务器虚拟化市场，如微软和思杰，但是 VMware 几乎仍然是虚拟化的代名词。无论从哪个角度来看，都是 VMware 创造了这个市场。

但是，如果你是第一次听说这个概念，那么你现在就有机会开始了解虚拟化。什么是虚拟化，为什么它如此重要？

我将虚拟化定义为从一种计算资源抽象出另一种计算资源。例如，存储虚拟化就是从服务器所连接的存储（一种计算资源）抽象出服务器（另一种计算资源）。这种定义也适用于其他形式的虚拟化，如应用程序虚拟化（从操作系统抽象出应用程序）。大多数 IT 专业人员都知道硬件（或服务器）虚拟化：从底层硬件抽象出操作系统，从而可以在一台物理服务器上同时运行多个操作系统。这就是 VMware 赢得市场份额的技术。

VMware 的企业级虚拟化解决方案几乎彻底改变了各种组织管理数据中心的方式。在 VMware 推出强大的虚拟化解决方案之前，每当要部署一个新的应用程序时，许多组织必须购买一台新的服务器。数据中心渐渐堆满了服务器，而且它们往往只使用了总容量的一小部分。即使是这一小部分，这些组织仍然必须支付所有电费，以及它们所产生的散热费用。

现在，如果使用 VMware 的服务器虚拟化产品，这些组织就可以在现有硬件上运行多个操作系统和应用程序，并且只有当需要扩充容量时才需要购买新的硬件。客户不再需要购买物理服务器即可部署新的应用程序。通过虚拟化堆叠工作负载，这些组织就可以从他们的硬件投资中获得更大的价值。由于数据中心内物理服务器及相关硬件的数量减少，数据中心的电源消耗和散热需求也会相应减少，从而减少运营成本。在某些情况下，节省的运营成本是相当可观的。

但是，硬件整合仅仅是虚拟化的一个优点。许多公司从虚拟化应用中体验到更多的好处，如提升工作负载的移动性、增加正常运行时间、简化灾难恢复选项等。而且，虚拟化（特别是服务器虚拟化）还为一种新型计算模型——云计算，奠定了基础。

云计算技术建立在宽带网络访问、资源池、快速弹性、按需自助服务和可测量服务等条件之上。类似 VMware 产品这样的虚拟化技术使 IT 行业能够应用这种新型运营模型，以更高的效率向客户交付服务，无论他们是内部客户（员工），还是外部客户（合作伙伴、最终用户或客户）。支持更高效地交付服务，这正是虚拟化的核心。

本书将向 IT 专业人员介绍基于 VMware 第 5 代企业级服务器虚拟化产品 vSphere 5.5 进行动态

虚拟化环境的设计、部署、配置、管理和监控的所有知识。

本书内容

本书全面介绍使用 VMware vSphere 5.5 产品套件安装、配置、管理和监控虚拟环境的全套方法。首先介绍 vSphere 产品套件及其所有重要特性，然后详细介绍产品的安装与配置，其中包括配置 vSphere 的大量网络与存储功能。"配置"这一节中分别介绍了高可用性、冗余性和资源利用。在介绍完安装与配置之后，将开始介绍虚拟机创建和管理，然后是监控和故障排除。读者可以从头到尾阅读本书，全面了解使用 vSphere 产品套件创建新的虚拟环境的方法。此外，IT 专业人员也可以将本书作为虚拟化参考书，用各章介绍的技巧和最佳实践补充自己的专业技术。

本书面向虚拟化从业人员，为他们提供实现、管理、维护和修复企业级虚拟化环境的各种知识。各章的主要内容如下。

第 1 章　VMware vSphere 5.5 简介　这一章先概括介绍构成 vSphere 5.5 产品套件的所有产品，然后介绍 vSphere 的授权方式，并且提供了一些实例，说明采用 vSphere 作为虚拟化解决方案的好处。

第 2 章　规划与安装 VMware ESXi　这一章介绍物理硬件选择、VMware ESXi 版本选择、安装规划和 VMware ESXi 的实际安装方法（包括手动安装和自动安装方式）。

第 3 章　安装与配置 vCenter Server　这一章将深入介绍 vCenter Server 环境的规划。vCenter Server 是 vSphere 的重要管理组件，所以这一章将介绍设计、规划、安装和配置 vCenter Server 的正确方法。

第 4 章　vSphere 更新管理器和 vCenter 支持工具　这一章介绍 vSphere 更新管理器的规划、设计、安装与配置。此外，这一章还介绍如何使用 vCenter 更新管理器保持 vSphere 环境的补丁更新。

第 5 章　创建与配置虚拟网络　这一章将介绍虚拟网络的设计、管理和优化，其中包括一些新特性，如 vSphere 分布式交换机和其他第三方交换机。此外，这一章还初步介绍了如何在保持网络安全性的前提下整合虚拟网络架构与物理网络架构。

第 6 章　创建与配置存储设备　这一章将深入介绍 vSphere 提供的各种存储架构。其中包括光纤通道、iSCSI 和 NAS 存储设计与优化技术，以及精简配置、多路技术和循环负载平衡等存储特性。

第 7 章　保证高可用性和业务连续性　这一章将介绍一些热门主题，包括业务连续性和灾难恢复。还会详细介绍如何在虚拟机上创建高度可用的服务器集群。此外，这一章还会介绍 vSphere 高可用性（HA）和 vSphere 容错（FT）的用法，作为在 vSphere 环境中虚拟机故障恢复的方法。此外，这一章还会介绍使用 vSphere 存储 API 实现备份的方法。

第 8 章　配置 VMware vSphere 安全性　任何技术实现都必须考虑安全性，这一章将介绍各个方面安全管理，包括管理 ESXi 主机直接访问和整合 vSphere 与 Active Directory。此外，这一章还将介绍如何为环境设置不同级别的系统管理访问权限，以及如何在 vSphere 安全模型中使用 Windows 用户与组，以便简化企业级部署过程中的管理授权方式。

第 9 章　创建与管理虚拟机　这一章介绍通过 vCenter Server 创建虚拟机的方法与流程。此外还会介绍一些快捷技术、虚拟机优化方法和最佳实践，它们能够简化大量虚拟机的管理工作。

第 10 章 **使用模板与 vApp** 这一章介绍模板的概念，这是一种更快速部署标准虚拟机映像的机制。此外，这一章还介绍 vApp 的概念与克隆方法——vApp 是 vSphere 在多虚拟机环境中分发虚拟机的特殊容器。最后还会介绍 VMware 及其他供应商分发虚拟机时所使用的 OVF 标准。

第 11 章 **管理资源分配** 这一章全面介绍如何管理资源分配。从单个虚拟机到资源池再到 ESXi 主机集群，以及用于管理和修改资源分配的各种机制——预留、限制和共享。

第 12 章 **平衡资源使用** 资源分配与资源使用不同，这一章延续了第 11 章的资源分配内容，介绍 vSphere 中一些平衡资源使用的方法。这一章会涉及 vSphere vMotion、增强 vMotion 兼容性、vSphere 分布式资源调度器（DRS）、存储 vMotion 和存储 DRS。

第 13 章 **监控 VMware vSphere 性能** 这一章将介绍 vSphere 为虚拟基础架构管理员所提供的原生工具，它们可用于跟踪和修复性能问题。这一章主要关注 vCenter Server 中 ESXi 主机、资源池和集群中 CPU、内存、磁盘和网络适配器性能的监控。这一章还会介绍 vCenter Operations Manager。

第 14 章 **VMware vSphere 自动化** VMware vSphere 管理员会遇到许多重复性工作，这时就可以利用自动化方法。这一章将介绍在 vSphere 环境中实现自动化的各种方法，其中包括 vCenter Orchestrator 和 PowerCLI。

附录 要求掌握的知识点 附录包含各章结尾所提出问题的答案。

"精通"系列丛书

Sybex 的"精通"系列丛书向读者提供了非常不错的中高级技能学习资料，为这些领域的工作人员提供一流的培训与开发资料，也为有志成为这方面专家的人提供明确的教学资料。"精通"系列丛书中的每一本都包含以下内容：

◆ 真实场景，包括案例分析和访谈记录，它们可以说明如何在实际应用中使用这些工具、技术或知识；

◆ 基于技能的指导，每一个章节都按照真实任务组织，而不是按照抽象的概念或主题；

◆ 自测问题，用于确认你已胜任这项工作。

本书涉及的硬件

一开始，创建一个完成本书实践练习的环境并非易事。你可以用满足最低要求的硬件创建一个练习实验室，用于完成本书练习。如果你刚刚起步，我们建议你在自己的笔记本或台式机上创建一个嵌套的虚拟实验室。www.labguides.com 网站上介绍了 AutoLab 的详细信息，这是一个嵌套的 vSphere 自动化工具。它只需要安装 VMware 工作站或 Fusion，只需 8 GB RAM。在尝试创建任何开发环境之前，一定要仔细阅读第 2 章和第 3 章的内容。

在编写本书时，主要使用了以下硬件配置：

◆ 三台 Hewlett Packard DL-385 服务器；

◆ 两台 Hewlett Packard N36L 微型服务器；

◆ 一台 Qnap 439 Pro II NAS；

◆ 一台通用型 24 端口千兆交换机。

正如大家看到的，自己建立一个出色的实验室也并非不可能。但大多数人都不会拥有这样的环境。如果要进行入门级 NFS 和 iSCSI 测试，可以使用多家供应商（包括 EMC、惠普和 NetApp）的虚拟存储产品或模拟器，它们可以帮助开发者熟悉许多共享存储概念和特定供应商的产品。建议大家在学习过程中根据需要选择使用这些工具。

目标读者

本书面向那些希望强化 vSphere 5.5 虚拟基础架构的创建和管理知识的专业 IT 人员。虽然这本书也适合新入行的 IT 人员阅读，但假定读者具备以下技术基础：

◆ 基本了解网络架构；

◆ 有使用微软 Windows 环境的经验；

◆ 有使用 DNS 和 DHCP 的经验；

◆ 基本了解虚拟化与传统物理架构的区别；

◆ 基本了解标准 x86 和 x64 计算硬件和软件组件。

联系作者

欢迎读者提出关于本书的建议，以及对后续版本的期望。

你可以通过电子邮件联系 Nick，邮箱是 nick@nickmarshall.com.au，也可以在 Twitter 上关注他（他的用户名是 @nickmarshall9）或者访问他的博客 www.nickmarshall.com.au。

Scott 的邮箱是 scott.lowe@scottlowe.org，你也可以在 Twitter 上关注他（他的用户名是 @scott_lowe），或者访问他的博客 http://blog.scottlowe.org。

目录

第 1 章

VMware vSphere 5.5 简介

第 5 代的 VMware vSphere 5.5 是基于上一代 VMware 的企业级虚拟化产品。vSphere 5.5 进行了扩展，现在可以对更多资源类型进行精细的资源分配控制，从而使 VMware 管理员能够更好地控制虚拟工作负载的资源分配方式和使用方式。由于在套件中整合了动态资源控制、高可用性、史无前例的容错特性、分布式资源管理和备份工具，因此 IT 管理员可以获得管理不同规模企业环境（从几台至上千台服务器）所需要的工具。

本章将介绍以下内容：

◆ 说明 vSphere 产品套件中每一个产品的作用；

◆ 认识 vSphere 产品套件中各个产品之间的交互方式与依赖关系；

◆ 了解 vSphere 与其他虚拟化产品的区别。

1.1　VMware vSphere 5.5 初探

VMware vSphere 产品套件是一个包含多个产品与特性的集合，它们一起提供了完整的企业虚拟化功能。vSphere 产品套件包括以下产品与特性：

◆ VMware ESXi ；

◆ VMware vCenter Server ；

◆ vSphere 更新管理器（Update Manager）；

◆ VMware vSphere 客户端和 vSphere Web 客户端；

◆ VMware vCenter Orchestrator ；

◆ vSphere 虚拟对称多路处理（Virtual Symmetric Multi-Processing, vSMP）；

◆ vSphere vMotion 和 Storage vMotion ；

◆ vSphere 分布式资源调度器（Distributed Resource Scheduler, DRS）；

◆ vSphere Storage DRS ；

◆ Storage I/O Control 和 Network I/O Control ；

◆ 由配置文件驱动的存储（Profile-Driven Storage）；

◆ vSphere 高可用性（High Availability, HA）；

◆ vSphere 容错（Fault Tolerance, FT）；

◆　用于数据保护的 vSphere Storage API(VADP) 和 VMware 数据保护 (Data Protection, VDP)；

◆　虚拟 SAN（VSAN）；

◆　vSphere 复制（vSphere Replication）；

◆　Flash Read Cache。

这些产品与特性将会在本书后面的章节中介绍，但在此之前，本章的后面几节中将会简要介绍每一种产品或特性，并将借此介绍每一种产品或特性对虚拟基础架构设计、安装和配置的影响。在简要介绍完 vSphere 套件的特性与产品之后，读者就能够更好地把握每一种产品或特性在虚拟化设计及整体架构中的作用。

在 vSphere 产品之外还有一些附加产品，它们用新的功能扩充了 vSphere 产品线。这些附加产品包括 VMware Horizon View、VMware vCloud Director、VMware vCloud vCloud Automation Center 和 VMware vCenter Site Recovery Manager 等。VMware 甚至提供了捆绑的 vSphere，并且 vCloud 套件中的其他产品令客户在环境中购买和使用产品时更加便捷。然而，由于这些产品的大小与范围，本书不会介绍这些产品。

在编写本书时，VMware vSphere 5.5 是 VMware vSphere 产品家族中的最新版本。虽然本书主要介绍 vSphere5.5 的功能，但在可能的情况下，也会尽量说明 vSphere 5.0 或 5.1 和 vSphere 5.5 之间的差别。关于 VMware vSphere 5.0 的详细信息，请参考同样由 Sybex 于 2011 年出版的《Mastering VMware vSphere 5》一书。（如果运行的是 vSphere 4.x 版本，可以参考 Sybex 于 2009 年出版的《Mastering VMware vSphere 4》。）

为了方便浏览和帮助读者查找 vSphere 产品套件中为数众多的产品与特性，本书为读者整理出表 1.1，它包含产品与特性的交叉引用，读者可以从表中找到更多关于本书所介绍产品或特性的信息。

表 1.1　　　　　　　　　　　**产品与特性的交叉引用**

VMware vSphere 产品与特性	本书中的更多信息
VMware ESXi	安装—第 2 章 网络—第 5 章 存储—第 6 章
VMware vCenter Server	安装—第 3 章 网络—第 5 章 存储—第 6 章 安全—第 8 章
vSphere Update Manager	第 4 章
vSphere Client and vSphere Web Client	安装—第 2 章（vSphere 客户端） 安装—第 3 章（Web 客户端） 使用—第 3 章

续表

VMware vSphere 产品与特性	本书中的更多信息
VMware vCenter Orchestrator	第 14 章
vSphere Virtual Symmetric Multi-Processing	第 9 章
vSphere vMotion and Storage vMotion	第 12 章
vSphere Distributed Resource Scheduler	第 12 章
vSphere Storage DRS	第 12 章
Storage I/O Control and Network I/O Control	第 11 章
Profile-Driven Storage	第 6 章
vSphere High Availability	第 7 章
vSphere Fault Tolerance	第 7 章
vSphere Storage APIs for Data Protection	第 7 章
VMware Data Protection	第 7 章
VSAN	第 6 章
vSphere Replication	第 7 章
Flash Read Cache	安装—第 6 章 使用—第 11 章

　　首先介绍 VMware vSphere 产品套件包含哪些产品，然后介绍一些主要特性。现在，先了解套件中的第一个产品：VMware ESXi。

1.1.1　认识 vSphere 套件的产品

　　本节将介绍 vSphere 产品套件中的产品。

1. VMware ESXi

　　vSphere 产品套件的核心产品是虚拟机管理程序，作为一个虚拟化层次，它是产品线中的其他产品所依赖的基础。在 vSphere 5 及后续版本（包括 vSphere 5.5）中，虚拟机管理程序就是 VMware ESXi。

　　VMware vSphere 的长期用户会发现，这是 VMware 提供虚拟机管理程序的方式的一种转变，也是 VMware vSphere 产品套件新版本与旧版本的最重要区别。在之前的 vSphere 5 中，虚拟机管理程序有两种形式：VMware ESX 和 VMware ESXi。虽然这两种产品都使用同一个核心虚拟化引擎，都支持相同的虚拟化特性和使用相同的授权方式，而且都支持裸机安装虚拟管理程序（也称为类型

1 虚拟管理程序；参考提要栏"类型 1 与类型 2 的虚拟管理程序"），但它们在架构上仍然存在显著差别。在 VMware ESX 中，VMware 使用 Linux 衍生服务控制台（Service Console）来提供交互环境，用户可以通过这个交互环境使用虚拟机管理程序。基于 Linux 的服务控制台还包含传统操作系统中的服务，如防火墙、简单网络管理协议（SNMP）代理和 Web 服务器。

类型 1 与类型 2 的虚拟机管理程序

虚拟机管理程序一般分成两类：类型 1 和类型 2。类型 1 虚拟机管理程序直接运行在系统硬件之上，因此通常也称为裸机虚拟机管理程序。类型 2 虚拟机管理程序则需要使用主机操作系统，由主机操作系统负责提供 I/O 设备支持和内存管理。VMware ESXi 是类型 1 的裸机虚拟机管理程序（在旧版本的 vSphere 中，VMware ESX 也被认为是一种类型 1 裸机虚拟机管理程序）。其他的类型 1 裸机虚拟机管理程序还包括 KVM（开源 Linux 内核的一部分）、微软 Hyper-V 和基于开源 Xen 虚拟机管理程序的产品，如 Citrix XenServer 和 Oracle VM。

另一方面，VMware ESXi 是下一代 VMware 虚拟化平台。与 VMware ESX 不同，ESXi 的安装和运行并不需要基于 Linux 的服务控制台。这使得 ESXi 体积非常小，仅有 70MB。尽管没有服务控制台，但是 ESXi 提供了 VMware ESX 早期版本所支持的全部虚拟化特性。当然，ESXi 5.5 相对于旧版本进行了功能升级，支持更多的功能，本章及后面的章节将会介绍这些功能。

　　VMware ESXi 之所以能够在不使用服务控制台的前提下支持 VMware ESX 的诸多原有虚拟化功能，其关键原因是核心虚拟化功能过去（和现在都）不属于服务控制台。虚拟化进程的基础是 VMkernel。VMkernel 提供了 CPU 高度、内存管理和虚拟交换数据处理，从而管理虚拟机对底层物理硬件的访问。图 1.1 所示为 VMware ESXi 的结构。

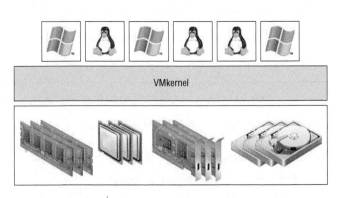

图 1.1　VMkernel 是 VMware ESXi 虚拟化功能的基础

　　前面提到过，VMware ESXi 5.5 是旧版本的升级版，其中一个改进的方面就是虚拟管理程序的支持配置限制。表 1.2 显示了最新版本的 VMware ESX/ESXi 的配置限额。

　　这里只列出了部分配置的限额值。后续章节会在恰当的时候介绍 VMware ESXi 的网络接口卡（NIC）、存储、VM 等其他限额值。

　　由于 VMware ESXi 是 vSphere 产品套件的虚拟化基础，因此本书会用大量的篇幅介绍 VMware ESXi。表 1.1 已经介绍了本书其他章节将会介绍的 VMware ESXi 特性。

表 1.2   **最新版本的 VMware ESXi 配置限额**

组　　件	VMware ESXi 5.5 最大值	VMware ESXi 5.0 最大值	VMwareESX/ESXi 4.0 最大值
每个主机的虚拟 CPU 数量	4 096	2 048	512
逻辑 CPU 数据（支持超线程）	320	160	64
每个核心的虚拟 CPU 数量	32	25	20（第 1 次更新增加到 25）
每个主机的 RAM 数量	4TB	2TB	1TB

2. VMware vCenter Server

不妨先用短暂的时间考虑一下自己目前的网络。它现在包含 Active Directory 吗？通常这是很有可能的。现在想象一下，如果网络中没有 Active Directory，没有方便的中央管理数据库，没有单点登录功能，也没有简单的群组功能，那么情况会有多糟糕。如果不使用 VMware vCenter Server，那么管理 VMware ESXi 主机也会出现类似的状况——非常麻烦！所以说，vCenter Server 就像是 Active Directory，可以为所有 ESXi 主机及其虚拟机提供中央管理平台和架构。vCenter Server 允许 IT 管理员以集中方式部署、管理和监控虚拟基础架构，并实现自动化和安全性。为了帮助实现可扩展性，vCenter Server 使用了一个后台数据库（其中包括 Microsoft SQL Server 和 Oracle 等多种数据库），用于存储所有关于主机与虚拟化的数据。

在旧版本的 VMware vSphere 中，vCenter Server 只支持 Windows 平台。vSphere 5.5 仍然提供了基于 Windows 的 vCenter Server 安装程序和一个预构建的 vCenter Server 设备（实际上是一个基于 Linux 的虚拟设备，第 10 章将会介绍）。对于只想管理 vSphere 环境而不想部署 Windows Server 实例的组织来说，基于 Linux 的 vCenter Server 是个很好的选择。

除了 vCenter Server 的配置与管理功能，其中包括虚拟机模板、虚拟机定制、虚拟机快速分配与部署、基于角色的访问控制和精细资源分配控制等特性，vCenter Server 还提供了一些包含更高级特性的工具，如 vSphere vMotion、vSphere 分布式资源调度器（DRS）、vSphere 高可用性（HA）和 vSphere 容错（FT）。本章将概括介绍所有这些特性，在后续章节将会对其进行更深入的介绍。

除了 vSphere vMotion、vSphere DRS、vSphere HA 和 vSphere FT，使用 vCenter Server 管理 ESXi 主机还有许多的其他特性。如下所示：

◆ 增强的 vMotion 兼容性（EVC），即它利用 Intel 和 AMD 的硬件功能在 vSphere DRS 集群中各个服务组上实现更大的 CPU 兼容性；

◆ 主机配置文件，即它允许管理员在更大型环境中实现更加统一的主机配置，以及发现缺少或不正确的配置；

◆ 存储 I/O 控制，即它提供了整个集群范围的服务质量（QoS）控制，使管理员能够保证关键应用程序在拥塞期间仍然能够接收到足够的 I/O 资源；

◆ vSphere 分布式交换机，即它是网络设置与跨多个主机和多个集群的第三方虚拟交换机的基础；

◆ 网络 I/O 控制，即它允许管理员灵活地为不同种类的流量划分物理 NIC 带宽和提供 QoS；

◆ vSphere 存储 DRS，即它使 VMware vSphere 能够根据需要动态缩减存储资源，其方式与 DRS 平衡 CPU 和内存使用的方式相同。

在各种规模的 VMware vSphere 实现中，vCenter Server 都发挥着中枢作用。第 3 章不但会介绍 vCenter Server 的规划与安装，以及保证其可用性的方法，还会介绍 vCenter Server 的 Windows 版与 Linux 版虚拟设备的区别。由于 vCenter Server 在 VMware vSphere 部署中发挥中枢作用，因此本书的各个章节几乎都会提及 vCenter Server。具体可参考表 1.1。

vCenter Server 包含在下面 3 款软件包中：

◆ vCenter Server Essentials（入门版）集成在适用于小型办公部署的 vSphere Essentials（入门版）套件中；

◆ vCenter Server Standard（标准版）包含了 vCenter Server 的所有功能，其中包括分配管理、监控和自动化。

◆ vCenter Server Foundation（基础版）类似于 vCenter Server 标准版，但是只能管理 3 个 ESXi 主机，而且不包含 vCenter Orchestrator，也不支持链接模式操作。

1.1.3 节将更详细地介绍 VMware vSphere 的授权与产品版本等信息。

3. vSphere Update Manager

vSphere Update Manager（更新管理器）是 vCenter Server 的一个加载项，它能够帮助用户为 ESXi 主机与所选虚拟机更新最新补丁。VSphere 更新管理器包含以下功能：

◆ 通过扫描发现不兼容最新更新的系统；

◆ 通过用户自定义规则发现过期系统；

◆ 为 ESXi 主机自动安装补丁；

◆ 完全兼容其他 vSphere 特性，如分布式资源调度器。

vSphere 更新管理器兼容 Windows 版本的 vCenter Server 和预打包的 vCenter Server 虚拟设备。参考表 1.1，了解本书所介绍 vSphere 更新管理器的更详细信息。

4. VMware vSphere Web 客户端和 vSphere 客户端

vCenter Server 提供了一个 VMware ESXi 主机的集中管理框架，但是 vSphere 管理员大多数时间会使用 vSphere Web 客户端（和其以前的版本，兼容 Windows 版本的 vSphere 客户端）。

在 vSphere 5 发布之后，VMware 将主要管理界面转移到了新的 vSphere Web 客户端上。vSphere Web 客户端提供了一个动态的 Web 用户界面，它可以管理虚拟基础架构，帮助 vSphere 管理员直接管理基础架构，而不需要在系统上安装基于 Windows 的 vSphere 客户端。然而，后续版本（包括 vSphere 5.5）中的 vSphere Web 客户端都加强和扩展了 vSphere 管理员管理 vSphere 环境时需要用到的所有功能。此外，VMware 还声明 vSphere Web 客户端将最终完全取代基于 Windows 的

vSphere 客户端。因此，本书中的所有图例都截取自 vSphere Web 客户端。

vSphere 客户端是一个基于 Windows 的应用程序，它可以管理 ESXi 主机，方式可以是直接连接，也可以是连接一个 vCenter Server 实例，但 VMware 的开发重点则主要在 vSphere Web 客户端上。浏览 ESXi 主机或 vCenter Server 的 URL，选择相应的安装链接（有时下载客户端需要互联网连接），就可以安装 vSphere 客户端。vSphere 客户端提供了富图形用户界面（GUI），它可以完成日常管理任务，以及虚拟基础架构的高级配置。虽然 vSphere 客户端可以直接连接一个 ESXi 主机，或者连接一个 vCenter Server 实例，但是只有当 vSphere 客户端连接到 vCenter Server 时才能使用完整的管理功能。

如前所述，vSphere Web 客户端是 VMware vSphere 的未来发展方向。因此，本书重点介绍如何使用 vSphere Web 客户端。任务与 vSphere 客户端类似，但请注意，有些任务只能在 vSphere Web 客户端上执行，而不能在基于 Windows 的 vSphere 客户端上完成。

5．VMware vCenter Orchestrator

VMware vCenter Orchestrator 是一个工作流自动化引擎，它自动安装在 vCenter Server 的每一个实例上。使用 vCenter Orchestrator，vSphere 管理员就可以为 vCenter Server 中各种任务建立自动化工作流。使用 vCenter Orchestrator 建立的自动化工作流可以很简单，也可以很复杂。VMware 还将 vCenter Orchestrator 设计为插件，可以扩展功能，如操作 Microsoft Active Directory、思科的统一计算系统（UCS）和 VMware vCloud Director。这使 vCenter Orchestrator 成为虚拟化数据中心内强大的自动化工作流创建工具。

前面介绍了 VMware vSphere 产品套件的具体产品，接下来将更详细地介绍一些重要特性。

1.1.2　认识 VMware vSphere 的特性

本节将更详细地介绍 vSphere 产品套件所提供的一些特性。首先是虚拟 vSphrer vSMP。

1．vSphere vSMP

vSphere vSMP（Virtual Symmetric Multi-Processing，虚拟对称多重处理）产品允许虚拟基础架构管理员创建具有多个虚拟 CPU 的虚拟机。vSphere vSMP 并不是允许将 ESXi 安装在多处理器服务器的授权产品，而是一种在虚拟机内部使用多处理器的技术。图 1.2 所示说明了 ESXi 主机系统多处理器与多个虚拟处理器之间的区别。

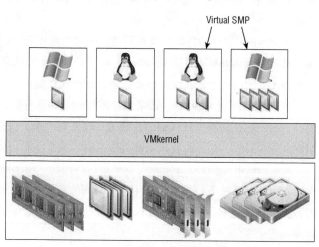

图 1.2　vSphere vSMP 允许创建具有多个虚拟 CPU 的虚拟机

通过 vSphere vSMP，需要使用多个 CPU 的应用程序就可以运行在配置多个虚拟 CPU 的虚拟机上。这样就可以在不影响性能的前提下，虚拟化更多的应用程序，从而达到服务水平协议（SLA）的要求。

vSphere 5 还允许用户为每个虚拟 CPU 指定多个虚拟核心，从而进一步扩展其功能。通过使用这个特性，用户就可以创建一个双处理器虚拟机，由于每个处理器带有 2 个虚拟核心，因此总共有 4 个虚拟核心。这样用户就可以非常灵活地定制虚拟机的 CPU 处理能力。

2. vSphere vMotion 和 vSphere Storage vMotion

了解 VMware 的读者可能会知道一个非常有用的特性——vMotion。vSphere vMotion 也称为 Live Migration（动态迁移），它是 ESXi 和 vCenter Server 的特性，允许管理员将一台正在运行的虚拟机从一台物理主机迁移到另一台物理主机，而不需要关闭虚拟机。当虚拟机在两台物理主机之间迁移时，完全不会引起停机，也不会中断虚拟机的网络连接。根据需要在物理主机之间拖动迁移一台正在运行的虚拟机，这是一个适合现代数据中心且被广泛使用的强大特性。

假设有一台物理主机遇到非致命性硬件故障，并且需要修复，那么，管理员可以轻松地创建一系列 vMotion 操作，删除 ESXi 主机上的所有需要进入维护的虚拟机。在维护完成之后，服务器会重新启动上线，管理员就可以使用 vMotion 将虚拟机迁移回原来的服务器。

此外，还有一种情况是需要从一组物理服务器迁移到另一组物理服务器。如果操作细节已经确定（第 12 章会详细介绍 vMotion），那么可使用 vMotion 将虚拟机从旧服务器迁移到新服务器上，从而在不中断服务的前提下快速地完成服务器迁移。

即使在日常操作中也可以用到 vMotion，例如，同一台主机上有多个虚拟机竞争相同的资源（这最终将影响所有虚拟机的性能）。如果一些虚拟机面临更大资源需求的 ESXi 主机的竞争，那么 vMotion 允许管理员将其迁移到其他位置。例如，当两台虚拟机互相竞争 CPU 资源时，管理员就可以使用 vMotion 将其中一台虚拟机迁移到具有更多可用 CPU 资源的 ESXi 上，从而消除资源争夺。

vMotion 可以移动虚拟的执行环境，在物理服务器之间重新分配 CPU 和内存，但不需要移动存储。Storage vMotion（存储 vMotion）基于 vMotion 的概念与原则，能够在保持物理服务器的 CPU 与内存不变的前提下，在虚拟机正在运行时候迁移虚拟机的存储。

在环境中部署 vSphere，通常会伴随许多的共享存储，如光纤通道、iSCSI 或 NFS 等。如果需要从一台旧的存储阵列迁移到一台新的存储阵列，那么会发生什么情况呢？这个过程会产生多少停机时间呢？另外，如果需要重新调整阵列的容量或性能，又应该怎么做呢？

vSphere Storage vMotion 就可以解决这些问题。由于能够迁移位于不同数据存储的虚拟机存储，Storage vMotion 使管理员在不产生停机时间的前提下解决这些问题。这个特性可以保证，过快增长的数据存储或迁移到新 SAN 都不会让相关虚拟机被迫停机，从而使管理员有另一个方法灵活地处理业务需求变化。

3. vSphere DRS

vMotion 是一个手工操作，这意味着管理员必须自己发起 vMotion 操作。如果 VMware vSphere 能够自动执行 vMotion 操作，那么会是多好的事情。这就是 vSphere 分布式资源调度器（Distributed Resource Scheduler, DRS）所采用的基本概念。如果认同 vMotion 的概念，那么会更加认可 DRS。简言之，DRS 使用 vMotion 在配置为集群的多个 ESXi 主机上实现自动化的资源使用分配。

由于微软 Windows 服务器在现代数据中心广泛流行，因此集群这个术语通常很容易让 IT 人员联想到微软的 Windows 服务器集群。Windows 服务器集群通常是主动—被动集群或主动—主动—被动集群。然而，ESXi 集群是完全不同的，它采用双主动模式，将资源集中和聚集到一个共享池中。虽然 VMware ESXi 集群和 Windows 服务器集群都采用将物理硬件聚集在一起服务于相同目标的相同概念，但是它们采用的技术、配置和特性集却是完全不同的。

> **总容量与单个主机容量**
>
> 虽然前面提到 DRS 集群也会聚集 CPU 和内存容量，但是一定要注意，虚拟机在任何时刻都只能使用一台物理主机的 CPU 和 RAM。如果一个 DRS 集群包含 2 台具有 32 GB RAM 的 ESXi 服务器，那么这个集群对外显示总共有 64 GB 的可用 RAM，但是任何一台虚拟机在任何时刻都只能使用不超过 32 GB 的 RAM。

一个 ESXi 集群聚集了集群中所有主机的 CPU 和内存。2 个或 2 个以上主机分配给集群之后，就会一起为集群所分配的虚拟机提供 CPU 和内存（请记住，任何一台虚拟机只能使用一台主机资源；参见补充内容"总容量与单个主机容量"）。DRS 的目标包含以下 2 个方面。

◆ 在虚拟机启动时，DRS 会将每一台虚拟机部署到当时最适合运行该虚拟机的主机上。

◆ 当虚拟机运行时，DRS 会为该虚拟机提供所需要的硬件资源，同时尽量减小这些资源的争夺，将使用率保持在一定范围内。

DRS 的第一部分工作通常称为智慧定位（intelligent placement）。DRS 会自动地将集群中启动的每一台虚拟机部署到特定位置，即 DRS 会将虚拟机部署到集群中当时最适合运行该虚拟机的主机上。

但是，DRS 不仅能够在虚拟机启动时介入，还能在虚拟机运行时管理虚拟机的位置。例如，假设在启用 DRS 的 ESXi 集群中配置了 3 台服务器，当这些服务器遇到较高 CPU 争夺问题时，DRS 会检测到资源使用失去平衡的集群，然后使用一个内部算法选择将一些虚拟机移动，从而让集群重新回到平衡状态。DRS 会模拟迁移每一台虚拟机到主机上，再将结果进行比对，然后根据 DRS 的配置推荐或自动执行产生平衡集群的迁移方案。

DRS 会利用前面介绍的 vMotion 动态迁移功能，在不引起虚拟机停机或网络连接中断的前提下快速执行这些迁移操作。该特性非常强大，因为 DRS 允许 ESXi 集群主机根据集群中虚拟机的变化需求动态地平衡资源使用。

应该用较少的大型服务器还是较多的小型服务器

从表 1.2 可看出，VMware ESXi 可以为服务器提供最多 320 个逻辑 CPU 核心和最高 4 TB 的 RAM。但在 vSphere DRS 中，可以组合多个较小的服务器，以达到管理较大的总容量的目标。这意味着，越大型的服务器可能越不适合作为虚拟化项目的服务器。通常，这些大型服务器的价格要高于小型服务器，而使用大量的小型服务器（通常称为横向扩展）比少量的大型服务器（通常称为纵向扩展）具有更高的灵活性。关键是大型服务器并不一定是最佳选择。

4．vSphere Storage DRS

vSphere Storage DRS（存储 DRS）采用了 vSphere DRS 的概念，并将其应用到存储上。正如 vSphere DRS 可以平衡集群中 ESXi 主机的 CPU 与内存使用率一样，Storage DRS 可以使用与 vSphere DRS 相同的机制平衡数据存储集群的存储容量和存储性能。

本书前面将 vSphere DRS 的特性称为智慧定位，是因为它可以自动根据 ESXi 集群的资源使用情况来确定新虚拟机的部署位置。同样，Storage DRS 也有相同的智慧定位功能，它可以自动根据存储使用情况来确定虚拟机虚拟磁盘的位置。Storage DRS 通过使用数据存储集群来实现这个功能。在创建一个新的虚拟机时，只需要将其指定到一个数据存储集群，Storage DRS 会自动将这个虚拟机的虚拟磁盘部署到数据存储集群中恰当的数据存储中。

类似地，正如 vSphere DRS 使用 vMotion 动态地平衡资源使用率一样，Storage DRS 则基于容量和 / 或延迟临界值使用 Storage vMotion 重新平衡存储使用率。因为 Storage vMotion 通常比 vMotion 操作更加占用资源，所以 vSphere 会更严格地控制临界值、时间设置等可能触发 Storage DRS 通过 Storage vMotion 执行自动化迁移的指标。

5．存储 I/O 控制与网络 I/O 控制

VMware vSphere 会对虚拟机的 CPU 与内存资源分配施加密集的控制。在旧版的 vSphere 4.1 中，vSphere 无法对存储 I/O 和网络 I/O 执行这样的密集控制。存储 I/O 控制（Storage I/O Control）和网络 I/O 控制（Network I/O Control）则可以弥补这个缺点。

存储 I/O 控制（SIOC）允许 vSphere 管理员为存储 I/O 指定相对优先级，也可以由虚拟机指定存储 I/O 限制。这些设置会应用到整个集群范围：当延迟增长并超过用户配置的临界值时，ESXi 主机就会检测到存储拥塞，这时它会应用该虚拟机所配置的设置。这样，VMware 管理员就可以保证需要优先访问存储资源的虚拟机能够获得所需要的资源。在 vSphere 4.1 中，存储 I/O 控制只能应用到 VMFS 存储上，vSphere 5 却能将这个功能扩展到 NFS 数据存储上。

网络 I/O 控制（NIOC）也有相同的功能，它通过虚拟机使用物理 NIC 上的网络带宽为 VMware 管理员提供更细粒度的控制。由于千兆比特以太网的广泛应用，网络 I/O 控制为 VMware 管理员提供了一种更可靠的方法，可以保证根据虚拟机的优先级与限制正确分配网络带宽。

6. 由配置文件驱动的存储

由配置文件驱动的存储（Profile-Driven Storage），vSphere 管理员能够通过存储功能和虚拟机存储配置来保证存储中的虚拟机达到符合要求的容量、性能、可用性和冗余性。由配置文件驱动的存储包含 2 个主要组件。

◆ 存储功能（使用 vSphere 的存储感知 API）；

◆ 虚拟机存储配置。

存储功能可以由存储阵列本身提供（如果阵列支持 vSphere 的存储感知 API），也可以由 vSphere 管理员定义。这些存储功能体现了存储解决方案的各种特性。

虚拟机存储配置文件则定义了虚拟机及其虚拟磁盘的存储要求。选择虚拟机运行时所需要的存储功能，就可以创建虚拟机存储配置文件。在虚拟机存储配置文件中定义所有功能的数据存储要符合虚拟机存储配置文件的要求，也是虚拟机可能存储的位置。

这个功能可以让 vSphere 管理员更好地了解存储性能，也有利于保证底层存储确实能够为每一台虚拟机提供所需要的功能。

参考表 1.1，了解更深入介绍配置驱动存储的章节。

7. vSphere HA

在许多时候，高可用性（High Availability，HA）是虚拟化应用的最大争议。最常见的争议就是："在应用虚拟化之前，物理服务器的故障仅仅影响一个应用或负载。在应用虚拟化之后，物理服务器的故障将影响服务器上同时运行的多个应用或负载。我们不能将所有鸡蛋装在一个篮子里！" VMware 利用 ESXi 集群的另一个特性来解决这个问题——vSphere HA。同样，由于采用常见的命名方式（集群、高可用性），许多传统 Windows 管理员对这个概念产生先入为主的理解。然而，不能因为这些概念就将 vSphere HA 等同于 Windows 的高可用性配置。当服务器出现故障时（或当其他基础架构出现问题时，第 7 章 "保证高可用性和业务连续性" 中将继续介绍），vSphere HA 会重新启动运行在 ESXi 主机的虚拟机。图 1.3 说明了当启用 HA 的集群遇到故障时，在 ESXi 主机中运行的虚拟机所发生的迁移。

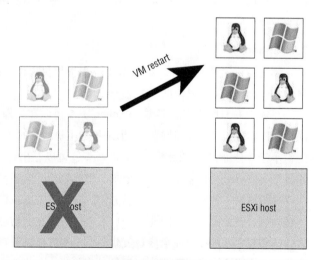

图 1.3 当 ESXi 主机遇到服务器故障时，vSphere HA 会重新启动在其中运行的所有虚拟机

与 DRS 不同，vSphere HA 并没有使用 vMotion 技术作为服务器的迁移手段。vMotion 只适用于预先规划的迁移，而且要求源与目标的 ESXi 主机都处于正常运行状态。在 vSphere HA 故障恢

复过程中，没有人能够预知故障；这不是预先规划的停机事件，因此没有足够的时间执行 vMotion 操作。vSphere HA 则适用于解决物理 ESXi 主机或其他基础架构部件故障造成的计划外停机。更多详细内容请参考第 7 章。

> **vSphere 5 对 vSphere HA 的改进**
>
> 从 vSphere 5.0 开始，vSphere HA 已经有了很大的改进。首先，vSphere HA 的可扩展性得到显著提升；现在每一台主机最多可以运行 512 台虚拟机（之前最多只有 100 台），每一个集群最多可以运行 3 000 虚拟机（之前最多只有 1 280 台）。其次，vSphere HA 现在更紧密地整合了 vSphere DRS 的智慧定位功能，从而大大增强了 vSphere HA 重新启动故障主机虚拟机的能力。第三个改进也是最重要的改进，新版本完全重写了 vSphere HA 的底层架构；这个全新的架构称为故障域管理器（Fault Domain Manager, FDM），它去掉了 VMware vSphere 旧版本的许多限制条件。

默认情况下，vSphere HA 不支持客户机操作系统故障的故障恢复操作，但是我们可以通过配置让 vSphere HA 监控虚拟机，当虚拟机不响应内部心跳时自动重启虚拟机。这个特性称为虚拟机故障监控（VM Failure Monitoring），它组合使用了内部心跳和 I/O 活动，可以检测客户虚拟机的操作系统是否停止运行。如果客户机操作系统停止运行，那么虚拟机会自动重启。

在使用 vSphere HA 时，一定要注意期间会发生服务中断。如果物理主机出现故障，vSphere HA 会重启虚拟机，而在虚拟机重启的过程中，虚拟机所提供的应用或服务会中止服务。如果用户需要实现比 vSphere HA 更高要求的可用性，则可以使用下一节介绍的 vSphere FT（vSphere Fault Tolerance, FT）特性。

8. vSphere FT

物理主机出现故障时，vSphere HA 为虚拟机提供的高可用性可能不足以满足某些工作负载的要求。vSphere FT 可以帮助解决这一问题。

正如上一节所介绍的那样，vSphere HA 可以在物理主机出现故障时自动重启虚拟机，从而解决计划外物理服务器故障问题。在出现物理主机故障时才重启虚拟机，这意味着会出现停机时间——通常小于 3 分钟。vSphere FT 则更进一步，可以在出现物理主机故障时不造成停机。vLockstep 技术基于 VMware 之前就实现的"记录与重放"功能，vSphere FT 使用这项技术在独立的物理主机上保存虚拟机副本镜像，它与主虚拟机保持同步。主虚拟机（受保护的）所发生的变化都会同步到副本虚拟机（镜像的）上。因此，一旦主虚拟机所在的物理主机出现故障，副本虚拟机就可以马上介入，不需要中断连接就完全接管负载。当副本虚拟机所在的物理主机出现故障时，vSphere FT 还会在另一个主机上自动重建副本（镜像）虚拟机，如图 1.4 所示。这样就可以保证在任何时刻都能够保护主虚拟机。

在出现多个主机故障时（例如，运行主、副虚拟机的主机同时出现故障），vSphere HA 将会在另一台可用服务器上重启主虚拟机，而 vSphere FT 将自动创建一个新的副本虚拟机。同样，这种方法可以保证主虚拟机在任何时候都能得到保护。

vSphere FT 可以与 vMotion 协同工作。在 vSphere 5 中，FT 现在整合了 vSphere DRS，但是这个特性还需要使用增强的 vMotion 兼容性（Enhanced vMotion Compatibility，EVC）。

9. VADP 与 VDP

对于所有网络而言，最重要的方面不仅仅是虚拟化基础架构，而是由公司的灾难恢复和业务持续规划所构成的备份策略。为了解决组织的备份需求，VMware vSphere 5.0 提供了 2 个重要组件：用于保护数据的 vSphere 存储 API（vSphere Storage APIs for Data Protection，VADP）和 VMware 数据保护（VMware Data Protection，VDP）。

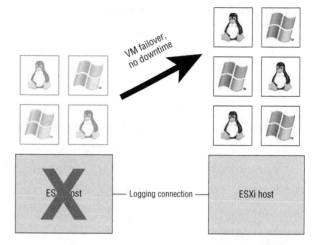

图 1.4　vSphere FT 可以在不造成虚拟机停机的前提下解决主机故障问题

VADP 是一组应用编程接口（API），备份供应商可以利用这组 API 实现增强的虚拟化环境备份功能。VADP 还支持文件级备份与恢复等功能；支持增量、差别和全映像备份；原生整合备份软件；支持多种存储协议。

由于 VADP 本身只是一组接口而已，就像是一个可以实现备份的框架，因此无法真正使用 VADP 备份虚拟机。此时，就需要一个支持 VADP 的备份应用程序。现在有越来越多支持 VADP 的第三方备份应用程序，而 VMware 也提供了一个自己实现的备份工具，即 VMware 数据保护（VDP）。VDP 是使用 VADP 和 EMC Avamar 技术实现面向小型 VMware vSphere 环境的完整备份解决方案。

> **VMware Data Recovery（VDR）哪去了？**
>
> 在 vSphere 5.1 中，VMware 淘汰了早期数据保护工具 VDR，而改为支持 VDP。VDR 适用于 vSphere 5.0，但不适用于 vSphere 5.1 及后续版本，然后由 VDP 替代。

10. 虚拟 SAN（VSAN）

VSAN 是 vSphere 5.5 的一项新特性，也是 VMware 近几年的工作演变。它的作用优于 vSphere 存储设备（vSphere Storage Appliance, VSA），VSAN 允许组织使用个人计算节点上的存储，并将其转换成虚拟 SAN。

VSAN 需要至少 3 个节点，最多可扩展至 8 个。在每个计算节点中还需要有固态存储，目的是改进 I/O 性能，从而限制计算节点的物理驱动轴数量。（注意：服务器中 VSAN 使用的固态存储器与 vSphere Flash Read Cache 缓存功能使用的固态存储器是分开的。更多信息请参考"Flash Read

Cache" 一节。) VSAN 池存储在计算节点，并且允许创建跨多个计算节点的数据存储。VSAN 采用某种算法以防数据丢失，如确保数据同一时间存在于多个 VSAN 节点上。

第 6 章 "创建与配置存储设备" 中将更详细地介绍关于 VSAN 的内容。

11. vSphere 复制

vSphere 复制 （vSphere Replication） 是硬件存储平台的一项功能，指将数据复制到 vSphere 中。此功能最早出现在 vSphere 5.0 版本中，但只能与 VMware 站点恢复管理器 （VMware Site Recovery Manager, SRM） 共同使用。但在 vSphere 5.1 版本中，vSphere 复制可以脱离 VMware SRM 单独使用。

vSphere 复制允许客户将虚拟机从一个 vSphere 环境复制到另一个 vSphere 环境。这意味着从一个数据中心 （通常是主数据中心或生产数据中心） 到另一个数据中心 （通常是辅助、备份或灾难恢复 [DR] 站点）。与基于硬件的解决方法不同，vSphere 复制运行在每台虚拟机上，所以对于客户复制哪些工作负载都有着精细的控制。

更多内容请参考第 7 章。

12. Flash Read Cache

由于 2011 年 vSphere 5.0 的发布，行业内开始大量使用固态存储 （也称为闪存）。固态存储每秒可提供大量 I/O 操作 （IOPS），以处理虚拟工作负载对 I/O 的需求。然而，固态存储每千兆字节的成本远远高于传统的硬盘存储，因而经常被部署为缓存机制来加快经常访问的数据。

但是，没有 vSphere 对于将固态存储作为缓存机制的支持，vSphere 架构师和管理员无法在环境中充分使用固态存储。随着 vSphere 5.5 的发布，VMware 通过 Flash Read Cache 这一功能解除了该限制。

Flash Read Cache 为使用固态存储提供了全面支持。管理员可以像为 CPU 核心、RAM 或网络连接分配虚拟机一样为固态缓存空间分配虚拟机。vSphere 管理着固态缓存容量如何分配以及如何使用虚拟机。

硬件厂商提供的固态存储设备全部兼容 VMware，从而使产品全面支持 Flash Read Cache。

 Real World Scenario

对比 VMware vSphere、Hyper-V 和 XenServer

确实不可能对各种虚拟化解决方案进行对比，因为它们采用完全不同的方法，并且具有截然不同的用途。VMware ESXi 与市场中其他虚拟化解决方案一样。

为了准确对比 vSphere 与其他虚拟化解决方案，必须只考虑类型 1 （裸机） 虚拟化解决方案。当然，这其中包括 ESXi、微软 Hyper-V 和 Citrix XenServer。但是，不能包括 VMware Server 或微软 Virtual Server 等产品，它们都属于类型 2 （托管） 虚拟化产品。即使在类型 1 的虚拟机管理程序中，仍然有一些架构差别，因此很难进行直接对比。

例如，微软 Hyper-V 和 Citrix XenServer 会通过"父分区"或"dom0"传输所有虚拟机的 I/O。这通常具有更大的硬件兼容性，可以兼容更大范围的产品。由于 Windows Server 2012（运行在父分区的通用操作系统）支持特殊的硬件类型，因此 Hyper-V 也一样支持。Hyper-V 基于 Windows 的硬件驱动程序和 I/O 堆栈。XenServer 也一样，只是它的"dom0"运行在 Linux，而不是在 Windows 上。

另一方面，VMware ESXi 则在虚拟管理程序中处理 I/O。这种方法通常有较高的吞吐量和较低的过载，但是代价就是限制了硬件的兼容性。为了增加更多的硬件支持或最新的驱动程序，虚拟机管理程序必须升级，因为 I/O 堆栈和设备驱动程序位于虚拟机管理程序之中。

架构差别是根本，同时该差别在 ESXi 上体现得最为明显：只使用较小的核心就实现了功能全面的虚拟化解决方案。Citrix XenServer 和微软 Hyper-V 都需要在父分区（或 dom0）中安装完整的通用操作系统（Hyper-V 需要安装 Windows Server 2012，而 XenServer 需要安装 Linux），才能正常运行。

最后，每一种虚拟化产品都有其自身的优点和缺点，大型组织最终可能会使用多个产品。例如，VMware vSphere 可能最适合在大型企业数据中心中使用，而微软 Hyper-V 或 Citrix XenServer 可能更适合用于测试、开发或分公司部署。不需要使用 VMware vSphere 高级特性（如 vSphere DRS、vSphere FT 或 Storage vMotion）的单位可能会发现微软 Hyper-V 或 Citrix XenServer 更适用。

因此，VMware vSphere 提供了非常强大的特性，它们可以改变我们对于数据中心资源的操作方式。vSphere 5 扩展了现有特性和功能。但是，某些特性可能并不适合所有组织使用，这也是 VMware 为各种规模组织制定灵活授权方式的原因所在。

1.1.3　VMware vSphere 的授权方式

在发布 VMware vSphere 4 时，VMware 引入了新的授权层次和软件集，其目的是更好地适应各个细分市场，授权方式与 vSphere 5 相同。然而，在 vSphere 5.1（以及后续版本 vSphere 5.5）中，VMware 在发布 vCloud 套件时优化了这种授权方式，其中的附加产品包括 vSphere、vCloud Automation Center、vCenter Site Recovery Manager、vCloud Networking and Security、vCloud Director 和 vCenter 运营管理套件。

通过 vCloud 套件授权 vSphere 是目前的首选方法，本书不介绍 vCloud 套件中的其他附加产品，只重点谈论 vSphere，本节将介绍前面所提及的各种特性与 vSphere 授权模型的对应关系。

vSphere 还是 vSOM

VMware 有两种方式销售"独立"的 vSphere：第一，以各种套件和版本销售 vSphere；第二，与 Operations Management 共同销售（vSOM）。vSOM 与 vSphere 相同，只是添加了 vCenter Operations Management Suite。本节只介绍 vSphere，但要记住，vSOM 以相同的方式授权和打包。

前面已经介绍了 VMware 软件包及 VMware vCenter Server 的授权方式，在此快速回顾一下。

◆ VMware vCenter Server 入门版，捆绑了 vSphere 基本套件（随后会介绍这些套件）。

◆ VMware vCenter Server 基础版，支持管理最多 3 个 vSphere 主机。

◆ VMware vCenter Server 标准版，包含所有功能，而且不限制可管理的 vSphere 数量（但是有普通规模限制）。vCenter Orchestrator 只包含在 vCenter Server 的标准版中。

除了这 3 个版本的 vCenter Server，VMware 还提供了以下 3 个版本的 VMware vSphere。

◆ vSphere 标准版；

◆ vSphere 企业版；

◆ vSphere 企业升级版。

不再有 vRAM 和 vCPU 限制

熟悉 VMware vSphere 的用户会注意到 VMware 引入了为虚拟机配置大量 vRAM 的概念，它在 vSphere 5 中的作用是授权限制。但在 vSphere 5.1 及后续版本 vSphere 5.5 中，VMware 不再使用 vRAM 作为授权机制，而是将授权限制转移至可分配到虚拟机的大量 vCPU 中。

这 3 个版本主要在各版本支持的特性方面存在差别，虽然各个版本的容量限制不同。尤其是 vSphere 5.5 中缺少的授权在 vRAM 中是有限制的（参考补充内容“不再有 vRAM 和 vCPU 限制”）。

表 1.3 总结了每一种 VMware vSphere 5.5 版本所支持的特性。

表 1.3　　　　　　**VMware vSphere 产品版本概况**

	入门版	入门升级版	标准版	企业版	企业升级版
vCenter Server 兼容性	vCenter Server 入门版	vCenter Server 入门版	vCenter Server 标准版	vCenter Server 标准版	vCenter Server 标准版
vRAM 限额	无限制	无限制	无限制	无限制	无限制
每台虚拟机的 vCPU 数	64	64	64	64	64
vMotion		X	X	X	X
高可用性		X	X	X	X
VMware 数据保护		X	X	X	X
vSphere 复制		X	X	X	X
vShield 终端		X	X	X	X
vSphere 存储设备		X	X	X	X

续表

	入门版	入门升级版	标准版	企业版	企业升级版
容错 （1 vCPU）			X	X	X
存储 vMotion				X	X
分布式资源调度器（DRS） 和分布式电源管理				X	X
用于阵列整合的多路径存 储 API				X	X
大数据扩展				X	X
Reliable Memory				X	X
分布式交换机					X
I/O 控制（网络与存储）					X
主机配置					X
自动部署					X
策略驱动存储					X
Flash Read Cache					X
App HA					X

注：来源 VMware 发布的白皮书"VMware vSphere 5.0 授权、报价和软件包"，可从 www.vmware.com 下载。

　　一定要注意，所有的 VMware vSphere 5.5 版本都支持精简配置、vSphere 更新管理器和用于数据保护的 vSphere 存储 API。表 1.3 中没有添加上述内容，是因为所有版本都支持这些特性。因为合作伙伴、区域及其他因素都可能影响价格，所以这里没有提供任何价格信息。

　　表 1.3 中也没有添加 VSAN，因为它与 vSphere 是分开授权的。

　　在所有版本的 vSphere 中，VMware 要求购买一年的支持与订阅（SnS）服务。唯一例外的是入门版套件，后文会解释这一点。

　　除了上面介绍的各个版本，VMware 还推出了一些软件集，也称为套件。VMware 推出了入门版套件（Essentials Kits）和加速版套件（Acceleration Kits）。

　　入门版套件是面向小型环境的一站式解决方案，最多支持 3 台 vSphere 主机，每个主机最多 2 个 CPU。为了在 3 台主机上配置 2 个 CPU，入门版套件需要 6 份授权。因此，这些限制都属于强制性产品要求。入门版套件有 3 种。

◆ VMware vSphere 入门版；

◆ VMware vSphere 入门升级版；

◆ VMware vSphere 零售与分公司入门版。

这些套件不按 CPU 销售；它们都是包含 3 台服务器的捆绑解决方案。vSphere 入门版包含 1 年的订阅服务；支持服务则是可选的，按事件方式提供。与其他版本类似，vSphere 入门升级版要求购买至少 1 年的 SnS；这部分必须单独购买，不包含在捆绑销售中。

零售与分公司（RBO）套件与"普通"入门版和入门升级版套件的区别仅仅在授权方式上。这些套件按站点进行授权（最少 10 个站点，每个站点最多 3 台主机），客户可以根据需要增加站点。虽然 vCenter Server 标准版必须单独购买，但是同样可以对所有站点进行集中管理。该套件还包含 vCenter Server 入门版。

VMware 还有一种加速版套件，组合了不同的 vSphere 产品套件。加速版套件有以下 3 种。

◆ 标准加速版套件：这个套件包含 1 份 vCenter Server 标准版授权和多份 vSphere 标准版授权。

◆ 企业加速版套件：这个套件包含 1 份 vCenter Server 标准版授权和多份 vSphere 企业版授权。

◆ 企业升级加速版套件：这个套件包含多份 vSphere 企业升级版授权和 1 份 vCenter Server 标准版授权。

虽然入门版套件作为一个单元捆绑销售，但是加速版套件仅仅为客户提供了一次购买所有必要授权的更简单方式。

现在，本节已经介绍了 VMware vSphere 的授权方式，接下来将说明为什么组织要选择使用 vSphere，以及这将给组织带来什么好处。

1.2　为什么选择 vSphere

许多人说过和写过关于采用 VMware 虚拟化解决方案的虚拟化项目的总拥有成本（TCO）和投资回报（ROI）的内容。此处不再重复这些内容，而是主要说明为什么应该选择 VMware vSphere 作为组织的虚拟化平台。

> **在线 TCO 计算器**
>
> VMware 提供了基于 Web 的 TCO 计算器，可以计算采用 VMware 虚拟化解决方案的虚拟化项目的 TCO 与 ROI。该计算器的访问地址是 www.vmware. com/go/calculator。

前面已经介绍了 VMware vSphere 提供的各种特性。为了更好地理解这些特性对于组织的好处，可将其应用到一个虚构的 XYZ 企业中。此处将根据几个不同的场景来分析 vSphere 在各种场景所发挥的作用。

场景 1：XYZ 企业高级管理层要求他们的 IT 团队快速分配 6 个新服务器，用于支持新的业务项目。过去，这样的过程需要先订购硬件，等待硬件到货，在硬件到达后安装设备和布线，再安装操作系统和更新补丁，然后才能安装应用程序。所有这些步骤所需要的时间短则几天，长则几个月，通常都需要几周的时间。现在，如果使用 VMware vSphere，那么 IT 团队就可以使用 vCenter Server 模板功能创建一个虚拟机，安装操作系统和最新补丁，然后快速克隆（复制）这个虚拟机，从而创建出更多的同类虚拟机。现在，他们的分配时间减少为几个小时，甚至几分钟就可以完成。第 10 章将详细介绍这个功能。

　　场景 2：鉴于 IT 团队能够快速地响应新业务项目的需求，XYZ 企业决定继续部署新版本的业务运营应用。然而，公司领导仍旧担心升级当前版本会出现问题。通过使用 ESXi 和 vCenter Server 的快照功能，IT 团队可以"拍下特定时刻的虚拟机照片"，因此当升级过程中出现问题时，只需要直接回滚到快照处，就可以完成恢复。第 9 章将介绍快照功能。

　　场景 3：XYZ 企业对 IT 团队的表现及 vSphere 的功能感到很兴奋，因此希望扩大虚拟化的应用范围。然而，这样就需要升级当前运行 ESXi 的服务器硬件。公司又担心硬件升级过程会产生停机时间。IT 团队使用 vMotion 将虚拟机从一台主机移走，然后轮流升级各个主机，从而完全不会给公司的最终用户带来停机时间。第 12 章将深入介绍 vMotion。

　　场景 4：在使用 vSphere 成功实现基础架构虚拟化之后，XYZ 企业现在发现自己需要新增加一台更大型的共享存储阵列。vSphere 支持光纤通道、iSCSI 和 NFS，这使得 XYZ 可以在机房中选择部署最具成本效益的存储解决方案，而 IT 团队使用 Storage vMotion 完成虚拟机的迁移，完全不会造成停机时间。第 12 章将介绍 Storage vMotion。

　　这些场景概括说明了使用企业级虚拟化解决方案（如 VMware vSphere）实现虚拟化可以给各种组织带来的好处。

使用 VMware vSphere 可以虚拟化什么

本质上，虚拟化意味着您将使用多种操作系统，如微软 Windows、Linux、Solaris 或 Novell NetWare，然后在同一台物理服务器上运行这些操作系统。虽然 VMware vSphere 支持各种操作系统的虚拟化，但是此处无法一一介绍虚拟化如何影响 vSphere 所支持的各个版本的操作系统。

大多数组织主要使用 vSphere 虚拟化微软 Windows，在讨论虚拟化操作系统的过程中，大多数人都会谈论这个操作系统。此外还会遇到虚拟化安装 Linux 的情况，但是大多数时候都是微软 Windows。

如果主要想虚拟化非微软 Windows，那么 VMware 的网站（www.vmware.com）上有关于它所支持的操作系统和 vSphere 如何与这些操作系统交互的信息。

1.3　要求掌握的知识点

1. 明确 vSphere 产品套件中各个产品的作用

　　VMware vSphere 产品套件包括 VMware ESXi 和 vCenter Server。ESXi 提供了基础虚拟化功能，并且支持虚拟 SMP 等特性。vCenter Server 能够管理 ESXi，还包括其他一些功能，如 vMotion、

Storage vMotion、vSphere 分布式资源调度器（DRS）、vSphere 高可用性（HA）和 vSphere 容错（FT）。存储 I/O 控制（SIOC）和网络 I/O 控制（NIOC）支持细致的虚拟机资源控制。用于数据保护的 vSphere 存储 API（VADP）提供了一种备份框架，可用于将第三方备份解决方案整合到 vSphere 实现中。

掌握 1

哪些产品在 VMware vSphere 套件中授权？

掌握 2

在 VMware ESXi 和 VMware vCenter Server 中，有哪两个特性可以一起减少或消除计划外硬件故障所带来的停机时间？

掌握 3

列举 vSphere 5.5 中的两个存储新特性。

2. 理解 vSphere 套件中各个产品的交互与依赖

VMware ESXi 构成了 vSphere 产品套件的基础，但是有一些特性需要使用 vCenter Server。vMotion、Storage vMotion、vSphere DRS、vSphere HA、vSphere FT、SIOC 和 NIOC 等特性需要使用 ESXi 和 vCenter Server。

掌握 1

列举只有在同时使用 vCenter Server 和 ESXi 时才支持的 3 个特性。

掌握 2

列举不需要 vCenter Server 支持但需要 ESXi 授权安装的 2 个特性。

3. 理解 vSphere 与其他虚拟化产品的区别

VMware vSphere 的虚拟机管理程序 ESXi 使用类型 1 裸机虚拟机管理程序，它能够在虚拟机管理程序内部直接处理 I/O。这意味着 ESXi 不需要主机操作系统（如 Windows 或 Linux）就可以工作。虽然其他虚拟化解决方案也将自己标榜为"类型 1 裸机虚拟机管理程序"，但是市场中大多数其他的类型虚拟机管理程序都需要使用"父分区"或"dom0"，而所有虚拟机 I/O 都必须通过它们。

掌握

团队中的一位管理员询问他是否应该在安装 ESXi 的新服务器上安装 Windows Server。应该怎么回答他？为什么？

第 2 章
规划与安装 VMware ESXi

第 1 章已经详细介绍了 VMware vSphere 套件及其应用程序，由此了解到 VMware ESXi 是 vSphere 的基础。虽然安装十分简单，但要成功部署和配置 VMware ESXi，必须正确规划基于 VMware 实现的环境。

本章将介绍以下内容。

◆ 理解 ESXi 的兼容性要求；

◆ 规划 ESXi 部署；

◆ 部署 ESXi；

◆ 执行 ESXi 的安装后配置；

◆ 安装 vSphere C# 客户端。

2.1 规划 VMware vSphere 部署

部署 VMware vSphere 不仅是将服务器虚拟化，和物理服务器一样，vSphere 部署还会影响到存储、网络和安全性。由于这些方面对组织中许多的 IT 组件都会产生重大影响，因此 vSphere 部署的规划过程也变得非常重要。如果没有正确的规划过程，vSphere 实现就会出现诸多风险，包括配置问题、不稳定性、不兼容性和影响成本等风险。

在 vSphere 部署的规划过程中，需要解决下面这些问题（这些仅仅是部分问题）。

◆ 使用哪些类型的服务器作为底层物理硬件？

◆ 使用哪些类型的存储，以及如何将存储连接到服务器？

◆ 如何配置网络？

在某些时候，解决了这些问题，也就解决了其他问题。在解决这些问题之后，也可能转向更难的问题。这些问题包括：vSphere 部署将如何影响员工、业务流程和运营流程？本节并不会解答这些问题；相反，此处只关注技术问题。

---

vSphere 设计本身就不简单

本章的 2.1 节仅仅概括介绍规划与设计 vSphere 部署的相关信息。vSphere 设计本身就是一个非常复杂的问题，足够用一本书来介绍。有兴趣想更详细地了解设计决策和设计影响的读者，可以阅读 2013 年出版的第 2 版 *VMware vSphere Design*（Sybex）。

后面的章节将介绍前面所列的 3 个重要问题（计算平台、存储和网络），因为这些问题是规划 vSphere 部署的关键部分。

2.1.1　选择服务器平台

在规划 vSphere 部署时，第一个重要决策就是选择硬件平台(或"计算"平台)。与传统操作系统(如 Windows 或 Linux) 相比，ESXi 有着更为严格的硬件限制。ESXi 不一定支持市面上所有的存储控制器或网络适配器。虽然硬件限制减少了部署所支持虚拟基础架构的选择，但是它们能够保证硬件经过测试，而且能够按照 ESXi 的要求工作。虽然并非所有供应商或白盒配置都可以运行 ESXi 的主机，但是随着 VMware 测试更多供应商的新设备，它所支持的硬件平台列表会继续增加和变化。

使用 VMware 网站上支持搜索的兼容性指南（网址是 www.vmware.com/resources/compatibility/），用户就可以检查硬件的兼容性。该网站可以快速搜索大量的主流供应商系统，如惠普、思科、IBM 和戴尔。例如，在本书编写时，在 HCG 上搜索惠普（HP）会返回 202 个结果，其中包括支持 vSphere 4.1 U3 和 5.1 版本的刀片服务器和传统机架服务器。在主流供应商中，通常很容易找到支持 ESXi 并通过测试的平台，特别是在硬件的新模块上。如果将硬件列表扩大到其他供应商，那么会有更多 vSphere 支持的兼容服务器可供选择。

用正确的服务器完成正确的工作

选择正确的服务器无疑是保证成功部署 vSphere 的第一步，也是保证 VMware 提供必要支持的唯一方法。但是，要注意第 1 章介绍的内容——服务器并不是越大越好！

寻找支持的服务器仅仅是第一步。同样重要的是要寻找正确的服务器——能够正确平衡容量与经济承受能力的服务器。是否使用更大的服务器，如支持 4 个或更多物理 CPU 和 512GB RAM 的服务器？或者选择较小的服务器，如支持双物理 CPU 和 64GB RAM 的服务器？不断地给服务器增加更多的物理 CPU 和 RAM，会遇到一个回报衰减点。一旦通过这个点，服务器购买和支持的成本就越昂贵，但是服务器可运行的虚拟机数量增加却无法抵销增加的成本。因此，问题在于找到有足够增长空间并且有符合需求的资源数量的服务器模块。

幸好，更深入地了解特定供应商（如惠普）提供的服务器模块，就可以找到各种类型和大小的服务器模块（见图 2.1），其中包括：

◆ 半高 C 级刀片服务器，如 BL460c 和 BL465c ；

◆ 全高 C 级刀片服务器，如 BL685c ；

◆ 双插槽 1U 服务器，如 DL360 ；

◆ 双插槽 2U 服务器，如 DL380 和 DL385 ；

◆ 四插槽 4U 服务器，如 DL580 和 DL585。

注意，图 2.1 的列表上并没有显示 vSphere 5.5。在本书编写时，VMware HCG 还没有更新和添加 vSphere 5.5 的信息。然而，一旦 VMware 更新 HCG 并且供应商完成他们的测试后，就可以使用 VMware 的在线 HCG 查看 vSphere 5.5 的兼容硬件了。

哪一个服务器才是正确选择呢？这个问题的答案取决于很多因素。CPU 内核数量通常被作为一个决定因素，但还应该考虑 RAM 插槽总数。RAM 插槽数量越多，意味着即使使用更低价格和密度的 RAM 模块，同样也可以实现较高的内存配置。此外，还应该考虑服务器扩展方式，如服务器提供的快速外部设备互连（Peripheral Component Interconnect Express，PCIe）总线、扩展插槽和扩展卡。

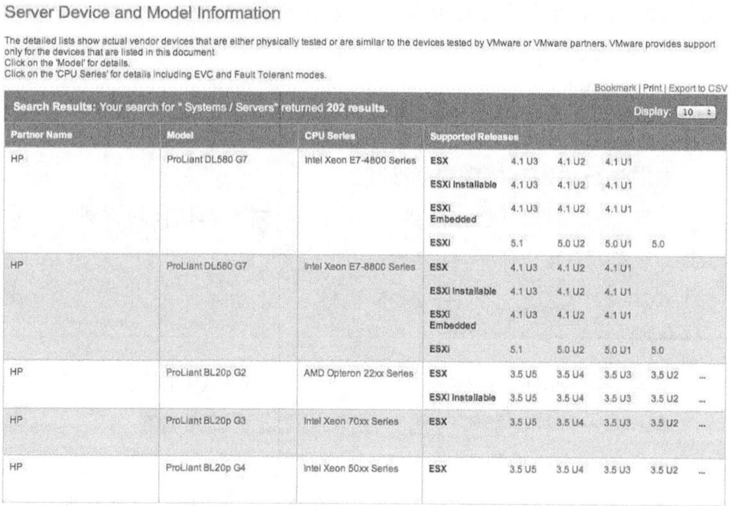

图 2.1　在 HCG 上搜索并发现的各种不同大小与模块的服务器

最后，一定要考虑服务器的成型因子：刀片服务器与机架服务器有各自的优点和缺点。

2.1.2　确定存储架构

选择正确的存储方案是部署 vSphere 过程中要考虑的第二个因素。vSphere 提供的高级特性（如 vSphere DRS、vSphere HA 和 vSphere FT 等），都取决于共享存储架构。虽然我们不会深入讨论存储硬件的特定品牌，但在第 6 章中会介绍 VMware 在 vSphere 5.5 中发布的虚拟 SAN（VSAN）功能。如上所述，由于对共享存储的依赖性，为 vSphere 部署选择正确的存储架构同样是影响 ESXi 服务器硬件选择的重要依据。

HCG 不仅包含服务器信息

VMware 的 HCG 不仅仅包含服务器信息。可搜索的 HCG 还提供了存储阵列及其他存储组件的兼容信息。一定要使用可搜索的 HCG 验证主机总线适配器（HBA）和存储阵列的兼容性，保证其达到适当的 VMware 支持级别。

VMware 还通过产品互操作性矩阵（Product Interoperability Matrix）提供了软件的兼容信息，请参考以下网址：

Http://partnerweb.vmware.com/comp_guide2/sim/interop_matrix.php。

幸好，vSphere 提供了许多开箱即用的存储架构，并且实现了一种模块化、可插拔架构，可以更轻松地支持未来的存储技术。vSphere 支持基于光纤通道和以太网光纤通道（FCoE）的存储、基于 iSCSI 的存储和通过网络文件系统（NFS）访问的存储。此外，vSphere 支持在一种解决方案中使用多种存储协议，因此，vSphere 可以将一部分实现运行在光纤通道上，而另一部分则运行在

NFS 上。这样也能增加存储解决方案的选择灵活性。最后，vSphere 支持基于软件的发生器和基于硬件的发生器（也称为主机总线适配器或聚合网络适配器），所以这是在选择存储方案时必须考虑的另一种方法。

以太网光纤通道支持需要什么

以太网光纤通道（FCoE）是一种相对较新的存储协议。然而，因为 FCoE 在设计上兼容光纤通道，所以对于 ESXi 而言，它的表现、行为和操作都和光纤通道一样。只要有 FCoE 聚合网络适配器（CNA）的驱动程序——同样可以在 VMware HCG 上搜索到，那么 FCoE 支持就不难。

在选择正确的存储解决方案时，必须考虑以下问题。

◆ 哪一种存储能够与现有存储或网络基础架构整合？

◆ 你是否使用过或精通某一些存储？

◆ 这个存储解决方案是否能够在当前环境中实现符合要求的性能？

◆ 这个存储解决方案是否提供了某种形式的 vSphere 高级整合方法？

第 6 章将详细介绍创建和管理存储设备的流程。

2.1.3　整合网络基础架构

在规划过程中，第三个重要决策是如何将 vSphere 整合到现有的网络基础架构上。这个决策一定程度上取决于服务器硬件和存储协议的选择。

例如，一个选择使用刀片服务器的组织可能会发现特定刀片服务器所提供的网络接口卡（NIC）不够用。这会影响 vSphere 实现与现有网络的整合。类似地，有一些组织选择使用 iSCSI 或 NFS，而不使用光纤通道，他们通常不得不在 ESXi 主机上部署更多的 NIC，或者使用 10 吉比特以太网才能容纳传统网络流量。此外，一些组织还需要为 vMotion 和 vSphere FT 预留网卡。

在 10 吉比特以太网流行之前，许多 vSphere 部署环境的 ESXi 都至少有 6 个 NIC，甚至通常有 8、10 或 12 个 NIC。为什么要使用如此多的 NIC 呢？第 5 章将更深入介绍这个问题，另外提供以下一些参考准则。

◆ ESXi 管理网络至少需要 1 个 NIC。强烈推荐增加 1 个冗余 NIC。事实上，如果主机没有为管理网络提供冗余网络连接，那么一些 vSphere 特性（如 vSphere HA）会发出警告信息。

◆ vMotion 需要使用 1 个 NIC。同样，强烈推荐增加 1 个冗余 NIC。这些 NIC 至少应该使用1 吉比特以太网。在某些时候，这些流量可以安全地与 ESXi 管理流量组合在一起，因此可用 2 个 NIC 同时处理 ESXi 管理流量和 vMotion 流量。

◆ 如果使用 vSphere FT 特性，那么至少需要 1 个 NIC。同样推荐增加 1 个冗余 NIC。这个NIC 至少是 1 吉比特以太网 NIC，最好是 10 吉比特以太网 NIC。

◆ 在使用 iSCSI 或 NFS 的部署环境中，至少还需要增加 1 个 NIC，最好是 2 个。这里必须使用 1 吉比特以太网或 10 吉比特以太网。虽然可以使用 1 个 NIC，但是强烈推荐使用 2 个以上 NIC。

◆ 最终，至少要用 2 个 NIC 处理来自虚拟机本身的流量。强烈推荐使用 1 吉比特以太网以上
的链路来传输虚拟机流量。

现在每一台服务器总共需要 8 个 NIC（同样，这里假设管理端和 vMotion 共享一对 NIC）。在
这种部署方案中，还需要保证有数量足够多且速度足够快的网络端口，才能满足 vSphere 部署的需求。
当然，现在讨论的只是 vSphere 的基本网络设计，还不涉及 10 千兆比特以太网、FCoE（这个存储
协议也会影响网络设计）或虚拟交换基础架构等。所有这些因素都会影响网络配置。

使用万兆以太网 NIC

如何将一个 **vSphere** 部署与现有网络基础架构整合，这会涉及许多因素。例如，最近几年万兆以太
网的数据中心变得十分普遍，这种带宽从根本上改变了虚拟网络的设计形式。在一个特殊案例中，
企业希望将现有机架服务器集群升级至 6 个 NIC，再将 2 个光纤通道 HBA 升级至 2 个端口的 10
千兆比特以太网 CAN。这在物理角度和逻辑配置方面都与以前的交换机有着明显的不同。很明显，
这允许主机拥有更大的带宽和更灵活的设计。

最后一个设计是使用 **VMware** 网络 IO 控制（NOIC）和基于负载的组合（Load-Based Teaming,
LBT）在必要的流量类型之间共享带宽，并在网络拥塞时限制带宽。从而在不需要太多复杂配置的
前提下就可以有效使用新的带宽性能。第 5 章将详细介绍网络。

在解决这 3 个问题之后，我们至少已经建立了 vSphere 部署的基本环境。正如前面所介绍，这
一节还没有全面介绍 vSphere 解决方案的设计。但是，建议一定要寻找关于 vSphere 设计的资料，
并且全面考虑设计实践的各个方面，然后再真正开始部署 vSphere。

2.2　部署 VMware ESXi

一旦确定了 vSphere 的设计基础，那么就可以真正开始部署 ESXi 了。

部署 ESXi 的方法主要有以下 3 种。

◆ 交互式安装 VMware ESXi；

◆ 无人干预（脚本化）安装 VMware ESXi；

◆ 自动化分配 VMware ESXi。

在这些方法中，最简单的是交互式安装 ESXi，最复杂的是自动化分配 ESXi。但是，这可能是
功能最强大的方法，具体选择取决于具体的需求和环境。本节将介绍在环境中部署 ESXi 的全部 3
种方法。

首先，从最简单的方法开始：交互式安装 ESXi。

2.2.1　交互式安装 VMware ESXi

VMware ESXi 的交互式安装程序设计得简单、易用，只需几分钟即可安装完成，下面开始介

绍它的安装过程。

执行以下步骤，就可以以交互方式安装 ESXi。

（1）将服务器硬件配置从 CD-ROM 驱动器启动。

在不同的硬件产品上，这个步骤的操作方式各不相同，而且还与安装方式有关，如本地安装或者通过基于 IP 的键盘、视频、鼠标（KVM）或其他远程管理工具进行远程安装。

（2）保证服务器能够访问 VMware ESXi 安装介质。

同样，本地安装和远程安装有不同的具体操作步骤：前者需要在光驱中插入 VMware ESXi 安装 CD；后者通常需要将安装介质映像映射到虚拟光驱，如 ISO 映像。

获取 VMware ESXi 安装介质

安装介质可以从 VMware 网站下载，网址是 www.vmware.com/download/。

（3）启动服务器。

一旦从安装介质启动，服务器就会显示启动菜单界面，如图 2.2 所示。

（4）按 Enter 键，启动 ESXi 安装程序。

安装程序会启动 vSphere 虚拟机管理程序，最后停在欢迎消息界面上。按 Enter 键继续安装。

（5）在最终的用户授权协议（End User License Agreement, EULA）界面上，按 F11键接受 EULA，继续安装。

（6）接下来，安装程序会显示可用于安装或升级 ESXi 的可用磁盘列表。

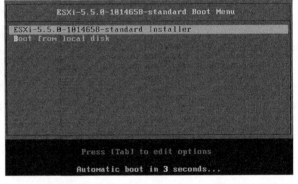

图 2.2　ESXi 安装开始界面上选择从安装程序启动或从本地磁盘启动的选项

可用的设备会被标记为本地设备或远程设备。图 2.3 和图 2.4 显示了两个不同的界面：一个显示本地设备，另一个显示远程设备。

图 2.3　安装程序提供了本地设备和远程设备选项（这里只检测到本地设备）

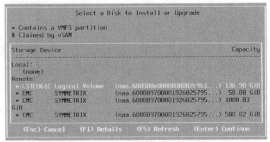

图 2.4　虽然是本地 SAS 设备，但是被列入了远程设备列表

将 ESXi 作为虚拟机运行

从图 2.3 中可以看出，ESXi 5.5 实际上被作为虚拟机运行。是的，ESXi 可以虚拟化。此处使用 VMware 的 Mac OS X 版本桌面虚拟化工具 VMware Fusion，将 ESXi 运行为一个虚拟机实例。在编写本书时，VMware Fusion 的最高版本为 5，正式支持的客户机操作系统是 ESX Server 5。

　　图 2.4 在远程设备列表中显示了存储区域网络逻辑单元号（或 SAN LUN），本地 SAS 设备也在其中。图 2.4 显示有一个 SAS 驱动器连接了 LSI Logic 控制器，虽然该设备在物理上属于 ESXi 所在服务器的本地设备，但是安装程序将其标记为远程设备。

　　如果想要创建一个从 SAN 启动的环境，让每一个 ESXi 主机从一个 SAN LUN 启动，那么这里要选择合适的 SAN LUN。此外，还可以直接安装到 USB 或安全数字（SD）设备上——在列表上选择对应的设备就可以安装。

哪一个安装位置最好

本地设备、SAN LUN、USB，哪一个目标位置最适合安装 ESXi？这些问题的答案取决于 vSphere 部署的整体设计，因此没有统一的答案。许多因素影响这个决策。你的服务器是否只有 iSCSI SAN，而没有 iSCSI 硬件？如果是，那么就无法选择从 SAN 启动。你是否安装到一些像思科 UCS 等环境？在这些环境上，我极力推荐从 SAN 启动。在选择 ESXi 安装位置时，一定要仔细考虑所有这些因素。

　　（7）要了解关于设备的更详细信息，可切换到该设备（高亮），然后按 F1 键。

　　该操作会显示更详细的设备信息，其中包括是否检测到已安装的 ESXi 以及该设备有什么虚拟机文件系统（VMFS）数据存储（如果有），如图 2.5 所示。在阅读完所选设备信息之后，按 Enter 键返回设备选择界面。

　　（8）使用方向控制键选择希望安装 ESXi 的设备，然后按 Enter 键。

　　（9）如果所选设备包含了一个 VMFS 数据存储或已安装了 ESXi，那么它会提示一些操作选项，如图 2.6 所示。选择相应的操作，然后按 Enter 键。

 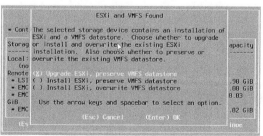

图 2.5　检查是否有 VMFS 数据存储，防止意外覆盖现有数据

图 2.6　可以选择升级或安装 ESXi，以及选择保留或覆盖现有 VMFS 数据存储

可选的操作如下。

◆ 升级 ESXi，保留 VMFS 数据存储：该选项会升级到 ESXi 5.5，同时保留现有的 VMFS 数据存储。

◆ 安装 ESXi，保留 VMFS 数据存储：这个选项会重新安装一份 ESXi 5.5，同时保留现有的 VMFS 数据存储。

◆ 安装 ESXi，覆盖 VMFS 数据存储：这个选项会用新的 VMFS 数据存储覆盖现有的 VMFS 数据存储，同时重新安装一份 ESXi 5.5。

（10）选择键盘布局，按 Enter 键。

（11）输入（并重复输入）root 账号密码。按 Enter 键，继续安装程序。一定要记住所设置的密码——后面需要用它登录。

（12）在最终确认界面上，按 F11 键，继续完成 ESXi 的安装。

在安装过程开始之后，只需要几分钟就可以把 ESXi 安装到所选的存储设备上。

（13）在安装完成（Installation Complete）界面上按 Enter 键，重启主机。

在主机重启之后，ESXi 就完成了安装。ESXi 默认会通过动态主机配置协议（DHCP）获取 IP 地址。在特定的网络配置下，ESXi 可能无法通过 DHCP 获得 IP 地址。在本章的 2.3.2 节中，将介绍在安装 ESXi 之后如何使用直连控制台用户界面（Direct Console User Interface，DCUI）修复网络问题。

VMware 还支持 ESXi 的脚本化安装。正如前面所介绍的，虽然安装 ESXi 并没有太多的交互步骤，但是脚本化 ESXi 安装可以进一步减少部署时间。

从 USB 或网络交互式安装 ESXi

除了从安装 CD/DVD 介质启动 ESXi 安装程序，还可以从 USB 闪盘或通过 Preboot Execution Environment（PXE）（即通过网络）安装 ESXi。关于从 USB 闪盘或由 PXE 启动 ESXi 安装程序的详细信息，参考 www.vmware.com/go/support-pubs-vsphere 网站的《vSphere 安装指南》。注意，从 PXE 启动安装程序不同于从 PXE 启动 ESXi，本书将在 2.2.3 节中介绍这个问题。

2.2.2 执行无人干预的 VMware ESXi 安装

ESXi 支持使用安装脚本（通常称为快捷脚本），它可以自动化安装过程。使用安装脚本，用户就可以创建无人干预安装过程，从而简单快、速地部署多个 ESXi 实例。

ESXi 安装介质上包含一个默认安装脚本。代码清单 2.1 显示了一个默认安装脚本。

代码清单 2.1：ESXi 提供了一个默认安装脚本

```
#
# Sample scripted installation file
#
# Accept the VMware End User License Agreement
vmaccepteula
# Set the root password for the DCUI and Tech Support Mode
rootpw mypassword
# Install on the first local disk available on machine
install --firstdisk --overwritevmfs
# Set the network to DHCP on the first network adapater
network --bootproto=dhcp --device=vmnic0
# A sample post-install script
%post --interpreter=python --ignorefailure=true
import time
stampFile = open('/finished.stamp', mode='w')
stampFile.write( time.asctime() )
```

如果要用该默认安装脚本安装 ESXi，就可以在启动 VMware ESXi 安装程序时添加启动选项：ks=file://etc/vmware/weasel/ks.cfg。后文会介绍如何指定该启动选项。

当然，只有当脚本设置适合环境使用时，默认安装脚本才会生效，否则需要创建一个自定义安装脚本。安装脚本命令与前一个版本 vSphere 所提供的脚本非常相似。下面对 ESXi 安装脚本所提供的部分命令进行分析。

accepteula 或 **vmaccepteula** 这两个命令用于接受 ESXi 授权协议。

install 这个命令表示全新安装 ESXi，而不是升级。使用该命令时，还需要指定以下参数。

--firstdisk 指定安装 ESXi 的磁盘。默认情况下，ESXi 安装程序会先选择本地磁盘，然后才是远程磁盘，最后是 USB 磁盘。在 -firstdisk 命令之后添加逗号分隔的列表，就可以修改选择顺序，如：

```
--firstdisk=remote,local
```

这样就会安装到第一个可用的远程磁盘，然后是第一个可用的本地磁盘。一定要注意，千万不要错误地覆盖原有数据（参见下一组命令）。

--overwritevmfs 或 **--preservevmfs** 这两个命令指定安装程序处理现有 VMFS 数据存储的方式。顾名思义，前者表示覆盖，后者表示保留。

keyboard 这个命令用于指定键盘类型。在安装脚本中，这是一个可选参数。

network 这个命令用于指定所安装 ESXi 主机的网络配置。它是可选参数，但是通常建议配置这个命令。它可以指定不同的配置参数。

--bootproto 将这个参数设置为 dhcp，表示通过 DHCP 分配网络地址；设置为 static，表示手动配置 IP 地址。

--ip 这个参数用于设置 IP 地址。使用 --bootproto=static 时，必须用它设置 IP。IP 地址应该采用带点的十进制格式。

--gateway 这个命令以带点的十进制格式指定默认网关的 IP 地址。在使用 --bootproto=static 时，必须指定网关地址。

--netmask 这个命令以带点的十进制格式指定网络掩码。在使用 --bootproto= static 时，必须指定网络掩码。

--hostname 指定所安装系统的主机名。

--vlanid 如果需要为系统分配一个 VLAN ID，则使用这个命令。如果不指定一个 VLAN ID，那么系统只能响应未标记流量。

--addvmportgroup 这个参数可以设置为 0 或 1，用于控制是否创建一个默认虚拟机网络端口组。0 表示不创建端口组；1 表示创建端口组。

reboot 这个命令是可选的。指定这个命令，安装结束之后系统会自动重启。如果添加参数 --noeject，则不弹出 CD。

rootpw 这是一个必填参数，用于设置系统的 root 用户密码。如果不想以明文方式显示 root 用户密码，则需要使用 --ipscryted 参数，生成加密密码。

upgrade 这个参数表示升级到 ESXi 5.5。upgrade 命令的许多参数与 install 命令相同，而且还有 --deletecosvmdk 参数，它可以在从 ESX 升级到 ESXi 时删除 ESX 服务控制台 VMDK。

上面所列命令并不是 ESXi 安装脚本所包含的全部命令，但是已经包含了大部分经常使用的命令。

在代码清单 2.1 中可以看到，默认安装脚本包含 %post 指令，它可以使用 Python 解释器或 Busybox 解释器附加额外的脚本。虽然代码清单 2.1 并没有附加脚本，但是如果使用 %firstboot，则可以添加 Python 或 Busybox 命令，定制 ESXi 的安装过程。该部分需要添加到安装脚本命令之后、%post 之前的位置。ESXi shell 所支持的所有命令都可以在 %firstboot 中执行，因此 vim-cmd、esxcfg-vswitch、esxcfg-vmknic 等命令都可以组合到安装脚本的 %firstboot 部分。

上一个版本的 vSphere（ESX 或 ESXi）所支持的许多命令，在 ESXi 5.5 的安装脚本中已经不能使用，其中包括：

◆ autopart（由 install、upgrade 或 installorupgrade 替代）；

◆ auth 或 authconfig；

◆ bootloader；

◆ esxlocation；

◆ firewall；

◆ firewallport；

◆ serialnum 或 vmserialnum；

◆ timezone；

◆ virtualdisk；

◆ zerombr；

◆ %firstboot 的 --level 选项。

在创建安装脚本之后，还需要将脚本添加到安装流程中。

在启动选项中指定安装脚本的位置，不仅可以让安装程序使用默认脚本，还可以让它使用所创建的定制安装脚本。安装脚本可以存储在 USB 中，也可以存储在通过 NFS、HTTP、HTTPS 或 FTP 访问的网络位置上。表 2.1 列举了无人干预 ESXi 安装过程中可以使用的启动选项。

表 2.1	无人干预 **ESXi** 安装过程的启动选项
启动选项	**简要说明**
ks=cdrom:/path	使用 CD-ROM 中指定路径的安装脚本。安装程序会检查所有 CD-ROM 驱动器，直到发现与所指定路径相匹配的文件
ks=usb	使用所附加 USB 设备中根目录下名称为 ks.cfg 的安装脚本。安装程序会搜索所有的文件系统格式为 FAT16 或 FAT32 的 USB 设备
ks=usb:/path	使用 USB 设备上指定路径的安装脚本。这里可以指定不同文件名或位置的安装脚本
ks=protocol:/serverpath	使用指定网络位置的安装脚本。支持的协议有 NFS、HTTP、HTTPS 或 FTP
ip=XX.XX.XX.XX	指定一个静态 IP 地址，用于下载安装脚本和安装介质
nameserver=XX.XX.XX.XX	指定域名解析系统（DNS）服务器的 IP 地址，用于解析安装脚本或安装介质的下载地址
gateway=XX.XX.XX.XX	指定用于下载安装脚本和安装介质的默认网关地址
netmask=XX.XX.XX.XX	指定用于下载安装脚本或安装介质的网卡网络掩码
vlanid=XX	配置用于下载安装脚本或安装介质的 VLAN 网卡

这里并没有包含全部启动选项

表 2.1 的列表只包含执行脚本化 ESXi 安装过程中最常用的启动选项。完整的启动选项列表，可参考 VMware 网站（www.vmware.com/go/support-pubs-vsphere）的《vSphere 安装指南》。

要在安装过程中使用一个或多个启动选项，必须在 ESXi 安装程序的启动界面上指定这些参数。安装程序启动界面底部提示：按 Shift+O 组合键，即可编辑启动选项。

以下代码可用于在 HTTP URL 中检索安装脚本；在安装程序启动界面底部的提示符后输入：

```
<ENTER: Apply options and boot> <ESC: Cancel>
> runweasel ks=http://192.168.1.1/scripts/ks.cfg ip=192.168.1.200
netmask=255.255.255.0 gateway=192.168.1.254
```

使用安装脚本安装 ESXi，不仅能够提高安装速度，还有利于保证所有 ESXi 主机都有统一的配置。

最后一种部署 ESXi 的方法是使用 vSphere Auto Deploy（自动部署服务器），它是最复杂的方法，但也是最灵活的安装方法。

2.2.3 使用 vSphere Auto Deploy 部署 VMware ESXi

配置 vSphere Auto Deploy 的模式有 3 种。

◆ 无状态模式；

◆ 无状态缓存模式；

◆ 有状态安装模式。

在无状态模式下使用 Auto Deploy 部署 ESXi 时，实际上并不是在安装 ESXi。它并不会将 ESXi 真正安装到本地磁盘或 SAN 启动 LUN 中，而是创建一个特殊环境，在主机启动时将 ESXi 直接加载到内存中。

在无状态缓存模式下使用 Auto Deploy 部署 ESXi 时与无状态模式的情况相同，只是将映像缓存在服务器本地磁盘或 SAN 启动 LUN 中。如果 Auto Deploy 架构不可用，主机将从本地缓存的映像中启动。

有状态安装模式与无状态缓存模式类似，但是服务器启动顺序是相反的：先启动本地磁盘，再启动网络。如果服务器不命令网络重新启动，则不需要 Auto Deploy 服务。这种模式适用于网络安装机制。

Auto Deploy 使用一组规则（称为部署规则），用于控制为特定 ESXi 映像（称为映像配置文件）分配哪些主机。部署一个新的 ESXi 映像就是简单地修改部署规则，将物理主机指向一个新的映像配置文件，然后在 PXE/ 网络启动选项下重新启动。当主机启动之后，它就会接收到一个新的映像配置文件。

理论似乎很简单，但是在实际部署过程中，还需要完成下面几个步骤。

(1) 创建一个 vSphere 自动部署服务器。这个服务器存储映像配置文件。

(2) 在网络中创建和配置一个简单文件传输协议（TFTP）服务器。

(3) 在网络中配置一个 DHCP 服务器，为启动的主机传输正确的信息。

(4) 使用 PowerCLI 创建一个映像配置文件。

(5) 再使用 PowerCLI 创建一个部署规则，将映像配置文件分配给特定子网的主机。

自动部署的依赖性

本章主要讨论 ESXi 主机的安装方法。但是，vSphere 自动部署依赖于 Host Profiles（主机配置文件），这是 VMware vCenter 中的一项功能。第 3 章将详细介绍安装 vCenter 和配置主机配置文件。

在完成上述 5 个步骤之后，就可以给 ESXi 指定物理主机。在所有配置都完成之后，就开始下面的流程。

（1）当物理服务器启动时，服务器先启动一个 PXE 启动序列。DHCP 服务器会给主机分配一个 IP 地址，提供 TFTP 服务器的 IP 地址和需要下载的启动文件名。

（2）主机与 TFTP 服务器通信，下载指定文件名的启动文件，其中包含一个 gPXE 启动文件和一个 gPXE 配置文件。

（3）当 gPXE 执行时主机会向自动部署服务器发送一个 HTTP 启动请求。该请求包含主机、主机硬件和主机网络等信息。当 gPXE 执行时，这些信息会写回到服务器控制台，如图 2.7 所示。

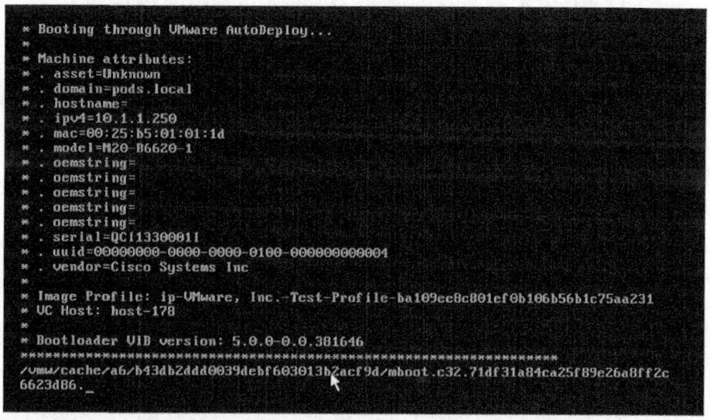

（4）自动部署服务器根据 gPXE 传输的信息（见图 2.7）查找与部署规则相匹配的服务器，并给它分配相应的映像配置文件。然后，自动部署服务器会通过网络将 ESXi 映像发送给物理主机。

图 2.7 在执行网络启动时，服务器控制台显示主机信息

当主机启动结束之后，就得到了一个运行 ESXi 的物理系统。自动部署服务器还能够自动将 ESXi 主机加到 vCenter Server 上，并分配一个主机配置（详见第 3 章），用于执行更多的配置。因此，系统给管理员提供了很强的灵活性和功能。

是否想要开始使用 Auto Deploy 分配 ESXi 主机了呢？现在就开始创建 vSphere 自动部署服务器。

1. 安装 vSphere 自动部署服务器

vSphere 自动部署服务器是存储各种 ESXi 映像配置文件的位置。当一个物理主机启动时，服务器通过 HTTP 将映像配置文件传输给它。映像配置文件就是真正的 ESXi 映像，包含了多个 VIB 文件。VIB 是 ESXi 的软件包；它们可能是驱动程序、通用信息管理（CIM）提供者或其他扩展或增强 ESXi 平台的应用程序。VMware 和 VMware 合作伙伴都可以用 VIB 发行软件。

用户可以在 vCenter Server 服务器所在的系统上安装 vSphere 自动部署服务器，也可以在独立的 Windows Server 系统（肯定也是一个虚拟机）上安装。此外，安装的自动部署服务器会预加载 vCenter 虚拟设备。如果要使用 vCenter 虚拟设备，那么只需要在基于 Web 的管理界面上部署该设

备，然后配置服务。第 3 章将更深入地介绍如何部署 vCenter 虚拟设备。本节将介绍在一个独立的 Windows 系统上部署自动部署服务器的步骤。

执行下面的步骤，安装 vSphere 自动部署服务器。

（1）将 vCenter Server 安装介质连接到用于安装自动部署服务器的 Windows Server 系统上。

如果这是一个虚拟机，则可以将 vCenter Server 的安装 ISO 文件映射到虚拟机的 CD/DVD 驱动器上。

（2）在 VMware vCenter 安装程序界面上，选择 VMware Auto Deploy，然后单击 Install（安装）按钮。

（3）选择安装程序的语言，单击 OK 按钮。

这样就会启动 vSphere 自动部署服务器的安装向导。

（4）在安装向导的第一个界面上，单击 Next 按钮。

（5）单击 Next 按钮，接受 VMware 专利协议。

（6）在授权协议界面上选择 I Accept The Terms（我接受条款），单击 Next 按钮继续安装。

（7）单击 Next 按钮，接受默认的安装位置、默认的库位置及默认的最大库空间。

如果需要修改安装位置，则可以单击其中一个 Change 按钮；如果需要修改库大小，则需要指定一个新值（单位为 GB）。

（8）如果要安装到 vCenter Server 所在服务器之外的独立系统上，则需要指定 vCenter Server 的 IP 地址或自动部署服务器应该注册的主机名。

此外，还需要提供用户名与密码。输入这些信息之后，单击 Next 按钮。

（9）单击 Next 按钮，接受默认的自动部署服务器端口。

（10）单击 Next 按钮，让自动部署服务器使用 IP 地址作为网络标识（如果有多个 NIC，请确保选择了正确的地址）。

（11）单击 Install 按钮，安装自动部署服务器。

（12）单击 Finish（完成）按钮，结束安装。

如果现在回到 vSphere 客户端（如现在未安装，则直接跳到 2.4.1 节，再回到这里），连接 vCenter Server，就可以在 vSphere 客户端的首页上看到一个新的 Auto Deploy 图标。单击该图标，查看所注册的自动部署服务器的信息。图 2.8 显示了在 vCenter Server 上安装并注册了自动部署服务器之后的 Auto Deploy 界面。

以上就是安装自动部署服务器的步骤。在安装并启动运行之后，剩下的工作或配置就是在网络上配置用于支持 vSphere Auto Deploy 的 TFTP 和 DHCP。下一节将概括介绍 TFTP 和 DHCP 配置。

2. 配置自动部署的 TFTP 和 DHCP

配置 TFTP 和 DHCP 的具体步骤与网络所使用的 TFTP 和 DHCP 服务器相关。例如，配置支持用于 vSphere Auto Deploy 的 ISC DHCP 服务器与配置 Windows Server 的 DHCP Server 服务器是截然不同的。因此，本节只能介绍一些基本过程。在实际配置中，可参考具体供应商的文档说明。

（1）配置 TFTP：配置 TFTP 时，只需要将相应的 TFTP 启动文件上传到 TFTP 目录。如图 2.8 所示，超链接 Download TFTP Boot Zip（下载 TFTP 启动压缩文件）指向所需要的文件。用这个链接下载 Zip 压缩文件，将解压缩后的文件上传到 TFTP 服务器的 TFTP 目录上。

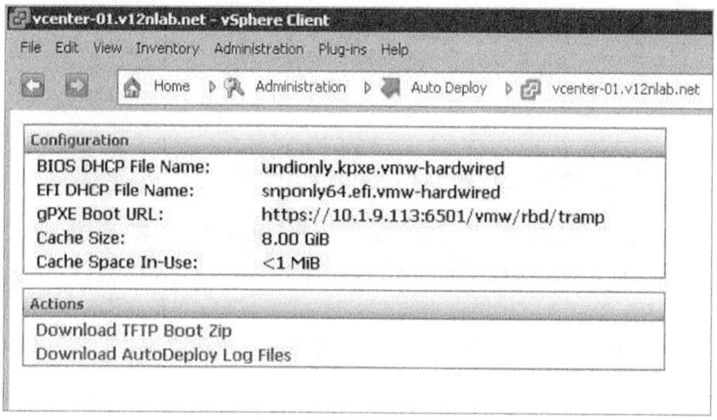

（2）配置 DHCP：配置 DHCP 时，需要指定另外两个 DHCP 选项。

◆ 选项 66，指 next-server 或启动服务器主机名，这里必须指定 TFTP 服务器的 IP 地址。

◆ 选项 67，指 boot-filename 或启动文件名，它应该包含 undionly.kpxe.vmw-hardwired 这个值。

如果要在部署规则中通过 IP 地址指定主机，则需要用一种方法保证主机能够获得预期的 IP 地址。可以使用 DHCP 保留地址来实现这个效果，但是一定要在保留地址中加入选项 66 和 67 指定的地址。

一旦配置了 TFTP 和 DHCP，就可以开始使用 PXE 启动服务器，但应先创建映像配置文件以部署 ESXi。

3. 创建一个映像配置文件

一开始，创建映像配置文件的过程似乎有些违反常规。创建映像配置文件时，首先要至少添加一个软件仓库（software depot）。软件仓库可以是 HTTP 服务上的一个文件和文件夹目录结构，或者（更常见的是）是一个压缩文件形式的离线仓库。用户可以添加多个软件仓库。

有一些软件仓库已经定义了一个或多个映像配置文件，用户还可以定义更多的映像配置文件（通常可以通过克隆现有映像配置文件实现）。然后，就能够在创建的映像配置文件上添加软件包（以 VIB 的形式）。一旦在映像配置文件上添加或删除软件包或驱动程序，就可以导出该映像配置文件（导出为一个 ISO 文件或者用作离线仓库的 Zip 压缩文件）。

所有映像配置文件任务都可以使用 PowerCLI 实现，所以一定要在系统上安装 PowerCLI，才能够执行这些任务。第 14 章将介绍 PowerCLI 及其他自动化工具。在本节后面的内容中，将一步步介绍如何基于 ESXi 5.5.0 离线仓库 Zip 压缩文件（可供注册用户下载）创建一个映像配置文件。

执行下面的步骤，创建一个映像配置文件。

（1）在 PowerCLI 命令提示符上，使用 Connect-VIServer 命令工具连接 vCenter Server。

（2）使用 Add-EsxSoftwareDepot 命令，添加 ESXi 5.5.0 离线仓库文件。

```
Add-EsxSoftwareDepot C:\vmware-ESXi-5.5.0-XXXXXX-depot.zip
```

（3）重复执行 Add-EsxSoftwareDepot 命令，根据需要添加其他软件仓库。将下列代码添加至在线仓库文件。

图 2.8 vCenter Server 注册自动部署服务器的信息

```
Add-EsxSoftwareDepot
http://hostupdate.vmware.com/software/VUM/PRODUCTION/main/vmw-depot-
index.xml
```

（4）使用 Get-EsxImageProfile 命令，列出当前所有可见仓库下的所有映像配置文件。

（5）要创建一个新的映像配置文件，则需要使用 New-EsxImageProfile 命令，克隆一个现有的配置（现有配置一般是只读的）。

```
New-EsxImageProfile-CloneProfile"ESXi-5.5.0-XXXXXX-standard"-Name "My_
Custom_Profile"
```

一旦创建了映像配置文件，就可以通过添加 VIB 定制映像配置文件，或者导出映像配置文件。有时候我们需要导出映像配置文件，如果退出用于创建映像配置文件的 PowerCLI 会话，然后重新启动新的会话，就无法使用之前创建的映像配置文件。如果将映像配置文件导出为 Zip 压缩文件格式的离线仓库，就可以在新启动的会话中轻松添加这个映像配置文件。

执行以下代码，可以将一个映像配置文件导出为一个 Zip 压缩文件格式的离线仓库。

```
Export-EsxImageProfile -ImageProfile "My_Custom_Profile" -ExportToBundle -
FilePath "C:\path\to\ZIP-file-offline-depot.zip"
```

当在一个新启动的 PowerCLI 会话中处理映像配置文件时，使用 Add-EsxSoftware Depot 命令，可以直接添加这个离线仓库。

最后一步是建立部署规则，将映像配置文件链接到服务器，就可以在启动时将 ESXi 分配到服务器上。下一节将开始介绍这个步骤。

4. 建立部署规则

部署规则与 vSphere Auto Deploy 的关系就像是"在马路上跑的橡胶轮胎"。定义一个部署规则，就是将一个映像配置文件链接到一个或多个物理主机上。这时，vSphere Auto Deploy 会将特定映像配置文件中定义的所有 VIB 复制到自动部署服务器，这样主机就可以访问这些 VIB。一旦创建了部署规则，实际上就开始通过 Auto Deploy 分配主机（当然，假设所有其他方面已经就绪且正确运行）。

和映像配置文件一样，部署规则也通过 PowerCLI 管理。使用 New-DeployRule 和 Add-DeployRule 命令，可以分别定义新的部署规则和将它们添加到有效的规则集中。

执行下面的步骤，就可以定义一个新的部署规则。

（1）在之前连接 vCenter Server 和定义映像配置文件的 PowerCLI 会话中，使用 New-DeployRule 命令，定义一个新的部署规则，可以将一个映像配置文件映射到物理主机上。

```
New-DeployRule -Name "Img_Rule " -Item "My_Custom_Profile" -Pattern
"vendor=Cisco", "ipv4=10.1.1.225,10.1.1.250"
```

这条规则将映像配置文件 My_Custom_Profile 分配给所有供应商字符串为"Cisco"的主机，并且将它们的 IP 地址设置为 10.1.1.225 或 10.1.1.250。此外，也可以指定一个 IP 地址范围，如

10.1.1.225 ～ 10.1.1.250（用连字符分隔 IP 地址起止范围）。

（2）接下来，创建一条部署规则，将 ESXi 主机分配给 vCenter Server 的一个集群。

```
New-DeployRule -Name "Default_Cluster" -Item "Cluster-1" -AllHosts
```

在注册自动部署服务器的 vCenter Server 上，将这条规则分配到它的集群 Cluster-1 所包含的全部主机上（前面提到过，自动部署服务器必须注册到一个 vCenter Server 实例上）。

（3）将这些规则添加到有效的规则集中。

```
Add-DeployRule Img_Rule
Add-DeployRule Default_Cluster
```

只要往有效的规则集中添加部署规则，vSphere Auto Deploy 就会在必要时将 VIB 上传到自动部署服务器，从而满足所定义规则的要求。

（4）使用 Get-DeployRuleSet 命令，确认这些规则已经被添加到有效的规则集中。

在创建好部署规则之后，现在就可以通过 Auto Deploy 分配主机。启动与所定义部署规则相匹配的物理主机，它的启动顺序应该和本节开头所介绍的启动顺序一样。图 2.9 显示了通过 vSphere Auto Deploy 启动 ESXi 的过程。

图 2.9 注意在 ESXi 启动过程中使用 Auto Deploy 和 ESXi 传统安装方法的区别

到现在，大部分读者都应该已经体会到自动部署的灵活性了。如果需要部署一个新的 ESXi 映像，只需要定义一个新的映像配置文件（必要时使用新的软件仓库），给该映像配置文件分配一条部署规则，然后重启物理服务器。当物理服务器启动之后，它们会通过 PXE 启动最新分配的 ESXi。

当然，还需要解决其他一些问题，才能保证这种方法能够被有效执行。

◆ 映像配置文件并不包含任何 ESXi 配置状态信息，如虚拟交换机、安全设置、高级参数等。在 vCenter Server 中，主机配置文件负责存储配置状态信息，并且会自动将这些配置信息下发到主机上。你可以使用一条部署规则分配主机配置文件，或者可以将主机配置文件分配给一个集群，然后使用一条部署规则将主机加到集群上。第 3 章将更深入介绍主机配置文件。

◆ 日志文件、生成的私钥等状态信息存储在主机内存中，它们在重启后会丢失。因此，还必须配置额外的设置，如创建用于捕捉 ESXi 日志的系统日志。否则，每当主机重启时，重要的操作系统都会丢失。这些状态信息的配置可以被捕捉到一个主机配置文件中，然后再分配给一个主机或集群。在 Auto Deploy 无状态模式下，因为 ESXi 映像不包含配置状态，而且也不记录动态状态信息，所以被认为是无状态 ESXi 主机。所有状态信息都存储在其他位置，而不存储在主机本身。

Real World Scenario

保证 Auto Deploy 可用

Nick Marshall 说过，"当客户使用 vSphere 5.0 Auto Deploy 时，我们要保证 Auto Deploy 组件的高可用性。这意味着设计负责启动和部署 ESXi 主机的基础架构要更加复杂。部署在主机中的 PXE、Auto Deploy 和 vCenter 虚拟机等服务在单独的管理集群中都不支持使用 Auto Deploy。

按照高度可用的 Auto Deploy 在 vSphere 文档中的最佳实践标准，在 SAN 中创建一个单独的可在本地安装或启动的集群可以保证不出现"将所有鸡蛋都装在一个篮子里"的情况。请确保在完全虚拟的环境中，使用 Auto Deploy 分配 ESXi 主机的虚拟机未在它们需要创建的 ESXi 主机上运行。"

5. 无状态缓存模式

除非 ESXi 主机硬件没有本地磁盘或可启动的 SAN 存储，否则不建议考虑其他两种 Auto Deploy 模式。这些模式在 Auto Deploy 服务不可用时，可为主机提供复原能力。

按照配置无状态模式的步骤及附加步骤，就可以配置无状态缓存模式。

（1）在 vCenter 中，转到 vCenter → Home → Host Profiles。

（2）创建一个新的主机配置文件或编辑现有的主机配置文件并附加到主机中。

（3）在 Advanced Configuration Settings 下转到 System Image Cache Configuration。

（4）选择 Enable Stateless Caching On The Host。

（5）输入磁盘配置详细信息，使用 2.2.2 节中介绍的代码清单，默认填入第一个可用磁盘，如图 2.10 所示。

（6）单击 Finish，结束 Host Profile 向导。

（7）配置 BIOS 主机的启动顺序，先启动网络，再启动本地磁盘。服务器类型不同，此过程步骤也会有所不同。

（8）重启主机，完成添加新的 Auto Deploy 映像和新的主机配置文件。

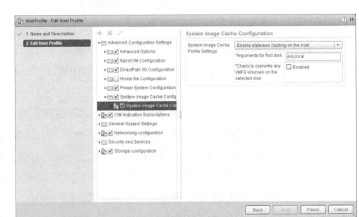

图 2.10　编辑主机配置文件，在本地磁盘中运行无状态式缓存模式

该配置命令 ESXi 主机将 Auto Deploy 映像加载于内存中，并在成功启动后保存至本地磁盘。当主机重启后网络或 AutoDeploy 不可用时，该过程会退回并启动本地磁盘中的缓存副本。

6. 有状态模式

与有状态缓存模式类似，Auto Deploy 有状态模式是通过在 vCenter 内编辑主机配置文件并在 BIOS 主机内启动顺序设置进行配置的。

（1）在 vCenter 中，转到 vCenter → Home → Host Profiles。

（2）创建一个新的主机配置文件或编辑现有的主机配置文件并附加到主机中。

（3）在 Advanced Configuration Settings 下转到 System Image Cache Configuration。

（4）选择 Enable Stateful Installs On The Host。

（5）输入磁盘配置详细信息，使用 2.2.2 节中介绍的代码清单，默认填入第一个可用磁盘，如图 2.10 所示。

（6）单击 Finish，结束 Host Profile 向导。

（7）配置 BIOS 主机的启动顺序，先启动本地磁盘，再启动网络。服务器类型不同，此过程步骤也会有所不同。

（8）主机以维护模式启动，在主机 Summary 选项下单击 Remediate Host 以应用主机配置文件。

（9）为主机提供 IP 地址，然后重启主机。

（10）重启之后，主机以"正常工作"的 ESXi 主机形式运行于本地磁盘中。

vSphere 自动部署具有一些突出的优点，特别是在需要管理大量 ESXi 主机的环境中，但这也增加了其复杂性。如前所述，这都取决于 vSphere 部署的设计和需求。

2.3 执行安装后配置

无论是从 CD/DVD 安装 ESXi 还是执行无人干预安装 ESXi，在安装完成之后，某些特定环境配置下还（可能）需要执行几个安装后配置步骤。下面的章节将介绍这些步骤。

2.3.1 安装 vSphere C# 客户端

对于那些习惯了从服务器控制台（甚至远程桌面）管理微软 Windows 服务器的 IT 人员而言，这会让他们很吃惊，但是 ESXi 并没有提供服务器控制台。相反，你必须使用 vSphere 客户端。

在早期版本中，ESXi 和 vCenter 都由 C# 客户端管理。vSphere 5.0 介绍了 Web 客户端。虽然 Web 客户端的第一次迭代功能不如 C# 客户端丰富，但在 vSphere 5.1 和 5.5 中，这种情况发生了改变。为了能够明确区分，以下内容将使用 vSphere 客户端和 Web 客户端这两个术语。

vSphere 客户端是一个 Windows 应用程序，它可以直接连接到一个 ESXi 主机或 vCenter Server 环境。它们的唯一区别是，直接连接 ESXi 主机需要验证指定主机的用户账号，而连接 vCenter Server 环境则使用 Windows 用户验证。此外，vSphere 客户端的一些特性只能在连接到 vCenter Server 环境时使用，如初始化 vMotion。

学习使用新的用户界面

对于习惯使用 **vSphere** 客户端的用户来说可能有些不太适应,但学习使用基于网络的新型客户端也是很有必要的。虽然在 **vSphere** 客户端中可以执行许多传统任务,但是在使用 **vSphere 5.5** 时,Web 客户端可以帮助解锁所有有潜力的功能。本书将重点讨论 **vSphere Web** 客户端,除非在直接管理主机(例如本章的例子)或在 **vSphere Web** 客户端中使用 **vSphere** 客户端插件不可用的情况下。

使用 vCenter Server 安装介质,就可以安装 vSphere 客户端。图 2.11 显示了在 VMware vCenter 安装程序中选择安装 vSphere 客户端。

在前一个版本的 VMware vSphere 中,最简单的安装方法是直接使用 Web 浏览器连接一个 ESX/ESXi 主机或 vCenter Server 实例,然后单击网页上下载 vSphere 客户端的超链接。在 vSphere 5.0 中,ESXi 主机的 vSphere 客户端下载链接并没有指向本地安装文件,而是指向 VMware 网站的文件下载地址。但是,vCenter Server 5.5 的 vSphere 客户端下载链接仍然指向本地的 vSphere 客户端安装程序。

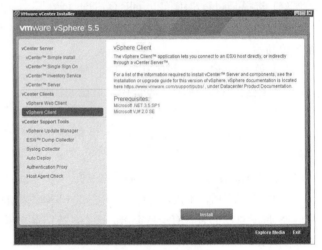

图 2.11 用户可以直接从 vCenter Server 安装介质安装 vSphere 客户端

因为这时可能还没有安装 vCenter Server——这是第 3 章的主要内容,所以此处会一步步介绍如何从 vCenter Server 安装介质安装 vSphere 客户端。无论从哪里获得安装程序,在安装向导启动之后,整个过程都是完全相同的。另外值得注意的是,ESXi 不能在 Web 客户端中直接进行管理,所以必须安装两个客户端。详见第 3 章。

执行下面的步骤,就可以从 vCenter Server 安装介质安装 vSphere 客户端。

(1) 将 vCenter Server 安装介质添加到将要安装 vSphere 客户端的系统 CD/DVD 上。

如果在 Windows 虚拟机上安装 vSphere 客户端,那么必须通过虚拟 CD/DVD 映像挂载 vCenter Server 安装 ISO 映像。参考第 7 章中关于附加虚拟 CD/DVD 映像的方法。

(2) 如果 AutoRun 没有自动启动 VMware vCenter 安装程序(见图 2.11),则需要打开 CD/DVD 内容,双击 Autorun.exe。

(3) 在 VMware vCenter 安装程序的主界面上单击 VMware Product Installers 下的 vSphere Client,然后单击 Install(安装)按钮。

(4) 选择安装程序的语言,单击 OK 按钮。

（5）在 Virtual Infrastructure Client Wizard（虚拟基础架构客户端向导）的欢迎页上单击 Next 按钮。

（6）在 End User Patent Agreement（最终用户专利协议）界面上单击 Next 按钮。

（7）选择 The License Agreement（授权协议）界面的 I Accept The Terms（我接受条款），单击 Next 按钮。

（8）指定用户名和单位名称，单击 Next 按钮。

（9）配置目标文件夹，单击 Next 按钮。

（10）单击 Install 按钮，开始安装。

（11）如果出现提示窗口，则选择 The License Agreement（授权协议）界面的 I Have Read And Accept The Terms（我已阅读并接受条款），单击 Install 按钮，安装微软 .NET 框架，这是 vSphere 客户端的安装必要条件。

（12）当 .NET 框架安装完成时（如果顺利），单击 Exit（退出）按钮，继续进行 vSphere 客户端的剩余安装步骤。

（13）单击 Finish（结束）按钮，结束安装过程。出现提示时，重新启动计算机。

---

64 位与 32 位

虽然 vSphere 客户端支持且可以安装到 64 位 Windows 操作系统上，但是 vSphere 客户端本身是一个 32 位应用程序，只能运行在 32 位兼容模式下。

2.3.2 重新配置管理网络

在 ESXi 安装过程中，安装程序会创建一个虚拟交换机——也称为 vSwitch，它会绑定到一个物理 NIC。在一些特定的服务器硬件上，最容易出现问题的安装程序可能会选择另一个物理 NIC，而它又恰恰不能成功连接网络。假设在图 2.12 所描述的场景中，如果 ESXi 安装程序因为某种原因无法将正确的物理 NIC 链接到它创建的 vSwitch 上，那么这个主机就无法连接网络。第 5 章将更详细地介绍为什么 ESXi 的网络连接必须配置正确的 NIC，但是现在只需要知道这是连接的必要条件。一定需要网络连接才能从 vSphere 客户端管理主机，那么现在该如何修复这个问题呢？

修复这个问题的最简单方法是拔下服务器后面以太网端口的网线，逐一尝试连接

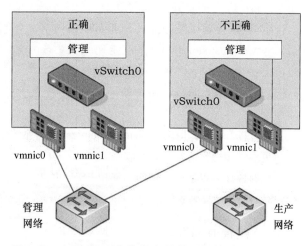

图 2.12 如果 ESXi 安装程序给管理网络链接了错误的 NIC，那么它将无法建立网络连接

其余端口，直到能够访问主机，但是这种方法并不一定有效或可行。更好的方法是使用 DCUI，重新配置管理网络，这样才能实现我们想要的配置效果。

执行下面的步骤，使用 DCUI 修复 ESXi 的管理 NIC。

（1）以物理方式或通过远程控制台解决方案（如基于 IP 的 KVM）访问 ESXi 主机的控制台。

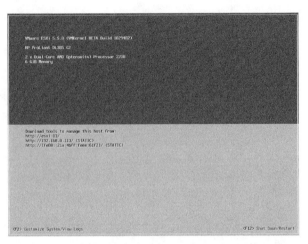

（2）在图 2.13 所示的 ESXi 首页，按 F2 键显示 Customize System/View Logs（自定义系统 / 视图日志）。如果设置了 root 用户密码，则需要输入 root 用户密码。

（3）在 System Customization（系统定制）菜单上选择 Configure Management Network（配置管理网络），按 Enter 键。

（4）在 Configure Management Network（配置管理网络）菜单上选择 Network Adapters（网络适配器），按 Enter 键。

图 2.13 ESXi 首页提供了定制系统及重启或关闭服务器的选项

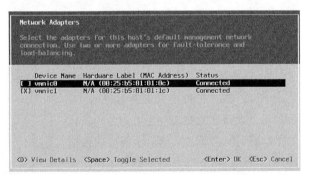

（5）使用空格键选择用于连接系统管理网络的若干网络适配器，如图 2.14 所示。完成后，按 Enter 键。

（6）按 Esc 键，退出 Configure Management Network（配置管理网络）菜单。当提示应用变更和重启管理网络时，按 Y 键。

给 ESXi 管理网络分配正确的 NIC 之后，System Customization（系统定制）菜单就会提供一个 Test Management Network（测试管理网络）选项，用于验证网络连接性。

图 2.14 如果给 ESXi 管理网络分配的 NIC 不正确，则可以选择另一个 NIC

（7）按 Esc 键，退出 System Customization（系统定制）菜单，返回 ESXi 首页。

更多详细内容请参考第 5 章。

此时应该可以通过管理网络连接 ESXi 主机，然后使用 vSphere 客户端执行其他配置任务，如配置时间同步和域名解析。

2.3.3　配置时间同步

ESXi 的时间同步是一个重要配置，因为时间错误的影响很严重。虽然保证为 ESXi 配置正确的时间有些难度，但是时间同步问题可能会影响一些特性的正常执行，如性能图、SSH 密钥过期时间、

NFS 访问、备份作业、身份验证等。在安装 ESXi 之后，或者在使用安装脚本执行无人干预 ESXi 安装时，主机应该配置为通过可靠的时间源执行时间同步。这个时间源可能是网络中的另一台服务器，也可能是位于互联网的时间源。为了管理时间同步，最简单的方法是让所有服务器同步一台可靠的内部时间服务器，然后再让这台内部时间服务器同步一台可靠的互联网服务器。ESXi 提供了一个网络时间协议（Network Time Protocol，NTP），它可以提供这个功能。

配置 ESXi 时间同步的最简单方法是使用 vSphere 客户端。执行下面的步骤，就可以使用 vSphere 客户端启用 NTP。

（1）使用 vSphere 客户端，直接连接 ESXi 主机（如果这时正在运行 vCenter Server，则可以选择连接安装的 vCenter Server）。

（2）从左边的目录树选择主机名，单击右边明细面板的 Configuration（配置）选项卡。

（3）选择 Software（软件）菜单的 Time Configuration（时间配置）。

（4）单击 Properties（属性）链接。

（5）在 Time Configuration（时间配置）对话框中，选择 NTP Client Enabled（启用 NTP 客户端）。

（6）在 Time Configuration（时间配置）对话框中，单击 Options（选项）按钮。

（7）选择 NTP Daemon (ntpd) Options 对话框左边的 NTP Settings（NTP 设置）选项，给列表添加一个或多个 NTP，如图 2.15 所示。

（8）勾选 Restart NTP service to apply changes（重启 NTP 服务，应用变更）复选框；单击 OK 按钮。

（9）单击 OK 按钮，返回 vSphere 客户端。Time Configuration（时间配置）区域将显示最新的 NTP 服务器。

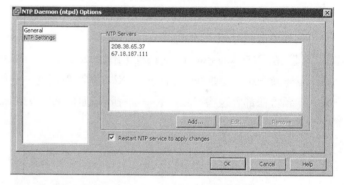

图 2.15　指定 NTP 服务器，让 ESXi 自动保持时间同步

有些读者可能已经注意到，通过这种方式使用 vSphere 客户端启用 NTP，也会让 NTP 流量自动通过防火墙。这一点可以用 2 个方法验证：一是 Tasks（任务）面板中会出现一条"Open Firewall Ports（开放防火墙端口）"记录；二是单击 Software（软件菜单）下的 Security Profile（安全配置文件），也可以看到 Outgoing Connections（外出连接）下有一条 NTP Client（NTP 客户端）记录。

选择 Windows 作为可靠时间服务器

执行下面的步骤，可以将一个现有的 Windows 服务器配置为可靠的时间服务器。

① 使用 Group Policy Object（组策略对象）编辑器，转到 Administrative Templates → System → Windows Time Service → Time Providers。

② 启动 Enable Windows NTP Server Group Policy 选项。

③ 转到 Administrative Templates → System → Windows Time Service。

④ 双击 Global Configuration Settings 选项，选择 Enabled。

⑤ 将 AnnounceFlags 选项设置为 4。

⑥ 单击 OK 按钮。

2.3.4 配置域名解析

对于 vSphere 环境来说，域名解析与时间同步一样重要。虽然 vSphere 对于域名解析的依赖程度较小，但是如果没有适当的域名解析，有些功能则无法按照预期工作。

在 vSphere 客户端中配置域名解析十分简单。

（1）使用 vSphere 客户端，直接连接 ESXi 主机（如果这时正在运行 vCenter Server，则可以选择连接安装的 vCenter Server）。

（2）从左边的目录树选择主机名，单击右边明细面板的 Configuration 选项卡。

（3）从 Software 菜单选择 DNS And Routing。

（4）单击 Properties 链接。

（5）在 DNS And Routing 对话框中添加 DNS 服务器的 IP 地址。

这一章介绍了在数据中心部署 ESXi 时需要做出的一些产品选择，也介绍了如何使用交互式和无人干预方法部署这些产品。下一章将介绍如何部署 VMware vCenter Server，这是虚拟化环境的一个重要组件。

2.4 要求掌握的知识点

1. 理解 ESXi 兼容性需求

与 Windows 或 Linux 等传统操作系统不同，ESXi 有更严格的硬件兼容性要求。这样有利于保证稳定且经过测试的产品线，使之能够支持最高级关键任务应用程序。

掌握

你有一些较老的服务器，并希望在上面部署 ESXi。它们并不在硬件兼容性指南上。它们是否能够运行 ESXi？

2. 规划 ESXi 部署

部署 ESXi 会影响到组织的许多方面——不仅涉及服务器团队，也涉及网络团队、存储团队和安全团队。这里有许多问题需要考虑，其中包括服务器硬件、存储硬件、存储协议或连接类型、网络拓扑和网络连接。规划不当会导致不稳定和无法支持的实现结果。

掌握 1

列出 vSphere 设计必须考虑的 3 个网络问题。

掌握 2

ESXi 可以安装在几种不同类型的存储上？

3. 部署 ESXi

ESXi 可以安装到任何支持和兼容的硬件平台上。有 3 种方法可以部署 ESXi：以交互方式安装、执行无人干预安装或者使用 vSphere Auto Deploy，在启动时直接分配 ESXi。

掌握 1

你的经理要求你提供一个无人干预安装脚本，在使用 vSphere Auto Deploy 时用它来部署 ESXi。你是否能够做到？

掌握 2

列出使用 vSphere Auto Deploy 分配 ESXi 主机的 2 个优点和 2 个缺点。

4. 执行 ESXi 的安装后配置

在 ESXi 安装之后，需要执行另外一些配置步骤。例如，如果给管理网络分配了错误的 NIC，那么服务器将无法通过网络访问。你还需要配置时间同步。

掌握

你已经在服务器上安装了 ESXi，但是无法打开欢迎页面，而且服务器也无法连接。这是什么问题？

5. 安装 vSphere C# 客户端

ESXi 是通过 vSphere C# 客户端管理的。这个客户端是一个只支持 Windows 平台的应用程序，它提供了管理虚拟化平台的功能。有多个途径可以获得 vSphere 客户端安装程序，其中包括直接从 VMware vCenter 安装程序运行，或者使用 Web 浏览器从 vCenter Server 提供的 IP 地址下载。

掌握

列出 2 种安装 vSphere 客户端的方法。

第 3 章

安装与配置 vCenter Server

在大多数现代信息系统中，客户机—服务器架构占据主流地位。这主要是因为客户机—服务器架构能够集中管理资源，并且能够以简单的方式向最终用户和客户系统提供资源访问。信息系统过去存在于一种扁平的端到端模式，每一个需要访问资源的系统都必须添加用户账号，而且还需要增加额外管理负载，才能够实现资源访问。这就像在不使用 vCenter Server 的前提下管理包含大量 ESXi 主机的大型基础架构一样。vCenter Server 将客户机—服务器架构的优点带到了 ESXi 主机和虚拟机管理上。

本章将介绍以下内容：

◆ 认识 vCenter Server 的组件与作用；

◆ 规划 vCenter Server 部署；

◆ 安装和配置 vCenter Server 数据库；

◆ 安装和配置 SSO 服务；

◆ 安装和配置目录服务；

◆ 安装和配置 vCenter Server；

◆ 安装和配置 Web 客户端服务；

◆ 使用 vCenter Server 的管理特性。

3.1 vCenter Server 简介

随着虚拟基础架构规模的增长，从一个中央位置管理基础架构的能力也变得越来越重要。vCenter Server 是一个应用程序，它可以作为 ESXi 主机及其虚拟机的中央管理工具。vCenter Server 可以作为一个代理端，它可以在 vCenter Server 环境所包含的各个 ESXi 主机上执行任务。正如第 1 章所介绍的，VMware 在 vSphere 的每一个套件和版本上包含了 vCenter Server 授权，这也突显了 vCenter Server 的重要性。虽然 VMware 提供了许多不同版本的 vCenter Server（vCenter Server 入门版、vCenter Server 基础版和 vCenter Server 标准版），但是本书主要介绍 vCenter Server 标准版。

虽然 VMware 有许多其他产品，但 vCenter 是将所有产品结合在一起的中央集成点。vCloud Director、vCloud Automation Center、Site Recovery Manager 和 vCenter Operations Manager 等软件都依赖于 vCenter Server 实例。在整本书中，介绍的许多 vSphere 高级功能都通过 vCenter Server 实现。

具体地，vCenter Server 提供了以下方面的核心服务：

◆ ESXi 主机与虚拟机的资源管理；

◆ 模板管理；

◆ 虚拟机部署；

◆ 虚拟机管理；

◆ 任务调度；

◆ 统计与日志；

◆ 警报与事件管理；

◆ ESXi 主机管理。

图 3.1 概括了 vCenter Server 提供的核心服务。

vCenter Server 有两种不同的安装方式：一种传统方法是安装于 Windows 服务器中的一个应用程序；另一种全新格式则是作为一个基于 Linux 的虚拟设备。第 10 章将更详细地介绍这些虚拟设备，但是现在只需要知道这个 vCenter Server 虚拟设备（即 VCVA 或 VCSA）能够快速、方便地在 SuSE Linux 上部署完整的 vCenter Server。

由于 vCenter Server 包含大量的特性，因此大部分核心服务都将在后续章节中介绍。例如，第 9 章将介绍虚拟机部署、虚拟机管理和模板管理。第 11 章和第 12 章将介绍 ESXi 主机与虚拟机的资源管理，第 13 章则介绍警报。本章主要介绍 ESXi 主机管理，但是也会介绍任务调度、统计和日志及事件管理。

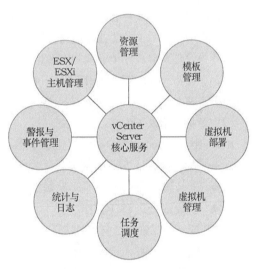

图 3.1 vCenter Server 提供了全面的虚拟化管理功能

vCenter Server 还有另外几个重要特性确实不能算是核心服务。相反，这些底层特性的作用是支持 vCenter Server 提供的核心服务。为了帮助读者完全理解 vCenter Server 在 vSphere 部署中的作用，此处需要再详细说明以下几点：

◆ 集中用户验证；

◆ Web 客户端服务器；

◆ 目录系统；

◆ 可扩展框架。

3.1.1 使用 vCenter SSO 实现集中用户验证

集中用户验证并不是 vCenter Server 的核心服务，但是它是 vCenter Server 运行方式的重点，也是减少 vCenter Server 给 vSphere 实现带来的管理过载的重要方式。第 2 章介绍了在 ESXi 主机本地创建和存储用户账号时如何验证用户身份。一般而言，如果没有 vCenter Server，就需要在每一个 ESXi 主机上为每一个需要访问服务器的管理员创建单独的用户账号。随着需要访问这些主机的 ESXi 主机和管理员数量的增加，需要管理的账号数量也会按指数级增加。有一些方法可以解决这个问题，其中一个方法是将 ESXi 主机整合到 Active Directory 中，详见第 8 章。在本章中，假设只使用本地账号，但是一定要注意，使用 Active Directory 整合 ESXi 主机确实能够解决这个问题。但是，相对其他方法，集中管理 vCenter Server 用户验证通常可以显著简化管理。

在只有一两个 ESXi 主机的虚拟化基础架构中，管理工作并不是问题。管理少数服务器并不会占用太多人力，而且创建少数管理员的用户账号也并非难事。

在这样的情况下，从管理角度看 vCenter Server 并非不可或缺的，但是从特性集角度看则相反。除了它的管理功能，vCenter Server 还提供了执行 vMotion、配置 vSphere DRS、创建 vSphere HA 和使用 vSphere FT 等功能。如果没有 vCenter Server，那么这些特性是无法使用的。如果没有 vCenter Server，一些重要功能同样无法使用，如 vSphere 分布式交换机、主机配置文件、配置驱动存储和 vSphere 更新管理器。vCenter Server 是所有企业级虚拟化项目的必要条件。

---

vCenter Server 需求

严格来说，vSphere 部署并不需要 vCenter Server。用户可以在不使用 vCenter Server 的前提下创建和运行虚拟机。然而，要使用 vSphere 产品套件的高级特性，如 vSphere 更新管理器、vMotion、vSphere DRS、vSphere HA、vSphere 分布式交换机、主机配置文件或 vSphere FT，都必须先要授权、安装和配置 vCenter Server。

但是，当环境增长时，又会发生什么情况？当有 10 个 ESXi 主机和 5 位管理员时会发生什么情况？现在，维护 ESXi 主机上的所有本地账号的管理工作会变成一种负担。如果需要增加新的 ESXi 主机管理账号，就必须在 10 个主机上创建账号。如果需要修改一个账号的密码，就必须修改 10 个主机上的密码。然后再将 vCloud Director 或 vCenter Orchestrator 等 VMware 组件的账号和密码加入到这个等式中。

vCenter——更准确地说是 vCenter Single Sign-On（单一登录，SSO）解决了这个问题。SSO 是安装 vCenter Server 的先决条件，也就是说不先安装 SSO，也就无法安装 vCenter Server。下面简单介绍 SSO 是如何工作的，以及与其他软件之间的相互作用（VMware 和非 VMware）。

使用 vSphere 5.1 之前的版本登录 vCenter 时，认证请求只能发送给 vCenter Server's OS 中的本地安全机构或 Active Directory 两者中的一个。而在 SSO 中，请求不仅可以发送给 Active Directory，还可以发送至 SSO 的本地定义用户列表或 OpenLDAP。一般来说，SSO 是更加安全的 VMware 产品身份验证方式。注意，这里说的是产品，而不是 vSphere。因为 SSO 与 vCenter、vCenter Orchestrator（vCO）、vCloud Director（vCD）和 vCloud Networking and Security（vCNS）之间有挂钩。为什么这一点很重要？因为这意味着 SSO 可以为单一用户服务，通过单一用户名和密码在虚拟架构中提供访问服务，并且确保安全。

以下内容显示了用户使用 vSphere Web 客户端登录的步骤（见图 3.2）。

（1）vSphere Web 客户端为登录提供安全网页。

（2）用户名和密码发送至 SSO 服务器（以 SAML 2.0 的形式）。

（3）SSO 服务器向相关身份验证机制发出请求（本地、AD 或 OpenLDAP）。

（4）身份验证成功后，SSO 将令牌传递给 vSphere Web 客户端。

（5）现在该令牌可在 vCenter、vCO、vCNS 或 vCD 中直接用于身份验证。

身份验证程序比某些传统方法更加复杂。但是，管理员可以像以前的操作一样进行无缝访问。

SSO 有 3 种安装类型，稍后将进行详细介绍。

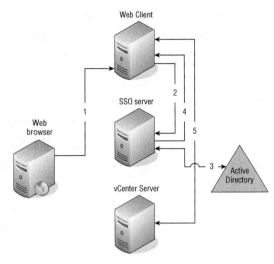

图 3.2　使用新 SSO 组件进行身份验证会话的步骤

根据 vCenter Server 安装的可用性需求，也可以从多个站点或集群的高可用性中令 SSO 可用。第一次安装 SSO 时，通常将第一个实例作为主要节点。然后 SSO 安装程序允许在适合的环境模式中安装附加的 SSO 服务器节点。

通过 vSphere 客户端验证身份

一般而言，使用 vSphere 客户端登录一台 ESXi 主机，需要使用该主机本地创建和存储的账号。使用同一个 vSphere 客户端连接 vCenter Server，则需要使用 SSO 用户账号。记住，SSO 和 ESXi 主机都会同步它们各自账号数据库中的用户账号。

使用 vSphere 客户端直接连接一台当前由 vCenter Server 管理的 ESXi 主机，可能会对 vCenter Server 产生负面影响。成功登录一台托管的主机，会导致系统弹出一个对话框，向用户警告可能出现的问题。

3.1.2　使用 vSphere Web 客户端进行管理

随着 vSphere 5.1 的发布，VMware 开始在两种不同客户端下使用 vCenter Server。较早的传统客户端是 .NET 的 Windows 应用程序，而较新的则是在 Web 浏览器中管理 vSphere 的服务器端安装程序。不是所有浏览器都支持 vSphere Web 客户端，以下为经过认证并支持的浏览器：

◆　Microsoft Internet Explorer 7、8、9；

◆　Mozilla Firefox 3.6 及以上版本；

◆　Google Chrome 14 及以上版本。

此外，使用 vSphere Web 客户端时，必须安装 Adobe Flash Player 11.1 或其以上版本。

使用哪个客户端

目前有两种客户端可以管理 vCenter Server，每天需要决定的是使用哪个客户端。如果 vSphere 5.5 中的部分新功能在 vSphere 客户端中不可用，这就表明应使用 vSphere Web 客户端。但是，如果存储供应商的 vSphere 客户端插件尚未更新，不能兼容 vSphere Web 客户端怎么办？在这种情况下只能使用较早版本的客户端，等这段交叉时期过去之后，便只能使用 vSphere Web 客户端。在 vSphere 5.5 之前，我们说过 vSphere 客户端是唯一可用的，但现在供应商更新了他们的版本，有些功能只有 vSphere Web 客户端中才有，我们只能改变说法了。

第 2 章中提到过，以前的 vSphere Web 客户端没有传统的 vSphere 客户端功能丰富，但是随着 vSphere 5.5 的发布，情况发生了改变。从 vSphere 5.1 起，VMware 表明将不再在 .NET vSphere 客户端中添加新功能：只有 vSphere Web 客户端有获取新功能的能力，所以它才是唯一可用的。

阅读此书时，可以假定除非指定 vSphere 客户端，其他情况一律默认使用 vSphere Web 客户端。

3.1.3　了解 vCenter Inventory Service

Inventory Service（目录服务，IS）与 vSphere Web 客户端紧密集成。事实上，IS 的存在确保了 vSphere Web 客户端更好的执行能力。IS 类似于代理服务器，位于源（vCenter Server 本身）和请求者（vSphere Web 客户端）之间。IS 在自身的数据库中缓存信息，从而减少了进出 vCenter Server 的流量。

VCenter IS 不仅可以缓存 vSphere Web 客户端的查询和结果，还可以安装于独立的服务器中，以确保资源的相应水平。背后的原因同样在于其性能和可扩展性。

 Real World Scenario

vSphere 客户端和 vSphere Web 客户端的性能比较

作者 Nick Marshall 的回顾体会："2012 年，我帮助一家企业将 vSphere 4.1 升级至 5.1。他们对这个升级环境中的 vSphere 和基础硬件有着巨大的投资，一位管理员对其性能表现十分不满意。随着更多地参与这个项目，我发现他的烦恼来自于 vSphere 客户端的日常性能表现，而不是实际的主机或 1 000 多个虚拟机。

我在两个环境之间迁移了虚拟机，这位管理员希望在他们的 vSphere 4.1 环境中有着相同的性能体验。令他吃惊的是，虽然使用的硬件和管理的工作负载全部相同，但是 vSphere Web 客户端的一般反应却明显优于他使用的旧客户端。vSphere Web 客户端架构在规模方面也比旧的 vSphere 客户端执行得更加简单。"

3.1.4　提供可扩展网络

集中身份验证不是 vCenter Server 的核心服务，类似地，vCenter Server 的可扩展框架也不是

核心服务。相反，可扩展框架是 vCenter Server
核心服务的基础，它允许第三方开发者基于
vCenter Server 创建应用程序。图 3.3 显示了
vCenter Server 核心服务所涉及的一些组件。

成功部署虚拟化的一个重要方面是允许
第三方公司开发额外产品，增强现有产品的价
值、方便性和功能。以可扩展方式开发 vCenter
Server，并且为 vCenter Server 提供应用编程接
口（API），这都表明 VMware 有意让第三方软
件开发者在虚拟化中发挥一定的作用。vCenter
Server API 允许公司开发自定义应用程序，使
用 vCenter Server 创建的虚拟基础架构。例如，
有许多公司开发备份工具，该工具可以清除
vCenter Server 内创建的组件，从而允许执行更

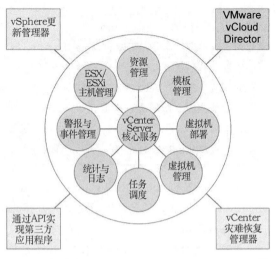

图 3.3 其他应用程序可以扩展 vCenter Server 的核
心服务，实现额外的管理功能

高级的虚拟机备份方法。存储供应商使用 vCenter Server API 创建一些可以显示存储明细的插件，
而第三方应用则使用 vCenter Server API 实现管理、监控、生命周期管理和自动化功能。

第 10 章将更深入地介绍 vCenter Server 功能信息，其中包括虚拟机部署与管理过程中的模板。
第 8 章将深入介绍 vCenter Server 的访问控制。第 11 章将介绍资源管理。而第 13 章将深入介绍
ESXi 主机、虚拟机分配及警报。

虽然读者现在肯定很期待了解 vCenter Server 的安装、配置和管理方法，但是下面首先介绍应
该选择使用哪一个版本的 vCenter Server 来部署环境。

3.2 vCenter Server 版本选择

前一节提到，vSphere 5.5 vCenter Server 现在不仅包含一个基于 Windows 的应用程序，也包含
一个基于 SuSE Linux 的虚拟设备。因此，在准备部署 vCenter Server 时，一个重要的决定就是选择
vCenter Server 版本，使用基于 Windows Server 版本还是虚拟设备？

每一种方法都有各自的优点和缺点。

◆ 如果只有使用 Windows Server 的经验，那么你可能不熟悉以 Linux 为基础的 vCenter 虚拟
设备。这会增加你的学习负担。

◆ 如果需要支持微软 SQL Server，那么就无法使用基于 Linux 的 vCenter 虚拟设备——你需
要部署基于 Windows Server 版本的 vCenter Server。然而，如果使用 Oracle，或者只安装
较小规模的环境，而不需要独立的数据库服务器，则适合使用 vCenter Server 设备（若没
有或不需要独立数据库服务器，则可以使用它的嵌入式数据库）。

◆ 如果希望使用 vCenter Heartbeat 以防止 vCenter Server 停机，则需要使用基于 Windows

Server 的 vCenter Server。

◆　如果需要使用链接模式，那么必须部署基于 Windows Server 的 vCenter Server。VCenter Server 虚拟设备不支持链接模式。

◆　相反，如果只有使用 Linux 的经验，那么部署基于 Windows Server 也要求你或员工增加学习难度。

◆　基于 Linux 的虚拟设备预加载了额外的服务，如自动部署（第 2 章）、动态主机配置协议（DHCP）、简单文件传统协议（TFTP）和 Syslog。如果网络需要这些服务，那么你通过部署一个 vCenter Server 虚拟设备实现这些服务。而在基于 Windows Server 的版本上，则需要在各个安装环境甚至各个虚拟机上安装这些服务（更坏的是，需要在各个物理服务器上单独安装）。

◆　因为 vCenter Server 虚拟设备本身只能作为虚拟机运行，所以只能用这种虚拟方式部署。如果希望或需要将 vCenter Server 运行在物理系统上，则不能使用 vCenter Server 虚拟设备。

正如前面所介绍，选择将 vCenter Server 部署为基于 Windows Server 还是基于 Linux 的虚拟设备上，这都需要考虑很多问题。

作者 Nick Marshall 对 vCenter 虚拟设备的看法

由于基于 SuSE Linux 的 vCenter Server 虚拟设备有一些支持限制，导致人们认为这种解决方案更适合用在较小型环境中。这或许是因为虚拟设备只支持认证 5 个主机和 50 个虚拟机，或让虚拟设备处理更适合较小型环境的所有服务需求。但是，现在 VMware 已认证该解决方案可以支持 100 个主机和 3 000 个虚拟主机，所以之前的讨论不再有效。在我看来，应该永远使用正确的工具来完成工作（通过适当的规划），而 vCenter Server 虚拟设备就是一个正确的工具。

下一节将介绍基于 Windows Server 版本的 vCenter Server 时必须考虑的一些规划与设计问题。这些问题大多数属于基于 Windows Server 版本的 vCenter Server，但是其中一些问题也适用于虚拟设备版本，将在后面的内容中讲述。

3.3　规划与设计 vCenter Server 部署

vCenter Server 是一个管理虚拟基础架构的重要应用程序。它的实现必须仔细设计和执行，才能保证可用性并保护数据。在讨论 vCenter Server 的部署及其组件时，最常见的问题包括以下几种。

◆　部署 vCenter Server 需要使用多少硬件？

◆　部署 vCenter Server 需要使用哪一种数据库服务器？

◆　如何准备 vCenter Server 的灾难恢复计划？

◆　如何在一个虚拟机上运行 vCenter Server？

这些问题的许多答案都相互关联，但是本节从第一个话题开始：确定 vCenter Server 所需要的硬件数量。

3.3.1 确定 vCenter Server 的硬件数量

vCenter Server 所需要硬件数量与主机及其管理的虚拟机数量直接相关。这个规划与设计问题只适用于基于 Windows Server 版本的 vCenter Server——在预打包虚拟设备中，vCenter Server 虚拟设备的虚拟硬件在部署之前就已经定义和建立。

基于 Windows Server 版本的 vCenter Server 的最低硬件要求是：

◆ 2 个 64 位 CPU 或 1 个双核 64 位 CPU；

◆ 2GHz 及以上处理器；

◆ 4GB 以上 RAM；

◆ 4GB 以上空闲磁盘空间；

◆ 1 个网络适配器（强烈推荐使用千兆比特以太网）；

◆ 1 个支持的 Windows 版本（Windows Server 2003、Windows Server 2003 R2、Windows Server 2008 或 Windows Server 2008 R2）；vCenter Server 5 要求使用 64 位 Windows。

一定要注意，这些是最低系统需求。有较多 ESXi 主机和虚拟机的大型企业环境可以相应扩大 vCenter Server 系统。

---

vCenter Server 的本地磁盘

在规划 **vCenter Server** 安装环境时，磁盘存储分配是最少关注的问题，因为数据都存储在远程服务器上的 SQL 或 Oracle 数据库上。

此外，基于 Windows Server 版本的 vCenter Server 并不负责运行数据库服务器，而 vCenter Server 却要求运行一个数据库服务器。虽然 vCenter Server 是执行 ESXi 主机和虚拟机管理的应用程序，但是 vCenter Server 使用一个数据库存储所有的配置、权限、统计信息及其他数据。图 3.4 显示了 vCenter Server 与独立数据库服务器之间的关联。

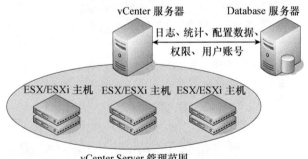

图 3.4 vCenter Server 是管理 ESXi 主机的代理，但是 vCenter Server 的所有数据都存储在数据库中

在回答 vCenter Server 需要多少硬件的问题时，都要计算运行 vCenter Server 的计算机和运行组件的计算机。其中包括以下组件：

◆ 数据库服务器；

◆ SSO 服务器；

◆ 目录服务器；

◆ 希望归置的其他服务。

虽然可以运行 vCenter Server，并且依赖于同一机器，但是通常不推荐这种方法，因为它为虚拟架构的关键因素创建了单一故障点。然而，有时候别无选择，尤其是在小型环境中。请记住，如果 vCenter Server、vCenter Single Sign-On 和 vCenter Inventory Service 安装于同一机器中，那么 VMware 建议具备 10GB RAM。安装 vCenter Server 使用简易安装选项时，会遇到这个问题。

本章将使用术语——"独立数据库服务器"表示一个单独安装与管理的数据库服务器应用程序。虽然它可能位于同一台计算机上，但是它仍然可以看作是一个独立数据库服务器，因为它与 vCenter Server 独立管理。此外，还有一个术语——"后台数据库"，它指 vCenter Server 在独立数据库服务器上实际使用的数据库。

如果不考虑 vCenter Server 的独立数据库或 SSO 服务器，那么 VMware 建议为一个系统配置 2 个 CPU 核心和 4GB RAM，可以支持最多 50 个 ESXi 主机和 500 个启动虚拟机。如果要扩展到最多 300 台 ESXi 主机和最多 3 000 台启动虚拟机，那么 VMware 推荐使用 4 个 CPU 核心和 8GB RAM。最后，对于扩展到最多 1 000 台 ESXi 主机和最多 10 000 台启动虚拟机的环境，vCenter Server 应该配备 8 个 CPU 核心和 16GB RAM。

CPU 核心

大多数现代物理服务器至少带有 4 核 CPU。正如 VMware 的推荐配置，vCenter Server 将在需要时使用多个 CPU 核心。

关于是否应该选择在同一台物理计算机上同时运行 vCenter Server 和独立数据库服务器，应该查询选择使用的数据库服务器的文档。如果没有疑问，那么数据库服务器需要使用额外的 CPU 容量、RAM 和磁盘存储（如 SSO 和存储服务），而且需要相应地规划它们的配置。这样就出现另一个问题：为 vCenter Server 选择数据库服务器。

3.3.2 为 vCenter Server 选择数据库服务器

鉴于 vCenter Server 数据库所存储数据的敏感性和重要性，VMware 只对后台采用企业级数据库服务器的 vCenter Server 问题提供技术支持。基于 Windows Server 版本和虚拟设备版本的 vCenter Server 都使用后台数据库，所以两个版本都需要选择后台数据库。vCenter Server 官方支持以下数据库服务器：

- Microsoft SQL Server 2008 R2 Express（捆绑 vCenter Server）；
- Microsoft SQL Server 2005（32 位或 64 位；要求安装 SP3，推荐安装 SP4）；
- Microsoft SQL Server 2008（32 位或 64 位；要求安装 SP1，推荐安装 SP2）；
- Microsoft SQL Server 2008 R2 ；
- Oracle 10g R2（要求版本 10.2.0.4）；
- Oracle 11g R1（要求版本 11.1.0.7）；
- Oracle 11g R2（要求版本 11.2.0.1 并安装补丁 5）。

注意，虽然 vCenter Server 可能支持使用某一个数据库，但是其他 vSphere 组件（如 vSphere

更新管理器）可能不支持该数据库，或者需要安装插件才能支持这个数据库。关于最新的兼容信息，可参考 VMware 网站（www.vmware.com）提供的 vSphere 兼容性模型。此外，基于 Windows Server 版本的 vCenter Server 支持使用微软 SQL Server，但是 vCenter Server 虚拟设备不支持。

在较小型环境中，用户可以选择使用微软 SQL Server 2008 Express 版，或者在虚拟设备版本中使用一个嵌入式数据库。在编写本书时，VMware 还没有发布任何关于使用嵌入式数据的规模建议。正如 3.2 节中的补充内容"作者 Nick Marshall 对 vCenter 虚拟设备的看法"所介绍，使用 vCenter 虚拟设备和嵌入式数据库可能最适合在较小型环境中使用。

用户应该只在规模较小的 vSphere 部署中使用 SQL Server 2008 Express 版本。但是，用户在其他环境上使用独立的数据库服务器。如果先在一个小环境中先使用 SQL Server 2008 Express 版本，那么还可以在将来升级到功能更加全面的 SQL Server 版本。虽然不一定是自动或支持的迁移路径，关于升级 SQL Server 2008 Express 版本的更详细信息，参见微软网站（www.microsoft.com）。根据实际情况，建立新的 SQL 服务器，按照 VMware 迁移计划迁移 vCenter 数据库可能会更好。

使用 SQL Server 2008 Express 版本

SQL Server 2008 Express 版本是基于 Windows Server 版本 vCenter Server 的最低后台数据库版本。

微软 SQL Server 2008 Express 版本有以下物理限制：

◆ 最多只能使用 1 个 CPU；

◆ 最大 1 GB 的可寻址 RAM；

◆ 最大 4 GB 数据库。

大型虚拟企业很快会突破这些 SQL Server 2008 Express 版本限制。因此，可以假定任何使用 SQL Server 2008 Express 版本的虚拟基础架构都只能是很少增长的较小型部署环境。VMware 建议只在少于 5 台主机或少于 50 个虚拟机的环境中使用 SQL Server 2008 Express 版本。

因为独立数据库服务器单独安装和管理，所以需要执行一些额外配置。本章的 3.4 节将更详细地介绍部署独立数据库的方法，以及各种数据库服务器所需要的具体配置。

那么，组织应该如何选择独立数据库呢？大部分组织通常会选择已经使用或已经授权使用的数据库。已经购买 Oracle 的组织可能会决定在 vCenter Server 中继续使用 Oracle，而以前主要使用微软 SQL Server 的组织则很可能会选择在 vCenter Server 中使用 SQL Server。vCenter Server 的版本选择（基于 Windows Server 或虚拟设备）也会影响数据库的选择，因为这两个版本支持不同的数据库。用户应该选择最熟悉的数据库引擎，以及同时支持当前及未来虚拟基础架构的数据库。

数据库服务器的硬件需求主要由底层数据库服务器决定。在白皮书《微软 SQL Server 2005 的 VirtualCenter 数据库性能》中，VMware 提供了一些微软 SQL Server 的指导原则。白皮书可以从 VMware 网站下载：www.vmware.com/files/pdf/vc database performance.pdf。虽然这个白皮书只写到了 VirtualCenter 2.5，但是这些信息同样适用于新版本的 vCenter Server。在一个标准日志级别的典型配置中，除了一些最大型或要求最高的环境，给数据库应用程序分配一个带 2 个 CPU 核心和 4 GB RAM 的 SQL Server 实例可以满足大部分环境的要求。

如果计划在同一台硬件上运行数据库服务器和 vCenter Server 组件，那么应该相应地调整硬件需求。

正确规划 vCenter Server 的硬件规模和安装独立数据库服务器是很好且很必要的做法。由于 vCenter Server 在 vSphere 部署中发挥核心作用，因此还需要考虑可用性。

3.3.3　规划 vCenter Server 的可用性

规划 vCenter Server 部署不仅要考虑 CPU 和内存资源，还需要创建业务连续性和灾难恢复计划。记住，如果 vCenter Server 不可用，那么一些特性将无法工作或者会受到严重影响，如 vSphere vMotion、vSphere Storage vMotion、vSphere DRS 和 vSphere HA。当 vCenter Server 或依赖的组件停止工作时，就无法克隆虚拟机或用模板部署新的虚拟机。此外，还会失去 ESXi 主机的集中身份验证和基于角色的管理。显然，这些因素决定了我们必须保持 vCenter Server 的高可用性。

另外，还要记住 vCenter Server 和组件存储在后台数据库中。任何良好的灾难恢复或业务连续性计划都必须包含处理数据丢失或后台数据库崩溃的解决方法，一定要用一种灵活且高可用的方案去设计和部署独立的数据库服务器（如果运行在一台独立物理计算机或独立的虚拟机上）。这在较大型环境上尤其重要。

有多种方法可以解决这个问题。本节将介绍如何保护 vCenter Server 组件和其自身，最后介绍如何保护独立的数据库服务器。

1. 保护 SSO

Single Sign-On（单点登录，SSO）是 vCenter Server 的主要组成部分。没有 SSO，就无法登录并管理 vCenter。因此，对于 vCenter Server（及其组件）的整体保护策略必须包括 vCenter SSO。有 3 种方法可以确保提供较少或没有停机时间的 SSO 实例：部署于 HA 集群、部署于多个站点和一个坚实的后备计划。

SSO 安装期间，可以加入一个现有的部署并配置 HA 集群。所有的 SSO 实例都应配置在负载平衡器之后。这样的部署可以不受 SSO 应用程序或服务器中断的影响。

SSO 的另一个安装选项叫作多站点。该模式允许在多个物理位置中安装 SSO。虽然从多个位置登录时需要对其进行配置，但它可以用来促进保护机制。

为了节省重新部署和恢复备份的时间，如果 SSO 服务器是一台虚拟机，可以将其作为恢复点定期复制该虚拟机。然而，对于正确配置来说没有替代品，公司范围的备份解决方案都包含 SSO 部署。

2. 保护 Inventory Service

VMware 不提供任何形式的内置 HA，但是可以在可启动 HA 的 vSphere 集群中运行 IS（参见 3.3.4 节）。HA 是保护 IS 的一个选项，但是 FT 和 SSO 一样，不是服务器状态两个核心的硬件需求。

虽然存储在 SSO 和 vCenter 中的数据比存储在 IS 中的重要，但 IS 仍然为 vCenter 提供功能，因此应考虑如何将停机时间降到最低。和 SSO 一样，IS 利用备份脚本安装于自身的安装目录中。运行以下来自 IS 服务器的脚本使用此功能。

```
vCenter_Server_installation_directory\Infrastructure\Inventory Service\
scripts\backup.bat - file backup_file_name
```

前面说过，IS 本地的数据不如 SSO 或 vCenter 中的重要。如果 IS 需要重新安装并且没有备份恢复，那么只能失去标签的（下一章介绍标签）元数据。

3. 保护 vCenter Server

首先，vCenter Server Heartbeat 是 VMware 从 VirtualCenter/vCenter Server 2.5 就开始发布的产品，它能够实现接近无停机时间的高可用性，并且在 vCenter Server 5.5 发布时或 vSphere 5.5 发布之后获得支持（vCenter Server 5.5）。使用 vCenter Server Heartbeat 可以实现主动和被动的 vCenter Server 实例自动同步和相互间的自动故障转移。关于 vCenter Server Heartbeat 的更多信息参见网址为 www.vmware.com/products/vcenter-server-heartbeat 的网站。

如果 vCenter Server 计算机是一台物理服务器，实现可用性的一种方法是创建一个备用 vCenter Server 系统，当在线的 vCenter Server 计算机出现故障时，它就会启动并接管负载。在故障发生之后，你可以启动备用服务器，并将它附加到现有的 SQL Server 数据库上，然后将主机添加到新的 vCenter Server 计算机上。使用这种方法时，需要寻找一种机制，保持 vCenter Server 主系统和副 / 备用系统的同步，如存储在 Active Directory 应用程序模式（ADAM）实例中的文件系统内容和配置设置。使用基于 Linux 的虚拟设备可以简化这个方法，因为它是一个虚拟机，因此可以克隆（第 10 章将更详细地介绍这个过程）。

这种方法的一种变化是在虚拟机上安装备用 vCenter Server 系统。你可以使用物理—虚拟（P2V）转换工具定期将物理 vCenter Server 实例"备份"到一个备用虚拟机上。这个方法可以减少使用的物理硬件数量，并且使用 P2V 保持两台 vCenter Server 的同步。显然，这种方法只适用于物理系统上基于 Windows Server 的安装环境，但是不适用于虚拟设备版本的 vCenter Server。

作为恢复 vCenter Server 的最后一种方法，我们可以重新安装该软件，再指定现有数据库，然后连接主机系统。当然，这样做的前提是将数据库与 vCenter Server 部署到两个不同的系统上。安装 vCenter Server 并不是太花时间的过程。最后，vCenter Server 恢复计划中最重要的部分是保证数据库服务器有冗余备份并受到保护。

4. 保护 vCenter 数据库

为了实现支持 vCenter Server 的数据库服务器的高可用性，用户可以将后台数据库配置到一个集群中。图 3.5 是一个使用 SQL Server 集群作为后台数据库的方案。该图也说明了备份 vCenter

图 3.5　良好的 vCenter Server 灾难恢复计划应该包含快速恢复用户界面的方法，以及保证数据的高可用性和保护数据不受破坏

Server 系统的作用。用于实现数据库高可用性的方法应该是所有 vCenter Server 保护措施的补充。另外一些方法包括使用 SQL 日志传输在独立系统上创建数据库副本。如果使用集群或日志传输（数据库）复制还不够，或者超出财务预算，就应该强化数据库备份策略，要在出现数据丢失或破坏情况时能够轻松恢复数据。使用 SQL Server 原生工具，就可以创建一个整合全面、差分和事务日志备份的备份策略。该策略可以帮助用户将数据恢复到数据丢失或破坏事件发生时的状态。

使用虚拟机作为 vCenter Server 所在物理计算机的备份系统，该建议引出最后一个问题：是否应该在虚拟机中运行 vCenter Server？这确实是一个值得考虑的问题，下节将介绍这个问题。

3.3.4　在虚拟机中运行 vCenter Server 及其组件

你肯定可以完全跳过物理服务器，然后在一个或多个虚拟机中运行 vCenter Server 及其组件。这样做有很多好处，包括快照、克隆、vMotion、vSphere HA 和 vSphere DRS。

第 9 章将详细介绍快照特性。总体而言，使用快照功能可以返回虚拟机（vCenter Server 虚拟机）指定时刻的状态。vMotion 可以在不产生停机时间的前提下实现服务器主机的动态迁移。但是，如果快照损坏，或者虚拟机损坏而无法恢复到正常状态，又该怎么办？ 在虚拟机上运行 vCenter Server，就可以定期复制虚拟磁盘文件和准备服务器"副本"，以应对服务器故障。副本保存了虚拟磁盘的最后一次系统配置。由于 vCenter Server 处理的大量数据最终会存储到另一台服务器的后台数据库中，因此这种方法也不会有太大差别。然而，一定要记住，基于 Windows Server 的 vCenter Server 使用 ADAM 数据库存储角色与权限，副本的角色与权限会"回滚"到创建副本的时刻。此外，如果使用 vCenter Server 虚拟设备和嵌入式数据库，那么就可能会遇到快照和快照恢复问题。这不一定是问题，但是一定要正确规划。图 3.6 说明了手动克隆 vCenter Server 虚拟机的配置。

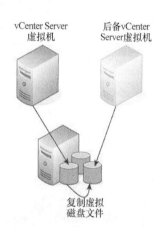

图 3.6　如果在虚拟机上安装 vCenter Server，那么它的虚拟磁盘会定期复制，并作为新虚拟机的硬盘，从而在遇到服务器故障或数据丢失时执行快速恢复

一些企业有"虚拟第一"或"100% 虚拟"的政策，虽然这可以利用虚拟化的所有优势，但是还应考虑到架构设计方面的问题。在所有的 vCenter Server 组件中有一个单独的管理集群主机，并伴随着对数据服务器和 Active Directory 的依赖，正迅速被人们所熟悉。单独的管理集群将确保生产工作负载事件不会在环境管理中出现负面影响。

从工作负载中分离管理

正如前面所说，从其余的工作负载虚拟机中分离管理虚拟机正在成为流行趋势。原因在于对虚拟架构及其管理依赖性的增加。VMware 在 vCloud Director Architecture Toolkit（vCAT）中推荐了这一设计实践。该设计的最佳实践类似于在物理设计中分离管理网络的方法。确保在环境中高度安全并且在出现问题时可以减少停机时间。

设计最佳实践不在本书讨论范围之内，但是正如物理架构设计一样，有几点需要考虑，以确保虚拟架构设计满足企业需求。与其他"最佳实践"类似，这对于没有需求的环境来说是个很好的推荐。关于 vSphere 设计的更多信息，建议阅读《VMware vSphere Design》（Sybex，2013 年出版）。

到现在为止，本书已经详细介绍了在大型企业环境中部署 vCenter Server 的重要性，以及规划 vCenter Server 部署需要注意的一些问题，也介绍了 vCenter Server 的特性、功能和作用。有这些信息作为基础，就可以开始真正安装 vCenter Server 了。下节主要介绍基于 Windows Server 版本的 vCenter Server 的安装方法；关于 vCenter Server 虚拟设备的信息，可参考 3.6 节。

3.4 安装 vCenter Server 及其组件

在一些特定规模的环境中，安装 vCenter Server 可能非常简单。在小型环境中，vCenter Server 安装程序可以安装和配置全部所需要的组件。在大型环境中，更适合采用可扩展和弹性方式安装 vCenter Server，但是这需要采用不同的安装步骤。例如，如果要支持超过 1000 台 ESXi 主机或超过 10 000 台虚拟机，则需要在链接模式组中安装多个 vCenter Server 实例，本章的 3.5 节将介绍这个方法。此外，大多数 vCenter Server 部署需要单独安装和配置数据库服务器。唯一例外是在一些非常小的环境中，这时使用 SQL Server 2008 Express 版本就已经足够。

本节的大部分内容只介绍在 Windows Server 计算机（物理或虚拟）上安装 vCenter Server 及其组件。然而，有一些任务也适用于 vCenter Server 虚拟设备版本，如准备独立数据库服务器的任务。

---

vCenter Server 安装前任务

在安装 vCenter Server 之前，一定要保证计算机已经安装了微软 Windows 网站的最新更新，如 Windows Installer 4.5 和所需要的 .NET 组件，更新网址是 www. update microsoft.com/ microsoftupdate/v6/default.aspx。

使用的数据库引擎不同，准备 vCenter Server 数据库服务器的配置步骤也不同，这些步骤必须在真正安装 vCenter Server 之前完成。如果计划使用 SQL Server 2008 Express 版本——而且知道该版本的局限性(参见 3.3.2 节补充内容"使用 SQL Server 2008 Express 版本")，那么可以直接跳到 3.4.2 节。否则，还是应该先详细了解如何安装独立的数据库服务器。

3.4.1 配置 vCenter Server 后台数据库服务器

正如之前所介绍，vCenter Server 在后台数据库中存储了大量信息，而且通常使用一个独立的数据库服务器。一定要注意，这个后台数据库是基础架构的一个重要组件。后台数据库服务器也需要进行相应的设计与部署。如果没有后台数据库，就需要重建整个基础架构。

> **vCenter Server 业务连续性**
>
> 失去运行 **vCenter Server** 的服务器可能会导致短暂的停机时间；然而，失去 **vCenter Server** 的后台数据库则会导致长时间的停机时间，而且需要更长的重建时间。

在后台数据库服务器中，vCenter Server 需要特定的数据库权限。在正确创建和配置数据库之后，要将 vCenter Server 连接到后台数据库，必须在 vCenter Server 系统上创建一个开放数据库连接（ODBC）数据源名称（DSN）。ODBC DSN 必须在拥有 vCenter Server 专用数据库全部权限的数据库用户账号下创建。

后续章节将会更详细地介绍 vCenter Server 部署中的 2 个数据库服务器配置：Oracle 和微软 SQL Server。

1. 配置 Oracle 数据库

或许因为微软 SQL Server 和 vCenter Server 一样采用 Windows 应用程序的设计风格，而 Oracle 数据库则不一样，所以配置 Oracle 后台数据库服务器会比微软 SQL Server 复杂一些。

要使用 Oracle 10g 或 Oracle 11g，需要安装 Oracle 并为 vCenter Server 创建一个数据库。虽然可以将 Oracle 和 vCenter Server 安装在同一台计算机上，但是不推荐这样做。然而，有一些业务要求必须这样做，此处会介绍在 vCenter Server 本地（同一台计算机）和远程（不同计算机）配置 Oracle 的方法。如果部署 vCenter Server 虚拟设备，那么只能采用远程 Oracle 配置。这两种方法都假设已经安装好 Oracle 数据库。

> **Oracle 10g Release 2 需要的特殊补丁**
>
> 在 Oracle 10g Release 2 中，必须在 Oracle 数据库客户端和服务器端都安装补丁 10.2.0.4，才能支持 vCenter Server。

2. 为 vCenter 配置 Oracle 数据库

如果 Oracle 数据库与 vCenter Server 安装在同一台计算机上，则执行下面的步骤，为 vCenter Server 配置 Oracle。

（1）用系统账号登录一个 SQL*Plus 会话，创建一个数据库用户。执行下面的 SQL 命令，创建一个带有正确权限的用户。

```
CREATE USER "vpxadmin" PROFILE "DEFAULT" IDENTIFIED BY "vcdbpassword"
DEFAULT TABLESPACE
"VPX" ACCOUNT UNLOCK;
grant connect to VPXADMIN;
grant resource to VPXADMIN;
grant create view to VPXADMIN;
grant create sequence to VPXADMIN;
```

```
grant create table to VPXADMIN;
grant create materialized view to VPXADMIN;
grant execute on dbms_lock to VPXADMIN;
grant execute on dbms_job to VPXADMIN;
grant unlimited tablespace to VPXADMIN;
```

如 果 RESOURCE 角 色 没 有 配 置 CREATE PROCEDURE、CREATE TABLE 和 CREATE SEQUENCE 权限，则需要给 vCenter Server 数据库用户分配这些权限。

（2）执行下面的 SQL 命令，创建 vCenter Server 数据库。

```
CREATE SMALLFILE TABLESPACE "VPX" DATAFILE 'C:\Oracle\ORADATA\VPX\VPX.DBF'
SIZE 1G AUTOEXTEND ON NEXT 10M MAXSIZE UNLIMITED LOGGING EXTENT MANAGEMENT
LOCAL SEGMENT SPACE MANAGEMENT AUTO;
```

根据实际安装要求修改数据库路径。

（3）现在，为新创建的表空间分配用户权限。在仍然连接的 SQL*Plus 上，执行下面的 SQL 命令。

```
CREATE USER vpxAdmin IDENTIFIED BY vpxadmin DEFAULT TABLESPACE vpx;
```

（4）安装 Oracle 客户端和 ODBC 驱动程序。

（5）修改 TNSNAMES.ORA 文件，指定 Oracle 数据库的安装位置。

```
VC=
(DESCRIPTION=
(ADDRESS_LIST=
(ADDRESS=(PROTOCOL=TCP)(HOST=localhost)(PORT=1521))
)
(CONNECT_DATA=
(SERVICE_NAME=VPX)
)
)
```

如果在本地访问 Oracle 数据库，则应该将 HOST= 值设置为 localhost ；如果远程访问数据库，则指定远程 Oracle 数据库的名称。要指定远程主机的完整域名（FQDN），如 esxi-05.lab.local。

（6）创建 ODBC DSN ：在创建 DSN 时，一定要指定 TNSNAMES.ORA 所列的服务名（这里是 VPX）。

（7）在用系统账号登录 SQL*Plus 后，执行下面的 SQL 命令。

```
grant select on v_$system_event to VPXADMIN;
grant select on v_$sysmetric_history to VPXADMIN;
grant select on v_$sysstat to VPXADMIN;
grant select on dba_data_files to VPXADMIN;
grant select on v_$loghist to VPXADMIN;
```

（8）在完成 vCenter Server 安装之后，将 Oracle JDBC 驱动程序（ojdbc13.jar）复制到 VMware vCenter Server 安装目录下的文件夹 tomcat\lib 中。

在创建和配置 Oracle 数据库和建立 ODBC DSN 之后，就可以安装 vCenter Server 了。

---

vCenter Server 和 Oracle

Oracle 网站上有配置 vCenter Server 和 Oracle 所需要的全部文件，网址是 www.oracle.com/technology/software/index html。

---

3. 配置微软 SQL Server 数据库

由于微软 SQL Server 2005 和 SQL Server 2008 的广泛部署，因此 SQL Server 经常会作为 vCenter Server 的后台数据库。这并不是说 Oracle 表现不好，或者是使用 Oracle 有问题。只是微软 SQL Server 比 Oracle 应用更广泛，因此被更普遍地规定为 vCenter Server 的数据库服务器。

如果考虑在独立数据库服务器上安装微软 SQL Server，一定要注意，vCenter Server 虚拟设备不支持微软 SQL Server。

要将 vCenter Server 连接到一个微软 SQL Server 数据库，像 Oracle 一样，需要执行如下一些特殊的配置任务。

◆ vCenter Server 支持 Windows 和混合模式 2 种身份验证。一定要先确定 SQL Server 所使用的身份验证类型，因为这个设置将影响 vCenter Server 安装的其他方面。

◆ 必须为 vCenter Server 创建一个新的数据库。每一台 vCenter Server 计算机都需要配置专用的 SQL 数据库——记住，可能有多个 vCenter Server 实例运行在一个链接模式组中。

◆ 必须创建一个 SQL 登录账号，它必须拥有 vCenter Server 数据库的 dbo (db_owner) 访问权限。如果 SQL Server 使用 Windows 身份验证，那么该登录账号必须链接到一个域用户账号；如果使用混合模式身份验证，则不需要关联域用户账号。

◆ 必须将 SQL 登录账号映射到 vCenter Server 的数据库的 dbo 用户上，从而为 SQL 登录账号设置正确的权限。在 SQL Server 2005/2008 上，具体的做法是：右键单击 SQL 登录账号、选择 Properties（属性），然后选择 User Mapping（用户映射）。

◆ SQL 登录账号不仅要有 vCenter Server 的数据库的 dbo (db_owner) 权限，也要将它设置为数据库的所有者。图 3.7 显示了新建 SQL 数据库

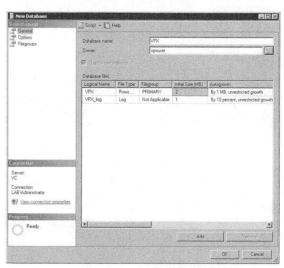

图 3.7 必须将 vCenter Server 所使用 SQL Server 2005/2008 数据库的所有者设置为 vCenter Server 连接数据库的用户账号

时将所有者设置为 vCenter Server SQL 登录账号。

◆ 最后，vCenter Server 使用的 SQL 登录账号还必须拥有 MSDB 数据库的 dbo (db_owner) 权限，但是只在安装过程使用这个权限。在安装完成之后，应该删除该权限，以帮助保持 SQL 数据库架构的完整性，同时坚持最佳实践的最小权限安全原则。

如果要将一个现有的 SQL Server 2005/2008 数据库用作 vCenter Server 的后台数据库，则可以使用 sp_changedbowner 存储过程命令，修改数据库的所有者。例如，执行 EXEC sp_changedbowner @loginame='vcdbuser', @map='true', 可以将数据库所有者修改为 SQL 登录账号 vcdbuser。

在 SQL Server 数据库上创建 ODBC DSN 之前，需要执行这些步骤。

SQL Server 权限

大多数数据库管理员都不太敢给 SQL Server 计算机分配过多的权限，但这也不是一个好的做法。作为最佳安全实践，最好给每一个访问 SQL Server 计算机的账号设置最小权限。因此，在 vCenter Server 安装过程中，需要将 SQL Server 用户账号设置成 MSDB 数据库的 db_owner 成员。然而，在安装完成之后，这个角色成员应该删除。VCenter Server 的普通日常操作和访问并不需要这个权限。这是安装 vCenter Server 的临时要求。

---

4. 配置 IDBC DSN

在创建数据库之后，就可以创建 vCenter Server 安装向导所需要使用的 ODBC DSN。SQL Server 2005 和 SQL Server 2008 要求使用 SQL 原生客户端。因为 vCenter Server 要求使用 SQL Server 2005 或 SQL Server 2008，所以用户必须使用 SQL 原生客户端。如果在创建 ODBC DSN 时没有找到 SQL 原生客户端，那么可以从微软网站下载，或者从 SQL Server 安装介质安装。

在安装 SQL 原生客户端之后（如果之前未安装）就可以创建 ODBC DSN，vCenter Server 将用它连接运行数据库的 SQL Server 实例。安装 vCenter Server 的计算机上必须创建 ODBC DSN。

我需要使用 32 位数据源名称还是 64 位数据源名称

vCenter Server 5.5 要求使用 64 位 Windows，因此也要求使用 64 位 DSN。

执行下面的步骤，为 SQL Server 2005/2008 数据库创建一个 ODBC DSN。

（1）登录到将要安装 vCenter Server 的计算机上。

需要使用带有该计算机管理员权限的账号进行登录。

（2）在 Administrative Tools（管理工具）菜单上打开 Data Sources (ODBC) Applet。

（3）选择 System DSN 选项卡。

（4）单击 Add 按钮。

（5）从可用驱动程序列表中选择 SQL Native Client，单击 Finish 按钮。

如果 SQL Native Client 不在列表中，则需要从微软网站下载，或者从 SQL Server 安装介质安装。

返回并安装 SQL Native Client；然后重新执行这个过程。

（6）打开 Create New Data Source To SQL Server（创建连接 SQL Server 的新数据源）对话窗口。在 Name 文本框中输入 ODBC DSN 的引用名称。

要记住这个名称——vCenter Server 将在安装过程中使用这个名称创建数据库连接。

（7）在 Server 下拉列表上，选择创建数据库的 SQL Server 2005/2008 计算机，或者已经为 vCenter Server 准备好用于运行 SQL Server 2005/2008 的计算机名。

一定要保证输入的名称能够正确解析，推荐使用完整域名。

（8）单击 Next 按钮。

（9）根据 SQL Server 实例的配置，选择正确的身份验证类型。

如果使用 SQL Server 身份验证，那么还需要提供之前为 vCenter Server 创建的 SQL 登录名和密码。单击 Next 按钮。

（10）如果默认数据库列为 Master，则勾选 Change The Default Database To（将默认数据库修改为）复选框，将 vCenter Server 数据库名选择为默认数据库。单击 Next 按钮。

（11）下一个界面的全部选项都不需要修改——包括 SQL Server 系统消息语言、区域设置和登录选项。单击 Finish 按钮继续。

（12）在总结界面，单击 Test Data Source（测试数据源）按钮，测试 ODBC DSN。

如果测试不成功，则双击前面所列的 SQL Server 和 SQL 数据库配置。

（13）单击 OK 按钮，返回到 ODBC Data Source Administrator，界面上会列出新创建的 System DSN。

现在就可以真正开始安装 vCenter Server 了。

3.4.2 安装 vCenter Server 组件

在安装和配置好数据库之后，现在可以开始安装 vCenter Server。在完成之后，就可以添加服务器和继续配置虚拟基础架构，其中包括在一个链接模式组中添加 vCenter Server 实例。

使用最新版本的 vCenter Server

记住，最新版本的 vCenter Server 可以从这里下载：www.vmware.com/download。通常，最好安装最新版本的软件，保证最高程度兼容性和安全性。也可以使用新版本的 vCenter 和旧版本的 ESXi。vCenter Server 5.5 可以在 5.0 及以上版本中管理主机。

---

vCenter Server 安装只需要几分钟，而且只要完成了所有安装前任务，就不需要很多管理操作。双击 vCenter Server 安装目录下的 autorun.exe，就可以启动 vCenter Server 安装。

图 3.8 所示的 VMware vCenter 安装程序是许多组件的中心：

◆ vCenter Single Sign-On；

◆ vCenter Inventory Service；

◆ vCenter Server；

◆ vSphere Client；

◆ vSphere Web Client（Server）；

◆ vSphere Update Manager。

第 4 章将详细介绍 vSphere 更新管理器（vSphere Update Manager）和 vCenter 支持工具（vCenter Support Tools），第 2 章已经介绍了 vSphere 客户端（vSphere Client）安装，从现在开始只关注于 vCenter Server 及其组件。

如果在一台独立的 SQL Server 数据库服务器上使用 Windows 身份验证，那么必须先执行一个重要步骤。为了让 vCenter Server 服务连接 SQL 数据

图 3.8 VMware vCenter 安装程序提供了安装各个组件的选项

库，这些服务必须运行在已分配数据库权限的域用户账号环境下。一定要知道分配了后台数据库权限的账号的用户名与密码，再继续后续步骤。此外，还要保证用正确的信息创建 ODBC DSN。在安装 vCenter Server 时，需要使用正确的 ODBC DSN 信息和用户账号。如果使用 SQL 身份验证，则还需要知道 SQL 登录名与密码。这里假设使用集成的 Windows 身份验证。

1. 安装 Single Sign-On

前文介绍过，vCenter Single Sign-On 是 vCenter 的前提条件。不仅必须安装于 vCenter，还要在安装 vCenter Inventory Service 和 vCenter Server 之前运行。

执行下面的步骤，安装 Single Sign-On。

（1）在 VMware vCenter 安装程序中选择 vCenter Single Sign-On，然后单击 Install 按钮。

（2）vCenter Single Sign-On 安装程序启动后，单击 Next 按钮。

（3）选择接受最终用户许可协议，单击 Next 按钮。

（4）确保前提项检查正确，单击 Next 按钮。

（5）选择部署模式。3.1.1 小节已经详细介绍了高可用性和多站点选择。此处选择 Primary Node 模式，单击 Next 按钮。

（6）为 SSO 管理员选择密码，即"主控 SSO 密码（master SSO password）"。该账户不链接于其他目录，只对 SSO 安装的"根目录"或"管理员"有效。

主控 SSO 密码

第一次安装 SSO 时，请记住 SSO 管理员账户的密码。用户名通常为 administrator@vsphere. local。安装其他 VMware 组件时将会用到该账户。

（7）接下来，命名安装"站点"。选择合适的或使用默认的名称，单击 Next 按钮。

（8）选择接受或修改 SSO 使用的默认 HTTPS 端口，单击 Next 按钮。

除非与环境有冲突，否则不建议修改默认端口号。这样会使之后的配置和故障排除更加困难。

（9）如果需要，修改安装目录，单击 Next 按钮。

（10）回顾安装选项概要，单击 Install 按钮。

（11）安装完成后，单击 Finish 按钮结束安装程序。

2. 安装 vCenter Inventory Service

vCenter Server 安装的第二个前提条件是 vCenter Inventory Service。

（1）在 VMware vCenter 安装程序中选择 vCenter Inventory Service，然后单击 Install 按钮。

（2）在 vCenter Inventory Service 安装程序的欢迎界面单击 Next 按钮。

（3）选择接受最终用户许可协议，单击 Next 按钮。

（4）如果需要，修改安装目录，单击 Next 按钮。

（5）vCenter Inventory Service 安装程序询问是否修改域中 FQDN 或 IP 地址的名称。检查或重新输入信息，单击 Next 按钮。

（6）选择用于 Inventory Service 通信的三个不同端口。除非有必要，否则最好使用预配置默认的端口。单击 Next 按钮。

（7）JVM 内存界面询问完全配置后的 vCenter 目录容量。了解预估大小，也可以使用 Windows 开始菜单中的 Tomcat 服务配置工具在后续步骤中编辑配置。现在选择 Small 并单击 Next 按钮。

（8）在 Single Sign-On Information 界面，需要知道安装 SSO 期间设置的密码、主控 SSO 密码和运行 SSO 的默认端口的所有更改。输入主控 SSO 密码，单击 Next 按钮。

在进入下一界面前，安装程序将确认这些细节并提示接受 SSO SSL 证书。

（9）由于是第一次安装 vCenter，尚未配置其他证书服务，所以需要接受默认安全证书。可以在稍后的默认"自签名"证书中进行修改（详见第 8 章）。现在，单击 Install Certificates。

（10）最后，单击 Install 开始安装和启动服务。

（11）安装完成后，单击 Finish 按钮结束安装程序。

3. 安装 vCenter Server

在以管理员身份登录运行 vCenter Server 的计算机之后，单击 VMware vCenter 安装程序的 vCenter Server 链接，启动 vCenter Server 安装过程，如图 3.8 所示。如果没有阅读前面两节，会发现在 Install 按钮之上有很多前提条件列表。这些都是强制的，所以请确保已经安装了这些前提条件。如果运行的 Windows Server 使用 User Account Control（用户账号控制），那么它会提示是否允许安装程序继续运行；这时请选择 Yes。在选择安装语言之后，开始运行 vCenter Server 的安装向导。

执行下面的步骤，安装 vCenter Server。

（1）在 VMware vCenter 安装程序中选择 vCenter Single Sign-On，然后单击 Install 按钮。

（2）选择合适的语言，单击 OK 按钮。

（3）在安装程序欢迎界面，单击 Next 按钮。

（4）选择接受最终用户许可协议，单击 Next 按钮。

（5）输入 vCenter Server 许可证密钥或保持空白，开启 60 天试用版，然后单击 Next 按钮。

（6）这时，必须选择安装 SQL Server 2008 Express 版本或独立数据库服务器。

如果环境较小（一个只有少于 5 台主机或少于 50 台虚拟机的 vCenter Server），那么也使用 SQL Server 2008 Express。在其他部署中，要选择 Use An Existing Supported Database（使用一个已经支持的数据库），然后从下拉列表选择 ODBC DSN。如果仍未创建 ODBC DSN，那么需要先创建它，然后重新启动安装过程，才能继续完成后面的步骤。在这个流程的其他步骤中，假定使用已经支持的数据库。选择正确的 ODBC DSN，然后单击 Next 按钮。

从 ODBC 连接数据库

必须定义一个 ODBC DSN，而且它的名称必须匹配，这样才能通过安装向导的数据库配置页面。记住，要为现有数据库服务器设置正确的身份验证策略和用户权限。如果在安装过程中遇到错误，就要重新执行数据库配置步骤。记住，设置正确的数据库所有人和数据库角色。

（7）如果使用 SQL 身份验证，那么下一个界面会提示输入 SQL 登录账号与密码，它应该有 vCenter Server 的 SQL 数据库的访问权限。如果使用 Windows 身份验证，则不需要登录信息，所以这些域可以留空。如果 SQL Server Agent 服务没在 SQL Server 计算机上运行，该步骤遇到错误，就无法继续后面的步骤。因此，一定要确保 SQL Server Agent 服务已经运行。除非数据库服务器有与默认设置不同的特殊配置，否则这时会弹出一个窗口提醒用户配置完全恢复模型（Full Recovery Model），而且事务日志可能会不断增加而占用所有可用磁盘空间。

简单恢复模型的含义

如果 SQL Server 数据库配置了完全恢复模型，那么安装程序会建议将 vCenter Server 数据库重新配置为简单恢复模型（Simple Recovery Model）。这个警告信息不告诉你这样做就无法备份 vCenter Server 数据库的事务日志。如果数据库设置为完全恢复，那么一定要让自动程序定期备份和截断事务日志。通过备份完全恢复模型数据库的事务日志，就可以在发生数据损坏时将数据库恢复到之前某个时间点。如果按照安装程序的建议调整恢复模型，则一定要在数据库中统一采用完全备份，但是要知道数据库只能恢复到上一个完全恢复点，因为事务日志已经不可用。

（8）下一个界面提供输入 vCenter Server 服务的账号信息。如果在 SQL 数据库中使用 Windows 身份验证，那么应该在用户名和密码域中填写正确用户的信息。这里的"正确用户"是指分配了 SQL 数据库权限的域用户账号。如果使用 SQL 身份验证，账号信息就不重要了，虽然用户可能希望在非系统账号下运行 vCenter Server 服务（这是许多 Windows Server 应用程序的推荐实践）。

（9）如果这是环境中第一个安装的 vCenter Server，那么选择 Create A Standalone VMware vCenter Server Instance（创建一个独立 VMware vCenter Server 实例）。单击 Next 按钮。3.5 节中将

介绍其他方法。

（10）下一个界面提供了修改 vCenter Server 默认 TCP 和 UDP 端口的选项。除非有必要修改这些选项，否则建议接受默认值。该界面列出的端口包括：

◆ TCP 端口 80 和 443（HTTP 和 HTTPS）；

◆ UDP 端口 902；

◆ TCP 端口 8080 和 8443；

◆ TCP 端口 60099；

◆ TCP 端口 389 和 636。

（11）网络配置完成后，与 Inventory Service 安装程序一样，vCenter 将询问 Java 虚拟机（Java Virtual Machine，JVM）内存配置。这关系到分配给 JVM 多少内存以及想要支持多大的环境。如图 3.9 所示，如果超过设置可在后续步骤中选择修改。这里选择 Small，单击 Next 按钮。

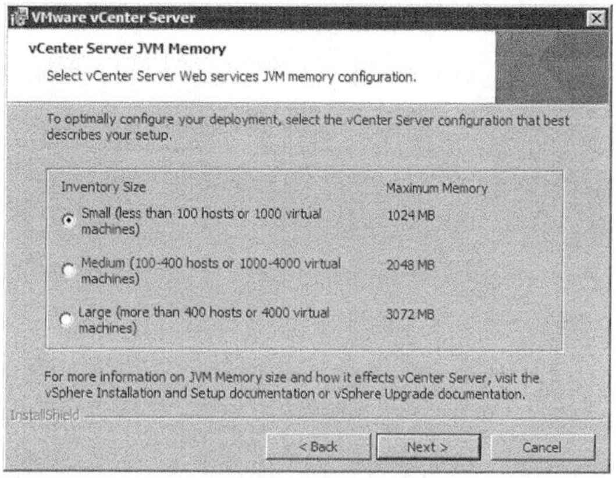

（12）在 Single Sign-On Information 界面，需要知道安装 SSO 期间设置的密码、主控 SSO 密码和运行 SSO 的默认端口的所有修改。输入 SSO 密码，单击 Next 按钮继续。

图 3.9　vCenter Server 安装程序将根据这个界面的选项去优化 vCenter Server 的性能及其组件

（13）安装与现有的 Single Sign-On 实例连接后，将询问 vCenter 管理员用户或组。所以当第一次登录时，有一个可访问账户。默认情况下，这是 SSO 管理员账户。单击 Next 按钮。

（14）如有必要，修改 Inventory Service 地址和端口。单击 Next 按钮。

（15）可以修改安装目录，单击 Next 按钮。

（16）在最后一个界面开启安装进程，单击 Install 按钮。

---

vCenter Server 和 IIS

尽管 vCenter Server 可以通过 Web 浏览器访问，但是 vCenter Server 计算机不需要安装互联网信息服务（Internet Information Services, IIS）。vCenter Server 的浏览器访问是通过 Tomcat Web 服务实现的，属于 vCenter Server 安装过程的一部分。安装前要卸载 IIS，因为它可能与 Tomcat 冲突。

在完成 vCenter Server 安装之后，访问 vCenter Server 的 URL（https://< 服务器名称 > 或 https://< 服务器 IP 地址 >），就会打开一个安装 vSphere 客户端的页面。

连接 vCenter Server 的 vSphere 客户端是管理 vCenter 的主要管理工具。但是，如果无法访问 Web 客户端服务器组件，那么较早版本的 vSphere 客户端可以管理 vCenter、ESXi 主机及其虚拟机。

前面已经几次提到，vSphere 客户端可以使用各个 ESXi 主机定义的本地用户账号直接连接 ESXi 主机，或者用 Active Directory 或 vCenter Server 计算机本地 SAM 所定义的 Windows 用户账号连接 vCenter Server 实例。推荐在部署阶段使用 vCenter Server、SSO 和 Active Directory 用户账号。

在安装 vCenter Server 之后，还需要安装许多帮助操作 vCenter Server 的服务，其中包括：

◆ VMware Log Browser（日志浏览器）；

◆ VMware vCenter Inventory Service（目录服务）；

◆ VMware VirtualCenter Management Web services ；

◆ VMware VirtualCenter Server 是 vCenter Server 的核心，提供了 ESX/ESXi 主机及虚拟机的集中管理功能；

◆ VMware vSphere 配置文件驱动存储服务；

每一位 vSphere 管理员都应该熟悉这些服务的默认状态。在执行故障恢复时，要检查这些服务的状态，了解它们是否发生变化。要记住网络中 vCenter Server 与其他服务的依赖关系。例如，如果 vCenter Server 服务无法启动，则一定要检查系统是否能够访问 SQL Server（或者 Oracle）数据库。如果因为缺少连接或数据库服务未运行而导致 vCenter Server 无法访问数据库，那么 vCentor Serever 服务将无法启动。

正如整个环境会安装额外的特性和扩展，这些特性还需要额外的服务支持。例如，安装 vSphere 更新管理器将会安装一个额外的 VMware 更新管理器服务（VMware Update Manager Service）。第 4 章将更深入地介绍 VMware 更新管理器。需要立即安装的最重要"特性"是 vSphere Web 客户端，下面开始讲解安装步骤。

4. 安装 vSphere Web 客户端

第 2 章中提到过，有两种不同的客户端可用于管理 vCenter Server 安装：早期 vSphere C# 客户端和新的 vSphere Web 客户端，同时引导安装了早期的客户端。现在详细介绍 vSphere Web 客户端的安装过程，并在随后的章节中讨论这两种客户端的不同点。以下是安装步骤。

（1）在 VMware vCenter 安装程序中选择 vSphere Web Client，然后单击 Install 按钮。

（2）选择合适的语言，单击 OK 按钮。

（3）启动安装程序后，单击 Next 按钮。

（4）选择接受最终用户许可协议，单击 Next 按钮。

（5）可以修改安装目录，单击 Next 继续。

（6）选择接受或修改用于 vSphere Web 客户端通信的 HTTP 和 HTTPS 端口。使用预配置默认的端口。单击 Next 按钮。

（7）在现有的 SSO 安装中注册 vSphere Web 客户端实例。正确输入 SSO administrator@ vsphere.local 的密码，并确保 URL 查找服务指向 SSO 服务器，然后单击 Next 按钮。提示接受 SSO SSL 证书，单击 Yes 按钮。

（8）最后，单击 Install 按钮开始安装和启动服务。

（9）安装完成后，单击 Finish 按钮结束安装程序。

现在已成功安装所有组件并运行了 vCenter Server，可以进行登录并开始操作。如果对于部署链接模式或 vCenter 的虚拟设备版本没有兴趣，可直接跳到 3.7 节。

3.5　在链接模式组中安装 vCenter Server

什么是链接模式组（linked mode group），为什么要将多个 vCenter Server 实例安装到这样一个分组中？如果需要多个 ESXi 主机，或者有一个 vCenter Server 实例无法处理的虚拟机数量，或者要求使用多个 vCenter Server 实例，那么可以安装多个 vCenter Server 实例，并且让这些实例共享授权和许可信息，共同管理整个企业的所有虚拟化资源。这些共享信息的多个 vCenter Server 实例称为一个链接模式组。一个链接模式环境包含多个 vCenter Server 实例，每一个实例又有各自的主机、集群和虚拟机。

vCenter Server 链接模式使用微软 ADAM 为各个实例复制信息。这些复制的信息包括：

◆　连接信息（IP 地址与端口）；

◆　证书与指纹；

◆　授权信息；

◆　用户角色与权限。

在链接模式组中运行多个 vCenter Server 实例的原因有很多。在 vCenter Server 4.0 中，一个常见的原因是环境大小。由于 vCenter Server 4.1 及以上版本的容量显著增加，因此很少会因为环境大小原因而导致需要使用多个 vCenter Server 实例。然而，可能还有其他原因要求使用多个 vCenter Server 实例。例如，你可能更偏向将多个 vCenter Server 实例部署到一个链接模式组中，以适应组织或地理条件的约束。

表 3.1 显示了每一个 4.0、4.1、5.0 和 5.5 版本的 vCenter Server 实例的主机或虚拟机的最大数量。如果需要管理超过这些数量限制的 ESXi 主机或虚拟机，则有必要使用链接模式组。

表 3.1　　　每一个 vCenter Server 实例支持的最大主机或虚拟机数量

项目	vCenter Server 4.0	vCenter Server 4.1	vCenter Server 5.0→5.5
每个 vCenter Server 实例支持的 ESXi 主机数量	200	1 000	1 000
每个 vCenter Server 实例支持的虚拟机数量	3 000	10 000	10 000

在安装更多 vCenter Server 实例之前，必须先确认下面这些前提条件。

◆　在链接模式组中运行 vCenter Server 的所有计算机都必须加到一个域中。只有当多个域之间建立了双向互信关系，才可以将这些服务器部署到不同的域上。

◆　DNS 必须有效。此外，这些服务器的 DNS 名称必须与服务器名相匹配。

◆ 运行 vCenter Server 的服务器不能是域控制器或终端服务器。

◆ 不能在链接模式组中组合使用 vCenter Server 5 实例与旧版本实例。

◆ 链接模式中的 vCenter Server 实例必须与单一 SSO 服务器、双节点 SSO 集群或多站点模式下的两个节点连接。

◆ Windows vCenter 是必须的。链接模式不支持基于 Linux 的 vCenter 虚拟设备。

每个 vCenter Server 实例都必须配置自己的后台数据库，而且每个数据库都必须配置正确的权限（如前面所介绍）。数据库可以部署到同一台数据库服务器上，或者分别部署到各自独立的数据库服务器上。

为多个 vCenter Server 实例配置 Oracle 数据库

如果使用 Oracle，那么需要保证每一个 vCenter Server 实例都有不同的模式所有者，或者为每个实例部署专用的 Oracle 服务器。

在满足这些前提条件之后，在链接模式组中安装 vCenter Server 就很简单了。按照 3.4 节介绍的步骤，一直操作到第 10 步。经过前面的步骤，就可以在第 10 步安装好一个独立的 vCenter Server 实例。这样就创建了一个主 ADAM 实例，vCenter Server 将使用其作为存储配置信息。

然而，在进行到第 10 步时，只需要选择选项 "Join A VMware vCenter Server Group Using Linked Mode To Share Information"（加入一个 VMware vCenter Server 组，使用链接模式共享信息）。

在选择安装到一个链接模式组时，下一个界面会提示输入远程 vCenter Server 实例的名称与端口号。新的 vCenter Server 实例会使用这些信息从现有服务器的 ADAM 库复制数据。

在提供这些信息并连接到一个远程 vCenter Server 实例之后，其他安装步骤是一样的。

此外，在安装 vCenter Server 之后，还可以修改链接模式组配置。例如，如果安装了一个 vCenter Server 实例，然后发现还需要创建一个链接模式组，那么可以使用 Start（开始）菜单的 vCenter Server Linked Mode Configuration（vCenter Server 链接模式配置）图标选项去修改配置。

执行下面的步骤，就可以将一个已安装的 vCenter Server 添加到一个链接模式组中。

（1）以管理员用户身份登录到 vCenter Server 计算机，然后执行开始菜单的 vCenter Server Linked Mode Configuration（vCenter Server 链接模式配置）选项。

（2）在 VMware vCenter Server 界面的 Welcome To The Installation（欢迎安装）向导上，单击 Next 按钮。

（3）选择 Modify Linked Mode Configuration（修改链接模式配置），单击 Next 按钮。

（4）要加入到一个已有的链接模式组，应该选择 "Join a VMware vCenter Server group using Linked Mode to share information"（利用链接模式加入 VMware vCenter Server 组并分享信息），单击 Next 按钮，如图 3.10 所示。

（5）这时会出现一条警告消息，提醒用户无法将 vCenter Server 5.5 实例加到旧版本的 vCenter Server 实例上。单击 OK 按钮。

（6）指定服务器名和 LDAP 端口。服务名要使用完整域名称。

通常不需要修改 LDAP 端口号，除非确定有其他 vCenter Server 实例运行在非标准端口上。单击 Next 按钮。

（7）单击 Continue 按钮继续处理。

（8）单击 Finish 按钮。

此外，使用相同的过程，还可以从一个链接模式组删除已有的 vCenter Server 实例。

在链接模式组中启动并运行额外的 vCenter Server 之后，使用 vSphere 客户端登录，就可以在目录视图中查看所有链接的 vCenter Server 实例，如图 3.11 所示。

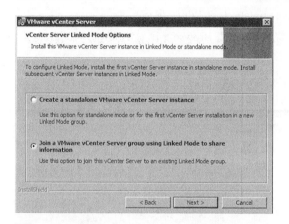

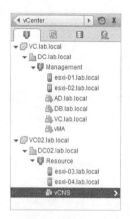

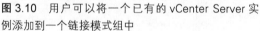

图 3.10　用户可以将一个已有的 vCenter Server 实例添加到一个链接模式组中

图 3.11　在一个链接模式环境中，vSphere 客户端显示了用户有权限查看的所有 vCenter Server 实例

关于链接模式有一点需要注意：虽然所有链接模式组成员都共享这些目录和权限，但是每一个 vCenter Server 实例都是独立管理的，每一个 vCenter Server 实例代表一个 vMotion 域。这意味着，不能在一个链接模式组的 vCenter Server 实例之间执行 vMotion 迁移。第 12 章将详细介绍 vMotion。

但是，将 vCenter Server 安装到一个基于 Windows Server 的计算机上只是在环境中运行 vCenter Server 的其中一种方法。如果环境不需要链接模式支持，或者想要使用一个带有所有网络服务的完整特性虚拟设备，那么 vCenter Server 虚拟设备是一个很好的选择。下一节将介绍 vCenter Server 虚拟设备。

3.6　部署 vCenter Server 虚拟设备

vCenter Server 虚拟设备是一个基于 Linux 的虚拟机，它是带有预打包和预安装的 vCenter Server。在使用虚拟设备创建虚拟环境时，不需要创建一个新的虚拟机，然后安装客户操作系统，再安装 vCenter Server；相反，只需要部署这个虚拟设备。在本章 3.2 节中已经介绍过 vCenter Server 虚拟设备。

vCenter Server 虚拟设备带有一个开放虚拟化格式（Open Virtualization Format，OVF）模板。第 10 章将详细介绍 OVF 模板，现在只需要知道它是一种分发"预打包虚拟机"的简单方法。

假设 vCenter Server 虚拟设备文件已经从 VMware 网站（www.vmware.com）下载完毕。在执行 vCenter Server 虚拟设备部署步骤之前，还必须先准备好这些文件。

执行下面的步骤，部署 vCenter Server 虚拟设备。

（1）启动 vSphere 客户端（不是 vSphere Web 客户端），连接到一个 ESXi 主机。

你可以使用 Web 客户端连接到一个 vCenter Server 实例，但是因为准备要部署 vCenter Server 虚拟设备，很可能现在还没有启动和运行任何 vCenter Server 实例。

（2）在 File（文件）菜单上选择 Deploy OVF Template（部署 OVF 模板）。

（3）在 Deploy OVF Template 向导的第一个界面上单击 Browse（浏览）按钮，找到下载的 vCenter Server 虚拟设备 OVF 文件。

（4）在选择 OVF 文件之后，单击 Next 按钮。

（5）检查 vCenter Server 虚拟设备的明细，如图 3.12 所示。在确认无误之后，单击 Next 按钮。

（6）为该 vCenter Server 虚拟设备指定显示名称，单击 Next 按钮。

（7）选择一个目标数据存储，单击 Next 按钮。

（8）选择磁盘分配类型：Thick Provision Lazy Zeroed（厚分配慢归零）、Thick Provision Eager Zeroed（厚分配快归零）或 Thin Provision（薄分配）。

第 6 章和第 9 章会更详细介绍各种磁盘分配类型。在大多数情况中，最有可能使用的是薄分配类型，这种方法可以节省磁盘空间。

（9）单击 Finish 按钮，开始部署虚拟设备。

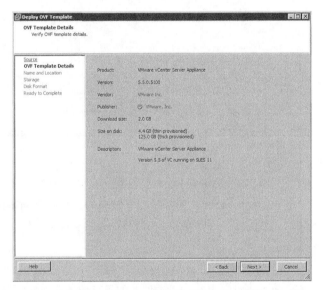

图 3.12　vCenter Server 虚拟设备带有预安装的 SuSE Linux 11 和 vCenter Server

当 vCenter Server 虚拟设备正在部署到 ESXi 主机时，会显示图 3.13 所示的进度窗口。

（10）在 vCenter Server 虚拟设备完成部署之后，启动这个虚拟设备。

可以使用虚拟机控制台观察虚拟设备的启动过程。最后会显示一个虚拟设备管理界面。启动 vCenter Server 虚拟设备时，预期网络中的 DHCP 服务器可用。如果在管理界面没有显示 IP 地址，如图 3.14 所示，可以按照下一节的步骤分配一个。如果已经有了 IP 地址，可直接跳过下一节。

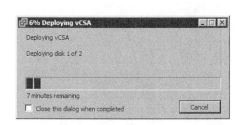

图 3.13　这个对话窗口显示了 vCenter Server 虚拟设备的部署状态

图 3.14　这个管理界面可以配置 vCenter Server 虚拟设备的网络访问

3.6.1　在 vCenter Server 虚拟设备中配置 IP 地址

下面的步骤说明了在启动后没有分配 IP 地址的情况下，如何在 vCenter 虚拟设备中设置静态 IP 地址。这些步骤只在网络中获取虚拟设备时是必要的。一旦完成后，之后的配置都将在 Web 浏览器中执行。

（1）启动 vCenter Server 虚拟设备，打开控制台，选择 Login，按 Enter 键。

（2）在登录界面中，输入 VMware 为 vCenter Server 虚拟设备分配的默认用户名和密码：root 和 vmware。

（3）登录后，输入 /opt/vmware/share/vami/vami_config_net，按 Enter 键。开始运行快速驱动网络配置脚本。

（4）使用菜单（6）输入 IP 地址。

（5）使用菜单（2）输入默认网关。

（6）使用菜单（4）为主 DNS 和辅助 DNS 服务器输入 IP 地址。

（7）使用菜单（3）为虚拟设备提供完全限定域名。

（8）使用菜单（0）复查网络配置，如果正确，按（1）退出。

（9）输入 exit，然后在命令符处按 Enter 键。

 Real World Scenario

与查找服务器连接失败——SSL 证书错误

我们会在很多场合中安装 vCenter Server 虚拟设备，并且在安装后更改 IP 地址。然后就出现了一个常见的问题。即登录 Web 客户端后，会显示一条错误："Failed to connect to VMware Lookup Service https://vcsa.lab.local:7444/lookupservice/sdk – SSL certificate verification failed（与查找服务器连接失败 https://vcsa.lab.local:7444/lookupservice/sdk—SSL 证书验证失败。"

之所以会产生这个错误，是因为 vCenter Server 虚拟设备第一次运行时生成的自签名 SSL 证书链接于当前的 IP 地址。除非有外部签名证书可以替换 SSL 证书，最好的解决方法是让 vCenter Server 虚拟设备在下次启动时重新生成证书。

（1）在 https://vcsaip:5480 中登录 vCenter Server 虚拟设备的管理界面。

（2）单击 Admin 选项卡。

（3）在"Toggle Certificate Regeneration"选项下单击 Enable。

（4）重新启动 vCenter 虚拟设备。

（5）在管理界面重新登录，单击 Disable 禁用 Certificate Regeneration 选项。

（6）再次重新启动 vCenter 虚拟设备。

vCenter Server 虚拟设备将重新配置这个网络设置，然后返回管理控制台。从这里开始，所有配置都通过 Web 浏览器执行。如图 3.14 所示，在建立网络之后，还需要执行 3 个重要任务，才能启动和运行虚拟设备。

◆ 接受最终用户授权协议（End-User License Agreement, EULA）。

◆ 配置数据库。

◆ 启动 vCenter Server 服务。

下一节将逐一介绍这些步骤。

3.6.2　授受最终用户授权协议

为了接受 EULA，必须打开 Web 浏览器，访问 vCenter Server 虚拟设备 IP 地址的端口 5480，如 https://192.168.0.203:5480，其中 192.168.0.203 可以替换为虚拟设备所分配的 IP 地址。此时可能会出现一条关于证书无效的警告信息；接受该证书，继续访问网站。最后，到达虚拟设备的登录界面，如图 3.15 所示。

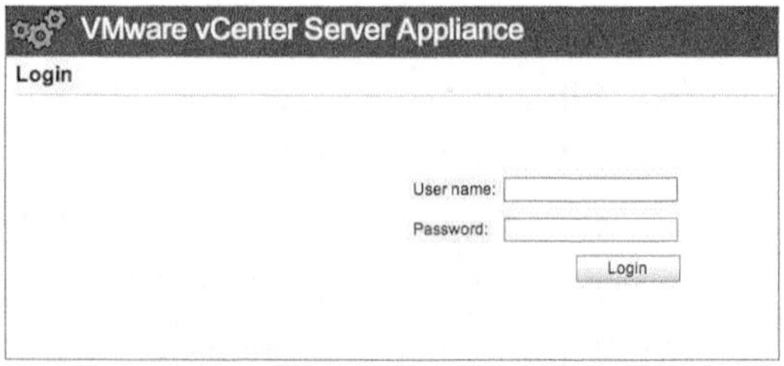

VMware 发行的 VCenter Server 虚拟设备的默认用户名与密码分别是 root 和 vmware。

图 3.15　必须先登录到 vCenter Server 虚拟设备，然后才能修改配置

在登录之后，马上看到 vCenter Server 虚拟设备的 VMware EULA 副本。阅读 EULA，勾选 Accept License Agreement（接受许可协议）复选框，单击 Next 按钮。

VCSA 后台启动

第一次启动 vCenter Server 虚拟设备时应先接受 EULA。因为整个配置过程的服务还没有开始运行。单击 Accept 按钮时查看虚拟设备的控制台，会发现后台启动了一些额外服务。

接受 EULA 后，向导将要求指定配置类型，可选项为：

Configure With Default Settings（配置默认设置）。该选项是本地数据库用于 vCenter 的最简单的安装形式。

Update From Previous Version（更新上一版本）。该配置选项用于更新现有的 vCenter Server 虚拟设备。

Upload Configuration File（上传配置文件）。如果之前配置过 vCenter Server 虚拟设备，可以保存之前的配置，然后在安装时上传，以确保一致性。

Set Custom Configuration（设置自定义配置）。自定义配置可以在向导期间手动指定安装的所有特性。

选择 Set Custom Configuration，单击 Next 按钮配置数据库连接。

3.6.3　配置数据库

和 Windows Server 版本的 vCenter Server 类似，vCenter Server 虚拟设备也需要一个后台数据库才能正确运行。虚拟设备支持使用 Oracle 和本地嵌入式数据库。

要配置数据库设置，必须单击 VMware vCenter Server Appliance Web 管理界面上的 vCenter Server 选项卡，然后选择 Database。这时，可以选择 Embedded 或 Oracle。正如之前所介绍，虚拟设备不支持使用微软 SQL Server。

前面用于配置 Oracle 的步骤在这里仍然有效；需要执行这些步骤，才能配置数据库连接。在正确配置好数据库之后，就可以指定连接所需要的数据库名称、服务器、端口、用户名和密码。

在完成数据库配置之后，单击 Next 按钮进行 SSO 设置。

3.6.4　设置 Single Sign-On

与前一节数据库的设置相同，vCenter Server 虚拟设备拥有使用 SSO 嵌入副本或利用现有外部 SSO 实例的能力。在下拉菜单中选择 SSO 实例类型。

该步骤需要输入以下信息。

◆　用于 SSO 注册的用户名和密码。

◆　分配给 vCenter 管理员的账户。

◆　查找服务位置 URL。

如果是 vCenter Server 虚拟设备外部的数据库，还需要以下信息。

◆　DB 服务器。

◆　端口。

◆　实例名称。

◆　登录。

◆　密码。

◆　DBA 登录。

◆ DBA 密码。

单击 Next 按钮，输入所需的 AD 信息完成向导。

3.6.5 设置 Active Directory

将 vCenter Server 虚拟设备嵌入现有的 Active Directory，只需 3 点。

◆ 域。

◆ 管理员用户。

◆ 管理员密码。

单击 Next 按钮检查配置。

3.6.6 启动 vCenter Server 服务

在接受 EULA 并配置 SSO 和 AD 数据库之后，就可以启动虚拟 vCenter Server 服务。操作方法是单击安装向导最后一页的 Start（开始）按钮。几分钟之后，这些服务就会启动。单击 Refresh（刷新）按钮，刷新界面，这时服务会显示为 Running（正在运行）。

现在可以启动 vSphere 客户端，然后连接这个 vCenter Server 虚拟设备实例。要记住默认的用户名与密码，vSphere Web 客户端也会用到它们。

安装或部署 vCenter Server 只是开始。在真正开始使用 vCenter Server 之前还必须熟悉用户界面，以及如何在 vCenter Server 中创建和管理对象。

3.7 了解 vCenter Server

使用之前安装的 vSphere C# 客户端或 vSphere Web 客户端，就可以访问 vCenter Server。以前，Web 客户端不如传统的 vSphere 客户端功能丰富，但是在 vSphere 5.5 中，Web 客户端在功能方面超越了 vSphere 客户端。因此，本书将使用 Web 客户端来介绍大部分功能。如果是 vSphere 新手，应该知道 VMware 已经公开宣布停用传统的 vSphere 客户端，所以使用 Web 客户端就变得更加合理，并且应该熟悉它是如何工作的。其中涉及很多内容，先从登录开始说起。

运行 vSphere Web 客户端时，需要一个安装了 Adobe Flash 的兼容 Web 浏览器。运行 vSphere Web 客户端的服务器有个快捷方式，它的位置在 Start → All Programs → VMware → VMware vSphere Web Client 文件夹中，但是要从其他计算机中访问 vCenter Web 客户端，应从以下地址进入：https://< 服务器 . 域 .com>:9443/vsphere-client。

对于本例中的 vSphere Web 客户端，地址应为 https://vc.lab.local.9443/vsphere-client。

第一次使用 vSphere Web 客户端连接 vCenter Server 实例时，会看到一条安全警告信息，该信息会根据使用的浏览器不同而稍有不同。之所以会出现这个安全警告，是因为 vSphere 客户端使用 HTTPS（安全套接分层 HTTP）连接 vCenter Server，而 vCenter Server 却使用来自"不可信"来源的 SSL（安全套接分层）证书。

下面介绍的 2 种方法可以纠正这个错误。

◆ 选择 Do Not Prompt for Security Warnings（不提示安全警告信息）选项（再次说明，该选项取决于所使用的浏览器）。这样浏览器就会忽略不可信证书。

◆ 在 vCenter Server 上安装来自可信证书授权组织的 SSL 证书。这只是建议，第 8 章将详细介绍安全问题。

vSphere 客户端连接并获得验证之后，就会显示一个 Getting Started（入门指引）选项卡，它解释了用户界面的不同部分。关闭显示主屏幕，这是 vSphere Web 客户端的开始位置。

删除入门指引选项卡

如果不想在 vSphere 客户端看到入门指引页面，则可以单独或同时将其关掉。单独关掉的话，只需单击右上方的 Close 按钮。如果想同时关掉，则从 vSphere Web 客户端的 Help（帮助）菜单中选择 Hide All Getting Started Pages（隐藏所有入门指引页面）。

3.7.1 vCenter Server 首页

到目前为止，本书只介绍了传统 vSphere 客户端的 Hosts And Clusters（主机与集群）目录视图，Web 客户端与其类似。Hosts And Clusters 目录视图是管理 ESXi 主机、集群和虚拟机的界面。主机与虚拟机界面已经在前面介绍过；集群将在本章的 3.8 节中介绍。单击浏览器上方 VMware vSphere Web 客户端名称旁边的房子图标，就可以查看 vCenter Server 的其他功能。

如图 3.16 所示，该界面被分为 3 个部分，并且右上角处有个搜索栏。

导航栏（1）：最左列用来显示目录和用于导航，是主要项目选择工具。

内容区域（2）：选择项目后，中间一栏显示项目内容或配置选项。

搜索（3）：搜索栏可搜索任何项目，并允许存储该搜索，以便稍后使用。

全局信息（4）：最右列显示之前和现在的进程，并列出潜在问题。

首页界面列出了 vSphere Web 客户端中所有管理 ESXi 主机与虚拟机的特性。

◆ Web 客户端的 Inventory（目录）包含几个视图，其中包括 vCenter、Hosts And Clusters

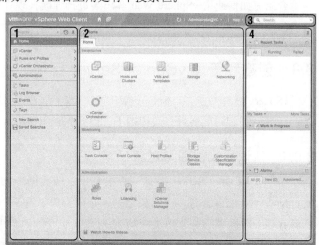

图 3.16 vSphere Web 客户端首页界面显示了 vCenter Server 和 vSphere Web 客户端相关服务的全部特性

（主机与集群）、VMs And Templates（虚拟机与模板）、Storage（存储）、Networking（网络

连接）和 vCenter Orchestrator。

◆ Web 客户端的 Monitoring（监控）包含查看任务、事件、主机配置文件、存储服务分类和自定义规格等界面。

◆ Administration（管理）主要包含管理角色、许可证和 vCenter 解决方案管理器。

这里的许多特性将在本书其他章节中介绍。例如，第 5 章将介绍网络连接，第 6 章介绍存储。第 10 章介绍模板与自定义规格，第 8 章介绍角色与权限。本章的剩余内容将主要介绍 vCenter Server 的目录视图。

在首页界面上，单击任何一个图标，就可以进入该特性界面。是否有附加的图标取决于安装的插件。vSphere Web 客户端还提供了另一种快速简单的导航方式，即导航栏（navigation bar）。

3.7.2 使用导航栏

vSphere Web 客户端的左边栏就是导航栏。在入门指引选项卡中介绍过，导航栏是"目录中所有对象的聚合视图"。导航栏显示了 vCenter Server 中各个界面的入口，同时还显示了按时间排序的历史记录，可随时跳转至之前的页面。

如果使用"大于"箭头单击导航栏的任何一个项目，菜单栏会侧倾并显示选定项目的子项（通常这也会改变内容区域）。不使用箭头单击项目时，导航栏菜单不会发生改变，但会改变内容区域。vSphere Web 客户端与 vCenter Server 的一个重要特点是应用程序中的菜单选项与选项卡都与上下文相关，这意味着它们会根据所选择的对象不同而发生变化。本章后面的内容将会反映这个特点。

介绍完如何使用 vSphere Web 客户端进行导航，现在就可以开始创建和管理 vCenter Server 目录了。

3.8 创建和管理 vCenter Server 目录

vSphere 管理员会在 vSphere Web 客户端上花费大量的时间。有相当一部分时间将花费在 vCenter Server 提供的各种目录视图上，因此先介绍该内容。

3.8.1 认识目录视图与对象

每一个 vCenter Server 都有一个根对象，即数据中心对象，它是所有其他对象的容器。在给 vCenter Server 目录添加一个对象之前，必须至少创建一个数据中心对象（一个 vCenter Server 实例可以有多个数据中心对象）。数据中心对象所包含的对象取决于所激活的目录视图。在主机与集群目录视图中，可以操作 ESXi 主机、集群、资源池和虚拟机。在虚拟机与模板视图中，可以操作文件夹、虚拟机和模板。在存储视图中，可以操作数据存储和数据存储集群；在网络连接视图中，可以操作 vSphere Standard Switches（vSphere 标准交换机）和 vSphere Distributed Switches（vSphere 分布式交换机）。

> **vCenter Server 目录设计**
>
> 如果了解微软 Windows Active Directory（AD）所使用的对象，就会发现 AD 设计的最佳实践方法与 **vCenter Server** 目录设计非常相似。其中，数据中心对象与组织单元几乎完全对等，因为它们都是各自基础架构的构建块。

用户可以在不同视图中用不同的方式组织 vCenter Server 目录。主机与集群视图主要用于确定或控制虚拟机的运行位置，或者给一个或一组虚拟机分配资源。通常不会在主机与集群目录视图中创建逻辑管理结构。但是，该区域非常适合指定资源分配结构，或者根据业务规则或其他方式将主机分组到集群中。

在虚拟机与模板目录视图中，虚拟机与模板将按文件夹组织，而不考虑虚拟机运行在哪一个主机上。这样就可以创建一个虚拟机管理逻辑结构，它在很大程度上不依赖于运行虚拟机的物理基础架构。虚拟机与模板视图和主机与集群视图之间有一个非常重要的纽带：它们共享数据中心对象。数据中心对象同时存在于主机与集群视图和虚拟机与模板视图中。

vCenter Server 中对象的命令方式可以补集现有的数据中心设计和管理。例如，如果你在全国三个数据中心内都配备了专职 IT 员工，那么你很可能会创建反映这种管理方式的层次目录。另一方面，如果 IT 管理主要由公司中各个部门完成，那么数据中心对象可能会按照各个部门进行命名。在企业环境中，vCenter Server 目录可能是一种混合结构，它包含按地理位置、部门、服务器类型和项目的管理分类。

vCenter Server 目录可以按照公司的 IT 管理需求进行组织。在数据中心对象之上和之下创建文件夹，就可以更细致地控制低层子对象的组织方式。在第 8 章中将详细介绍 vCenter Server 的权限设置，以及如何在 vCenter Server 层次结构中使用这些权限。图 3.17 显示了按地理位置管理风格划分的 vCenter Server 目录结构的主机与集群视图。

公司经常在 IT 资源管理中使用按部门划分的方式，vCenter Server 目录仍然可以经过调整适应这种管理风格。图 3.18 反映了按部门管理风格的主机与集群目录视图。

图 3.17　用户可以在数据中心对象上创建文件夹，然后给文件夹分配权限，该权限就会传播到多个数据中心对象；或者用户也可以在数据中心对象之下创建文件夹，管理数据中心对象内的对象

图 3.18　按部门划分的 vCenter Server 目录，IT 管理可用它控制各个组织部门的内部对象

在大多数企业环境中，vCenter Server 目录混合不同的拓扑结构。可能是在最顶层采用按地理位置划分的拓扑，然后再按部门划分管理任务，最后再按项目配置资源。

文件夹可以用来组织 vCenter Server 中的所有不同对象类型。图 3.19 显示了为不同对象创建指定文件夹的能力，如主机与集群视图或虚拟机与模板视图。

虽然前面提到它们共享数据中心对象，但是这些目录视图几乎是完全无关和独立的。例如，主机与集群目录视图可能主要反映物理或地理位置，而虚拟机与模板目录视图则主要反映部门或职能划分。按照这些结构分配权限，组织就能够建立支持其管理结构的目录结构。第 8 章将介绍 vCenter Server 的安全模型，它将与管理驱动的目录设计一起发挥作用。

在基本了解 vCenter Server 目录视图及目录对象的层次之后，现在就可以开始真正地创建目录结构，以及开始为 vCenter Server 创建和添加对象。

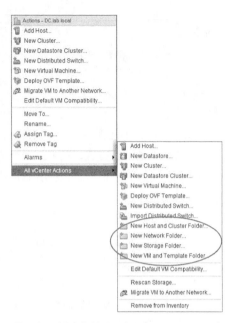

图 3.19　创建文件夹，组织 vCenter Web 客户端中的对象

3.8.2　创建与添加目录对象

在开始创建目录之前，主机与集群视图或虚拟机与模板视图，必须将 ESXi 主机添加到 vCenter Server 中。在此之前，必须先创建一个数据中心对象。

1．创建数据中心对象

你可能已经在入门指引向导中创建了数据中心对象，如果还没有，则必须先创建。要记住，一个 vCenter Server 实例可以创建多个数据中心对象。

执行下面的步骤，创建一个数据中心对象。

（1）启动 vSphere Web 客户端（如果未启动），然后连接到一个 vCenter Server 实例。

（2）在主屏幕上选择 Hosts And Clusters。

（3）在导航栏右键单击 vCenter Server 对象，选择 New Datacenter（新的数据中心）。

（4）输入新数据中心对象的名称，单击 OK 按钮。

确认名字解析有效

名字解析是指一台计算机将另一台计算机的主机名映射到它的 IP 地址上，这是许多 ESXi 功能的主要组成部分。很多时候，保证名字解析正确有效，就能够解决所遇到的问题。

强烈建议一定要保证各个链路的名字解析正确有效，其中包括：

◆　保证 vCenter Server 计算机能够解析目录中每一个 ESXi 主机的主机名；

◆　保证每一个 ESXi 主机能够解析所管理的 vCenter Server 计算机的主机名；

◆　保证每一个 ESXi 主机能够解析目录中其他 ESXi 主机的主机名，特别是当它们同属于一个 vSphere HA 集群时。

在大多数可扩展和可靠的解决方案中，要保证域名系统（DNS）基础架构的稳定和正常运行，同时保证 vCenter Server 计算机和所有 ESXi 主机都使用 DNS 作为名字解析方法。现在花一些时间确认这个问题，可以避免将来遇到问题。

在至少创建了一个数据中心对象之后，就可以给 vCenter Server 目录添加 ESXi 主机了，具体参见下一节内容。

2.　添加 ESXi 主机

为了让 vCenter Server 管理 ESXi 主机，必须先将这个 ESXi 主机添加到 vCenter Server。将一个 ESXi 主机添加到 vCenter Server，它就会自动在 ESXi 主机上安装一个 vCenter 代理，vCenter Server 将通过这个代理与主机通信并管理主机。

注意，vCenter Server 5.5 也支持在目录上添加和管理 ESX/ESXi 4.x 主机。这里只介绍在 vCenter Server 上添加 ESXi 5.5 主机，但是其他版本的添加过程几乎是完全相同的。

执行下面的步骤，给 vCenter Server 添加一个 ESXi 主机。

（1）启动 vSphere Web 客户端（如果未启动），然后连接到一个 vCenter Server 实例。

（2）在导航栏上选择 vCenter → Hosts And Clusters，或者在主屏幕上单击 Hosts And Clusters 按钮。

（3）在导航栏上右键单击数据中心对象，选择 Add Host（添加主机）。

（4）在 Add Host 向导中，为将要添加到 vCenter Server 的主机指定 IP 地址或完整主机名和用户账号。账号通常就是 root。

虽然在将主机添加到 vCenter Server 目录时需要指定 root 密码，但是 vCenter Server 只是在创建后面将使用的身份信息时才需要使用到 root 身份信息。这意味着将来可以修改 root 密码，而不会影响 vCenter Server 与 ESXi 主机的之间的通信与身份验证。事实上，定期修改 root 密码是一个保证安全实践方法。

（5）当提示是否信任该主机并显示一个 SHA1 签名时，单击 Yes 按钮。

严格来说，按照最佳安全实践方法，应该先验证 SHA1 签名，再接受。ESXi 在控制台的 View Support Information（视图支持信息）界面上提供了 SHA1 签名内容。

（6）下一个界面显示了所添加 ESXi 主机的概况信息，以及关于服务器当前运行的虚拟机信息。单击 Next 按钮。

（7）图 3.20 显示了下一个界面，这里需要给所添加的主机分配一个许可证书。

另外，这里也有一个以评估模式运行主机的选项。

选择评估模式，或者指定一个许可证书，然后单击 Next 按钮。

（8）下一个界面提供了启用锁定模式选项。锁定模式可以确保通过 vCenter Server 管理主机，而不是通过直接连接 ESXi 主机的 vSphere 客户端进行管理。单击 Next 按钮。

（9）在概况信息界面上单击 Finish 按钮。

（10）重复这个过程，添加用这个 vCenter Server 实例管理的所有 ESXi 主机。

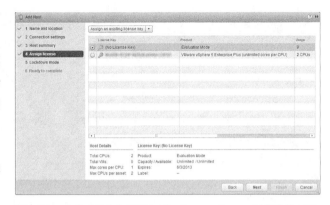

图 3.20　在将 ESXi 主机添加到 vCenter Server 时指定许可证书，或者以后指定

现在，比较 vSphere Web 客户端中间的 vCenter Server、数据中心和主机对象等选项卡可以看到，选择目录树中的不同对象，选项卡会显示不同的内容。这也说明了 vCenter Server 的用户界面与上下文相关，并且能够根据用户选择改变选项内容。

主机可以单独添加到 vCenter Server 中，并且单独管理，但是某些时候可以将这些主机归并到一个集群中，而集群是 vCenter Server 目录的另一个重要对象。下一节将介绍集群。

3. 创建集群

本书到现在已经多次提及集群，现在就详细介绍什么是集群。集群是 ESXi 主机的管理分组。一旦将主机归并到集群中，就可以启用 vSphere 中一些最实用的特性。vSphere HA、vSphere DRS 和 vSphere FT 都只能在集群中使用。后面的章节会介绍这些特性：第 7 章将介绍 vSphere HA 和 vSphere FT，而第 12 章介绍 vSphere DRS。

执行下面的步骤，创建一个集群。

（1）启动 vSphere Web 客户端（如果未运行），然后连接到一个 vCenter Server 实例。

（2）在主机与集群视图中右键单击数据中心对象。

（3）选择 New Cluster（新增集群）。这时会打开 New Cluster 向导。

（4）输入集群的名称。

不要选择 Turn On vSphere HA（打开 vSphere HA）或 Turn On vSphere DRS（打开 vSphere DRS）；本书后面的章节（第 7 章和第 12 章）会分别介绍这些选项。

单击 Next 按钮。

（5）保持选定默认选项 Disable EVC（禁用 EVC），单击 Next 按钮。

（6）不要选择 Turn On for vCloud Distributed Storage；再次强调，第 5 章会介绍该内容。

（7）单击 OK 按钮。

在创建集群之后，只需要简单地将 ESXi 主机对象拖放到集群对象中，vCenter Server 就会将主机添加到集群中。这期间可能会提示资源池的信息，可参考第 11 章关于资源池及其他使用方式的详细介绍。

　　将 ESXi 主机添加到 vCenter Server，就可以在 vCenter Server 上管理这些主机。下节将介绍 vCenter Server 的一些管理特性。

3.9　了解 vCenter Server 的管理特性

　　将 ESXi 主机交给 vCenter Server 管理之后，就可以使用 vCenter Server 的一些管理特性。

◆　主机与集群目录视图的基本主机管理任务；

◆　配置主机配置；

◆　调度任务；

◆　事件；

◆　主机配置文件；

◆　标签。

后面的小节将逐一、深入介绍这些特性。

3.9.1　了解基本主机管理

　　在 vCenter Server 中，许多 ESXi 主机的日常管理任务都在主机与集群视图中完成。在这个界面上，ESXi 主机的快捷菜单（右键单击）会显示下面这些选项：

◆　进入维护模式；

◆　重启；

◆　关机；

◆　断开；

◆　新虚拟机；

◆　部署 OVF 模板；

◆　新数据存储。

All vCenter Actions 子菜单有更多选项：

◆　新 vApp；

◆　新资源池；

◆　添加网络；

◆　进入待机模式；

◆　重新扫描存储；

◆　导出系统日志；

◆　主机配置文件；

◆　从目录删除。

大多数选项都会在后续章节介绍。第 8 章介绍权限，第 9 章介绍如何创建虚拟机，第 11 章介绍资源池，第 13 章介绍警报与报表。其他操作本身就很明白，不需要过多解释，如关机、重启、启动、待机、断开连接和从 vCenter Server 删除。

给 vCenter Server 安装插件，或者修改 ESXi 主机的配置，都可能在快捷菜单上出现更多的命令。例如，在安装 vSphere 更新管理器之后，ESXi 主机的快捷菜单上会多出几个新命令。此外，在集群中的 ESXi 主机上启用 vSphere HA，也会让快捷菜单多出一些选项。第 7 章会更深入介绍 vSphere HA。

除了快捷菜单，vSphere Web 客户端中间内容区域的选项卡也提供了一些主机管理特性。图 3.21 显示了其中的一些选项卡。

在子选项卡中将进一步为合适的区域划分设置。大多数情况下，这些选项卡与快捷菜单的命令密切相关。

图 3.21 当在目录视图中选定一个主机，上方的选项卡也会显示一些主机管理特性

下面列出了当选定目录视图中的一个主机时将会显示的选项卡和子选项卡及其简要说明。

Summary（概要）。概要选项卡收集和显示了底层物理硬件、连接和配置的存储设备、连接和配置的网络及某些特性的状态，如 vMotion 和 vSphere FT。该选项卡中的内容是可配置的信息。可以将不同的框拖入其中改变其大小，或展开类别来显示更多信息。概要选项卡没有子选项卡，但包含了常用主机管理任务的链接。

Monitor（监视器）。监视器选项卡显示了所选主机的所有监控信息，并将其分为若干子选项卡。

Issues（问题）。所有问题子选项卡列出了所选主机目前的配置问题，其包含的范围十分广泛，比如从一个集群的配置到网络问题。触发的警报区域与主机上尚未确认或重置的警报有关。

Performance（性能）。性能子选项卡显示了主机的性能信息，如 CPU 总使用率、内存使用率、磁盘 I/O 和网络吞吐量。第 13 章将更深入地介绍这个方面。

Storage Reports（存储报告）。存储报告子选项卡显示了许多与存储相关的重要信息。存储报告会显示选定主机上每一个虚拟机的当前多路径状态、已用磁盘数量、已用快照空间数量和当前磁盘个数。

Tasks（任务）。所有与选定主机相关的任务都会显示在这里。任务子选项卡显示所有的任务、目标对象（vCenter Server 用它初始化任务）和任务执行结果。

Events（事件）。与任务子选项卡类似，事件子选项卡列出所有与选定主机相关的事件，如触发警报。如果主机使用了几乎整个 RAM 或主机 CPU 的利用率特别高，就会看到触发警报。

Hardware Status（硬件状态）。硬件状态子选项卡显示了硬件组件的传感器信息，如风扇、CPU 温度、电源、网络接口卡（NIC）、NIC 固件等。

Log Browser（日志浏览器）。日志浏览器允许从主机中检索并显示日志，以用于分析。选择任一主机日志，如 fdm 日志或 vmkernel 日志，当日志捆绑从主机获得请求后，便可以对其进行查看。

还有高级筛选器协助日志分析。

　　Manage（管理）。管理选项卡可以更改主机配置。配置存储、配置网络、更改安全设置、配置硬件等任务都在这里完成。

　　在介绍 vCenter Server 的其他管理特性之前，会先介绍管理选项卡，这里可以执行所有 ESXi 主机配置的任务，也可能是工作过程中花时间最多的地方（至少一开始是这样）。

3.9.2　了解基本主机配置

　　在第 2 章介绍如何配置 NTP 时间同步时，已经出现过 ESXi 主机的配置选项卡。现在再花一些时间学习、了解它的功能；在 Web 客户端中，Settings（设置）子选项卡在 Host → Manage 选项卡下。在本书中，会经常使用到这个部分。例如，第 5 章会使用管理选项卡配置网络，第 6 章会使用管理选项卡配置存储设备。

1. 设置子选项卡

　　图 3.22 显示了在一个刚添加到 vCenter Server 的 ESXi 主机上，其管理选项卡提供的命令。

　　这里有许多选项，下面简要介绍这些选项并说明它们的用法。

　　Default VM Compatibility（默认虚拟机兼容性）。创建虚拟机时，默认其具有一定的功能，在每个 vSphere 修订版中都会添加新功能。所以将虚拟机从新环境向旧环境迁移时，会产生向后兼容性问题。第 9 章会详细介绍虚拟机的兼容性，即在创建虚拟机时设置默认级别。

　　VM Startup/Shutdown（虚拟机启动 / 关闭）。如果要自动启动或关闭 ESXi 主机的虚拟机，则可以使用这个区域进行配置。这里还可以定义通过主机启动的虚拟机的启动顺序。

图 3.22　ESXi 主机的管理选项卡提供了许多查看或修改主机配置的命令

　　Agent VM Settings（代理虚拟机设置）。代理虚拟机为虚拟环境增加特殊支持功能。虽然都是虚拟机，但是它们属于基础架构的组成部分。例如，vShield Edge 和 vShield Endpoint 都通过代理虚拟机帮助完成它们的功能。

　　Swap File Location（交换文件位置）。这个区域可以配置主机上运行的虚拟机的交换文件位置。默认情况下，交换文件与虚拟机存储在相同的目录下。如果一个 ESXi 主机在集群中，那么集群设置会覆盖各个主机的设置。

Licensed（许可）。这个命令可以查看当前的许可特性，以及分配或修改选定 ESXi 主机的许可证书。

Host Profile（主机配置文件）。虽然主机配置文件可以从主屏幕进入，但是这一区域同样需要附加主机配置文件。具体参见 3.9.5 节。

Licensed Features（许可功能）。这个命令可以查看当前的许可功能，以及分配或修改选定 ESXi 主机的许可证书。

Authentication Services（身份验证服务）。第 8 章将详细介绍该服务，这个区域可以配置 ESXi 主机的用户身份验证方式。

Power Management（电源管理）。配置选项卡中硬件部分的电源管理区域可以在选定的 ESXi 主机上设置各种电源管理策略。

Advanced System Settings（高级系统设置）。高级系统设置区域可以直接访问选定 ESXi 主机的详细设置。在大多数时候，用户不会经常使用这个区域，但是一定要知道，有时候会需要用它修改一些设置。

System Resource Allocation（系统资源分配）。系统资源分配区域可以微调选定 ESXi 主机的资源分配。

Security Profile（安全配置文件）。这个区域可以配置主机上运行的后台程序（服务）。

System Swap（系统交换）。在这一子选项卡中，可以禁用或指定用于主机交换文件的数据存储。第 11 章将介绍主机交换以及与虚拟机交换的不同。

Processors（处理器）。在这个部分，vCenter Server 提供了选定 ESXi 主机的处理器明细信息，并且可以启用或禁用该 ESXi 主机的超线程处理。

Memory（内存）。这个区域显示了 ESXi 主机上安装的内存数量，它提供了主机内存信息，分配给系统（ESXi）多少以及分配给虚拟机多少；这里不需要任何配置。

Graphics（图形）。在图形子选项卡中可以查看系统 GPU 类型和内存信息。第 9 章会介绍在某些情况下，在来宾虚拟机的 ESXi 主机上共享 GPU 的使用实例。

Power Management（电源管理）。硬件部分的电源管理区域与系统部分中的不同。它可以在选定的 ESXi 主机上设置各种电源管理策略。

vFlash Resource Management（vFlash 资源管理）。固态硬盘（Solid State Drive，SSD）的后台数据存储可以分配到 vFlash 资源类型。更多资源分配信息请参考下面的 Cache Configuration（缓存配置）。

Cache Configuration（缓存配置）。这个区域可以指定或查看固态硬盘（SSD）的空间数量——可用于数据交换的后台数据存储或 vFlash。用 SSD 替代传统磁盘实现数据交换，可以提高读取速度，该区域可以设置使用哪些 SSD 数据存储作为交换分区。

2. 网络子选项卡管理选项卡下的网络子选项卡包括以下区域

Virtual Switches（虚拟交换机）。第 5 章将探讨该区域的功能。在这个区域和网络视图中可以配置标准式和分布式虚拟交换机的网络连接。

Virtual Adapters（虚拟适配器）。可以在 ESXi 主机的虚拟适配器区域配置不同的网络接口，以便用于管理、vMotion 和 FT。

Physical Adapters（物理适配器）。配置选项卡中硬件部分的网络适配器区域提供了选定 ESXi 主机上安装的网络适配器的只读信息。

TCP/IP Configuration（TCP/IP 配置）。这个区域可以查看和修改选定 ESXi 主机的 DNS 与路由配置。

Advanced（高级）。这个区域可以查看高级选项，如 IPv6 配置。

3. 存储子选项卡

管理选项卡下的存储子选项卡包括以下区域。

Storage Adapters（存储适配器）。这个区域显示了 ESXi 主机上安装的各种存储适配器的信息，以及连接这些适配器的存储资源信息。

Storage Devices（存储设备）。存储设备区域显示了存储 LUN 和设备以及到主机的相关路径。通常，这里的设备都有数据存储，可以在存储视图的顶部进行查看。存储设备一般是存储的逻辑视图，而之前提到的存储适配器更倾向于物理特性。

正如前面所介绍，vCenter Server 提供了大多数管理员在管理 ESXi 主机时需要使用的工具。虽然这些主机管理工具也可以在主机与集群目录视图中使用，但是在管理视图中 vCenter Server 有一些其他管理特性。

3.9.3　使用调度任务

前面提到过，vSphere Web 客户端如何显示 UI 取决于选定项目的内容。调度任务是很多区域都具备的一项功能，包括 vCenter。

从导航栏中选择 Managet → Scheduled Tasks，就可以显示 vCenter Server 的 Scheduled Tasks（调度任务）区域。

这个区域可以创建基于特定逻辑的作业。可以调度的任务包括：

◆ 修改虚拟机的电源状态；

◆ 克隆虚拟机；

◆ 用模板部署虚拟机；

◆ 用 vMotion 移动虚拟机；

◆ 用存储 vMotion 移动虚拟机的虚拟磁盘；

◆ 创建虚拟机；

◆ 制作虚拟机快照；

◆ 添加主机；

◆ 修改集群的电源设置；

◆ 修改资源池或虚拟机的资源设置；

◆ 检查配置文件的合法性。

正如前面所介绍，vCenter Server 提供了许多可以调度为自动运行的任务。因为各个调度任务所需要的信息各不相同，所以每一个任务的配置向导也有所不同。下面例举一个很实用的调度任务：添加主机。

为什么要调度一个添加主机的任务呢？或许，读者知道如何给 vCenter Server 添加一个主机。但是，如果想要在几个小时之后自动添加主机，这时就可以调度一个任务，如在半夜给 vCenter Server 添加一个主机。但是要注意，在创建任务时，该主机必须处于可访问和有响应的状态。

执行下面的步骤，创建一个调度任务，将一个主机添加到 vCenter Server 上。

（1）启动 vSphere Web 客户端（如果未运行），然后连接到一个 vCenter Server 实例。

（2）在连接 vCenter Server 之后，选择 Manage → Scheduled Tasks，转到主机与集群视图的调度任务区域。另外，也可以通过选择数据中心来完成。

（3）在内容区域，选择 Schedule A New Task（调度一个新任务）。

（4）在可调度的任务列表上，选择 Add Host（添加主机）。

（5）这时会启动 Add Host Wizard（添加主机向导）。

（6）指定连接主机所需要的主机名、用户名和密码，这与手动添加主机一样。

（7）当提示是否接受主机的 SHA1 签名时，单击 Yes 按钮。

（8）向导中接下来的 3 个或 4 个步骤（ESX 是 3 个步骤，ESXi 是 4 个步骤）与手动添加主机完全一样。在各个步骤单击 Next 按钮，直到出现调度任务。

（9）指定任务名称和任务描述，单击 Change（修改）按钮。弹出配置调度程序，可以选择现在、启动后或稍后运行任务。还有设置定期调度选项，但对于添加一个主机来说，该定期选项没有实际意义。调度程序配置完成后，单击 OK 按钮。在添加主机时，运行频率选项实际上没什么作用（因为只运行一次）。

（10）指定是否在调度任务完成时接收电子邮件通知，如果要接收邮件，还需要指定电子邮件地址。注意，vCenter Server 必须配置一个 SMTP 服务器。

其实，调度一个添加 ESXi 安全认证的任务用处不大。然而，有一些调度任务很有用，例如，关闭一组虚拟机，将它们的虚拟磁盘移动到新的数据存储，然后再启动这些虚拟机。

3.9.4 使用 vCenter Server 的事件控制台

vCenter Server 的 Events（事件）视图显示了 vCenter Server 记录的全部事件信息。图 3.23 显示了事件视图，其中有一个事件被选定。

单击列表中的事件就可以查看事件的明细。蓝色高亮显示的文字都是超链接，单击超链接就可以访问这个 vCenter Server 对象。使用 vSphere Web 客户端窗口右上角的搜索框，可以搜索事件；使用事件列表右侧的按钮，可以将事件导出为文本文件。图 3.24 显示了导出事件的对话窗口。

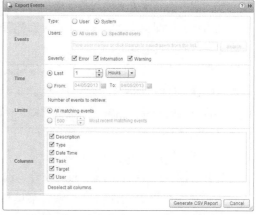

图 3.23 事实视图可以查看事件明细、搜索事件和导出事件（突出显示）

图 3.24 将事件从 vCenter Server 导出至 CSV 文件时，用户有很多选择

3.9.5 操作主机配置文件

主机配置文件也是 vCenter Server 的一个强大特性。下面的章节将涉及一些创建 ESXi 主机的配置选项。虽然 vCenter Server 和 vSphere Web 客户端可以轻松执行这些配置任务，但是也很容易忽略一些问题。此外，在多个主机上手动执行这些操作可能很耗费时间，甚至很容易出错。这时就需要主机配置文件的帮助。

主机配置文件实际是上一个包含 ESXi 主机中所有配置项目的集合。这其中包括 NIC 分配、虚拟交换机、存储配置、日志与时间等设置。给一个 ESXi 主机附加一个主机配置文件，就可以比较该主机设置与主机配置文件设置的区别。如果主机符合配置文件，则表明它的设置与主机配置文件完全相同，如果不符合，则必须强制应用主机配置文件的设置，使其符合要求。这样，管理员不仅能够验证每个 ESXi 主机是否具有统一的设置，还能够快速、方便地给新的 ESXi 主机应用设置。

选择 Home 按钮，然后单击 Host Profiles 图标，就可以打开主机配置文件管理界面。图 3.25 显示了 vCenter Server 的主机配置文件视图，其中显示了一个已创建的主机配置文件，但是它们还未附加给任何主机。

如图 3.25 所示，在窗口顶部和对象选项卡下面有几个工具栏按钮。这些按钮可用于执行以下任务。

- ◆ 从主机中提取配置文件。
- ◆ 导入主机配置文件。
- ◆ 重命名选定的主机配置文件。
- ◆ 编辑主机配置文件设置。
- ◆ 从主机中复制设置。
- ◆ 复制主机配置文件。
- ◆ 从主机或集群中附加 / 分离主机配置文件。

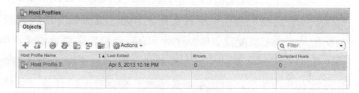

图 3.25 主机配置文件是一种检查特定配置和强制实现统一配置的机制

　　要创建一个新配置文件，必须从一个现有主机创建，或者导入一个已有的配置文件。从一个现有主机创建新的配置文件，只要求选定新配置文件的参考主机，然后 vCenter Server 会基于主机的配置编译生成主机配置文件。

　　在创建一个配置文件之后，就可以编辑该配置文件，微调其中的设置。例如，有时候可能需要修改该配置文件的 DNS 服务器的 IP 地址，因为配置文件创建之后它们发生了变化。

　　执行下面的步骤，编辑一个主机配置文件的 DNS 服务器设置。

　　（1）如果 vSphere Web 客户端未运行，则启动客户端，然后连接到一个 vCenter Server 实例。

　　（2）在主屏幕上选择 Host Profiles。

　　（3）右键单击要编辑的主机配置文件，选择 Edit Profile（编辑配置文件）。

　　（4）在编辑配置文件窗口左侧的菜单树上，选择 Networking Configuration（网络配置）→ Netstack Instance（Netstack 实例）→ DNS Configuration（DNS 配置）。

　　图 3.26 显示了这个区域。

　　（5）修改主机配置所显示的值。

　　（6）单击 Next 按钮，然后单击 Finish 按钮将修改保存到主机配置文件中。

　　虽然这个过程只介绍了如何修改 DNS 设置，但是修改主机配置文件中其他设置的步骤是相同的。这样就可以基于参考主机快速创建一个主机配置文件，然后编辑该主机配置文件，使之成为主机正确的"黄金配置"。

　　只有当附加到 ESXi 主机上，主机配置文件才会生效。单击 vSphere 客户端对象选项卡下面的 Attach/Detach A Host Profile To Hosts And Clusters（在主机与集群中附加 / 分离主机配置文件）按钮，打开一个对话窗口，在其中选择一个或多个 ESXi 主机，附加主机配置文件。

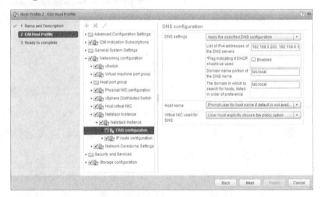

图 3.26　如果要同时修改多个 ESXi 主机，则需要在主机配置文件中添加这些设置，然后把主机配置文件附加到多个主机上

　　在将一个主机配置文件附加到 ESXi 主机之后，右键单击主机与集群选项卡上的主机，然后在快速菜单上选择 Host Profile → Check Compliance，就可以检查主机的符合性。

　　如果一个 ESXi 主机不符合主机配置文件的设置，则可以将该主机置于维护模式，然后应用主机配置文件。在应用主机配置文件之后，主机配置文件包含的设置将强制应用到该 ESXi 主机上，从而使其符合主机配置文件。注意，有一些设置需要重启才会生效。

　　为了真正理解主机配置文件的作用，可以通过一个集群的一组 ESXi 主机进行验证。虽然现在还没有介绍集群，但是本书其他章节将会有专门介绍——特别是在第 5 章和第 6 章，集群中的 ESXi 主机必须有统一的设置。如果不使用主机配置文件，就不得不以手动方式逐一检查和配置集群中各个主机的设置。如果创建一个包含这些设置的主机配置文件，再将新主机添加到集群中，就只需要以下两个的简单步骤。

（1）将主机添加到 vCenter Server 上，再添加到集群中。

（2）附加主机配置文件，然后应用它。

这样就完成了。主机配置文件会将所有设置应用到新的主机上，然后它们就与集群中其他服务器的设置保持一致。在大型组织中，能够快速部署新的 ESXi 主机，这是一个很大的优势。

在使用 vSphere 自动部署创建无状态环境时，主机配置文件也非常重要。在使用自动部署的无状态环境中，配置项目在重启之后无法保留。为了保存正确配置的无状态 ESXi 主机，用户可以使用主机配置文件去应用正确的设置，这样主机就可以一直保持统一的配置，即使在重启之后也一样。

如上所述，当环境中有大量 ESXi 主机时，主机配置文件在保持一致性和可管理性方面就显示了特色。然而，主机配置文件不是 vSphere 协助管理的唯一特性，另一个相关功能是标签。

3.9.6　标签

几乎 vCenter 目录中的所有项目都可以用标记的方式添加标签和元数据。使用类别形式分组相关项目，从而帮助分类和管理 vCenter 对象。标签具有排他性和包容性，使元数据结构的设计变得更加灵活。下面举例说明使用标签的好处。比如想要知道哪个虚拟机属于工程团队，同时知道哪个虚拟机属于生产团队、测试团队或开发团队。3.8.1 小节介绍了如何使用文件夹组织对象的管理与安全。文件夹的问题在于一个虚拟机只属于一个文件夹；在这个例子中，不能将一个虚拟机同时放入工程文件夹和生产文件夹。利用标签就能解决这个问题。当指定一个单一标签一次只能用于一个特定对象时，还可以指定多个标签针对这个单一对象。现在展示如何创建标签以及标签如何使用。

每个标签必须属于一个类别（而且只能是单一类别），根据这一要求，在创建标签之前或创建标签的同时就要创建一个类别。以下是创建步骤。

（1）如果 vSphere Web 客户端未运行，则启动客户端，然后连接到一个 vCenter Server 实例。

（2）在导航栏的主屏幕选择 Tags（标签）。

（3）单击 New Tag（新标签）图标，打开新标签弹出窗口。

（4）输入标签名称和描述。

（5）修改 New Category（新类别）的类别，窗口展开，以显示更多域。

（6）选择 vCenter Server，对类别进行命名和描述。

（7）决定该类别是否允许为每个对象添加单个标签或多个标签，然后选择与类别相关的对象类型，如图 3.27 所示。

（8）单击 OK 按钮，保存新标签和类别。

标签可以定义 vCenter 内所有对象类型的自定义标识或信息选项，包括：

◆ 集群；

◆ 数据中心；

◆ 数据存储；

图 3.27 在 New Tag 对话框中创建标签和标签类别

◆ 分布式交换机；

◆ 文件夹；

◆ 主机；

◆ 网络；

◆ 资源池；

◆ vApps；

◆ 虚拟机。

其他 VMware 产品的标签

vCenter 中的自定义标签不止用于一种产品。VMware 也在 API 中添加了自定义标签功能，同时还允许其他 VMware（或非 VMware）软件利用其元数据。比如在 vCenter Operations Manager 中就可以使用这些数据。虽然这在技术上是一个单独的产品，但是它已经深度集成到 vSphere 和 vCenter 中。在 vSphere Web 客户端内创建的标签还可以用于在 vCenter Operations Manager 中创建虚拟机的监控应用程序或组。

创建标签后，就可以在对象上附加该标签。添加的标签显示在概要选项卡标签子选项卡的内容区域。右键单击菜单，选择 Assign Tag（指定标签）选项，为各种对象添加标签，如图 3.28 所示。

为对象定义标签后，可以根据数据进行搜索。图 3.29 显示了对象标签中包含 Production、Engineering 和 Windows 等文字的自定义搜索。

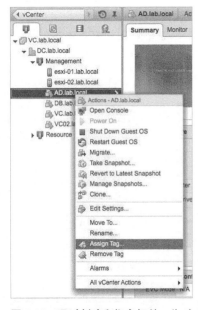

图 3.28　通过创建和指定标签，为对象添加元数据

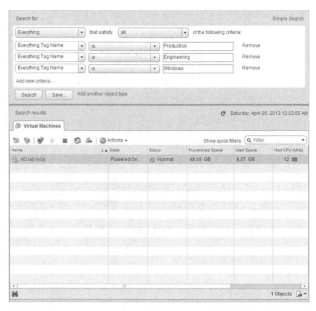

图 3.29　定义类别和标签后，利用其作为搜索条件，迅速找到具有相似标签的对象

使用标签在 ESXi 主机、虚拟机和其他对象中建立元数据这一功能是十分强大的，与 vSphere Web 客户端搜索功能的集成也使得大量目录更加易于管理。

到目前为止已经安装了 vCenter Server，添加了至少一个 ESXi 主机，并且了解了一些 vCenter Server 管理 ESXi 主机设置的特性。下一节将开始介绍如何管理 vCenter Server 本身的设置。

3.10　管理 vCenter Server 的设置

为了使 vSphere 管理员更容易查找和修改可能影响 vCenter Server 实例行为或操作的设置，VMware 将这些设置集中到 vSphere Web 客户端用户界面的一个区域上。当选定 vSphere Web 客户端的 vCenter Server 后，该设置区域位于其 Manage（管理）选项卡。事实上，它甚至包含了安装过程中未提供的一些配置选项。管理菜单包含以下项目：

◆ General（常规）；
◆ Licensing（许可证）；
◆ Message Of The Day（每日提示信息）；
◆ Advanced Settings（高级设置）。

vCenter Server 的设置区域允许修改控制 vCenter Server 操作的设置，下一节将进行详细介绍。

3.10.1　常规 vCenter Server 设置

常规 vCenter Server 设置区域包含 13 个 vCenter Server 设置：

◆ Statistics（统计）；
◆ Runtime Settings（运行时设置）；
◆ User Directory（用户目录）；
◆ Mail（邮件）；
◆ SNMP Receivers（SNMP 接收者）；
◆ Ports（端口）；
◆ Timeout Settings（超时设置）；
◆ Logging Settings（日志设置）；
◆ Database（数据库）；
◆ SSL Settings（SSL 设置）。

在链接模式组中运行 vCenter Server 实例时，要确保选择了导航栏中正确的 vCenter Server 实例。

每个设置都控制着 vCenter Server 交互或操作的一个特定区域，其中包括以下几种。

Statistics（统计）。统计页面可以配置采集间隔和构成 vCenter Server 性能数据统计的系统资源，如图 3.30 所示。此外，它还提供了数据库大小的计算器，可以根据统计间隔配置来估计 vCenter Server 数据库的大小。默认情况下，可以使用下面 4 种采集间隔：

◆ 天：每 5 分钟采集 1 个一级统计样例；

◆ 周：每 30 分钟采集 1 个一级统计样例；

◆ 月：每 2 小时采集 1 个一级统计样例；

◆ 年：每 1 天采集 1 个一级统计样例。

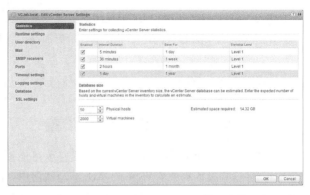

图 3.30 定制统计采集时间间隔，以支持更大范围或更详细的日志

选择一个时间间隔，单击下拉列表，就可以定制时间间隔配置：设置时间间隔、保存样本的时间和 vCenter Server 使用的统计级别（从 1 级～ 4 级）。

用户界面包含以下 4 种采集级别。

1 级：包括测量 CPU、内存、磁盘和网络平均使用率的基本指标。此外，它还包括系统在线时间、系统心跳和 DRS 指标，但是不包括设备统计信息。

2 级：包括 CPU、内存、磁盘和网络的所有平均、合计和汇总指标。此外，它还包括系统在线时间、系统心跳和 DRS 指标，但是不包括最大和最小汇总值，以及设备统计信息。

3 级：包括所有计数分组指标，如设备数量，但是不包括最小值和最大值。

4 级：包括 vCenter Server 支持的所有指标。

数据库估算

通过编辑统计采集配置，就可以估计数据库大小变化。例如，将一天的采集间隔从 5 分钟减少为 1 分钟，数据库大小估算值会从 14.32GB 增加到 26.55GB。类似地，如果每天的采集样例保存 5 年而不是 1 年，那么数据库大小估算值会从 14.32GB 增加到 29.82GB。采集间隔和保存周期也应该设置为公司审计策略规定的级别。

Runtime Settings（运行时设置）。运行时设置区域可以配置 vCenter Server 的唯一 ID、vCenter Server 使用的 IP 地址和运行 vCenter Server 的服务器名。唯一 ID 是默认生成的，修改唯一 ID 需要重启 vCenter Server 服务。通常，只有在相同环境中运行多个 vCenter Server 实例时，才需要修改这些设置。

User Directory（用户目录）。这个页面可以设置 User Directory（通常是 Active Directory）超时时间、User Directory 数据库查询返回的用户与组的数量限制和用于同步 vCenter Server 用户与组的验证周期（分钟）。

Mail（邮件）。邮件页面是最常用的自定义页面，因为它是发送警报结果的重要手段，具体参见第 13 章。邮件 SMTP 服务器名或 IP 地址及发送者账号将决定发送警报结果的服务器与账号。

SNMP Receivers（SNMP 接收者）。SNMP 配置页面可以让 vCenter Server 整合系统网络管理协议（SNMP）管理系统。接收者 URL 应该是对应的 SNMP 接收服务器的主机名或 IP 地址。如果 SNMP 端口不是默认值，就应该设置为 162，通信字符串也应该正确配置（默认值是 Public）。VCenter Server 最多支持 4 个接收者的 URL。

Ports（端口）。端口页面可用于配置 vCenter Server 使用的 HTTP 和 HTTPS 端口。

Timeout Settings（超时设置）。超时设置区域可以配置客户端的连接超时时间。普通操作的默认超时时间是 30 秒，长操作的超时时间则是 120 秒。

Logging Settings（日志设置）。日志设置区域可以定制 vCenter Server 记录日志的详细程度。日志选项包括：

◆ None（禁用日志）；

◆ Errors（只记录错误）；

◆ Warning（错误与警告）；

◆ Information（普通日志）；

◆ Verbose（详细日志）；

◆ Trivia（最细日志）。

默认情况下，vCenter Server 将日志存储在 C:\Documents and Settings\All Users\Application Data\VMware\VMware VirtualCenter\Logs（Windows Server 2003），或者 C:\ProgramData\VMware\VMware VirtualCenter\Logs（Windows Server 2008 和 Windows Server 2008 R2）。

Database（数据库）。数据库页面可以配置后台数据库的最大连接数。为了限制 vCenter Server 数据库的增长，可以配置一个保留策略。vCenter Server 可以限制任务与事件停留在后台数据库的时间长度。

SSL Settings（SSL 设置）。这个页面可以配置 vCenter Server 与 vSphere 客户端之间的证书有效性检查。在启用时，当执行添加特定任务时，如将主机添加到目录或建立连接虚拟机的远程控制台，两个系统都会检查远程主机提供的 SSL 证书可信度。第 8 章将详细介绍 SSL 证书。

3.10.2　许可证

Licensing（许可证）vCenter Server 设置对话窗口的许可证配置区域包含了 vCenter Server 授权参数，如图 3.31 所示。这些选项包括使用评估模式或者给 vCenter Server 实例应用一个许可密钥。

在 vSphere 和 vCenter Server 评估结束并购买了有效的许可时，必须取消选定评估选项，然后添加一个许可密钥。许可的有效期为安装后 60 天内。

图 3.31　通过 vCenter Server 设置对话窗口管理 vCenter Server 许可证

3.10.3　每日提示信息

顾名思义，这个菜单项目可以编辑 MOTD（Message of the Day）。每当用户登录到 vCenter Server，MOTD 就会显示。这是一种发布维护日程信息或其他重要信息的好方法。

3.10.4　高级设置

高级设置区域提供了可扩展配置界面。只有在特定条件下才能修改设置，通常是以 VMware 为领导方向。

3.11　vSphere Web 客户端管理

vSphere Web 客户端的主屏幕有 3 个不同区域：目录、监控和管理。到目前为止，已经介绍了目录和监控的众多功能，下面简单了解一下管理的相关功能。

在管理标题下有 3 个区域：Roles（角色）、Licensing（许可证）和 vCenter Solutions Manager（vCenter 解决方案管理器），这与目录标题下的区域有些重叠。

3.11.1　角色

只有当视图设置为管理视图并且选定角色选项卡时，管理菜单的角色选项才会显示。这个菜单就像一个快捷菜单，可以添加、编辑、重命名或删除选定对象的角色。在该区域设置角色和账户时，应针对目录视图中的 vCenter 对象来应用角色权限。第 8 章将详细介绍 vCenter Server 的角色。

3.11.2　许可证

前面介绍了如何通过目录视图为指定的 vCenter Server 设置许可证。选择主机与集群视图中的单个主机时，也有许可证选项。然而，在 vSphere Web 客户端主屏幕的许可证区域中，有环境中所有许可证的视图和许可证分配的组件。

在许可证区域内，可以报告许可证的使用情况并导出数据。而这取决于 VMware 的环境和许可协议的复杂程度，很少使用该区域或专注于许可证领域的工作人员可以重点看看这一节。标准（永久）许可证或 VSPP 许可协议都由这一区域管理。

3.11.3　vCenter 解决方案管理器

vSphere Update Manager（vSphere 更新管理器）或 vSphere Auto Deploy（vSphere 自动部署）等添加至 vCenter Server 的插件，其图标、选项卡和功能会一直出现在 vSphere Web 客户端中。这些插件所启用的新功能都由 vCenter Solutions Manager（vCenter 解决方案管理器）区域管理。

第 4 章将介绍 vCenter Server 的其中一个插件：vSphere Update Manager。

3.11.4　日志浏览器

日志浏览器功能不在 vSphere Web 客户端主屏幕的管理标题下（只在导航栏中），但是和许可证一样，可以在这个功能下看到环境中的所有日志。正如 3.9.1 节所介绍的，可以查看各种对象的单独日志。这个命令可以导出 vCenter Server 和（或）若干个 ESXi 主机的日志。在管理菜单上选择这个命令时就会显示对话窗口，如图 3.32 所示。

执行下面的任务，从 vCenter Server 导出系统日志。

（1）运行 vSphere 客户端，连接到一个 vCenter Server 实例，在主屏幕中选择 Log Browser。

（2）从 Select An Object（选择一个对象）对话框中选择 vCenter Server，单击 OK 按钮。

图 3.32　从主屏幕的日志浏览器中查看 vCenter Server 和 ESXi 主机的日志

（3）展开日志树，选择想要导出日志的数据中心、集群或主机对象。

（4）选择想要导出的日志。vpxd 是默认选定的。使用下拉菜单选择所需日志。

（5）单击上方内容区域的 Actions 菜单，选择 Export。

（6）如果想要加入所有日志，选择 VMsupport。单击 Export 按钮。

（7）弹出新的浏览器窗口，指定存储日志的本地路径。

导出日志的更多选项

在文件菜单上选择 Export → Export System Logs 选项。如果选定 vCenter Server 对象，然后再选择该菜单项目，则会出现与选择 Administration → Export System Logs 时一样的对话窗口。然而，如果选择一个 ESXi 主机或虚拟机，那么对话窗口会变成只显示当前所选目录对象的日志导出选项。

在所选的位置上，vCenter Server 会下载 hostname_vmsupport.tgz 文件；解压缩该文件，会看到 vCenter Server 计算机的系统日志。图 3.33 显示了从 vCenter Server 导出的一些日志文件。

后续章节将继续介绍 vCenter Server 的功能。下一章将介绍 vSphere 更新管理器给 vCenter Server 带来的功能扩展。

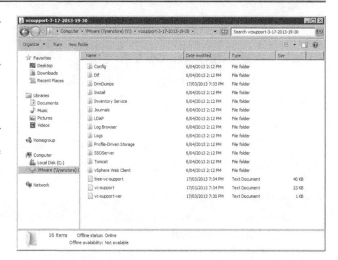

图 3.33　这些日志来自 vCenter Server、一个 ESXi 主机和运行 vSphere 客户端的计算机

3.12　要求掌握的知识点

1. 理解 vCenter Server 的特性与作用

vCenter Server 在 ESXi 主机与虚拟机的管理中发挥中心作用。只有部署 vCenter Server，才能使用一些关键特性，如 vMotion、Storage vMotion、vSphere DRS、vSphere HA 和 vSphere FT。vCenter Server 提供了可扩展身份验证和整合 Active Directory 的基于角色的管理。

掌握

使用 vCenter Server 有哪 3 个重要优点，特别是在身份验证方面？

2. 规划 vCenter Server 部署

规划 vCenter Server 部署包括选择一个后台数据库引擎、选择一种身份验证方法、正确选择硬件规模和实现符合要求的高可用性和业务连续性。此外，还必须确定将 vCenter Server 运行在虚拟机上还是物理系统上。最后，必须决定使用基于 Windows Server 版本的 vCenter Server，还是部署 vCenter Server 虚拟设备。

掌握 1

在虚拟机上运行 vCenter Server 有哪些优点与缺点？

掌握 2

使用 vCenter Server 虚拟设备有哪些优点与缺点？

3. 安装与配置 vCenter Server 数据库

vCenter Server 支持几个企业级数据库引擎，其中包括 Oracle 和微软 SQL Server。要根据所使用的数据库应用不同的配置步骤和特殊权限，才能让 vCenter Server 正确运行。

掌握

为什么一定要保护支持 vCenter Server 的数据库引擎？

4. 安装与配置 Single Sign-On 服务

SSO 是 vCenter Server 安全模式的主要变化。它允许单一控制台中的 vSphere Web 客户端提供多种解决方案界面，以便认证用户访问。

掌握

安装 vCenter 5.5 和相应组件后，一名管理员无法利用本地证书登陆 vCenter Server Web 客户端并访问 vCenter。他在 SSO 配置中遗漏了什么？

5. 安装与配置目录服务

vCenter 目录服务是 vCenter 数据库与 vSphere Web 客户端之间的缓存服务，用来减少对数据库和 vCenter Server 本身的负载。

掌握

你的 vCenter Server 架构中有一个损坏的目录数据库，希望将其从备份中恢复。备份时和发生损坏时会丢失哪些数据呢?

6. 安装与配置 vCenter Server

vCenter Server 通过 VMware vCenter 安装程序安装。用户可以将 vCenter Server 安装为独立实例,或者将其加入到一个链接模式组,以提高可扩展性。vCenter Server 将使用一个预定义的 ODBC DSN 与独立数据库服务器通信。

掌握

在准备安装 vCenter Server 时,是否应该考虑在安装过程中使用哪一个 Windows 账号?

7. 安装与配置 Web 客户端 Server

vSphere 客户端的下一代是 vSphere Web 客户端。相较于在每台机器上安装客户端来管理 vCenter,更好的方法是使用每台机器上 Web 客户端 Server 中的 Web 浏览器。

掌握

在环境中你有多个 vCenter Server 实例,并希望利用 vCenter Web 客户端来进行管理。是否需要为每个 vCenter Server 安装单独的 Web 客户端服务?

8. 使用 vCenter Server 的管理特性

VCenter Server 提供了许多用于管理 ESXi 主机和虚拟机的特性。这些特性包括调度任务、主机配置文件(实现统一配置)、元数据标签和事件日志。

掌握

经理要求你展示属于会计部门的所有虚拟机和主机,但对测试服务器不感兴趣。你应该使用哪一个 vCenter Server 工具完成这个任务?

第 4 章

vSphere 更新管理器和 vCenter 支持工具

软件补丁是现代 IT 部门必须应对的棘手问题。大多数组织都认为软件更新是解决问题或修正错误和增加新特性的必要途径。幸好，VMware 提供了一个集中、自动化和管理 vSphere 补丁的工具。这个工具就是 vSphere 更新管理器（vSphere Update Manager，VUM）。而 vCenter 支持工具（vCenter Support Tools，VST）则用来帮助部署和管理主机。

这一章的主要内容有：

◆ 安装 VUM 并将它整合到 vSphere 客户端；

◆ 确定哪些主机或虚拟机需要更新补丁或升级；

◆ 使用 VUM 升级虚拟机硬件或 VMware 工具；

◆ 为 ESXi 主机或更老的 ESX 主机打补丁；

◆ 升级主机和进行大规模数据中心升级；

◆ 在特殊情况中使用替代 VUM 的升级方法；

◆ 安装日志收集器；

◆ 为集中日志配置主机。

4.1 vSphere 更新管理器

VUM 是一个专门帮助 VMware 管理员自动化和优化 vSphere 环境更新流程的工具，如打补丁或升级软件。VUM 完全被整合到 vCenter Server 中，不但能够扫描和修复 ESXi 主机、主机扩展（如 EMC 的 Powerpath/VE 多路径软件）、旧版本 ESX 和 ESXi 主机（如 4.0、4.1、5.0 和 5.1）和虚拟设备，还可以升级 VMware 工具和虚拟机硬件、安装和升级思科 Nexus 1000V 第三方分布式虚拟交换机。

---

vSphere 5.5 中的 VUM 主机补丁功能

正如前一章所介绍的，vSphere 5 只有 ESXi 虚拟机管理程序。新版本去掉了 ESX，因为 VUM 5 也有了一个将 ESXi 4.x 主机迁移到 ESXi 的新功能。但是，由于 ESX 3.x 所分配的 /boot 分区大小限制，因此这些主机无法迁移到 ESXi 5。之前已经从 ESX 3.x 升级到 ESX 4.x 的主机则不存在 350MB 的 /boot 最小分区空间限制。遇到这些情况，必须重新安装虚拟机，还需要考虑如何迁移它们的设置。如果有 vSphere 企业升级版的授权，那么应该查看一下主机配置文件功能，因为它有助于迁移。

尽管 vSphere 5 将全部 ESX 替换成了 ESXi，但是 VUM 5.5 仍然支持遗留版本 ESX/ESXi 4.x 服务器的补丁管理功能，也支持 4.x 主机的升级。因此，本章将有 ESX 或 ESX/ESXi 的插图说明，而其他章节则没有一这样做是有原因的。许多公司会在迁移到 vSphere 5 的过程中采用混合主机模式，因为许多公司会保持旧版本 ESX 主机一段时间，所以 VUM 的这个功能值得介绍。

　　VUM 本身紧密整合了 vSphere 的内置集群特性，可以使用分布式资源调度器（DRS）静默升级 ESX/ESXi 主机，在不停机的前提下在集群的主机之间移动其虚拟机。VUM 可以与集群的分布式电源管理（DPM）、高可用性（HA）和容错（FT）等设置进行协调，保证它们不会影响 VUM 的更新操作。在 vSphere 5 中，集群甚至可以计算自己是否能够在集群的约束范围内同时修复多个主机，从而加快整个更新过程。

VUM 与 vSphere Web 客户端

vSphere 5 已经成熟，Web 客户端也成为了主要的用户和管理员客户端。之前基于 C# 的 vSphere 客户端在 5.5 中仍然可用，但基本上所有的新功能都在 Web 客户端中。管理员几乎没有必要安装 vSphere 客户端，但 VUM 却是理由之一，因为它与现行版本相关。

VUM5.5 版本发布以后，其中包含了一个小的 Web 客户端插件，从而具备了最基本的功能。它允许基线附加到对象中并启动扫描，然后显示出符合性级别。Web 客户端不能管理、配置、更改 VUM，或为其修复对象。因为这必须回到 Windows 客户端。但是 Web 客户端还是有用的。它对于一般用户更加具有可见性。比如基线是如何在摘要页面的前方和中心与对象兼容的。用户已经知道如何更新虚拟机，并且看到运行虚拟机的主机。

Web 客户端的 VUM 功能是有限的，vSphere 客户端可以做到这一切，但是我们使用 Web 客户端来说明可以在两个工具中都能完成的操作。这些任务的工作流程十分相似。一般来说，因为会将大部分时间花在 Web 客户端上，那么它似乎也是比较适合的工具。

　　在 vSphere 客户端中，VUM 使用 2 个视图：管理视图（配置 VUM 设置与管理基线配置）和相容性视图（扫描与修复 vSphere 对象）。在更新虚拟机时，VUM 可以先创建虚拟机快照，然后在遇到问题时回滚到快照状态。VUM 可以确定什么时候需要升级硬件和 VMware 工具，然后将它们整合到一个可操作任务中。

　　为了保持 vSphere 环境的更新，VUM 会使用公司的互联网连接下载更新信息、更新所涉及的产品和实际更新文件。然后，VUM 会按照 VMware 管理员在 vSphere 客户端中定义和应用的规则与策略给主机和虚拟机应用更新。更新的安装过程是可以调度的，即使所有虚拟机都已经关机或暂停，它也可以自动将更新应用到这些虚拟机上。

分清升级、打补丁和更新的概念

有一些常用术语可能会引起误解。升级（Upgrading）是指将对象更新到新版本的的过程，通常包含新的特性与功能。例如,将 4.1 版本的主机升级到 5.0 版本,或者从小版本 5.1 升级到 5.5。虚拟硬件、虚拟设备和主机扩展都可能升级, 因为它们经常出现完全替换的软件变更。

打补丁(Patching)通常是指给某个主机组件应用修复性软件变更。这通常会引起主机构建版本号的变化, 但是主版本号不会发生变化。通常它们会合并到主机更新(Update)中,因此 ESXi 5.5 可能会先出现 5..5 Update 1, 然后才会有 5.x 版本。更新(Update)可能有些不易理解, 这个术语通常用于说明打补丁和升级这两个过程。所以, 应用更新有时候可能包含主机补丁(有些会整合为主机更新)和各种升级。

无论使用哪一个术语, 都一定要考虑更新的方式——事实上, 这也是本章内容的组织方式。日常更新可能包括主机补丁、主机更新和升级虚拟机的 VMware 工具。用户可能每个月执行一次这样的修复任务, 由于客户机操作系统补丁有很多, 因此测试和更新都需要一定的时间。非日常更新包括升级主机和虚拟机硬件。因为这些更新通常会改变对象的功能, 所以只有在环境中测试, 才能保证它们不对其他组件产生负面影响, 而且要理解如何以最佳方式利用升级可能带来的新功能。

升级主机扩展和虚拟设备是一个灰色区域, 因为它们需要具体情况具体分析。有一些升级是简单的功能改进;另一些可能会对它们的工作方式产生重大影响。你需要评估每一个扩展和设备升级, 再自己决定需要经过多少测试, 才能部署更新。

要在 vSphere 部署中使用 VUM, 需要先安装和配置 VUM、创建基线、扫描主机与虚拟机和安装补丁。

4.2 安装 vSphere 更新管理器

VUM 可以从 vCenter Server DVD 安装介质安装, 但是要求先安装好一个 vCenter Server 实例。安装 VUM 的过程与前一章介绍的 vCenter Server 安装过程非常相似。

执行下面的步骤, 就可以安装 VUM。

(1) 配置 VUM 数据库。

(2) 为 VUM 创建开放数据库连接(ODBC)数据源名称(DSN)。

(3) 安装 VUM。

(4) 在需要时安装更新管理器下载服务(UMDS)(可选)。

(5) 安装 vSphere 客户端的 VUM 插件。

VUM 与 vCenter 是一一对应的关系。也就是说, 每一个 vCenter Server 都需要单独安装一个 VUM, 而且每一个 VUM 只能为一个 vCenter 提供更新服务。唯一例外的是, 可以使用一个可选组件更新管理器下载服务(Update Manager Download Services, UMDS), 在多个 VUM(也就是多个 vCenter)上共享补丁下载作业, 这个服务将在 4.2.5 节中介绍。

虽然通过链接模式将多个 vCenter 链接在一起时可以使用 VUM, 但是每一个 vCenter 都需要单独的实例。所有安装、配置、权限、更新扫描和修复操作都必须在各个 VUM 上执行, 因为它们都是独立运行的。

正如之前所介绍的，vSphere 5.5 现在只有 2 种 vCenter 部署方法：常规的 Windows 安装版本和新的基于 Linux 的预构建 vCenter Server 设备（vCSA）。虽然 VUM 支持这两种安装环境，但是在很多方面上，安装方式选择会影响部署模式。如果安装基于 Windows 的 vCenter，则可以在同一个服务器实例上安装 VUM，或者在一个单独服务器上安装 Windows 程序。由于 vCSA 基于 Linux，因此，若选择使用 vCSA，则必须将 VUM 安装在独立的 Windows 服务器上——现在还没有 Linux 版本的 VUM。

4.2.1 确定需求

因为 VUM 需要访问专用 vCenter 实例，所以 vSphere 许可必须包含 vCenter。因此，不能使用免费独立的 ESXi 虚拟机管理程序版本。VUM 服务器应该至少有 2GB RAM，而且如果与 vCenter 安装在同一台服务器上，那么服务器至少要有 4GB RAM。下节将介绍各种数据库选项。注意，VUM 最好避免与 vCenter 使用同一个数据库（可以在同一台服务器上，但是不要用同一个数据库）。

即使 VUM 是一个 32 位的应用程序，也能安装到 64 位的 Windows 上。在安装过程中，如果将下载库保存到空闲空间小于 120GB 的磁盘上，系统就会发出警告。另外，不能在同样是域控制器的服务器上安装 VUM。

> **避免将 VUM 安装在需要它负责修复的主机的虚拟机上**
> 安装 VUM 的虚拟机不能位于它负责修复的集群中的某台主机上。如果集群中某个时刻禁用了 DRS，或者集群将这个 VUM 虚拟机迁移到其中一台主机时遇到问题，而 VUM 又无法自行关闭，那么修复过程就会出错。

表 4.1 显示了在防火墙后面需要打开的组件默认端口。

表 4.1 **VUM 的防火墙需求**

端口	来源	目标	协议	描述
80	VUM	vCenter	TCP	VUM 与 vCenter 间通信
80 与 443	VUM	互联网	TCP	检索更新信息和元数据
902	VUM	主机	TCP	推送升级文件
8084	窗户端插件	VUM	TCP	监听
9084	主机	VUM	TCP	服务补丁下载
9087	客户端插件	VUM	TCP	上传升级文件

4.2.2　配置 VUM 的数据库

与 vCenter Server 类似，VUM 也需要安装自己的数据库。vCenter Server 使用数据库存储配置和性能统计信息，而 VUM 则使用数据库存储批处理元数据。

> **支持的数据库服务器**
>
> VUM 的数据库支持与 vCenter Server 类似，但是并不是完全相同。通常，VUM 支持大多数版本的 SQL Server 2005/2008/2012 和 Oracle 10g/11g。关于最新的数据库兼容性模型，可参考 VMware 网站的最新 vSphere 兼容性模型（**vSphere Compatibility Matrixes**）。

在小型安装环境中（少于 5 台主机和 50 台虚拟机），VUM 可以使用一个 SQL Server 2008 R2 Express 版本（SQL Express）。VMware vCenter 介质中包含 SQL Express，VUM 安装将自动安装和配置 SQL Express 实例。除了安装过程，不需要执行额外的操作。然而，正如第 3 章所介绍的，SQL Express 确实有一些局限性，所以也要正确规划。如果计划使用 SQL Express，那么可以直接跳到 4.2.4 节。

如果决定不使用 SQL Express，那么现在就必须做一个决定：使用哪一种数据库产品作为 VUM 数据库？虽然 VUM 也可以与 vCenter Server 使用同一个数据库，但是强烈建议使用独立的数据库，哪怕将两个数据库保存在同一个数据库服务器上。如果超过 100 个主机或 1 000 台虚拟机，那么一定要将 vCenter Server 和 VUM 数据库分别部署到不同的数据库服务器上，vCenter Server 和 VUM 服务器软件也一样。还有其他因素可能影响这个决定，如高可用性或容量。除了要了解所使用的数据库服务器，选择使用一个计算机或多个计算机都不会影响本节所介绍的流程。

无论哪种情况，都必须执行一些特定的配置步骤。这和安装 vCenter Server 一样，需要创建和配置数据库、分配所有者和给 MSDB 数据库分配权限。在开始安装 VUM 之前，一定要先完成这些步骤——安装过程需要这些信息。

执行下面的步骤，创建和配置 VUM 使用的微软 SQL Server 2005/2008/2012 数据库。

（1）启动 SQL Server Management Studio 应用程序。当提示连接服务器时，连接一台支持的数据库服务器。在服务器类型上选择 Database Engine（数据库引擎）。

（2）在左边的 Object Explorer（对象浏览）上展开顶级的服务器节点。

（3）右键单击 Databases（数据库）节点，选择 New Database（新增数据库）。

（4）在 New Database 窗口中指定数据库名。应使用一些辨识度高的名称，如 VUM 或 vSphere VUM。

（5）设置新数据库的所有者。

除非在同一台计算机上为 VUM 运行独立数据库，否则必须将数据库所有者设置为 SQL 登录账号；远程数据库不支持整合 Windows 身份验证。

图 4.1 显示了将新建数据库的所有者设置为一个 SQL 登录账号。

（6）为了实现理想的性能，要将数据库和日志文件与操作系统和补丁库的存储位置设置到不同的物理磁盘或 VMDK 路径上。滚动到右边的大窗格，就可以设置存储位置。

图 4.2 显示了将数据库和日志文件存储在与操作系统不同的独立磁盘上。

 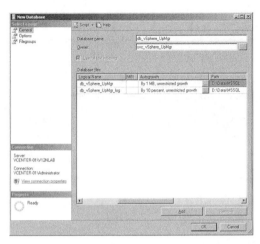

图 4.1　创建数据库时，要正确设置数据库的所有者

图 4.2　将 VUM 的数据库和日志文件与操作系统和补丁库存储在不同的物理磁盘上

（7）在配置完成之后，单击 OK 按钮创建新数据库。

和 vCenter Server 数据库一样，VUM 用于连接数据库服务器的登录账号必须拥有新数据库和 MSDB 数据库的 dbo 权限。

4.2.3　创建开放数据库连接数据源名称

在配置了独立数据库服务器之后，必须创建一个 ODBC DSN，连接后台数据库。只有先创建 ODBC DSN，才能开始安装 VUM。因为 VUM 是一个 32 位应用程序，所以 ODBC DSN 也必须使用 32 位 DSN。即使将 VUM 安装到 64 位版本的 Windows 上，也必须这样。

执行下面的步骤，为 VUM 数据库创建一个 ODBC DSN。

（1）运行 32 位 ODBC Data Source Administrator 程序，它位于 %systemroot%\SysWOW64\，文件名为 odbcad32.exe。

32 位 ODBC Administrator 程序表面上与 64 位版本完全相同。如果用户无法确定启动的程序是否正确，则可以退出后重启程序，这样就可以确定启动了正确的版本。

是否有区分这两种程序的方法

有一种方法可以区别 64 位和 32 位版本的 ODBC Data Source Administrator 程序：64 位和 32 位系统的 DSN 不能在两种程序之间共享。因此，如果在 System DSN 选项卡列出了 vCenter Server DSN，那么就运行了 64 位版本的工具（因为 vCenter Server 要求使用 64 位 DSN）。

（2）选择 System DSN 选项卡。

（3）单击 Add 按钮。

（4）在可用驱动程序列表上选择所使用数据库服务器对应的驱动程序。

和 vCenter Server 一样，一定要在运行 VUM 数据库的数据库服务器上安装正确的 ODBC 驱动程序。如果是 SQL Server 2005/2008/2012 都优化了 SQL Server Native Client，确保安装了正确的 Native Client。

（5）在 Create A New Data Source（创建新数据源）向导的第一个界面上，填写 DSN 的名称、描述和 DSN 将连接的服务器名。

一定要记下 DSN 名称；后面还将用到该信息。完成之后，单击 Next 按钮。

（6）在下一个界面上，指定连接独立数据库服务器的身份验证类型和身份信息。选择 With SQL Server Authentication Using A Login ID And Password Entered By The User（使用用户输入的登录 ID 与密码执行 SQL Server 身份验证），然后指定数据库服务器上有效的 SQL 登录账号与密码——它必须拥有 VUM 和 MSDB 数据库的相应权限。单击 Next 按钮。

只有当数据库服务器组件与 VUM 安装到同一台服务器上时，才可以使用 Windows Integrated Authentication（集成 Windows 身份验证）选项。建议在任何时候都使用 SQL Server Authentication（SQL Server 身份验证），即使数据库安装在本地。因为随着环境的增长，将来可能需要扩展本地实例，这样做有利于将来迁移数据库。

（7）将默认数据库修改为图 4.1 所创建的数据库，单击 Next 按钮。

（8）单击 Finish 按钮。

（9）在 ODBC Microsoft SQL Server Setup（安装微软 SQL Server ODBC）对话窗口中单击 Test Data Source（测试数据源）链接，验证设置是有效的。

如果测试结果成功，则连续单击 OK 按钮 2 次，返回 ODBC Data Source Administrator 窗口。如果不成功，则返回，重新检查设置，并进行相应的修改。

在创建好数据库并且定义了 ODBC 连接后，就可以继续安装 VUM。

4.2.4　安装 VUM

所有准备条件已经就绪——至少有一个可通过网络访问的 vCenter Server 实例、一个正确配置的独立数据库并且定义了一个连接预配置数据库的 ODBC DSN，现在就可以开始安装 VUM 了。在开始之前，一定要记下之前定义的 ODBC DSN，以及用于访问数据库的 SQL 登录账号与密码——安装过程将用到这些信息。

执行下面的步骤，安装 VUM。

（1）将 vCenter Server DVD 载入服务器。

VMware vCenter Server 安装程序将自动运行；如果没有运行，则双击"我的电脑"下的"DVD 光驱"图标，即可自动播放。

（2）选择 vSphere Update Manager，单击 Install 按钮。

（3）选择正确的安装语言，单击 OK 按钮。

（4）在 Welcome To The InstallShield Wizard For VMware vSphere Update Manager（欢迎来到

VMware vSphere 更新管理器的安装向导）界面上单击 Next 按钮开始安装。

（5）单击 Next 按钮，打开 End-User Patent Agreement（最终用户授权协议）界面。

（6）接受授权协议条款，单击 Next 按钮。

（7）Support Information（支持信息）界面中显示 VUM 5.5 不支持 ESX/ESXi 3.x 的升级操作。选定 Download Updates From Default Sources Immediately After Installation（安装后马上从默认源下载更新）复选框，除非 VUM 服务器无法访问互联网，或者你希望在其他时间从互联网下载更新。单击 Next 按钮。

（8）在下一个界面上正确填写 VUM 服务器关联的 vCenter Server 实例的 IP 地址或主机名、HTTP 端口、用户名和密码。如果为 VUM 创建了一个服务账号，则要在这里输入。信息填写完成之后单击 Next 按钮。

（9）选择安装一个 SQL 2008 Express 实例，或者使用一个已有的数据库实例。如果使用一个独立数据库服务器，则要从列表中选择正确的 DSN，单击 Next 按钮。

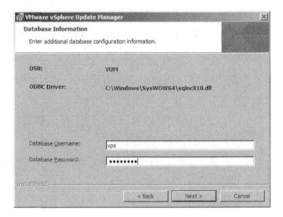

正如之前所介绍，使用一个支持的数据库实例，要求先创建数据库和 ODBC DSN。如果还没有创建 ODBC DSN，则需要先退出安装程序，创建 DSN，然后重新安装。

（10）下一个界面将提示输入用于连接 DSN 所指定数据库的用户身份信息，VUM 将使用这个数据库。输入在开始安装前创建的 SQL 登录账号的用户名与密码，如图 4.3 所示。

图 4.3　指定正确的 VUM 数据库用户名和密码

（11）如果 SQL Server 数据库设置为完全恢复模式（默认），那么这时会弹出一个警告信息，提示需要定期备份数据。

单击 OK 按钮，隐藏对话窗口，然后继续安装程序。但是一定要注意设置数据库的定期备份策略，否则数据库事务日志可能会不断增加并消耗完所有空间。

（12）除非真有必要修改默认端口设置，否则建议保留默认设置，如图 4.4 所示。如果有一个代理服务器控制互联网访问，则要选定 Yes, I Have Internet Connection And I Want To Configure Proxy Settings Now（是的，使用互联网连接，现在就配置代理服务器）复选框；否则，如果不使用代理服务器，或者不知道代理服务器配置，则不要选择该复选框，单击 Next 按钮。

在安装过程中配置代理服务器设置

如果在安装过程中忘记选择配置代理服务器设置复选框也没有关系，还有其他方法。在安装好 VUM 之后，可以使用 vSphere 客户端设置代理服务器设置。一定要注意，VUM 第一次下载补丁信息会失败，因为它还不能访问互联网。

（13）VUM 会从互联网下载补丁和补丁元数据，然后将它们存储在本地，用于修复主机和客户机。

下一个界面将指定 VUM 安装位置以及补丁存储位置，如图 4.5 所示。单击 Change（修改）按钮，将补丁存储位置修改到有足够存储容量的位置。

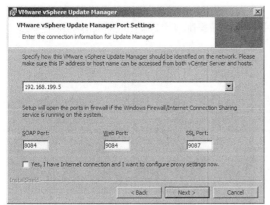

图 4.4　VUM 安装程序提供了配置代理服务器设置的选项

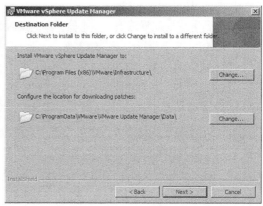

图 4.5　VUM 在系统磁盘上存储应用文件和补丁库的默认设置

选择一个非系统磁盘来存储下载的补丁，如图 4.6 所示。

（14）如果选择了一个小于 120GB 的磁盘或分区，则会弹出一个对话框，提示必须保证有足够存储下载补丁的空间。在最初使用小于 120GB 的磁盘占用，并逐渐扩大磁盘空间是十分合理的。需正确地管理空间，因为补丁会自动下载。单击 OK 按钮继续安装。

（15）单击 Install 按钮，安装 VUM。

（16）在安装完成之后，单击 Finish 按钮。

4.2.5　安装更新管理器下载服务（可选）

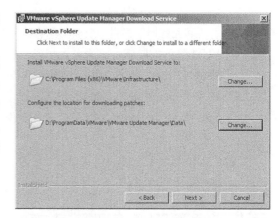

图 4.6　在安装过程中，可以让 VUM 将下载的补丁存储到非系统磁盘上

在部署 VUM 过程中，一个可选步骤是安装更新管理器下载服务（UMDS）。UMDS 提供了一个中央下载库。安装 UMDS 对于两种情况特别有用。第一种，在安装多个 VUM 时，UMDS 可以带来很大的好处。使用 UMDS 可以避免消耗过多带宽，因为所有更新只需要下载一次。在使用多个 VUM 服务器时，第一个 VUM 服务器不需要各自下载一个更新副本，服务器可以共享中央 UMDS 库。第二种，在 VUM 服务器不能直接访问互联网时，UMDS 也可以带来很多好处。下载更新文件和更新元数据库需要使用互联网连接，因此可以使用 UMDS 为各个 VUM 服务器下载和分发信息。

要在服务器上安装 UMDS，必须使用 vCenter DVD 安装介质。和 VUM 类似，UMDS 只能在 64 位服务器上安装。DVD 的根目录下有一个 umds 文件夹。这个文件夹下有一个可执行文件——VMware-UMDS.exe。

UMDS 是一个命令行工具。UMDS 工具的默认安装路径是：c:\Program Files (x86)\ VMware\ Infrastructure\Update Manager。

UMDS 有许多配置选项。若要开始使用这个工具，则需要配置下面 3 个设置。

(1) 使用 -S 参数指定下载的更新。

(2) 使用 -D 参数下载更新。

(3) 使用 -E 参数导出更新和元数据。

执行内置的帮助命令 vmware-umds -H，可以查看完整的命令参数选项。图 4.7 显示了在命令行上执行的 UMDS 工具。除了图 4.7 所示的基本参数，完整的帮助文件提供了所有参数，以及各种常用命令的用法例子。

使用 UMDS 有 2 个不同的设计。

图 4.7 必须在命令行上配置 UMDS 工具

◆ VUM 服务器与 UMDS 服务器不使用网络连接。在这种情况中，需要将下载的补丁和元数据保存到一个移动存储，然后通过老方法"步行网"以物理方式传输数据。

◆ VUM 服务器与 UMDS 服务器相连。VUM 服务器可能不被允许直接连接互联网，如果它可以与 UMDS 连接，那么它实际上可以充当一个 Web 代理服务器。在 UMDS 服务器上配置一个 Web 服务器，如 IIS 或 Apache。VUM 服务器可以先连接 UMDS 服务器，再下载它的补丁。此外，如果想要将 UMDS 作为多个 VUM 实例的中央下载服务器，那么这也是一种常用的方法。

虽然 VUM 已经安装好，但是还无法管理。管理 VUM 的前提是，必须安装 vCenter Server 和 vSphere 客户端的 VUM 插件，具体参见下一节。

4.2.6 安装 vSphere 更新管理器插件

VUM 的管理与配置工具都是 vCenter Server 插件，并且被完全整合到 vCenter Server 和 vSphere 客户端上。然而，要使用这些工具，必须先在 vSphere 客户端安装和注册插件。这样 vSphere 客户端就会增加一个 Update Manager（更新管理器）选项卡，并且在一些对象上增加快捷菜单命令，从而支持 VUM 的管理与配置。vSphere 客户端插件需要在各个客户端上逐一管理；也就是说，每一个 vSphere 客户端安装环境都需要安装该插件，只有这样做，才能访问 VUM 管理工具。

执行下面的步骤，为每一个 vSphere 客户端实例安装 VUM 插件。

(1) 启动 vSphere 客户端（如果未运行），然后连接到关联 VUM 的 vCenter Server 实例。

(2) 在 vSphere 客户端的 Plug-ins（插件）菜单上选择 Manage Plug-ins（管理插件）。

（3）找到 vSphere 更新管理器扩展，单击蓝色的 Download And Install（下载与安装）链接，如图 4.8 所示。

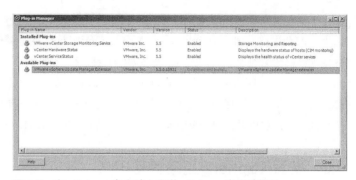

（4）逐步完成 vSphere 更新管理器扩展的安装过程，选择语言，接受授权条款，然后完成安装。

（5）在安装完成之后，插件状态将变成 Enabled（已启用）。

图 4.8 在 vSphere 客户端上安装 vSphere 客户端插件

单击 Close 按钮，返回 vSphere 客户端。

现在，VUM 插件已经安装到 vSphere 客户端实例上。记住，要在每一个 vSphere 客户端实例上安装 VUM 插件。因此，需要在每一个 vSphere 客户端上重复这个过程。如果在桌面工作站和笔记本电脑上安装 vSphere 客户端，那么还需要在两个系统上安装该插件。完成之后，就可以在环境中配置 VUM 了。

> **vSphere Web 客户端插件**
>
> vSphere Web 客户端插件在 VUM 5.5 安装程序中自动集成。用户只需退出系统回到 Web 客户端，就可以查看 VUM 的详细信息。

4.2.7 使用更新管理器工具重新配置 VUM 或 UMDS

在服务器上安装 VUM 或 UMDS 时，会同时安装一个用于重新配置的小工具。这个工具是 Update Manager Utility（更新管理器工具），它可以修改一些基础安装设置，而不需要重新安装 VUM 或 UMDS。

这个工具可以修改的设置有：

- ◆ 代理服务器设置；
- ◆ 数据库用户名与密码；
- ◆ vCenter Server IP 地址；
- ◆ SSL 证书（包括一组指令）。

执行以下步骤，运行更新管理器工具。

（1）停止服务器的更新管理器服务。

（2）浏览工具目录。默认路径是：c:\Program Files (x86)\VMware\Infrastructure\Update Manager。

（3）运行可执行文件：VMwareUpdateManagerUtility.exe。

该工具是一个简单的图形化工具，可以一步步完成 VUM/UMDS 设置。

4.2.8 从旧版本升级 VUM

任何 4.0 版本或以上的 VUM 安装环境都可以升级到更高版本。从 VUM 5.5 开始，它可以识别上一个版本，并提供升级选项。另外，也可以选择删除之前下载的补丁，然后全新安装，或者保留已下载的补丁，从而节省一些带宽。记住，与安装过程本身类似，在升级过程中，VUM 用于连接数据库的账号必须有 MSDB 数据库的 dbo 权限。在升级时，不能修改补丁库的存储位置。

VUM 5.5 只能安装到 64 位 Windows 上。如果之前在 32 位 Windows 上安装了 4.x 版本的 VUM，那么需要先将数据迁移到新的 64 位服务器。在 vCenter 5.0 安装 DVD 的 datamig- ration 文件夹中有一个特殊工具，它可以将前一个版本备份和恢复到新的 64 位计算机上。然后从 5.0 升级到 5.5 版本。

4.3 配置 vSphere 更新管理器

在安装和注册了 vSphere 客户端插件之后，vSphere 客户端首页会出现一个新的"Update Manager"图标。此外，在"主机与集群"或"虚拟机与模板"目录视图中，vSphere 客户端的对象上都会出现一个标签名为"Update Manager"的新选项卡。在这个更新管理器选项卡上，用户可以扫描补丁、创建和附加基线配置、应用主机的阶段补丁和修复主机与客户机。

单击 vSphere 客户端首页上的 Update Manager 图标，打开 VUM 管理主界面，如图 4.9 所示。这个区域可以分成 7 个主要部分：Baselines And Groups（基线与组）、Configuration（配置）、Events（事件）、Notifications（通知）、Patch Repository（补丁库）、ESXi Images（ESXi 映像）和 VA Upgrades（VA 升级）。与 vSphere 客户端

图 4.9 vSphere 客户端更新管理器中管理区域的选项卡

的其他区域一样，一开始前面还会有一个 Getting Started（入门指引）选项卡。

这 7 个选项卡构成了 VUM 的主要配置区域，下面逐一了解每个部分。

Baselines And Groups（基线与组）。基线是 VUM 的主要组成部分。VUM 使用基线保持 ESX/ESXi 主机与虚拟机的更新。

VUM 使用几种不同的基线。首先，基线分成主机基线（用于更新 ESX/ESXi 主机）和 VM/VA 基线（用于更新虚拟机与虚拟设备）。

基线的重要性

随着 vSphere 逐渐成为组织架构的核心，基线也变得越来越重要。主机基线为交织的组件提供了稳定的平台。许多数据中心工具充分利用了 vSphere APIs 的功能，如 vSphere APIs for Array Integration（vSphere APIs 阵列集成，VAAI）的存储阵列和 vSphere APIs for Data Protection（vSphere APIs 数据保护，VADP）的备份工具，并用一种不常见的方式在 vCenter 和主机之间交互。保持所有主机处于同一级别对于维持一个可靠的环境至关重要。此外，让虚拟机和 VMware 工具来使驱动程序保持同一标准硬件水平可以使差异最小化，从而创建支持问题并排除故障。

基线可以进一步划分为补丁基线、升级基线和主机扩展基线。补丁基线定义了一组将应用到 ESX/ESXi 主机的补丁；升级基线定义了 ESX/ESXi 主机、虚拟机硬件、VMware 工具或虚拟设备的升级方式；主机扩展基线是主机的另一种基线。这些基线用于管理 ESX/ESXi 主机上安装的扩展。

最后，补丁基线可以再划分为动态基线和固定基线。动态基线会不断变化，例如，从某天开始安装的所有安全主机补丁；但是固定基线则保持不变，例如，希望确保应用到主机上的某个主机补丁。

如何选择使用固定基线和动态基线

固定基线最适合用于修复一组主机。例如，假设 VMware 发布了一个特殊的 ESX/ESXi 修复补丁，而用户又想在所有主机安装该补丁。那么，可以创建一个固定基线，其中只包含这个补丁，然后将基线加到主机上，就可以保证在主机上安装这个修复包。固定基线的另一个用途是，建立一个经过测试验证的补丁集，然后以整体方式部署到环境中。

另一方面，动态基线最适合用于保持系统更新。因为这些基线会随时间变化，将它们附加到主机上，有助于确定当前系统是否更新到最新状态。

Configuration（配置）。VUM 的许多配置操作将在 Configuration 选项卡中完成。在这里，用户可以配置所有的 VUM 设置，包括网络连接、下载设置、下载计划、通知检查计划、虚拟机设置、ESX/ESXi 主机设置和 vApp 设置。下面是可以配置的选项。

（1）Network Connectivity（网络连接）。在 Network Connectivity 中，可以修改 VUM 的通信端口。通常，这些端口不需要修改，最好保留默认值。

（2）Download Settings（下载设置）。Download Settings 区域可以配置下载和存储的 VUM 补丁类型。可以通过添加来源来添加自定义 URL，从而下载第三方补丁。如图 4.10 所示。

如果要集中下载补丁，那么还可以在这个区域配置 UMDS 实例的 Web 服务器设置。选择 Use A Shared Repository（使用一个共享库）可以将 VUM 设置为使用下载服务器。此外，还可以导入离线补丁压缩包（ZIP），添加一组 VMware 或第三方补丁和更新文件。

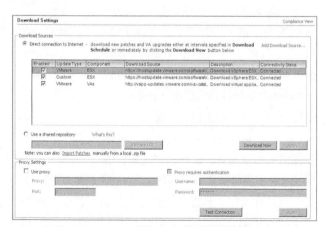

图 4.10　选择补丁源，这样 VUM 就只下载特定类型的补丁

如果网络中使用了代理服务器，那么还可以在 Download Settings 区域设置代理服务器配置。VUM 需要访问互联网才能下载补丁和补丁元数据，因此，如果使用代理服务器提供互联网访问，则必须配置代理服务器设置，才能让 VUM 正常工作。

（3）Download Schedule（下载计划）。Download Schedule 区域可以设置补丁下载的时间与频率。单击这个区域右上角的 Edit Patch Downloads（编辑补丁下载）链接，打开 Schedule Update Download（设置更新下载计划）向导，就可以指定补丁下载计划和配置电子邮件通知。

电子邮件通知需要配置 SMTP 服务器

要接收在 Schedule Update Download 向导中配置的电子邮件通知，还必须在 vCenter Server 设置中配置 SMTP 服务器选项。它们位于 vSphere 客户端的 Administration 菜单中。

Notification Check Schedule（通知检查计划）。VUM 会定期检查各种通知，如补丁撤回、补丁修复及其他警报。检查这些通知的计划也在这个区域配置。和 Download Schedule 一样，可以单击窗口右上角的 Edit Notifications（编辑通知）链接，编辑 VUM 的检查通知计划。

（4）VM Settings（虚拟机设置）。在 VM Settings 中，vSphere 管理员可以配置是否在虚拟机升级时创建虚拟机快照。第 7 章会介绍此内容，快照可以捕捉特定时刻的虚拟机状态，然后在需要时回滚到所捕捉的状态。有了快照功能，就可以从磁盘删除所安装的 VMware Tools 升级包，这是非常有用的功能。一定要注意，不能将快照保存太长时间，因为它会影响虚拟机的性能，更严重的可能导致存储问题——它可能会增加并填满数据存储空间。

图 4.11 显示了启动快照的默认设置。

（5）ESX Host/Cluster Settings（ESX 主机 / 集群设置）。这个区域可以精细控制 VUM 处理维护模式操作的方式。在一个 ESX/ESXi 主机打补丁或升级之前，首先需要设置为维护模式。如果 ESX/ESXi 主机属于一个启用 VMware DRS 的集群，那么它还会触发虚拟机通过 vMotion 自动迁移到集群中其他主机上。这些设置可以处理主机无法进入维护模式的情况，以及 VUM 重复尝试进入维护模式的操作次数。默认设置规定，在

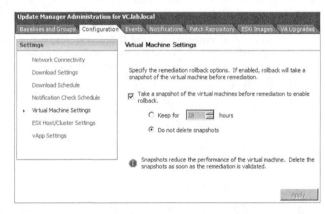

图 4.11　默认情况下，VUM 都启用虚拟机快照

将主机设置为维护模式的操作上，VUM 最多可以尝试 3 次。

可以在 VUM 上禁用一些特定的集群特性，以便成功执行修复操作。否则，VUM 可能无法在启用这些特性的前提下更新主机。VUM 可以控制的特性包括 Distributed Power Management（DPM）、High Availability Admission Control 和 Fault Tolerance（FT）。可以选择由集群决定是否允许同时更新多个主机，并可靠地保持其他集群设置的一致性。如果是这样，那么就可以同时给多台主机更新补丁或执行升级操作。最后，可以选择是否为所有由 PXE 启动的 ESXi 5.x 主机更新补丁。

为通过 PXE 启动的无状态服务器更新补丁

在为通过 PXE 启动的服务器更新补丁时,这些设置只能在当前会话生效,主机重启后就会失效,因为它会恢复为网络映像状态。因此,只有给映像应用这些补丁,才能让它们保持一致。

那么,为什么要在主机应用这些补丁?

VUM 可以在运行时安装补丁,这个过程不需要重启主机。这意味着可以快速地给一组由 PXE 启动的 ESXi 主机更新补丁,而不需要重启它们,或者先更新和测试映像,从中选择一个重要的补丁。

---

(6) vApp Settings(vApp 设置)。vApp Settings 可以控制是否为 vApp 启用 VUM 的智能重启特性。在需要时,vApp 可以是一组虚拟机。假设有一个由前端 Web 服务器、中间服务器和后台数据库构成的多层应用程序。这三种虚拟机及其客户机操作系统都可以组合到一个 vApp 中。智能重启特性会直接重启 vApp 的各个虚拟机,而且这个过程会自动处理虚拟机之间的依赖关系。例如,如果数据库服务器需要更新补丁和重启,那么 Web 服务器和中间服务器很可能也需要重启,而且只有在数据库服务器完成备份并重新启动之后,它们才会重启。默认设置是开启智能重启特性的。

Events(事件)。Events 选项卡列出了与 VUM 相关的事件日志,如图 4.12 所示。Events 选项卡同时列出了管理执行的操作,以及 VUM 自动执行的操作。管理员单击列标题就可以排序事件列表,但是现在还不支持过滤显示事件,而且现在也不支持导出事件。

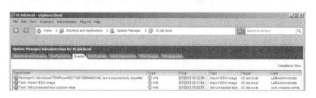

图 4.12 Events 选项卡列出了 VUM 操作过程中记录的事件,它们是很好的故障恢复信息源

然而,这些事件也列在 vCenter Server 首页的 Management → Events 历史信息区域(或者使用 Ctrl+Shift+E 组合键),而且这个区域还包含一些过滤和事件导出功能。左上角的 Export Events(导出事件)按钮可以将事件导出为一个文件,如图 4.13 所示。第 3 章已经介绍过 vCenter Server 的 Management → Events 区域。

图 4.13 来自 VUM 管理器的事件显示在 vCenter Server 的 Management 区域,这里的信息可以导出或过滤

Notifications(通知)。这个选项卡显示了 VUM 收集的所有通知信息,其中包括补丁撤回、补丁修复和 VMware 发出的警报。

例如,如果 VMware 提醒撤回一个新补丁,那么 VUM 就会将该补丁标记为撤回状态,这样用户就不会安装这个撤回的补丁。撤回补丁通知会显示在 Notifications 区域。类似地,如果修复了一个补丁,VUM 就会更新新补丁,然后在补丁更新后发出一个通知。

Patch Repository(补丁库)。Patch Repository 选项卡显示了 VUM 补丁库当前包含的所有补丁。

在这里，右键单击补丁，选择 Show Patch Detail（显示补丁明细），或者双击一个补丁，也可以看到补丁的明细。图 4.14 显示了选择快捷菜单（右键单击）的 Show Patch Detail 时显示的补丁明细。

图 4.14 显示的项目是思科 Nexus 1000V 的 Virtual Ethernet Module（虚拟以太网模块）。

Patch Repository 选项卡右上角的 Import Patches（导入补丁）链接可以直接将补丁上传到补丁库中。这里的导入补丁操作与 Configuration → Download Settings（下载设置）页面的操作相同。

ESXi Images（ESXi 映像）。这个区域可以上传用于升级 ESX/ESXi 的 ISO 文件。这些 ISO 就是创建 ESXi 基本安装 CD 时所使用的映像。关于这个操作的更详细信息，参见 4.5 节。

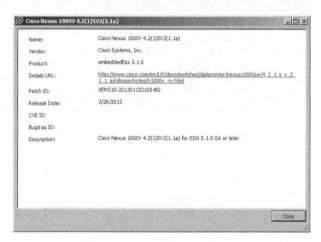

图 4.14　Patch Repository 选项卡还包含补丁库中各个项目的明细信息

VA Upgrades（VA 升级）。VA Upgrades 选项卡列出了所有匹配的虚拟设备更新。这里可以查看到不同的版本、查看从上一个版本开始的所有修改日志和接受授权协议。对于可以通过 VUM 升级的虚拟设备，它必须使用 VMware 的免费工具包创建（至少使用 2.0 版本）。

4.4　创建基线

在安装 VUM 之后，VMware 会提供一些可用基线。安装之后出现的基线包括：

◆ 2 个动态主机补丁基线 Critical Host Patches（关键主机补丁）和 Non-Critical Host Patches（一般主机补丁）；

◆ 1 个用于升级适配主机的 VMware 工具的动态基线；

◆ 1 个用于升级适配主机的虚拟机硬件的动态基线；

◆ 1 个动态 VA 升级基线 VA Upgrade To Latest（升级最新 VA）。

虽然这些基线已经很好用，但是许多用户需要创建更多的基线，才能更好地反映组织中特定的补丁策略或流程。例如，一些组织可能希望 ESX/ESXi 主机保持更新最新的安全补丁，但是不更新一些非安全补丁。这个需求可以通过创建自定义动态基线实现。

执行下面的步骤，新创建一个包含 ESX/ESXi 主机安全补丁的动态主机补丁基线。

（1）启动 vSphere 客户端，连接到注册 VUM 的 vCenter Server 实例。

（2）在 vSphere 客户端上，在 vCenter 首页上转到 Update Manager Administration 区域，单击 Baselines And Groups 选项卡。

（3）在选项卡标题之下，选择正确的基线类型——Hosts 或 VMs/VAs。在这里单击 Hosts 按钮。

（4）单击基线列表右边区域的 Create（创建）链接（不是最右边 Baseline Groups 的 Create 链接），这样就会启动 New Baseline（新建基线）向导。

（5）指定新基线的名称与描述，选择基线类型 Host Patch（主机补丁）。单击 Next 按钮。

（6）选择 Dynamic（动态），单击 Next 按钮。

（7）在下一个界面上指定这个基线包含的补丁选择条件。为所定义的基线选择正确的条件，单击 Next 按钮。

图 4.15 显示了一个选择样例——这里是指所有安全补丁。

（8）选择所有匹配选择条件的补丁，排除一些不需要的补丁。

使用向上或向下箭头，分别将下方窗格的补丁移进或移出排除列表。在这里，不需要排除任何补丁，直接单击 Next 按钮。

（9）现在，可以选择永久加入所有可用但未自动添加到选择条件的补丁。

同样，使用向上或向下箭头，可以分别删除或增加所包含的补丁。这里不增加任何补丁，直接单击 Next 按钮。

（10）单击 Finish 按钮，创建基线。

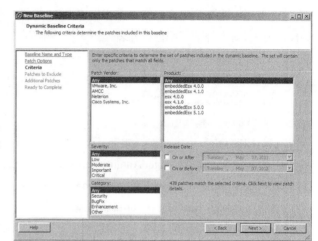

图 4.15　动态基线包含一组条件，它们决定了基线将包含哪些补丁

现在，将基线附加到一个或多个主机上，就可以使用基线确定 ESX/ESXi 主机是否安装最新的安全补丁，这个流程将在 4.4 节中介绍。

基线组就是一些不冲突的基线组合。使用一个基线组，可以组合多个动态补丁基线，如图 4.16 所示。这个例子的基线组包含了内置的 Critical Host Patches 和 Non-Critical Host Patches 基线。将这个基线组附加到 ESX/ESXi 主机上，就可以保证主机安装了所有可用的补丁。

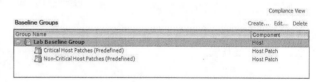

图 4.16　将多个动态基线组合为一个基线组，实现更加灵活的补丁管理

此外，基线组可用于组合不同类型的基线。每一个基线组可以包含一种升级基线。在主机基线组中，只有一种升级基线——主机升级补丁。在 VM/VA 升级基线中，则包含多种基线：VA Upgrades（虚拟设备升级补丁）、VM Hardware Upgrades（虚拟机硬件升级补丁）和 VM Tools Upgrades（虚拟机工具升级补丁）。在使用主机基线组时，可以选择将一个主机扩展基线加到基线组中。将不同类型的基线组合到一个基线组中，可以简化在 vCenter Server 层次对象中应用多个基线的过程。

基线组的另一个用法是,将一个动态补丁策略和一个固定补丁策略整合到一个基线组中。例如,有一些特殊的 ESX/ESXi 主机补丁,需要保证将它们与所有重要补丁一起安装到主机上——后者可以通过内置的 Critical Host Patches 动态基线处理。要实现这个目标,可以先创建一个固定基线,加入想要的特殊补丁,然后将它与内置的 Critical Host Patches 动态基线组合到一个基线组中。

图 4.17 显示了一个主机基线组例子。该例组合了不同类型的主机基线。在这个例子中,基线组将组合一个主机升级基线和动态补丁基线。这样就可以升级一个 ESX/ESXi 主机,然后保证主机安装所有最新版本的更新。

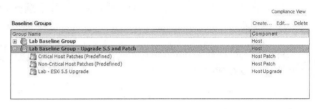

图 4.17 使用基线组组合主机升级补丁和动态主机补丁基线

执行下面的步骤,创建一个组合多个主机基线的主机基线组。

(1)启动 vSphere 客户端(如果未运行),连接一个已注册 VUM 的 vCenter Server 实例。

(2)转到 Update Manager Administration 区域,选择 Baselines And Groups 选项卡。

(3)在 Update Manager Administration 区域的右上角单击 Create 链接,创建一个新的基线组。这时就会启动 New Baseline Group(新建基线组)向导。

(4)输入新基线组的名称,选择基线类型 Host Baseline Group。单击 Next 按钮。

(5)因为还没有介绍如何创建一个主机升级基线,所以现在列表中还没有升级基线。因此,在这个过程中,需要组合一个动态主机补丁基线和一个固定主机补丁基线。选择 None,单击 Next 按钮跳过,先不给这个主机基线组附加升级基线。

(6)勾选将要加到基线组的每一个基线,如图 4.18 所示,单击 Next 按钮。

(7)如果想要加入一个主机扩展基线,则选择所需要的主机扩展基线,单击 Next 按钮。否则,直接单击 Next 按钮,不添加主机扩展基线。

(8)在总结界面上检查设置,单击 Finish 按钮,创建新的基线组。

刚刚创建的新基线组已经出现在基线组列表中,现在可以将其附加到 ESX/ESXi 主机或群集中,用于确定是否与基线保持一致。

4.5 节将更详细地介绍主机升级基线。在了解 VUM 中各个区域的信息之后,就可以真正开始使用 VUM 更新主机和虚拟机的补丁了。

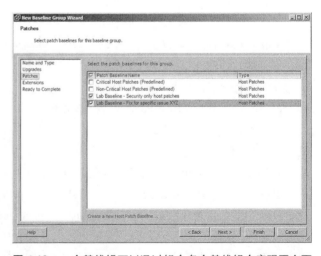

图 4.18 一个基线组可以通过组合多个基线组合实现更全面的补丁功能

4.5 日常更新

VUM 使用术语修复（remediation）表示给一个 vSphere 对象更新补丁和升级文件的过程。正如上节所介绍，VUM 使用基线按照一定的条件创建补丁列表。将基线附加到一个主机或虚拟机上，然后执行扫描，VUM 就可以确定这个对象是否符合基线。符合基线就意味着主机或虚拟机目前已经安装了基线所包含的全部补丁，并且已经更新到了最新版本；不符合基线则意味着缺少了一个或多个补丁，仍未更新到最新版本。

在确定符合一个或多个基线或基线组之后，vSphere 管理员就可以修复主机或虚拟机（或为它们更新补丁）。此外，管理员还可以选择在修复之前为 ESX/ESXi 主机安排分段部署补丁。

在这个过程中，第一步是创建将要附加到 ESX/ESXi 主机或虚拟机的基线。前面已经介绍了如何创建一个主机补丁基线。下一步就是将一个基线附加到若干 ESX/ESXi 主机或虚拟机上，或者从它们之中剥离。下面就来学习如何附加和剥离基线或基线组。

4.5.1 附加和剥离基线或基线组

在更新主机或客户机的补丁之前，必须确定 ESX/ESXi 主机或虚拟机是否符合一个或多个基线或基线组。只是定义基线或基线组还远远不够。要确定它们是否符合，必须先将基线或基线组附加到一个主机或虚拟机上。在附加之后，基线或基线组就成为 VUM 判断主机是否符合它们所包含补丁列表的"标尺"。附加和剥离基线操作在其中一个 vCenter Server 目录视图中执行。如果要附加或剥离 ESX/ESXi 主机的基线或基线组，就必须进入主机与集群视图；如果是虚拟机，就需要进入虚拟机与模板视图。这两种情况都会使用更新管理器选项卡附加或剥离基线或基线组。

在这两个视图中，都可以将基线和基线组附加到各种对象上。在主机与集群视图中，可以将基线和基线组附加到数据中心、集群或各个 ESX/ESXi 主机上。在虚拟机与模板视图中，可以将基线和基线组附加到数据中心、文件夹或特定虚拟机上。由于 vCenter Server 目录的层次特性，给更高一组对象附加基线将自动应用到相应的子对象上。此外，可以给不同的层次应用不同的基线或基线组。例如，可以将某个基线应用到环境中的所有主机上，但是只将另一个基线应用到一小部分主机上。

下面学习如何给一个指定 ESX/ESXi 主机附加基线。给数据中心、集群、文件夹或虚拟机附加基线的过程也大同小异。

执行下面的步骤，将一个基线或基线组附加到一个 ESX/ESXi 主机上。

（1）在 Web 浏览器中启动 vSphere 客户端。

这个 vCenter Server 实例应该关联一个 VUM 实例。

因为 VUM 整合并依赖于 vCenter Server，所以在直接连接到 ESX/ESXi 主机时无法管理、附加或剥离 VUM 基线。

（2）在 Web 客户端首页选择 Hosts And Clusters。

（3）在左边的目录树上，选择想要附加基线或基线组的 ESX/ESXi 主机。

（4）在中央面板处选择 Monitor（管理）选项卡，然后选择 Update Manager 子选项卡。与

Windows vSphere 客户端不同，Web 客户端列出了所有适用的基线和基线组，包括没有附加的。

（5）单击右上角的 Attach（附加）链接。这个链接可以打开 Attach Baseline Or Group（附加基线或组）对话窗口，如图 4.19 所示。

（6）选择想要附加到这个 ESX/ESXi 主机的基线和 / 或基线组，单击 OK 按钮。

将一个基线或基线组附加到已安装客户机操作系统的虚拟机，其步骤是相似的，现在再来练习一遍。这里有一个非常有用的基线：VMware Tools Upgrade To Match Host（匹配主机的 VMware 工具升级）。

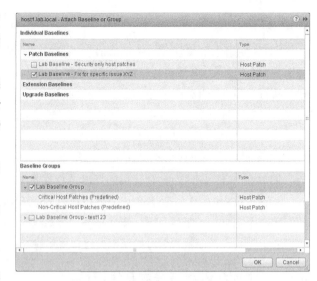

图 4.19　附加基线或组对话窗口

这个基线是一个默认基线，它由 VUM 安装过程定义，用途是确定哪些虚拟机的客户机操作系统的 VMware 工具需要升级新版本。第 7 章将会提到，VMware 工具是优化虚拟环境中客户机操作系统的重要工具，而 VUM 则可以帮助确定哪些虚拟机的客户机操作系统需要升级新版本的 VMware 工具。

执行下面的步骤，给一个数据中心对象附加一个基线，从而将基线包含的补丁应用到数据中心的所有对象中。

（1）运行 vSphere Web 客户端（如果未运行）。

（2）从 Web 客户端首页切换到 VMs And Templates 目录视图。

（3）在左边的目录上选择一个数据中心对象。

（4）在中间的内容窗格上单击 Monitor 选项卡下的 Update Manager 选项卡。

（5）单击 Update Manager 选项卡窗格右上角的 Attach（附加）链接，打开 Attach Baseline Or Group（附加基线或组）对话窗口。

（6）单击选择 VMware Tools Upgrade To Match Host 升级基线，然后单击 OK 按钮。

要将一个基线从对象剥离，只需要突出显示基线，然后使用列表左上角的 Detach 按钮。图 4.20 显示了左侧的 Detach 按钮。只有在基线突出显示时，该链接才可见。

单击剥离链接，就会显示一个剥离对象基线的界面，也可以在这个界面上同时将它从其他对象剥离。VUM 允许同时从其他对象剥离选定的基线或基线组（但是，不允许从已继承该基线的对象剥离基线，只能剥离显式附加到各个子对象的基线。如果对象已经继承了基线，那么只有在应用时才能剥离），如图 4.21 所示。

前面提到，只是定义基线或基线组还不够，将一个基线或基线组附加到 ESX/ESXi 主机或虚拟机上也一样还不能确定它是否相符合。要确定对象是否符合一个基线或基线组，必须执行一次扫描操作。

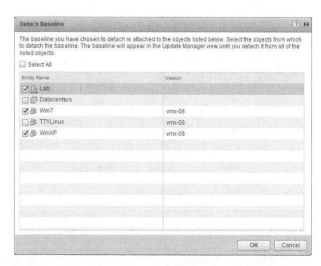

图 4.20 剥离基线

图 4.21 在剥离一个基线或基线组时，VUM 支持同时将它从其他对象剥离

4.5.2 执行扫描

附加基线之后，下一步就是执行扫描。扫描的目标是确定对象是否符合基线。如果扫描的对象与基线定义的补丁相匹配，那么这个对象（ESX/ESXi 主机、虚拟机或虚拟设备实例）就是与基线相符合。如果对象缺少一些补丁，那么它就不符合基线。

虽然在 vCenter Server 中执行这些对象的过程都是一样的，但是需要注意各种对象的扫描过程和要求也有一些差别。

1. 扫描虚拟机

使用 VUM，可以对虚拟机和虚拟设备执行以下 3 种不同的扫描。

◆ 扫描 VMware 工具的安装版本，确定它是否为最新版本。

◆ 扫描虚拟机硬件，确定它是否为最新版本。

◆ 扫描虚拟设备，确定是否有新版本和是否可以升级。

如图 4.22 所示，除了选择与各种扫描对应的复选框，这 3 种实例的扫描操作是完全相同的。这 3 种扫描的执行要求有一定的差别。

Scanning for VMware Tools Upgrades（扫描 VMware 工具升级）。如果扫描一个虚拟机，检查它的 VMware 工具更新状态，而这个虚拟机又没有安装 VMware 工具，那么扫描可以成功，但是 VUM 会将这个虚拟机报告为 Incompatible（不兼容）。必须在虚拟机安装的客户机操作系统上安装某个版本的 VMware 工具，扫描结果才可能是 Compliant（相符合）或 Non-compliant（不符合）。除了这个要求，VUM 没有其他的限制条件。VUM

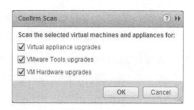

图 4.22 在开始扫描界面上选择对应的复选框，就可以执行对应的扫描

可以扫描在线和离线的虚拟机与模板。

Scanning for VM Hardware Upgrades（扫描虚拟机硬件升级）。扫描虚拟机硬件升级要求在虚拟机上安装最新版本的 VMware 工具。当然，虚拟机肯定要安装一个客户机操作系统。VUM 可以对在线和离线的虚拟机与模板执行虚拟机硬件升级扫描。

Scanning Virtual Appliances（扫描虚拟设备）。虚拟设备的升级状态扫描只支持用 VMware Studio 2.0 以上版本创建的虚拟设备。此外，因为虚拟设备预先打包安装了客户机操作系统的应用程序，所以通常不建议对虚拟设备执行 VMware 工具升级扫描或虚拟机硬件升级扫描。在分发虚拟设备之后，如果虚拟设备的开发者想要更新 VMware 工具或虚拟机硬件，那么他们会创建一个新版本的设备，然后再分发整个虚拟设备。

非托管 VMware 工具

虚拟设备的创建者可以选择安装 VMware 工具的操作系统专用软件包（Operating System Specific Packages, OSPs）。因为要通过 vSphere 客户端安装 VMware 工具通常就不能使用 OSP VMware 工具，所以 vSphere 会将 OSP VMware 工具标记为 Unmanaged（非托管）状态。此外，对虚拟设备执行 VMware 工具升级扫描，会将虚拟设备标记为 Incompatible（不兼容）状态。这个问题不大，因为虚拟设备创建者可以使用原生操作系统打包工具更高效地管理驱动程序更新。

---

2. 扫描 ESX/ESXi 主机

和虚拟机一样，扫描 ESX/ESXi 主机的要求也与执行的 VUM 扫描有关。在全部扫描中，VUM 服务器必须能够通过网络连接和访问 ESX/ESXi 主机。VUM 5.5 可以在 4.0 及以上版本的主机上执行补丁升级扫描和扩展操作。

现在开始学习执行扫描的具体步骤。记住，在虚拟机上执行扫描和在虚拟设备上执行扫描的过程几乎相同。

执行下面的步骤，在给一个 ESX/ESXi 主机附加基线之后执行补丁、扩展或升级扫描。

（1）启动 vSphere Web 客户端（如果未运行）。

（2）从 Web 客户端首页打开 Hosts And Clusters 目录视图。

（3）在左边的目录树上选择一个 ESX/ESXi 主机。

（4）在右边的窗格上单击 Monitor 选项卡下的 Update Manager 选项卡。

（5）单击右上角的 Scan 链接。

（6）选择扫描补丁和 / 或扩展，单击 Scan 按钮。

在扫描结束之后，更新管理器选项卡就会显示对象是否符合基线。扫描操作会检查对象是否符合每一个基线，如图 4.23 所示。选定的 ESXi 主机既符合 Critical Host Patches（重要主机补丁）基线，也符合 Non-Critical Host Patches（一般主机补丁）基线。只要主机不符合其中一个附加的基线，那么这个主机就会被标记为不符合状态。

在更新管理器选项卡中，如果一个对象包含其他对象，如数据中心、集群或文件夹，那么界面上会显示各个子对象的状态。也就是说，一些对象显示符合状态，另一些对象可能显示不符合状态。图 4.24 显示了一个包含混合状态的数据中心对象。在这个例子中，VMware 工具升级与主机匹配。这个状态报告同时显示了包括符合（VMware 工具是最新的）、不符合（VMware 工具需要更新）和不兼容（VMware 工具无法安装）的对象。

图 4.23 如果给一个对象附加多个基线，那么扫描操作会检查对象是否符合每一个基线

图 4.24 在查看包含其他对象的对象时，VUM 显示各个子对象的状态

有许多原因可能让 VUM 将对象标记为不兼容状态（Incompatible）。在这个例子中，当扫描 VMware 工具时，VUM 将 2 个对象标记为不兼容状态（见图 4.24）。2 个不兼容的对象分别是虚拟机 TTYLinux 和虚拟设备 vMA。因为这个虚拟机是一个全新安装的虚拟机，它还没有安装客户机操作系统，而虚拟设备则是因为运行了 OSP VMware 工具，所以不需要通过 vSphere 客户端管理。

有一些扫描执行速度很快。扫描大量虚拟机的 VMware 工具升级或虚拟机硬件升级也可能很快。另一方面，扫描大量的主机补丁则可能需要较长时间，也需要更多资源。同时执行多个任务，也会减慢扫描速度，因为它们是并发执行的。参考 VMware vSphere Configuration Maximums 文件的最新复本，上面列出了可同时操作 VUM 的最大数量。

在扫描结束并确定状态之后，就可以修复其中一些需要更新的系统。在此之前，先了解一下 ESX/ESXi 主机的分段更新补丁。

4.5.3 分段补丁

修复目标是一个准备修改并让它符合一个基线的 vCenter Server 对象。如果修复的目标是一个 ESX/ESXi 主机，那么还有另一个方法。VUM 提供了 ESX/ESXi 主机的分段补丁选项。将一个 ESX/ESXi 主机的补丁分段，需要将文件复制到主机，从而提高实际修复时间。分段并不是一个步骤；如果用户愿意，不需要分段补丁也可以更新主机。VUM 不能分段对 PXE 启动的 ESXi 主机的补丁，如利用标准自动部署配置的主机（尽管可以使用状态自动部署对主机分段补丁）。

在一个公司中，如果通过 VUM 连接的主机散布速度较慢，那么这时的 WAN 链路就特别适合使用分段补丁。这样可以减少这种站点的中断时间，特别是当 WAN 链路非常慢或者补丁文件本身非常大的时候。在将补丁分段的时候，主机不需要进入维护模式，但是修复阶段需要进入维护模式。分段补丁可能会减少修复过程的维护模式时间。分段补丁还可以设定为在 WAN 使用率较为空闲的时候上传补丁，从而让管理员能够以更快的速度完成主机修复。

这里需要转换到 Windows vSphere 客户端。执行下面的步骤，使用 VUM 将一个 ESX/ESXi 主机的补丁分段。

（1）启动 vSphere 客户端（如果未运行），连接到一个 vCenter Server 实例。

（2）在导航栏上选择 View → Inventory → Hosts And Clusters，或者按 Ctrl+Shift+H 组合键，打开 Hosts And Clusters 视图。

（3）在左边的目录列表上选择一个 ESX/ESXi 主机。

（4）在右边的内容窗格上滚动选项卡，选择 Update Manager 选项卡。

（5）单击内容窗格右下角的 Stage 按钮，或者右键单击主机，再选择 Stage Patches。这两种方法都可以打开 Stage Wizard（分段向导）。

（6）选择想要分段的补丁基线，单击 Next 按钮。

（7）在下一个界面中，取消选定不用分段的补丁。如果要将所有补丁分段，则选定所有补丁，单击 Next 按钮。

（8）在总结界面上单击 Finish 按钮，启动分段过程。

在分段过程完成之后，vSphere 客户端下面的 Tasks（任务）窗格会显示分段结果，如图 4.25 所示。

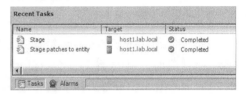

图 4.25　vSphere 客户端会显示补丁分段完成之后的结果

在 ESX/ESXi 主机分段补丁完成之后，就可以立即或者选择合适的时间开始执行修复任务。

4.5.4　修复主机

在给一个主机附加基线之后，扫描主机的符合性状态，然后在需要时选择为主机设置分段更新，这时就可以准备修复或更新 ESX/ESXi 主机了。

> **修复**
>
> 术语修复（remediation）只是 **VMware** 的说法，表示给一个对象应用补丁或升级包，使它符合某一个基线。

执行下面的步骤，为一个 ESX/ESXi 主机更新补丁。

（1）启动 vSphere 客户端（如果未运行），连接到一个 vCenter Server 实例。

（2）在导航栏中选择 View → Inventory → Hosts And Clusters，或者按 Ctrl+ Shift+H 组合键，切换到 Hosts And Clusters 视图。

（3）在左边的目录树上选择一个 ESX/ESXi 主机。

（4）在右边的内容窗格上选择 Update Manager 选项卡。有时需要滚动选项卡列表才能看到 Update Manager 选项卡。

（5）在窗口右下角单击 Remediate 按钮。另外，也可以右键单击 ESX/ESXi 主机，然后在快捷菜单上选择 Remediate。

（6）这时就会显示 Remediate 对话窗口，如图 4.26 所示。在该界面上，选择想要应用的基线或基线组。单击 Next 按钮。

（7）取消选定任何不想应用到 ESX/ESXi 主机的补丁或扩展项。

这样就可以定制自己的补丁列表。在取消选定要排除的补丁之后，单击 Next 按钮。

（8）指定修复任务的名称与描述。此外，还需选择马上执行修复，还是在某个特定时间执行。图 4.27 显示了这些选项。

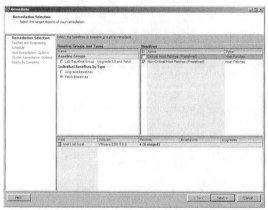

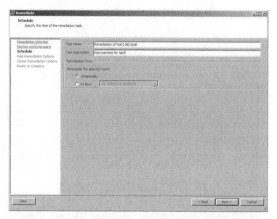

图 4.26 Remediate 对话窗口可以选择用于修复 ESX/ESXi 主机的基线或基线组

图 4.27 在修改一个主机时，需要指定修复任务的名称及执行时间

（9）Host Remediation Options（主机修复选项）页面列出了一些 VUM 处理虚拟机的选项，根据需要修改这些默认设置，可以控制 VUM 对于维护模式下虚拟机的处理方式。此外，这里也可以给 PXE 启动的 ESXi 主机更新补丁，但是它会发出警告信息，告诉你这些修改将在重启之后失效。图 4.28 显示了这个阶段提供的一些选项。根据需要修改设置，单击 Next 按钮。

（10）如果主机属于一个集群，那么你可以选择是否禁用集群的 DPM、HA 和 FT 设置，依据是你是否认为它们会干扰修复过程。现在，VUM 5 可以选择在集群有足够计算资源处理其他群集操作时，同时修复多个主机。图 4.29 显示了所有的集群选项。

（11）阅读总结界面的信息，如果检查无误，则单击 Finish 按钮；如果有任何错误，则单击 Back 按钮，再次检查设置和修改设置。

如果选择马上执行修复（这是默认设置），那么 VUM 就会向 vCenter Server 发出一个任务请求。vSphere 客户端下面的任务窗格会显示这个任务，当然也会显示一些关联任务。

在必要时，VUM 会自动将 ESX/ESXi 主机切换到维护模式。如果主机属于一个启用 DRS 的集群，那么将主机切换到维护模式会触发一系列 vMotion 操作，将所有虚拟机迁移到集群的其他主机上。在进行到 22% 时，修复任务会暂停一段时间。这是正常现象，完成迁移大概需要 15 分钟。在补丁更新完成之后，VUM 会自动重启主机（在需要时），使其离开维护模式。

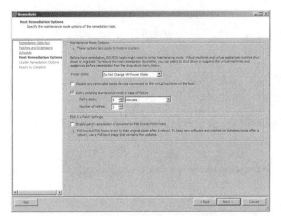

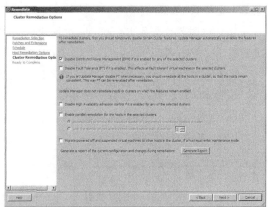

图 4.28 如果主机必须进入维护模式，则会出现主机　图 4.29 主机修复过程中的集群选项
修复选项

保持主机更新是很重要的

虽然大家都明白让 ESX/ESXi 主机保持更新是很重要的，但是很多时候 VMware 管理员仍会忘记在他们的日常运营中加入这个关键任务。

VUM 可以简化主机的补丁更新，但是仍然需要实际执行！一定投入时间建立主机更新的日常计划，利用 VUM 与 vMotion、vCenter Server 和 VMware DRS 的整合，避免在更新补丁过程中给最终用户带来停机时间。

4.5.5　升级 VMware 工具

VUM 不仅可以扫描和修复 ESX/ESXi 主机，也可以扫描和修复虚拟机中运行的 VMware 工具。VMware 工具是虚拟基础架构的重要组成部分。VMware 工具的基本作用是，为 VMware 通过 vSphere 支持的所有客户机操作系统提供一组为虚拟环境优化的驱动程序。这些为虚拟环境优化的驱动程序可以最大程度提高在 VMware vSphere 中运行的客户机操作系统性能，而且这也是一种保持 VMware 工具更新的最佳实践方法。第 9 章将更加全面地介绍 VMware 工具。

为了帮助实现这个任务，VUM 提供了一个预构建的升级基线：VMware Tools Upgrade To Match Host（匹配主机的 VMware 工具升级）。在 vSphere 客户端中，这个基线不能修改或删除，它的唯一用途就是帮助 vSphere 管理员发现那些运行着版本不匹配的 VMwae 工具的虚拟机。

通常，修复 VMware 工具的操作步骤与修复 ESX/ESXi 主机的步骤完全相同。

（1）给想要扫描和修复的虚拟机附加基线。

（2）扫描并判断虚拟机是否符合所附加的基线。

（3）修改虚拟机内不符合基线的 VMware 工具。

附加基线的流程已经在 4.4.1 节中介绍过，执行基线一致性扫描的过程也在 4.4.2 节中介绍过。如果已经将一个基线附加到虚拟机，并且扫描了虚拟机上 VMware 工具与基线的一致性，那么下一步就可以真正修复虚拟机中的 VMware 工具了。

执行下面的步骤，修复 VMware 工具。

（1）启动 vSphere 客户端（如果未运行），连接到一个 vCenter Server 实例。

（2）在菜单上选择 View → Inventory → VMs And Templates，转到 VMs And Templates 区域。此外，也可以使用导航栏或 Ctrl+Shift+V 组合键打开。

（3）右键单击想要修复的虚拟机，在快捷菜单上选择 Remediate。如果要修复多个虚拟机，则要选择这些虚拟机的上级对象。这时就会打开 Remediate 对话窗口。

（4）在 Remediate 对话窗口中选择 VMware Tools Upgrade To Match Host 基线，单击 Next 按钮。

（5）为修复任务指定一个名称，并且为这个任务选择执行计划。执行计划可以是已启动的虚拟机、已关闭的虚拟机和暂停的虚拟机，如图 4.30 所示。

（6）为不同类型的虚拟机选择正确的执行计划，单击 Next 按钮。

（7）如果要创建虚拟机快照，则必须指定快照名称和描述。

此外，还可以给快照指定一个最大有效时间，以及是否保存虚拟机的内存快照。默认设置是 Do Not Delete Snapshots（不删除快照）和 Take A Snapshot Of The Virtual Machines Before Remediation To Enable Rollback（在修复之前创建虚拟机快照，以支持回滚操作），如图 4.31 所示。

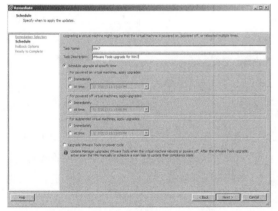

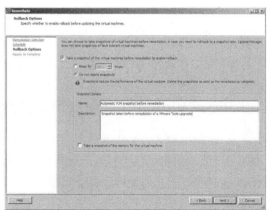

图 4.30　VUM 支持多种修复计划，包括已启动的虚拟机、已关闭的虚拟机和暂停的虚拟机

图 4.31　VUM 整合了 vCenter Server 的快照功能，允许在遇到问题时回滚修复操作

（8）检查总结界面的信息。如果发现错误，则单击 Back 按钮返回，再次检查并修改设置；否则单击 Finish 按钮，启动修复过程。

在 VMware 升级操作完成之后需要重启客户机操作系统，但是各种客户机操作系统有不同的要求。VMware 5.1 之前的 Windows 版本都要求重启，所以要根据不同的操作系统制定相应的计划。vSphere 5.1 中的"零停机时间"工具已经升级，它可以在工具升级之后最大限度地减少重启时间。更新设备驱动程序仍然意味着需要重启，但是发生频率已经显著降低。知识库文章中详细介绍了哪些情况下需要重启，网址为：http://kb.vmware.com/kb/2015163。

如果将多个虚拟机加到一个 vApp 中，那么 VUM 和 vCenter Server 都会自动重启 vApp 中的虚拟机，这样才能满足虚拟机之间的依赖关系，除非关闭了 VUM 配置的 Smart Reboot（智能重启）。

当把多个虚拟机从较早版本的 VMware 基础设施迁移到 VMware vSphere 环境中时，一定要确保 VMware 工具已经升级到了最新版本，然后再升级虚拟机硬件，这在稍后的 4.5 节中会有所介绍。通过优先升级 VMware 工具，从而确保在升级虚拟机硬件时，合适的驱动程序已经加载到了客户机操作系统中。

4.5.6 升级虚拟设备和主机扩展

同样，在 VUM 中执行与升级 VMware 工具相同的流程，就可以升级虚拟设备和主机扩展。

（1）附加基线。

（2）扫描符合性。

（3）修复。

然而，一定要注意，虚拟设备和主机扩展都不需要经常升级。在升级后，虽然它们会全部替换旧版本，但是其设置会迁移到新版本上。

虚拟设备和主机扩展通常来自第三方硬件或软件提供商。每一个供应商都自行决定升级包所包含的功能。因此，读者可能会发现，升级包可能只包含很少的 Bug 修复，而且完全不会改变设备或扩展的工作方式。另一方面，有一些升级则可能会显著改变它的操作方式。

为此，一定要谨慎处理虚拟设备或主机扩展的每一次升级，必须对它们进行全面测试，才能应用更大范围的更新。

接下来要学习 VUM 的最后一个功能：升级 vSphere 主机。

4.6 使用 vSphere 更新管理器升级主机

将 vSphere ESXi 5.x 升级到最新版本（在它们发布时），并且将遗留的 vSphere 4.x ESX 和 ESXi 主机升级到 ESXi 5.5，基本上包括 3 个步骤。虽然 ESX 和 ESXi 是完全不同的虚拟机管理程序，但是 VUM 可以将它们无缝升级到 ESXi 5.5。事实上，在运行升级向导时（本章稍后介绍），如果不注意，根本没法发现它们的区别。

执行下面的步骤，将一个主机服务器升级到 VUM 5.5。

（1）导入 ESXi 映像，创建主机升级基线。

（2）通过修复升级基线升级这个主机。

（3）升级虚拟机的 VMware 工具和硬件。

严格来说，最后一步不属于主机升级过程。然而，大多数时候，在升级主机之后，紧接着就是升级虚拟机硬件（至少应该在那个时候升级）。

4.6.1 导入 ESXi 映像并创建主机升级基线

前一个版本的 vSphere 使用更新包升级主机。现在，vSphere 仍然使用这些离线升级包压缩文件更新主机补丁和第三方软件，但是不能再用于升级主机。在 VUM 5.5 中，所有主机升级使用的文件就是安装 ESXi 时所使用的相同映像文件。

执行下面的步骤，将 ISO 文件导入到 VUM，然后创建基线。

（1）启动 vSphere 客户端（如果未运行），连接到一个 vCenter Server 实例。

（2）使用导航栏，或者选择 View → Solutions And Applications（解决方案与应用程序）→ Update Manager，进入 Update Manager Administration 区域。

（3）选择 ESXi Images 选项卡。

（4）单击选项卡右上角蓝色的 Import ESXi Image（导入 ESXi 映像）链接。

（5）单击 Browse 按钮，选择新的 ESXi 映像，如图 4.32 所示。单击 Next 按钮。

（6）观察文件上传进度，如图 4.33 所示，该过程可能持续几分钟时间。当文件导入结束之后，确认总结信息，单击 Next 按钮。

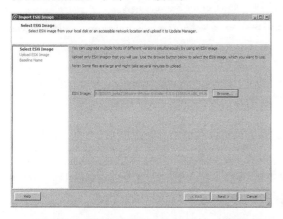

图 4.32　选择用于升级主机的 ESXi 映像

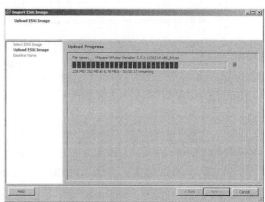

图 4.33　导入 ESXi 映像

（7）选定复选框，让向导创建一个 Host Upgrade Baseline（主机升级基线）。指定基线的名称，并填写适当的描述，单击 Finish 按钮。图 4.34 显示了已上传映像的列表。

在选定一个映像时，下方窗格会列出映像包含的所有软件包，以及它们的版本号。

4.6.2　升级主机

在创建了主机升级基线之后，就可以按照前面修复其他 vSphere 对象的相同步骤，使用这个基线升级一个 ESX/ESXi 主机。

（1）给想要升级的 ESX/ESXi 主机附加基线。参考 4.4.1 节中给一个或多个 ESX/ESXi 主机附加基线的方法。

图 4.34　导入的 ESXi 映像所包含的全部软件包都会显示

（2）扫描 ESX/ESXi 主机，判断它是否符合基线。记住要选择扫描主机升级选项。

（3）修复主机。

在需要时备份主机配置

与前面升级主机的方法不同，VUM 遇到升级问题时不能回滚。在开始升级之前，一定要掌握足够的主机状态信息，以便在需要时恢复或重建主机。

Remediate Wizard（修复向导）与 4.4.4 节介绍的过程类似（见图 4.25 ~ 图 4.29），但是需要注意它们有一些明显区别。

执行下面的步骤，使用 VUM 主机升级基线升级 ESX/ESXi 主机。

（1）启动 vSphere 客户端（如果未运行），连接到一个 vCenter Server 实例。

（2）使用导航栏，或者使用 Ctrl+Shift+H 组合键，或者选择 View → Inventory → Hosts And Clusters，切换到 Hosts And Clusters 视图。

（3）在左边的目录树上选择 ESX/ESXi 主机。

（4）在右边的内容窗格上选择 Update Manager 选项卡。可能需要滚动可用选项卡，才能看到 Update Manager 选项卡。

（5）在窗口的右下角单击 Remediate 按钮。此外，也可以右键单击 ESX/ESXi 主机，选择快捷菜单的 Remediate 命令。

（6）这时会显示 Remediate 对话窗口，如图 4.35 所示。在这里，一定要选定 Baseline Groups and Types 窗格中的 UpgradeBaselines，然后再选择想要应用的基线。单击 Next 按钮。

（7）勾选复选框，接受授权条款，单击 Next 按钮。

（8）如果要升级 vSphere 4 的主机，就在下一个界面上选择忽略主机上可能影响升级过程的第三方软件，如图 4.36 所示。选择复选框或保持未选定，单击 Next 按钮。

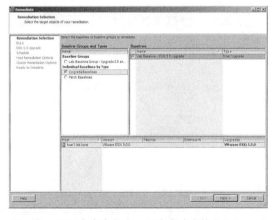

图 4.35　如果有多个版本，则在右边空格上选择正确的升级基线

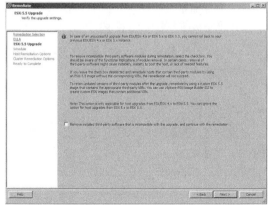

图 4.36　升级过程可以忽略遗留在主机上的第三方软件

（9）指定修复任务的名称、描述和执行计划，单击 Next 按钮。

（10）选择主机虚拟机处理主机进入维护模式的方式，单击 Next 按钮。

（11）下一个界面会显示相同的集群选项（见图 4.29）。这里可以控制主机的集群如何遵照自己的 DPM、HA 和 FT 设置，以及是否允许在集群有足够资源时升级多个主机。选择所需要的选项，单击 Next 按钮。

（12）检查总结信息，如果需要修改设置，则单击 Back 按钮。在设置修改纠正之后，单击 Finish 按钮。

然后，VUM 会在计划时间到达后继续升级主机（默认值是 Immediately）。升级过程不需要人为干预，升级结束后主机会自动重启。

令人吃惊的是，ESX 与 ESXi 内部差别很大，可见 VMware 很好地解决了升级过程的复杂问题。事实上，除非事先知道将要升级的主机类型，否则在修复向导中，要仔细查看下方窗格的列表，才能看到版本区别（见图 4.35）。

在升级了集群中的所有主机之后，就应该考虑升级虚拟机的 VMware 工具，然后再升级虚拟硬件版本。升级虚拟机的硬件可以避免将虚拟机运行在老版本的主机上，因此应该升级同一个集群中的所有主机，否则会对基础集群操作的效率产生影响，如 DRS 和 HA。

记住，应该先升级虚拟机的 VMware 工具（参见 4.4.5 节），接下来就是升级虚拟硬件。

4.6.3　升级虚拟机硬件

到目前为止，虚拟硬件的概念还没有介绍（第 9 章将会介绍）。现在要知道的是，从前一个版本 ESX/ESXi 迁移到 VMware vSphere 环境的虚拟机会包含一些需要升级的虚拟机硬件。在升级主机之后，会经常看到过期的硬件。为了使用 VMware vSphere 的最新功能来管理这些虚拟机，必须升级虚拟机硬件。为了实现这个功能，VUM 增加了扫描和修复虚拟机中过期虚拟机硬件的功能。

VUM 已经提供了一个专门解决这个问题的虚拟机升级基线：VM Hardware Upgrade To Match Host(匹配主机的虚拟机基线升级)基线。这个基线是预定义的，不能在 vSphere 客户端修改或删除。这个基线的作用是确定虚拟机硬件是否为最新版本。vSphere 5.5 虚拟机默认使用版本 10 的硬件。vSphere 5.1 使用版本 9 的硬件，而 vSphere 5.0 则使用版本 8 的虚拟机硬件。

要升级虚拟机硬件版本，必须再次执行相同的步骤。

（1）附加基线。

（2）执行扫描。

（3）修复。

附加基线时，可以遵循 4.4.1 节中介绍的相同流程。扫描过程也几乎相同。在启动扫描时，一定要选择虚拟机硬件升级选项，这样 VUM 才能检查过期的虚拟机硬件。即使附加了正确的基线，也只有选定了这个复选框，才可能在扫描中检测到过期虚拟机硬件。

> **规划停机时间**
>
> 对于不符合基线的虚拟机,如发现过期虚拟机硬件,它们的修复过程同样与前面介绍的修复过程很相似。这里一定要注意,虚拟机硬件是在虚拟机关机的情况下升级的。这意味着,只有规划环境的停机时间,才能解决这个问题。

　　只有当虚拟机关机时,VUM 才会执行虚拟机硬件升级。此外,一定要注意,在升级虚拟机硬件时,VUM 可能无法按顺序关闭客户机操作系统。为了避免 VUM 关闭虚拟机造成客户机操作系统的意外关机,一定要在图 4.30 所示的对话窗口上指定一个计划时间,留下足够时间先按顺序关闭客户机操作系统。

　　由于虚拟机内部运行的客户机操作系统和 VMware 工具版本各不相同,在虚拟机硬件升级完成之后,用户可能会看到"发现新硬件"提示。如果遵循推荐方法,并且安装了最新版本的 VMware 工具,那么所有必要的驱动程序应该都已经安装,"发现新硬件"应该不会引起任何问题。

 Real World Scenario

记录虚拟机的 IP 地址

在升级虚拟机硬件过程中,最常见的问题是丢失虚拟机的 IP 地址。如果在开始硬件升级过程之前,VMware 工具没有正确升级,就可能发生这个问题。通常,新的 VMware 工具可以记录虚拟机的 IP 地址,如果新的虚拟机硬件升级改变了网卡驱动程序,那么 VMware 工具可以自动迁移 IP 设置。然而,VMware 工具可能由于一些原因丢失设置,例如,未意识到工具出现问题,仍继续执行后续操作;在工具升级之后没有留下足够的重启时间;新驱动程序导致操作系统出现问题等。

虽然这些问题不应该发生,但是通常还是要准备好补救计划。一个简单的方法是,开始修复步骤之前,在 VMs And Templates 视图中列出所有需要升级的虚拟机。右键单击其中一列,在视图中添加这个 IP 地址,在 File 菜单上选择 Export List To A Spreadsheet(将列表导出到电子表格)。这样,如果升级过程中有一个或多个虚拟机丢失了 IP 地址,就可以快速地从电子表格发现它们。这个方法并不是太简单,但是只需要 30 秒的操作,可能就可以避免将来花很长时间从 DNS 记录找回 IP 地址。

　　虽然有可能会发现一些虚拟设备安装了旧版本的虚拟硬件,但是建议将它们当作特殊情况处理,然后等待供应商在新版本上增加硬件升级。虚拟设备都是供应商出于某种目的进行定制和优化的。它们通常会安装较老的硬件,这样才能兼容尽可能多的 vSphere 版本。如果供应商认为新版本的虚拟机硬件更适合他们的设备使用,那么他们很可能就会提供新版本的设备。

　　通过组合 VUM 的不同特性,就可以通过一个预制升级步骤,轻松地将虚拟基础架构升级到最新版本的 VMware vSphere。

4.7　执行预制升级

　　基线组的一个具体用例就是预制升级(orchestrated upgrade)。预制升级需要使用主机基线组和

VM/VA 基线组，它们按顺序执行，可以自动将组织的环境完全迁移到 VMware vSphere 5.5 中。简言之，它会在一次作业中先升级主机再升级虚拟机。

假设有这样的事件序列。

（1）先创建一个主机基线组，组合一个主机升级基线和一个动态主机补丁基线，用于应用最新更新。

（2）再创建一个虚拟机基线组，组合 2 个不同的虚拟机升级基线——VMware 工具升级基线和虚拟机硬件升级基线。

（3）设置主机基线组的执行计划，随后是虚拟机基线组的执行计划。

（4）主机基线组将主机从 ESX/ESXi 4.x 和 ESXi 5.0/5.1 升级到 ESXi 5.5，同时安装所有可用的补丁和更新。

（5）虚拟机基线组先升级 VMware 工具，再将虚拟机硬件升级到版本 10。

在完成这两个基线组之后，受基线影响的所有主机和虚拟机都会完成升级和补丁更新。在这个过程中，大部分升级 VMware 工具和虚拟机硬件的任务已经实现自动化。恭喜！你刚刚简化了虚拟环境升级路径，并实现了自动化升级。

4.8　了解其他更新方法

在大多数环境中，要保持主机、虚拟机和虚拟设备更新到最新补丁，使用 vSphere 客户端的 VUM 工具是最简单、最高效的方法。然而，有时候可能要使用和测试一些非标准工具。下面将介绍更新 vSphere 的其他方法。

4.8.1　使用 vSphere 更新管理器 PowerCLI

vSphere 通过 PowerCLI 扩展使用微软的 PowerShell 脚本环境，具体参见第14章。

在此之前，最好先了解支持用脚本实现许多 VUM 功能的 PowerCLI 工具。VUM PowerCLI cmdlets 包含了最常用的任务，如处理基线、扫描、分段和修复 vSphere 对象。图 4.37 显示了当前可用的 cmdlets。

要使用 VUM PowerCLI，必须先安装 vSphere PowerCLI，然后再下载和安装 Update Manager PowerCLI 软件包。关于这个软件包的用法，参见 VMware 为 VUM 5.5 编写的"VMware vSphere Update Manager PowerCLI 安装与管理指南"。

图 4.37 可用的 VUM PowerCLI cmdlets

4.8.2　不使用 vSphere 更新管理器的升级和补丁更新

在不使用 VUM 的前提下，也一样可以维护 vSphere 环境，保持环境中元素的升级和补丁更新。此外，有时候可能用 VUM 执行特定的更新任务，但是用其他方法处理另外一些任务。例如，在下面这些情况中，可能不会使用 VUM。

◆ 使用免费的单机 vSphere ESXi 虚拟机管理程序（不带 vCenter Server）。由于没有授权的 vCenter Server，因此也无法使用 VUM。

◆ 环境较小，只有 1~2 台小型主机服务器。为了提高虚拟机服务器硬件的利用率，不希望其他应用程序和数据库增加基础架构的负载。

◆ 广泛使用脚本工具来管理环境，而且更愿意使用不需要 PowerShell 的工具，如 VMware 提供的 PowerCLI 工具集。

◆ 不想用 VUM 升级主机，在需要时直接重建主机。

◆ 已经有一些快捷脚本、PowerShell 安装后脚本、主机配置文件、EDA/UDA 工具，或者想要创建一个自动部署服务器来控制主机的安装与升级。

那么，到底有哪些替代工具可以使用呢？

主机升级与更新补丁　要将遗留的 ESX 或 ESXi 主机升级到 vSphere 5.5，可以有 2 个非 VUM 选择。一是运行 ESXi 5.5 ISO 介质的交互安装程序，选择从介质升级；二是运行相同 ESXi 5.5 介质中的快捷脚本升级，执行无人干预的升级。没有命令行工具可以将旧版本的 ESX 或 ESXi 主机升级到 5.5 版本。

从 ESXi 5.0 或 5.1 升级到更新版本，同样可以使用交互升级或无人干预升级。如果使用 VMware 的自动部署技术实施 vSphere，就可以使用这个工具升级或更新补丁。此外，使用 vCLI 命令行工具 esxcli 也可以升级 ESXi 5.x 主机并为其更新补丁。

esxupdate 和 vihostupdate 工具不再支持 ESXi 5.x 的更新操作。

升级虚拟机　如果不使用 VUM，则只能通过 vSphere 客户端升级虚拟机硬件。如果主机已连接 vCenter，则可以通过连接的客户端手动升级硬件。升级时，必须关闭虚拟机，然后再逐一启动升级。即使没有 vCenter，只要将客户端直接连接到主机上，仍然可以升级虚拟机。类似地，可以在虚拟机控制台中手动升级每一个客户机操作系统的 VMware 工具。必须在 vSphere 客户端上挂载 VMware 工具。

vmware-vmupgrade.exe 工具不再支持虚拟机升级。

4.9　vCenter 支持工具

除了 VUM，vCenter Windows 安装程序 DVD 和 vCSA 还包含其他有用的支持工具。图 4.38 显示了可以从 DVD 安装的支持工具选项。

4.9.1　ESXi Dump Collector

ESXi Dump Collector（ESXi 转储收集器）是在 ESXi 服务器出现意外故障时，用于接收和存储内存转储的集中服务。当 ESXi 主机遭遇紫屏（Purple Screen Of Death，PSOD）时（类似于

Windows 的蓝屏或 Linux 的内核错误），内存转储就会出现。在服务器重启之前，内核获取内存信息并转储至永久性存储磁盘中。这可以让 VMware 支持服务调查引起 PSOD 的原因，同时推荐一系列操作防止问题再次发生。

通常，那些发送到单独分区的主机本地存储中，并且不能正常装载至运行的文件系统中的转储都称为 vmkDiagnostic。如果主机已被部署到 USB 密钥/USB 卡中，或者已经自动部署，那么核心转储分区则不可用。对于这些主机来说，重要的是将转储重定向到中央转储收集器中。即使主机不是按照这种方法安装或部署的，也是有用的，尤其是在大型环境中的同一地点管理有价值的数据。

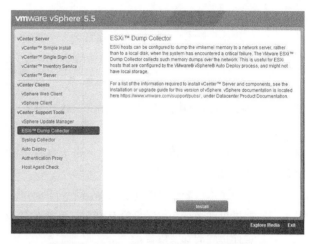

图 4.38　DVD 中的 vCenter 支持工具选项

1. vCSA 中的 ESXi Dump Collector

ESXi Dump Collector 已经安装并默认运行于 vCSA 实例中。图 4.39 显示了已启用的服务。

以下内容为检查服务状态的步骤，重新启动或停止。

（1）使用根账户登录到 vCSA 控制台。

（2）左侧底部第一个界面列表中的

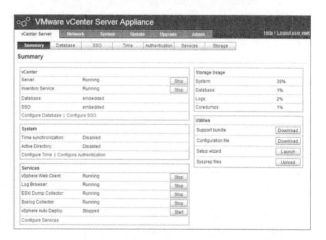

图 4.39　默认运行的 vCSA 服务

服务及其状态是可用的。如果已经离开该界面，可以从 vCenter Server 选项卡下的 Summary 子选项卡中找到。

在 vCSA 的 ESXi Dump Collector 中只有一个配置选项可用，为所有转储修改保留存储量。核心转储的大小范围为 100MB 到 300MB，所以适合的空间大小取决于配置主机的数量、紫屏的频率和保留信息的时间。如果在一个大型环境中，紫屏次数较多，或者长时间保留故障排除的数据，则应该考虑增加空间。图 4.40 显示的是控制台服务配置选项卡。

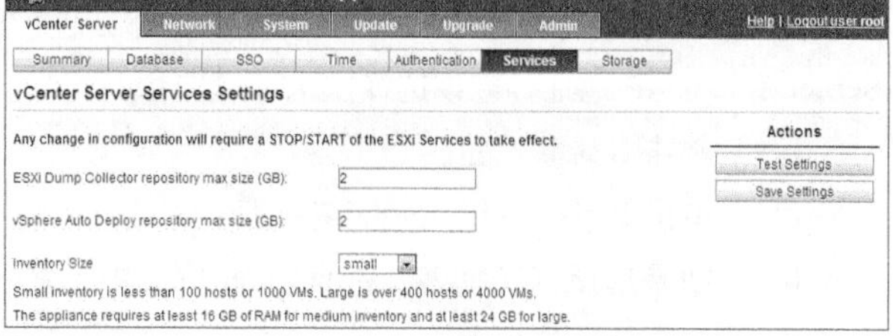

图 4.40　vCSA 服务选项卡

执行下面的步骤，为核心转储增加保留大小。

（1）使用根账户登录到 vCSA 控制台。

（2）在 vCenter Server 选项卡下，单击 Services 子选项卡。

（3）第一个服务选项允许修改默认的 2GB 存储库。

2. Windows Server 中的 ESXi Dump Collector

如果使用的是基于 Windows 的 vCenter Server，在 Windows Server 中也能够安装 ESXi Dump Collector。服务器可以与 vCenter 相同，也可以是单独的。执行下面的步骤，在 Windows 中安装 ESXi Dump Collector。

（1）将 vCenter Server DVD 载入 Windows Server。

（2）如果自动运行初始屏幕没有出现，手动运行 DVD 根目录下的安装向导。

（3）选择正确的安装语言。

（4）接受最终用户许可协议。

（5）选择安装应用程序和存储转储的位置。和不稳定数据一样，最好将转储存储库移出 C 盘。如图 4.41 所示，转储存储库被移动到了 D 盘。该向导界面允许增加（或减少）最大存储量，以便工具保留核心转储。

（6）安装类型界面允许安装程序在 vCenter Server 实例上注册 Dump Collector 实例。选择 VMware vCenter Server Installation，单击 Next 按钮。

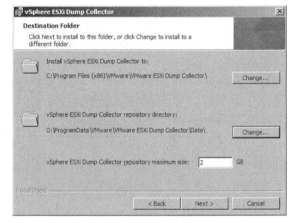

图 4.41 将转储存储库移出 C 盘

（7）如果选择将安装集成到 vCenter 实例上，按照之前介绍的步骤，输入 vCenter 的详细信息和正确的账户凭据。单击 Next 按钮，安装程序要求验证服务器的 SSL 证书。单击 Yes 按钮接受证书。

（8）接受默认的 6500 端口，单击 Next 按钮。

（9）在下一界面选择如何让网络中的主机处理 Dump Collector。可以选择主机名称或 IP 地址。使用主机名称的好处是在故障排除期间，管理员可轻松识别，但是这依赖于名称解析。如果有内核错误的主机只能运行可连接的 DNS 虚拟机，那么直接使用 IP 地址则是较好的选择。如果 Windows Server 有多个 IP 地址，应该选择主机可以路由的地址。Dump Collector 服务只与 IPv4 地址绑定。

（10）单击 Install 按钮。

（11）单击 Finish 按钮完成安装。

（12）如果选择将安装集成到 vCenter 安装中，登录 vSphere 客户端检查是否注册。在客户端首页的 Administration 选项卡下，单击 VMware ESXi Dump Collector 图标。可以看到 Dump Collector

的详细信息和端口号。

Dump Collector 支持我的分布式交换机吗

vSphere 5.5 Dump Collector（或任一 5.x 版本的收集器）可以接收主机使用的所有交换机转储。然而，如果 ESXi 5.0 主机的 **VMkernel** 默认网关（在管理网络中的 IP，通常是 vmk0）与分布式交换机连接，则不支持向集中式 Dump Collector 发送转储。这可以是本地虚拟分布式交换机（vDS）或第三方交换机，如 Cisco 1000v。在 ESXi 5.1 发布以前，这种情况特别麻烦。因为已授权的大型企业为聚合网络线路和 / 或自动部署配置使用 vDS 连接的同时，还希望使用 Dump Collector 的功能作为候选方案。

如果现有使用分布式交换机的 ESXi 5.0 主机，那么有多个选项可供选择。可以将主机升级至 5.1 版本，可以将管理连接从分布式交换机移动到基于主机的标准 **vSwitch** 中，还可以将核心转储发送到本地磁盘。

---

3. 配置 ESXi 主机，重定向核心转储

配置主机，将转储重定向至新的 ESX Dump Collector 最主要的方法是使用 esxcli 命令行工具。

（1）通过 SSH、本地 ESXi Shell 或使用 vMA 或 vCLI 安装程序登录主机（vMA 或 vCLI 的使用需要上下文开关来识别主机）。

（2）检查现有的 Dump Collector 配置。

```
esxcli system coredump network get
```

（3）配置主机的 Dump Collector 设置（管理 VMkernel 接口和收集器的 IP 和端口）。

```
esxcli system coredump network set -v vmk0 -i 192.168.199.5 -o 6500
```

（4）打开转储重定向。

```
esxcli system coredump network set -e true
```

（5）确认设置配置正确。

```
esxcli system coredump
network get
```

图 4.42 显示了控制台会话的过程。

利用主机配置文件，还可以为集中式 Dump Collector 配置主机。推荐的方法是通过命令行配置一个主机，并将其作为参考主机，然后在其余的主机上应用该配置。

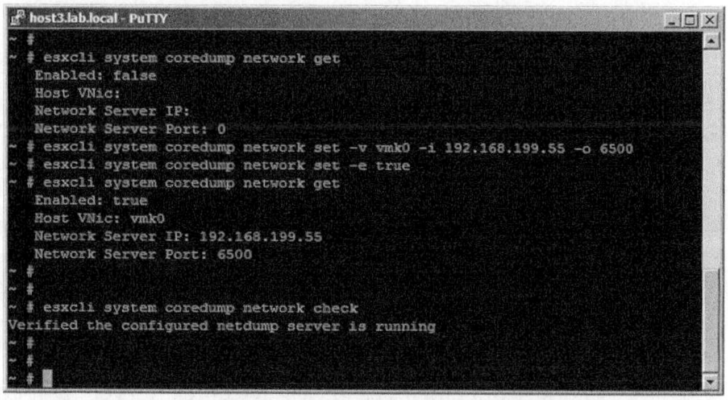

图 4.42　配置主机，将转储重定向至 Dump Collector

　　还有一个可行的方法是通过编辑主机配置文件直接设置配置，选择 Network Configuration → Network Coredump Settings，然后选择 Enabled 复选框。在这里指定 NIC、服务器 IP 和端口的详细信息。如图 4.43 所示。

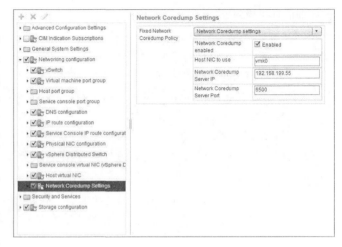

4. 测试 ESXi Dump Collector

　　检查每个主机是否配置正确，以及是否可以与 Dump Collector 通信。

　　（1）通过 SSH、本地 ESXi Shell 或使用 vMA 或 vCLI 安装程序登录主机（vMA 或 vCLI 的使用需要上下文开关来识别主机）。

图 4.43　利用主机配置文件为 Dump Collector 配置主机

　　（2）向收集器发送测试转储。

```
esxcli system coredump network check
```

　　（3）连接 Dump Collector 服务器，检查新的转储文件是否存在（检查文件的日期戳和时间戳是否与测试时间一致）。在 vCSA 中，转储位于 /var/log/vmware/netdumps/ 中。基于 Windows 的 Dump Collector，转储位于向导界面设置的目录中（见图 4.41）；默认位置是 %ProgramData%\VMware\ VMware ESXi Dump Collector\Data\。在这两种情况下，转储都以发送主机的 IP 地址命名。

4.9.2　Syslog Collector

　　ESXi 主机默认将日志文件存储在本地。与之前介绍的 ESXi Dump Collector 一样，这有利于向集中式服务存储所有的主机日志。同时对于没有永久暂存分区的主机部署来说也十分重要，如自动部署的无状态主机设置。因为这些日志都存储在虚拟硬盘分区中，如果系统重新启动，数据就会丢失。

　　目前有一系列广泛的第三方 Syslog 服务器应用程序，但是 vSphere 中的一个工具专门针对此项任务。它既可以在 vCSA 中使用，也可以作为 Windows 安装工具。

1. vCSA 中的 Syslog Collector

　　Syslog Collector 服务已经安装并默认运行于 vCSA 中。图 4.39 显示了该服务已经运行。启用中央收集器不再需要附加的配置步骤，只需配置主机并向收集器发送日志。

2. Windows Server 中的 Syslog Collector

　　如图 4.38 所示，基于 Windows 版本的 Syslog Collector 可以直接从自动运行的 DVD 初始屏幕中安装。Syslog Collector 组件可以从 vCenter Server 实例或其他 Windows 服务器中安装。执行下面的步骤，在 Windows 中安装 Syslog Collector。

（1）将 vCenter Server DVD 载入 Windows Server。

（2）如果自动运行初始屏幕没有出现，手动运行 DVD 根目录下的安装向导。

（3）选择正确的安装语言。

（4）接受最终用户许可协议。

（5）选择安装应用程序和存储日志的位置。和不稳定数据一样，最好将 Syslog 存储库移出 C 盘。和之前介绍的安装 Dump Collector 一样（如图 4.41 所示），把存储库移动到其他磁盘。Syslog Collector 安装向导界面允许在旋转之前修改日志文件的大小（默认为 2MB）和保留日志的数量（默认为 8 个日志）。除非有特定的日志要求并需要延长保留日志时间，现有的数值是可以满足要求的。

（6）安装类型界面允许安装程序在 vCenter Server 上注册 Syslog Collector 实例。选择 VMware vCenter Server Installation，单击 Next 按钮。

（7）如果选择将安装集成到 vCenter 实例上，按照之前介绍的步骤，输入 vCenter 的详细信息和正确的账户凭据。单击 Next 按钮，安装程序要求验证服务器的 SSL 证书。单击 Yes 按钮接受证书。

（8）接受默认端口设置，单击 Next 按钮。

（9）在下一界面选择如何让网络中的主机处理 Syslog Collector。可以选择主机名称或 IP 地址。使用主机名称的好处是在故障排除期间，管理员可轻松识别，但是这依赖于名称解析。如果 Windows Server 有多个 IP 地址，应该选择主机可以路由的地址。和 Dump Collector 一样，Syslog Collector 服务只与 IPv4 地址绑定。

（10）单击 Install 按钮。

（11）单击 Finish 按钮完成安装。

（12）如果选择将安装集成到 vCenter 安装中，登录 vSphere 客户端检查是否注册。在客户端首页的 Administration 选项卡下，单击 Network Syslog Collector 图标。图 4.44 显示了一个已配置并与两个主机连接的 Syslog Collector。

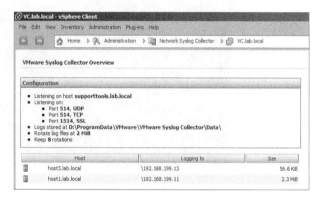

图 4.44　在 vCenter 中注册的 Network Syslog Collector

3. 配置 ESXi Hosts，重定向 Syslog Collector

配置主机，将日志重定向至 Syslog Collector 的方法有很多种。最简单的方法是直接在 vSphere Web 客户端上配置主机。

（1）登录 vSphere Web 客户端，在首页上选择 Hosts and Clusters。

（2）选择想要为 Syslog Collector 配置的主机。

（3）在主对象窗格中选择 Manage 选项卡，然后选择 Settings 子选项卡。

（4）在 Settings 子选项卡下，选择 Advanced System Settings。

（5）在 Advanced System Settings 页面右上角的 Filter 框中输入 syslog.global。图 4.45 显示了 global syslog 设置。

（6）其中有五个可选选项。将日志重定向至 Syslog Collector 的一项重要设置是 syslog.global.logHost。可以规定协议（UDP、TCP 或 SSL）和端口数，其实一个可解析的主机名称或 IP 地址就足够了。要想修改设置，可以突出显示该行并单击上方的编辑图标（一个铅笔标志）。

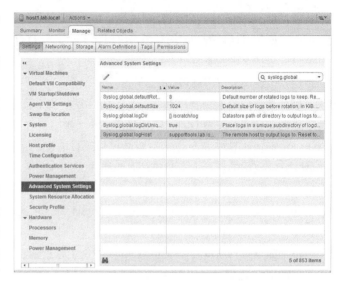

图 4.45　在 vSphere Web 客户端中设置主机 syslog 设置

另一个设置 Syslog 配置设置的方法是使用主机的命令行。需要两个命令：一个设置配置，另一个用于启用（重新加载）。图 4.46 显示了这一典型设置。

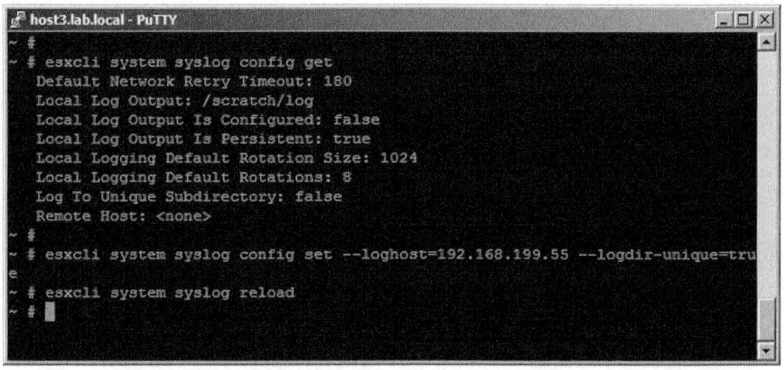

图 4.46　利用主机的命令行设置主机 syslog 设置

第三个设置主机 syslog 设置的选项是通过主机配置文件功能进行捕获和传播。最简单的方式是使用 vSphere Web 客户端的高级设置配置第一台主机，并将其作为参考主机，然后为其他主机应用该设置。

然而，为 Syslog Collector 配置的主机防火墙需要打开正确的端口，以便与 Collector 进行通信。如图 4.47 所示，执行下面的步骤。

（1）在 vSphere Web 客户端中选择主机。

（2）选择 Manage 选项卡，然后选择 Settings 子选项卡。

（3）在 System 选项卡下的左侧菜单中选择 Security Profile，然后单击右上方的 Edit 按钮。

（4）向下滚动命名服务的列表，找到 Syslog 项，然后选择复选框。

这里还可以限制 IP 地址或 IP 范围（可选）。

4. 检查日志

连接 Syslog Collector 目录并查看是否从主机接收到了日志。目录位于 vSphere 客户端 Syslog Collector 概览中，如图 4.44 所示。概览显示了连接主机的列表。浏览目录时，可以访问日志（在客户端上不可用）。

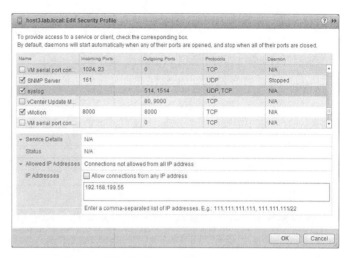

图 4.47　打开防火墙端口，与 Syslog Collector 进行通信

VCenter Log Insight

vSphere 5.5 发布时，VMware 介绍了一款新的产品，叫作 Log Insight。这是一款单独授权的工具，可以与其他第三方日志收集和分析工具媲美。Log Insight 能够代替 Syslog Collector 工具，并提供丰富的搜索和跨主机的相关分析。如果你觉得 vCenter Log Collector 无法满足内部支持需求，那么 VCenter Log Insight 或许是你要找的工具。

4.9.3　其他 vCenter 支持工具

除了 VUM、ESXi Dump Collector 和 Syslog Collector，图 4.38 中还显示了其他 vCenter 支持工具。前面几章已经讨论过了这几种工具，因为它们都与 ESXi 或 vCenter 部署有关。

Auto Deploy（自动部署）。自动部署是在中央部署源中设置 ESXi 主机的工具。第 2 章介绍了自动部署。

Authentication Proxy（身份认证代理）。身份认证代理允许主机加入 Active Directory 域，而无需在部署工具中包含域证书，如 Auto Deploy Depots 或脚本安装文件。第 2 章介绍了身份认证代理。

Host Agent Check（主机代理检查）。主机代理检查工具是一项预升级解决方案，它可以检查与 vCenter 连接的主机是否适合与 vCenter 5.5 连接。vCenter 升级后，验证条件阻止了主机出现问题。第 3 章介绍了主机代理检查。

接下来，将在第 5 章中学习如何使用 VMware vSphere 提供的新网络功能。

4.10　要求掌握的知识点

1. 安装 VUM 并将其整合到 vSphere 客户端

　　vSphere 更新管理器（VUM）可以从 VMware vCenter 安装介质安装，安装前要求已经安装好 vCenter Server。与 vCenter Server 类似，VUM 必须使用一个后台数据库服务器。最后，必须在 vSphere 客户端上安装插件，才能访问、管理或配置 VUM。

　　掌握

　　在安装 VUM 之后，通过笔记本电脑安装的 vSphere 客户端配置 VUM。因为团队中有一位管理员表示无法访问或配置 VUM，所以安装过程肯定出现了问题。那么问题最可能出现在什么地方？

2. 选择需要更新补丁或升级的 ESX/ESXi 主机或虚拟机

　　基线是 "测量标尺"，VUM 通过它确定 ESX/ESXi 主机或虚拟机实例是否需要更新。VUM 会将 ESX/ESXi 主机或虚拟机与基线进行对比，从而确定它们是否需要更新补丁，以及需要更新哪些补丁。此外，VUM 还使用基线确定哪些 ESX/ESXi 主机需要升级到最新版本，以及哪些虚拟机的硬件需要升级。VUM 自带了一些预定义基线，管理员也可以创建适用于他们环境的自定义基线。基线有 2 种：内容保持不变的固定基线和内容不断变化的动态基线。基线组允许管理员组合多个基线，并且一起应用这些基线。

　　掌握

　　除了保证所有 ESX/ESXi 主机都安装了最新版本的重要安装补丁，还需要保证所有 ESX/ESXi 主机都安装了一些特殊补丁。这些补丁是一般补丁，因此不包含在重要补丁动态基线中。应该如何解决这个问题呢？

3. 使用 VUM 升级虚拟机硬件或 VMware 工具

　　VUM 可以检测到虚拟机硬件版本过期的虚拟机，以及所有安装 VMware 工具过期的客户机操作系统。VUM 带有一些支持这个检测功能的预定义基线。此外，VUM 可以升级虚拟机硬件版本及客户机操作系统内的 VMware 工具，保证所有组件都是最新的。这个功能特别适合用于将旧版本的 ESX/ESXi 主机升级到 5.5 版本。

　　掌握

　　若虚拟基础架构刚刚被升级到 VMware vSphere。接下来，应该再完成哪两个任务？

4. 为 ESX/ESXi 主机更新补丁

　　与其他复杂软件产品类似，VMware ESX 和 VMware ESXi 需要不断地应用软件补丁。这些补丁可能用于修复 Bug 或安全漏洞。为了保持 ESX/ESXi 主机更新最新补丁，VUM 支持为主机选择补丁更新计划。此外，为了减少补丁更新过程的停机时间，或者简化远程环境的补丁部署过程，VUM 还可以先分段处理 ESX/ESXi 主机的补丁，然后再安装补丁。

　　掌握

　　如何在为 ESX/ESXi 主机安装补丁（如修复）时避免引起虚拟机停机？

5. 升级主机并协调大型数据中心的升级

如果每个主机上有几十个虚拟机，那么手动升级主机是十分繁琐的，并且数量过多也不好处理。短期中断窗口、主机重启和虚拟机停机时间意味着协调升级涉及了复杂的计划和细心的执行。

掌握

VUM 的哪项功能可以简化数量庞大的主机和虚拟机的 vSphere 升级过程？

6. 在需要时利用其他方法替代 VUM 更新

VUM 为升级 vSphere 主机提供了最简单和最有效的方法。然而，VUM 在有些情况下不可用。例如，VUM 依赖于 vCenter，所以如果主机没有与授权的 vCenter 连接，就需要使用其他可替代的方法升级主机。

掌握

不使用 VUM 的话，还有什么方法可以升级现有主机？

7. 安装日志收集器

vSphere 为 ESXi 主机提供了两种不同的日志工具。ESXi Dump Collector 从主机中收集内核转储，而 Syslog Collector 可以存储主机日志文件。

掌握

你刚开始在一家公司从事 vSphere 管理员工作。该公司以前没有集中主机日志，你决定收集它们，于是想安装 vSphere Syslog Collector 工具和 ESXi Dump Collector 工具。如何在公司的 vCSA 实例上安装这两个工具？

8. 为集中日志配置主机

想要使用 ESXi Dump Collector 或 Syslog Collector 工具，必须为每个集中记录器配置主机。

掌握

列举你可以为集中日志配置主机的方法。

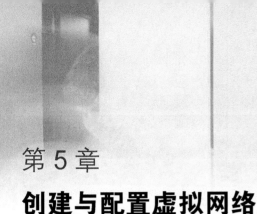

第 5 章

创建与配置虚拟网络

最终，我们来到了网络配置。在服务器上运行 VMware ESXi，同时将虚拟机存储在高度冗余的光纤通道 SAN 上。这种做法很好，但是还必须让虚拟机连接网络，否则它们将一无是处。即使能够在一个主机上同时运行 10 个生产系统，如果生产系统无法通过网络访问，那么这也是无用功。显然，ESXi 的虚拟网络连接是每一位 vSphere 管理员都必须掌握的重要知识。

本章将介绍下面的内容。

◆ 确定虚拟网络的组成；

◆ 创建虚拟交换机和分布式虚拟交换机；

◆ 创建与管理 NIC 组合、VLAN 和私有 VLAN；

◆ 了解环境中第三方虚拟交换机选项

◆ 配置虚拟交换机安全策略。

5.1 组建虚拟网络

使用 ESXi 和 vCenter Server 设计和创建虚拟网络与设计和建设物理网络有一些相似性，但是它们也有一些显著区别，这要求用户必须先理解各种组件和术语。因此，本节先介绍虚拟网络中各种组件的定义，然后再介绍影响虚拟网络设计的主要因素。

vSphere 标准交换机。这是一种基于软件的交换机，位于 VMkernel 之中，负责管理虚拟机的流量。用户必须在各个 ESXi 主机独立管理 vSwitch。本章将使用术语 vSwitch 表示 vSphere 标准交换机和一般的虚拟交换机。

vSphere 分布式交换机。这是一种基于软件的交换机，位于 VMkernel，负责管理虚拟机与 VMkernel 的流量。整个 ESXi 主机集群共享并负责管理分布式 vSwitch。vSphere 分布交换机可以缩写为 vDS；本书将使用术语 dvSwitch、vSphere 分布式交换机或分布式交换机表示。

端口 / 端口组。这是 vSwitch 的一个逻辑对象，包含了一些专门针对于 VMkernel 或虚拟机的服务。一个虚拟交换机可以包含一个 VMkernel 端口或一个虚拟机端口组。在 vSphere 分布式交换机上，它们称为分布式端口组。

VMkernel 端口。这是一种特殊的虚拟交换机端口类型，配置有一个 IP 地址，用于支持虚拟机管理程序管理流量、vMotion、iSCSI 存储访问、网络附加存储（NAS）、网络文件系统（NFS）访问或 vSphere FT 日志记录。VMkernel 也称为 vmknic。

不再有服务控制台端口

因为 vSphere 5.5 和 vSphere 5.0、5.1 及之前的版本一样并没有在 VMware ESX 中加入一个基于 Linux 的传统服务控制台，所以纯 vSphere 5.x 环境将不使用服务控制台端口（即 vswif）。相反，vSphere 5.x 中的 VMkernel 端口替代了 ESX 4.x 及旧版本中的服务控制台端口功能。

虚拟机端口组。这是一组虚拟交换机端口，它们共享一组相同的配置，允许虚拟机访问其他虚拟机或物理网络。

虚拟 LAN。这是在虚拟或物理交换机上配置的逻辑 LAN，可以提供高效的流量分段、广播控制和安全性，同时只向为特定虚拟 LAN（VLAN）配置的端口传输流量，从而提高带宽使用率。

中继端口（中继）。这是一个物理交换机端口，负责监听和执行多个 VLAN 的流量传输。它采用的方法是保存将流量从中继端口传输到所连接设备的 802.1q VLAN 标记。中继端口通常用于交换机与交换机的通信，使不同交换机上的多个 VLAN 能够自由通信。虚拟交换机支持 VLAN，并且使用 VLAN 中继实现 VLAN 与虚拟交换机的自由连接。

中继与链路聚合

网络供应商经常使用术语"中继"来描述将多个单独链路聚合成一个逻辑链路。本书所说的"中继"只代表传输多个 VLAN 标记的连接，而术语 NIC 组或链路集合则指将多个单独链路聚合在一起的实践。

访问端口。这是物理交换机上的端口，只负责传输一个 VLAN 的流量。与中继端口保存端口流量的 VLAN 标识不同，访问端口会剥离通过该端口的流量的 VLAN 信息。

网络接口卡组。这是物理网络接口卡（NIC）的组合，可以形成一个逻辑通信通道。不同种类的 NIC 组有不同级别的流量负载平衡和容错机制。

vmxnet 适配器。这是一个位于客户机操作系统的虚拟网络适配器。vmxnet 适配器是一个高性能的 1 Gbit/s 虚拟网络适配器，它要求先安装 VMware 工具。vmxnet 适配器有时候也称为并行虚拟化（paravirtualized）驱动器。vmxnet 适配器是实现虚拟机弹性特征的主要因素。

vlance 适配器。一个位于客户机操作系统的虚拟网络适配器。vlance 适配器是一个 10/100 Mbit/s 网络适配器，它广泛兼容各种操作系统，也是 VMware 工具安装之后使用的默认适配器。

e1000 适配器。一个模拟英特尔 e1000 网络适配器的虚拟机网络适配器。英特尔 e1000 是一个 1 Gbit/s 网络适配器。e1000 网络适配器最常用于 64 位虚拟机。

现在，在理解本章涉及的组件及术语之后，开始介绍如何使用这些组件创建一个支持虚拟机和 ESXi 主机的虚拟网络。

在很多时候，回答下面的问题就可以确定虚拟网络的设计。

◆ 你是否有或需要专用的流量管理网络（如管理物理交换机的网络）？

◆ 你是否有或需要专门用于传输 vMotion 流量网络？

◆ 你是否有一个 IP 存储网络？这个 IP 存储网络是否有专用网络？你运行 iSCSI 还是 NAS/NFS？

◆ 你的 ESXi 主机设计有多少个标准 NIC？

◆ 你的主机 NIC 运行 1 吉比特以太网还是 10 吉比特以太网？

◆ 是否需要为虚拟机实现超高级容错机制？

◆ 现有的物理网络是否包含 VLAN？

◆ 你是否想将 VLAN 应用扩展到虚拟交换机？

在创建虚拟网络架构之前，需要确定和记录物理网络组件，以及网络的安全需求。此外，一定要理解现有物理网络的架构——它会对虚拟网络设计产生重大影响。例如，如果物理网络不支持使用 VLAN，那么虚拟网络设计就必须考虑这个限制条件。

本章会详细介绍虚拟网络的各种组件，同时也会指导读者如何在整个虚拟网络设计中正确使用各种组件。一个成功的虚拟网络包括物理网络、NIC 和 vSwitch，如图 5.1 所示。

因为虚拟网络是连接虚拟机的必要条件，所以一定要保证虚拟网络配置能够在不同的网络基础架构组件上支持可靠且高效的通信。

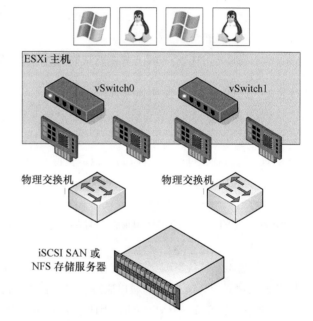

图 5.1 成功的虚拟网络包含不同的虚拟和物理网络适配器与交换机

5.2 配置 vSphere 标准交换机

ESXi 网络架构的主要工作就是虚拟交换机的创建与配置。这些虚拟交换机可能是 vSphere 标准交换机或 vSphere 分布式交换机。首先介绍 vSphere 标准交换机（从现在开始简称 vSwitch），接下来将介绍 vSphere 分布式交换机。

用户可以通过 vSphere Web 客户端创建和管理 vSwitch，也可以在 vSphere CLI 上使用 esxcli 命令进行管理，但是这些都只能在 VMkernel 中操作。虚拟交换机可以为下列通信方式提供网络连接：

◆ 一个 ESXi 主机中的不同虚拟机之间的通信；

◆ 不同 ESXi 主机的不同虚拟机之间的通信；

◆ 虚拟机与网络中物理主机之间的通信；

◆　vMotion、iSCSI、NFS 或容错日志（及 ESXi
管理）的 VMkernel 网络访问。vSphere Web
客户端上显示了 ESXi 5 主机的一个虚拟交换
机，如图 5.2 所示。

在图 5.2 中，vSwitch 并不是孤立的，它还要有
端口或端口组和上行链路。如果没有上行链路，那么
虚拟交换机就无法访问上行网络设备；如果没有端口

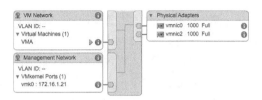

图 5.2　单单只有虚拟交换机是无法连接的，它
们需要端口或端口组和上行链路

或端口组，那么 vSwitch 也无法连接 VMkernel 或虚拟机。因此，关于虚拟交换机的大部分介绍都
集中在端口、端口组和上行链路。

我们先详细介绍 vSwitch，以及它与物理网络交换机的相同点和不同点。

5.2.1　比较虚拟交换机与物理交换机

ESXi 虚拟交换机将在 VMkernel 中创建和操作。虚拟交换机（vSwitch）并不是托管交换机，
并且没有新型物理交换机所提供的高级特性。例如，不能远程登录（telnet）到 vSwitch 上修改设置。
vSwitch 并没有命令行接口（CLI），但是支持 vSphere CLI 命令，如 esxcli。即便如此，vSwitch 的
操作方式在很多方面都与物理交换机类似。就像同类的物理交换机一样，vSwitch 在 2 层网络运行，
保存 MAC 地址表，基于 MAC 地址向其他交换机端口转发数据帧，支持 VLAN 配置，支持使用
IEEE 802.1q VLAN 标记实现中继，而且能够建立端口通道。与物理交换机类似，vSwitch 也可以配
置多个端口。

尽管虚拟交换与物理交换机有许多相似性，但是它们也有一些不同点。vSwitch 不能使用动态
协商协议建立 802.1q 中断或端口通道，如动态中继协议（DTP）或链路聚合控制协议（LACP）。
vSwitch 不能连接另一个 vSwitch，因此不出现环路配置。因为不可能出现环路，所以 vSwitch 不能
运行生成树协议（STP）。由于环路是一个常见的网络问题，因此这实际上是 vSwitch 的一个优点。

> **生成树协议**
>
> 在物理交换机上，生成树协议（STP）支持路径冗余，并且将冗余路径锁定在备用状态，从而防止
> 网络拓扑出现环路。只有当路径不再可用时，STP 才会激活备用路径。

如果使用一个安装 2 层桥接软件的虚拟机和多个虚拟 NIC，就可以将多个 vSwitch 链接在一起，
但是这并不是一种简单配置，需要执行一些步骤才能完成。vSwitch 与物理交换机的不同点包括以
下几种。

◆　vSwitch 确切知道所连接的虚拟机的 MAC 地址，因此不需要从网络获得 MAC 地址。

◆　vSwitch 从一个上行链路接收的流量不会再转发到其他链路上。这是 vSwitch 不运行 STP
的另一个原因。

◆　vSwitch 不需要执行互联网分组管理协议（IGMP）进行窥探，因为它知道该 vSwitch 所附

加虚拟机的多播特性。

从上面所列出的不同点可以看出，虚拟交换机的用法与物理交换机不同。例如，虚拟交换机不能充当两台物理交换机的传输路径，因为一个上行链路接收的流量不能转发到另一个上行链路。

在基本了解 vSwitch 的工作方式之后，接下来开始详述端口和端口组。

5.2.2　了解端口和端口组

正如本章前面所介绍的，vSwitch 支持不同类型的通信，其中包括进出 VMkernel 的通信和虚拟机之间的通信。ESXi 使用端口和端口组来区分这些通信类型。没有任何端口和端口组的 vSwitch 就像是一台不带物理端口的物理交换机——这样就没法连接交换机，因此它就是无用的。

端口组可以区分通过 vSwitch 的流量类型，而且还可以充当通信和 / 或安全策略配置的边界。图 5.3 和图 5.4 显示了可以在 vSwitch 上配置的两种端口和端口组。

◆ VMkernel 端口；

◆ VM 端口组。

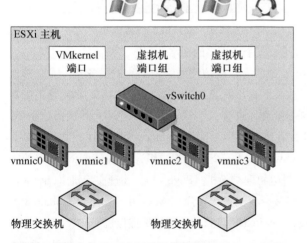

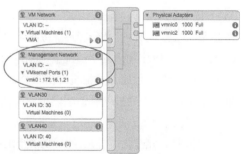

图 5.3　虚拟交换机可以有两种连接类型：VMkernel 端口和 VM 端口组

图 5.4　可以在同一台交换机上创建有两种连接类型的虚拟交换机

因为 vSwitch 至少要包含 1 个端口或端口组，所以 vSphere Web 客户端在创建新的 vSwitch 时，也会同时创建新的端口或端口组。

但是，端口和端口组只是整个解决方案的一部分。此外，还需要考虑的另一部分是上行链路，因为它们负责为 vSwitch 提供外部网络连接。

5.2.3　了解上行链路

虽然 vSwitch 可以为连接的虚拟机提供通信链路，但是它必须通过上行链路与物理网络通信。

物理交换机必须连接其他交换机，才能提供网络连接；同样，vSwitch 也必须连接作为上行链路的 ESXi 主机的物理 NIC，才能与网络中其他设备通信。

与端口和端口组不同，没有上行链路 vSwitch 也能够正常工作。如果物理系统连接一个不连接其他物理网络交换机上行链路的独立物理交换机，那么它们仍然能够互联通信——只是不能与未连接的同一台独立交换机的其他系统通信。类似地，连接一个没有上行链路的多个虚拟机也可以互相通信，但是它们不能与连接其他交换机的虚拟机或物理系统通信。

这种配置就是所谓的仅支持内部通信（internal-only）的交换机。只允许虚拟机之间通信，这也是非常有用的。如果虚拟机只能通过仅支持内部通信的 vSwitch 进行通信，那么它们就不会将流量传输到 ESXi 主机的物理适配器上，如图 5.5 所示。连接仅支持内部通信的 vSwitch 的虚拟机通信都发生在软件层面，其通信速度取决于执行任务的 VMkernel 处理速度。

> **没有上行链路，就不能使用 vMotion**
>
> 连接一个仅支持内部通信的 vSwitch 的虚拟机不支持 vMotion。然而，当虚拟机从仅支持内部通信的 vSwitch 断开时，就会出现一个警告信息，但是如果其他条件满足，vMotion 就会成功。vMotion 的运行条件参见第 12 章。

为了让虚拟机访问本地 ESXi 主机所运行虚拟机中的资源，vSwitch 必须至少配置一个物理网络适配器，即上行链路。vSwitch 可以绑定到 1 个、2 个或更多的网络适配器。

至少绑定了一个物理网络适配器的 vSwitch 允许虚拟机访问网络中的物理服务器，或者其他 ESXi 主机的虚拟机。当然，前提是其他 ESXi 主机的虚拟机也连接到至少绑定一个物理网络适配器的 vSwitch 上。与物理网络类似，虚拟网络也需要端到端连接。图 5.6 显示了一个虚拟机的通信路径，它连接了一个绑定物理网络适配器的 vSwitch。在图 5.6 中，当 pod-1-blade-5 的 vm1 需要与 pod-1-blade-8 的 vm2 通信时，虚拟机的流量会通过 vSwitch0（一个 VM 端口组）到达 vSwitch 绑定的物理网络适配器。在物理网络适配器上，流量会到达物理交换机（PhySw1）。物理交换机（PhySw1）将流量传输到第二台物理交换机（PhySw2），它又会将流量传输到 vSwitch 中通过 pod-1-blade-8 关联的物理网络适配器。在通信的最后一个阶段，vSwitch 将流量传输到目标虚拟机 vm2。

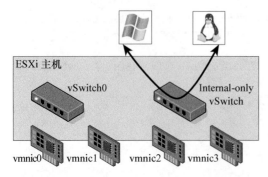

图 5.5　通过仅支持内部通信的 vSwitch 通信的虚拟机不会将流量传输到物理适配器上

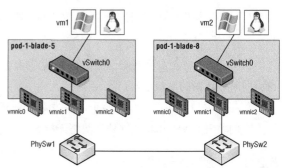

图 5.6　带有一个网络适配器的 vSwitch 允许虚拟机与网络中物理服务器及其他虚拟机通信

绑定物理网络适配器的 vSwitch 将为虚拟机提供物理适配器所能支持的全部带宽。在与物理主机或其他 ESXi 主机的虚拟机通信时，所有虚拟机都共享这个带宽。例如，绑定最大速度为 1 Gbit/s 网络适配器的 vSwitch 将为所连接的虚拟机提供 1 Gbit/s 的带宽。类似地，连接另一台 1 Gbit/s 上行物理交换机的物理交换机可以为物理交换机所连接的两个交换机系统提供最高 1 Gbit/s 带宽。

此外，vSwitch 还可以绑定多个物理网络适配器。在这种配置中，vSwitch 有时候称为 NIC 组（NIC team），但是本书将使用 NIC 组（NIC team 或 NIC teaming）表示网络连接的组合，而不是表示带有多个上行链路的 vSwitch。

上行链路限制

虽然一个 vSwitch 可以关联多个物理适配器（作为一个 NIC 组），但是一个物理适配器不能关联多个 vSwitch。ESXi 主机最多可以配置 32 个 e1000 网络适配器、32 个 Broadcom TG3 千兆比特以太网端口或 16 个 Broadcom BN32 千兆比特以太网端口。ESXi 主机最多支持 8 个 10 千兆比特以太网适配器。

图 5.7 和图 5.8 显示了一个绑定多个物理网络适配器的 vSwitch。一个 vSwitch 最多可以有 32 个上行链路。换而言之，一个 vSwitch 最多可以使用 32 个物理网络适配器，分别用于发送和接受物理交换机的流量。将多个物理 NIC 绑定到 vSwitch 上，可以实现冗余和负载分配等优点。5.2.9 节将深入介绍这种 vSwitch 配置的配置与操作方式。

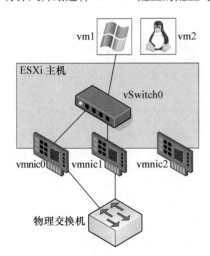

图 5.7 一个使用 NIC 组合的 vSwitch 使用多个适配器传输数据。NIC 组合支持冗余和负载分配

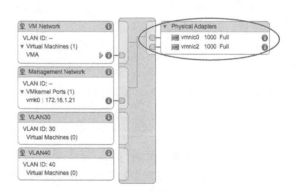

图 5.8 使用 NIC 组合的虚拟交换机的特点是给 vSwitch 分配了多个物理网络适配器

到现在为止，本书介绍了 vSwitch、端口与端口组和上行链路，现在读者应该基本了解了如何用这些组件创建一个虚拟网络。接下来，要深入了解各种端口与端口组的配置，因为它们是虚拟网络的重要组成部分。首先了解网络管理。

5.2.4　配置管理网络

管理流量是一种特殊网络流量，它通过 VMkernel 端口传输。VMkernel 端口为 VMkernel 的 TCP/IP 协议栈提供网络访问，它与虚拟机产生的网络流量分离。然而，ESXi 管理网络与"常规的" VMkernel 流量有 2 个主要区别。

◆ ESXi 管理网络在安装 ESXi 时自动创建。必须配置和运行一个管理网络，才能通过网络访问 ESXi 主机。因此，ESXi 安装程序会自动创建一个 ESXi 管理网络。

◆ 直接控制台用户接口（Direct Console User Interface, DCUI）仅支持管理网络的配置或重新配置，不支持主机的其他网络。这个用户界面位于运行 ESXi 的服务器物理控制台——这个用户接口只能在运行 ESXi 的服务器物理控制台上使用。

虽然 vSphere Web 客户端在配置网络时有一个启用管理流量的选项，如图 5.9 所示，但是这个选项很少使用。毕竟，如果要在 vSphere Web 客户端中使用这个选项配置配置管理网络，ESXi 主机必须先有正常工作的管理网络（vCenter Server 通过管理网络与 ESXi 通信）。如果要创建额外的管理接口，则可以使用这个选项。要创建更多的管理网络接口，则需要使用后面（5.2.5 节）介绍的流程，在 vSphere Web 客户

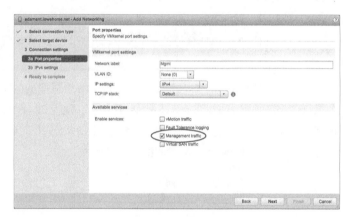

图 5.9　vSphere 客户端提供了在配置网络时启用管理网络的方法

端上直接启用 Management Traffic in the Enable Services section while creating the VMkernel port（在创建 VMkernel 时在启用的服务中传输管理流量）端口，创建 VMkernel 端口。

如果 ESXi 主机无法访问，就无法使用 vSphere 客户端进行配置，因此需要使用 DCUI 配置管理网络。

执行下面的步骤，使用 DCUI 配置 ESXi 管理网络。

（1）在服务器的物理控制台上，或者使用远程控制台工具（如 HP iLO），按 F2 键，进入 System Customization（系统定制）菜单。如果提示登录，则输入相应的登录账号。

（2）使用方向键，选中 Configure Management Network（配置管理网络）选项，如图 5.10 所示，按 Enter 键。

（3）在 Configure Management Network（配置管理网络）菜单上选择配置 ESXi 管理网络选项，如图 5.11 所示。

这里不能创建额外的管理网络接口，只能修改现有的管理网络接口。

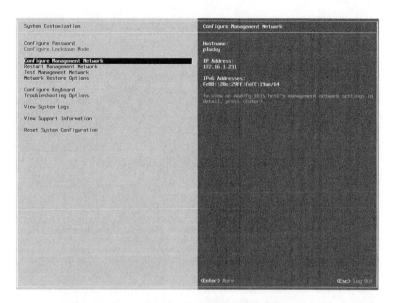

图 5.10 要配置 ESXi 中对应的服务控制台端口，使用 System Customization 菜单的 Configure Management Network 选项

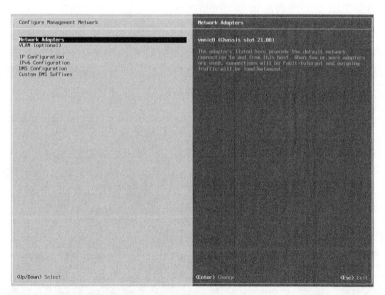

图 5.11 在 Configure Management Network 菜单上，用户可以修改所分配的网络适配器、修改 VLAN ID 或修改 IP 配置

（4）在完成之后，按照界面提示退出管理网络配置。

如果提示重新启动管理网络，则选择 Yes；否则从 System Customization 菜单重新启动管理网络，如图 5.12 所示。

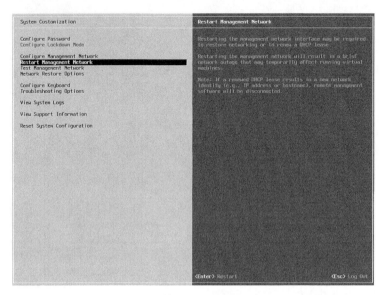

图 5.12　用于重启 ESXi 管理网络的 Restart Management Network（重启管理网络）选项，重启后将应用修改的配置

在图 5.10 和图 5.12 中，还有测试管理网络的选项，它们可用于确认管理网络配置是否正确。如果不确定应该使用哪一个 VLAN ID 或网络适配器，则可以使用这个选项。

此外，还有一个 Network Restore Options（网络恢复选项）界面，如图 5.13 所示。在这个界面上可以恢复默认网络配置、恢复 vSphere 标准交换机，甚至恢复 vSphere 分布式交换机——该选项可以方便地对 ESXi 主机的管理网络连接进行故障排除。

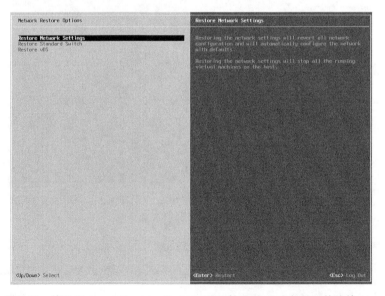

图 5.13　使用 Network Restore Options 界面管理 ESXi 主机的网络连接

下面，本书将从管理流量扩展到 VMkernel 网络，深入介绍其他的 VMkernel 流量，同时介绍如何创建和配置 VMkernel 端口。

5.2.5　配置 VMkernel 网络连接

VMkernel 网络不仅传输管理流量，也传输来自 ESXi 主机的其他形式的流量（例如，ESXi 主机是不由虚拟机产生的其他流量）。VMkernel 端口可用于管理、vMotion、iSCSI、NAS/NFS 访问和 vSphere FT，基本上包含虚拟机管理程序自身产生的所有类型流量，如图 5.14 和图 5.15 所示。第 6 章将详细介绍 iSCSI 和 NAS/NFS 配置；第 12 章将详细介绍 vMotion 过程和 vSphere FT 的工作方式。这些章节将深入介绍 VMkernel 和存储设计（iSCSI/NFS）或其他 ESXi 主机（vMotion 或 vSphere FT）之间的流量流。这样，现在就只需要考虑如何配置 VMkernel 网络连接。

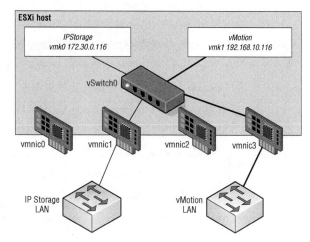

图 5.14　一个 VMkernel 端口与一个接口关联，并且分配了一个 IP 地址，用于访问 iSCSI 或 NFS 存储设备，或者执行 vMotion 将虚拟机迁移到其他 ESXi 主机

Virtual adapters							
Device	Network Label	Switch	IP Address	TCP/IP Stack	vMotion Traffic	FT Logging	Manageme
vmk0	Management Network	vSwitch0	172.16.1.21	Default	Disabled	Disabled	Enabled
vmk1	vMotion	vSwitch0	172.16.100.21	Default	Enabled	Disabled	Disabled
vmk2	FT	vSwitch0	172.16.200.21	Default	Disabled	Enabled	Disabled
vmk3	VirtualSAN	vSwitch0	172.16.150.21	Default	Disabled	Disabled	Disabled

图 5.15　VMkernel 端口的标签要尽可能清晰明了

VMkernel 端口实际上包含 2 个不同的组件：1 个 vSwitch 端口组和 1 个 VMkernel 网络接口（也称为 vmknic）。使用 vSphere Web 客户端创建一个 VMkernel 端口时，需要创建端口组和 VMkernel NIC。

执行下面的步骤，使用 vSphere Web 客户端将一个 VMkernel 端口添加到一个现有的 vSwitch 上。

（1）打开一个支持的 Web 浏览器，登录 vCenter Server 实例。例如，如果 vCenter Server 实例名称为"vcenter"，则连接至 https://vcenter.domain.name:9443/vsphere-client，然后登录正确的凭据。

（2）从 vSphere Web 客户端首页左边的导航栏列表中选择 vCenter。

（3）在 Inventory Lists（目录列表）区域选择 Hosts，然后单击要添加到新的 VMkernel 端口的 ESXi 主机。

（4）选择 Manage 选项卡，单击 Networking 按钮。

（5）单击 Virtual Adapters 图标。

（6）单击 Add Host Networking（添加主机网络）图标。开始添加网络导航。

（7）选择 VMkernel Network Adapter，然后单击 Next 按钮。

（8）由于要向现有的 vSwitch 中添加 VMkernel 端口，请确认选定了 Select An Existing Standard Switch（选择一个现有的标准交换机），然后单击 Browse 来选择要添加到新的 VMkernel 端口的虚拟交换机。在 Select Switch（选择交换机）对话窗口单击 OK 按钮，然后单击 Next 按钮继续。

（9）在 Network Label（网络标签）文本框中输入端口名。

（10）必要时，指定 VMkernel 端口的 VLAN ID。

（11）选择是否在 IPv4、IPv6 或两者中同时启用这个 VMkernel 端口。

（12）选择 VMkernel 端口使用的 TCP/IP 协议栈。如果没有创建自定义 TCP/IP 协议栈，只能选择默认选项。后面将详细介绍 TCP/IP 协议栈。

（13）选择在这个 VMkernel 端口上启用的功能，单击 Next 按钮。如果 VMkernel 端口只用于传输 iSCSI 或 NAS/NFS 流量，则取消选定所有复选框，如图 5.16 所示。VMkernel 端口作为一个附加的管理接口，只能选择 Management Traffic（管理流量）。

（14）对于 IPv4 来说（如果在之前的 IP 设置步骤中选择了 IPv4 或 IPv4 And IPv6），可以选择获取自动配置（通过 DHCP）或提供静态配置。如果选择使用静态配置，要确保物理 NIC 连接的网络 IP 地址有效。

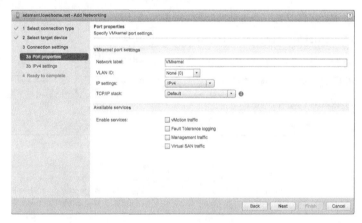

图 5.16　VMkernel 端口可以传输基于 IP 的存储流量、vMotion 流量、容错日志流量、管理流量或 Virtual SAN 流量

> **默认网关和 DNS 服务器是不可编辑的**
>
> 请注意，默认网关和 DNS 服务器地址由 TCP/IP 协议栈配置控制，并且无法修改。要想修改设置，需要编辑 TCP/IP 协议栈设置，详细内容请参考 5.2.6 小节。

（15）对于 IPv6 来说（如果在之前的 IP 设置步骤中选择了 IPv6 或 IPv4 And IPv6），可以选择利用 DHCPv6 或 Router Advertisement（路由器公告）获取自动配置和 / 或指定一个或多个 IPv6 地址。使用绿色加号为 VMkernel 端口连接的网络添加正确的 IPv6 地址。

（16）单击 Next 按钮，检查配置汇总信息，单击 Finish 按钮。

在完成这些步骤之后，可以使用 esxcli 命令显示新创建的 VMkernel 端口——在一个 vSphere Management Assistant（vSphere 管理助手）实例或安装 vSphere CLI 的系统上执行，也可以显示新创建的 VMkernel NIC。

```
esxcli --server=<vCenter hostname or IP> --vihost=<ESXi hostname or IP>
--username=<vCenter admin user> network ip interface list
```

不同的命令行选项

vSphere 5.5 仍然提供 vicfg-* 工具，如 vicfg-vswitch 和 vicfg-vmknic。然而，大多数命令行功能都融入了 esxcli，所以请尽量使用 esxcli。

为了显示在这个过程中创建不同的组件——VMkernel 端口和 VMkernel NIC（vmknic），现在使用 vSphere 管理助手再执行一次创建 VMkernel 端口的步骤。

执行下面的步骤，在现有的 vSwitch 上使用命令创建一个 VMkernel 端口。

（1）使用 PuTTY.exe（Windows）或终端窗口（Linux 或 Mac OS X），创建一个连接 vSphere 管理助手的 SSH 会话。

（2）执行下面的命令，给 vSwitch0 添加一个名称为 VMkernel 的端口组。

```
esxcli --server=<vCenter host name> --vihost=<ESXi host name>
--username=<vCenter administrative user> network vswitch standard
portgroup add --portgroup-name=VMkernel --vswitch-name=vSwitch0
```

（3）使用 esxcli 命令，列举 vSwitch0 中的端口组。注意，端口组已经存在，但是还没有连接任何设备（Active Clients（活动客户端）列显示 0）。

```
esxcli --server=<vCenter host name> --vihost=<ESXi host name>
--username=<vCenter administrative user> network vswitch standard
portgroup list
```

（4）输入下面的命令，创建 VMkernel 端口，并附加到第 2 步创建的端口组。

```
esxcli --server=<vCenter host name> --vihost=<ESXi host name>
--username=<vCenter administrative user> network ip interface add
--portgroup-name=VMkernel --interface-name=vmk4
```

（5）输入下面的命令，给前一步创建的 VMkernel 端口分配 IP 地址和子网掩码。

```
esxcli --server=<vCenter host name> --vihost=<ESXi host name>
--username=<vCenter administrative user> network ip interface ipv4 set
--interface-name=vmk4 --type=static --ipv4=192.168.1.100
--netmask=255.255.255.0
```

（6）重复执行第 3 步开始的命令，注意现在 Active Clients 列增加为 1。

这表示已经有 1 个 vmknic 连接到端口组的某个虚拟端口。图 5.17 显示了在完成第 5 步之后执行 esxcli 命令的输出结果。

除了管理网络所需要的默认端口，ESXi 安装过程并没有创建其他的 VMkernel 端口。因此，环境中所需要的全部非管理 VMkernel 端口都必须安装后创建，它们既可以在 vSphere Web 客户端上创建，又可以使用 vSphere CLI 在命令行创建，也可以使用 vSphere 管理助手创建。

除了添加 VMkernel 端口，还需要编辑或删除一个 VMkernel 端口。这两个任务可以在添加 VMkernel 端口的地点完成：ESXi 主机管理选项卡的网络部分。

要编辑 VMkernel 端口，从列表中选择需要的 VMkernel 端口，然后单击 Edit Settings（编辑设置）图标（铅笔形状）。打开编辑设置对话窗口，在这里修改启用端口的服务、MUT 和 IPv4 和 / 或 IPv6 设置。这里最吸引人的是分析影响功能，如图 5.18 所示，它帮助指出 VMkernel 端口的依存关系，从而防止修改 VMkernel 端口配置时所产生的不良后果。

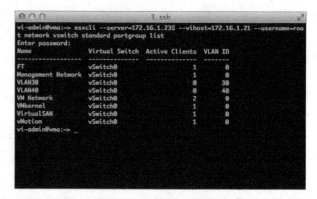

图 5.17　使用 CLI 确认端口组和 VMkernel 端口属于独立对象

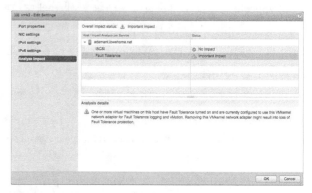

图 5.18　分析影响显示了管理员对 VMkernel 端口的依存关系

要删除 VMkernel 端口，从列表中选择需要的 VMkernel 端口，然后单击 Remove Selected Virtual Network Adapter（删除选定的虚拟网络适配器）。在结果确认对话窗口中可以看到分析影响的选项（与修改 VMkernel 端口相同）。单击 OK 按钮删除 VMkernel 端口。

在讨论如何配置虚拟网络之前，先来看看与主机网络相关的区域。接下来，将介绍 vSphere 5.5 的新功能：多个 TCP/IP 协议栈。

5.2.6　配置 TCP/IP 协议栈

在 vSphere 5.5 发布以前，所有 VMkernel 接口共享一个 TCP/IP 协议栈实例。这意味着它们共享相同的路由表和相同的 DNS 配置。这给某些环境带来了一定的挑战，例如，管理网络和 NFS 流量的同时需要默认网关怎么办？唯一的方法是使用一个默认网关，然后用静态路由填充路由表。显然，这不是一个十分有效的解决方案。

vSphere 5.5 发布后，可以创建多个 TCP/IP 协议栈。每个协议栈都有独自的路由表和 DNS 配置。

下面介绍如何创建 TCP/IP 协议栈。创建至少一个附加 TCP/IP 协议栈后，再来展示如何为特定的 TCP/IP 协议栈指定 VMkernel 接口。

1. 创建一个 TCP/IP 协议栈

在这一版本中，只能使用 esxcli 命令来创建新的 TCP/IP 协议栈。

输入下面的命令，创建一个新的 TCP/IP 协议栈。

```
esxcli --server=<vCenter host name> --vihost=<ESXi host name>
--username=<vCenter administrative user> network ip netstack add
--netstack=<Name of new TCP/IP stack>
```

例如，如果想为 NFS 流量创建一个单独的 TCP/IP 协议栈，则输入下面的命令。

```
esxcli --server=vcenter.v12nlab.net --vihost=esxi-01.v12nlab.net
--username=root network ip netstack add --netstack=nfsStack
```

执行类似的 esxcli 命令可以获取所有配置的 TCP/IP 协议栈列表。

```
esxcli --server=<vCenter host name> --vihost=<ESXi host name>
--username=<vCenter administrative user> network ip netstack list
```

新的 TCP/IP 协议栈创建完成后，可以继续使用 esxcli 命令配置协议栈。然而，使用 vSphere Web 客户端对新的 TCP/IP 协议栈进行配置更加简单，下一节将进行详细介绍。

2. 配置 TCP/IP 协议栈设置

前面已经介绍了 TCP/IP 协议栈（创建 VMkernel 接口时），实际上，可以在创建和配置其他主机网络设置的地点配置 TCP/IP 协议栈：ESXi 主机对象管理选项卡的网络部分，如图 5.19 所示。

在图 5.19 中可以看到一个之前创建的名为 nfsStack 的新 TCP/IP 协议栈。想要编辑协议栈的设置，只需从列表中选择该协议栈，然后单击 Edit TCP/IP Stack Configuration（编辑 TCP/IP 协议栈配置）图标（铅笔图标）。随即打开 Edit TCP/IP Stack Configuration 对话窗口，如图 5.20 所示。

在 Edit TCP/IP Stack Configuration 对话窗口中，可

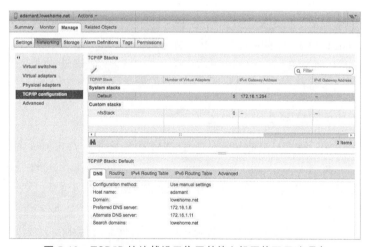

图 5.19 TCP/IP 协议栈设置位于其他主机网络配置选项中

图 5.20 每个 TCP/IP 协议栈都有独自的 NDS 配置、路由信息和其他高级设置

以修改名称、DNS 配置、路由或其他高级设置。修改完成后，单击 OK 按钮。

最后一项任务是为 TCP/IP 协议栈指定接口。为创建的 TCP/IP 协议栈指定接口后（这里特指 VMkernel 接口），VMkernel 接口将使用默认系统协议栈，而不会使用配置的自定义设置。

3. 为 TCP/IP 协议栈指定端口

不幸的是，只能在创建 VMkernel 端口时将其指定给 TCP/IP 协议栈。换句话说，一旦 VMkernel 端口创建完成，就不能修改它指定的 TCP/IP 协议栈。必须先删除 VMkernel 端口，然后重新创建，再指定给需要的 TCP/IP 协议栈。前面已经介绍了如何创建和删除 VMkernel 端口，这里不再赘述。

在创建 VMkernel 端口的第 12 步中有一个选项，可以选择特定的 TCP/IP 协议栈与 VMkernel 端口绑定。图 5.21 显示了之前创建的系统默认协议栈和自定义 nfsStack。

注意：在这一版本中，使用 vMotion、容错日志、管理流量或 Virtual SAN 流量时不支持使用自定义 TCP/IP 协议栈。选择自定义 TCP/IP 协议栈后，将发现这些服务的复选框会自动禁用。在这种情况下，自定义 TCP/IP 协议栈只能在基于 IP 的存储中使用，如 iSCSI 和 NFS。

下面介绍虚拟机网络。

图 5.21　VMkernel 端口只能在创建时指定给 TCP/IP 协议栈

5.2.7　配置虚拟机网络

第二种端口组是 VM 端口组。VM 端口不同于 VMkernel 端口。VMkernel 端口有一一对应的接口：每一个 VMkernel NIC（vmknic）都要求匹配 vSwitch 的一个 VMkernel 端口。此外，这些接口要求配置 IP 地址，用于访问管理网络或 VMkernel 网络。

另一方面，VM 端口组则没有一一对应的接口，也不需要设置 IP 地址。现在，暂时先忘记 vSwitch，只考虑标准的物理交换机。当在网络环境中安装或添加不需要管理的物理交换机时，这个物理交换机就不需要配置 IP 地址：只需要安装交换机，连接正确的上行链路，就可以连接网络的其他部分。

带有 VM 端口组的 vSwitch 实际上也是一样的。带有 VM 端口组的 vSwitch 就像一个不需要管理的物理交换机。只需要接入正确的上行链路——这里是物理网络适配器，将这个 vSwitch 连接到其他网络组件。和一个非托管物理交换机一样，不需要为 VM 端口配置 IP 地址，也可以将 vSwitch 端口与物理交换机端口组合在一起。图 5.22 显示了一台 vSwitch 与一台物理交换机之间的交换机到交换机连接。

执行下面的步骤，使用 vSphere Web 客户端创建一个带 VM 端口组的 vSwitch。

（1）使用 vSphere Web 客户端连接一个 vCenter Server 实例。

（2）从 vSphere Web 客户端首页的目录窗格单击 vCenter，然后从左边目录列表中选择 Hosts。

（3）选择要添加 vSwitch 的 ESXi 主机，然后单击 Manage，选择 Networking 部分。

（4）单击 Add Host Networking（添加主机网络）图标，开始添加网络向导。

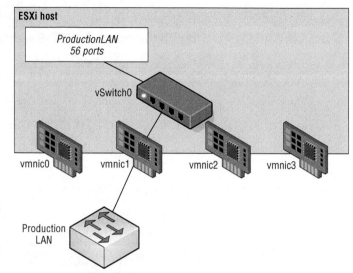

图 5.22　一台带有 VM 端口组的 vSwitch 使用关联的物理网络适配器连接一台物理交换机

（5）选择 Virtual Machine Port Group For A Standard Switch（标准交换机的虚拟机端口组）单选按钮，单击 Next 按钮。

（6）因为是创建一个新的 vSwitch，选择 New Standard Switch（新建标准交换机）单选按钮。单击 Next 按钮。

（7）单击绿色加号图标，为新创建的 vSwitch 添加物理网络适配器。在 Add Physical Adapters To The Switch（为 Switch 添加物理适配器）对话窗口中，选择与传输虚拟机流量的交换机相连接的 NIC 或 NICs。

（8）选择完物理网络适配器后，单击 OK 按钮。回到 Create A Standard Switch（创建一个标准交换机）界面，单击 Next 按钮。

（9）在 Network Label 文本框中输入 VM 端口组的名称。

（10）在必要时，指定一个 VLAN ID，单击 Next 按钮。

（11）单击 Next 按钮，检查虚拟交换机配置，然后单击 Finish 按钮。

如果你更喜欢使用命令行，那么也可以用 vSphere CLI 创建 VM 端口组。前面的例子也使用了类似的命令，但是这里还是再一次详细介绍整个过程。

执行下面的步骤，使用命令行创建一个带 VM 端口组的 vSwitch。

（1）使用 PuTTY.exe（Windows）或终端窗口（Linux 或 Mac OS X），通过 SSH 会话连接一个运行的 vSphere 管理助手实例。

（2）输入下面的命令，添加一个虚拟交换机 vSwitch1。

```
esxcli --server=<vCenter host name> --vihost=<ESXi host name>
--username=<vCenter administrative user> network vswitch standard add
```

```
--vswitch-name=vSwitch1
```

（3）输入下面的命令，将物理 NIC vmnic1 绑定到 vSwitch1。

```
esxcli --server=<vCenter host name> --vihost=<ESXi host name>
--username=<vCenter administrative user> network vswitch standard
uplink add --vswitch-name=vSwitch1 --uplink-name=vmnic1
```

将物理 NIC 绑定到 vSwitch 之后，就可以让连接这个 vSwitch 的虚拟机连接其他网络组件。一定记住，每次只能给一台 vSwitch 分配一个物理 NIC（但是一台 vSwitch 可以同时绑定多个物理 NIC）。

（4）输入下面的命令，在 vSwitch1 上创建一个名为 ProductionLAN 的 VM 端口组。

```
esxcli --server=<vCenter host name> --vihost=<ESXi host name>
--username=<vCenter administrative user> network vswitch standard
portgroup add --vswitch-name=vSwitch1 --portgroup-name=ProductionLAN
```

在不同的连接类型上——VMkernel 端口和 VM 端口组，vSphere 管理员会将大部分时间用在创建、修改、管理和删除 VM 端口组上。

虚拟交换机的端口和端口组

一个 **vSwitch** 可以包含多个连接类型，或者在各个 **vSwitch** 上单独创建每种连接类型。

5.2.8　配置 VLAN

在配置 VMkernel 端口和 VM 端口组时，已经多次提到使用 VLAN ID。正如本章前面所定义的，虚拟 LAN（VLAN）是一个逻辑 LAN，它提供了有效的分段、安全和广播控制功能，允许流量共享同一个物理 LAN 分段或者相同的物理交换机。图 5.23 显示了一个跨越多个交换机的典型 VLAN 配置。

VLAN 使用 IEEE 802.1q 标准为属于某个特定 VLAN 的流量添加标记（或标签）。VLAN 标签也称为 VLAN ID，它

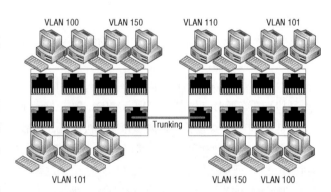

图 5.23　不需要额外硬件，虚拟 LAN 就可以实现安全的流量分段

是在 1 ~ 4094 范围之内的数字，它可以唯一区分通过网络的 VLAN。图 5.23 所示的物理交换机必须配置一些端口，作为通过交换机的 VLAN 中继。这些端口称为中继端口。未配置为中继 VLAN 的端口称为访问端口，它们每次只能传输一个 VLAN 的流量。

使用 VLAN ID 4095

通常，VLAN ID 范围是 1 ~ 4 094。然而，在 **vSphere** 环境中还可以使用 VLAN ID 4095。在 ESXi 中使用这个 VLAN ID，可以让 VLAN 标记信息通过 **vSwitch**，直接到达客户机操作系统。这个过程称为虚拟客户机标记（Virtual Guest Tagging, VGT），它只适用于支持和识别 VLAN 标签的客户机操作系统。

VLAN 是 ESXi 网络的重要组成部分，因为它们会影响 vSwitch 数量和所需要的上行链路数量。假设有下面这些情况。

◆ 管理网络需要访问传输管理流量的网络分段。

◆ 其他不同用途的 VMkernel 端口可能需要访问一个独立的 vMotion 分段，或者传输 iSCSI 和 NAS/NFS 流量的网络分段。

◆ VM 端口组需要访问 ESXi 主机中虚拟机所使用的所有网络分段。

如果没有 VLAN，这种配置可能可能需要 3 个以上独立的 vSwitch，其中每一个都绑定不同的物理适配器，而每一个物理适配器又需要物理上连接正确的网段，如图 5.24 所示。

如果增加一个基于 IP 的存储网络和少数需要支持的虚拟机网络，那么所需要的 vSwitch 和上行链路数量就会马上增加，甚至还不包括冗余的上行链路，如 NIC 组合。

VLAN 可以解决这个问题。图 5.25 显示了与图 5.24 完全相同的网络，但是这次使用 VLAN。

虽然从图 5.24 到图 5.25 只减少了 1 个 vSwitch 和 1 个上行链路，但是在图 5.25

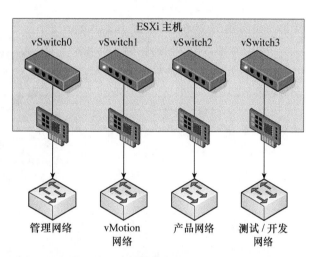

图 5.24 不使用 VLAN 部署多个网络可能增加 vSwitch 数量和所需要的线路和上行链路数量

中，只需要增加带有另一个 VLAN ID 的端口组，就可以轻松给环境增加更多的虚拟机网络。刀片服务器就是一个很好的例子，它可以很好地利用 VLAN 的优点。一直以来，由于刀片服务器有较小的形状因素，因此刀片服务器只能为物理网络适配器提供有限的扩展插槽。但是 VLAN 能够让这些刀片服务器支持比以前更多的网络。

不需要 VLAN

如果一台 ESXi 主机有足够多的网络适配器，能够连接每一个不同的网络分段，那么 **VMkernel** 的虚拟交换机就不需要使用 VLAN。然而，VLAN 具有更大的灵活性，可以适应将来的网络变化，所以在可能的地方推荐使用 VLAN。

如图 5.25 所示，VLAN 由 vSwitch 中配置的不同端口组处理。VLAN 与端口组并不是一一对应关系：一个端口组一次只能关联一个 VLAN，但是多个端口可以同时关联到一个 VLAN 上。本章后面的内容将介绍安全性设置（参见 5.5 节），其中用一些例子说明如何将多个端口关联到一个 VLAN 上。

要让 VLAN 正确连接一个端口组，这个 vSwitch 的上行链路必须连接一个配置为中继端口的物理交换机端口。中继端口知道如何同时传输多个 VLAN 的流量，也能够保存流量的 VLAN ID。图 5.26 显示了一个配置截图，其中一个 Cisco Catalyst 3560G 交换机将 2 个端口配置为中继端口。

其他制造商对于交换机的配置会有所不同，所以在遇到特定的交换机制造商时，一定要检查配置中继端口的具体信息。

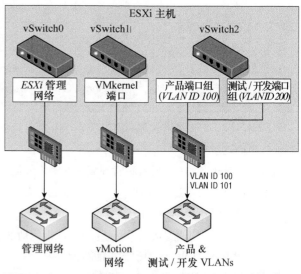

图 5.25　VLAN 可以减少所需要的 vSwitch、线路和上行链路

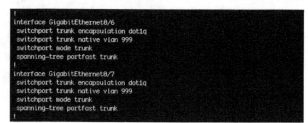

```
interface GigabitEthernet0/6
 switchport trunk encapsulation dot1q
 switchport trunk native vlan 999
 switchport mode trunk
 spanning-tree portfast trunk
!
interface GigabitEthernet0/7
 switchport trunk encapsulation dot1q
 switchport trunk native vlan 999
 switchport mode trunk
 spanning-tree portfast trunk
!
```

图 5.26　物理交换机端口配置为中继端口，才能将 VLAN 信息传输到 ESXi 主机上供端口组使用

原生 VLAN

图 5.26 显示了一条 switchport trunk native vlan 999 命令。大多数交换机的默认原生 VLAN（即未标记的 VLAN）是 VLAN ID 1。如果要将 VLAN 1 流量传输到 ESXi 主机，则应该使用这个命令将另一个 VLAN 指定为原生 VLAN。建议创建一个虚假 VLAN（如 999），然后将其设置为原生 VLAN。这样可以保证所有 VLAN 都标记上通过 ESXi 主机时使用的 VLAN ID。请记住，这可能会影响某些行为，如需要启动未标记流量的 PXE。

当物理交换机端口正确配置为中继端口时，物理交换机就可以将 VLAN 标记传输到 ESXi 服务器上，而 vSwitch 会将流量转发到配置该 VLAN ID 的端口组上。如果没有任何一个端口组配置了这个 VLAN ID，那么流量就会被丢弃。

执行下面的步骤，使用 VLAN ID 30 配置一个 VM 端口组。

（1）使用 vSphere Web 客户端，连接一个 vCenter Server 实例。

（2）转到要添加虚拟机端口的 ESXi 主机，单击 Manage 选项卡，然后选择 Networking。

（3）选定左边的 Virtual Switches，然后选择要创建新端口组的 vSwitch。

（4）单击 Add Host Networking 图标，开始添加网络向导。

（5）选择 Virtual Machine Port Group For A Standard Switch（标准交换机的虚拟机端口组）单选按钮，单击 Next 按钮。

（6）选择 Select An Existing Standard Switch（选择一个现有的标准交换机），必要时，单击 Browse 按钮选择处理新 VM 端口组的虚拟交换机。单击 Next 按钮。

（7）在 Network Label 文本框中输入 VM 端口组名称。

强烈推荐在端口组名称中嵌入 VLAN ID 和简要说明，例如，可以用 VLANXXX- Network Description，其中 XXX 表示 VLAN ID。

（8）在 VLAN ID（可选）文本框中输入 30，如图 5.27 所示。

要将它替换为与网络对应的值。

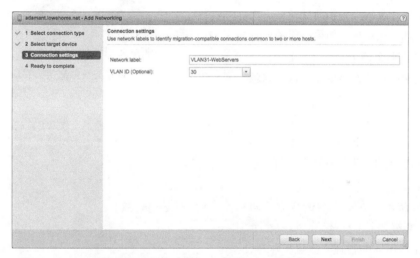

图 5.27 只有指定正确的 VLAN ID，端口组才能接收特定 VLAN 的流量

（9）单击 Next 按钮，查看 vSwitch 配置，单击 Finish 按钮。

正如前面所介绍，还可以在 vSphere CLI 使用 esxcli 命令，创建和修改端口或端口组的 VLAN 设置。这些命令与前面介绍的非常相似，因此，这里不再重复介绍。

虽然 VLAN 减少了创建多个逻辑子网的开支，但是一定要注意，VLAN 并不能突破流量约束。虽然 VLAN 逻辑分隔网络分段，但是所有流量仍然会通过底层物理网络传输。对于带宽密集网络操作，共享物理网络的缺点可能影响 VLAN 的可扩展性和增加成本。

控制通过 VLAN 中继的 VLAN

一些思科交换机配置上也有 switchport trunk allowed vlan 命令。该命令可以控制哪些 VLAN 可以通过 VLAN 中继到达链路末端的设备——这里是一个 ESXi 主机。一定要保证 vSwitch 中定义的所有 VLAN 都要加到 switchport trunk allowed vlan 命令中，而这个命令未添加的 VLAN 将无法工作。

5.2.9 配置 NIC 组合

众所周知，要让 vSwitch 及其关联的端口或端口组与其他 ESXi 主机或物理系统通信，vSwitch 必须至少配置一个上行链路。上行链路是一个绑定到 vSwitch 且连接到物理网络交换机的物理网络适配器。在上行链路连接到物理网络之后，VMkernel 和连接该 vSwitch 的虚拟机就才可以连接网络。但是，如果物理网络适配器出现问题，连接物理网络的线路中断，或者上行链路连接的上游物理交换机出现故障，会出现什么后果？如果只连接了一个上行链路，那么整个 vSwitch 及其端口或端口组的网络连接都会中断。这个问题需要使用 NIC 组合来解决。

NIC 组合需要将多个物理网络适配器连接到一个 vSwitch。NIC 组合可以为 VMkernel 和虚拟机提供带有冗余和负载平衡的网络通信。

图 5.28 演示了 NIC 组合的概念。两个 vSwitch 都有 2 个上行链路，每一个上行链路都连接不同的物理交换机。注意，NIC 组合支持不同的连接类型，因此它可用于创建 ESXi 管理网络、VMkernel 网络和虚拟机网络。

图 5.29 显示了在 vSphere Web 客户端上显示的 NIC 组合。在这个例子中，vSwitch 关联了多个物理网络适配器（上

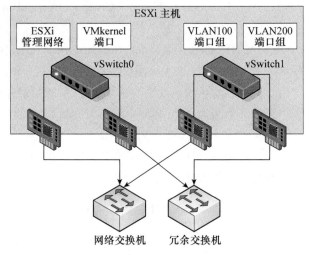

图 5.28 有多个上行链路的虚拟交换机实现了冗余和负载平衡

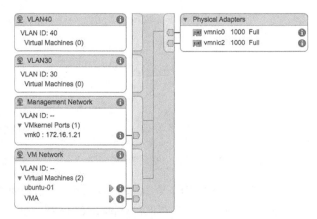

图 5.29 vSphere Web 客户端显示了通过 NIC 组合给一个 vSwitch 关联多个物理网络适配器

行链路）。正如上节所介绍，ESXi 主机最多可以有 32 条上行链路。这些上行链路可以分散到多个 vSwitch 上，或者全部合并到一个 vSwitch 的一个 NIC 组中。记住，一个物理 NIC 一次只能连接一个 vSwitch。

创建一个有效的 NIC 组要求将所有上行链路连接到同一个广播域的物理交换机上。如果使用 VLAN，那么所有交换机都应该配置 VLAN 中继，并且要允许一部分 VLAN 通过 VLAN 中继。在思科交换机中，这通常由 switchport trunk allowed vlan 语句控制。

在图 5.30 中，vSwitch0 的 NIC 组将会生效，因为两个物理交换机共享 VLAN100，因此位于同一个广播域。然而，vSwitch1 的 NIC 组不会生效，因为物理网络适配器不共享同一个广播域。

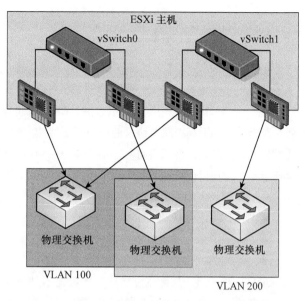

创建 NIC 组

NIC 组应该在位于独立总线架构的物理网络适配器上创建。例如，如果有一个 ESXi 主机包含 2 个主板内网络适配器和 1 个基于 PCI Express 的四端口网络适配器，那么应该使用 1 个主板内网络适配器和 1 个 PCI 总线网络适配器创建 NIC 组。这个设计排除了出现唯一故障点的可能性。

图 5.30 一个 NIC 组的所有物理网络适配器都必须属于同一个 2 层广播域

执行下面的步骤，使用 vSphere Web 客户端为现有的 vSwitch 创建一个 NIC 组。

（1）使用 vSphere 客户端，连接一个 vCenter Server 或 ESXi 主机。

（2）转到 ESXi 主机 Manage 选项卡的 Networking 部分，在这里创建 NIC 组。可以使用目录列表或层次树状结构两种方法。

（3）选定左边的 Virtual Switches，然后选择指定给 NIC 组的虚拟机，单击 Manage The Physical Adapters Connected to the Selected Virtual Switch（管理连接至选定虚拟机的物理适配器）图标。

（4）在 Manage Physical Network Adapters（管理物理网络适配器）对话窗口中单击绿色 Add Adapters 图标。

（5）在 Add Physical Adapters to the Switch（为交换机添加物理适配器）对话窗口中列表中选择正确的适配器，如图 5.31 所示。

（6）单击 OK 按钮，返回 Manage Physical Network Adapters（管理物理网络适配器）对话窗口。

（7）单击 OK 按钮完成创建，返回 Manage 选项卡的 Networking 部分，选定 ESXi 主机。请注意，显示更新的物理适配器可能需要一至两分钟。

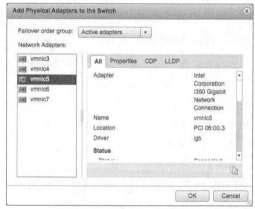

图 5.31 通过添加同一个 2 层广播域的网络适配器作为原始适配器，创建一个 NIC 组

在不同的故障恢复组中放置新的适配器

图 5.31 中的 Add Physical Adapters To The Switch 对话窗口不仅允许将适配器添加到可用适配器列表中，还可以添加到备用或未使用的适配器列表中。使用故障恢复顺序组的下拉列表对需要的组进行简单修改。

在为 vSwitch 创建一个 NIC 组之后，ESXi 就可以为这个 vSwitch 执行负载平衡。NIC 组的负载平衡特性不同于高级路由协议的负载平衡特性。NIC 组的负载平衡产品并不会确定通过一个网络适配器的流量数量，然后再将数据流平均分散到所有可用适配器上。vSwitch 中 NIC 组的负载平衡算法只是平衡连接数量——而非流量数量。vSwitch 中 NIC 组可以配置下面 4 种负载平衡策略之一。

◆ 基于 vSwitch 端口的负载平衡（默认）；
◆ 基于来源 MAC 地址的负载平衡；
◆ 基于 IP 散列的负载平衡；
◆ 显式故障恢复顺序。

最后一种"显式故障恢复顺序"实际上不是一种"负载平衡"策略；相反，它使用管理员指定的故障恢复顺序。关于故障恢复顺序的更详细信息，参见本节的"4．配置故障恢复检测与故障恢复策略"。请注意，这里提供的列表只适用于 vSphere 标准交换机；后面即将介绍的 vSphere 分布式交换机在负载平衡和故障恢复方面有附加选项。

出站负载平衡

vSwitch 中 NIC 组的负载平衡特性只应用于出站流量。

1．了解基于虚拟交换机端口的负载平衡

基于 vSwitch 端口的默认负载平衡策略使用了一个算法，它将每一个虚拟交换机端口绑定到 vSwitch 关联的一个特定上行链路。这个算法会尝试在所有链路上保持相同数量的端口与上行链路配对，从而实现负载平衡。如图 5.32 所示，这个策略设置保证来自一个连接虚拟交换机端口的特定虚拟网络适配器的流量总是使用同一个物理网络适配器。如果有一条上行链路出现问题，那么出现故障的上行链路的流量会转移到另一个物理网络适配器上。

可以看到，这个策略并不支持动态负载平衡，但是支持冗余性。因为虚拟机连接的端口不会发生变化，所以无论生

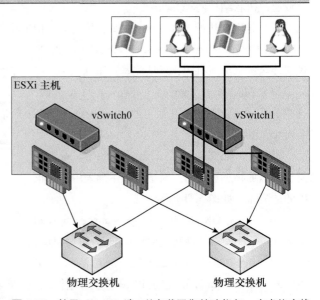

图 5.32　基于 vSwitch 端口的负载平衡策略将每一个虚拟交换机端口分配给一个指定的上行链路。如果有一个物理网络适配器出现故障，那么它的流量会转移到另一个上行链路

成多个网络流量，每一个虚拟机都会绑定到一个物理网络适配器，直到故障恢复。如图 5.28 所示，假设最左边的 Linux 虚拟机和 Windows 虚拟机是网络消耗最大的两个虚拟机。在这种情况下，基于 vSwitch 端口的策略将这些虚拟机使用的两个端口都分配到同一个物理网络适配器上。这样可能导致 NIC 组中某一个网络适配器的使用率远远高于另一个网络适配器。

传输流量的物理交换机会学习到关联的端口，从而可以通过发起请求的同一个物理网络适配器发送响应数据包。基于 vSwitch 端口的策略最适合用于处理虚拟网络适配器数量大于物理网络适配器数量的情况。如果虚拟网络适配器少于物理适配器，那么一些物理适配器可能没有使用。例如，如果有 5 台虚拟机连接一个 6 个上行链路的 vSwitch，那么只有 5 个 vSwitch 端口分配给对应的 5 个上行链路，剩下 1 个上行链路不需要传输流量。

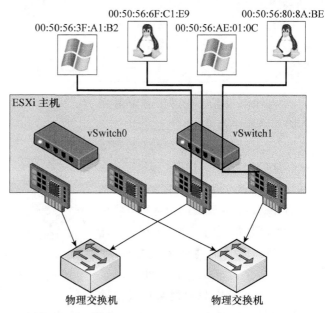

2. 了解基于来源 MAC 地址的负载平衡

NIC 组支持的第二种负载平衡策略是基于来源 MAC 地址的策略，如图 5.33 所示。这个策略也很容易出现与基于 vSwitch 端口策略相同的问题，因为来源 MAC 地址和 vSwitch 端口一样都是静态的。此外，除非虚拟机配置了多个虚拟网络适配器，否则它们也不能使用多个物理适配器。虚拟机客户机操作系统的多个虚拟网络适配器会有多个来源 MAC 地址，因此可以使用多个物理网络适配器。

图 5.33 基于来源 MAC 地址的负载平衡策略会根据 MAC 地址将一个虚拟网络适配器绑定到一个物理网络适配器上

虚拟交换机到物理交换机

为了消除单故障点风险，可以将 NIC 组中的物理网络适配器连接到不同的物理交换机上，其中该 NIC 组可能使用基于 vSwitch 端口或来源 MAC 地址的负载平衡策略；然而，物理交换机必须属于同一个 2 层广播域。这两个策略都不支持使用 802.3ad 组的链路聚合。

---

3. 了解基于 IP 散列的负载平衡

NIC 组支持的第三种负载平衡策略是基于 IP 散列的策略，也称为外出 IP（out- IP）策略。如图 5.34 所示，这种策略没有前两种策略的限制。基于 IP 散列的策略使用来源和目标 IP 地址计算出一个散列值，该散列值可以决定用于通信的物理网络适配器。来源和目标 IP 地址的不同组合必然产生不同的散列值。然后，当一个虚拟机与不同目标通信时，如果计算得到的散列值指向不同的物理 NIC，那么算法会根据散列值让它访问不同的物理网络适配器。

大数据传输的平衡

虽然基于 IP 散列的负载平衡策略可以更加平均地分布一个虚拟机的流量传输，但是它不利于相同来源与目标系统之间的大数据传输。因为在数据传输过程中来源与目标散列值会保持不变，所以它只能通过唯一一个物理网络适配器传输。

当 vSwitch 设置了使用基于 IP 散列的 NIC 组负载平衡策略时，除非物理硬件支持，否则 vSwitch 必须将所有物理网络适配器连接到同一个物理交换机上。有一些新型交换机支持将多个物理交换机链路聚合在一起，否则就必须将所有物理网络适配器连接到同一个交换机上。此外，交换机必须配置链路聚合。ESXi 支持静态（手工）模式的标准 802.3ad 组合——有时候这在思科网络环境中称

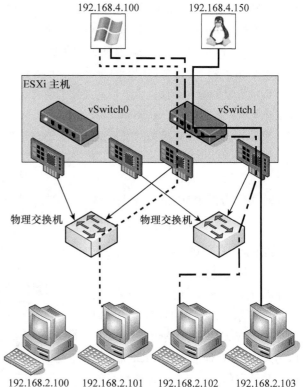

图 5.34　基于 IP 散列的策略具有更高的可扩展性，允许虚拟机使用多个物理网络适配器访问多个目标主机

为 EtherChannel，但是不支持交换机设备上常见的链路聚合控制协议（Link Aggregation Control Protocol, LACP）或端口聚合协议（Port Aggregation Protocol, PAgP）。链路聚合将多个物理网络适配器的带宽组合在一起，供虚拟机中一个虚拟网络适配器使用，因此将会增加吞吐量。

在使用基于 IP 散列的负载策略时，还需要考虑一个问题：所有物理 NIC 都必须设置为激活状态，而不能将其中一些设置为激活状态而另一些设置为未激活状态。这主要取决于虚拟交换机和物理交换机之间基于 IP 散列负载平衡的工作方式。

图 5.35 显示了配置链路聚合的思科交换机的配置片段。记住，其他交换机制造商有自身独有的链路聚合配置方式，请仔细查看特定供应商的文档。

执行下面的步骤，修改一个 vSwitch 的 NIC 组合负载平衡策略。

```
interface Port-channel2
description Link aggregate for ESX server
switchport trunk encapsulation dot1q
switchport trunk native vlan 999
switchport mode trunk
interface GigabitEthernet0/1
switchport trunk encapsulation dot1q
switchport trunk native vlan 999
switchport mode trunk
channel-group 2 mode on
spanning-tree portfast trunk
```

图 5.35　物理交换机必须配置为支持基于 IP 散列的负载平衡策略

（1）使用 vSphere Web 客户端，连接一个 vCenter Server 实例。

（2）转到有 vSwitch 的特定 ESXi 主机上，在这里修改 NIC 组配置。

（3）选定一个 ESXi 主机，转到 Manage 选项卡，选择 Networking，然后突出显示 Virtual Switches。

（4）从虚拟交换机列表中选择虚拟交换机名称，单击 Edit 图标（铅笔形状）。

（5）在 Edit Settings（编辑设置）对话窗口中选择 Teaming And Failover，然后从负载平衡下拉列表中选择需要的负载平衡策略，如图 5.36 所示。

（6）单击 OK 按钮保存修改。

在学习了负载平衡策略——在介绍显式故障修改顺序之前，先来深入了解 NIC 组中上行链路的故障转移和故障恢复。这里需要考虑 2 个方面：故障恢复检测和故障恢复策略。下一节将介绍这两部分内容。

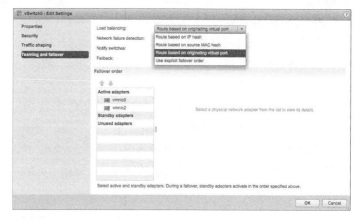

图 5.36 在 NIC Teaming 和故障恢复选项卡上选择 vSwitch 的负载平衡策略

4．配置故障恢复检测与故障恢复策略

NIC 组合的故障检测可以配置为使用链路状态方法或信号检测方法。

顾名思义，链路状态故障恢复检测方法就是通过物理网络适配器提供的链路状态判断链路的故障。在这种情况中，通过物理交换机上的一些事件来判断故障，如线路断开或电源故障。链路状态故障恢复检测设置的缺点是无法判断错误配置，也无法将交换机线路错误连接到其他网络设备（例如，将一台交换机线路连接到一台上游交换机）。

> **检测上游故障的其他方法**
>
> 有一些网络交换机制造商还在网络交换机上增加了一些特性，帮助检测上游网络的故障。例如，思科产品中有一个链路状态跟踪（Link State Tracking）特性，它可以让交换机检测到上游端口断开和重新响应状态。这个特性可以减少信号检测的使用，甚至完全取代信号检测。

采用信号检测的故障恢复设置也会使用链路状态，它会给 NIC 组中所有物理网络适配器发送广播帧。这些广播帧可以帮助 vSwitch 检测上游网络连接故障，并且可以在下面一些情况中强制执行故障恢复：当生成树协议阻挡端口时、当端口配置错误 VLAN 时或者当交换机间连接断开时。如果有一个物理网络适配器未返回信息，那么 vSwitch 会触发故障恢复通信，并且根据故障恢复策略将来自故障网络适配器的流量重新转发到另一个可用的网络适配器上。

假设有一台 vSwitch 配置了包含 3 个物理适配器的 NIC 组，其中每一个适配器都连接一个不同的物理交换机，而每一个交换机又连接一个物理交换机，物理交换机又连接一个上游交换机，如图 5.37 所示。当 NIC 组设置为使用信号检测的故障恢复检测方法时，检测信号会发送到全部 3 个上行链路上。

在检测到故障之后——通过链路状态或信号检测，就会执行故障恢复。这时来自任何虚拟机或 VMkernel 端口的流量都会被转发到 NIC 组的另一个成员上。但是，接管流量的成员主要取决于配置的故障恢复顺序。

图 5.38 显示了一个在 NIC 组中配置 2 个适配器的 vSwitch 的故障恢复顺序配置。在该配置中，2 个适配器都配置为激活适配器，而 2 个适配器或其中任何一个在特定时间都可以处理这个 vSwitch 及其关联的所有端口或端口组的流量。

图 5.39 显示了一个在 NIC 组中配置 3 个物理网络适配器的 vSwitch。在该配置中，其中一个适配器配置为备用适配器。任何备用适配器都处于未使用状态，只有当某个激活适配器出现故障时，才会使用备用适配器，这时备用适配器按照所列顺序激活。

未使用适配器列表中的适配器将不会用于故障恢复。

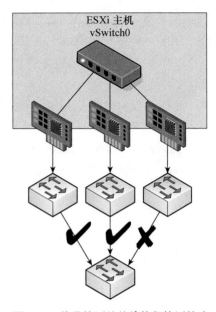

图 5.37 信号检测的故障恢复检测策略将信号发送到 NIC 组的物理网络适配器上，从而发现上游网络故障或交换机错误配置

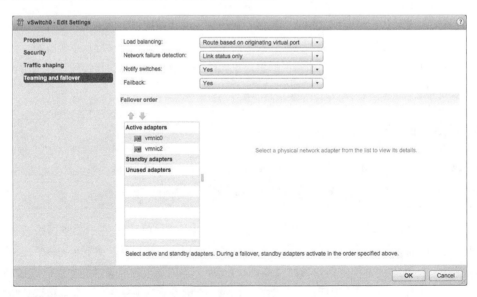

图 5.38 故障恢复顺序可以帮助确定在发生故障恢复时如何使用 NIC 组的适配器

回顾图 5.36，上面有一个标签为 Use Explicit Failover Order（使用显式故障恢复顺序）的选项。这就是 5.2.9 节开头所提到的显式故障恢复顺序策略。如果选择这个选项，而不是其他的负载平衡选项，那么流量就会转发到激活适配器列表中下一个可用上行链路上。

如果没有可用的激活适配器，那么流量会传输到备用适配器列表的下一个适配器。正如选项名称的意思，ESXi 将使用故障恢复顺序列表的适配器顺序决定如何将流量转发到物理网络适配器。因为这个选项不会执行任何一种负载平衡操作，因此一般不推荐使用这种方法，建议使用其他选项。

Failback 选项的作用是控制 ESXi 在故障恢复之后处理出错网络适配器的方式，如图 5.38 和图 5.39 所示，Yes 表示适配器在恢复之后马上变成激活状态，而且它会取代故障过程中接管流量的备用适配器。若将 Failback 设置为 No，则表示恢复的适配器将保持未激活状态，直到有另一个适配器出现故障，这时它可能替换新出现故障的适配器。

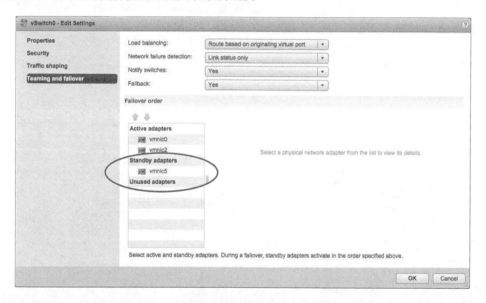

图 5.39　当有一个激活适配器出故障时，备用适配器会自动激活

使用 Failback 处理 VMkernel 端口和基于 IP 的存储

在配置了基于 IP 的存储时，建议将 VMkernel 端口的 Failback 设置为 No。否则，如果出现"端口跳动"问题——指一个链路重复开启和断开的现象，则会对性能造成负面影响。在这种情况中，将 Failback 设置为 No，可以避免在出现端口跳动时影响性能。

执行下面的步骤，为一个 NIC 组配置故障恢复顺序策略。

（1）使用 vSphere Web 客户端，连接一个 vCenter Server 实例。

（2）转到有 vSwitch 的 ESXi 主机中，在这里修改故障恢复顺序。选定 ESXi 主机，选择 Manage 选项卡，然后单击 Networking。

（3）突出显示左边的 Virtual Switches，选择要编辑的虚拟机，然后单击 Edit Settings（编辑设置）图标。

（4）选择 Teaming And Failover。

（5）使用 Move Up 和 Move Down 按钮，调整网络适配器在 Active Adapters（激活适配器）、Standby Adapters（备用适配器）和 Unused Adapters（未使用适配器）列表的顺序及位置，如图 5.40 所示。

（6）单击 OK 按钮保存修改。

当带有 NIC 组的 vSwitch 发生故障恢复时，vSwitch 显然知道这个事件。然而，vSwitch 连接的物理交换机并不会马上知道，如图 5.40 所示，vSwitch 包含一个 Notify Switches（通知交换机）的配置项目，将其设置为 Yes，就可以让物理交换机马上知道下面的变化。

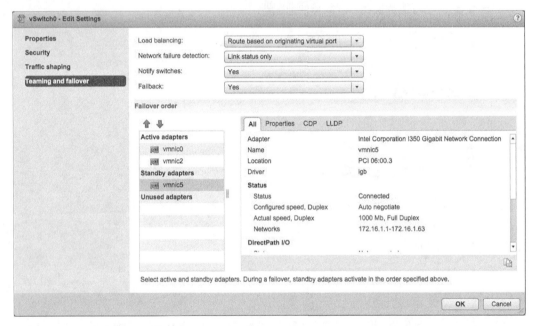

图 5.40 NIC 组的故障恢复顺序由 Active Adapters、Standby Adapters 和 Unused Adapters 列表的网络适配器顺序决定

◆ 有一个虚拟机启动（或者任何时刻有客户端注册了这个 vSwitch）；

◆ 发生了一次 vMotion；

◆ 有一个 MAC 地址发生变化；

◆ 有一个 NIC 组发生故障恢复或故障回复。

关闭 Notify Switches

如果端口组中有若干虚拟机使用了单播模式的微软网络负载平衡（NLB），那么应该将 Notify Switches（通知交换机）选项设置为 No。

只要出现这些事件，物理交换机就会收到用反向地址解析协议（Reverse Address Resolution Protocol, RARP）表示的变化通知。RARP 会更新物理交换机的查询表，并且在故障恢复事件发生时提供最短延迟时间。

虽然 VMkernel 会提前将流量流从虚拟网络组件转移到物理网络组件，但是 VMware 推荐通过以下操作减少网络延迟。

◆ 在物理交换机上禁用端口聚合协议（PAgP）和链路聚合控制协议（LACP）。

◆ 禁用动态中断协议（DTP）或中继协商。

◆ 禁用生成树协议（STP）。

思科交换机上配置虚拟交换机

VMware 推荐在处理接入端时将思科设备配置为 PortFast 模式，处理中继端口时配置为 PortFast 中继模式。

5.2.10 使用和配置流量成型

默认情况下，连接一个 vSwitch 的所有虚拟网络适配器都能够使用 vSwitch 所关联物理网络适配器的全部带宽。换言之，如果一个 vSwitch 分配了一个 1 Gbit/s 网络适配器，那么每一个连接这个 vSwitch 的虚拟机都能够使用 1 Gbit/s 带宽。自然地，如果网络连接成为影响虚拟机性能的瓶颈，则可以使用 NIC 组来解决问题。然而，作为 NIC 组合的补充，还可以启用和配置流量成型。流量成型包括建立峰值带宽、平均带宽和突发大小的硬编码限制，从而减少虚拟机的外出带宽容量。

Peak Bandwidth（峰值带宽）值和 Average Bandwidth（平均带宽）值的单位均为千比特 / 秒（kbit/s），而 Burst Size（突发大小）值的单位则是千字节（KB），如图 5.41 所示。平均带宽值表示每秒通过虚拟交换机的数据传输量。峰值带宽值则表示 vSwitch 在不丢包前提下支持的最大带宽量。最后，突发大小值则规定了突发流量中包含的最大数据量。突发大小的计算方法是用带宽乘以时间。在高使用率期间，如果有一个突发流量超出配置值，那么这些数据包就会被丢弃，让其他数据包顺利传输；然而，如果处理的网络流量队列未满，那么这些数据包后来会被继续传输。

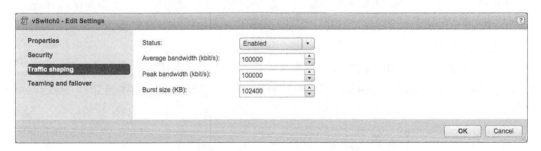

图 5.41 流量成型会减少一个端口组的可用外出带宽

流量成型是万不得已的方法

要谨慎使用流量成型，或尽量不使用流量成型，而在一些极端情况下才使用，如当虚拟机争夺带宽，又由于物理扩展插槽有限而无法增加网络适配器时。由于网络适配器价格较低，因此更好的方法是花时间为 vSwitch 设备配置 NIC 组合，而不是削减一组虚拟机的可用带宽。

执行下面的步骤，配置流量成型。

（1）使用 vSphere Web 客户端，连接一个 vCenter Server 实例。

（2）转到要配置流量成型的 ESXi 主机中。选定 ESXi 主机，选择 Manage 选项卡下的 Networking。

（3）选定 Virtual Switches，单击启用虚拟机上的流量成型，然后单击 Edit Settings（编辑设置）图标。

（4）选择 Traffic Shaping（流量成型）选项卡。

（5）选择 Status（状态）下拉列表中的 Enabled 选项。

（6）修改 Average Bandwidth 值，设置为预期的千比特 / 秒数值。

（7）修改 Peak Bandwidth 值，设置为预期的千比特 / 秒数值。

（8）修改 Burst Size 值，设置为预期的千字节（KB）值。

请记住，vSphere 标准交换机中的流量成型只应用于出站流量。

5.2.11　整合所有组件

现在，本书已经介绍了 ESXi 虚拟网络各个组件的交互方式——vSwitch、端口与端口组、上行链路与 NIC 组和 VLAN。是否可以将所有这些组件整合成一个可用整体？

vSwitch 和端口组的数量与配置与多个因素相关，其中包括 ESXi 主机的网络适配器数量、IP 子网数量、是否使用 VLAN 和物理网络数量。没有任何一种 vSwitch 和 VM 端口组的配置能够满足所有场景的使用。然而，ESXi 主机的物理网络适配器数量越多，虚拟网络环境的配置就越灵活。

在本章后面的内容将介绍一些高级设计因素，但是现在要先了解一些基本设计概念。如果在 VMkernel 中创建的 vSwitch 不配置多个端口组或 VLAN，则必须为每一个需要连接的 IP 子网或物理网络创建一个独立的 vSwitch。这一点可以在图 5.24 所示的 VLAN 得到体现。此处通过一些例子来解释这个概念。

在图 5.42 所示的场景中，虚拟基础架构组件需要连接 5 个 IP 子网。生产环境的虚拟机必须访问生产 LAN，测试环境的虚拟机必须访问测试 LAN，VMkernel 则需要访问 IP 存储和 vMotion LAN，最后 ESXi 主机必须访问管理 LAN。在这个场景中，如果不使用 VLAN 和端口组，ESXi 主机必须配置 5 个不同的 vSwitch 和 5 个不同的物理网络适配器（当然，这还不包括 vSwitch 的冗余性或 NIC 组合）。

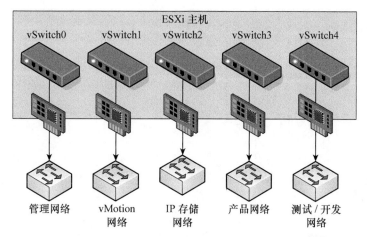

ESXi 主机

vSwitch0 vSwitch1 vSwitch2 vSwitch3 vSwitch4

管理网络 vMotion 网络 IP 存储 网络 产品网络 测试 / 开发 网络

图 5.42　如果 vSwitch 中不使用端口组和 VLAN，那么每一个 IP 子网都需要用一个独立 vSwitch 处理不同的连接类型

 Real World Scenario

为什么要采用这种设计

在虚拟网络的设计过程中，通常会提出各种疑问，如为什么虚拟交换机不应该用完所有端口，而要留下扩展余地？为什么要使用多个 vSwitch，而不使用一个 vSwitch（或者反过来）？这些问题有些很容易回答，但是，有些问题则与个人经验和偏好有关。

为什么 vSwitch 不应该用完所有端口呢？如表 5.1 所示，一个主机上的虚拟网络交换机最大端口数量是 4096。这意味着，如果创建带有 1024 个端口的虚拟交换机，那么只能创建 4 个虚拟交换机。1024 × 4 等于 4096。（记住，虚拟交换机实际上保留了 8 个端口。因此，1016 个端口的交换机实际上有 1024 个端口。）

其他问题也不一定很好回答。使用多个 vSwitch，可以让一些网络更容易迁移到专用物理网络上。例如，如果客户希望将管理网络迁移到一个专用物理网络，以实现更高的安全性，那么使用多个 vSwitch 会比使用一个 vSwitch 更容易实现。使用 VLAN 也有同样的问题。

但是，虚拟网络设计的许多方面有时候都与个人偏好有关，而不一定与技术因素相关。了解这些方面的选择方式，有利于帮助读者理解整个虚拟化网络环境。

　　图 5.43 显示了相同的配置，但是这次使用 VLAN 连接管理、vMotion、生产和测试 / 开发网络。IP 存储网络仍然是一个物理上独立的网络（很多环境中的普通设置）。

　　图 5.43 的配置仍然使用了 5 个网络适配器，但是这一次为除 IP 存储网络之外的其他网络配置了 NIC 组。

　　如果 IP 存储网络已经配置为 VLAN，那么 vSwitch 和上行链路的数量可以进一步减少。图 5.44 显示了一种支持这种情况的配置。

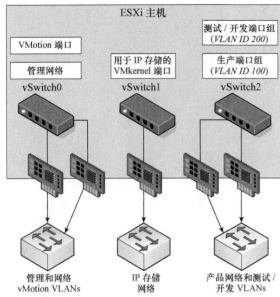

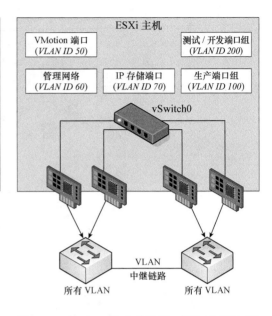

图 5.43 使用物理上独立的 IP 存储网络，可以减少 vSwitch 和上行链路的数量

图 5.44 在 vSwitch 中使用端口组和 VLAN，可以进一步减少所需要的 vSwitch 和上行链路

这一次可以为所有流量提供 NIC 组合——管理、vMotion、IP 存储和虚拟机流量，而且只使用一个带有多个上行链路的 vSwitch。

显然，在创建支持基础架构的虚拟网络时，vSwitch、上行链路和端口可以有许多种组合方式。虽然组合方式非常灵活，但是也有一些限制。表 5.1 列出了 ESXi 网络的限制条件。

虚拟交换机配置：不能太大也不能太小

虽然可以创建一个有 4088 个（实际有 4096 个）端口的 vSwitch，但是并不推荐，因为这样做没有留下扩展余地。由于 ESXi 主机最多只能有 4096 个端口，因此，如果创建一个有 4088 个端口的 vSwitch，就只能在这个主机上创建唯一一个 vSwitch。当这个 ESXi 主机端口用完并需要新建一个 vSwitch 时，可以减少一个现有 vSwitch 的端口数量。这种修改需要重新启动主机才能生效，但是可以使用 vMotion 将虚拟机迁移到其他主机上，从而避免虚拟机停机。

此外，有时候要处理一些故障情况，例如，在主机出现故障时，需要使用 vSphere HA 在其他主机上重新启动虚拟机（具体参见第 7 章）。在这种情况下，如果 vSwitch 太小（例如，没有足够的端口），那么也会成为一个问题。

本书的观点是：虚拟交换机大小也会影响许多重要方面，因此一定要认真计划！建议在创建虚拟交换机时，先创建满足当前需求、有扩展余地并预留故障恢复容量的端口数量。

表 5.1　　　　　　　　**ESXi 网络组件的最大配置数量（vSphere 标准交换机）**

配置项目	最大数量
每个 vSwitch 的端口数量	4088
每个主机的最大端口数量（vSS/vDS）	4096
每个 vSwitch 的端口组数量	512
每个 vSwitch 的上行链路	32
每个主机的最大激活端口（vSS/vDS）	1016

利用不同虚拟网络组件的灵活性，有许多方法可以在具体的物理网络配置环境中整合虚拟网络。现在的配置可能会因为基础架构变化或硬件变化而发生变化。ESXi 有许多工具和选项，都可用于保证虚拟网络与硬件网络的正常通信。

5.3　配置 vSphere 分布式交换机

到目前为止，本书只介绍了关于 vSphere 标准交换机（即 vSwitch）的网络配置。从 vSphere 4.0 开始，直到现在的 vSphere 5.0 以及现行版本，都有另一个选择：vSphere 分布式交换机（vSphere Distributed Switches）。

vSwitch 是在各个主机上管理的，而 vSphere 分布式交换机则是一个跨越多个关联 ESXi 主机的虚拟交换机。vSphere 分布式交换机与标准 vSwitch 有许多相似性。

◆　vSphere 分布式交换机为虚拟机和 VMkernel 接口提供连接。

◆　vSphere 分布式交换机使用物理网络适配器作为上行链路，连接外部物理网络。

◆　vSphere 分布式交换机可以使用 VLAN 划分逻辑网络片段。

当然，它们也有许多不同点，其中最大的区别是 vSphere 分布式交换机跨越集群中多个服务器，而不像 vSwitch 那样在每一个服务器上运行自己的 vSwitch 和端口组。这样可以显著降低集群 ESXi 环境的复杂性，简化向 ESXi 集群增加新服务器的过程。

VMware 为 vSphere 分布式交换机定义的官方缩写词是 VDS。本章将使用全称（vSphere Distributed Switch）、VDS 或分布式交换机。

5.3.1　创建 vSphere 分布式交换机

创建和配置分布式交换机的过程有 2 步：第一步，创建分布式交换机；第二步，给分布式交换机添加 ESXi 主机。为了简化该过程，vSphere 在创建分布式交换机的过程中自动加入添加 ESXi 主机的选项。

执行下面的步骤，创建一个新的 vSphere 分布式交换机。

（1）启动 vSphere Web 客户端，连接一个 vCenter Server 实例。

（2）在 vSphere Web 客户端首页，从左边列表中选择 vCenter 对象，然后从目录列表区域选择

Distributed Switches。

（3）在 vSphere Web 客户端右侧单击 Create A New Distributed Switch（创建一个新的分布式交换机）图标。

启动新建分布式交换机向导。

（4）为新的分布式交换机命名，在 vCenter 目录中选择存储位置（数据中心对象或文件夹）。单击 Next 按钮。

（5）下一步，选择想要创建的 VDS 版本。图 5.45 显示了分布式交换机的版本选项。

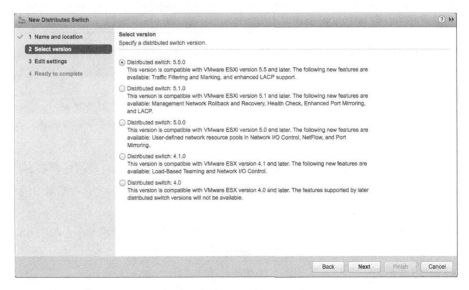

图 5.45 如果想支持 vSphere 5.5 支持的全部特性，则必须使用版本 5.5.0 的 dvSwitch

这里有下面 5 个选项。

◆ Distributed Switch: 4.0：这种分布式交换机向后兼容 vSphere 4.0，而且分布式交换机只有 vSphere 4.0 支持的特性。

◆ Distributed Switch: 4.1.0：这个版本增加了基于负载的组合和网络 I/O 控制。该版本支持 vSphere 4.1 及更高版本。

◆ Distributed Switch: 5.0.0：这个版本只兼容 vSphere 5.0 及更高版本，增加了新特性的支持，如用户自定义网络资源池、网络 I/O 控制、NetFlow 和端口镜像。

◆ Distributed Switch：5.1.0：兼容 vSphere 5.1 及更高版本，这个版本的分布式交换机增加了网络回滚与恢复、状况检查、增强端口镜像和 LACP 的支持。

◆ Distributed Switch：5.5.0：这是最新版本，只支持 vSphere 5.5 及更高版本。这种分布式交换机添加了流量筛选与标记，并且增强了对 LACP 的支持。

在这里，选择 vSphere Distributed Switch Version 5.5.0，单击 Next 按钮。

（6）指定上行链路端口的数量，如图 5.46 所示。

（7）如图 5.46 所示，在同一界面上选择启用或禁用 Network I/O Control（网络 I/O 控制）。还可以选择是否创建默认端口组。如果选择创建，为默认端口组命名。在本例中，启用 Network I/O Control，创建默认端口组并命名。单击 Next 按钮。

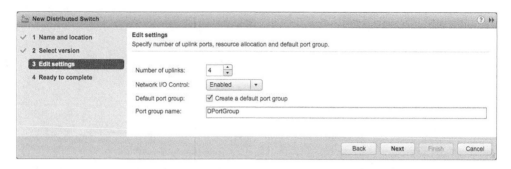

图 5.46　上行链路端口数量控制每一个主机使用多少个物理适配器作为分布式交换机的上行链路

（8）检查新的分布式交换机设置。如果全部正确，单击 Finish 按钮；否则，使用 Back 按钮返回，修改需要更改的设置。

在完成 New Distributed Switch（新建分布式交换机）向导之后，vSphere Web 客户端的分布式交换机列表上会出现一个新的分布式交换机，单击该分布式交换机，查看与其连接的 ESXi 主机（还没有）、虚拟机（还没有）、分布式端口组（只有一个，在安装过程中创建的）和上行链路端口组（同样只有一个）。

使用 vSphere CLI 或 vSphere 管理助手也可以获取这些信息，但是由于 esxcli 命令的架构特性，还需要先为分布式交换机添加一个 ESXi 主机。下面来看一下是如何操作的。

> **vSphere 分布式交换机必须使用 vCenter Server**
>
> 这似乎是显而易见的，但是一定要注意，由于 **vSphere** 分布式交换机的共享特性，因此必须连接 **vCenter Server**。也就是说，如果一个环境未被 **vCenter Server** 管理，则无法创建 **vSphere** 分布式交换机。

在创建一个 vSphere 分布式交换机之后，增加其他 ESXi 主机就相对简单一些。当创建更多的 ESXi 主机之后，所有分布式端口组都会自动复制到新主机上，并且包含正确的配置。这就是分布式交换机的分布式特性——由于配置变化是通过 vSphere Web 客户端实现的，因此 vCenter Server 会将这些变化推送到所有主机上。VMware 管理员过去需要管理大型 ESXi 集群，还需要在所有服务器上重复创建 vSwitch 和端口组；现在，管理员会很满意分布式交换机帮助他们减少了管理工作。

执行下面的步骤，给一个已有的分布式交换机添加一个 ESXi 主机。

（1）启动 vSphere Web 客户端，连接一个 vCenter Server 实例。

（2）在 vCenter 首页，单击目录列表区域中的 Distributed Switches，转到分布式交换机列表。

（3）选择左边对象列表中一个已有的分布式交换机，单击 Actions 菜单中的 Add And Manage Hosts（添加和管理主机）。

这样就会启动 Add And Manage Hosts 向导，如图 5.47 所示。

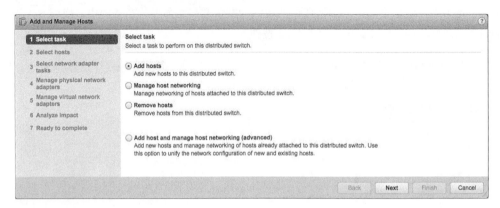

图 5.47 操作分布式交换机时，vSphere Web 客户端会提供一个向导来添加主机、删除主机或管理主机网络

（4）选择 Add Hosts（添加主机）单选按钮，单击 Next 按钮。

（5）单击绿色加号图标添加一个 ESXi 主机。这样就会打开 Select New Host（选择新的主机）对话窗口。

（6）在新添加的主机列表中，每个可以添加分布式交换机的 ESXi 主机名称旁边都有一个复选标记。完成后单击 OK 按钮，然后单击 Next 按钮。

（7）下一个界面显示了要完成的四个与适配器相关的任务，如图 5.48 所示。在本例中，只选择 Manage Physical Adapters（管理物理适配器）。单击 Next 按钮继续。

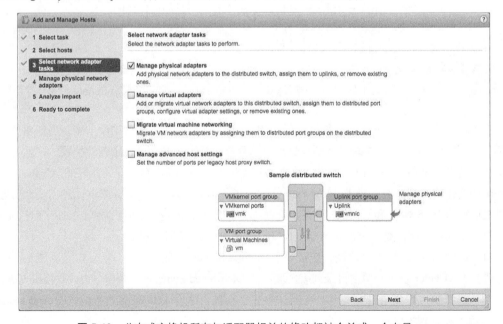

图 5.48 分布式交换机所有与适配器相关的修改都被合并成一个向导

管理虚拟适配器选项允许在分布式交换机中添加、迁移、编辑或删除虚拟适配器（VMkernel 端口）。

迁移虚拟机网络选项允许向分布式交换机中迁移虚拟机网络适配器。

管理高级主机设置选项允许为旧的主机代理交换机设置端口数量。

（8）在下一界面的新主机上选择物理适配器，并将分布式交换机连接到上行链路端口组。单击要添加的物理适配器，然后单击 Assign Uplink（指定上行链路）。提示确认上行链路已与物理适配器连接。重复该步骤，分布式交换机配置了多少上行链路，就添加多少个物理适配器。

（9）针对每个添加到分布式交换机上的 ESXi 主机重复步骤（8）。为所有 ESXi 主机添加完上行链路后，单击 Next 按钮。

（10）分析影响界面显示了修改向导的潜在影响。如果一切正常，单击 Next 按钮；否则，单击 Back 按钮返回并修改设置。

（11）单击 Finish 按钮，完成向导。

后面还会看到该向导。例如，5.3.5 小节将详细介绍管理物理和虚拟适配器选项。

前面提到过，为分布式交换机添加主机时，可以使用 vSphere CLI 或 vSphere 管理助手查看分布式交换机信息。下面的命令显示了添加了特定 ESXi 主机的分布式交换机列表。

```
esxcli --server=<vCenter host name> --vihost=<ESXi host name>
--username=<vCenter administrative user> network vswitch dvs vmware list
```

如图 5.49 所示。

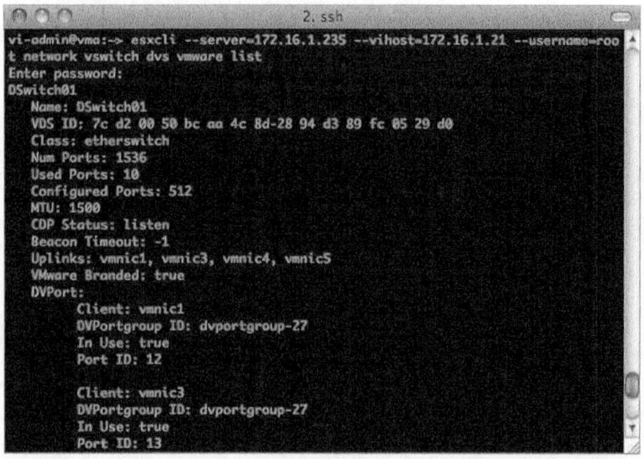

在 network vswitch dvs vmware namespace 命令中使用 --help 参数，也可以像执行 vSphere CLI 或 vSphere 管理助手一样，查看 vSphere 分布式交换机相关的其他任务。

现在介绍与分布式交换机相关的其他任务。先来看一下从分布式交换机种删除 ESXi 主机。

图 5.49　esxcli 命令显示了配置分布式交换机的详细信息

5.3.2　从分布式交换机删除 ESXi 主机

另外，也可以从分布式交换机上删除 ESXi 主机。如果主机上仍然有虚拟机连接交换机的分布式端口组，那么该主机就不能从 dvSwitch 中被删除。这就像当标准 vSwitch 或端口组仍然连接虚拟机时尝试删除它们一样；肯定不能删除的。为了从分布式交换机成功删除主机，虚拟机都会转移到一个标准 vSwitch 或其他分布式交换机上。

执行下面的步骤，从一个分布式交换机中删除一个 ESXi 主机。

（1）启动 vSphere Web 客户端，连接到一个 vCenter Server 实例。

（2）转到分布式交换机列表，选择要删除一个 ESXi 主机的指定分布式交换机。

（3）从 Actions 菜单中选择 Add And Manage Hosts。打开对话窗口，如图 5.47 所示。

（4）选择 Remove Hosts（删除主机）单选按钮。单击 Next 按钮。

（5）单击绿色加号图标，选择要从分布式交换机中删除的主机。

删除添加的主机

选择要从分布式交换机中删除的主机时，使用绿色加号图标有些违反直觉。最简单的方法是，只需记住向主机列表中添加的主机是将要被删除的。

（6）在 Select Member Hosts 对话窗口，在每个需要删除的 ESXi 旁边放置一个复选标记。主机选择完成后，单击 OK 按钮。

（7）单击 Finish 删除选定的 ESXi 主机。

（8）如果虚拟机仍然与分布式交换机连接，vSphere Web 客户端会显示一个错误，如图 5.50 所示。

要修正这一错误，应使用不同的分布式交换机或 vSwitch 重新配置虚拟机，或者使用 vMotion 将虚拟机迁移至不同的主机。然后再从分布式交换机中删除主机。

（9）如果目前没有虚拟机附加到分布式交换机，或者所有虚拟机都重新配置了其他 vSwitch 或分布式交换机，那么主机就可以被顺利删除。

除了从分布式交换机中删除 ESXi 主机，还可以删除整个分布式交换机。

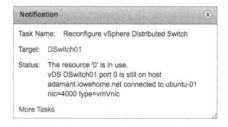

图 5.50　当一个主机仍然有虚拟机连接时，vSphere Web 客户端不允许从分布式交换机中删除该主机

5.3.3　删除分布式交换机

即使将最后一个 ESXi 主机从分布式交换机中删除，也不会删除分布式交换机本身。即使删除分布式交换机中所有的虚拟机和 / 或 ESXi 主机，分布式交换机仍然存在于 vCenter 目录中。必须删除分布式交换机对象本身。

只有当没有虚拟机连接分布式交换机的分布式端口组时，才能够删除一个分布式交换机。否则，分布式交换机删除操作会被阻挡，并弹出一个类似于图 5.50 显示的错误消息。同样，用户必须重新配置虚拟机，只有让它们使用另一个 vSwitch 或分布式交换机，才能继续删除操作。关于修改虚拟机网络设置的详细方法，参见第 9 章。

执行下面的步骤，在没有任何虚拟机使用该分布式交换机或其任意分布式端口组时，删除整个分布式交换机。

（1）启动 vSphere Web 客户端，连接一个 vCenter Server 实例。

（2）在 vSphere Web 客户端首页上，转到 Distributed Switches 目录列表。

（3）选择左边目录窗格中一个已有的 vSphere 分布式交换机。

（4）从 Actions 菜单中选择 All vCenter Actions → Remove From Inventory。

（5）分布式交换机和所有关联的分布式端口组都会从目录和所有连接的主机上删除。

分布式交换机的大多数配置都不在其本身上执行，而是在它的分布式端口组上执行。下面来看一下管理分布式交换机。

5.3.4　管理分布式交换机

正如前面所说的，VMware 管理员所做的大多数关于分布式交换机的工作都涉及分布式端口组。稍后将介绍分布式端口组，但是现在先看一下管理分布式交换机。内容主要集中在 vSphere Web 客户端分布式交换机中的监控、管理和相关对象选项卡等功能上。

先从相关对象选项卡开始说起，在这里可以看到与选定分布式交换机连接的 ESXi 主机、虚拟机、模板、分布式端口组和上行链路组。这对于开发环境中的分布式交换机和其他组件之间的关系有着很大的帮助。

前面已经看到过管理选项卡，之后还将会看到；尤其是从事管理选项卡设置工作的人，以及开始创建分布式端口组时会经常看到这一概念。管理选项卡包括以下几部分。

◆ 在 Alarm Definitions（警报定义）部分可以为监控创建自定义警报。第 13 章将深入探讨这一话题。

◆ Tags（标签）部分允许 VMware 管理员在 vSphere Web 客户端中为对象指定标签，然后使用搜索功能快速并简便地找到有特定标签的对象。

◆ Permissions（权限）部分显示了指定给选定分布式交换机中的用户或组的角色。请注意，想要修改这些权限，必须使用分布式交换机中存储的数据中心对象或文件夹。

◆ Network Protocol Profiles（网络协议配置文件）部分允许创建与分布式端口组有关的配置文件。这些配置文件对于如何配置附加在分布式端口组上的虚拟机中的 IPv4 和 / 或 IPv6 有很大的帮助。

◆ Ports（端口）部分提供了分布式交换机中所有端口的列表及目前的状态。

◆ Resource Allocation（资源分配）部分可以与 Network I/O Control 一起创建网络资源池。第 11 章将进行详细介绍。

监控选项卡包括以下 4 部分。

◆ Issues（问题）部分显示了与分布式交换机有关的问题和 / 或警报。

◆ Tasks and Events（任务和事件）部分提供了最近执行的任务和事件列表的详细信息。可以使用它来查看哪个用户执行了特定任务，或者查看与选定分布式交换机相关的一系列事件。

◆ Health（状态）部分集中了分布式交换机的状态信息，如 VLAN 检查、MTU 检查和其他状态检查。

状态部分还包括其他十分重要的功能，下面将深入介绍这一部分。

1.　使用状态检查和网络回滚

vSphere Distributed Switch Health Check（vSphere 分布式交换机状态检查）是 vSphere 5.1 新添加的功能，只有在使用 5.1.0 或 5.5.0 版本时该功能才可用。状态检查功能的目的在于帮助 VMware

管理员识别不匹配的 VLAN 配置、不匹配的 MTU 配置和不匹配的 NIC 组策略，这些都是连接问题的常见来源。

使用状态检查功能，需要满足以下几点要求。

◆ 必须使用 5.1.0 或 5.5.0 版本的分布式交换机。

◆ VLAN 和 MTU 检查需要至少两个有活动链接的 NIC。

◆ 组策略检查需要至少两个有活动链接的 NIC 和至少两个主机。

默认情况下，vSphere Distributed Switch Health Check 是关闭的，执行检查时将其启用。

执行以下步骤，启用 vSphere Distributed Switch Health Check。

（1）使用 vSphere Web 客户端，连接一个 vCenter Server 实例。

（2）在 vSphere Web 客户端中，转到一个分布式交换机对象，选择要启用状态检查的分布式交换机。

（3）单击 Manage 选项卡，选择 Settings，然后选择 Health Check。

（4）单击 Edit 按钮。

（5）在 Edit Health Check Settings（编辑状态检查设置）对话窗口中，可以单独启用 VLAN 和 MTU 检查、组和故障恢复检查，也可以将两者同时启用。完成后，单击 OK 按钮。

状态检查启用后，可以在分布式交换机的监控选项卡中查看状态检查信息。图 5.51 显示了状态检查启用后，分布式交换机的状态检查信息。

vSphere 5.1 中还增加了一项与状态检查功能相关的功能，叫作 vSphere Network Rollback（vSphere 网络回滚）。网络回滚功能的目的在于自动保护环境，如果对于环境的修改无效，那么网络回滚会让 ESXi 主机从 vCenter Server 中断开。例如，修改物理 NIC 的速度或双工，更新含有 ESXi 主机管理接口的交换机的组和故障恢复策略，或者更改主机管理接口的 IP 设置。如果这

图 5.51　vSphere 分布式交换机状态检查帮助识别配置中的潜在问题

些修改会给主机的管理连接造成损失，那么修改就会自动恢复或回滚。

回滚可以在两个层中发生：主机网络层或分布式交换机层。默认情况下，回滚是启用的，但是可以在 vCenter 层下启用或禁用该功能（这样做还需要编辑 vCenter Server 配置文件，这里没有 GUI 设置）。

除了自动回滚，VMware 管理员还可以执行手动回滚。在探讨 ESXi 主机的 DCUI 网络存储选项区域时，已经介绍了如何在主机层执行手动回滚（5.2.4 小节）。为分布式交换机执行手动回滚，可以和恢复保存的配置一样执行相同的步骤，下一节将详细介绍。

2．导入和导出分布式交换机配置

vSphere 5.1 新增了导出（保存）和导入（加载）分部署交换机配置的功能。这个功能有多种用途，其中一项是刚刚提到的手动"回滚"到之前保存的配置。

执行下面的步骤，将分布式交换机配置导出（保存）至文件。

（1）使用 vSphere Web 客户端登录 vCenter Server 实例。

（2）转到要保存配置的分布式交换机。

（3）从 Actions 菜单中选择 All vCenter Actions → Export Configuration。打开 Export Configuration（导出配置）对话窗口。

（4）选择正确的单选按钮，导出分布式交换机和所有分布式端口组的配置，或者只导出分布式交换机的配置。

（5）为导出的（保存的）配置提供描述（可选项），然后单击 OK 按钮。

（6）提示是否保存导出的配置文件时，单击 Yes 按钮。

（7）使用操作系统的 File Save（文件保存）对话窗口选择保存导出的配置文件的位置（名为 backup.zip）。

将配置导出至文件后，还可以将该配置导入到 vSphere 环境中，来恢复保存的配置。还可以导入到不同的 vSphere 环境中，如由单独的 vCenter Server 实例管理的环境。

执行下面的步骤，导入保存的配置。

（1）使用 vSphere Web 客户端登录 vCenter Server 实例。

（2）转到要恢复配置的分布式交换机。

（3）从 Actions 菜单中选择 All vCenter Actions → Restore Configuration。打开 Restore Configuration（恢复配置）向导。

（4）使用 Browse 按钮选择导出配置时创建的保存的配置。

（5）选择正确的单选按钮，恢复分布式交换机和所有分布式端口组的配置，或者只恢复分布式交换机的配置。

（6）请注意，如果 vSphere 自动保存了早期版本的配置（保护管理连接的损失），该对话窗口也会出现恢复之前的配置选项。在本例中，无需选择保存的备份文件。

（7）单击 Next 按钮。

（8）检查导入向导设置。如果一切正常，单击 Finish 按钮；否则，单击 Back 按钮返回并修改设置。

vSphere 网络回滚和手动导出或导入分布式交换机配置这两项功能是在 vSphere 环境下管理分布式交换机的主要步骤。

VMware 管理员需要做的大部分工作都是围绕分布式端口组展开的，下面介绍这一内容。

5.3.5　分布式端口组

和 vSphere 标准交换机一样，端口组是连接 VMkernel 和虚拟机的重要组件。如果没有 vSwitch 的端口和端口组，那么任何组件都无法连接该 vSwitch。vSphere 分布式交换机也一样。如果没有分布式端口组，那么其他组件也无法连接分布式交换机，因此该分布式交换机也就成为无用的组件。本节将详细介绍如何创建、配置和删除分布式端口组。

1.　创建一个分布式端口组

执行下面的步骤，创建一个新的分布式端口组。

（1）启动 vSphere Web 客户端，连接一个 vCenter Server 实例。

（2）在 vSphere Web 客户端首页上，转到 Distributed Switches 目录列表。

（3）选择左边目录窗格上一个已有的 vSphere 分布式交换机，单击右边 Create A New Distributed Port Group（创建一个新的分布式端口组）图标。这样就会启动新建分布式端口组向导。

（4）为新的分布式端口组命名。单击 Next 按钮。

（5）如图 5.52 所示，在 Configure Setting（配置设置）界面为新的分布式端口组指定一系列设置。

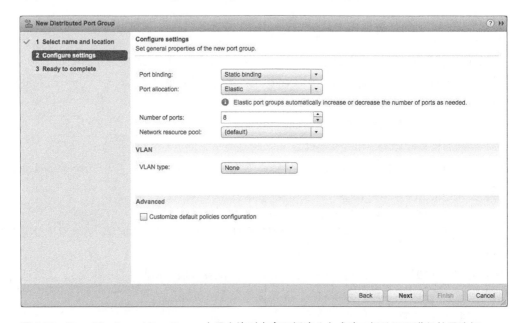

图 5.52　New Distributed Port Group 向导允许对自定义新建分布式端口组的设置进行扩展访问

对于如何将分布式端口组中的端口分配给虚拟机来说，Port Binding（端口绑定）和 Port Allocation（端口分配）选项提供了更加细化的控制。

- 将端口绑定设置为 Static Binding（静态绑定），当虚拟机与分布式交换机连接时，端口会静态分配给虚拟机。还可以将端口分配设置为 Elastic（在这种情况下，分布式端口组将以 8 个端口开始，并在需要更多端口时，每次增加 8 个端口）或 Fixed（这种情况的默认端口是 128 个）。
- 将端口绑定设置为 Dynamic Binding（动态绑定），可以为分布式端口组指定应有的端口数（默认为128 个）。不推荐使用该选项；如果选择了这一选项，vSphere Web 客户端会弹出警告。
- 将端口绑定设置为 Ephemeral Binding（短时绑定），则不能指定端口数量或端口分配方式。

网络资源池选项允许分布式端口组与一个网络 I/O 控制自定义资源池连接。第 11 章将深入介绍网络 I/O 控制和网络资源池。

最后，说明 VLAN Type 选项的用法。

- 将 VLAN Type 设置为 None，那么分布式端口组就只能接收未标记的流量。在这种情况下，上行链路必须连接一个配置为访问端口的物理交换机端口，否则它们只能接收未标记（或原生）VLAN 流量。
- 如果将 VLAN Type 设置为 VLAN，就需要指定一个 VLAN ID。分布式端口组将接收标记该 VLAN ID 的流量。上行链路必须连接配置为 VLAN 中继的物理交换机端口。
- 如果将 VLAN Type 设置为 VLAN Trunking，就需要指定允许访问的 VLAN 范围。分布式端口会将这些 VLAN 标记传输到所有连接的虚拟机的客户机操作系统上。
- 如果将 VLAN Type 设置为 Private VLAN，就需要指定一个私有 VLAN 记录。私有 VLAN 的详细介绍参见本节后面的内容。

选择正确的端口绑定设置（必要时，还需选择端口分配），正确的网络资源池和正确的 VLAN Type，单击 Next 按钮。

（6）在汇总界面上检查设置，确认无误之后单击 Finish 按钮。如果需要修改设置，单击 Back 按钮返回并进行编辑。

在创建分布式端口组之后，就可以在虚拟机配置上选择该分布式端口组作为网络连接方式，如图 5.53 所示。

在创建分布式端口组之后，会出现分布式交换机的拓扑视图。在 vSphere Web 客户端中，该视图可以在分布式交换机 Manage 选项卡的 Setting 区域找到。在 Setting 区域单击 Info 图标（蓝圈中的小写 i），会显示分布式端口组及其当前状态的更多信息。图 5.54 展示了 vSphere Web 客户端中分布式端口组的一些信息。

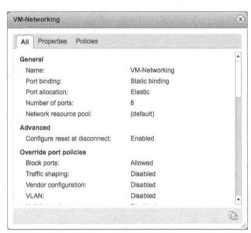

图 5.53 选择一个分布式端口组作为虚拟机网络连接，就像标准 vSwitch 的端口组一样

图 5.54 vSphere Web 客户端提供了分布式端口组的配置摘要

2．编辑一个分布式端口组

在分布式交换机的拓扑视图中，单击 Edit Distributed Port Group Settings 链接，编辑分布式端口组的配置。在 vSphere Web 客户端中，可以先选择目录列表中的分布式交换机，然后转到 Manage 选项卡下的 Settings 区域找到编辑选项。最后，选择 Topology 来生成拓扑视图，如图 5.55 所示。

现在介绍如何修改分布式端口组的 VLAN 设置、流量成型和 NIC 组。安全策略设置和监控将在本章后面的内容中介绍。

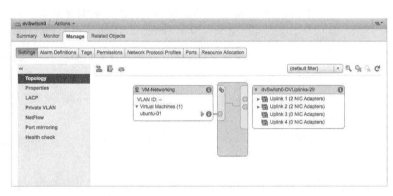

图 5.55 在分布式交换机的拓扑视图中可以轻松查看和编辑分布式端口

不同分布式交换机版本有不同的选项

前面提到，在 vSphere Web 客户端上可以创建不同版本的分布式交换机。有一些特殊配置选项只出现在 5.1.0 版本或 5.5.0 版本的 vSphere 分布式交换机上。

执行下面的步骤，修改一个分布式端口组中的 VLAN 设置。

（1）启动 vSphere Web 客户端，连接到一个 vCenter Server 实例。

（2）在要编辑分布式端口组的分布式交换机中，转到 Topology View。

（3）单击名称，选择分布式端口组，这像是 vSphere Web 客户端的超链接。然后单击交换机拓扑上方的 Edit Distributed Port Group Settings 图标。

（4）在 Edit Settings 对话窗口上选择左边列表中的 VLAN 选项。

（5）修改 VLAN 设置，如修改 VLAN ID，或者将 VLAN Type 设置修改为 VLAN Trunking 或 Private VLAN。

不同的 VLAN 配置选项的用法参考图 5.52。

（6）完成修改之后，单击 OK 按钮。

执行下面的步骤，修改一个分布式端口组的流量成型策略。

（1）使用支持的 Web 浏览器连接一个 vCenter Server 实例，启动 vSphere Web 客户端。

（2）在要编辑分布式端口组的分布式交换机中，转到 Topology View。

（3）单击名称，选择分布式端口组，这像是 vSphere Web 客户端的超链接。然后单击交换机拓扑上方的 Edit Distributed Port Group Settings 图标。

（4）选择分布式端口组设置对话窗口左边的选项列表的 Traffic Shaping（流量成型）选项，如图 5.56 所示。

流量成型的用法详见 5.2.10 节。这里的区域是在分布式交换机上，流量成型策略既可以应用到入口上，也可以应用到出口流量上。在 vSphere 标准交换机上，流量成型策略

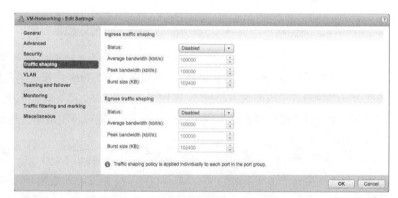

图 5.56　入口和出口流量成型策略都可以应用到分布式交换机的分布式端口组上

只能应用到出口（外出）流量上。除此之外，分布式端口组中其他设置的作用和前面一样。

（5）完成修改之后，单击 OK 按钮。

执行下面的步骤，修改一个分布式端口组的 NIC 组和故障恢复策略。

（1）使用支持的 Web 浏览器连接一个 vCenter Server 实例，启动 vSphere Web 客户端。

（2）在要编辑分布式端口组的分布式交换机中，转到 Topology View。

（3）单击名称，选择分布式端口组，这像是 vSphere Web 客户端的超链接。然后单击交换机拓扑上方的 Edit Distributed Port Group Settings 图标。

（4）选择 Edit Settings 对话窗口左边选项列表的 Teaming And Failover（组与故障恢复）选项，如图 5.57 所示。

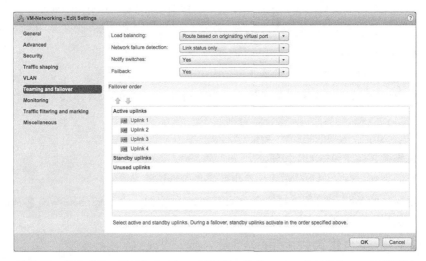

图 5.57　分布式端口组 Edit Settings 对话窗口的 Teaming And Failover 选项可以
修改分布式端口组使用上行链路的方式

这些设置的详细用法参见 5.2.9 节，但是有一点需要特别注意——4.1 和更高版本的分布式交换机支持一种新的负载平衡：Route Based On Physical NIC Load（基于物理 NIC 负载转发流量）。当选择这种负载平衡策略时，ESXi 每隔 30 秒检查一下上行链路使用率，确认是否出现拥塞。在这种情况下，当传输或接收的流量超过 30 秒内平均使用率的 75% 时，主机就会认为出现了拥塞。如果检测到一个上行链路出现拥塞，那么 ESXi 会将这个虚拟机重新配置到另一个上行链路。

> **基于负载进行组合的需求**
>
> 基于负载的组合（Load-Based Teaming, LBT）要求将所有上游物理交换机加到同一个 2 层（广播）域上。此外，VMware 推荐在所有连接一个启用 LBT 的分布式交换机的物理交换机端口上启用 PortFast 或 PortFast Trunk 选项。

（5）完成修改之后，单击 OK 按钮。

在稍后的章节中将详细介绍 vSphere 支持的 Link Aggregation Control Protocol（链路汇聚控制协议，LACP），包括如何利用 LACP 配置分布式交换机。同时，还将回顾一下修改 NIC 组和故障恢复的内容。

在所有的可用设置中包含一个 Blocked（阻挡）策略选项。这个操作相当于禁用分布式端口组的一组端口。可以将 Block All Ports 设置为 Yes 或 No，如图 5.58 所示。如果将阻挡策略设置为 Yes，那么所有进出这个分布式端口组的流量都会被丢弃。除非有意让连接该分布式端口组的所有虚拟机停机，否则不要将阻挡策略设置为 Yes。

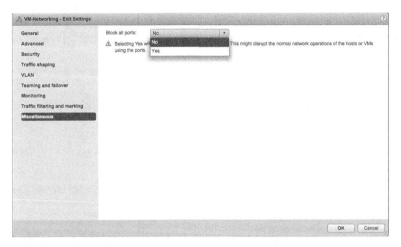

图 5.58　阻挡策略可以设置为 Yes 或 No，将阻挡策略设置为 Yes 时表示禁用该分布式端口组的所有端口

有办法解决问题吗?

假如不小心将含有管理接口的分布式端口组的阻挡策略设置为 **Yes**，我们之前讲过的功能是否可以帮助解决问题? 当然! **vSphere** 网络回滚就可以。

3.　删除一个分布式端口组

删除分布式端口组最简单的方法是使用分布式交换机自身的拓扑视图。该视图可以在分布式交换机 Manage 选项卡下的 Settings 区域中找到。

要删除一个分布式端口组，首先在拓扑视图中单击分布式端口组的名称。然后，单击 Remove The Distributed Port Group（删除分布式端口组）图标（一个红 X）。最后，单击 Yes 按钮确认删除该分布式端口组。

如果虚拟机仍然附加在分布式端口组中，那么 vSphere Web 客户端将阻止删除并记录一个错误通知。

为了成功删除附加了虚拟机的分布式端口组，必须先重新配置虚拟机，使其在相同分布式交换机上使用不同分布式端口组、在不同分布式交换机上使用分布式端口组或使用 vSwitch。还可以在 Actions 菜单中使用 Migrate VM To Another Network（将虚拟机迁移到其他网络）命令，或直接重新配置虚拟机的网络设置。

移除分布式端口组中的所有虚拟机后，就可以使用前面的方法删除分布式端口组。

下一节将介绍管理适配器（物理和虚拟）。

5.3.6　管理适配器

分布式交换机（虚拟和物理）适配器的管理方式与标准 vSwitch 区别很大。虚拟适配器是 VMkernel 接口，因此管理虚拟适配器其实就是管理分布式交换机的 VMkernel 流量，其中包括管理、

vMotion、基于 IP 的存储和容错日志流量。当然，物理适配器就是作为分布式交换机上行链路的物理网络适配器。管理物理适配器就是指添加或删除连接分布式交换机中上行链路分布式端口组端口的物理适配器。

执行下面的步骤，将一个虚拟适配器添加到分布式交换机上。

（1）使用支持的 Web 浏览器连接到一个 vCenter Server 实例，启动 vSphere Web 客户端。作为用户登录，并拥有管理员权限。

（2）在 vSphere Web 客户端首页上，转到要编辑的分布式交换机。方法是选择 vCenter，然后从目录列表（不是目录树）中选择 Distributed Switches。

（3）选择左边目录列表中的一个分布式交换机，单击右边明细窗格的 Manage 选项卡，选择 Settings，并选定 Topology。

（4）单击上方一行中的第 2 个图标；弹出的提示框显示"Add hosts to this distributed switch and add or migrate physical or virtual network adapters"（为该分布式交换机添加主机，并且添加或迁移物理或虚拟网络适配器）。这样就会启动 Add And Manage Hosts（添加和管理主机）向导。

（5）选择 Manage Host Networking（管理主机网络）单选按钮，然后单击 Next 按钮。

（6）在 Select Hosts 界面使用绿色加号图标向主机列表中添加即将修改的主机。这与向导类似，要求在分布式交换机中添加主机，但是实际上的操作是向主机列表中添加将要修改的主机。单击 Next 按钮进行下一步。

（7）在本例中，我们将修改虚拟适配器，因此请确保只选定了 Manage Virtual Adapters 复选框。单击 Next 按钮。

（8）选定一个 ESXi 主机，单击 Manage Virtual Network Adapters 界面上方的 New Adapter（新建适配器）链接，如图 5.59 所示。打开 Add Networking 向导。

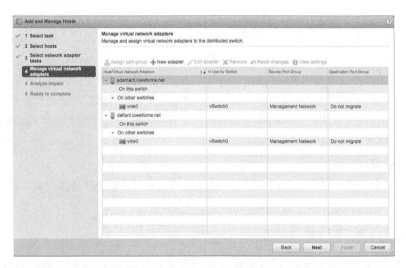

图 5.59　在 Manage Virtual Network Adapters 向导界面中可以添加新的适配器，也可以迁移现有的适配器

先创建分布式端口组

为分布式交换机添加新的虚拟适配器时，应先创建分布式端口组。在添加新的虚拟适配器过程中，向导不提供创建分布式端口组的方法。

（9）在 Add Networking 向导中，单击 Browse 按钮，为新的虚拟适配器选择现有的分布式端口组（注意参考补充内容"先创建分布式端口组"）。选择完成后单击 OK 按钮，然后单击 Next 按钮。

（10）在 Port Properties 界面，选择只启用 IPv4、只启用 IPv6 或同时启用。

（11）启用所需的服务，如 vMotion 或容错日志。单击 Next 按钮。

（12）根据所选择的启用 IPv4、启用 IPv6 或同时启用 IPv4 和 IPv6，这些界面需要配置正确的网络设置。

如果选择只启用 IPv4，那么提供正确的 IPv4 设置。

如果选择只启用 IPv6，那么提供正确的 IPv6 设置。

如果选择同时启用 IPv4 和 IPv6，那么在向导中将出现两个配置界面，一个用于 IPv4，一个用于 IPv6。

（13）输入正确的网络协议设置后，向导的最终界面会显示即将应用的设置。如果一切正常，单击 Finish 按钮；否则，使用 Back 按钮返回并修改必要的设置。

（14）回到 Add And Manage Hosts 向导，在这里可以查看新添加的虚拟适配器。如果需要同时为其他 ESXi 主机添加虚拟适配器，重复第 8 步到第 13 步；如果无需添加，单击 Next 按钮。

（15）Analyze Impact 界面将显示由于修改而产生的潜在影响。必要时，使用 Back 按钮返回并修改设置，以减少负面影响。完成后，单击 Next 按钮。

（16）单击 Finish 按钮，为选定的分布式交换机和 ESXi 主机提交修改。

迁移现有的虚拟适配器，如现有 vSwitch 中的 VMkernel 端口，与添加虚拟适配器的步骤相同。唯一的不同点在第 8 步，应选择现有的虚拟适配器，然后单击上方的 Assign Port Group（指定端口组）。选择一个现有的端口组，单击 OK 按钮返回向导，如图 5.60 所示。

在创建或迁移虚拟适配器之后，可以使用相同的向导修改虚拟端口（如修改 IP 地址），将分布式端口组改为指向分配的适配器，或者启用一些特性，如 vMotion 或容错日志。编辑一个现有的虚拟适配器，可以选择图 5.60 中的 Edit Adapter 链接。在这个向导上，还可以删除不要的虚拟适配器。在 Add And Manage Hosts 向导中的 Manage Virtual Network Adapters 界面使用 Remove 链接。

毫无疑问，vSphere Web 客户端还允许添加或删除连接分布式交换机中上行链路端口组中端口的物理适配器。正如前面所介绍，虽然在给分布式交换机添加主机的过程中也可以指定物理适配器；但是在将主机添加到分布式交换机之后，有时候也需要将一个物理 NIC 连接到分布式交换机上。

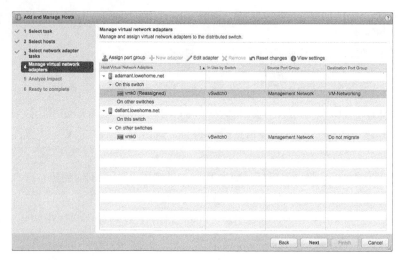

图 5.60 迁移虚拟适配器需要将它指定给一个现有的分布式端口组

执行下面的步骤，将 ESXi 主机的一个物理网络适配器添加到分布式交换机上。

（1）使用支持的 Web 浏览器连接到一个 vCenter Server 实例，启动 vSphere Web 客户端。

（2）在 vSphere Web 客户端首页上，转到要要修改的分布式交换机。

（3）选定左边目录列表的一个分布式交换机，在 Manage 选项卡下选择 Settings，然后单击 Topology。

（4）在 Actions 菜单中选择 Add And Manage Hosts，打开 Add And Manage Hosts 向导。

（5）选择 Manage Host Networking 单选按钮，然后单击 Next 按钮。

（6）使用绿色加号图标为主机列表添加 ESXi 主机。完成后，单击 Next 按钮。

（7）确保只选定 Manage Physical Adapters 选项，如图 5.61 所示，单击 Next 按钮。

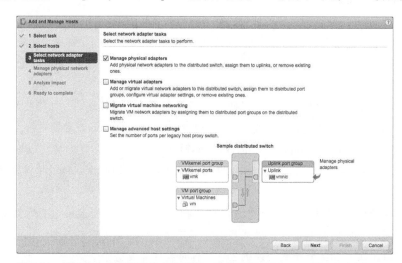

图 5.61 管理分布式交换机的上行链路，确保只选定 Manage Physical Adapters 选项

（8）在 Manage Physical Network Adapters 界面，可以为选定的分布式交换机添加或删除物理网络适配器。

添加一个物理适配器作为上行链路，从列表中选择一个未指定的适配器，单击 Assign Uplink 链接。还可以使用 Assign Uplink 链接来修改指定物理适配器的上行链路（例如，从上行链路 2 移动到上行链路 3）。

删除一个物理适配器作为上行链路，从列表中选择一个指定的适配器，单击 Unassign Adapter 链接。

将一个物理适配器从其他交换机迁移到这个分布式交换机，选择已经选定的适配器，并使用 Assign Uplink 链接。这样就会从其他交换机自动删除，并指定到选定的交换机中。

为列表中的主机重复此过程。单击 Next 按钮进行下一步。

（9）在 Analyze Impact 界面，vSphere Web 客户端会为修改的预期影响提供反馈。如果修改造成的影响不适当，单击 Back 按钮返回并做出必要的更改；否则，单击 Next 按钮。

（10）单击 Finish 按钮完成向导并提交更改。

除了迁移虚拟适配器和修改物理适配器，还可以使用 vCenter Server 在 vSphere 标准交换机和 vSphere 分布式交换机之间迁移虚拟机网络，如图 5.62 所示。

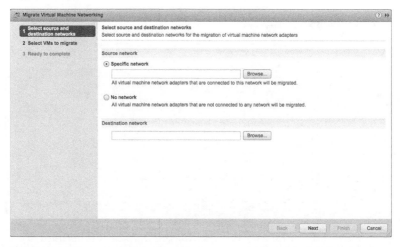

图 5.62　Migrate Virtual Machine Networking 向导可以实现在来源和目标网络之间的虚拟机自动迁移

当选定的分布式交换机位于目录列表时，使用 Actions 菜单打开该工具。这个工具可以重新配置选定的虚拟机，为它们配置选定的目标网络。这显然比重新配置每一个虚拟机要方便很多。此外，该工具可以轻松实现分布式交换机之间的虚拟机迁移。下面练习一下迁移过程，详细了解其工作方式。

执行下面的步骤，将虚拟机从一个 vSphere 标准交换机迁移到一个 vSphere 分布式交换机上。

（1）使用支持的 Web 浏览器连接一个 vCenter Server 实例，启动 vSphere Web 客户端。

（2）转到目录列表中的分布式交换机。

（3）在左边目录树中选择一个分布式交换机，从 Actions 菜单中选择 Migrate VM To Another Network（迁移虚拟机到另一个网络）。这样就会启动 Migrate Virtual Machine Networking 向导。

（4）使用 Browse 按钮选择包含所迁移虚拟机的来源网络。必要时，使用 Filter and Find 搜索窗口限制结果。选定来源网络后单击 OK 按钮。

（5）使用 Browse 按钮选择虚拟机将要迁移过去的目标网络。同样，在必要时可以使用 Filter and Find 搜索窗口来定位需要的目标网络。选定目标网络后单击 OK 按钮返回向导。

（6）在选择了来源和目标网络之后，单击 Next 按钮。

（7）这时会生成一组匹配的虚拟机，并且工具会分析每一个虚拟机，确定虚拟机是否能够访问目标网络（Accessible 或 Inaccessible）。

图 5.63 显示了一个包含可访问和不可访问的目标网络列表。如果运行虚拟机的 ESXi 主机不属于分布式交换机（如本例），那么目标网络会显示为不可访问。选择想要迁移的虚拟机，单击 Next 按钮。

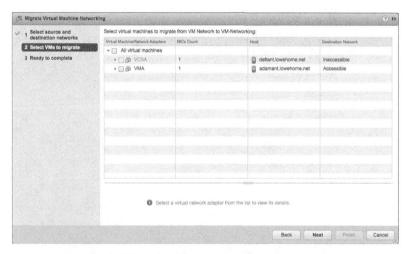

图 5.63　如果目录网络不可访问，则无法迁移所选定来源网络的虚拟机

（8）单击 Finish 按钮，开始将选定的虚拟机从指定的来源网络迁移到选定的目标网络上。

这时，在 Tasks 窗格上会显示对应每一个将要迁移的虚拟机的 Reconfigure Virtual Machine（重新配置虚拟机）任务。

记住，这个工具可以将虚拟机从一个 vSwitch 迁移到一个分布式交换机上，或者从一个分布式交换机迁移到一个 vSwitch 上——只需要分别指定来源和目标网络。

现在，本书已经介绍了分布式交换机的基本用法，接下来将介绍一些高级内容。首先是使用 NetFlow 监控网络。

5.3.7　在 vSphere 分布式交换机上使用 NetFlow

NetFlow 是一种将 IP 流量信息报告为流量流（Traffic Flow）的高效机制。流量流的定义包括来源和目标 IP 地址、来源和目标 TCP 或 UDP 端口、IP 地址和 IP 服务类型（ToS）。支持 NetFlow 的网络设计将跟踪和报告流量流的信息，通常会将这些信息发送给一个 NetFlow 收集设备。使用所收集的数据，网络管理员就能够了解通过网络的流量流的类型与数量。

在 vSphere 5.0 中，VMware 通过 vSphere 分布式交换机增加对 NetFlow 的支持（只有 5.0.0 版本或更高版本的分布式交换机支持）。这样 ESXi 主机就可以收集每一个流的详细信息，并且将这些信息报告给一个 NetFlow 收集设备。

配置 NetFlow 需要执行 2 个步骤。

（1）在分布式交换机上配置 NetFlow 属性。

（2）在每一个分布式端口组上启用或禁用 NetFlow（默认是禁用的）。

下面来更详细地学习这些步骤。

执行下面的步骤，为一个分布式交换机配置 NetFlow 属性。

（1）使用支持的 Web 浏览器连接一个 vCenter Server 实例，启动 vSphere Web 客户端。

（2）打开 vSphere Web 客户端的目录列表，转到分布式交换机列表，选择要启用 NetFlow 的分布式交换机。

（3）选定所需的分布式交换机，从 Actions 菜单中选择 All vCenter Actions → Edit NetFlow。这样就会打开 Edit NetFlow Settings 对话窗口。

（4）如图 5.64 所示，指定 NetFlow 收集设备的 IP 地址、NetFlow 收集设备的端口和标识分布式交换机的 IP 地址。

（5）如果由网络团队执行这些操作，则可以修改 Advanced Settings（高级设置）。

（6）如果想让分布式交换机只处理内部流量流——即主机上虚拟机之间的流量流，则要选定 Process Internal Flows Only to Enabled（启用只处理内部流）。

（7）单击 OK 按钮，提交修改，返回 vSphere Web 客户端。

在配置完分布式交换机的 NetFlow 属性之后，就可以逐一启用每一个分布式端口组的 NetFlow。其默认设置是 Disabled（禁用）。

执行下面的步骤，在一个分布式端口组上启用 NetFlow。

图 5.64　只有指定 NetFlow 收集设备的 IP 地址和端口号，才能发送分布式交换机的流信息

（1）启动 vSphere Web 客户端，转到要启用 NetFlow 的分布式端口组。在分布式交换机上必须已经执行了之前的过程，以便配置 NetFlow。

（2）在 Actions 菜单中选择 Manage Distributed Port Groups（管理分布式端口组）。这样就会打开 Manage Distributed Port Groups 向导。

（3）在 Monitoring 旁边放置复选标记，然后单击 Next 按钮。

（4）在分布式交换机的分布式端口组列表中，选择要编辑的分布式端口组。如果需要，可以选择多个分布式端口组。对于 Windows 用户来说，这意味着选择第二个和随后的分布式端口组时可以按 Ctrl 键；而 OS X 的用户可以使用 Command 键。

选定所需的分布式端口组后，单击 Next 按钮。

（5）在 Monitoring 界面启用 NetFlow，如图 5.65 所示；然后单击 Next 按钮。

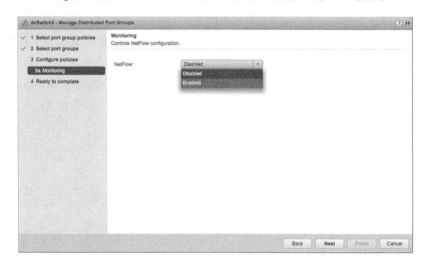

图 5.65　NetFlow 默认是禁用的，需要在每一个分布式端口组上启用 NetFlow

（6）单击 Finish 按钮，将修改保存到分布式端口组上。

dvPort 组将开始捕捉 NetFlow 统计信息，然后将这些信息执行给指定的 NetFlow 收集设备。

另一个有用的功能是 vSphere 支持交换机发现协议，与 Cisco Discovery Protocol（思科发现协议，CDP）和 Link Layer Discovery Protocol（链接层发现协议，LLDP）类似。具体参见下一节内容。

5.3.8　启用交换机发现协议

上一个版本的 vSphere 支持思科发现协议（Cisco Discovery Protocol, CDP），该协议支持在网络设备之间交换信息。然而，要在命令行下才能启用和配置 CDP。

在 vSphere 5.0 中，VMware 增加了链接层发现协议（Link Layer Discovery Protocol, LLDP）支持，这是 CDP 的行业标准化形式，而且 VMware 还在 vSphere 客户端中增加了配置 CDP/LLDP 支持的界面。

执行下面的步骤，配置交换机发现协议。

（1）启动 vSphere Web 客户端，转到 vSphere Web 客户端目录列表上的指定分布式交换机。

（2）选定左边的分布式交换机，从 Actions 菜单中选择 Edit Settings。

（3）在 Edit Settings 对话窗口，选择 Advanced。

（4）配置分布式交换机的 CDP 或 LLDP 支持，如图 5.66 所示。

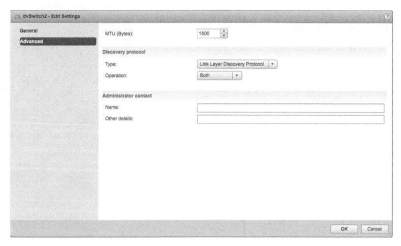

图 5.66　LLDP 支持使 dvSwitch 能够与网络中其他启用 LLDP 的设备交换发现信息

这个图片显示了在分布式交换机上配置 LLDP 支持，包括监听（从其他连接的设备接收 LLDP 信息）和广告（向其他连接的设备发送 LLDP 信息）。

（5）单击 OK 按钮，保存修改。

一旦这个分布式交换机的 ESXi 主机开始交换发现信息，用户就可以在物理交换机上查看这些信息。例如，在大多数思科交换机上，执行 show cdp neighbor 命令，就可以显示启用 CDP 的网络设备的信息，其中包括 ESXi 主机。ESXi 主机的记录包括使用的物理 NIC 信息和创建 vSwitch/ 分布式交换机。

vSphere 标准交换机也支持 CDP（不支持 LLDP），但不能用 GUI 配置该支持；必须使用 esxcli。将 CDP 设置到 vSwitch0 上，用于配置支持（监听和广告）的命令为：

```
esxcli --server=<vCenter IP address> --vihost=<ESXi host IP address>
--username=<vCenter administrative user> network vswitch standard set
--cdp-status=both --vswitch-name=vSwitch0
```

下一个要介绍的高级网络组件是私有 VLAN。

5.3.9　创建私有 VLAN

私有 VLAN（PVLAN）是 vSphere 的高级网络特性，它建立在 vSphere 分布式交换机的功能之上。在 vSphere 环境中，只有在使用分布式交换机时才能使用私有 VLAN，而且不能在 vSphere 标准交换机上使用。此外，必须确保与 vSphere 环境连接的上游物理交换机支持 PVLANs。

本节将简要介绍私有 VLAN。PVLAN 是一种在 VLAN 中进一步隔离端口的方法（也有人称其为微分割）。例如，在一个受控 Zone（DMZ）之内的主机就属于这种情况。

属于同一个 DMZ 的主机相互间很少通信，但是在每一个主机上配置 VLAN 显然是很不方便的。使用 PVLAN，就可以隔离各个主机，同时又让它们处于同一个 IP 子网内。图 5.67 以图形化方式说明了 PVLAN 的工作方式。

PVLAN 都是成对配置的：主 VLAN 和副 VLAN。主 VLAN 可看作是下游 VLAN，也就是说，通向主机的流量会通过主 VLAN；副 VLAN 可看作是上游 VLAN，也就是说，来自主机的流量会通过副 VLAN。

要使用 PVLAN，首先要在连接 ESXi 主机的物理交换机上配置 PVLAN，再将 PVLAN 记录添加到 vCenter Server 的分布式交换机中。

图 5.67 私有 VLAN 可以隔离同一个 IP 子网的端口

执行下面的步骤，在一个 dvSwitch 上定义 PVLAN 记录。

（1）启动 vSphere Web 客户端，连接一个 vCenter Server 实例。

（2）在 vSphere Web 客户端首页上选择 vCenter，然后单击左边目录列表中的 Distributed Switches。

（3）选择左边目录窗格的一个已有分布式交换机，选择右边明细窗格的 Manage 选项卡，然后选择 Settings。

（4）选择 Private VLAN，然后单击 Edit 按钮。

（5）在 Edit Private VLAN Settings 对话窗口，单击 Add 按钮，将一个主 VLAN ID 添加到左边的列表上。

（6）在左边列表的每个主 VLAN ID 上为右边的列表添加 1 个或多个副 VLAN，如图 5.68 所示。

副 VLAN 可以分成下面 2 类。

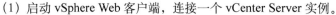

图 5.68 私有 VLAN 记录包括 1 个主 VLAN 和 1 个或多个副 VLAN 记录

◆ 隔离式（Isolated）：位于隔离式的副 PVLAN 的端口只允许与同一个副 VLAN 的混杂端口通信（即将介绍什么是混杂端口）。

◆ 社区式（Community）：位于副 PVLAN 的端口允许与同一个副 PVLAN 和混杂端口通信。每个主 VLAN 只允许配置 1 个隔离式副 VLAN。但是，允许将多个副 VLAN 配置为社区 VLAN。

（7）在添加完所有 PVLAN 对之后，单击 OK 按钮，保存修改，返回到 vSphere Web 客户端。

在为分布式交换机指定了 PVLAN ID 之后，还必须创建一个使用 PVLAN 配置的分布式端口组。创建分布式端口组的过程已经在前面介绍过。图 5.69 显示了在 New Distributed Port Group（新建分布式端口组）向导中创建一个使用 PVLAN 的分布式端口组。

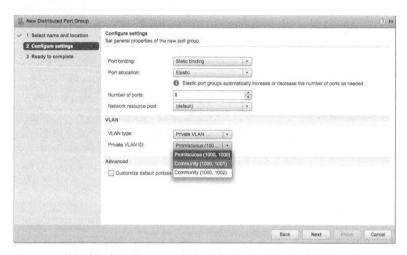

图 5.69　在创建一个使用 PVLAN 的分布式端口组时，该分布式端口组必须关联主 VLAN ID 和副 VLAN ID

在图 5.69 中再次出现了术语混杂（promiscuous）。在 PVLAN 术语中，混杂端口允许向 VLAN 中其他端口发送和接收它们的 2 层数据帧。这种端口通常保留作为 IP 子网的默认网关，例如 3 层路由器。

虽然 PVLAN 是一个强大的配置工具，但是其配置也相当复杂，而且理解起来有一定的难度。关于 PVLAN 的更详细信息，推荐读者在思科网站（www.cisco.com）上搜索私有 VLAN。

和 vSphere 标准交换机一样，vSphere 分布式交换机同样大大增加了虚拟网络设计与配置的灵活性。但是和其他技术一样，再灵活的技术也会有限制条件。表 5.2 列出 vSphere 分布式交换机的配置限额。

表 5.2　　　　　　ESXi 网络组件（vSphere 分布式交换机）的配置限额

配置项目	最大值
每一个 vCenter Server 的交换机数量	128
每一个主机的最大端口数量（vSS/vDS）	4096
每一个 vCenter 实例的 vDS 端口数量	60000
每一个 vDS 的 ESXi 主机	1000
每一个 vCenter 实例的静态端口组数量	10000
每一个 vCenter 实例的临时端口组数量	1016

VMware vSphere 还允许在 vSphere 环境中使用兼容的第三方分布式交换机。在介绍第三方分布式虚拟交换机中可用的几个选项之前，先来讨论一下 vSphere 的最后一个高级网络特性：链路聚合控制协议（Link Aggregation Control Protocol，LACP）支持。

5.3.10　配置 LACP

链路聚合控制协议（LACP）是支持将多个单一网络链接聚合成一个逻辑网络链接的标准式协议。LACP 支持最先出现于 vSphere 5.1 中，并在 vSphere 5.5 中得到了加强。请注意，只有在使用 vSphere 分布式交换机时，LACP 支持才可用；vSphere 标准交换机不支持 LACP。

LACP 是唯一方法吗

只使用链路聚合，而不使用 LACP 是可行的。当使用 vSphere 标准交换机或 vSphere 分布式交换机时，在 Route Based on IP Hash（基于 IP Hash 的负载均衡）中设置 NIC 组策略就可以启用链路聚合。虽然启用了链路聚合，但是这个配置不使用 LACP。这是在 vSphere 标准交换机中使用链路聚合的唯一方法。

下面介绍如何在 5.1.0 版本的 vSphere 分布式交换机中配置基本的 LACP 支持；然后详细说明 LACP 支持在 vSphere 5.5 中是如何加强的。

使用 5.1.0 版本的 vSphere 分布式交换机，必须配置以下 4 个区域。

◆　为分布式交换机的上行链路组启用 LACP 属性。

◆　为 Route Based On IP Hash 中的所有分布式端口组设置 NIC 组策略。

◆　只为链接状态的所有分布式端口组设置网络检测策略。

◆　配置所有分布式端口组，使所有上行链路都是活跃状态，而不是待机或未使用状态。

图 5.70 显示了 5.1.0 版本的 vSphere 分布式交换机上行链路组的 Edit Settings 对话窗口。在这里可以看到启用 LACP 的设置和所需的其他设置提醒。

图 5.70　5.1.0 版本的 vSphere 分布式交换机中的基本 LACP 支持在上行链路组中是启用状态，但是还需要其他设置

如何找到上行链路组的 Edit Settings 对话窗口

分布式交换机上行链路组的 **Edit Settings** 对话窗口看上去可能并不直观，如图 5.70 所示。技巧在于在 Topology 视图中选择（或突出显示）上行链路组，然后单击 **Edit Distributed Port Group Settings**（编辑分布式端口组设置）图标。据我们所知，这是在 vSphere **Web** 客户端中找到该对话窗口的唯一方法，不能通过 **Actions** 菜单，也不能使用任何右键单击菜单。

先在 ESXi 主机连接的物理交换机中配置 LACP，启用 LACP 的具体方法因供应商的不同而有所不同。如图 5.70 所示，Mode（模式）设置（可以设置为 Active 或 Passive）帮助 ESXi 主机决定了如何与物理交换机通信，从而建立链路聚合。

◆ 当 LACP 的模式设置为 Passive（被动）时，ESXi 主机与物理交换机不启动任何通信；交换机必须启动协商。

◆ 当 LACP 的模式设置为 Active（主动）时，ESXi 主机将主动与物理交换机启动链路聚合协商。

从以上内容可以看出，在 5.1.0 版本的 vSphere 分布式交换机中使用 LACP 只支持一个链路聚合（单独捆绑的 LACP 协商链接），并且为整个 vSphere 分布式交换机启用或禁用 LACP。

升级到 5.5.0 版本的 vSphere 分布式交换机后，LACP 支持得到了加强，并且消除了这些限制。5.5.0 版本的分布式交换机支持多个 LACP 捆绑，使用（或不使用）这些 LACP 捆绑可以在每一个分布式端口组中进行设置。下面来介绍一下在 5.5.0 版本的分布式交换机中如何配置 LACP 设置。

在 5.5.0 版本的分布式交换机中，LACP 功能位于 Manage 选项卡下的 Settings 区域，如图 5.71 所示。在这里可以定义 1 个或多个链路聚合组（LAGs），每一个都会作为逻辑上行链路出现在分布式交换机的分布式端口组中。

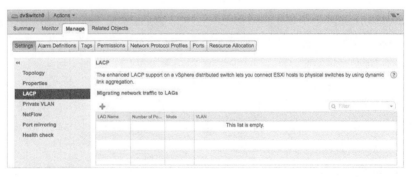

图 5.71　vSphere 5.5 中加强的 LACP 支持消除了 vSphere 5.1 中的诸多限制

vSphere 5.5 支持多个 LAGs 出现在一个分布式交换机中，允许管理员在仍然使用 LACP 的情况下拥有双宿主分布式交换机（将分布式交换机与多个上游物理交换机连接）。这其中还有一些限制，后面会详细介绍。

在 5.5.0 版本的分布式交换机中使用 LACP，需要 3 个基本步骤。

（1）在 Manage 选项卡下 Settings 区域的 LACP 部分定义 1 个或多个 LAG。

（2）为创建的 LAGs 添加物理适配器。

（3）修改分布式端口组，以便在分布式端口组的组和故障恢复配置中将 LAGs 作为上行链路使用。

下面详细介绍每一个步骤。

执行下面的步骤，创建一个 LAG。

（1）使用支持的 Web 浏览器连接一个 vCenter Server 实例，并根据管理凭据登录。

（2）转到要配置 LACP 链路聚合组的指定分布式交换机。

（3）在左边的目录列表中选定分布式交换机后，单击 Manage 选项卡，单击 Settings，然后单击 LACP。显示的界面如图 5.71 所示。

（4）单击绿色加号添加一个 LAG。这会显示 New Link Aggregation Group（新建链路聚合组）对话窗口，如图 5.72 所示。

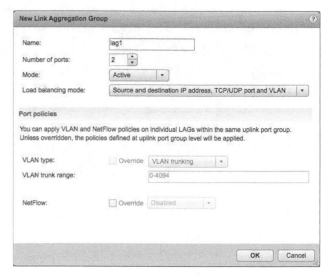

图 5.72　在 5.5.0 版本的分布式交换机中，LACP 的属性可以在每个 LAG 中配置，而无需在整个分布式交换机中配置

（5）在 New Link Aggregation Group（新建链路聚合组）对话窗口，为新的 LAG 命名。

（6）指定 LAG 中包含的物理端口数。

（7）指定 LACP 模式（Active 或 Passive）。

（8）选择一个负载平衡模式。请注意，这个负载平衡模式只影响出口流量；入口流量则根据配置在物理交换机上的负载平衡模式来平衡负载。（对于故障排除来说，最好以及最简单的配置是与可能的物理交换机匹配。）

（9）如果要为 LAG 覆盖端口策略，可以在该对话窗口底部执行。

（10）单击 OK 按钮创建新的 LAG，然后返回到 vSphere Web 客户端的 LACP 区域。

现在至少创建了一个 LAG，为其指定物理适配器。按照之前介绍的步骤管理物理适配器（具体参见第 5.3.6 节）。需要注意的一处改动是，为选定的物理适配器单击 Assign Uplink 链接时，可以看到一个选项，是在所创建的 LAG 中为其中一个可用的上行链路端口指定适配器。图 5.73 显示了为有两个 LAG 的分布式交换机指定一个上行链路的对话窗口。

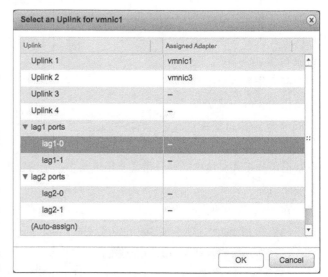

图 5.73　LAGs 创建完成后，可以为其添加物理适配器

为 LAGs 添加物理适配器后，继续进行最后一个步骤：为分布式交换机中的分布式端口组配置 LAGs 作为上行链路。在"编辑一个分布式端口组"一节已经详细介绍了这一过程。请注意，LAGs 将会作为物理上行链路出现在组和故障恢复配置中，如图 5.74 所示。你还可以指定 LAGs 作为活跃上行链路、

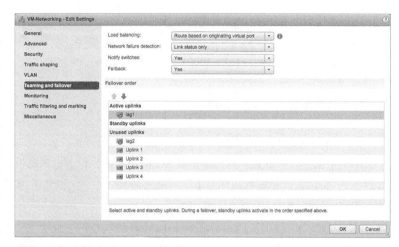

图 5.74 LAGs 作为物理上行链路出现在分布式端口组

待机上行链路或未使用上行链路。

使用 LAGs 时，应注意以下限制。

◆ 不能在一个给定的分布式端口组中混合 LAGs 和物理上行链路。所有物理上行链路都应作为未使用的适配器列出。

◆ 不能在单独的分布式端口组中使用多个活跃的 LAGs。将一个 LAG 放置于活跃上行链路列表中，其他 LAGs 则放置于未使用上行链路列表中。

请注意，这些限制是针对一个分布式端口组的；可以在其他分布式端口组中使用不同的活跃 LAGs 或独立上行链路，因为组和故障恢复配置是为每个单独的分布式端口组设置的。

忽略 LAGs 的负载平衡设置

在 5.5.0 版本的分布式交换机中使用 LACP 和 LAGs 时，可以忽略负载平衡设置，如图 5.74 所示。它是设置于 LAGs 中的负载平衡策略的覆盖。

可以看出，vSphere 5.5 和 5.5.0 版本的分布式交换机中，加强的 LACP 支持为网络团队中的 VMware 管理员和同行们提供了很大的功能性和灵活性。

下面详细介绍一下在 vSphere 环境中，使用第三方分布式交换机的一些可用选项。

5.4 了解第三方分布式虚拟交换机

2009 年发布 vSphere 4.0 时，VMware 第一次引入了分布式交换机，同时允许第三方开发者开发自己的分布式交换机并作为"插件"接入 vSphere 分布式交换机的 API 中。这让 vSphere 环境中的 VMware 合作伙伴利用第三方分布式交换机获得了更多的功能性。此功能刚出现时，只有一个 VMware 合作伙伴开发出了第三方产品：思科公司的 Nexus 1000V。截至目前，又有至少两家 VMware 的合作伙伴创建了它们自己的分布式交换机，现在 VMware 的客户有了多种不同的选择。

编写本书时，在 vSphere 5.5 中可以使用的第三方分布式交换机有 3 个。

◆ 思科 Nexus 1000V。

◆ IBM 分布式虚拟交换机 5000V。

◆ HP FlexFabric 虚拟交换机 5900V。

下面快速浏览一下这些选项。

5.4.1 思科 Nexus 1000V

第 1 个第三方分布式交换机是思科 Nexus 1000V，在虚拟环境中利用 Cisco NX-OS，允许网络管理员在 vSphere 环境和物理环境中使用熟悉的基于 CLI 的网络管理环境。

思科 Nexus 1000V 有 2 个主要组件。

◆ 虚拟以太网模块（Virtual Ethernet Module, VEM）：它在 ESXi 虚拟机管理程序中执行，替代标准 vSwitch 的功能。VEM 利用 vSphere 分布式交换机的 API 实现一些特性，如服务质量（QoS）、私有 VLAN、访问控制列表、NetFlow 和 SPAN。

◆ 虚拟管理模块（Virtual Supervisor Module, VSM）：这是一个作为虚拟机运行的思科 NX-OS实例（注意，思科也销售硬件设备 Nexus 1010，该设备也提供一个 Nexus 1000V VSM）。VSM 将多个 VEM 作为一个逻辑模块化交换机进行管理。所有配置都通过 VSM 执行，并且自动应用到 VEM。思科 Nexus 1000V 支持冗余 VSM，其配置包含 1 个主 VSM 和 1 个副 VSM。

虽然 Nexus 1000V 使用的是思科"Nexus"这个品牌名称，但是它可用于任何供应商的上游物理交换机；并且不需要物理思科 Nexus 交换机。当然，此功能会因为上游物理交换机的不同而获得不同的支持，所以请记住，Nexus 1000V 的有些功能可能无法适用所有物理交换机。

有关思科 Nexus 1000V 的更多信息，请登录思科网站进行查看，网址为：www.cisco.com/en/US/products/ps9902/index.html。

5.4.2 IBM 分布式虚拟交换机 5000V

IBM 分布式虚拟交换机（DVS）5000V 是可用于 vSphere 环境的第 2 个第三方分布式交换机。

与思科 Nexus 1000V 类似，IBM DVS 5000V 也有两部分架构。

◆ DVS 5000V 数据路径模块（Data Path Module, DPM）是嵌入在 ESXi 虚拟机管理程序中的，并且取代了标准虚拟交换机的功能。DPM 支持的功能有 QoS、sFlow v5、RADIUS、TACACS+、私有 LAN、使用访问控制列表（ACLs）的本地虚拟机间的流量控制、本地端口镜像（SPAN）、远程端口镜像（ERSPAN）和高级虚拟机的故障排除与可见性。

◆ DVS 5000V 控制器对存在于大量 ESXi 主机上的 DPM 执行集中管理和配置，并与 vCenterServer 进行通信，所以 5000V 就像是 VMware 环境中的分布式交换机。

思科 1000V 与 IBM 5000V 之间的不同点在于 IBM 5000V 支持较新的以太网技术，如边缘虚拟桥（Edge Virtual Bridging, EVB）、虚拟以太网端口聚合（Virtual Ethernet Port Aggregation, VEPA）

和虚拟服务器接口（Virtual Station Interface，VSI）发现与配置协议（Discovery and Configuration Protocol，VDP）。这些在 vSphere 环境中的虚拟交换机和物理交换机上游之间起到了很大的整合作用。

有关 IBM DVS 5000V 的更多信息，请登录 IBM 网站进行查看，网址为：www-03.ibm.com/systems/networking/switches/virtual/dvs5000v/index.html。

5.4.3 HP FlexFabric 虚拟交换机 5900V

2013 年 5 月，惠普发布了它的第三方分布式虚拟交换机：HP FlexFabric 虚拟交换机 5900V，并期望在 2013 年的第四个季度投入使用。由于公布的日期以及可用性，在本书编写时，关于 HP FlexFabric 5900V 的信息十分有限。

惠普在开发自己的虚拟交换机时，使用了一种与 IBM 和思科不同的方法。IBM 和思科都支持多种类型和品牌的上游物理交换机，而 HP 5900V 只支持使用 EVB、VEPA 和 VDP 技术的 HP FlexFabric 5900AF top-ofrack(ToR)交换机。在这种设定下，所有通过 HP 5900AF ToR 交换机的流量，甚至是相同 ESXi 主机上的虚拟机之间的流量，都给予了网络组完全的可见性和对流量的全面控制。这使得惠普能够支持全方位的网络性能，如 QoS、ACLs 和基于硬件的 sFlow。HP 5900V 还整合了惠普智能管理中心（Intelligent Management Center，IMC），从而简化了控制性能的创建和应用策略，如通过 HP 5900V 和 HP 5900AF ToR 交换机的 ACLs 和 QoS 流量。

有关 HP 5900V 的更多信息，请联系惠普公司。（在本书编写时，还没有针对 HP FlexFabric 虚拟交换机 5900V 的公开 URL。）

在结束本章之前，再来简单看一下 vSphere 环境中与安全相关的设置和功能。

5.5 配置虚拟交换机安全性

即使 vSwitch 和分布式交换机都被看作是"哑交换机"，但是仍然可以给它们配置安全策略，增强或保证 2 层网络安全性。在 vSphere 标准交换机上，可以在 vSwitch 或端口组上应用安全策略。在 vSphere 分布式交换机上，则只能在分布式端口组上应用安全策略。安全策略设置包括下面 3 种形式：

- ◆ Promiscuous Mode（混杂模式）；
- ◆ MAC Address Changes（MAC 地址变化）；
- ◆ Forged Transmits（伪信号）。

默认情况下，给一个 vSwitch 应用安全策略，会影响到交换机内的所有连接类型。然而，如果 vSwitch 上有一个端口组配置了与之冲突的安全策略，那么它会覆盖 vSwitch 设置的策略。例如，如果一个 vSwitch 配置的安全策略拒绝 MAC 地址变更，但是交换机上一个端口组却配置为接受 MAC 地址变更，那么即使连接这个端口组的虚拟机不使用 VMX 文件所配置的 MAC 地址也会允许继续通信。

vSwitch 的默认安全配置文件设置为拒绝 Promiscuous（混杂）模式，并且接受 MAC 地址变更和伪信号，如图 5.75 所示。类似地，图 5.76 显示了分布式交换机上一个分布式端口的默认安全配置文件。

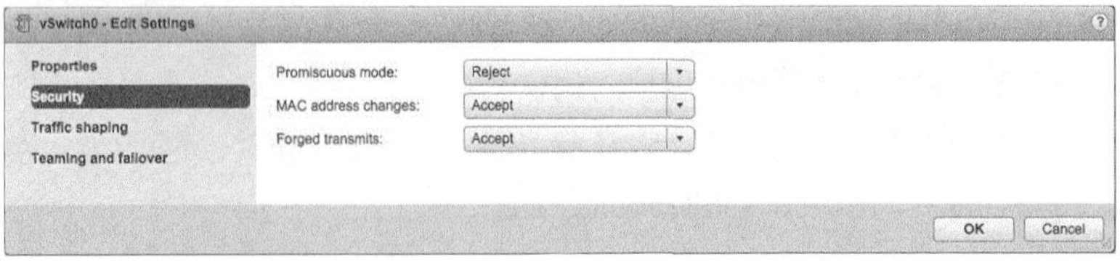

图 5.75 vSwitch 的默认安全配置文件禁止 Promiscuous 模式，但是允许 MAC 地址变更和伪信号

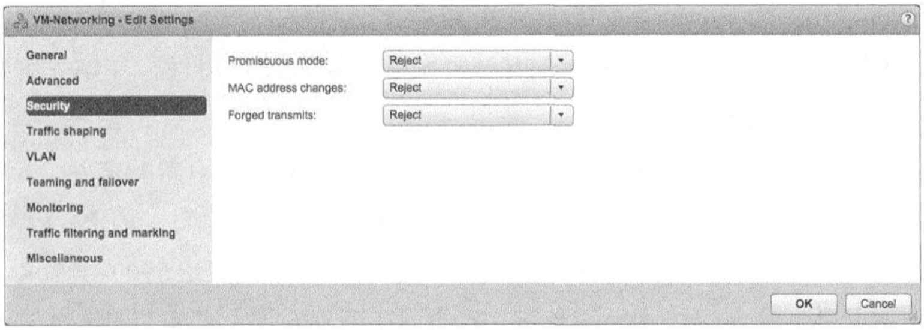

图 5.76 分布式交换机的分布端口组默认安全配置文件同样禁止 MAC 地址变更和伪信号

下节将详细介绍这里的每一个安全选项。

5.5.1 理解和使用混杂模式

默认情况下，Promiscuous Mode 选项设置为 Reject，禁止虚拟网络适配器监控通过 vSwitch 或分布式交换机的流量。为了增强安全性，不推荐启用混杂模式，因为这是一种不安全的操作模式——它允许虚拟适配器访问不属于自己的流量。尽管有这样的安全问题，还是有一些原因需要允许交换机在混杂模式上运行。入侵检测系统（IDS）要求使用这个功能监控所有流量，从中扫描出异常和恶意流量模式。

在本节前面的内容中，已经提到了端口组和 VLAN 并没有一一对应关系，有时候 vSwitch 或分布式交换机上会有多个端口组配置了相同的 VLAN ID。这就是前面所说的情况之一——有一个系统（如 IDS）需要查看通过其他虚拟网络适配的流量。不要将这个功能分配给端口组的所有系统，而是只为 IDS 系统创建一个专用端口组。它将配置同一个 VLAN ID 及其他设置，但是允许混杂模式。这样，管理员就可以仔细控制哪些系统允许使用这个强大但有一定安全威胁的特性。

虚拟交换机安全策略保留了拒绝混杂模式的默认设置，而 IDS 使用的虚拟机端口组则设置为接受，如图 5.77 所示。这个设置会

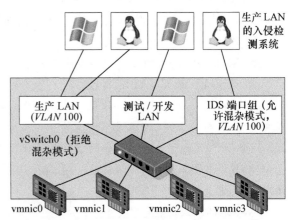

图 5.77 混合模式虽然会影响安全性，但是入侵检测系统必须使用这个功能

覆盖虚拟交换机的设置，从而允许 IDS 监控这个 VLAN 的所有流量。

5.5.2 允许 MAC 地址变更和伪信号

当创建带有一个或多个虚拟网络适配器的虚拟机时，每一个虚拟适配器都会得到一个 MAC 地址。英特尔、博通和其他制造商的网络适配器都包含全局唯一的 MAC 地址字符串，与之相同，VMware 也是一个网络适配器制造商，也有自己的 MAC 地址前缀，也可以保证全局唯一性。当然，VMware 实际上并不生产物理设备，它的产品是虚拟机的虚拟 NIC。在虚拟机的配置文件（.vmx）和 vSphere Web 客户端虚拟机的设置区域上有一个 6 字节随机生成的 MAC 地址，如图 5.78 所示。VMware 分配的 MAC 地址从前缀 00:50:56 或 00: 0C:29 开始。在上一个版本的 ESXi 中，前 4 组数

（XX）不会超过 3F，以防止与其他 VMware 产品冲突，但是 vSphere 5.0 似乎不一样了。第 5 ~ 6 组数（YY:ZZ）根据虚拟机的全局唯一标准符（UUID）随机生成，绑定到虚拟机的位置。为此，当虚拟机的位置发生变化时，在启动之前会出现一个提示，询问是否保留 UUID 或者生成一个新 UUID，以避免 MAC 地址冲突。

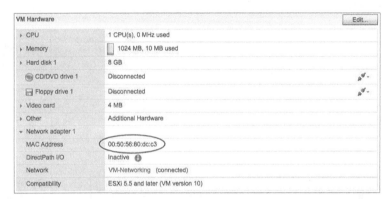

图 5.78　虚拟机的初始 MAC 地址是自动生成的，保存在虚拟机的配置文件中，并显示在 vSphere Web 客户端中

手动设置 MAC 地址

除非前 3 字节使用 VMware 提供的前缀，而且后 3 字节保持唯一，否则在虚拟机的配置文件中手动配置 MAC 是无效的。如果在配置文件中输入非 VMware 的 MAC 地址前缀，那么虚拟机将无法启动。

所以虚拟机都有 2 个 MAC 地址：初始 MAC 和实际 MAC。初始 MAC 地址就是前面所说的自动生成并保存到配置文件的 MAC 地址。客户机操作系统无法控制初始 MAC 地址。实际 MAC 地址是客户机操作系统配置的 MAC 地址，使用这个地址与其他系统通信。实际 MAC 地址将加到网络通信的虚拟机源 MAC 地址上。默认情况下，这两个地址是相同的。要给客户机操作系统强制分配一个非 VMware MAC 地址，可以在客户机操作系统内修改实际 MAC 地址，如图 5.79 所示。

虽然无法禁止客户机操作系统修改实际 MAC 地址，但是 vSwitch 的安全策略可以轻松跟踪到系统修改 MAC 地址的行为。虚拟交换机安全策略的最后两个设置是 MAC Address Changes（MAC 地址变更）和 Forged Transmits（伪信号）。这两种安全策略都与是否允许（或拒绝）配置文件的初

始 MAC 地址与客户机操作系统实际 MAC 地址不相同。正如之前所介绍的，默认的安全策略是允许它们不相同，并且根据需要处理流量。

MAC Address Changes 和 Forged Transmits 安全设置的区别包括流量传输方向。MAC Address Changes 会检查到达流量的完整性，而 Forged Transmits 则监控外出流量的完整性。如果将 MAC Address Changes 设置为 Reject（拒绝），那么当初始 MAC 地址和实际 MAC 地址不匹配时，流量就不会通过 vSwitch 到达虚拟机（到达）。如果 Forged Transmits 选项设置为 Reject，那么当初始 MAC 地址和实际 MAC 地址不匹配时，流量就会从虚拟机传输到 vSwitch（外出）。图 5.80 显示了当 MAC Address Changes 和 Forged Transmits 设置为 Reject 时，所实现的安全限制。

要实现最高级安全性，VMware 推荐将每一个 vSwitch 或分布式交换机 / 分布式端口组的 MAC Address Changes、Forged Transmits 和 Promiscuous Mode 设置为 Reject。在获得授权或必要时，使用端口组放宽某个子网的虚拟机安全性，让它们能够连接这个端口组。

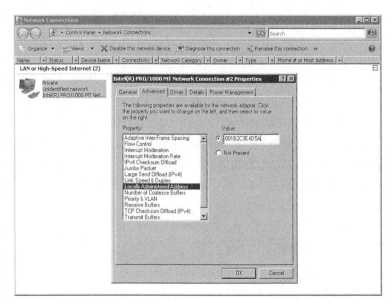

图 5.79 虚拟机的源 MAC 地址是实际 MAC 地址，默认与 VMX 文件配置的初始 MAC 地址相同。然而，客户机操作系统可能会改变实际 MAC 地址

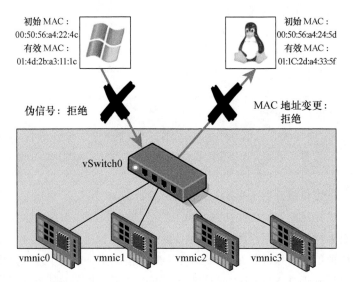

图 5.80 MAC Address Changes 和 Forged Transmits 安全选项分别影响到达流量和外出流量

微软网络负载平衡的虚拟交换机策略

和任何事物一样，对于如何配置虚拟交换机的一般建议方面也有一些例外情况。建议允许 MAC 地址变更和伪信号就是其中一个例子。如果虚拟机属于一个单播模式下微软网络负载平衡（NLB）集群，那么虚拟机端口组必须允许 MAC 地址变更和伪信号。属于 NLB 集群的系统将共享相同的 IP 地址和虚拟 MAC 地址。

共享的虚拟 MAC 地址由一个算法生成，它包含一个基于 NLB 集群单播模式或多播模式配置的静态部分，以及一个表示 IP 地址 4 个八进制数的十六进制数。这个共享的 MAC 地址肯定与虚拟机 VMX 文件定义的 MAC 地址不同。如果虚拟机端口组不允许 VMX 和客户机操作系统使用不同的 MAC 地址，那么 NLB 将无法正常工作。VMware 推荐将 NLB 集群运行在多播模式下，因为 NLB 集群在单播模式下有这样一些问题。

执行下面的步骤，编辑一个 vSwitch 的安全配置文件。

（1）使用支持的 Web 浏览器连接一个 vCenter Server 实例，启动 vSphere Web 客户端。

（2）转到要编辑 vSwitch 的指定 ESXi 主机。方法是在 vSphere Web 客户端首页单击 vCenter，从目录列表中选择 Hosts，然后选择右边对象列表中的指定 ESXi 主机。

（3）在左边目录列表中选定一个 ESXi 主机后，单击 Manage 选项卡，选择 Settings，然后单击 Virtual Switches。

（4）在虚拟交换机列表中选择要编辑的 vSphere 标准交换机，然后单击 Edit 链接（铅笔形状）。打开 Edit Settings 对话窗口选择 vSwitch。

（5）在对话窗口左边列表中选择 Security，根据需要修改配置。

（6）单击 OK 按钮。

执行下面的步骤，编辑一个端口组或 vSwitch 的安全配置文件。

（1）打开 vSphere Web 客户端，连接一个 vCenter Server 实例。

（2）转到要编辑端口组的指定 ESXi 主机和 vSphere 标准交换机。在 Manage 选项卡下 Settings 区域的 Virtual Switches 部分，可以为选定的 ESXi 主机找到 vSwitches。

（3）单击虚拟交换机图形表示下的端口组名称，然后单击 Edit 链接。

（4）选择 Security，根据需要修改设置。这里需要在 Override 窗口放置一个复选标记，从而允许端口组与它的父虚拟交换机使用不同的设置。

（5）单击 OK 按钮，保存修改。

执行下面的步骤，编辑 vSphere 分布式交换机上一个分布式端口组的安全配置文件。

（1）打开 vSphere Web 客户端，连接一个 vCenter Server 实例。

（2）使用 vSphere Web 客户端，转到 Distributed Switches 目录列表；方法是在 vSphere Web 客户端首页上单击 vCenter，然后从左边的目录列表区域选择 Distributed Switches。

（3）选定左边的分布式交换机后，单击 Manage 选项卡，选择 Settings，然后单击 Topology。

这样就会以图形表示的方式显示分布式交换机。

（4）在拓扑视图中，通过单击名称选择一个已有的分布式端口组，然后单击 Edit Distributed Port Group Settings 图标。

（5）选择对话窗口左边策略选项列表的 Security。

（6）根据需要修改安全策略。

（7）单击 OK 按钮，保存修改。

如果需要在多个分布式端口组中做出同样的与安全性相关的修改，可以在 Actions 菜单中使用 Manage Distributed Port Groups 命令，为多个分布式端口组同时执行相同的配置任务。

管理虚拟网络架构的安全性与管理信息系统中其他组件的安全性非常相似。安全策略要求使用最高安全级别的配置，而且要尽量仔细。只有经过适当的授权、文档和变更管理过程，才允许降低安全级别。此外，如果有多个系统要求降低安全级别，那么也要尽可能将影响范围控制在最少的系统中。

最后来展望一下在 VMware vSphere 环境中网络的未来发展状况，并以此来结束本章内容。

5.6　展望未来

过去几年，网络行业的发展十分混乱。它正在经历着一场革命，比几年前服务器虚拟化那场革命更加广泛。许多方面的力量都在推动着这场革命：各个行业开源软件使用量的增加；硬件制造商之间的竞争加剧，包括低成本的海外制造商；为提供网络服务而大量使用的基于 x86 系统和计算虚拟化（也称为网络功能虚拟化或 NFV）；以及控制平面协议的增加，如 OpenFlow。后者的强大力量已经促使其成为网络中的一个新术语：软件定义网络（Software-Defined Networking，SDN）。

2013 年 3 月，VMware 为其网络虚拟化描绘了一个美好的景象。它将大量宏观趋势结合在一起，从而为组织提供更加快捷、更加自动化的网络服务。VMware 打算以 VMware NSX 的形式将网络虚拟化投向市场，这个产品集成了来自于 Nicira 网络虚拟化平台、VMware 的 vCloud 网络和安全产品套件中的各项技术。

VMware NSX 将利用这些技术为组织创建虚拟网络——完全存在于软件中，并且忠实地重新创建物理网络的网络。VMware NSX 包含以下技术。

◆ 使用 VXLAN、STT 和 GRE 等网络覆盖协议隔离网络流量。

◆ 使用 OpenFlow 等协议分离控制平面和数据平面。

◆ 虚拟化网络服务，如负载平衡、防火墙、NAT 和动态路由（又名 NFV）。

◆ 集中控制器自动计算和编程 ESXi 主机的虚拟网络拓扑。

网络虚拟化将极大地改变网络前景，但是本章介绍的许多基本原则仍然适用于这一愿景的发展。vSphere 5.5 环境中虚拟网络的入门指南是迈向 VMware NSX 网络虚拟化的第一步。

在下一章中，我们将详细介绍 VMware vSphere 的存储，这是 vSphere 环境的重要组成部分。

5.7　要求掌握的知识点

1．了解虚拟网络的组成部分

虚拟网络包含各种虚拟交换机、物理交换机、VLAN、物理网络适配器、虚拟适配器、上行链路、NIC 组、虚拟机和端口组。

掌握

哪些因素影响虚拟网络及其组件的设计？

2．创建虚拟交换机和分布式虚拟交换机

vSphere 支持 vSphere 标准交换机和 vSphere 分布式交换机。vSphere 分布交换机给 vSphere 网络环境带来了新的功能，其中包括私有 VLAN 和 ESXi 集群的中央管理程序。

掌握 1

你邀请一位 vSphere 管理员同事创建一个 vSphere 分布式虚拟交换机，但是管理员遇到了一些问题，因为他不知道如何在 vSphere Web 客户端选定的 ESXi 主机中执行这一任务。你应该告诉他怎么做？

掌握 2

作为网络和服务器组的联合项目，你要在 VMware vSphere 5.5 环境中实现 LACP。你需要知道哪些限制？

3．创建和管理 NIC 组、VLAN 和私有 VLAN

NIC 组允许虚拟交换机创建连接其他网络的冗余网络连接。虚拟交换机还提供了 VLAN 支持，能够将网络划分为多个逻辑段。此外，它也支持私有 VLAN，可以在增加现有 VLAN 安全性的前提下允许多个系统共享同一个 IP 子网。

掌握 1

你想使用 NIC 组将多个物理链路组合在一起，实现更大的冗余和提升吞吐量。在选择 NIC 组策略时，你选择了 Route Based On IP Hash，但是 vSwitch 似乎无法正常连接，是哪里出现了问题？

掌握 2

如何配置 vSphere 标准交换机和 vSphere 分布式交换机，以便通过 VLAN 标签到达来宾操作系统？

4．了解环境中第三方虚拟交换机选项

除了 vSphere 标准交换机和 vSphere 分布式交换机，vSphere 还支持许多第三方分布式交换机。这些第三方分布式交换机具备一系列功能。

掌握

3 种第三方分布式交换机分别是什么？在本书编写时，哪些可用于 vSphere 环境？

5. 配置虚拟交换机安全策略

虚拟交换机支持多种安全策略，包括允许或拒绝混杂模式、允许或拒绝 MAC 地址变更及允许或拒绝伪信号。这些安全方法都有利于增强 2 层网络的安全性。

掌握 1

你有一个网络应用程序需要监控同一个 VLAN 中流向其他生产系统的虚拟网络流量，该网络应用程序使用混杂模式来实现监控。如何能够既满足这个网络应用程序的需求，又不牺牲整个虚拟交换机的安全性？

掌握 2

你的小组中另一位 vSphere 管理员正在尝试在分布式交换机中配置安全策略，但是有一些困难，可能出现了什么问题？

第 6 章

创建与配置存储设备

存储一直是各种环境的关键元素，支持 vSphere 的存储基础架构也是一样。本章先介绍数据存储和虚拟机层面的 vSphere 存储基础，再介绍配置存储阵列的最佳实践方法，帮助读者了解构成一个完备存储子系统设计的所有元素。良好的存储设计是建设虚拟数据中心的关键。

本章将介绍以下内容。

◆ 区分和理解共享存储的基础概念，其中包括 SAN 和 NAS；

◆ 理解 vSphere 存储方法；

◆ 配置 vSphere 层存储；

◆ 配置虚拟机层存储；

◆ 在 vSphere 中使用 SAN 与 NAS 存储的最佳实践。

6.1 了解存储设计的重要性

存储设计一直都很重要，但是随着 vSphere 应用规模与重要性的不断提高，如支持更大工作负载、支持关键任务应用、创建更大型集群，以及作为 IaaS 产品基础实现接近 100% 虚拟化数据中心等，它的作用变得越来越重要。这主要体现在以下几个方面。

高级功能　vSphere 的许多高级特性都依赖于共享存储，如 vSphere HA、vSphere DRS、vSphere FT 和 VMware vCenter 站点恢复管理器等都非常依赖于共享存储。

性能　人们都知道虚拟化的优点——整合、更高使用率、更大灵活性和更高效率。但是，人们一开始都会怀疑，内部高度整合和超高负载的 vSphere 如何能够让各个应用程序实现较高的性能。同样，虚拟机和整个 vSphere 集群的整体性能都依赖于共享存储，它也一样是高度整合和处于超高负载状态。

可用性　虚拟基础架构（及其上运行的虚拟机）的整体可用性依赖于共享存储基础架构。在这种基础架构元素上设计高可用性是最关键的部分。如果存储不可用，那么 vSphere HA 就无法恢复，所有虚拟机都会受到影响（第 7 章将详细介绍 vSphere HA）。

服务器层面的设计决策可能影响 vSphere 环境的质量，而共享资源（如网络与存储）的设计决策有时也决定着虚拟化的成败。发挥关键作用的存储更是如此。存储设计和存储设计决策也一样重要，即选择使用存储区网络（NAS）——由磁盘或逻辑单元（LUN）实现的共享存储；或选择使用网络附加存储（NAS）——由远程访问文件系统构成的共享存储；或者混合使用这两种存储方式。只有做出正确选择，才能创建一个最佳的共享存储设计，既能降低 vSphere 环境的建设成本，又能提高效率、性能、可用性和灵活性。

本章将在以下几个小节中分别介绍这些问题。

◆ 6.2 节概括介绍与 vSphere 密切相关的共享存储知识，其中包括硬件架构、协议选择和重要术语。虽然这些问题也适用于其他应用共享存储的环境，但是理解这些核心技术是掌握在 vSphere 实现中如何应用存储技术的先决条件。

◆ 6.3 节介绍如何在 vSphere 环境中应用和使用上节介绍的存储技术。本节分成 VMFS 数据存储（"配置 VMFS 数据存储"）、裸设备映射（"配置裸设备映射"）、NFS 数据存储（"配置 NFS 存储"）和虚拟机层存储配置（"配置虚拟机层存储配置"）。

◆ 6.4 节介绍如何整合所有技术实现一个支持大规模 vSphere 环境的存储设计。

6.2　学习共享存储基础知识

vSphere5.5 提供了许多不同于老版本 vSphere 或非虚拟化环境的存储选择和配置选项。这些选择和配置选项涉及 2 个基础层面：虚拟化层和虚拟机层。vSphere 环境及其虚拟机的存储需求是独一无二的，因此不可能在大范围内实现一般化。任何一个 vSphere 环境的需求都涉及虚拟服务器、桌面、模板和虚拟化 CD/DVD（ISO）映像等用例。而虚拟服务器用例又有不同的应用规模，这有可能是一些很少考虑存储性能轻量工具类虚拟机，也有可能是一些要求尽量提高数据库负载的虚拟机。这时，它们的存储结构至关重要。

首先了解一下基础层面的概念。图 6.1 显示了一个包含 3 个主机的简单 vSphere 环境——它附加了一个共享存储。

很快，ESXi 主机和虚拟机将会争夺共享存储。与 ESXi 将许多虚拟机整合到一个 ESXi 主机类似，共享存储也会整合所有虚拟机的存储需求。

在规划或设计存储解决方案时，也会关注于一些关键属性，如容量（GB 或 TB）和性能，而性能主要包括带宽（MBps）、吞吐量（IOPS）和延迟时间（ms）。然而，设计可用性、冗余和容错等属性也同样重要。

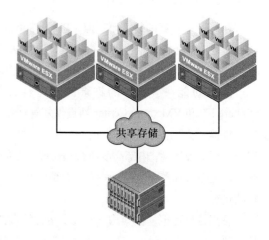

图 6.1　当多个 ESXi 主机连接同一个共享存储时，它们共享存储的功能

确定性能需求

如何确定一个虚拟化应用程序、一个 ESXi 主机或整个 vSphere 环境的存储性能需求？适用于关键应用程序的经验法则有很多，而覆盖每一个应用程序的最佳实践方法可以写成一本书。下面是要考虑的一些问题。

◆ 决策支持系统 / 商业智能数据库和支持微软 Office SharePoint 服务器的 SQL Server 都需要较高带宽，它可能达到上百 MBps，因为它们的 I/O 很大（64KB ~ 1MB）。它们对于延迟的要求并不高。TPC-H 基准的 I/O 模式已经适用于这些用例。

◆ 在从模板部署时，使用存储 vMotion 复制文件，以及不使用基于阵列的方法备份虚拟机（在客户机中备份或通过 vSphere Storage API 从代理服务器备份），通常都需要较高的带宽。事实上，带宽越大越好。

那么，vSphere 需要什么？这个问题很简单——vSphere 环境的需求就是整合所有虚拟机的所有用例，这其中可能涉及大量的需求。如果所有虚拟机都运行较小工作负载，而又没有在客户机备份（这会产生大工作负载），那么所有需求都集中在 IOPS 上。如果虚拟机都运行较大工作负载，那么所有需求都集中在 MBps。在很多时候，虚拟数据中心会采取混合方法，所以存储设计也要足够灵活，才能交付众多的功能和性能——而不会过度设计。

如何以最恰当的方式确定需求？在较小工作负载时，太多规划可能会导致过度建设。这时可以使用一些简单工具，如 VMware Capacity Planner（容量规划工具）、Windows Perfmon 和 Linux 的 top，确定将要虚拟化的应用程序和操作系统的 I/O 模式。

此外，如果有很多虚拟机，则要考虑总体性能需求，而不能只看容量需求。毕竟，如果有 1000 个虚拟机，每个虚拟机 10IOPS，那么总共就有 10000 IOPS，无论需要多少容量（MB 或 TB），都相当于要用到 50 ~ 80 个高速锭子（磁盘）。

要使用大池设计支持一般轻量负载的虚拟机。

相反，较大虚拟机 I/O 工作负载的环境则需要投入时间规划和设计布局，如虚拟化 SQL Server 实例、SharePoint、Exchange 及其他用例。VMware 发布了许多最佳实践，也提供了大量 VMware 合作参考架构文档，它们可以作为实现 Exchange、SQL Server、Oracle 和 SAP 工作负载虚拟化的参考。下面是本书推荐的一些参考资料。

◆ Exchange

www.vmware.com/solutions/business-critical-apps/exchange/index.html

◆ SQL Server

www.vmware.com/solutions/business-critical-apps/sql-virtualization/overview.html

◆ Oracle

www.vmware.com/solutions/business-critical-apps/oracle-virtualization/index.html

◆ SAP

www.vmware.com/solutions/business-critical-apps/sap-virtualization/index.html

和性能一样，vSphere 环境和虚拟机的总体可用性取决于同一个共享存储基础架构，所以设计可靠性是至关重要的。如果存储不可用，那么 vSphere HA 将无法恢复，而且整个虚拟机群都会受到影响。

注意此处提到的"整个虚拟机群"。这句话意味着，相对于性能或容量需求，通常需要更加重视和关注可用性配置。在虚拟化配置中，存储问题对可用性的影响更加严重，所以对于可用性设计的重视程度要高于物理配置。

它不仅会影响某一个工作负载，而是会影响多个工作负载。同时，一些高级 vSphere 方法也可以在不影响环境负载的前提下添加、移动或修改存储配置，如存储 vomo 和高级阵列技术，因此完全有可能创建一种无间断修复性能问题的设计方案。

在深入介绍这种设计之前，先要了解存储的一些基础知识：

◆ 本地存储与共享存储；

◆ 通用存储阵列架构；

◆ RAID 技术；

◆ 中型和企业级存储阵列设计；

◆ 协议选择。

首先，概括介绍本地存储与共享存储。

6.2.1　比较本地存储与共享存储

一个 ESXi 主机可以配置 1 个或多个存储方法，其中包括：

◆ 本地 SAS/SATA/SCSI 存储；

◆ 光纤通道；

◆ 以太网光纤通道（FCoE）；

◆ 使用软件和硬件发起者的 iSCSI；

◆ NAS（特别是 NFS）；

◆ InfiniBand。

vSphere 通常很少使用本地存储，因为 vSphere 的许多高级特性要求使用共享外部存储，如 vMotion、vSphere HA、vSphere DRS 和 vSphere FT。由于 vSphere Auto Deploy 能够在启动时将 ESXi 映像直接部署到 RAM 上，然后使用主机配置文件自动应用配置，所以一些 vSphere 5.0 环境的本地存储容量要比旧版本少。

在 vSphere 5.0 中，VMware 引入了一种使用本地存储的方法，这种虚拟设备的安装程序叫作 vSphere Storage Appliance，即 VSA。在高层级中，VSA 负责本地存储，并将其作为共享的 NFS 返回 ESXi 主机。但是，这其中也有一些局限性。它只能配置在两到三个主机中，对于运行 VSA 的硬件也有很多严格限制。此外，它还被认为是一个单独的产品。当使用未充分利用的本地存储服务器时，对于很多组织来说 VSA 是无法使用的。

然而，在 vSphere 5.5 中有两个比 VSA 更加有利于组织的新功能。vSphere Flash Read Cache

和 VSAN 都充分利用了本地存储，特别是本地闪存。vSphere Flash Read Cache 使用基于闪存的存储，并且允许管理员分配其中的一部分作为虚拟机 Read I/O 的读缓存。VSAN 扩展了 VSA 的功能，将本地存储作为众多主机的分布式数据存储。虽然与 VSA 的概念类似，但是不需要使用虚拟设备和 NFS；它是完全建立在 ESXi 虚拟机管理程序中的，可以将其作为共享内部存储。后面将介绍 VSAN 是如何操作的，关于 vSphere Flash Read Cache 的详细信息请参考第 11 章。

究竟应该在本地存储设计上投入多精力呢？这个问题很简单。一般而言，不需要规划 ESXi 安装程序的本地存储。ESXi 主机只在本地存储很少东西，通过使用主机配置文件和分布式虚拟交换机，可以快速、方便地更换一个出错的 ESXi 主机。在这期间，vSphere HA 可以保证将虚拟机运行在集群中另一台 ESXi 主机上。然而，使用 vSphere 5.5 的新功能（如 VSAN）必须经过充分的考虑。存储支配着整个 vSphere 环境。务必确保你的共享存储设计是完善的，并且选择内部还是外部共享存储也是要考虑的内容。

 Real World Scenario

没有本地存储也完全没有问题

如果没有本地存储呢（例如，可能使用一种无盘刀片系统）？无盘系统有很多，其中包括从光纤通道 /iSCSI SAN 启动和基于网络的启动方法，如 vSphere Auto Deploy（参见第 2 章）。此外，也可以选择使用 USB 启动，我经常在实验室环境和生产环境中使用这种方法。Auto Deploy 和 USB 启动都可以灵活快速地分配硬件或部署 vSphere 更新，但是它们也有一些难度，因此要进行相应的规划。请参考第 2 章关于选择 ESXi 主机配置的详细说明。

共享存储是大多数 vSphere 环境的基础，因为它支持虚拟机运行，而且也是许多 vSphere 特性的必要条件。SAN 配置（包括光纤通道、FCoE 和 iSCSI）和 NAS（NFS）的共享外部存储都是高度整合的。这使它具有较高效率。SAN/NAS 或 VSAN 可以将使用率只有 10% 的物理服务器直接存储整合形成 80% 使用率的存储。

因此，共享存储是一个关键设计点。无论是共享外部存储，还是计划共享本地存储系统，一定要理解供应商用于实现 vSphere 环境中共享存储的阵列架构。后续小节的概况介绍不依赖于任何一个存储阵列供应商，因为他们产品的内部架构有很大的差别。

6.2.2　确定通用的存储阵列架构

本节帮助读者学习存储的基础知识，但是没有存储知识的 vSphere 管理员也一样需要学习这些内容。如果不熟悉存储知识，那么本节的内容会有一些难懂。各个供应商的服务器产品或多或少有些相似性，但是存储领域则有些不一样——不同存储供应商所使用的核心架构差别很大。但是，在各个供应商、实现方式和协议中，存储阵列仍然有一些相同的核心架构元素。

构成共享存储阵列的这些元素都包含外部连接、存储处理器、阵列软件、缓存内存、磁盘和带宽。

外部连接　存储阵列与主机（这里是 ESXi 主机）之间的外部（物理）连接通常是光纤通道或

以太网，有时候也可能是 InfiniBand 和其他协议。这种连接的特征决定了 ESXi 主机与共享存储阵列之间的最大带宽（可能还有其他限制条件）。

存储处理器　不同的供应商有不同的存储处理器命名方法，可以被称为阵列的大脑。它们负责处理 I/O 和运行阵列软件。在大多数现代阵列中，存储处理器并不是针对特殊用途设计的专用集成电线（ASIC），而是通用 CPU。一些阵列使用 PowerPC，有一些使用特殊 ASIC，而且有一些使用定制 ASIC 执行特殊任务。但是，阵列里通常都使用英特尔或 AMD CPU。

阵列软件　虽然硬件规格很重要，而且决定了阵列的规模限制，但是阵列软件所提供的功能一样重要。现代存储阵列的功能多种多样——与 vSphere 类似，而且供应商也很多。下面列举了一些阵列功能示例和关键功能。

◆ 用于灾难恢复的远程存储复制。这些技术包含许多功能各异的特性。其中包括不同的恢复点目标（RPO）——反映了远程复制在任意时刻的状态，包括同步、异步和连续复制。异步 RPO 可能从几分钟到几个小时，而连续复制则是一个持续不变的远程过程，它能够恢复到不同的 RPO。其他的远程复制技术还有跨存储对象磁盘同步（一致性技术）、压缩和其他一些属性，如整合 VMware vCenter 站点恢复管理工具。

◆ 执行测试、开发和本地恢复的快速实时本地复制的快照与克隆功能。它们也包含远程复制技术的一些概念，如"一致性技术"，而且有一些实时保护和复制也具有类似于 TiVO 的本地和远程连续执行特征，它们可用于在任意时刻执行恢复（或复制）。

◆ 诸如存档与去重复等容量压缩技术。

◆ 在各种粒度下的性能 / 成本存储层次之间的自动化数据迁移。

◆ LUN/ 文件系统扩大和移动性，这意味着需要动态且无中断地重新配置存储属性，根据需要增加容量或性能。

◆ 精简配置，这通常包括根据应用程序和负载按需分配存储。

◆ 存储服务质量（QoS），这意味着要对 I/O 划分优先级，达到符合要求的 MBps、IOPS 或延迟时间。

阵列软件决定了阵列的"个性"，它反过来又以各种方式影响核心概念和行为。阵列通常具有"文件服务器"特征（有时候能够将文件作为 LUN，执行一些块存储功能）或者"块设备"特征（通常没有文件服务器的功能）。在一些时候，阵列是文件服务器和块设备的组合。

缓存内存　每一阵列都有不同的缓存内存实现方式，但是它们都会使用一些非易失内存执行各种缓存功能——利用写缓存实现更低的延迟和更高的 IOPS 吞吐量和使用读缓存存储频繁读取的数据而实现更快的速度。非易失（意味着断电也能保存）是写缓存的重要条件，因为这时数据还没有提交到磁盘上，但是读缓存时并不要求。在规格清单中描述共享存储阵列最大性能（用 IOPS、MBps 或延迟时间）时，经常会用到缓存性能。这些结果通常不能反映真实场景。在大多数真实场景中，性能主要由磁盘性能决定（磁盘的种类和数量），而且大多数情况下可以通过写缓存改进，但是读缓存不会有太大帮助（除了大型关系数据库管理系统，因为它非常依赖于提前读缓存算法）。读缓存可以发挥作用的一个 vSphere 用例是，当有许多启动映像只存储一次时（通过使用 vSphere

或存储阵列技术），但是这只是全部虚拟机 I/O 模式的一小部分。

磁盘　不同的阵列会支持不同的磁盘（通常称为锭子）种类，也有不同的扩展支持。驱动器主要有 2 个不同的指标。首先，磁盘通常按照所使用的驱动接口划分为光纤通道、串行连接 SCSI(SAS) 和串行 ATA（SATA）。此外，驱动器（除了企业级闪存盘 EFD）还根据它们的旋转速度划分，即每分钟的转速（RPM）。光纤通道驱动器通常有 15K RPM 和 10K RPM，SATA 驱动器通常是 5400 RPM 和 7200 RPM，而 SAS 驱动器通常为 15K RPM 或 10K RPM。其次，逐渐成为主流的 EFD 是固态磁盘，没有转动部件，因此它不使用旋转速度指标。磁盘的种类和数量是非常重要的指标。再加上他们的配置方式，通常就决定了一个存储对象（块设备 LUN 或 NAS 设备的文件系统）的性能。共享存储供应商一般会使用来自同一个磁盘供应商的磁盘，所以这是所有共享存储供应商的一个共性。

下面列出在随机读 / 写负载特定磁盘驱动器的性能参考指标。

◆　7200 RPM SATA：80 IOPS

◆　10K RPM SATA/SAS/ 光纤通道：120 IOPS

◆　15K RPM SAS/ 光纤通道：180 IOPS

◆　基于多层单元（Multi-Level Cell, MLC）技术的商用固态驱动器（SSD）：1000 ～ 2000 IOPS

◆　基于单层单元（Single-Level Cell, SLC）技术和更大超高速内存缓冲区的企业级闪存盘（Enterprise Flash Drive, EFD）：6000 ～ 30000 IOPS

带宽当使用连续大负载时（如磁盘存档或备份等专用负载），各种驱动器经常会有更加统一的带宽（Mbps）性能，所以在这些情况中，大型 SATA 驱动器能够以较低成本实现较高的性能。

6.2.3　理解 RAID

廉价（独立）磁盘冗余阵列（Redundant Array of Inexpensive Disks 或 Redundant Array of Independent Disks，RAID）是一种将相同数据存储多份的基本方法和重要方法。RAID 不仅能够提高数据可用性（通过保护数据不受磁盘损坏影响），而且还能扩展单个驱动器的性能。每一个阵列都会实现多种 RAID 模式（即使很多时候它隐藏在文件服务器类型的阵列中，因为 RAID 位于文件系统之下，而文件系统是基础管理元素）。

考虑一下：磁盘是机械设备，它在不停地旋转，而且表面锈迹斑斑。读（或写）触臂在磁盘表面以微米为单位移动。在读取磁场变化和写入数据时，操作磁盘表面的距离也只是微米级。

魔术般的磁盘驱动器技术

磁盘的工作方法真的是一种技术奇迹。磁盘在一天的工作就像是速度为 600 英里 / 小时（约 1000km/h）的波音 747 飞机只爬升了 6 英寸（约 15 厘米），然后就读取一本书的内容！

尽管硬盘在技术方面是很让人惊奇，但是它们同样有让人难以致信的可靠性设计。但是，与其他的系统元素不同，它们确实会出故障—而且一定会出故障。RAID 模式可以将多个磁盘整合在一

起，然后使用数据副本支持 I/O，直到更换整个驱动器和重建了 RAID 保护，从而避免磁盘故障可能造成的问题。每一种 RAID 配置都有不同的性能特征，并且对容量负载的影响也不一样。

建议读者将 RAID 选择视为一个重要的设计元素。大多数阵列都会在基本 RAID 保护机制上增加一些设计（这些设计有不同的命名方式，但是最常用的叫法有元数据、虚拟池、聚合和卷等）。

记住，世界上所有的 RAID 都无法解决这样一些问题：主机连接断开，没有监控和更换故障驱动器和自动分配热备驱动器更换故障驱动器，或者整个阵列出现故障。正是由于这些问题，才必须正确设计存储网络，根据存储供应商的建议配置热备设备、监控和及时更换故障元素。一定要考虑灾难恢复计划和远程复制，避免它们受到阵列整体故障的影响。

下面详细了解一下各种 RAID。

RAID 0　这个 RAID 级别不对磁盘错误提供任何冗余和保护（见图 6.2）。事实上，它比单个磁盘有更高的综合风险，因为任何一个磁盘故障都可能影响整个 RAID 组。数据将分散到 RAID 组的所有磁盘上，这通常称为带区（Stripe）。虽然它有较高的性能，但是可用性要求决定了它是唯一一种不适合在 vSphere 生产环境使用的 RAID。

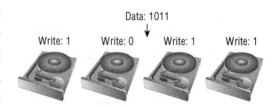

图 6.2　在 RAID 0 配置中，虽然数据会分散到 RAID 集合的所有磁盘上实现很高的性能，但是可用性非常差

RAID 1、1+0、0+1　这些映像的 RAID 级别提供了更高级保护，但是代价是可用容量减少 50%（见图 6.3）。这个比例的基数是驱动器的原始总容量。RAID 1 直接将所有 I/O 写入到 2 个驱动器，并且可以在 2 个驱动器上平衡读取操作（因为有 2 个副本）。它可以与 RAID 0 组合形成 RAID 1+0 配对，它映射了一个带区集；也可以形成 RAID 0+1，将数据分散到一对映像中。这样做的好处是可以容忍多个驱动器出现故障，但是只

图 6.3　这种 RAID 10 2+2 配置有很高的性能和可用性，但是代价是只有 50% 可用容量

允许位于不同映像的不同带区的元素出现故障，从而使 RAID 1+0 比 RAID 0+1 具有更好的容错性。映像 RAID 配置的另一个优点是，在驱动器出现故障时，重建时间非常快，因此也减少了中断时间。

奇偶校验 RAID（RAID 5、RAID 6）　这些 RAID 级别使用一个数学计算操作（XOR 奇偶检验计算）表示分散到多个驱动器的数据。这样做可以很好地在 RAID 1 的可用性和 RAID 0 的容量效率之间进行折中。RAID 5 会计算集合中多个驱动器的奇偶校验位，将这个奇偶校验位写到另一个驱动器上。RAID 5 的奇偶校验块计算会在 RAID 5 集的阵列中循环。

奇偶校验 RAID 模式可能产生非常高的性能，但是会影响写的性能。在全带区写时，唯一的影响就是奇偶校验计算和奇偶校验写，但是在部分带区写时，需要读取旧块内容，执行一个新的奇偶校验计算，以及更新所有块。然而，通常现代阵列会综合使用多种方法，以降低这个影响。

另一方面，读取性能通常非常高，因为它比映像 RAID 模式具有更多可以读取的驱动器。RAID 5 的命名方式参见了 RAID 组的驱动器数量，因此，图 6.4 也可以称为一个 RAID 5 4+1 集。在该图中，存储效率（可用容量与原始容量之比）是 80%，比 RAID 1 或 10 好很多。

图 6.4　RAID 5 4+1 配置平衡了性能与效率

RAID 5 可以与带区组合使用，所以 RAID 50 是指一个 RAID 5 加上它上面的一个数据带区。

当 RAID 5 集有一个驱动器出现故障时，剩余的驱动器和奇偶校验驱动器可以接管 I/O，当故障驱动器更换之后，数据就可以通过其他驱动器和奇偶校验驱动器的数据重建。

RAID 5 的一个重要问题

RAID 5 的一个缺点是在 RAID 集中只能有一个故障驱动器。在故障驱动器未更换并使用奇偶校验数据重建之前，如果有另一个驱动器出现故障，那么数据就会丢失。由于第二个驱动器故障造成的数据丢失时间间隔应该尽量短。

要尽可能缩短 RAID 5 集重建的时间，才能将风险降到最低。下面的设计会产生更长的重建时间，因此会加剧这种状况。

◆ 超大 RAID 组（如 8+1 以上），这需要更多读取操作才能重建故障驱动器。

◆ 超多驱动器（如 1 TB SATA 和 500 GB 光纤通道驱动器），这可能导致有更多数据需要重建。

◆ 驱动器速度变慢，因为在提供数据用于重建更换驱动器时又要同时支持生产 I/O，会显著加重负载（如 SATA 驱动器，在出现 RAID 重建等随机 I/O 时会变慢很多）。RAID 重建的过程实际上是磁盘遇到的最严峻时期。它不仅要继续支持生产 I/O 工作负载，还必须提供重建数据。根据统计，驱动器在重建过程出现故障的概率要大于正常工作时期。

下面的技术都可以降低出现双驱动器故障的风险（而且大多数阵列都会不同形式地实现下面的方法）。

◆ 使用主动热备，这样可以在驱动器出现故障之前自动启动热备，从而显著缩短重建时间。磁盘出现故障之前通常会先出现读取错误（这是可恢复的：它们可以通过磁盘内奇偶校验信息检查和纠正）或写入错误，但它们都不是灾难性错误。当磁盘出现故障之前，如果这些错误达到了临界值，那么阵列会将这个将要出现故障的驱动器更换为一个热备件。这要比故障之后重建驱动器快很多，因为出错驱动器还有大部分数据可以复制，出错驱动器中只有一部分数据需要使用来自其他磁盘的奇偶校验信息。

◆ 使用较小的 RAID 5 集合（加快重建速度），并且使用更高级设计将数据分散到这个 RAID 5 集合中。

◆ 使用第二个奇偶计算，并将它存储到另一个磁盘上。

正如附加内容"RAID 5 的一个重要问题"所介绍，当 RAID 5 中有一个驱动器出现故障时，保护数据丢失的一种方法使用另一个奇偶校验计算。这种 RAID 称为 RAID 6（RAID-DP 是 RAID 6 的一个变体，它使用 2 个专用的奇偶校验驱动器，与 RAID 4 类似）。在使用大型 RAID 组和 SATA 时，这是一个很好的选择。

图 6.5 显示了一个 RAID 6 4+2 配置例子。数据将分布到 4 个磁盘上，奇偶校验计算存储在第 5 个磁盘上。第 2 个奇偶校验计算存储在另一个磁盘上。RAID 6 轮循奇偶校验位置和 I/O，而 RAID-DP 则使用一对专用的校验磁盘。这可以实现较

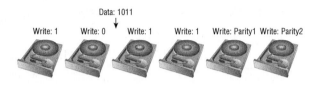

图 6.5 RAID 6 4+2 配置能够容忍 2 个驱动器同时发生故障

高的性能和可用性，但是会损失容量效率。第 2 个奇偶校验位的作用是在 RAID 重建过程中容忍第 2 个磁盘故障。如果有前面旁注信息提到的状况，而且无法使用其中的解决方法，那么一定要使用 RAID 6 替代 RAID 5。

在对各种 RAID 级别进行了相对较为详细的介绍之后，应该从中较好地理解了 RAID。在没有合适的用例时，一定不要使用 RAID 0。要使用热备驱动器，并且按照供应商的最佳实践方法配置热备密度。例如，EMC 通常建议在阵列中为每 30 个驱动器配备一个热备件。鉴于推荐为每一种磁盘和每一个磁盘架配置一个热备件。因此，一定要了解存储供应商的具体建议。

在大多数 vSphere 实现中，RAID 5 都能够很好地平衡容量效率、性能和可用性。如果要使用较大 SATA RAID 组，或者不使用主动热备，则要使用 RAID 6。RAID 10 模式仍然适合一些需要较高写性能的场合。记住，vSphere 环境不一定只能配置一种 RAID 级别。事实上，混合使用不同的 RAID 类型能够非常好地交付不同水平的性能（可用性）。

例如，可以将大多数 RAID 5 数据存储作为默认 LUN 配置，在需要时适当使用 RAID 10 模式，然后使用基于存储的管理策略，以确保位于存储中的虚拟机符合要求，下一章将详细介绍这一内容。

一定要保证 RAID 组中有足够的磁盘，满足 RAID 组所创建的 LUN 的总负载要求。因为 RAID 类型将影响 RAID 组支持这种工作负载的能力，所以要记住 RAID 的过载量（如 RAID 5 对写入的影响）。幸好，有一些存储阵列支持无中断地给 RAID 组增加磁盘，以达到所需的性能，所以如果发现需要提高性能，则可以使用这种方法纠正。Storage vMotion 也可以手动平衡工作负载。

下面，详细了解一些影响 vSphere 存储环境的存储阵列设计架构。

6.2.4　了解 VSAN

vSphere 5.5 介绍了一种全新的存储功能——虚拟 VSAN（或 VSAN）。在高层级中，VSAN 从一个启用了 VSAN 的集群中聚集本地附加存储，然后将聚集池返回到集群的所有主机中。可以把它看作一个"阵列"，因为和正常的 SAN 一样，它有多个磁盘代表多个主机，但是过程需要一步一步来，首先将其作为一个"内部阵列"。当 VMware 宣布 VSAN 作为 vSphere 5.5 的一项新功能时，还伴随着一些附加说明。在其投入使用后的前几个月，应把它作为"试用版"，因此不适合生产使

用。还要注意的是，VSAN 是独立于 vSphere 的。正如 6.2.1 节所提到的，VSAN 不需要任何附加软件安装程序，它是 ESXi 的一部分。和 vSphere 提供的 vMotion、HA 和 DRS 等其他集群功能一样，在 vCneter Server 中管理 VSAN 是兼容的。甚至可以使用 Storage DRS 将虚拟机迁移到或迁移出 VSAN 数据存储。

VSAN 能够直接使用磁盘附加到 ESXi 主机，并且设置十分简单，但是有几点特定需求。以下是需要启动和运行的内容：

- ESXi 5.5 主机；
- vCneter 5.5；
- 每个主机要有 1 个或多个 SSD；
- 每个主机要有 1 个或多个 HDD；
- 每个 VSAN 集群最少有 3 个主机；
- 每个 VSAN 集群最多有 8 个主机；
- 主机之间的网络为 1 Gbps（建议 10 Gbps）。

从列表中可以看到，VSAN 的每个主机至少需要 1 个基于闪存的设备。从需求列表比较不容易看出的是，SSD 的容量实际不是添加到 VSAN 数据存储的全部可用空间中。和外部 SAN 一样，VSAN 是将 SSD 作为读写缓存使用。当块被写入基础数据存储后，最先写入 SSD，如果是不经常访问的数据，那么会被重新分配到（旋转的）HDD 中。

前面说过，VSAN 不使用传统的 RAID 概念，它使用的是 RAIN，即 Reliable Array of Independent Nodes（独立节点的可靠阵列）。所以，在没有 RAID 的情况下，如何使用 VSAN 达到预期的可靠性？VSAN 使用 VASA 和存储服务策略来保证多个磁盘和 / 或主机上的虚拟机实现性能及可用性的要求。这也是在使用 VSAN 时，VMware 推荐 ESXi 主机之间的网络为 10 Gbps 的原因。一个虚拟机的虚拟磁盘可以位于一个物理主机，还可以运行于其他主机的 CPU 或内存中。存储系统是计算资源的完全抽象，如图 6.6 所示。虚拟机的虚拟磁盘文件被放置在集群的多个主机中，以确保冗余水平。

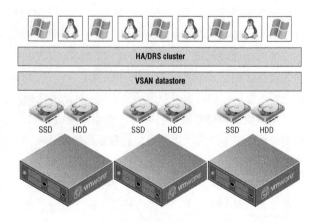

图 6.6　VSAN 抽象出 ESXi 主机的本地磁盘并提供给整个 VSAN 集群

6.2.5　理解中型和外部企业级存储阵列设计

与 vSphere 设计相关的物理阵列设计有一些重要差别。

传统的外部中型阵列通常带有双存储处理器缓存设计，其中缓存位于其中一个存储处理器，但是通常会在它们之间映射（注意，不同的供应商对于存储处理器有不同命名；有时候它们被称为控制器、头、引擎或节点）。当有一个存储处理器出现故障时，虽然阵列仍然可用，但是通常性能会受到影响（除非在正常运行过程中将存储处理器的使用率限定在 50% 以内）。

企业存储阵列通常可以扩展更多的控制器和具有更大的全局缓存（可通过一种通用共享模型访问内存）。在这些情况中，当阵列处于非常高的使用率时，可能会有多个元素同时出现故障——但是不会对性能产生明显影响。企业阵列还有支持大型机等其他特性，但是它们不属于本书范围。

同样，也有一些混合设计（如向外扩展的设计）可以横向扩展到超过 2 个存储处理器，但是没有企业存储阵列才有的特性。

通常，这些都是只使用 iSCSI 的阵列，并且其向外扩展设计的核心部分是 iSCSI 重定向技术（光纤通道或 NAS 协议不支持这种方式）。很奇怪的是，VMware 和存储供应商使用相同的术语表述不同的东西。大多数存储供应商将双主动（active-active，也称为双活）存储阵列定义为能够同时在所有存储处理单元上执行 I/O 操作的阵列，而主动 - 被动（active-passive）设计则是有一个存储处理器空闲，然后在另一个出现故障时接管其负载。VMware 则使用了不一样的术语，它主要关注于特殊 LUN 模型。VMware 按照下列方式定义双主动和主动 - 被动阵列（这些信息来自 vSphere 存储指南）。

双主动存储系统 它能够通过所有可用的存储端口同时访问 LUN，而不会影响性能。如果有一条路径出现故障，那么所有路径都会保持激活。

主动 - 被动存储系统 它有一个存储处理器处于激活状态，负责提供一个指定 LUN 的访问。其他处理器则作为 LUN 备份，可以激活后执行 I/O 操作。如果一个激活存储端口出现故障，那么有一个处于被动状态的存储处理器会激活并接管 I/O。

非对称存储系统 它支持非对称逻辑单元访问（ALUA），允许存储系统为每一个端口提供不同的访问级别。这样就允许主机自行决定目标端口的状态和确定路径的优先级（关于 ALUA 的详细介绍，参见附加内容"双主动和主动 - 被动的区别"）。

虚拟端口存储系统 它通过一个虚拟端口访问所有 LUN。这些是双主动设备，它们用一个虚拟端口伪装多个连接。虚拟端口存储系统能够透明地处理故障恢复和平衡连接，通常称为"透明故障恢复"。

阵列类型之间的区别很重要，因为 VMware 的定义基于多重路径机制，而与是否使用双存储处理器无关。双主动和主动 - 被动的定义同样适用于光纤通道（和 FCoE）和 iSCSI 阵列，而虚拟端口定义则只适用于 iSCSI（因为它使用的 iSCSI 重定向机制不适用于光纤通道 /FCoE）。

双主动与主动 - 被动的区别

想知道为什么 VMware 要在双主动定义中规定"不对性能造成显著影响"吗？其原因在于 ALUA 之中，这是许多中型阵列所支持的标准。vSphere 用兼容 ALUA 的阵列支持 ALUA，而这种阵列是通过 SPC-3 标准实现 ALUA 的兼容性。

中型阵列通常将两个存储处理器在内部实现互联，它们用于写缓存映像和其他管理用途。ALUA 是 SCSI 标准的附加标准，它使 LUN 出现在主路径上，并且通过副存储处理器添加到一个非对称（速度慢很多）路径上，从而让数据通过这个内部连接。

这里的关键是"非最优路径"通常会显著降低性能。中型阵列没有内部互连带宽可以在两个存储处理器上实现相同的响应速度，因为 ALUA 所使用的缓存映像只使用了一个相对较小（延迟时间更长）的内部互联连接，而企业阵列则有一个超高带宽的内部模型。

如果不使用 ALUA，那么在一个配置主动 - 被动 LUN 拥有模型的阵列上，LUN 的路径状态可能为激活、待机（表示端口可访问，但是这个处理器没有 LUN）和死亡。当 ALUA 设置故障恢复模式时，就可能出现一个新状态：非最优激活。这在 **vSphere Web 客户端 GUI** 上并没有明显表现，而是像一个普通的激活路径。其区别在于它不用于任何 I/O。

那么，是否应该让中型阵列使用 ALUA 呢？答案是遵循存储供应商的最佳实践。在一些阵列上，这样做是最重要的。然而要记住，即使选择了 Round Robin（循环）策略，它也不会使用非最优路径（默认情况下）。一个使用 ALUA 的主动 - 被动阵列在功能上无法等同于使用所有路径的主动 - 被动阵列。如果使用第三方多重路径模块，那么这个行为可能会不一样——参见 6.3.1 节中的"2. 回顾多重路径"。

按照定义，所有企业阵列都是双主动阵列（按照 VMware 的定义），但是并非所有中型阵列都是主动 - 被动阵列。而且，更让人奇怪的是，并非所有双主动阵列（还是 VMware 的定义）都是企业阵列。

那么该如何做？哪一种阵列架构更适合 VMware？答案很简单：只要选择 VMware 硬件兼容列表（HCL）中的一种阵列，就肯定可行。然后，就只需要理解所选择阵列的工作方式。

无论是采用双主动、主动 - 被动或虚拟端口（iSCSI）设计，还是 NAS 设备中型阵列，都能够满足大多数客户的需求。通常，只有最大规模且最重要的虚拟工作负载才需要使用企业级存储阵列。在这些情况中，大规模是指有成千上万个虚拟机、上百个数据存储、上万个本地和远程副本和最高工作负载——即使组件出现故障，所有平台也能够保持正常工作。

需要考虑的最重要问题有以下几种。

◆ 如果有一个中型阵列，那么要认识到存储处理器可能会严重超负载运转。出现这种情况时，如果存储处理器出现故障，性能就会显著下降。对于一些客户而言，这是可以接受的，因为存储处理器很少出现故障；但对于某些客户而言，则无法接受，这时应该将其中一个存储处理器的工作负载限制在 50% 以下，或者考虑使用企业阵列。

◆ 要理解阵列的故障恢复行为。双主动阵列默认使用固定路径选择策略，而主动 - 被动阵列则默认使用最近使用（MRU）策略（详细介绍参见 6.3.1 节中的"2. 回顾多重路径"）。

◆ 是否需要一些高级特性？例如，如果想要实现灾难恢复，则一定要保证阵列整合了 VMware vCenter 站点恢复管理工具 HCL。或者说，是否需要使用整合阵列的 VMware 快照功能？它们是否集成了管理工具？它们是否支持 vSphere 存储 API？要求阵列供应商说明它的 VMware 整合及其支持的用例。

在继续讨论 vSphere 环境的专用存储之前，现在还有最后一个重要的存储基础没有介绍。最后一个方面是选择存储协议。

6.2.6 选择存储协议

vSphere 提供了几个共享存储协议选择，其中包括光纤通道、FCoE、iSCSI 和 NFS（以 NAS 的形式）。哪怕只是简单了解每一种存储协议，对于 vSphere 环境的存储设计都很有帮助。

1. 回顾光纤通道

SAN 最常与光纤通道存储搭配使用，因为光纤通道是 SAN 使用的第一种协议。然而，SAN 指的是一种网络拓扑，而不是一种连接协议。虽然人们经常使用缩写词 SAN 表示光纤通道 SAN，但是完全可以使用其他协议创建 SAN 拓扑，其中包括 iSCSI、FCoE 和 InfiniBand。

SAN 最初的部署目标是模拟本地或直连 SCSI 设备的特性。SAN 网络负责将存储设备（逻辑单元或 LUN 就像在一个 SCSI 或 SAS 控制器上）从存储目标（阵列上一个或多个端口）连接到一个或多个发起者（Initiator）。发起者通常是一个主机总线适配器（HBA）或聚合网络适配器（CNA），但是 iSCSI 和 FCoE 一样有基于软件的发起者，如图 6.7 所示。

现在，光纤通道 HBA 的成本与高端多端口以太网接口或本地 SAS 控制器基本相当，而一个光纤通道交换机的单位端口成本是一个高端托管以太网交换机的 2 倍。

光纤通道使用一条光纤互连链路（有时候也使用铜线变体），这是因为光纤通道协

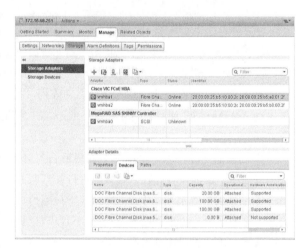

图 6.7　光纤通道 SAN 将目标阵列（这里是一个 EMC VMAX）的 LUN 连接到一系列发起者（这里是思科虚拟接口控制器）

议要求使用有超高带宽、超低延迟和无损耗的物理层。标准光纤通道 HBA 现在能够支持非常高的吞吐量，可以在 1 个、2 个甚至 4 个端口的配置上实现 4Gbps 、8Gbps 和 16Gbps 连接速度。老式 HBA 只支持 2Gbps。ESXi 支持的 HBA 包括 QLogic QLE2462 和 Emulex LP10000。在 VMware HCL 上可以搜索到官方支持的 HBA 列表：www.vmware.com/resources/compatibility/search.php。在端对端兼容性方面（或者说主机、HBA、交换机及阵列的兼容性），每一个存储供应商都有一个相似的兼容矩阵。

虽然在光纤通道刚出现时有许多不同的布线种类，而且也有许多可互操作的光纤通道发起者、固件版本、交换机和目标（阵列），但是现在互操作性支持已经很广泛。尽管如此，还是最好要检

查环境，并且保持环境兼容最新的供应商互操作性矩阵。从连接角度看，几乎所有环境都使用通用的 OM2（橙色线路）多模双工 LC/LC 线路。现在有一个新的 OM3（浅绿色线路）标准，它可用于更远距离的通信，而且通常用在 10Gbps 以太网和 8/16Gbps 光纤通道（否则得使用较短距离的 OM2）。它们都能连接标准光纤接口。

光纤通道协议支持 3 种模式：点对点（FC-P2P）、仲裁环路（FC-AL）和交换（FC-SW）。现在基本上不使用点对点和仲裁环路。FC-AL 通常用在一些阵列架构中，负责将它们的后台锭子闭包（供应商对这个硬件有不同的命名，它们是包含和安装物理磁盘的硬件元素）连接到存储处理器，但是即使在这些应用中，最现代的阵列设计都已经转到交换设计，这种设计能够实现更高的单位磁盘闭包带宽。

如图 6.8 所示，每一个 ESXi 主机至少有 2 个 HBA 端口，而每一个都物理连接 2 个光纤通道交换机。每一个交换机至少连接 2 个冗余前端阵列端口（通过存储处理器）。

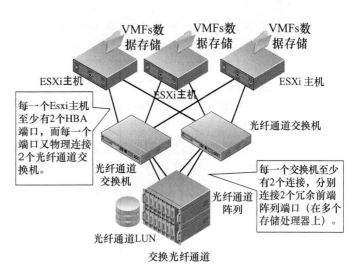

图 6.8 最常见的光纤通道配置：交换光纤通道（FC-SW）SAN。这使所有主机都能够轻松访问光纤通道 LUN，同时形成一种冗余网络设计

FCoE 有何不同

除了讨论物理介质和拓扑，FCoE 的概念几乎与光纤通道完全相同。这是因为，FCoE 在设计上支持与现有光纤通道 SAN 无缝互操作。

光纤通道 SAN 的所有对象（发起者、目标和 LUN）都通过一个 64 位唯一标识符"世界名"（Worldwide Name, WWN）标识。WWN 可以是世界性端口名（交换机端口）或节点名（终端端口）。即使不了解光纤通道，理解其概念也很简单。这个技术与以太网的媒介访问控制（MAC）地址完全相同。图 6.8 显示了一个带 FCoE CNA 的 ESXi 主机，其中高亮显示了 CNA 设置了世界节点名：世界端口名（WWnN:WWpN）：

```
20:00:00:25:b5:10:00:2c 20:00:00:25:b5:a0:01:2f
```

与以太网 MAC 地址类似，WWN 有特殊的结构。供应商使用了两个最重要的字节（从左边开始的 4 个十六进制字符），它们在供应商中保持唯一，所以有专门针对 QLogic 或 Emulex HBA 或阵列供应商的模式。在前一个例子中，有多个思科 CNA 连接一个 EMC VMAX 存储阵列。

光纤通道和 FCoE SAN 还有一个重要的概念：分区（Zoning）。光纤通道交换机通过分区限制同一个总线上发起者与目标之间相互通信路径。这个概念与以太网网络无法连接的 VLAN 类似。

光纤通道是否有等同于 VLAN 的组件

实际上是的。虚拟存储区网络（VSAN）在 2004 年成为标准。与 VLAN 类似，VSAN 能够隔离一个普通物理平台的多个逻辑 SAN。这样可以给 SAN 管理员提供更大灵活性，而且给分区增加了另一层隔离。不要与前面介绍的 VMware 新的 VSAN 功能混淆。

分区有以下两个用途。

◆ 保证一个集群（例如，vSphere 集群、微软集群或 Oracle RAC 集群）中多个主机连接的 LUN 也能够被底层 LUN 访问，同时保证主机不能访问 LUN 无法访问的资源。例如，它可用于保证 Windows 服务器不能看到 VMFS 卷（除非备份代理服务器使用的软件调用了数据保护 vSphere 存储 API）。

◆ 在 SAN 结构中创建故障与错误域，使噪音、抖动和错误不会传输到交换机附加的所有发起者（目标）。同样，这也类似于 VLAN 的其中一个用途，即将非常密集的以太网交换机划分到广播域中。

用户可以使用简单的 GUI 或 CLI 工具在光纤通道交换机上配置分区，可以按端口或 WWN 进行配置。

◆ 使用基于端口的分区，就可以在光纤通道交换机上"将端口 5 和 10 添加到一个分区 zone_5_10 上"。物理上连接端口 5 的任何设备（及任何 WWN）都只能与物理上连接端口 10 的设备（或 WWN）通信。

◆ 使用基于 WWN 的分区，就可以在光纤通道交换机上"将这个 HBA 的 WWN 和阵列端口 WWN 添加到一个分区 ESXi_55_host1_CX_SPA_0 上"。这样，在移动线路时，分区也会移动到对应 WWN 的端口上。

ESXi 配置如图 6.9 所示，LUN 以运行时或"简写"显示名称。它本身指定了一个非常长的名称，包括发起者 WWN、光纤通道交换机端口和网络地址授权（NAA）标识符。这样就可以得到一个清晰的唯一标识命名。它不仅包含存储设备，也包含完整的端到端路径。

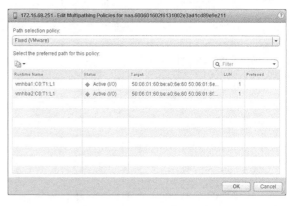

本章后面的内容将详细介绍存储对象命名方式，参见补充内容"存储设备列表包含了哪些信息"。

分区不应该加入 LUN 掩蔽（Masking）。

图 6.9　Edit Multipathing Policies 对话窗口显示了存储运行时（简写）名称

掩蔽是指主机或阵列故意忽略它能够主动看到的 WWN（换言之，它们属于同一个分区）。掩蔽可用于进一步限制主机能够连接的 LUN（通常用在 LUN 的测试与开发副本上）。

可能将许多发起者和目标添加到一个分区中，再将分区归到一个组中，如图 6.10 所示。对于 vSphere HA 和 vSphere DRS 等特性，ESXi 主机必须将存储共享给所有适用主机能够访问的设备。通常，这意味着 vSphere 环境中每一个 ESXi 主机都必须添加到分区中，这样它们才能看到每一个 LUN。此外，每一个发起者（HBA 或 CNA）都需要与 LUN 能够访问的全部前端阵列端口分在同一个分区

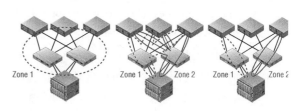

图 6.10　配置分区的方式有很多。从左至右是：多发起者（或多目标）分区、单发起者（或多目标）分区和单发起者 / 单目标分区

中。那么，什么才是最佳配置实践？答案是单个发起者（或单个目标）的分区方式。这样会出现许多更小的分区，减少交叉通信，从而更加不容易出现管理错误，如因为交换机配置错误一次性将一个 LUN 从 1 个或多个主机的所有路径移除。

记住，我们的目标是保证 vSphere 集群中所有节点都能够访问每一个 LUN。图 6.10 左边是大多数不熟悉的从光纤通道开始的——多个发起者的分区，将所有阵列端口和所有 ESXi 光纤通道发起者集中在一个大分区中。中间分区配置的更好一些——2 个分区，双结构光纤通道 SAN 设计的两端各 1 个，每一个分区都包含所有存储处理器的前端端口（关键是每一个存储处理器至少要有一个）。右边是最佳且推荐使用的分区配置——单发起者（或单目标）分区。然而，这种方法需要更多的管理开销来创建所有的分区。

当使用如图所示的单发起者（或单目标）分区时，每一个分区都包含一个发起者和一个目标阵列端口。这意味着每一个 ESXi 主机最终都会有多个分区，所以每一个 ESXi 主机都可以访问所有可用的目标阵列端口（同样，每一个存储处理器 / 控制器至少要有一个端口）。这样可以降低管理出错的风险和消除影响邻近分区的 HBA 问题，但是还需要更多的配置才能实现更大数量的分区。一定要保证，每一个 HBA 都要与每一个存储处理器中至少一个前端端口分到一个分区中。

2. 回顾以太网光纤通道（FCoE）

正如附加内容"FCoE 有何不同"所提到的那样，FCoE 在设计时考虑了与光纤通道的互操作和兼容性。事实上，FCoE 标准同样由负责光纤通道的 T11 实体维护（当前标准是 FC-BB-5）。在协议栈的最上层中，光纤通道和 FCoE 是完全相同的。

这两个协议的差别在于下层。光纤通道协议并没有规定它依赖的物理传输层。然而，与可靠传输协议 TCP 不同，光纤通道几乎没有处理丢包和重传的机制，这也是它要求使用无损耗、低抖动、高带宽物理层连接的原因所在。正因为如此，光纤通道传统上运行在相对较短的光纤线路上，而不是运行在以太网使用的无屏蔽双绞线（UTP）上。

为了避免使用无损以太网，IEEE 制定了一系列标准——在编写本书时所有这些标准都已经批

准和确定，使 10 千兆比特以太网能够可靠地传输 ECoE 流量。下面 3 个标准都属于数据中心桥接（DCB），它们是实现这个目标的关键标准。

◆ 流量优先级控制（Priority Flow Control，PFC，也称为 Per-Priority Pause）；

◆ 增强传输选择（Enhanced Transmission Selection, ETS）；

◆ 数据中心桥接交换（Datacenter Bridging Exchange, DCBX）。

同时使用这 3 个协议，就可以将光纤通道数据帧封装到以太网帧中，如图 6.11 所示，再通过可靠方式传输。因此，FCoE 将使用与 10 千兆比特以太网相同的物理线路。现在，10 千兆比特以太网连接通常都使用光纤（与光纤通道一样）与双绞线（一对同轴铜线）、与 InfiniBand 类似的 CX 线路和一些基于 10GBase- T 新标准的新 10 千兆比特无屏蔽双绞线（UTP）。每一种线路都有不同距离的用例，接口成本、大小和电源消耗都不相同。

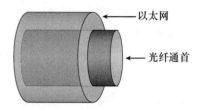

以太网

光纤通首

图 6.11　FCoE 直接将光纤通道帧封装到以太网帧，然后再通过可靠的以太网传输方式发送

数据中心以太网或聚合增强以太网呢

数据中心以太网（Datacenter Ethernet，DCE）和聚合增强以太网（Converged Enhanced Ethernet，CEE）是用于描述的无损耗以太网预标准术语。DCE 表示思科根据 DCB 标准实现预标准实现；CEE 则得到了多个供应商的支持。

因为 FCoE 使用以太网，那么为什么要用 FCoE 替代 10 千兆比特以太网，而不使用 NFS 或 iSCSI？其原因通常包括 2 个方面。

◆ 大型企业现有的基础架构、过程和工具都面向光纤通道设计，它们原本就计划使用 WWN 寻址，而不使用 IP 寻址。这样就直接提供了创建聚合网络和提高效率的条件，而不需要"淘汰和更换"设备。事实上，早期的 FCoE 预标准实现确实不包含跨越多个以太网交换机的元素。这些元素一部分属于 FCoE 初始协议（FCoE Initialization Protocol, FIP），一部分属于官方的 FC-BB-5 标准，并且是最终标准要求的部分。这意味着，目前使用的大多数 FCoE 交换机都可以作为 FCoE/LAN/ 光纤通道的连接工具。这使它们成为整合与扩展现有 10 千兆比特以太网或 1 千兆比特以太网 LAN 和光纤通道 SAN 网络的最佳工具。最大程度地节约成本、降低能耗、减少布线与端口，以及对管理的重大影响，都发生在 ESXi 主机到第一台交换机的层次上。

◆ 一些特定的应用程序要求使用可靠的超低延迟传输网络模型——使用经常丢包的传输，然后再使用短时间 TCP 重传机制作为保护手段，是达不到要求的。现在要实现的是一些超高端应用程序，它们从来都不会虚拟化。然而，在 vSphere 5.5 应用中，我们的目标是将所有工作负载虚拟化，所以实现一种既能交付超高性能又能支持聚合网络的 I/O 模型变得更加重要。

在实践中，在 10 千兆比特以太网基础架构上使用 iSCSI、FCoE 还是 NFS 的争论并不重要。所有 FCoE 适配器都是聚合适配器，它们称为聚合网络适配器（CNA）。它们可以同时支持原生的 10 千兆比特以太网（因此也支持 NFS 和 iSCSI）和 FCoE，而且 ESXi 主机可以有多个 10 千兆比特以太网网络适配器和多个光纤通道适配器。如果环境支持 FCoE，那么也就支持所有适配器。因此，协议都可以使用。

VMware 兼容性指南的 I/O 部分包含一个 vSphere 支持的 FCoE CNA 列表。

3. 认识 iSCSI

iSCSI 将块存储 SAN 带到了无光纤通道基础架构上。iSCSI 是一个 Internet 工程任务组(Internet Engineering Task Force，IETF）标准，它将 SCSI 控制与数据封装到 TCP/IP 数据包中，然后封装到以太网帧中。图 6.12 显示了将 iSCSI 封装在 TC/IP 和以太网帧的方式。TCP 重传将用于处理以太网丢包或严重传输错误。存储流量可能像最繁忙的 LAN 流量一样密集。因此，在使用 iSCSI 时，一定要降低重传，减少丢包，并且保证使用"贝蒂业务"以太网基础架构。

图 6.12 使用 iSCSI 时，SCSI 控制和数据将同时封装到 TCP/IP 和以太网帧中

虽然光纤通道的性能一般要高于 iSCSI，但是在很多时候，iSCSI 已经能够满足许多客户的要求，而且一个认真规划且支持扩展的 iSCSI 基础架构大部分情况下都能达到中端光纤通道 SAN 的同等性能。

此外，iSCSI 和光纤通道 SAN 的复杂性相当，也有许多相同的核心概念。可以这样说，如果现有人员熟悉以太网，但是不熟悉光纤通道，那么让 ESXi 主机连接 iSCSI LUN，要比连接第一个光纤通道 LUN 简单得多，因为它们不需要理解世界名称和分区。在实践中，要设计一个可扩展且健壮的 iSCSI 网络，需要付出与光纤通道一样的努力。若要使用与光纤通道分区类似的 VLAN（物理）隔离技术，还需要向上扩展连接，才能实现相同的带宽。观查图 6.13，并将它与图 6.8 所示的交换光纤通

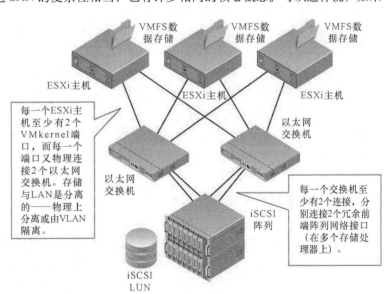

图 6.13 注意 iSCSI SAN 的拓扑与交换光纤通道 SAN 的拓扑是完全相同的

道网络图进行对比。

每一个 ESXi 主机至少有 2 个 VMkernel 端口，而每一个端口又物理连接 2 个以太网交换机（第 5 章已经介绍过，虚拟机管理程序使用 VMkernel 端口传输网络流量，如基于 IP 的存储流量，这和 iSCSI 或 NFS 一样）。存储与 LAN 是分离的——物理上分离或由 VLAN 隔离。每一个交换机至少有 2 个连接，分别连接 2 个冗余前端阵列网络接口（在多个存储处理器上）。

关于 iSCSI，还有另一个概念需要注意，即扇入比（fan-in ratio）。这个概念适用于所有共享存储网络，其中包括光纤通道，但是其效果在千兆比特以太网（GbE）网络上最明显。在所有共享网络中，所有主机节点之间的可用带宽总是高于交换机出口带宽和阵列的前端连接带宽。一定要记住，主机带宽会受到拥塞的影响。一定不要降低阵列的端口至交换的配置。如果阵列只连接 2 个 GbE 接口，每一个 GbE 接口又连接了 100 台主机，那么一定会出现拥塞问题，因为扇入比太大了。

此外，在 iSCSI 和 iSCSI SAN 中，还有许多与光纤通道及光纤通道 SAN 相似的核心概念，但是其中一些有本质区别。下面来学习一些术语。

iSCSI 发起者 它是一个逻辑主机端设备，其作用与光纤通道 /FCoE 或 SCSI/SAS 的物理主机总结适配器一样。iSCSI 发起者可以是软件发起者（使用主机 CPU 周期加载 / 卸载 SCSI 负载到标准 TCP/IP 数据包并执行错误校验）或硬件发起者（iSCSI 中与光纤通关 HBA 或 FCoE CNA 对应的硬件）。与 vSphere 管理员有关的软件发起者有原生 ESXi 软件发起者，以及 Windows XP 以上版本及大多数 Linux 发行版提供的客户机软件发起者。iSCSI 硬件发起者有外接程序卡，如 QLogic QLA 405x 和 QLE 406x 主机总线适配器。这些程序卡可以在硬件上执行所有 iSCSI 功能。iSCSI 发起者可以用一个 iSCSI 限定名称标识（称为 IQN）。iSCSI 发起者使用一个包含若干 IP 地址的 iSCSI 网络入口。iSCSI 发起者会"登录到" iSCSI 目标。

iSCSI 目标 它是一个逻辑目标端设备，可以充当光纤通道 SAN 目标的作用。该设备可以运行 iSCSI LUN，然后掩蔽成指定的 iSCSI 发起者。不同的阵列使用 iSCSI 的方式各不相同——有一些使用硬件实现，有一些则使用软件实现，但是这些使用方式并不重要。更重要的是，iSCSI 目标不需要像光纤通道那样映射到一个物理端口上——每一个阵列的做法各不相同。有一些为每一个物理以太网端口映射一个 iSCSI 目标；有一些则为每一个 iSCSI LUN 映射一个 iSCSI，而多个物理端口都可以访问这个 LUN；另外一些则将逻辑 iSCSI 目标目标映射到管理员在阵列中关联的物理端口和 LUN。iSCSI 目标由一个 iSCSI 限定名称（IQN）标识。iSCSI 目标使用一个包含若干 IP 地址的 iSCSI 网络入口。

iSCSI 逻辑单元 iSCSI LUN 是在一个 iSCSI 目标上运行的 LUN。一个 iSCSI 目标可以有一个或多个 LUN。

iSCSI 网络入口 iSCSI 网络入口是 iSCSI 发起者或 iSCSI 目标使用 1 个或多个 IP 地址。

iSCSI 限定名 iSCSI 限定名(IQN)的作用与光纤通道 SAN 的 WWN 相同。它是 iSCSI 发起者、目标或 LUN 的唯一标识符。IQN 的格式由 iSCSI IETF 标准规定。

挑战验证协议 CHAP 是一个广泛应用的验证协议，它使用密码交换验证通信的来源与目标。单向 CHAP 是单向验证的，来源验证目标，或者在 iSCSI 中，iSCSI 发起者验证 iSCSI 目标。双向

CHAP 则是双向验证的，在会话建立之前，iSCSI 发起者验证 iSCSI 目标，然后再反过来验证。虽然光纤通道 SAN 被认为内在很安全，因为它们在物理上与以太网网络隔离，而且不在同一个分区的发起者与目标不能通信，但是 iSCSI 不是这样。在 iSCSI 中，可以（但不推荐）使用同一个以太网网段传输常规 LAN 流量，而且也不存在内部分区模型。因为存储网络流量和常规网络流量都可以共享网络基础架构，所以 CHAP 可以作为一种验证 iSCSI 流量的来源与目标的附加安全手段。在实践中，光纤通道和 iSCSI SAN 使用相同的安全设置和相同级别的隔离（逻辑或物理）。

IP 安全　IPSec 是一个 IETF 标准，它使用公共密钥加密技术来保证 iSCSI 负载的安全，使它们不会受到中间人的安全攻击。与 CHAP 的验证类似，这种更高级可选安全性也属于 iSCSI 标准，因为它可以（但是不推荐）使用通用 IP 网络传输 iSCSI 流量——如果这样做，未加密数据会有安全风险（例如，中间人攻击可以用 iSCSI 数据包重建数据，从而偷取它原本不能验证的主机上的数据）。IPSec 相对较少使用，因为它会显著增加发起者和目标的 CPU 负荷。

静态 / 动态发现　iSCSI 使用一种发现方法，使 iSCSI 发起者能够查询 iSCSI 目标的可用 LUN。静态发现包含一个手工配置，而动态发现则会向阵列的一个 iSCSI 目标发送一个 iSCSI 标准的 SendTargets 命令。然后，这个目标将所有可用目标和 LUN 报告给这个发起者。

iSCSI 命名服务　iSCSI 命名服务（iSNS）与域名系统（DNS）类似：它用一个 iSNS 服务存储一个超大型 iSCSI 部署环境的所有可用 iSCSI 目标。iSNS 很少用。

图 6.14 在一个逻辑图上显示了关键的 iSCSI 元素。这个图显示了最广泛的 iSCSI。

通常，iSCSI 会话可能有多个 TCP 连接，即单会话多连接（Multiple Connections Per Session）。注意，VMware 不支持这种方式。一个 iSCSI 发起者和 iSCSI 目标可以与一个包含若干 IP 地址的 iSCSI 网络入口通信。各种阵列会有不同的网络入口的实现：有一些阵列总是为一个目标端口配置一个 IP 地址，而有

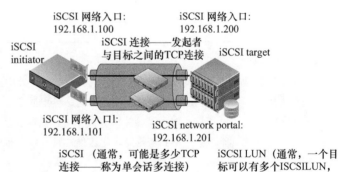

图 6.14　iSCSI IETF 标准包含多种元素

一些阵列则大量使用网络入口。iSCSI 发起者会创建一个 iSCSI 会话，从而登录到 iSCSI 目标。一个目标可以有许多个 iSCSI 会话，而每一个会话可以有多个 TCP 会话（vSphere 现在还不支持单会话多连接）。一个 iSCSI 目标后面可以有不同数量（1 个或多个）的 iSCSI LUN。各种阵列会有不同的数量。6.3.2 节中的"1. 通过光纤通道添加 LUN"将详细介绍 vSphere 软件 iSCSI 发起者的实现。

关于硬件 iSCSI 发起者（iSCSI HBA）与软件 iSCSI 发起者有何区别？图 6.15 显示了一般网络接口、执行 TCP/IP 卸载的网络接口和完全 iSCSI HBA 的软件 iSCSI。显然，ESXi 主机需要用软件 iSCSI 发起者处理更多负载，但是需要增加 CPU 相对较少。满负载的几个 GbE 链路也只需要使用

现代 CPU 的一个核心，而 iSCSI HBA 的
开销通常少于增加 CPU 的开销。在设计
存储时，一定要注意防止 CPU 过载，但
是也不要让它成为左右设计的唯一标准。

还应注意独立硬件 iSCSI 适配器与非
独立硬件 iSCSI 适配器之间的区别。顾名
思义，前者依赖于 vSphere 网络和 iSCSI
配置，而后者使用自身的网络和 iSCSI
配置。

在 vSphere 5.0 之前，iSCSI HBA 仍
然有一个特殊功能：从 iSCSI SAN 启
动。vSphere 5.0 加入了 iSCSI 启动固件表
（iBFT）的支持，这个机制支持从一个
带软件 iSCSI 发起者的 iSCSI SAN 启动。

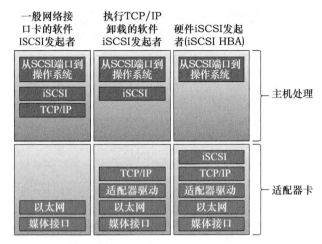

图 6.15 在各种实现中，由适配器卡处理的部分与 ESXi 主机 CPU 的对比

但是，所使用的硬件必须有相应的 iBFT 支持。有人可能会认为，使用 Auto Deploy 一样有从 iSCSI SAN 启动的相同优点，但是每一个方法都有其自身的可取之处。

iSCSI 是 vSphere 支持的最后一种基于块的共享存储方法。现在，即将开始学习网络文件系统（NFS），这是 vSphere 支持的唯一一种 NAS 协议。

支持巨型帧

VMware ESXi 确实在所有 **VMkernel** 流量中支持巨型帧，其中包括 iSCSI 和 NFS，而且应该在可能的地方使用它。然而，一定要在所有可能的网络路径上的所有设备配置一个统一且更大的最大传输单元（MTU）大小；否则，以太网帧片段分裂会导致出现通信问题。依靠网络硬件和流量类型，巨型帧可能会、也可能不会产生显著效益。应该像往常一样，根据支持配置所需要的操作费用来进行权衡。

---

4. 理解网络文件系统（NFS）

NFS 协议是一个最初由 Sun Microsystems 公司开发的标准，目的是使远程系统能够像访问本地文件系统一样访问另一台主机的文件系统。vSphere 实现了一个使用 TCP 并兼容 NFSv3 的客户端。

当 vSphere 使用 NFS 数据存储时，完全不需要使用本地文件系统（如 VMFS）。文件系统位于远程 NFS 服务器上。这意味着，NFS 数据存储一样要实现访问管制与文件锁需求，它们与 vSphere 使用 vSphere 虚拟机文件系统（VMFS，参见 6.3.1 节中的"1. 认识 vSphere 虚拟机文件系统"）在块存储设备上实现的需求相同。

将文件系统从 ESXi 主机移到 NFS 服务器，也意味着不需要处理分区（或掩蔽任务）。这样就使得 NFS 数据存储的配置变成一种最容易创建和运行的存储方法。另一方面，这也意味着现在光

纤通道、FCoE 或 iSCSI 存储的高可用和多重路径功能将转由网络层实现。6.3.4 节中的"1. 创建高可用的 NFS 设计"将介绍这个问题。

图 6.16 显示了一个 NFS 环境的配置拓扑。注意它与图 6.8 和图 6.13 的区别。

每一个 ESXi 主机至少有 2 个 VMkernel 端口，每一个端口又物理连接 2 个以太网交换机，存储与 LAN 是分隔的——物理分隔或通过 VLAN 分隔。

每一个交换机至少有 2 个连接，分别连接 2 个冗余的前端阵列网络接口（跨越多个存储处理器）。

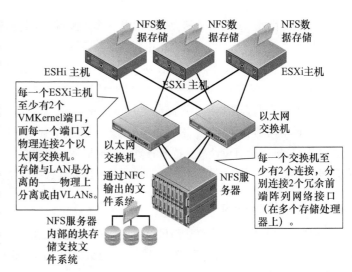

图 6.16 从连接角度看，NFS 的配置拓扑与 iSCSI 很相似，但是在配置角度有很大差别

技术上，任何兼容基于 TCP 实现的 NFSv3 的 NFS 服务器都可以兼容 vSphere（vSphere 不支持基于 UDP 实现的 NFS），但是与光纤通道和 iSCSI 类似，这个基础架构需要支持整个 vSphere 环境。因此，推荐只使用 VMware HCL 所列的 NFS 服务器。

使用 NFS 数据存储可以将存储设计中与 LUN 相关的元素从 ESXi 主机移到 NFS 服务器上。NFS 服务器不使用其他块存储——它使用前面介绍的 RAID 技术保护数据，而且允许 ESXi 主机在这些块设备上创建文件系统（VMFS）；相反，NFS 服务使用它的块存储（使用 RAID 保护），然后在这个块存储上创建自己的文件系统。然后，这些文件系统将通过 NFS 导出，挂载到 ESXi 主机上。

在 VMware 一开始支持 NFS 时，NFS 被认为是一种低性能方法，只适合用在 ISO 和模板上，而不适合用在生产虚拟机上。如果在生产虚拟机上使用 NFS 数据存储，那么以前的推荐做法是将虚拟机交换分区移到块存储上。虽然 NAS 和块设备在架构上确实不同，而且它们的扩展模型和瓶颈也有些不同，但是这种判断大多数源于人们过去的 NAS 使用方法。

现实情况是，绝对有可能创建一个企业级的 NAS 基础架构。NFS 数据存储可以支持大数量级的虚拟化工作负载，而且不需要移动虚拟机的交换分区。然而，如果用 NFS 支持大量的生产虚拟机工作负载，则要非常小心地设计 NFS 服务器的后台和网络基础架构。在关键业务上使用 NAS，一定要实现与通过光纤通道、FCoE 或 iSCSI 同等水平的可靠设计。在 vSphere 中，NFS 服务器不会作为一个传统文件服务器，因为其性能和可用性要求相对较低。相反，它会作为一个支持关键任务应用程序的 NFS 服务器，这时要支持整个 vSphere 环境和这些 NFS 数据存储中的所有虚拟机。

前面提到，vSphere 使用 TCP 实现了一个 NFSv3 客户端。这一点很重要，因为它直接影响连接方法。每一个 NFS 数据存储都使用 2 个 TCP 会话连接 NFS 服务器：一个传输 NFS 控制流量，另一个传输 NFS 数据流量。实际上，这意味着一个数据存储的大部分 NFS 流量都使用一个单独的

TCP 会话。因此，这意味着链路聚合（从一个来源到一个目标逐个流处理）只会使用一个以太网链路连接数据存储，无论链路聚合组中包含多少条链路。为了使用多个以太网接口的聚合吞吐量，需要使用多个数据存储，因为没有任何一个数据存储能够使用相当于多个链路的带宽。iSCSI 所支持的方法（每个 iSCSI 目标使用多个 iSCSI 会话）不适用于 NFS 用例。6.3.4 节中的"1．创建高可用的 NFS 设计"将介绍如何设计高性能 NFS 数据存储。

通过前面小节介绍的常用存储阵列架构，可以了解到可供 vSphere 管理员选择的协议有很多。大多数 vSphere 部署设计都支持所有协议，但是每一种都有各自的优点和缺点。关键是要分析和确定最适合我们需求的设计。在下一节中，将总结如何选择存储方式。

6.2.7 选择存储方式

大多数 vSphere 工作负载都可以用中型阵列架构处理（双主动、主动 - 被动、非对称或虚拟端口设计都可以）。关键任务和超大规模虚拟化数据中心的负载有极高可用性和性能要求，因此需要使用企业阵列设计。

每一种存储都可以支持大部分用例，如表 6.1 所示。这里并不是要比较各种方法，而要理解和利用它们的功能差别，然后用它们实现最大的灵活性。

表 **6.1** 存储选择

特性	光纤通道 SAN	iSCSI SAN	NFS	VSAN
ESXi 启动（从 SAN 启动）	是	支持 iBFT 的硬件发起者或软件发起者	否	否
虚拟机启动	是	是	是	是
裸设备映射	是	是	否	否
动态扩展	是	是	是	是
可用性和扩展模型	存储栈（PSA）、ESXi LUN 队列、阵列配置	存储栈（PSA）、ESXi LUN 队列、阵列配置	网络阶段（NIC 组合和路由）、网络、NFS 服务器配置	存储栈（本地）、网络阶段（NIC 组和路由）
VMware 特性支持（vSphere HA、vMotion、Storage vMotion、vSphere FT）	是	是	是	是

通常，协议类型的选择主要关注于以下几个方面。

vSphere 特性支持 虽然 VMware 的主要特性一开始都要求使用 VMFS，如 vSphere HA 和 vMotion，但是它们现在支持使用所有存储类型，其中包括裸设备映射（RDM）和 NFS 数据存储。vSphere 特性支持一般不是影响协议选择的条件，而且只有少数特性不支持 RDM 和 NFS，如物理兼容模式 RDM 的 vSphere 原生快照或在 NFS 上创建 RDM。

存储容量效率 无论选择使用哪一种协议，在整个 vSphere 层上正确应用的精简配置方法有非常高的效率。相比只在虚拟层上应用精简配置，在存储阵列（块设备和 NFS 对象）上应用精简配置可以实现更高的整体效率。现在，新的阵列容量效率技术（如通过信息压缩和数据去重等方法检测和减少存储消耗）在 NFS 数据存储上具有最高的使用效率，但是也逐渐扩展到块设备应用上。有一种常见的错误是将存储容量（GB）作为唯一的效率指标——在很多时候，即使使用高级缓存技术，也需要固定数量的锭子才实现所要求的性能。通常，在这些情况下的效率由锭子密度决定，而不是由容量（GB）决定。对于大多数 vSphere 客户而言，效率逐渐成为一种运行过程功能，而不是协议或平台选择。

性能 无论选择哪一种协议，许多 vSphere 客户都可以实现相似的性能。正确设计的千兆比特以太网 iSCSI 和 NFS 可以支持超大规模的 VMware 部署，特别在使用小块(4KB ～ 64KB)I/O 模式时，大部分常见 Windows 工作负载都采用这种模式，而且只需要不到 80Mbps 的 100% 读或写 I/O 带宽或者 160Mbps 混合 I/O 带宽。吞吐量限制的区别是由 1GbE 的 1Gbps/2Gbps 双向特性造成的—纯读取或纯写入工作负载是单向的，而混合工作负载是双向的。

光纤通道（及扩展的 FCoE） 通常在超大块 I/O（支持 DSS 工作负载或 SharePoint 的虚拟机）上有更高的性能，而这种 I/O 要求更高的吞吐量。另外，在一些工作负载上，同样重要（但相对次要一些）的是，光纤通道要能够交付较低延迟模型，而且一般有更快的故障恢复行为，因为 iSCSI 和 NFS 总是依赖 TCP 重传来处理丢包和 ARP 问题（在一些 iSCSI 应用中）——所有这些操作都会将故障恢复处理时间增加到几十秒，而光纤通道或 FCoE 只有几秒时间。使用多个千兆比特以太网链路，可以实现 IP 存储的负载平衡和向外扩展，这种方法同样可以提高 iSCSI 的吞吐量。链路聚合技术也有一定帮助，但是它们只适用于使用多个 TCP 会话的情况。因为 vSphere 的 NFS 客户端只使用一个 TCP 会话传输数据，所以链路聚合无法提高各个 NFS 数据存储的吞吐量。10 GbE 的高可用性决定了它可以为 NFS 数据存储实现更高的吞吐量。

每一种协议配置几乎都可以适用于所有用例。但是，关键在于配置细节（本章将介绍）。在实践中，最重要的是了解自己知道什么和需要什么。

最灵活的 vSphere 配置一般都会组合使用 VMFS（要求使用块存储）和 NFS 数据存储（要求使用 NAS），而且有选择性地使用 RDM（块设备）。

选择使用哪一种块协议支持 VMFS 和 RMD 用例，取决于企业本身，而不是技术，而且这个选择通常会遵循以下模式。

◆ iSCSI：适用于从未使用过且目前没有任何光纤通道 SAN 基础架构的客户；

◆ 光纤通道：适用于需要使用现有光纤通道 SAN 基础架构解决需求的客户；

◆ FCoE：适用于想要升级现有光纤通道 SAN 基础架构的客户。

vSphere 适用于所有用例——从桌面 / 笔记本到服务器及服务器的工作负载，包括测试和开发到繁重工作负载和关键任务应用程序。哪怕是一个简单的通用模型也一样有效，但是只适用于最简单的部署。vSphere 的优点是支持所有协议和所有模型。如果只使用一种模型，就意味着不一定能够虚拟化所有组件，而且企业也可能实现不了最大的灵活性和效率。

现在已经学习了共享存储的基本概念，以及如何为环境选择基本存储方式，接下来可以开始学习如何在 vSphere 中创建这些存储方式。

6.3　实现 vSphere 存储基础

本节将介绍如何在 vSphere 中应用前面提到的共享存储技术。本书将按照逻辑顺序介绍这些元素，首先从 vSphere 核心存储概念开始。接下来，介绍在 vSphere 中使用存储方法实现包含一组虚拟机的数据存储（VMFS 数据存储和 NFS 数据存储）。然后，介绍如何在虚拟机直接访问磁盘设备（裸设备映射）。最后，详细介绍虚拟机层存储配置方法。

6.3.1　回顾 vSphere 核心存储概念

虚拟化的核心概念之一就是封装。以前属于物理系统的元素现在由 vSphere 封装，从而生成用一组文件表示的虚拟机。第 9 章将详细介绍构成虚拟机的文件及其用途。前面已经介绍过，这些虚拟机文件存储在共享存储基础架构之中（除了马上要介绍的裸设备映射，即 RDM）。

通常，vSphere 使用完全共享的存储模型。在 vSphere 环境中，所有 ESXi 主机都使用由块存储协议（光纤通道、FCoE 或 iSCSI，其中存储对象为 LUN）或网络附加存储协议（NFS，其中存储对象是 NFS 导出配置）访问的存储对象。在不同的环境中，大多数 ESXi 主机都可以访问这些存储对象，只有少数 ESXi 主机不能访问。第 7 章将再次回顾集群的概念，它是 vSphere HA 和 vSphere DRS 等特性的主要组成部分。在一个集群中，必须保证所有 ESXi 主机都能够查看和访问同一组存储对象。

在详细介绍如何在 vSphere 中配置各种存储对象之前，必须先回顾一些核心的 vSphere 存储技术、概念和术语。这些信息将是本后面内容的基础。首先，介绍 vSphere 虚拟机文件系统，这是实践中每一个 vSphere 部署都会使用的关键技术。

1. 认识 vSphere 虚拟机文件系统

vSphere 虚拟机文件系统（VMFS）是一个适用于许多 vSphere 部署的通用配置方法。它类似于 Windows Server 的 NTFS 和 Linux 的 ext3。与这些文件系统类似，它也是原生的；它包含在 vSphere 中，并且运行在块存储对象之上。如果环境中使用了任何形式的块存储，就一定是在使用 VMFS。

VMFS 的作用是简化存储环境。如果每一个虚拟机直接访问自己的存储，而不是将文件存储在共享卷中，那么显然虚拟环境会变得很难扩展。VMFS 创建了一个共享存储池，它可供 1 个或多个虚拟机使用。虽然与 NTFS 和 ext3 类似，但是 VMFS 与这些常见文件系统有以下几个方面的重要区别。

- ◆ 起初，它专门设计为一个集群文件系统；而 NTFS 或 ext3 都不是集群文件系统。与许多集群文件系统不同，它非常简单易用。
- ◆ VMFS 的简单性源于它简单且透明的分布式锁机制。与使用网络集群锁管理器的传统集群文件系统相比，这种机制要简单很多。
- ◆ VMFS 支持直接访问磁盘的稳定状态 I/O，从而可以在低 CPU 过载的 ESXi 主机上实现高吞吐量。

◆ 锁由文件系统中隐藏区域的元数据处理，如图 6.17 所示。文件系统的元数据区域以磁盘内锁结构（文件）的方式保存关键信息，如指定虚拟机的当前拥有者是哪一个 ESXi 主机，保证虚拟机不存在争夺或损坏问题。

◆ 根据存储阵列对 VAAI 特殊支持，当磁盘内锁结构更新时，ESXi 主机会使用非持久性 SCSI 锁（SCSI Reserve/Reset 命令）对 LUN 施加即时更新锁。这个操作完全不需要 vSphere 管理员干预。

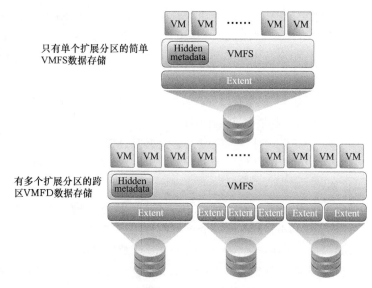

图 6.17 VMFS 将元数据存储在第一个扩展分区的隐藏区域

◆ 与传统文件系统相比，这些元数据的更新不会在普通读写 I/O 操作执行过程中发生，也不会产生基础扩展限制。

◆ 元数据更新对于生产 I/O 的影响很小（具体参见 VMware 白皮书 www.vmware.com/resources/techresources/1059）。这种影响对于当前拥有 SCSI 锁的 ESXi 主机而言微不足道，而更多只能影响访问同一个 VMFS 数据存储的其他主机。

◆ 这些元数据的更新发生不限于在以下情况中：

  ➢ 在 VMFS 数据存储中创建文件时（例如，启动虚拟机、创建 / 删除虚拟机或创建快照）；

  ➢ 改变拥有虚拟机的 ESXi 主机时（vMotion 和 vSphere HA）；

  ➢ 修改 VMFS 文件系统本身时（文件系统扩容或增加文件系统扩展分区）。

---

vSphere 5.5 与 SCSI-3 的依赖关系

与旧版本的 vSphere 类似，vSphere 5.5 只支持兼容 SCSI-3 的块存储对象。大多数主流存储阵列都完全支持 SCSI-3，或者可通过升级阵列软件而支持，但是之前一定要向存储供应商确认这一点。如果存储阵列不支持 SCSI-3，那么在 vSphere 主机的 Configuration 选项卡上显示的存储明细会出现错误提示。

尽管有这个要求，但是 vSphere 仍然使用 SCSI-2 保留机制作为一般的 ESXi 层 SCSI 保留机制（不要与客户机层保留混淆）。这是非对称逻辑单元访问（ALUA）的重要条件，参见本节的"2. 回顾多重路径"。

专门用于 VMFS-3 的早期 vSphere 版本，以及 vSphere 5.0、5.1 和 5.5 仍然支持 VMFS-3。除了支持 VMFS-3，vSphere 5.0 还引入了 VMFS-5，并且在 vSphere 5.5 中功能得到了增强。只有运行 ESXi 5.0 或以上版本的主机才能支持 VMFS-5；运行 ESX/ESXi 4.x 的主机不能查看或访问 VMFS-5 数据存储。VMFS-5 有许多优点。

◆ VMFS-5 数据存储现在只用一个扩展分区就可以扩展到 64TB。跨多个扩展分区的数据存储也一样最多只能有 64TB。

◆ VMFS-5 数据存储的一个块大小为 1MB，但是它支持创建 62TB 大小的文件。

◆ VMFS-5 使用了一种更高效子块分配大小，它只有 8KB，而 VMFS-3 只能用 64KB。

◆ VMFS-5 允许为 62TB 大小的设备创建虚拟模式 RDM。（VMFS-3 的 RDM 大小限制为 2TB。RDM 的详细介绍参见 6.3.3 节中的"配置裸设备映射"。）

另外，VMFS-5 还有一个更好的改进，它可以将现场和在线的 VMFS-3 数据存储升级到 VMFS-5——而且完全不会影响运行在这个数据存储的虚拟机的正常运行。此外，VMFS-3 数据存储并不一定需要升级到 VMFS-5，因此这也大大简化了旧版本的迁移过程。

在本章的 6.3.2 节"配置 VMFS 数据存储"中，将更详细地介绍如何创建、扩展、删除和升级 VMFS 数据存储。

与 VMFS 密切相关的概念是多重路径，下节将介绍这个话题。

2. 回顾多重路径

多重路径表示一个主机（如 ESXi 主机）如何管理可通过多种方式（或路径）访问的存储设备。多重路径在光纤通道和 TCoE 环境中非常常见，另外也会出现在 iSCSI 环境中。虽然多重路径技术并非只能在基于块的存储环境中使用，也一样可以在 NFS 数据存储中使用，但是 NFS 的多重路径处理通常与块存储有很大区别。

在 vSphere 4 中，VMware 和 VMware 技术合作伙伴投入了大量的资源去设计和实现处理多重路径的 vSphere 存储元素。他们设计了一种可插拔存储架构（Pluggable Storage Architecture, PSA），该架构也一样出现在 vSphere 5.5 中。图 6.18 显示了 PSA 的总体结构图。

开发 PAS 的主要目标之一是较大程度地提高 vSphere 多重路径的灵活性。在 vSphere 4 之前的 VMware ESX/ESXi 版本中，

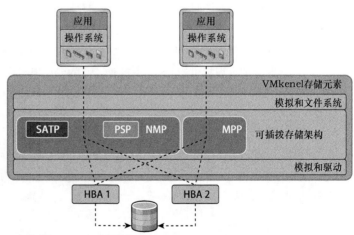

图 6.18 vSphere 的可插拔存储架构采用高度模块化和可扩展性的设计

有非常严格要求的故障恢复策略和多重路径策略，而这些架构只会在 VMware 重大版本发布时才会更新。PSA 的模块化架构为 vSphere 管理员提供了一种更加灵活的法。

PSA 由 4 种模块组成：

◆ 原生多重路径插件（NMP）；

◆ 存储阵列类型插件（SATP）；

◆ 路径选择插件（PSP）；

◆ 多重路径插件（MPP）。

任意一个 ESXi 主机在任意时刻都可以包含多个模块，而且可以连接到多个阵列，而且也可以在每一个 LUN 上配置所使用的模块组合（NMP/SATP/PSP 组合或 MPP）。

下面学习它们的组合工作方式。

（1）认识 NMP 模块：NMP 模块负责处理 MPIO（多路径 I/O）整体行为和阵列识别。NMP 会使用 SATP 和 PSP 模块，而且一般不需要任何配置。

（2）认识 SATP 模块：SATP 模块可以处理指定夏令阵列的路径故障恢复和确定 LUN 的故障恢复类型。

vSphere 为大部分阵列提供了 SATP 支持，其中一般 SATP 负责处理非特殊阵列，而本地 SATP 则负责处理本地存储。SATP 模块包含了用于规定如何处理阵列特有操作或行为的规则，以及管理阵列路径的具体操作。这是 NMP 实现模块化的方式之一（这与老版本的 NMP 不同）：它不需要包含阵列特有的逻辑，而且不需要修改 NMP 就可以增加处理新阵列的额外模块。使用由 SCSI 查询得到的阵列 SCSI Array ID，NMP 就可以选择将使用的 SATP。在这之后，SATP 会监控、撤销和激活为 NMP 提供信息的路径（在手动重扫描开始时，检测新路径）。SATP 还会执行一些阵列特有的任务，如激活主动 - 被动阵列的被动路径。

在 vCLI 上输入下面的命令（我们是在 ESXi shell 上执行这个命令），就可以查看阵列 SATP 模块。

```
esxcli storage nmp satp list
```

图 6.19 显示了这个命令的执行结果（注意，上面还显示了指定 SATP 的默认 PSP）。

（3）认识 PSP 模块：PSP 模块负责处理每一个 I/O 的实际路径。

NMP 会分配一个默认 PSP，它可能被每一个 LUN 上与设备关联的 SATP 手动覆盖。这个命令（如图 6.20 所示输出）显示了 vSphere 默认包含的 3 个 PSP。

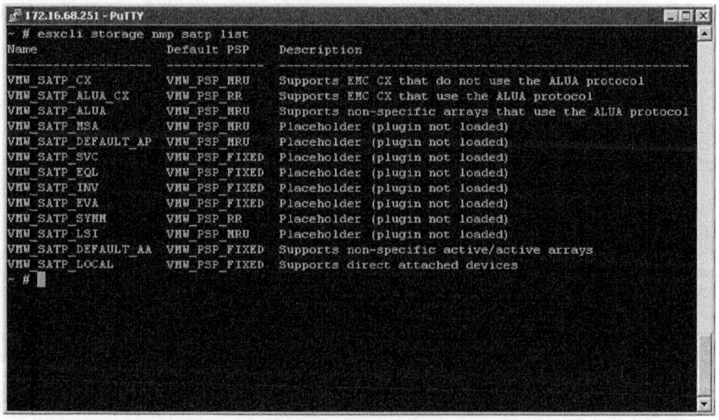

图 6.19　只加载了 ESXi 主机所连接阵列的 SATP

```
esxcli storage nmp psp
list
```

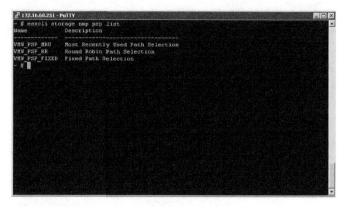

每一个默认 PSP 都有不同的执行路径选择方式。

◆ 最近使用路径（Most Recently Used，标记为 VMW_PSP_MRU）选择它最近使用过的路径。如果这条路径已经不可用，那么 ESXi 主机会切换到另一条路径，然后继续使用这

图 6.20 vSphere 包含了 3 个默认 PSP

条新路径，直至它失效。这是主动 / 被动阵列的默认选择。

◆ 固定路径（Fixed，标记为 VMW_PSP_FIXED）使用预先配置的首选路径。否则，它会使用系统启动时发现的第一条有效路径。如果 ESXi 主机无法使用首选路径，那么它会随机选择另一条路径。当首选路径可用时，ESXi 主机自动切换回首选路径。这是双主动阵列的默认选项（或者使用 ALUA 处理 SCSI-2 保留机制的主动 / 被动阵列——在这些情况中，它们就像是双主动阵列）。

◆ 循环选择路径（Round Robin，标记为 VMW_PSP_RR）在所有可用路径上循环选择路径，并且在所有路径和光纤上启用基本的负载平衡。这不是一种加权算法，也不考虑队列深度，但仍然有显著改进。老版本的 ESXi 无法对 LUN 执行负载平衡，而且客户需要将 LUN 静态分布到各个路径，这不是一种好的负载平衡策略。

在使用 ALUA 时应该使用哪一种 PSP

如果阵列配置为使用 ALUA，那么应该怎么做——应该使用固定、MRU 还是循环策略？参考 6.2.5 节"理解中型和外部企业级存储阵列设计"中关于 ALUA 的信息。

固定和 MRU 路径故障恢复策略只负责处理故障恢复，无论是否使用 ALUA，它们都适合用于双主动和主动 - 被动设计中。当然，它们都可以驱动某一样路径的工作负载。一定要手工选择有"好"端口的主动 I/O 路径，它们的端口属于拥有该 LUN 的存储处理器。一定不要选择"坏"端口，它们在连接 LUN 的内部互连连接上有较高的延迟和较低的吞吐量。

vSphere 开箱即用的负载平衡策略（循环）并不使用非最优路径（但是它们在 vSphere Web 客户端上显示为激活路径）。能够识别非对称路径选择之间区别的第三方多重路径插件可以优化 ALUA 配置。

执行下面的步骤，在 vSphere Web 客户端上查看一个指定 LUN 正在使用的 SATP（和 PSP）。

（1）在 vSphere Web 客户端上打开 Hosts And Clusters（主机与集群）视图。

（2）从左边的列表选择一个主机，在右边选择 Manage（管理）选项卡。

（3）单击 Storage（存储）子选项。

（4）单击左边的 Storage Devices（存储设备）选项。

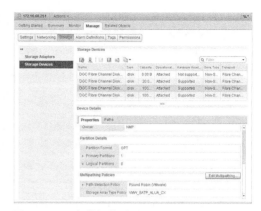

这时会打开 Storage Devices（存储设备）区域。当从列表中选定一个 LUN 或磁盘，按钮附近就会列出一个 SATP，如图 6.21 所示。

在这个例子中，阵列是一个 EMC VNX，而选中的是一般 VMW_SATP_ALUA_CX。

默认 PSP 是循环选择路径（VMware）。PSP 的修改操作会立即生效。而且不需要确认操作。注意，PSP 是逐个 LUN 配置的。

图 6.21 这个数据存储的 SATP 是 VMW_SATP_ALUA_CX，它是 EMC VNX 阵列的默认 SATP

存储设备列表包含了哪些信息

在运行时名称中，C 是通道标识符，T 目标标识符，L 而是 LUN。

以 naa 开头的长文本字符串是网络地址授权（Network Address Authority）ID，这是目标与 LUN 的唯一标识符。这个 ID 在重启之后保持不变，并且可以在整个 vSphere 中使用。

（5）认识 MPP 模块：MPP 模块可以给 vSphere 添加显著增强的多重路径功能，而在它支持的指定 LUN 上，它会替代 NMP、SATP 和 PSP。MPP 声明策略（它管理的 LUN）是逐个 LUN 和逐个阵列定义的，而且 MPP 可以与 NMP 共存。

因为它替代了 NMP、SATP 和 PSP，所以 MPP 可以改变一般由 PSP 处理的路径选择方式。这样 MPP 就可以提供比 VMware PSP 更精细的路径选择功能——包括按主机队列深度和阵列目标端口状态（适用于某些情况）选择。有了这种更精细的路径选择方法，MPP 就可以显著提升性能或增加 vSphere 默认不支持的新功能。

PSA 不仅基于模块化设计，而且还支持第三方扩展。第三方的 SATP、PSP 和 MPP 在技术上也是可行的。在编写本书时，只有少数普遍可用的 MPP，但是其他供应商很可能会开发第三方 SATP、PSP 和完整的 MPP。一旦通过 vSphere Web 客户端的主机更新工具将 MPP 加载到 ESXi 主机上，由这个 MPP 管理的所有 LUN 多重路径都会变成完全自动化管理。

一个第三方 MPP 实例

EMC PowerPath/VE 是一个第三方插件，支持大量 EMC 和非 EMC 阵列。PowerPath/VE 可以通过以下技术显著增强负载平衡、性能和可用性。

◆ 通过主动干预间断路径行为提高可用性。

◆ 通过提高路径状态检测速度提高可用性。

◆ 通过不需要手动扫描的自动化路径发现行为提高可用性。

◆ 通过使用加权算法的路径选择优化提高性能，这在不对等路径（ALUA）的情况下至关重要。

◆ 通过监控和调整 ESXi 主机队列深度选择一个指定 I/O 的路径，将工作负载从高使用度路径转移到低使用率的路径上，从而提高性能。

◆ 通过基于阵列端口队列（通常是第一个拥塞点，一般会同时影响所有 ESXi 主机；如果没有提前处理，它们一般会在 ESXi 集群上产生并发路径选择问题）的预言性优化提高性能。

在本章前面关于 VMFS 的小节中已经提到了，部署一个跨越多个 LUN 上多个扩展分区的 VMFS 数据存储，有一个潜在的好处是可以提升 LUN 队列的并行性。此外，本节也介绍了一个第三方 MPP 如何基于主机或目标队列执行多重路径选择。为什么队列如此重要呢？下节将介绍这个问题。

3. LUN 队列的重要性

队列是块存储环境（涵盖所有协议，包括光纤通道、FCoE 和 iSCSI）的一个重要概念。可以将队列看作超市的收银台。队列位于服务器（这里是 ESXi 主机），一般在 HBA 和 LUN 两个层次上。它们也位于存储阵列上。每一个阵列都有不同的队列，但是它们都有相同的概念。基于块的存储阵列通常会在目标端口、整个阵列、阵列 LUN 层次及锭子上使用队列。基于文件的存储阵列通常会在目标端口和整个阵列上使用队列，但是没有阵列 LUN 队列，因为 LUN 实际上作为文件保存在文件系统中。然而，基于文件的设计在文件系统下使用内部 LUN 队列，然后在锭子层上创建队列——换言之，它是文件服务器访问自身存储的内在机制。

队列深度是指将数据加载到队列的速度有多快，以及从队列取数据的速度有多快。从队列取数据的速度决定了阵列处理 I/O 请求所需要的时间。这就是所谓的服务时间（service time）；在超市中，这就是指收银员的服务速度（就是相当于阵列服务时间）。

如何查看队列

要了解队列中有多个未处理项目，可以使用 resxtop 命令，按 U 键打开存储界面，队列就会显示在 QUED 列上。

阵列服务时间本身也会影响很多东西，主要是工作负载，然后是锭子配置、写缓存（只写操作）、存储处理器，最后是一些很少使用的工作负载和读缓存。

那么，为什么它如此重要呢？实际上，大多数客户从不知道它的存在，所有队列都在内部执行。然而，对于一些客户而言，LUN 队列决定了存储性能是否能让虚拟机正常运行。

当队列溢出时（因为存储配置不足以支持工作负载的稳定运行，或者因为存储配置无法支持峰值状况），上游负载会降低 I/O 速度。对于关注 IP 的人而言，该效果类似于TCP 处理时间，这也是存储必须避免的问题，就和队列溢出问题一样。

用户可以修改 HBA 和每一个 LUN/ 设备的默认队列深度（参见 www.vmware.com 中与 HBA 相关的步骤）。在修改 HBA 的队列深度之后，还需要在 VMkernel 层执行第 2 个步骤。必须修改虚拟机到 VMFS 的未处理磁盘请求数量，使匹配 HBA 设置的数量。这些设置可以在 ESXi 高级设置上完成，如图 6.22 所示，或者使用 ESXCLI。一般而言，队列和 Disk.* 的默认设置已经是最佳值。除非有

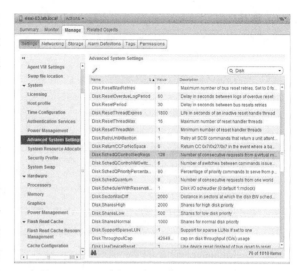

图 6.22 用户也可以为高级应用修改这些高级属性，增加连续磁盘请求的最大值，使之匹配队列修改值

VMware 或存储供应商的指引，否则我不推荐修改这些值。

如果队列溢出不是由短期峰值引起，而是因为配置值达不到稳定状态工作负载要求，那么增加队列深度可能产生一个反作用：增加延迟时间。但是，它仍然会溢出。这是主要的原因，所以在增加 LUN 队列之前，一定要检查阵列服务时间。如果 I/O 请求响应时间大于 10 毫秒，那么必须提升服务速度，常用的做法是给 LUN 增加锭子，或者将 LUN 移动处理速度更快的层次上。

在开始实例演示之前，我还会介绍最后一个问题：vSphere Storage API。

4. 了解 vSphere Storage API

vSphere Storage API 之前称为 vStorage API，它并不是真正意义的应用编程接口（API）。在一些时候是 API，但是在其他时候它们只是 vSphere 使用的一些存储命令。

vSphere 提供的存储 API 有以下几种：

◆ 阵列整合 vSphere Storage API ；
◆ 感知存储 vSphere Storage API ；
◆ 站点恢复 vSphere Storage API ；
◆ 多重路径 vSphere Storage API ；
◆ 数据保护 vSphere Storage API 。

由于之前使用了另一种的命名方式（vStorage API），所以这些技术的缩写词可能更为人熟知。表 6.2 列出了这些新官方命名的缩写词。

表 6.2　　　　　　　　　　　　　vSphere Storage API 缩写词

常用缩写词	官方名称
VAAI	阵列整合 vSphere Storage API
VASA	感知存储 vSphere API
VADP	数据保护 VSphere Storage API

　　为了与社区和市场的命名保持一致，本书将使用常用缩写词来表示这些技术。

　　正如之前所介绍的，这些技术中有一些确实就是 API。多重路径 Storage API 就是 VMware 合作伙伴可用于创建支持 PSA 的第三方 MPP、SATP 和 PSP 的 API。类似地，站点恢复 Storage API 封装了真正的编程接口，它们可以帮助阵列供应商将他们的存储阵列与 VMware 站点恢复管理（Site Recovery Manager）产品的整合在一起，而数据保护 Storage API 也是真正的 API，第三方公司可以用它们开发感知虚拟化和支持虚拟化的备份解决方案。

　　还有两种 API 我没有提到，因为会在后面的章节中单独介绍这两种 API。首先，先来学习阵列整合 Storage API。

　　(1) 认识阵列整合 vSphere Storage API。

　　阵列整合 vSphere Storage API（vSphere Storage APIs for Array Integration，更多称为 VAAI）是从 vSphere 4.1 开始引入的，作为一种将存储操作从 ESXi 主机转移到存储阵列的手段。虽然 VAAI 主要依赖于 SCSI 标准制订组织 T10 委员会所批准的 SCSI 命令，但是它必须得到存储供应商的相应支持，所以一定要先向存储供应商了解如何才能支持 VAAI。除了 vSphere 4.1 和 5.0 引入的 VAAI 特性，vSphere 5.5 还增加了更多的存储负载转移功能。下面是 vSphere 5.5 支持的存储负载转移特性的简要介绍。

　　硬件辅助锁定　也称为原子测试与设置（ATS），这个特性支持不使用 LUN 层级 SCSI 保留机制的分散虚拟机锁。在 6.3.1 节中的"1. 认识 vSphere 虚拟机文件系统"中，已经概括介绍了在更新 VMFS 元数据时 vSphere 如何使用 SCSI 保留。硬件辅助锁允许磁盘锁定各个扇区，而不用锁定整个 LUN。当需要更新大量元数据时（如同时启动许多虚拟机），这做方法可以显著提高性能。

　　硬件加速全复制　这个特性允许存储阵列将数据完整复制到阵列内部，而不需要由 ESXi 主机执行数据读写操作。这样做可以显著减少主机与阵列之间的存储流量，也能够减少一些操作的执行时间，如克隆虚拟机或从模板部署虚拟机。

　　硬件加速块归零　也称为写同（write same），该功能允许存储阵列将大量块清零，从而提供不包含任何旧数据的新存储空间。这样可以加速一些操作，如创建虚拟机和格式化虚拟磁盘。

　　精简配置　vSphere 5.0 给精简配置增加另外一些硬件负载转移特性。首先，vSphere 能够感知精简配置，这意味着它可以识别出精简配置阵列所提供的 LUN。其次，vSphere 5.0 还支持通过

T10 UNMAP 命令回收死空间（不再使用的空间），在 vSphere 5.5 中这一功能得到了增强；这样有利于将精简配置环境空间保持在受控状态。最后，vSphere 增加了精简配置空间耗尽情况的预警支持，并且能够更好地处理真正空间耗尽的情况。

基于标准实现还是私有实现

VAAI 的功能基于标准突现还是私有实现？答案是两种都有。在 **vSphere 4.1** 中，硬件加速块归零完全兼容 T10，但是硬件辅助锁和硬件加速全复制则不完全兼容 T10，而是需要阵列供应商的特殊支持。在 **vSphere 5.5**，全部 3 种特性都完全兼容 T10，包括精简配置支持，因此支持所有兼容 T10 的阵列。

然而，NAS 负载转移并不基于标准，而且需要 NAS 供应商的特殊插件才能使用负载转移特性。

除此之外，vSphere 5.5 还引入了 NAS 的硬件负载转移特性。

保留空间　这个功能支持在 NFS 数据存储上创建精简配置 VMDK，很像 VMFS 数据存储的功能。

全文件克隆　这个功能允许 NAS 设备克隆（复制）离线 VMDK。

延后文件克隆　这个特性允许 NAS 设备为虚拟桌面基础架构（VDI）环境的保守空间 VMDK 创建原生快照。它主要用于模拟 vSphere 在 VMFS 数据存储上提供的链接克隆（Linked Clone）功能。

扩展统计　当使用延后文件克隆特性时，这个特性可以更精准地报告空间使用状况。

在任何时候，如果要支持 VAAI，就要求存储供应商阵列完全兼容 T10（块级 VAAI 命令）或者通过供应商插件支持 VMware 的文件级 NAS 负载转移。要向存储供应商核实，在 vSphere 5.5 中支持 VAAI/VAAIv2 需要什么固件版本、软件级别或其他需求。

VSphere Web 客户端也能报告 VAAI 支持，所以很容易确定 vSphere 是否已经将阵列识别为兼容 VAAI。图 6.23 显示了一系列数据存储。注意 Hardware Acceleration（硬件加速）列的状态。这个列表清晰显示了一些 Hardware Acceleration 列状态为 Supported（支持）的数据存储。

vSphere 用不同的方法判断 VMFS 数据存储和 NFS 数据存储的硬件加速状态。对于 VMFS 数据存储，如果至少有一个 SCSI 命令不支持，但是其他命令支持，那么状态会标识为 Unknown（未知）。如果所有命令都不支持，那么它会标识为 Not Supported（不支持）；

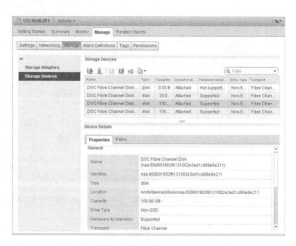

图6.23　如果支持所有的硬件负载转移特性，那么 Hardware Acceleration 状态就是 Supported（支持）

如果所有命令都支持，那么它会标识为 Supported（支持）。在 vSphere 管理助手上使用 esxcli 命令行工具，就可以详细查看哪些命令支持或哪些命令不支持。

```
esxcli -s vcenter-01 -h
esxi-05.lab.local storage core
device vaai status get
```

这个命令将输出如图 6.24 所示的结果。注意，有一些 LUN 的命令显示了不支持。当每个 LUN 至少有一个支持和一个不支持的命令，那么 vSphere 将其状态报告为 Unknown。

在 vSphere 管理助手上执行下面的命令，就可以更详细地了解 VAAI 对于 vSphere PSA 的支持。

图 6.24　与 Web 客户端相比，使用 ESXCLI 的 VAAI 支持信息更加详细

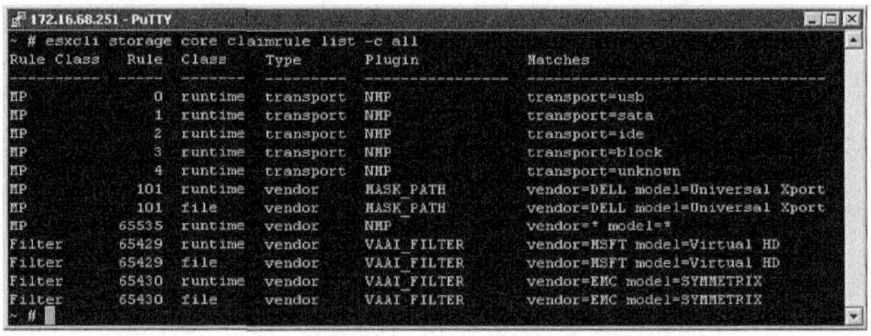

```
esxcli -s vcenter-01 -h
esxi-05.lab.local storage core
claimrules list -c all
```

这个命令的输出结果如图 6.25 所示。

这个输出结果表明，VAAI 与 PSA 使用的场景规则一起，共同决定一个指定存储设备的 SATP 和 PSP。

图 6.25　VAAI 和 PAS 使用的声明规则一起，将一个 SATP 和 PSP 分配给检测到的存储设备

需要时可以禁用 VAAI

有时候需要禁用 VAAI。例如，一些高级 SAN 结构特性当前不兼容 VAAI。将下面的高级设置值改为 0，就可以禁用 VAAI。

◆ /VMFS3/HardwareAcceleratedLocking；

◆ /DataMoverHardwareAcceleratedMove；

◆ /DataMover/HardwareAcceleratedInit。

这些设置的修改不需要重启就能够生效。将这些高级设置值改回到 1，就可以重新启用 VAAI。

VAAI 并不是 vSphere 集成的唯一一种高级存储特性。在 vSphere 5 中，VMware 还引入了感知存储 Storage API。下一节将介绍这个特性。

（2）认识感知存储 vSphere Storage API。

感知存储 vSphere API（vSphere APIs for Storage Awareness）更多称为 VASA（原名 vStorage

APIs for Storage Awareness)，它支持在存储阵列与虚拟层之间执行更高级的编外通信。总的来说，VASA 运行在以下几种方式上。

◆ 存储阵列使用它的功能向 VASA 提供者通信。这些功能可能包括所有方面。复制状态、快照功能、存储层、设备类型或 IOPS 容量。具体地说，存储供应商严格规定了哪些功能可以与 VASA 提供者通信。

◆ VASA 提供者会使用这些功能与 vCenter Server 通信。这使 vSphere 管理员第一次能够查看到 vCenter Server 的存储功能。

必须有一个存储供应商支持的 VASA 提供者，才能开启这种通信。该提供者可能是存储供应商提供的一个单独虚拟机，或者是阵列软件所提供的另一个服务。VMware 规定了一个限制条件，即 VASA 提供者不能与 vCenter Server 运行在同一个操作系统上。一旦有了 VASA 提供者，就可以单击 vCenter Server → Manage → Storage Providers 下的 Storage Provider（存储提供者）区域，将其添加到 vCenter Server 上，如图 6.26 所示。

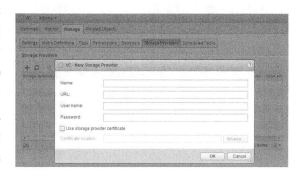

图 6.26　Storage Provider 区域可以启用 VASA 提供者与 vCenter Server 之间的通信

将存储提供者添加到 vcsp 之后，就可以将存储功能连接到 vCenter Server。

然而，连接这些存储功能只完成了一半的工作。另一半工作需要由 vSphere 管理员完成：创建基于配置文件的虚拟机相信策略，具体参见下一节介绍。

5．认识基于策略的存储

由于有 VASA 的协助，所以基于策略的存储的概念很简单：允许 vSphere 管理员创建虚拟机存储策略，用于描述虚拟机所需要的存储属性。然后，帮助 vSphere 管理员将虚拟机保存到符合这个存储策略规定的数据存储上，从而保证底层存储能够满足虚拟机的存储需求。虚拟机启动并运行后，如果虚拟机违背了分配的存储策略，vCenter 监控将会发出警报。

配置基于策略的存储，包括下面 3 个步骤。

（1）使用 VASA 生成系统存储功能和／或创建用户自定义存储功能。系统功能会自动应用到数据存储上，而用户自定义功能则必须手动分配。

（2）创建虚拟机存储配置文件，在配置文件中定义虚拟机对于底层存储特性的具体要求。

（3）给一个虚拟机分配虚拟机存储策略，然后使用分配的虚拟机存储策略检查它的兼容性。

本章 6.3.5 节中的"3．分配虚拟机存储策略"将详细介绍如何完成第 2 步和第 3 步。6.3.2 节中的"7．为数据存储分配一个存储功能"则介绍如何给数据存储分配一个用户自定义存储功能。

6.3.5 节中的"3．分配虚拟机存储策略"将介绍如何创建一个虚拟机存储策略，然后再验证分配这个存储策略的虚拟机是否符合配置文件的要求。

现在，先介绍如何创建一个用户自定义存储功能。需要记住的是，基于配置文件的存储的强大之处是能够与 VASA 一起自动收集底层阵列的存储功能。然而，有时候需要或最好定义 1 个或多个附加的存储功能，它们将用于创建虚拟机配置文件。

在创建自定义存储策略之前，必须有一个与其相关联的标签。第 3 章已经详细介绍过标签。执行下面的步骤，创建标签。

（1）在 vSphere Web 客户端打开首页，从导航栏列表中选择 Tags。

（2）在 Tags 区域单击 New Tag（新建标签）图标。

（3）将标签命名为 Gold Storage，从下拉列表中选择 New Category（新建类别）。

（4）在展开的 New Tag 对话窗口创建类别，并命名为 Storage Types。

（5）修改每个对象的标签基数。

（6）选择 Datastore and Datastore Cluster（数据存储和数据存储集群）旁边的复选框，如图 6.27 所示。

（7）最后，单击 OK 按钮。

（8）重复步骤 2 和步骤 3，但是附加的 Silver 和 Bronze 标签类别选择刚刚创建的 Storage Types。

准备工作完成之后，执行下面的步骤，创建一个用户自定义存储功能。

（1）在 vSphere Web 客户端打开首页，单击 VM Storage Policies（虚拟机存储策略）图标，如图 6.28 所示。

图 6.27 可以在扩展的新建标签对话窗口创建一个标签类别

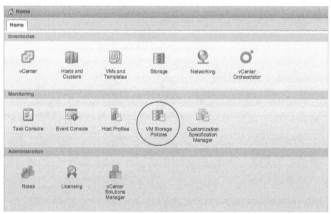

图 6.28 vSphere Web 客户端的 VM Storage Policies 区域可以创建用户自定义存储功能

（2）在 VM Storage Policies 界面上单击 Create A New VM Storage Policy（创建一个新的虚拟机存储策略）图标。

此外，也可以在 Datastores and Datastore Clusters 视图上创建该功能，这样就可以打开 Create A New VM Storage Policy 对话窗口。

（3）指定新建的虚拟机存储策略的名称和描述，单击 Next 按钮。

（4）显示规则集，单击 Next 按钮转到规则创建页面。

（5）单击 Add Tag-Based Rule（添加基于标签的规则）图标，选择标签类别和相关联的数据存储；然后单击 OK 按钮。

一个规则集可以添加多个标签，一个存储策略可以添加多个规则集。

（6）单击 Next 按钮完成规则集创建，在下一界面验证匹配的资源。

（7）最后，单击 Next and Finish 退出 Create a New VM Storage Policy 对话窗口。

图 6.29 显示了一系列用户自定义存储策略。

任何由 VASA 提供的系统存储功能也会显示在 Create a New VM Storage Policy 对话窗口的规则集页面上。

本章后面的内容会介绍如何创建一个虚拟机存储策略，并将该文件分配给一个虚拟机，那时还会回到 vSphere Web 客户端的 VM Storage Policies 区域。

图 6.29　虚拟机存储策略可以与用户自定义标签或具体供应商的功能匹配

本书已经介绍了一些与 vSphere 相关的存储基础知识，现在可以开始配置 VMFS 数据存储了。

6.3.2　配置 VMFS 数据存储

现在是时候从概念转到实践操作了。接下来将介绍如何配置 VMFS 数据存储。正如上节所介绍的，VMFS 是 vSphere 用于管理所有块存储的文件系统，所以它是普遍使用的特性。配置 VMFS 数据存储是 vSphere 管理员负责执行的一个日常任务。

首先，添加一个 VMFS 数据存储。每一个 VMFS 数据存储都由一个 LUN 支持，所以要先学习将一个 LUN 添加到 ESXi 主机的过程。添加 LUN 的教程与所选择的块存储协议相关，接下来的 3 节将介绍如何通过光纤通道、FCoE（这两种是一样的）或 iSCSI 添加 LUN。

1. 通过光纤通道添加 LUN

通过光纤通道将 LUN 添加到 vSphere 确实更多是存储管理员的任务（在一些环境中他也有可能就是 vSphere 管理员）。正如 6.2.6 节中的"1. 回顾光纤通道"中介绍的，通过光纤通道 SAN 能够连接一个 LUN，需要几个步骤的操作，其中只有一个是在 vSphere 环境中完成。

（1）对光纤通道 SAN 进行分区，使 ESXi 主机能够查看到存储阵列的目标端口。

（2）在存储阵列上，将 LUN 添加到 ESXi 主机上。在不同供应商的产品上，这个过程会有所不同。在一个 NetApp 环境中，这包括添加主机的 WWN 到一个发起者组（即 igroup）；在一个 EMC 环境中，这包括创建一个存储组。

具体操作请参考存储供应商的具体说明。

（3）重新扫描和发现 ESXi 的新存储设备。

最后一步是唯一一个在 vSphere 环境中执行的步骤。有 2 种方法可以扫描发现新存储设备：重新扫描一个特定的存储适配器，或者重新扫描所有存储适配器。

执行下面的步骤，只重新扫描一个特定的存储适配器。

（1）打开 vSphere Web 客户端，在 Hosts And Clusters 视图中打开一个指定 ESXi 主机的 Manage 选项卡。

（2）在 Storage 区域，选择左边的 Storage Adapters（存储适配器）。

这时会显示选定 ESXi 主机所识别的存储适配器。

（3）单击 Rescan All（重新扫描全部）图标。

（4）如果只想扫描 ESXi 主机分区或连接的新 LUN，则选择 Scan For New Storage Devices 并取消选择 Scan For New VMFS Volumes。

（5）如果只想扫描新的 VMFS 数据存储，则取消选择 Scan For New Storage Devices，同时选择 Scan For New VMFS Volumes。

（6）如果想要扫描两种存储，则直接单击 OK 按钮（默认是选定两种存储）。这时 vSphere Web 客户端的 Tasks 窗格会出现相应的任务。

这时，vSphere Web 客户端的 Recent Tasks 窗格会出现 2 个任务：重新扫描所有 HBA 的任务和重新扫描 VMFS 的任务。

重新扫描 HBA 的任务非常简单，就是检查主机 HBA 队列，查看是否有新的存储设备。如果有新存储设备可以连接适配器，那么它们就会显示在 vSphere Web 客户端 Storage Adapters 区域的 Details 窗格上。

第 2 个任务有一些不同。VMFS 重新扫描会自动触发，它会扫描现有 VMFS 数据存储的可用存储设备。如果它发现一个 VMFS 数据存储，那么它会尝试挂载这个 VMFS 数据存储，使 ESXi 主机可以使用这个存储。自动触发 VMFS 重新扫描可以简化 ESXi 主机连接新 VMFS 数据存储的过程。

除了重新扫描所有 HBA 或 CNA，还可以扫描一个存储适配器。

执行下面的步骤，重新扫描一个存储适配器。

（1）在 vSphere Web 客户端中的 Hosts And Clusters 视图中，选择一个指定 ESXi 主机的 Manage 选项卡。

（2）在 Storage 区域选择左边的 Storage Adapters。

（3）选择列表中的一个适配器，然后单击列表上方的 Rescan（重新扫描）图标（左边第四个）。

还可以重新扫描整个集群

如果右键单击 Hosts And Clusters 视图的一个集群对象，那么还可以通过单击 All vCenter Actions → Rescan Storage 重新扫描整个集群的新存储对象。

假定光纤通道 SAN 有正确的分区，而且存储已经正确连接到 ESXi 主机，那么新 LUN 应该会出现 Details 窗格上。

在找到 LUN 之后，就可以在 LUN 上创建一个新的 VMFS 数据存储。但是在此之前，先介绍如何通过 FCoE 和 iSCSI 添加一个 LUN。

2. 通过 FCoE 添加 LUN

通过 FCoE 添加 LUN 的过程实际上与另一个问题相关：是否使用一个 CNA 并以硬件方式处理 FCoE，还是使用 vSphere 中基于软件的新 FCoE 发起者？

在老版本的 vSphere 中，FCoE 完全通过硬件支持，这意味着必须在 ESXi 主机上安装 FCoE CNA 才能使用 FCoE。在这种配置中，CNA 驱动程序负责将 CAN 连接到 ESXi 主机上，就像它们是光纤通道 HBA 一样。因此，使用基于硬件的 FCoE 添加一个 LUN 到 ESXi 主机的过程实际上与 6.3.2 节中的 "1. 通过光纤通道添加 LUN" 介绍的过程完全相同。因为它们的步骤非常相似，所以不会重复介绍这些步骤。

然而，vSphere 5.0 增加了一种通过 FCoE 软件发起者以软件方式操作 FCoE 的功能。虽然这里仍然需要一个硬件元素的支持，但是只能使用支持 FCoE 局部负载转移的特殊网络接口卡。具体请参考 vSphere 兼容性指南或 vSphere HCL。

假设有了支持的 NIC，那么配置软件 FCoE 发起者的过程包括 2 个部分：配置 FCoE 网络，然后激活软件 FCoE 适配器。第 5 章详细介绍了网络组件，包括虚拟交换机和 VMkernel 端口，后面的章节还会用到这些内容。

执行下面的步骤，配置软件 FCoE 的网络连接。

（1）登录到 vSphere Web 客户端，然后连接一个 ESXi 主机或 vCenter Server 实例。

（2）打开 Hosts And Clusters 视图。

（3）在导航栏窗格上选择一个主机，选择 Manage 选项卡。

（4）选择 Network 子选项。

（5）使用 Add Host Networking 图标，新建一个带有 1 个 VMkernel 端口的 vSphere 标准交换机。

在选择新 vSwitch 的上行链路时，一定要选择支持 FCoE 局部负载转移的 NIC。一个 vSwitch 可以添加多个 NIC，或者将 FCoE 中每一个支持负载转移 NIC 添加到一个独立的 vSwitch 上。然而，在将 NIC 添加到 vSwitch 之后就不能删除它们，否则会中断 FCoE 流量。

关于创建 vSphere 标准交换机、创建 VMkernel 端口或选择 vSwitch 上行链路的更详细说明，参见第 5 章。

（6）配置好网络之后，在 ESXi 主机的 Manage 选项卡中选择 Storage 子选项（在完成网络配置之后，应该仍然还在这个选项卡中）。

（7）单击 Add New Storage Adapter 图标，选择 Software FCoE Adapter（软件 FCoE 适配器），单击 OK 按钮。

（8）在 Add Software FCoE Adapter（添加软件 FCoE 适配器）对话窗口中，在物理适配器下拉列表上选择正确的 NIC（支持 FCoE 局部负载转移且作为之前创建 vSwitch 上行链路的 NIC）。

(9) 单击 OK 按钮。

软件 FCoE 的其他网络限制

在激活 FCoE 流量时，不要将一个网络适配器端口从一个 vSwitch 移动另一个 vSwitch 上，否则会出现问题。如果执行这样的修改，那么将网络适配器端口移回原来的 vSwitch，就可以纠正问题。如果需要永久移动网络适配器端口，则需要重新启动 ESXi 主机。

此外，一定要为不用于传输 ESXi 主机中其他网络流量的 FCoE 配置一个 VLAN。

再次检查 ESXi 主机上用于支持软件 FCoE 的端口是否禁用了生成树协议（STP）。否则，FCoE 初始化协议（FCoE Initialization Protocol, FIP）交换可能会出现延迟，从而导致软件适配器无法正常工作。

---

vSphere 将在 Storage Adapters 列表上创建一个新的适配器。在创建适配器之后，就可以右键单击适配器，查看它的属性，如查看分配给软件适配器的 WWN。正如 6.3.2 节中的 "1. 通过光纤通道添加 LUN" 所介绍的，在分区和连接 LUN 时都需要使用 WWN。在完成分区和连接 LUN 之后，就可以重新扫描适配器，找到新建的 LUN。

接下来，将介绍如何通过 iSCSI 添加 LUN。

3. 通过 iSCSI 添加 LUN

和 FCoE 一样，通过 iSCSI 添加 LUN 的流程也取决于是使用基于硬件的 iSCSI（使用 iSCSI HBA）还是使用 vSphere 的软件 iSCSI 发起者。

如果使用硬件 iSCSI 解决方案，那么配置将发生在 iSCSI HBA 上。不同的供应商有不同的 iSCSI HBA 配置过程，因此要参考具体供应商的文档，了解如何配置 iSCSI HBA，使之正确连接 iSCSI SAN。在配置好 iSCSI HBA 之后，通过硬件 iSCSI 添加 LUN 的过程也与之前介绍的光纤通道方法非常相似，这里不再重复这些步骤。

如果选择使用 vSphere 的软件 iSCSI 发起者，则可以直接使用 iSCSI 连接，而不需要在服务器上安装 iSCSI 硬件。

和软件 FCoE 适配器一样，创建软件 iSCSI 发起者有一些不同的步骤：

◆ 配置软件 iSCSI 发起者的网络连接；
◆ 激活和配置软件 iSCSI 发起者。

下节将更详细地介绍这些步骤。

（1）配置软件 iSCSI 发起者的网络连接。

在使用 iSCSI 时，虽然以太网在技术上仍然可用于执行一些多重路径和负载平衡功能，但是通常 iSCSI 设计不使用以太网。iSCSI 使用与光纤通道和 FCoE SAN 相同的多路径 I/O（MPIO）存储框架。因此，需要为这种框架配置一种特殊的网络连接。具体地说，需要配置网络使每一个网络路径只使用一个物理 NIC。然后，MPIO 框架可以将每一个 NIC 作为一条路径，执行相应的多重路径功能。此外，这种配置也允许 iSCSI 连接扩展到多个 NIC 上。使用以太网技术（如链路聚合）会提升整体吞吐量，但是无法增加任何一个 iSCSI 目标的吞吐量。

执行下面的步骤，为软件 iSCSI 发起者配置正确的虚拟网络。

◆ 在 vSphere Web 客户端上打开 Hosts And Clusters 视图，在目录窗格上选择一个 ESXi 主机。

◆ 选择 Manage 选项卡，单击 Networking。

◆ 新建一个至少有 2 个上行链路的 vSwitch。确认所有链路按照 vSwitch 的故障恢复顺序排列。

这里也可以使用 vSphere 分布式交换机，但是为了简单起见，这里使用了 1 个 vSwitch。

使用共享上行链路还是专用上行链路

通常，商业环境使用的 iSCSI 配置会使用带有专用上行链路的专用 vSwitch。然而，如果使用 10GbE，那么可能只有 2 个上行链路。这时，必须使用共享 vSwitch 和共享上行链路。在可能的情况下，建议使用带网络 I/O 控制的 vSphere 分布式交换机，或者使用思科 Nexus 1000V 和 QoS，在 vSwitch 上配置 QoS。这样做有利于保证 iSCSI 流量能够获得足够的网络带宽，从而不会对存储性能造成负面影响。

◆ 创建一个仅供 iSCSI 使用的 VMkernel 端口。配置 VMk 端口，让它只使用 vSwitch 的其中一个可用上行链路。

◆ 在 vSwitch 的每一个上行链路上重复执行第 4 步。保证每一个 VMkernel 端口只分配一个激活的上行链路，而且 VMkernel 端口之间不会共享任何上行链路。图 6.30 显示了一个 iSCSI VMkernel 端口的 NIC Teaming（NIC 组合）选项卡。注意，一个激活的 NIC 只有一个上行链路。在该设置中所有其他上行链路都应设置为未使用。

图 6.30 为了实现正确的 iSCSI 多重路径和可扩展性，每一个 iSCSI VMkernel 端口只能配置一条上行链路，其他上行链路应设置为未使用

---

iSCSI 最多可以使用多少条链路

使用前面介绍的方法，可以在 8 个独立的虚拟机 NIC（vmnic）执行 I/O。测试表明，vSphere 能够在一个 ESXi 主机上实现 9 Gbit/s 的 iSCSI 吞吐量。

关于创建 vSwitch、分配上行链路、创建 Vmkernel 端口及修改 vSwitch 或 VMkernel 端口的 NIC 故障恢复顺序的更详细说明，请参考第 5 章的内容。

在完成网络配置之后，就可以进入下一个步骤。

（2）激活与配置软件 iSCSI 发起者。

在正确配置 iSCSI 的网络之后，执行下面的步骤，就可以激活和配置软件 iSCSI 发起者。

- 在 vSphere Web 客户端上打开 Hosts And Clusters 视图，在目录窗格上选择一个 ESXi 主机。

- 选择 Manage 选项卡，选择 Storage 子选项。

- 单击 Add New Storage Adapter 图标。在 Add Storage Adapter（添加存储适配器）下拉菜单中选择 Software iSCSI Adapter（软件 iSCSI 适配器），单击 OK 按钮。

- 这时会出现一个对话窗口，提示将添加一个软件 iSCSI 到存储适配器列表。单击 OK 按钮。

很快，iSCSI Software Adapter 下面会出现一个新的存储适配器，如图 6.31 所示。

- 选择新的 iSCSI 适配器

- 选 择 Network Port Binding（网络端口绑定）选项卡。

- 单击 Add 按钮，添加一个 VMkernel 端口绑定。

这样就会将用于传输 iSCSI 流量的 VMkernel 端口和物理 NIC 连接在一起。

- 在 Bind With VMkernel Network Adapter（与 VMkernel 网络适配器绑定）对话窗口选择一个兼容的端口组。

所谓符合要求的端口组，是指包含只有一个物理链路的 VMkernel 端口的端口组。图 6.32 显示了一个例子，其中有 2 个符合要求的端口组可以绑定到 VMkernel 网络适配器。在选择符合要求的端口组之后，单击 OK 按钮。

- 在之前配置 iSCSI 网络时创建的每一个 VMkernel 端口和上行链路上重复第 8 步。

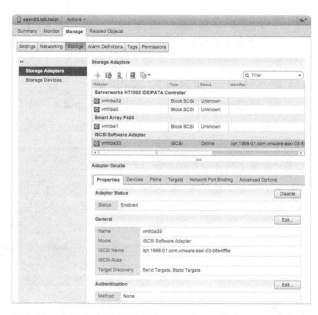

图 6.31　在这个存储适配器上，可以配置软件 iSCSI 发起者的所有功能

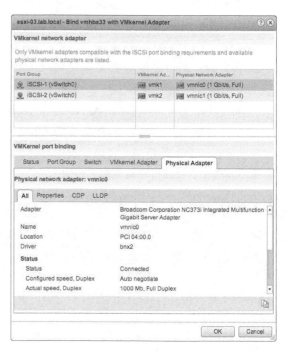

图 6.32　只有符合要求的端口组才会出现在 VMkernel 适配器的可绑定列表上

在完成之后，iSCSI Initiator Properties 对话窗口会显示图 6.33 所示的结果。

◆ 选择 Targets（目标）选项卡，并在 Dynamic Discovery（动态发现）下单击 Add 按钮。

◆ 在 Add Send Target Server（添加发送目标服务器）对话窗口中输入 iSCSI 目标的 IP 地址。完成之后，单击 OK 按钮。

配置发现功能可以让 iSCSI 发起者知道应该与哪一个 iSCSI 目标通信，才能得到它所能连接存储的明细信息，并且让 iSCSI 发起者真正登录到存储上——使 iSCSI 目标也知道它的存在。此

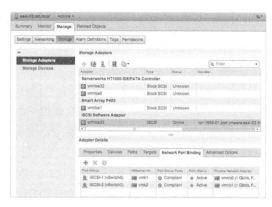

图 6.33 这个配置可以为 iSCSI 存储配置提供稳定的多重路径和更大的带宽

外，这个操作也可以发现所有其他已知的 iSCSI 目标，并且生成 Static Discovery（静态发现）记录。

最后，单击 Rescan Adapter（重新扫描适配器）图标发现新的存储设备。

如果已经在 iSCSI 阵列上执行了必要的掩蔽/显示任务，让 LUN 连接了主机，那么 LUN 现在应该会显示在软件 iSCSI 适配器的设备列表中，这时就可以使用这个 LUN 创建一个 VMFS 数据存储。如果还没有将 LUN 连接到 ESXi 主机，则需要按照供应商的说明完成这个配置（不同的阵列供应商有不用的配置过程）。在主机连接了存储之后，重新扫描 iSCSI 适配器就可以显示这个设备——具体流程参见 6.3.2 节中的"1．通过光纤通道添加 LUN"。

修复 iSCSI LUN 故障

ESXi 主机若无法连接 iSCSI LUN，则要按照下面的方法检查故障。

◆ 是否能够从发起者 PING 通 iSCSI 目标（使用 ESXi 主机的直连控制台用户界面（DCUI）测试连接，或者启动 ESXi shell，然后执行 vmkping 命令）？

◆ 物理线路是否有问题？ ESXi 主机、以太网交换和 iSCSI 阵列上物理接口的连接状态信号灯是否显示正常？

◆ VLAN 配置是否正确？ 如果配置了 VLAN，那么主机、交换机和阵列上连接 iSCSI 目标的接口是否都正确配置在同一个 VLAN 上？

◆ IP 路由是否正确和有效？ 是否为 VMkernel 端口和阵列上连接 iSCSI 目标的接口上配置了正确的 IP 地址？ 它们是否位于同一个子网？ 若不是，则要将它们改到同一个子网。虽然 iSCSI 可以通过路由连接，但是这种做法不好，因为路由会显著增加延迟，而且不适用于商业应用的存储以太网网络。一般不推荐在 vSphere 环境中使用这种方法。

◆ iSCSI 是否允许通过某些防火墙？ 如果 PING 能够成功，但是 iSCSI 发起者无法登录到 iSCSI 目标，则要检查 TCP 端口 3620 是否被路径中某个防火墙阻挡。同样，一般建议不要在 iSCSI 数据路径中部署防火墙，以避免增加延迟时间。

◆ CHAP 配置是否正确？ 是否在 iSCSI 发起者和 iSCSI 目标上都正确配置了身份验证？

现在，ESXi 主机已经连接了一个 LUN，这时就可以在这个 LUN 上创建一个 VMFS 数据存储。下节将介绍这个配置过程。

4. 创建 VMFS 数据存储

在将 LUN 连接到 ESXi 主机之后，就可以开始创建一个 VMFS 数据存储。

在开始这个流程之前，要再次检查和确认用于创建新 VMFS 数据存储的 LUN 已经显示在配置的 Storage Adapters 列表中（LUN 显示在 vSphere Web 客户端的存储适配器的属性窗格的下方）。如果要分配的 LUN 未显示，则要先重新扫描新设备。

执行下面的步骤，在一个可用 LUN 上配置 VMFS 数据存储。

（1）启动 vSphere Web 客户端（如果未启动），连接到一个 vCenter Server。

（2）打开 Hosts And Clusters 视图，在目录树上选择一个 ESXi 主机。

（3）选择 Related Objects（相关对象）选项卡。

（4）单击 Create New Datastore（创建新的数据存储），启动 New Datastore 向导。

另一种打开 New Datastore 向导的方法

右键单击导航栏的数据中心或 ESXi 主机对象，选择快捷菜单中的 New Datastore（新建数据存储）也可以打开 New Datastore 向导。

（5）在 New Datastore 向导的第一个界面单击 Next 按钮后，提示选择存储类型。选择 VMFS，单击 Next 按钮（本章 6.3.4 节将介绍如何使用 Add Storage 向导创建一个 NFS 数据存储）。

（6）指定数据存储的名称，如果出现提示，选择一个可以访问 LUN 的主机。

建议使用有意义的名称。另外，也可以考虑在名称中包含阵列标识符、LUN 标签符、保护措施（RAID 类型及是否启动灾难恢复远程复制）或其他关键配置数据。清晰的数据存储命名可以方便 vSphere 管理员将来确定虚拟机的位置，也有利于快速修复出现的问题。

（7）选择新建 VMFS 数据存储要使用的 LUN。

每一个可见的 LUN 都会显示 LUN 名称和标识符信息。图 6.34 显示了两个可用于创建 VMFS 数据存储的 LUN。

在选择 LUN 之后，单击 Next 按钮。

（8）选择创建 VMFS-5 数据存储还是 VMFS-3 数据存储。

6.3.1 节中的"1. 认识 vSphere 虚拟机文件系统"已经介绍过 VMFS-5 与 VMFS-3 的区别。

图 6.34　在可用 LUN 列表上选择用于创建新 VMFS 数据存储的 LUN

在选择 VMFS 版本之后，单击 Next 按钮。

（9）下一个界面显示选定的 LUN 明细汇总及将要执行的操作，如图 6.35 所示。如果它是一个新的 LUN（之前没有创建 VMFS 分区），那么向导会提示将要创建一个 VMFS 分区。

单击 Next 按钮继续下一步骤。

如果选定的 LUN 已经有一个 VMFS 分区，那么将会看到一些不同的选项。具体参见本节的"5. 扩展 VMFS 数据存储"。

（10）如果在第 8 步选择了 VMFS-3，则需要选择 VMFS 分配大小。

如果选择了 VMFS-5 数据存储，则不需要选择 VMFS 分配大小（VMFS-5 总是使用 1MB 的块大小）。

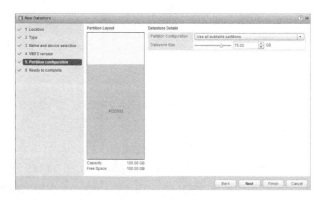

图 6.35　Current Disk Layout（当前磁盘布局）界面显示了在选定 LUN 上创建 VMFS 数据存储时将使用的分区操作信息

关于块大小及其影响的详细介绍，参见 6.3.1 节中的"1. 认识 vSphere 虚拟机文件系统"。

（11）无论选择 VMFS-3 还是 VMFS-5，都需要在 Capacity（容量）区域指定将要在选定 LUN 上使用的空间大小。

用户一般都会选择 Maximize Available Space（最大可用空间），使用 LUN 的全部可用空间。无论什么原因，如果不能或不想使用 LUN 的全部可用空间，则选择 Custom Space Setting（自定义空间设置），指定要创建的 VMFS 数据存储大小。单击 Next 按钮，执行下一个步骤。

（12）在 Ready To Complete 界面上，再次检查所有配置信息。如果确认正确无误，则单击 Finish 按钮；否则，单击 Back 按钮，返回修改配置。

在单击 Finish 按钮并完成数据存储创建过程之后，vSphere 将在同一个集群的其他主机上触发重新扫描新设备的过程。这样可以保证集群中其他主机也能够看到这个 LUN 及其上创建的 VMFS 数据存储。不在同一个集群的 ESXi 主机也需要重新扫描设备（使用前面添加 LUN 节中介绍的方法）。

在创建好一个 VMFS 数据存储之后，还有其他一些任务需要完成。虽然这些任务都与存储相关，但是本书其他章节会介绍这些任务。下面是在 VMFS 数据存储上可能执行的其他一些任务。

◆ 启用存储 I/O 控制（Storage I/O Control），这是一个对存储 I/O 资源访问划分优先级的机制。参见第 11.6 节。

◆ 创建支持存储 DRS 的数据存储集群。参见第 12.6 节。

◆ 在新建 VMFS 数据存储上创建警报。参见第 13.2 节。

新建 VMFS 数据存储并不是扩展 vSphere 虚拟机可用空间的唯一方法。在一些配置中，还需要扩展一个已有 VMFS 数据存储的容量，具体参见下一节。

5. 扩展 VMFS 数据存储

在前面介绍 VMFS（6.3.1 节中的"1. 认识 vSphere 虚拟机文件系统"）的内容中，提到了 VMFS 支持多个扩展分区。在老版本的 vSphere 中，管理员可以使用多个扩展分区，创建大于

VMFS-3 数据存储 2TB 空间限制的空间。通过组合多个扩展分区，vSphere 管理员就可以创建最大达到 64TB 的 VMFS-3 数据存储（32 个 2TB 的扩展分区）。VMFS-5 不需要这样做，因为它现在的单个扩展分区 VMFS 卷最多支持 64TB 大小。然而，增加扩展分区并不是扩展 VMFS 数据存储的唯一方法。

如果有一个 VMFS 数据存储（VMFS-3 或 VMFS-5），那么有 2 种方法可以扩展数据存储的可用空间。

◆　动态扩展 VMFS 数据存储。

在 vSphere 中，只要底层 LUN 的容量大于 VMFS 数据存储配置的容量，VMFS 就可以动态扩展，而不需要增加扩展分区。许多现代存储阵列都支持不间断地增加 LUN 容量，再结合 VMFS 卷的不间断扩容功能，vSphere 管理员就可以非常灵活地修改存储配置。VMFS-3 和 VMFS-5 都支持这种方法。

◆　增加一个扩展分区。

此外，增加一个扩展分区，也可以扩展 VMFS 数据存储。如果一个 VMFS-3 数据存储已经达到了最大大小限制（2TB 减去 512 字节），或者数据存储所在的底层 LUN 已经没有足够的可用空间，则需要增加一个扩展分区。后一个条件同时适用于 VMFS-3 和 VMFS-5 数据存储。

这两个流程非常相似，甚至许多步骤是完全相同的。

执行下面的步骤，就可以扩展一个 VMFS 数据存储（通过不间断扩展同一个 LUN 的数据存储或者通过增加一个扩展分区实现）。

（1）在 vSphere Web 客户端上打开 Hosts 目录视图。

（2）在左边的目录树上选择一个主机，单击内容区域的 Related Objects 选项卡。

（3）在 Datastores 子选项卡中选择要扩展的数据存储。

（4）单击 Increase Datastore Capacity（增加数据存储功能）图标，如图 6.36 所示。打开 Increase Datastore Capacity 向导。

这个向导与之前新建 VMFS 数据存储的 Add Storage 向导类似。

（5）如果底层 LUN 还有可用空闲空间，那么 Expandable（可扩容）列就显示 Yes，如图

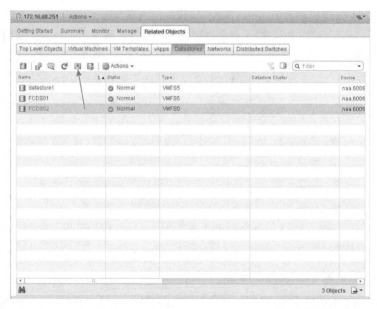

图 6.36　在 Related Objects 选项卡的 Datastores 子选项卡中增加数据存储的大小

6.37 所示。选择该 LUN，
执行无间断扩展 VMFS 数
据存储，使用这个 LUN 空
闲空间。

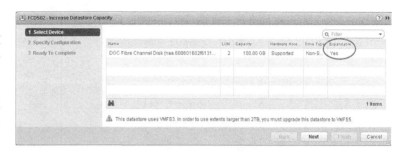

如果底层 LUN 已经
没有可用空闲空间，那么
Expandable 列就显示 No，
这时必须先通过增加扩展
分区才能扩展 VMFS 数据
存储功能。

图 6.37 如果 Expandable 列显示 Yes，则表示 VMFS 卷可以扩展剩余的空闲空间

单击 Next 按钮，执行下一个步骤。

（6）如果使用 LUN 的空闲空间扩展 VMFS 数据存储，那么 Specify Configuration（指定配置）界面会显示可用于扩展容量的空闲空间。如果给 VMFS 数据存储增加一个扩展分区，那么 Specify Configuration 界面会显示新创建的分区。

单击 Next 按钮。

（7）在扩展一个 VMFS-3 数据存储时，无论使用哪一种方法——扩展 LUN 的空闲空间或者增加一个扩展分区，块大小下拉列表都是禁用的（灰色）。在扩展 VMFS-3 数据存储时，不允许修改 VMFS 的块大小。

（8）如果不想使用或无法使用底层 LUN 的全部空闲空间，则可以将容量从 Maximize Available Space 修改为 Custom Space Setting，然后指定要使用的空间大小。通常的做法是使用默认选定的 Maximize Available Space。单击 Next 按钮。

（9）检查小结信息，如果确认无误，则单击 Finish 按钮。

如果给数据存储增加一个扩展分区，那么 Datastores And Datastore Clusters 视图的数据存储属性将显示数据存储现在至少有 2 个扩展分区。另外，这个结果也会显示在 Datastore Properties（数据存储属性）对话窗口上，如图 6.38 所示。

无论使用哪一种方法扩展数据存储功能，整个过程都是无间断的——不会影响虚拟机或引起停机。

图 6.38 20GB 的数据存储实际上包含 2 个 10GB 的扩展分区

另一个无间断任务是将数据存储从 VMFS-3 升级到 VMFS-5，具体参见下一节。

6. 将数据存储从 VMFS-3 升级到 VMFS-5

正如 6.3.1 节中的"1. 认识 vSphere 虚拟机文件系统"所介绍的，vSphere 5.0 引入了新版本的

VMFS，即 VMFS-5。VMFS-5 增加了许多新特性。要使用这些新特性，必须将 VMFS 数据存储从 VMFS-3 升级到 VMFS-5。记住，只有当需要使用 VMFS-5 提供的新特性时，才需要将数据存储升级到 VMFS-5。

为了方便 vSphere 管理员区分 VMFS-3 和 VMFS-5 数据存储，VMware 在 vSphere Web 客户端的许多位置显示这个版本信息。图 6.39 显示了一个 ESXi 主机的 Configuration 选项卡。注意，Storage 区域所列的数据存储有一列显示 VMFS 版本。

图 6.39 Datastores 列表的列可以重新排列和调整顺序，其中有一列显示了 VMFS 版本

图 6.40 显示了一个数据存储的 Details 窗格，它位于 Datastores And Datastore Clusters 视图中数据存储的 Configuration 选项卡。同样，这个数据存储的信息包含了 VMFS 版本信息。此外，该视图也可以方便地查看（基于策略的存储所使用的）存储功能信息、所使用的路径策略和数据存储是否启用了存储 I/O 控制。图 6.40 所示的数据存储分配了一个用户自定义存储功能，并且启用了存储 I/O 控制。

图 6.40 在数据存储所列的诸多信息中，有一个 VMFS 版本信息

执行下面的步骤，就可以将数据存储从 VMFS-3 升级到 VMFS-5。

（1）登录到 vSphere Web 客户端（如果未运行）。

（2）打开 Storage 视图，在导航栏列表上选择一个数据存储。

（3）选择 Manage 选项卡和 Settings 子选项卡。

（4）在 General 区域单击 Upgrade To VMFS-5（升级到 VMFS-5）按钮。

（5）如果确定可以继续——所有附加的主机至少运行 ESXi 5.0 和支持 VMFS-5，则会显示一个对话窗口。单击 OK 按钮，开始升级数据存储。

（6）VMFS-5 升级开始，Tasks 窗格将出现个升级任务。当升级完成时，vSphere Web 客户端会在附加的主机上触发一个重新扫描 VMFS 的操作，这样它们就会发现数据存储已经升级到 VMFS-5。

一旦数据存储升级到 VMFS-5，就无法降级为 VMFS-3。

不升级 VMFS-3 数据存储一个潜在原因

虽然 VMFS-3 数据存储可以升级到 VMFS-5，但是数据存储的底层块大小不会改变。这就意味着，有时候升级后 VMFS-3 数据存储与新建 VMFS-5 数据存储之间的 Storage vMotion 操作可能会比预期慢一些——如果来源和目标数据存储的块大小不一致时，**vSphere** 不会使用硬件负载转移。因此，可能更适合将虚拟机从 VMFS-3 数据存储迁移到新建的原生 VMFS-5 数据存储，而不要升级数据存储。

　　最后还要说明一下 VMFS 的版本。如图 6.40 所示，选定的数据存储运行 VMFS 5.60。vSphere 5.5 使用 VMFS 3.60 和 VMFS 5.60。对于运行老版本 VMFS-3 的数据存储（如 VMFS 3.46），完全没有必要也无法升级到 VMFS 3.60。VMware 只提供了 VMFS-3 到 VMFS-5 的升级路径。

　　图 6.40 显示了一个分配了用户自定义容量的数据存储。前面已经介绍过，这属于基于配置文件的存储功能。接下来，学习如何给数据存储分配容量。

7．为数据存储分配一个存储功能

　　正如之前在 6.3.1 节中的"5．认识基于策略的存储"所介绍的，用户可以自定义一组存储功能。这些用户自定义功能可以与系统提供的存储功能（由 VASA 提供）一起确定虚拟机是否符合分配的虚拟机存储策略。我将在本章 6.3.5 节中的"3．分配虚拟机存储策略"中介绍如何创建虚拟机存储策略及符合性。本节只介绍如何给数据存储分配一个用户自定义存储功能。

　　执行下面的步骤，给数据存储分配一个用户自定义存储功能。

　　（1）启动 vSphere Web 客户端（如果未运行），连接一个 vCenter Server 实例。

　　基于策略的存储要求连接 vCenter Server。

　　（2）从首页打开 VM Storage Policies。

　　（3）单击 Enable VM Storage Policies（启用虚拟存储策略）。

　　这样就打开了 Enable VM Storage Policies 对话窗口，如图 6.41 所示。

　　（4）选择要使用存储策略的集群，单击 Enable（启用）按钮。

　　（5）存储策略启用后，单击对话窗口上的 Close 按钮

　　存储功能创建完成后，存储策略的集群即为启用，然后就可

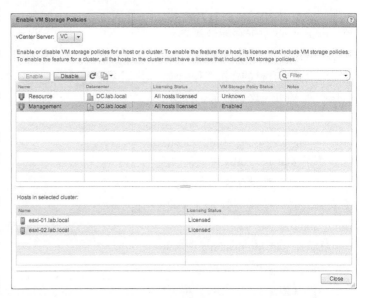

图 6.41　在对话窗口上，可以为每个集群级启用或禁用存储策略

以为数据存储分配与存储策略相关联的标签。这为存储策略和数据存储提供了联系。

(6) 在 vSphere Web Client Storage 视图，右键单击一个数据存储，选择 Assign Tag（分配标签）。

vCenter Server 将把选定的功能分配给数据存储，然后它会显示图 6.40 所示的数据存储明细。

在 vSphere 5.5 发布以前，存储功能是直接分配给数据存储的。从上面的步骤可以看出，在数据存储和存储策略之间使用标签创建链接的方法有一些不同。

此外，数据存储也有其他一些属性可能需要编辑或修改，如重命名数据存储，其修改过程参见下一节内容。

8. 重命名 VMFS 数据存储

有两种方法可以重命名一个 VMFS 数据存储。

◆ 右键单击一个数据存储对象，选择 Rename（重命名）。

◆ 选定导航栏中的一个数据存储对象后，在内容区域存储对象名称旁边的 Actions 下拉菜单也会有重命名命令。

这两种方法都可以产生相同的结果，数据存储将重命名。用户可以选择任意一种方法。

修改 VMFS 数据存储的多重路径策略是所有 vSphere 管理员应该熟悉的另一个重要功能。

9. 修改 VMFS 数据存储的多重路径策略

在本章 6.3.1 节中的"2. 回顾多重路径"中，介绍了 vSphere 的可插拔存储架构（Pluggable Storage Architecture, PSA），以及它如何管理块存储设备的多重路径。由于 VMS 数据存储是建立在块存储设备之上的，因此查看或修改 VMFS 数据存储的多重路径配置也是配置 VMFS 数据存储的工作之一。

Manage 选项卡 Settings 子选项卡下的 Manage Paths 按钮可用于修改 VMFS 数据存储的多重路径策略。图 6.42 高亮显示了 Edit Multipathing 按钮。

在选择 Edit Multipathing 之后，Edit Multipathing Policies 对话窗口就会打开（如图 6.43 所示）。根据

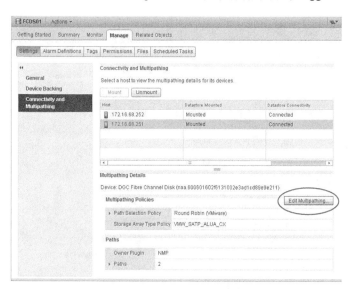

图 6.42　Datastore Manage → Setting 区域的 Edit Multipathing 按钮可用于修改 VMFS 数据存储的多重路径策略

这个截图及本章前面介绍的内容，可以总结出 2 个重要结论。

图 6.43　数据存储位于一个双主动阵列，是一个 EMC VNX 阵列，当前分配的路径选择策略和存储阵列类型信息可以反映这些结论

◆ VMFS 数据存储运行在一个双主动存储阵列上。当前分配的策略是 Fixed（固定，来自 VMware），这是双主动阵列的默认策略。

◆ VMFS 数据存储位于一个 EMC VNX 阵列的第一个 LUN。因为 LUN 列的运行时名称为 L1。

要修改多重路径策略，只需要在 Path Selection Policy（路径选择策略）下拉列表中选择一个新的策略，单击 OK 按钮。这里要注意一点：在特定的存储阵列上选择了错误的路径选择策略可能会产生问题，所以一定选择存储供应商推荐的路径选择策略。在这个例子中，双主动阵列（如运行这个 LUN 的 EMC VNX）也支持 Round Robin（循环）策略，所以我将路径选择修改为 Round Robin (VMware)。

修改路径选择会立即生效，不需要重启存储。

我们已经快要学习完 VMFS 数据存储的所有知识了，但是还有 2 个问题需要掌握。首先，要了解如何管理 VMFS 数据存储的副本；然后，再了解如何移动 VMFS 数据存储。

10.　管理 VMFS 数据存储副本

每一个 VMFS 数据存储都在文件系统中嵌入了一个全局唯一标识符（Universally Unique Identifier，UUID）。当克隆或复制一个 VMFS 数据存储时，数据存储是逐个字节复制，直到 UUID。如果尝试挂载有 VMFS 数据存储副本的 LUN，那么 vSphere 将它视为重复副本，要求管理员完成以下 2 个任务。

◆ 卸载原先的数据存储，再挂载有相同 UUID 的副本。

◆ 不处理原先挂载的数据存储，给副本写入一个新签名。

其他存储操作也可能会产生这个问题。如果在创建 VMFS 数据存储之后修改 LUN ID，那么 vSphere 将会发现这个 UUID 现在已经关联到一个新设备（vSphere 使用 NAA ID 跟踪设备），因此也会出现这个行为。

vSphere 在 Add Storage 向导中提供了一个 GUI，可以帮助管理员选择处理这些情况的选项。

◆ 如果要挂载数据存储副本，而不写入新命名，则要选择 Keep Existing Signature（保留现有签名）。vSphere 不允许 UUID 冲突，因此，如果原始数据存储已经卸载或不存在（例如，修改了 LUN ID），那么只能挂载，不能重新写入签名。如果要挂载一个没有重复签名的数据存储副本，然后再挂载原始存储，则需要先卸载副本。

◆ 如果想要给 VMFS 数据存储写入新签名，则要选择 Assign A New Signature（分配一个新签名）。这样就可以同时挂载副本和原始存储为独立的数据存储。注意，这个过程是不可逆的——不能撤销重新签名的操作。如果重新签名的数据存储包含有虚拟机，则很可能需要在 vCenter Server 中重新注册这些虚拟机，因为虚拟机配置文件的路径已经发生变化。第 9 章将介绍如何注册一个虚拟机。

下面学习如何移除一个 VMFS 数据存储。

11. 移除 VMFS 数据存储

幸好，移除 VMFS 数据存储非常简单。右键单击数据存储对象，选择 All vCenter Actions → Delete Datastore 就可以移除一个 VMFS 数据存储。在真正删除数据存储之前，vSphere Web 客户端会提示操作确认信息——提醒将丢失这个数据存储关联的所有虚拟机文件。

和前面介绍的许多数据存储任务类似，vSphere Web 客户端会触发在其他 ESXi 主机上重新扫描 VMFS 的操作，使所有主机都知道该 VMFS 数据存储已经删除。

与重新签名一个数据存储类似，删除数据存储的操作也是不可逆的。一旦删除了数据存储，就无法恢复数据存储及存储在数据存储的任意文件。因此，在删除数据存储之前一定要确认操作是否正确。

现在，让我们从配置 VMFS 数据存储转到配置另一种较少使用的块存储：裸设备映射（RDM）。

6.3.3　配置裸设备映射

虽然虚拟机共享池机制（如 VMFS 或 NFS 数据存储）的概念适合许多用例，但是仍然有一些用例要求将存储设备直接连接到虚拟机的客户机操作系统。

vSphere 通过裸设备映射（RDM）支持这个功能。RDM 先连接 ESXi 主机，然后再通过 vCenter Server 直接连接到虚拟机。虽然它通过存储在 VMFS 卷的映射文件进行管理，但是后续的数据 I/O 将完全绕过 VMFS 和卷管理器。

客户机内 iSCSI 可以替代 RDM

除了使用 RDM 将存储设备直接连接到虚拟机的客户机操作系统，还可以使用客户机内 iSCSI 软件发起者。本章 6.3.5 节中的 "4. 使用客户机内 iSCSI 发起者" 将详细介绍这个方法。

RDM 应该视为 vSphere 管理员的一种备用工具，而不是一种常用工具。常见的误解是 RDM 性能比 VMFS 好。实际上，这两种存储类型的性能差别只是测试误差。虽然 VMFS 或 NFS 数据存储都可能出现过载（因为它们是共享资源），而 RDM 不会出现过载（因为它只连接特定的虚拟机），但是最好要通过设计和监控来提高性能，而不要大量使用 RDM。换言之，如果是因为存储资源的过载问题而选择用 RDM 替代共享数据存储模型，那么不如让各个虚拟机独立使用池化数据存储。

RDM 有两种不同的配置模式。

物理兼容模式（Physical Compatibility Mode, pRDM） 在这种模式下，所有 I/O 都直接连接底层 LUN 设备，而映射文件仅仅用于执行锁和 vSphere 管理任务。通常，当存储供应商只提到"RDM"而不提及其他说明时，就是指物理兼容模式 RDM。此外，有时候这个模式也称为直通磁盘。

虚拟模式（vRDM） 在这种模式下，仍然需要映射文件，但是它可以启用更多（不是所有）支持正常 VMDK 的功能。通常，当 VMware 只提到"RDM"而不提及其他说明时，就是指虚拟模式 RDM。

与常见误解不同，这两种模式几乎支持所有 vSphere 高级功能，如 vSphere HA 和 vMotion，但是还有一个重要区别：虚拟模式可以包含在 vSphere 快照中，而物理兼容模式不能。因此，创建一个 pRDM 的原生 vSphere 快照，就意味着依赖于快照的特性将不适用于 pRDM。此外，虚拟模式可以通过 Storage vMotion 从虚拟模式迁移到虚拟磁盘，但是物理兼容模式不能。

要先弄清楚是物理还是虚拟

当有一个特性支持 RDM 时，一定要确认它的类型：是物理兼容模式还是虚拟模式。

最常见的 RDM 用例是配置为微软 Windows 集群的虚拟机。在 Windows Server 2008 中，这称为 Windows 故障恢复集群（Windows Failover Clusters, WFC），而在 Windows Server 2003 中，这称为微软集群服务（Microsoft Cluster Services, MSCS）。第 7.2.2 节将详细介绍如何在 Windows Server 集群中使用 RDM。

pRDM 的另一个重要用例是：它们可以在虚拟机与物理主机之间实现互联。这使得 pRDM 的灵活性远远高于虚拟模式 RDM 和虚拟磁盘。这种灵活性特别适用于一些情况，如还未使用虚拟化和不支持虚拟配置的独立软件供应商（ISV）。在这种情况中，RDM 可以轻松转移到物理主机上，重现物理机的问题。例如，这个方法适用于在 vSphere 环境中安装的 Oracle。

在少数情况下，存储供应商特性和功能要求在客户机上直接访问 LUN，因此需要使用 pRDM。例如，在一些特定的阵列上（如 EMC Symmetrix）使用同一线路传输管理流量，但又要使管理流量与 IP 网络分离。这意味着管理流量将通过块存储协议（最常见的是光纤通道）传输。在这些情况下，EMC Gatekeeper LUN 将用于实现主机与阵列之间的通信，如果在虚拟机中使用（通常是使用 EMC Solutions Enabler），则需要使用 pRDM。

最后，另一个存储特性与 RDM 相关的例子是与存储阵列特性相关的用例，如应用集成快照工具。这些应用程序与微软 Exchange、SQL Server、SharePoint、Oracle 及其他应用整合，共同处理恢复模式和操作。例如，EMC 的 Replication Manager、NetApp 的 SnapManager 家族和戴尔 EqualLogic 的 Auto Volume Replicator 工具。这些工具的前一代要求使用 RDM，但是大多数供应商现在可以不通过 RDM 来管理这些工具，并且支持整合 vCenter Server API。要与供应商交流，了解最新的细节信息。

第 7 章将介绍如何创建 RDM，第 9 章也会简要讨论 RDM。

现在，可以从 vSphere 环境的块存储转到配置 NAS/NFS 数据存储了。

6.3.4 配置 NFS 数据存储

NFS 数据存储的用法与 VMFS 数据存储大同小异：都是虚拟机的共享存储池。虽然如此，但是它们也有一些区别。VMFS 与 NFS 数据存储有下面 2 个最重要的区别。

◆ NFS 文件系统本身不由 ESXi 主机管理或控制；相反，ESXi 使用 NFS 协议通过 NFS 客户端访问由 NFS 服务器管理的远程文件系统。

◆ 所有 vSphere 元素的高可用性和性能扩展设计都不属于存储管理，而属于 ESXi 主机的网络管理。

这些区别给 NFS 解决方案的架构设计带来了一些特殊挑战。这并不是说，NFS 不如块存储协议；相反，NFS 带来的挑战只是许多精通存储的 vSphere 管理员之前未经历过的挑战。精通网络的 vSphere 管理员则非常熟悉这些行为，其中包括使用链路及处理 TCP 会话。

在开始详细介绍如何创建或删除 NFS 数据存储之前，先介绍一些与网络相关的问题。

1. 创建高可用的 NFS 设计

NFS 数据存储的高可用设计与块存储设备是完全不同的。块存储设备使用 MPIO，这是一种端到端路径模型。在以太网网络和 NFS 中，链路选择的域是从一个以太网 MAC 到另一个以太网 MAC，或者是一个链路跳。它的配置可以从主机到交换机、从交换机到主机，以及从 NFS 服务器到交换机、从交换机到 NFS 服务器；图 6.44 显示了它们的对比。在图中，"链路聚合"是指 NIC 组合，其中有多个连接绑定在一起实现更大的聚合吞吐量（这里有一些需要注意的问题，马上会介绍）。

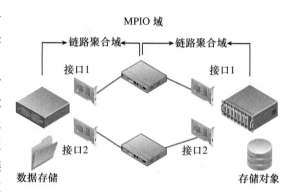

图 6.44 NFS 使用网络协议实现高可用性和负载平衡，而不是存储协议

用于选择链路的机制基本上有以下两种。

◆ 选择使用 NIC 组 / 链路聚合，它为每一个 TCP 连接创建，可能是静态的（只创建一次，就可以在 TCP 会话是永久生效）或动态的（在保持 TCP 连接时可以重新协商，但是仍然只有一个链路）。

◆ 选择使用 TCP/IP 路径，基于 3 层路由协议选择一个 IP 地址（及其关联链路）。注意，这不意味着流量会通过网关穿越多个子网，只有 ESXi 主机选择该 IP 子网的 NIC 或指定数据存储。

图 6.45 显示了基本的决策树。

图 6.45 中左边的路径有一个图 6.46 所示的拓扑。注意，小箭头表示链路聚合 / 静态组合可以配置为从 ESXi 主机到交换机，也可以配置为从交换机到 ESXi 主机。另外要注意，从交换机到 NFS 服务器的关系上，两端都要执行相同的步骤。

图 6.45 中右边路径有一个图 6.47 所示的拓扑。除了路由机制，链路上还可以使用链路聚合 / 组合，但是这样做并没有太大的价值—因为它对任何一个数据存储都没有好处。路由是外出 NIC 用于选择数据存储的机制，每一个 NFS 数据存储都可以通过两个子网的别名访问。

要理解为什么 NIC 组合和链路聚合技术不能用于扩展一个 NFS 数据存储带宽，关键在于理解 TCP 在 NFS 环境的使用方法。记住，这里不能使用块存储和 iSCSI 专用的基于 MPIO 的多重路径，因为 NFS 数据存储使用网络协议，而不使用存储协议。VMware NFS 客户端会在每一个数据存储上使用两个 TCP 会话（如图 6.48 所示）：一个用于传输控制流量，一个用于传输数据流量。数据流的 TCP 连接将使用大部分带宽。在所有 NIC 组合 / 链路聚合技术中，以太网链路选择基于 TCP 连接实现。这可能是在与 NIC 组合建立连接时的一次性操作，也可能通过 802.3ad 动态创建。无论是哪一种方式，每一个 TCP 连接都只有一条激活链路，因此一个 NFS 数据存储只有一条激活链路传输数据流。

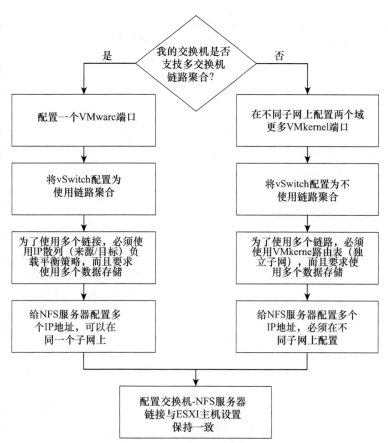

图 6.45 配置高可用 NFS 数据存储的选择取决于网络架构与配置

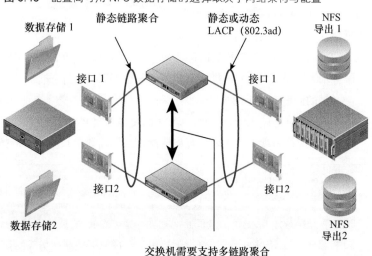

图 6.46 如果有一个支持多交换机链路聚合的网络交换机，则可以轻松创建一个跨越多个交换机的网络组

和 VMFS 一样，这说明了"一个大数据存储"模型并不是好的设计原则。在使用 VMFS 时不采用这种模型，是因为可能出现超大数量虚拟机和 LUN 队列（扩展分区太少也会影响 SCSI 锁）。在使用 NFS 时不采用这种模型，是因为一个 TCP 会话可能占用大量带宽，而且可能会完全占用整个以太网链路（无论是采用网卡组合、链路聚合还是路由）。这意味着需要在 NFS 上支持高带宽工作负载（将在本节后面的内容中介绍）。

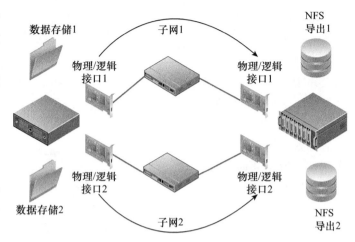

图 6.47　如果有一个不带多交换机链路聚合的基本网络交换机，或者并没有使用或控制网络基础架构的经验，则可以通过在各个 vSwitch 和不同子网上部署多个 VMkernel 网络接口来使用 VMkernel 路由

NFS 数据存储高可用设计的另一个问题是 NAS 设备故障恢复时间通常比原生块设备的恢复时间久。块存储设备通常在存储处理器出现故障之后几秒（或几毫秒）内恢复。另一方面，NAS 设备的故障恢复则需要几十秒时间，甚至在一些 NAS 设备和配置上需要更长的时间。有一些 NFS 服务器的故障恢复速度更快一些，但是它们相对较少

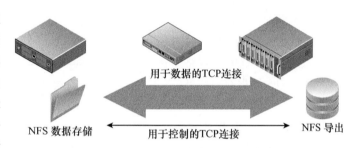

图 6.48　每一个 NFS 数据存储有两个连接 NFS 服务器的 TCP 连接，但是只有一条用于传输数据

用于 vSphere 环境。故障恢复时间不应该认为是一种内在缺点，而是一个配置问题，它要基于虚拟机服务水平协议（SLA）的规定确定是否符合 NFS 数据存储。

关键的问题有以下两个。

◆ 当数据存储无法访问时，ESXi 需要多长时间才能执行恢复操作？

◆ 当虚拟磁盘不响应时，客户机操作系统需要多长时间才能执行恢复操作？

故障恢复不是 NFS 独有的概念

光纤通道和 iSCSI 一样有故障恢复概念，正如前面介绍的，它通常只有较小的时间间隔。时间长度取决于 HBA 的具体配置，但是通常光纤通道 /FCoE 的故障恢复时间少于 30 秒，而 iSCSI 则少于 60 秒。在一些 vSphere 多重路径配置中，路径故障检测和切换到其他路径的时间会快很多（接近实时）。

这两个问题的答案很简单：超时设置。vSphere 层的超时设置可以确定经过多长时间才将一个数据存储标记为不可访问，而客户机操作系统的超时设置则控制客户机操作系统的行为。下面来学习它们的用法。

在编写本书时，EMC 和 NetApp 都推荐使用的 ESXi 故障恢复设置是相同的。因为这些推荐设置会发生变化，所以一定要参考存储供应商的最新推荐值，确认在环境中设置正确的超时时间。修改 Settings 对话窗口的值，就可以根据存储供应商的建议修改 NFS 数据存储的超时时间，如图 6.49 所示。

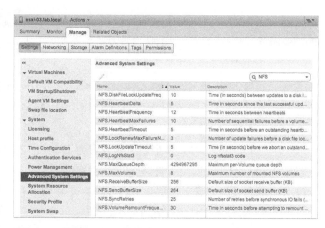

图 6.49　在配置 NFS 数据存储时，一定要扩大 ESXi 主机的超时时间，使其符合供应商的最佳实践。这个主机并没有配置推荐的设置

在编写本书时，EMC 和 NetApp 当前的推荐设置是：

◆ NFS.HeartbeatDelta：12；

◆ NFS.HeartbeatTimeout：5；

◆ NFS.HeartbeatMaxFailures：10。

要在连接 NFS 数据存储的所有 ESXi 主机上配置所有这些设置。

下面是这些设置的工作方式。

◆ 每隔 NFS.HeartbeatDelta（或 12 秒），ESXi 主机就会检查 NFS 数据存储是否可访问。

◆ 发送一个心跳之后，经过 NFS.HeartbeatTimeout（或 5 秒），这些心跳就会失效。

◆ 如果有连续 NFS.HeartbeatMaxFailures（或 10）个心跳失败，则将数据存储标记为不可用，虚拟机崩溃。

这意味着，NFS 数据存储最多可能在标记为不可用之前 125 秒不可用，这其中包括大部分故障恢复事件（包括作为 vSphere 环境 NFS 的 NetApp 和 EMC NAS 设备的故障恢复）。

客户机操作系统在这期间会做什么呢？它会发现 vSCSI 适配器的 SCSI 磁盘不响应（类似于光纤通道或 iSCSI 设备的故障恢复行为，但是时间间隔通常短一些）。磁盘超时决定了客户机操作系统从磁盘不响应时到出现 I/O 错误的时间间隔。这个错误会延后出现写错误，如果发生在一个启动卷上，则会导致客户机操作系统崩溃。例如，Windows 服务器的默认磁盘超时时间为 60 秒。推荐的做法是增加客户机操作系统磁盘超时时间，使之匹配 NFS 数据存储超时时间。否则，虚拟机的启动存储已经超时（导致崩溃），但是 ESXi 仍然在等待 NFS 数据存储的超时信号。如果不延长客户机的超时时间，在配置 vSphere HA 监控虚拟机时，虚拟机就会重启（当 NFS 数据存储返回时），但是显然延长超时时间更好一些，它可以避免这个额外步骤，从而不会增加延迟时间和产生额外的 I/O 负载。

执行下面的步骤，设置 Windows Server 的操作系统超时时间，使之匹配数据存储最大 125 秒的超时时间。操作时需要使用管理员身份登录到 Windows Server 系统上。

（1）备份 Windows 注册表。

（2）选择 Start → Run，输入 regedit.exe，单击 OK 按钮。

（3）在左边窗格的树中双击 HKEY_LOCAL_MACHINE，选择 System → Current ControlSet → Services → Disk。

（4）选择 TimeOutValue 值，将其设置为 125（十进制数）。

在开始介绍如何创建和管理 NFS 数据存储之前，还要概括介绍 2 个 NFS 特殊应用情况：大带宽工作负载和大吞吐量工作负载。在规划高可用 NFS 设计时，需要特别注意这两种情况。

（1）在 NFS 上支持大带宽（Mbps）工作负载。

大 I/O 规模带宽通常依赖于传输链路(这里是 NFS 数据存储使用的 1Gbps 或 10Gbps TCP 会话)和整体网络设计。在更大规模上，要应用与 iSCSI 或光纤通道网络相同的设计。在这种情况中，意味着要仔细规划物理网络 /VLAN，实现端到端巨型帧，以及使用企业级以太网交换机，它们才有足够处理重大工作负载的缓冲区。在 10GbE 速度上，TCP 分段卸载（TCP Segment Offload, TSO）及其他卸载机制，以及 NFS 服务器的处理能力和 I/O 架构，都会成为实现 NFS 数据存储和 ESXi 性能的重要条件。

那么，一个 NFS 数据存储带宽的合理性能预期是多少？从带宽角度看，在使用 1Gbps 以太网时（双向有 2Gbps 带宽），一个 NFS 数据存储的合理带宽限制是 80Mbps（单向 100% 读或 100% 写）至 160Mbps（双向混合读 / 写工作负载）。峰值限制根据 10GbE 的性能进行调整。根据 ESXi NFS 客户端处理 TCP 连接的方式，以及链路聚合网络链路或 3 层路由的选择方式，几乎整个 NFS 数据存储的所有带宽都被一条链路用完。如果 NFS 数据存储所需要的带宽因此大于一个 GbE 链路所提供的带宽，则只能升级到 10GbE 链路，因为链路聚合也无法实现所需要的带宽（参见本节前面的介绍）。

（2）在 NFS 上支持在吞吐量（IOPS）工作负载。

高吞吐（IOPS）工作负载通常依赖于后台配置（作为块设备的 NAS 设备就是这样），而不依赖于协议或传输方式，因为它们的带宽通常较低（Mbps）。所谓后台，是指阵列目标。如果缓存了工作负载，那么它由缓存响应速度决定，而这几乎总是超大规模的。然而在现实世界中，性能常常不是由缓存响应速度决定，而是由支持存储对象的锭子配置决定的。在 NFS 数据存储中，存储对象是文件系统，所以在 ESXi 主机中配置 VMFS 的注意事项（磁盘配置和接口队列）也适用于 NFS 服务器。因为不同供应商的 NFS 服务器内部架构差别很大，所以在该方面并没有统一的推荐做法，但是有一些例子可供参考。在一个 NetApp FAS 阵列上，IOPS 主要由 FlexVol/aggregate/ RAID 组配置决定。在 EMC VNX 阵列上，IOPS 同样主要由 Automated Volume Manager/dVol/RAID 组配置决定。虽然还有其他问题要考虑（在特定的时候，阵列的接口规模和主机生成 I/O 的能力会很有限，但是用户一般达不到这种限制），性能更多受到支持文件系统的后台磁盘配置的约束。一定要保证文件系统有足够的后台锭子，才能够交付足够的性能，支持文件系统中通过 NFS 挂载的所有虚拟机的正常运行。

在理解这些 NFS 存储设计问题之后，我们现在可以开始创建和挂载 NFS 数据存储。

任何规则都有例外情况

到现在为止，在本节中只介绍了为什么 NFS 总是只使用一条链路，以及为什么总是需要使用多个 VMkernel 端口和多个 NFS 导出，才能使用多条链路。

正常情况下，在挂载同一个 NFS 数据存储时，vSphere 要求在所有主机上使用相同的 IP 地址或主机名和路径。在 vSphere 5.0 中，可以使用一个 DNS 主机名，它实际上解析到多个 IP 地址。然而，每个 vSphere 主机只能解析一次 DNS 名称。这意味着它只能解析到一个 IP 地址，并且继续使用一个链接。在这种情况下，规则没有例外。但是，在 NFS 使用多条链路的情况下，配置可以为多个主机访问数据存储提供基本的负载平衡。

---

2. 创建和挂载 NFS 数据存储

在这个过程中，将介绍如何在 vSphere 中创建和挂载一个 NFS 数据存储。虽然这里使用了"创建"这个词汇，但是其实是不正确的说法。实际上是文件系统负责在 NFS 服务器上创建 NFS，然后导出给虚拟机挂载。这个过程确实无法介绍，因为不同的供应商有不同的创建过程。一个供应商创建 NFS 数据存储的方法很可能不适用于其他供应商产品。

在开始之前，一定要先完成下面这些步骤。

(1) 至少创建 1 个用于传输 NFS 流量的 Vmkernel 端口。如果准备使用多个 VMkernel 端口传输 NFS 流量，则要相应地配置 vSwitch 和物理交换机，具体参见本节的"1. 创建高可用的 NFS 设计"。

(2) 根据供应商的最佳实践方法配置将要挂载 NFS 存储的 ESXi 主机，其中包括超时时间及其他设置。在编写本书时，许多存储供应提供了一些重要的 ESXi 高级参数设置建议，它们可以配置最佳性能（包括增加网络设备分配的内存和修改其他特性）。在 vSphere 中使用供应商产品时，一定要参考供应商的推荐设置。

(3) 在 NAS 设备上创建一个文件系统，然后通过 NFS 导出。这个配置的一个重要组成部分就是 NFS 导出方法；ESXi NFS 客户端必须有 NFS 导出的完整 root 访问权限。如果 NFS 通过 root squash 导出，那么文件系统无法挂载到 ESXi 主机上（root 用户失去访问文件系统的权限。在一个传统 Linux 系统上，如果在导出时配置了 root squash，那么远程系统会映射到"nobody"账号上）。在创建供 ESXi 主机挂载的 NFS 导出时，可以使用下面两个选项。

◆ 使用 no_root_squash 选项，并且给 ESXi 主机指定显式的读 / 写权限。

◆ 在 NFS 服务器将 ESXi 主机的 IP 地址添加为 root 权限主机。

关于创建传输 NFS 流量的 VMkernel 网络的详细方法，参见第 5 章内容；关于创建 NFS 导出的详细方法，参考存储供应商的文档。

在完成这些步骤之后，就可以开始挂载 NFS 数据存储了。

执行下面的步骤，在 ESXi 主机上挂载一个 NFS 数据存储。

(1) 要记下 NFS 主机的 IP 地址及 NFS 导出的名称——后面将用到这些信息。

(2) 启动 vSphere Web 客户端，然后连接一个 ESXi 主机或 vCenter Server 实例。

(3) 在 vSphere Web 客户端上打开 Storage 视图。

(4) 右键单击数据中心对象，选择 All vCenter Actions → New Datastore，启动 New Datastore 向导。

(5) 在 Storage Type（存储类型）界面上选择 Network File System（网络文件系统）。单击 Next 按钮。

(6) 在 Name And Configuration（命名与配置）界面上需要提供以下 3 种信息。

要指定数据存储名。和 VMFS 数据存储一样，建议在数据存储名称中加入 NFS 服务器标记及其他相关信息，方便以后修复故障。

◆ NFS 导出所在主机的 IP 地址。如果不知道这个信息，则需要返回存储阵列，确定要用哪一个 IP 地址挂载 NFS 导出。

◆ 通常，推荐使用 IP 地址指定 NFS 服务器，不推荐使用主机名，因为它依赖于 DNS，而且只支持相对较少的主机。当然，有一些时候也适合使用主机名——例如，使用 NAS 虚拟化技术实现 NFS 服务器之间的透明文件传输，但是这种情况相对较少。

◆ 此外，参考补充内容"任何规则都有例外情况"：它介绍了另一种需要使用主机名解析多个 IP 地址的配置。

指定 NFS 导出的文件夹或路径。同样，这也是由 NFS 服务器及 NFS 导出的设置决定的。

图 6.50 显示了一个 New Datastore 向导中 Name And Configuration 界面的截图，里面包含了这些信息的示例。

(7) 如果 NFS 数据存储是只读的，则选择 Mount NFS As Read-Only（挂载只读 NFS）。

例如，如果数据存储只包含 ISO 映像，则要挂载只读 NFS 数据存储。

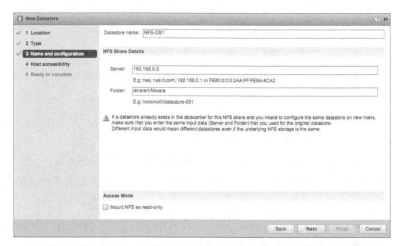

图 6.50 挂载一个 NFS 数据存储要求提供 NFS 服务器的 IP 地址和导出名称

单击 Next 按钮继续，服务器 IP 和文件夹路径将开始生效。

（8）在下一界面选择一个或多个与该数据存储连接的主机。

（9）检查小结界面的信息。如果所有配置都正确无误，则单击 Finish 按钮继续；否则，返回前面的步骤，进行必要的修改。

在单击 Finish 按钮之后，vSphere Web 客户端就会将 NFS 数据存储挂载到选定的 ESXi 主机上，而新的 NFS 数据存储会出现在数据存储列表上，如图 6.51 所示。

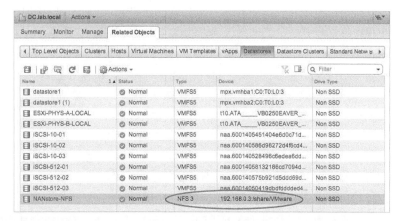

图 6.51 NFS 数据存储也包含在 VMFS 数据存储列表中，但是它们的信息有所不同

修复 NFS 连接

如果在挂载 NFS 数据存储时遇到问题，则可以按照下面这个列表修复问题。

◆ 是否可以从 ESXi 主机 PING 通 NFS 导出的 IP 地址（使用直连控制台用户界面（DCUI）测试 ESXi 主机是否能够连接它，或者打开 ESXi shell，然后使用 vmkping 命令）？

◆ 物理布线是否正确？ ESXi 主机、以太网交换机和 NFS 服务器的网卡连接信号灯是否正常亮起？

◆ VLAN 配置是否正确？如果配置了 VLAN，主机、交换机和 NFS 服务器的网卡是否都正确配置在同一个 VLAN 上？

◆ IP 路由是否正确和有效？是否在 VMkernel 端口和 NFS 服务器使用的接口上配置了正确的 IP 地址？它们是否位于同一个子网？如果不是，则要将它们改到同一个子网。虽然 NFS 流量可以通过路由转发，但是这种做法不好——因为路由会显著增加延迟，因此不适用于商业应用的存储以太网网络。一般不推荐在 vSphere 环境中使用这种方法。

◆ NFS 流量是否允许通过某些防火墙？如果 PING 能够成功，但是仍然无法挂载 NFS 导出，则要检查 NFS 是否被路径中某个防火墙阻挡。一般情况下，建议不要在数据路径中部署防火墙，以免增加延迟时间。

◆ 巨型帧配置是否正确？如果使用巨型帧，那么是否在 VMkernel 端口、vSwitch 或分布式交换机、所有物理交换机及数据路径和 NFS 服务器上配置了巨型帧？

◆ 是否允许 ESXi 主机通过 root 访问 NFS 导出？

与 vSphere 的 VMFS 数据存储不同，我们需要在 vSphere 环境中为每一个主机添加 NFS 数据存储。此外，一定要使用统一的 NFS 属性（如统一的 IP/ 域名），以及通用的数据存储名称；但是，这并不是强制要求。VMware 在 Name And Configuration 界面上提供了一些有用的提醒，如图 6.50 所示。在 vSphere 5.5 Web 客户端中可以为现有的 NFS 数据存储添加附加主机，而无需 NFS 服务器 IP 和文件夹。操作方法是右键单击一个 NFS 数据存储，选择 All vCenter Actions → Mount Datastore To Additional Host。

在挂载了 NFS 数据存储之后，就可以像其他数据存储一样使用 NFS 数据存储——可以选择将其作为一个 Storage vMotion 来源或目标，可以在 NFS 数据存储上创建虚拟磁盘，或者将 NFS 数据存储的 ISO 映像映射为虚拟机的虚拟 CD/DVD 驱动器。

正如前面所介绍的，使用 NFS 需要执行一系列步骤，只是稍微比 VMFS 简单一些。但是，只要有足够的考虑、规划并注意细节，就可以创建出稳定的 NFS 基础架构，为虚拟机提供像传统块存储基础架构一样稳定的支持。

到现在为止，本书已经介绍了块存储和 NFS 存储在虚拟机管理程序中的使用方法。但是，如何将存储设备直接挂载到虚拟机上，而不是像 VMFS 和 NFS 数据存储那样部署到共享容器上？下一节将介绍一些通用的虚拟机层存储配置方法。

6.3.5　配置虚拟机层存储配置

接下来，从 ESXi 层和 vSphere 层存储配置转到各个虚拟机内的存储配置。

在本节中，先介绍虚拟磁盘和 vSphere 支持的虚拟磁盘种类，再介绍虚拟 SCSI 控制器，然后介绍虚拟机存储配置文件，以及如何将它们分配给虚拟机。最后，概括介绍如何使用客户机内 iSCSI 发起者访问存储资源。

1. 了解虚拟磁盘

虚拟磁盘（也称为 VMDK，因为 vSphere 使用它作为文件扩展名）是虚拟机封装磁盘设备的方法（如果不使用 RDM），后面将详细介绍。图 6.52 显示了一个虚拟机的属性。Hard disk 1（硬盘 1）是 VMFS 数据存储上一个 30GB 的胖分配虚拟磁盘。相反，Hard disk 2（硬盘 2）则是一个 RDM。

6.3.3 节已经介绍过 RDM，而且第 7 章还会更详细地介绍 RDM。正如之前所介绍的，RDM 可用于将存储设备直接连接到虚拟机，而不需要将磁盘封装到 VMFS 数据存储的一个文件上。

虚拟磁盘有以下 3 种格式。

精简配置磁盘　在这种格式下，数据存储中 VMDK 文件的大小和虚拟机（某个时刻）使用的大小

图 6.52　这个虚拟机有一个从 VMFS 数据存储分配的虚拟磁盘和一个 RDM

相同。图 6.53 的上方图显示了
这个概念。例如，如果创建了
一个 500GB 虚拟磁盘，然后
在其中保存 100GB 数据，那
么 VMDK 文件的大小就是
100GB。当客户机出现 I/O 时，
VMkernel 会在客户机提交 I/O
之前在存储中整理出所需要的
空间，然后在 VMDK 文件增加
相同大小。有时候，这也称为
稀疏文件（sparse file）。注意，
在客户机操作系统的文件系统
中删除空间，不一定会直接在
VMDK 中释放；如果增加了
50GB 数据，然后又回过来删除
50GB 数据，那么空间也不一定
会释放给虚拟机管理程序。也
就是说，VMDK 文件大小不一

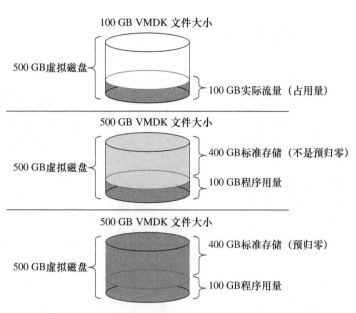

图 6.53　精简配置虚拟磁盘只使用与虚拟机客户机操作系统相同的空间；因为扁平磁盘不会预归零未使用空间，所以阵列层精简配置显示只有 100GB 空间在使用；胖分配（提前归零）虚拟磁盘会马上用完 500GB 空间，因为已经预先归零

定会下降（有一些客户机操作系统支持使用 T10 SCSI 命令处理这种情况）。

胖分配迟归零　在这种格式（有时候称为扁平磁盘）中，数据存储的 VMDK 文件大小就是创建的虚拟磁盘大小，但是在这个文件中，它不是预归零的。例如，如果创建一个 500GB 虚拟磁盘，然后在其中保存 100GB 数据，那么数据存储文件看到的 VMDK 有 500GB，但是磁盘中只包含 100GB 数据，如图 6.53 的中间图所示。当客户机发生 I/O 时，VMkernel 会在客户机 I/O 提交之前清理出所需要的空间，但是 VMDK 文件大小仍然不会增长（因为它已经是 500GB）。

胖分配提前归零　这种虚拟磁盘也称为提前归零磁盘或提前归零胖磁盘，是真正的胖磁盘。在这种格式下，数据存储的 VMDK 文件大小就是所创建的虚拟磁盘大小，而且文件是预先归零的，如图 6.53 底部图所示。例如，如果创建了一个 500GB 虚拟磁盘，然后保存 100GB 数据，那么数据存储文件系统查看到的 VMDK 是 500GB，包含 100GB 数据和 400GB 归零空间。当客户机发生 I/O 时，VMkernel 不需要在 I/O 发生之前归零空间。这样可以稍微降低 I/O 延迟时间，也可以减少客户机操作系统分配新空间时执行初始化 I/O 操作的后台存储 I/O 操作，但是在创建虚拟机时会显著增加后台存储 I/O 操作。如果阵列支持 VAAL，那么 vSphere 就可以将之前的全部空间归零任务转移到其他地方，从而减少初始 I/O 和执行时间。

第三种虚拟磁盘占用的空间比前两种大。如果准备使用 vSphere FT,则必须使用这种虚拟磁盘(如果它们是精简配置或扁平虚拟磁盘，那么在启用 vSphere FT 特性时会自动转换为胖分配虚拟磁盘)。

在第 12 章介绍 Storage vMotion 时，会介绍如何使用 Storage vMotion 转换这些虚拟磁盘类型。

校准虚拟磁盘

是否需要校准虚拟磁盘呢？答案取决于客户机操作系统。虽然并不是规定要这样做，但是推荐做法是按照 VMware 的推荐最佳实践方法校准客户机操作系统的容量——在所有供应商平台和存储类型上都要这样做。这与大多数存储供应商的标准物理配置的标准成熟分区校准技术是一样的。

为什么要这样做呢？校准分区时可以将 I/O 与底层阵列的 RAID 磁带保持一致，在 Windows 环境中尤为重要（Windows Server 2008 会自动校准分区）。这种校准步骤可以将 I/O 与阵列 RAID 磁带边界同步，从而减少额外的 I/O。在所有 RAID 模式中，与全磁盘写相反，当 I/O 跨越磁带边界时，就会产生额外 I/O 操作。校准分区可以提高最稀缺存储阵列资源（IOPS）的使用效率。如果校准一个模板，就可以从模板部署开始一直保持正确的校准。

为什么在不同供应商和不同协议上都要执行这个操作？一旦有数据写入分区，改变客户机操作系统分区的校准方式就会很困难。因此，最好在创建虚拟机或创建模板时先完成校准。

有一些虚拟磁盘种类支持特定的环境，而另一些则不支持。VMFS 数据存储支持全部 3 种虚拟磁盘（瘦、扁平和胖），但是 NFS 数据存储只支持瘦虚拟磁盘。除非 NFS 服务器支持 VAAIv2 NAS 扩展，而且 vSphere 已经配置了供应商提供的插件。图 6.54 显示了在 VMFS 数据存储中为虚拟机创建新虚拟磁盘的界面（第 9 章将详细介绍这个过程）；如果配置的 NFS 数据存储未安装 VAAIv2 扩展支持，那么两个胖分配选项都不可用。

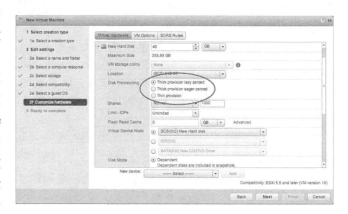

图 6.54　VMFS 数据存储支持全部 3 种磁盘磁盘

是否有办法区分虚拟机所使用的虚拟磁盘类型？肯定有。在全部 3 种情况中，客户机操作系统的空闲空间信息只会显示虚拟磁盘的最大空间，所以这里不能看到磁盘类型信息。幸好，VMware 提供了下面几种用于确定磁盘类型的方法。

（1）在 Datastore Storage Reports（数据存储存储报告）子选项中，vSphere 包括以下几列：虚拟磁盘空间、未提交空间、已分配空间和已用空间。如图 6.55 所示，这些列打破了

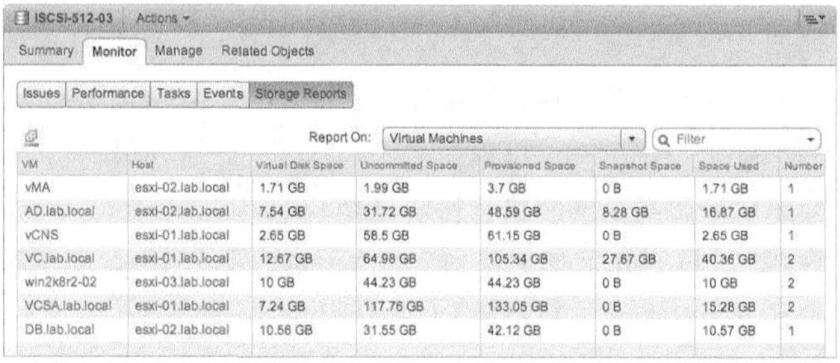

图 6.55　Space Used 和 Provisioned Used 列显示了一个精简配置磁盘的当前使用空间和最大空间

每个虚拟机的基础统计。这里可以清晰看到精简配置虚拟磁盘的最大空间和当前使用空间。右键单击一列，可以选择截图中没有显示的其他列，比如：

◆ 集群；

◆ 资源池；

◆ 多路径状态；

◆ % 已用空间；

◆ % 快照空间；

◆ % 虚拟磁盘空间；

◆ 交换空间；

◆ % 交换空间；

◆ 其他虚拟机空间；

◆ % 其他虚拟机空间；

◆ % 共享空间。

（2）在虚拟机的 Summary 选项卡中，vSphere Web 客户端会显示各种统计信息，如当前分配的空间和已用空间。图 6.56 显示了一个已部署的 vCenter Server 虚拟设备实例的统计信息。

（3）最后，Edit Settings 对话窗口也会显示了虚拟机中选定虚拟磁盘的类型信息。图 6.57 以同一个已部署的 vCenter 虚拟设备为例子，显示了这个对话窗口所提供的信息。这里不能看到当前空间使用情况，但是至少可以确定配置的磁盘类型。

与虚拟磁盘密切相关的是每一个虚拟机所连接的虚拟 SCSI 适配器。

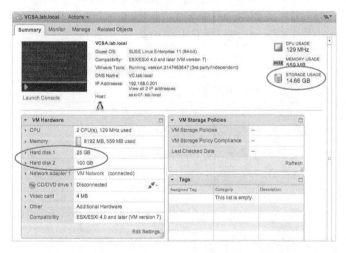

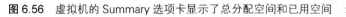

图 6.56 虚拟机的 Summary 选项卡显示了总分配空间和已用空间

图 6.57 Edit Settings 对话窗口可以显示配置的磁盘类型，但是不显示当前空间使用统计

2. 了解虚拟存储适配器

在虚拟机中配置虚拟存储适配器，需要将适配器附加到虚拟磁盘和 RDM，正如物理服务器要用适配器连接物理硬盘一样。在客户机操作系统中，每一个虚拟存储适配器都有自己的 HBA 队列，所以在密集存储工作负载时，在一个客户机上配置多个虚拟 SCSI 适配可以提高性能。

ESXi 支持的虚拟存储适配器有几种，如图 6.58 所示。

表 6.3 总结了可以使用的 5 种虚拟存储适配器。

图 6.58 虚拟机可以使用的虚拟 SCSI 适配器有很多种，每一个虚拟机最多可以配置 4 个虚拟 SCSI 适配器

表 6.3 **vSphere 5.5 的虚拟 SCSI 和 SATA 存储适配器**

虚拟存储适配器	支持的虚拟机硬件版本	描述
AHCI（SATA）	10	AHCI 是唯一一个非 SCSI 存储适配器，在 vSphere 5.5 中引入。这种虚拟 SATA 适配器适合在最新的 Windows 和 Linux 客户机操作系统中使用，并且支持所有 Mac OS X 版本。它支持每个虚拟机上最多有 4 个适配器，每个适配器上有 30 个虚拟驱动器。尤其适用于虚拟 CD-ROM 设备
BusLogic Parallel	4, 7, 8,9,10	这种虚拟 SCSI 适配器模拟 BusLogic parallel SCSI 适配器的功能。BusLogic 适配器得到许多老版本客户机操作系统的支持，但是性能不如其他虚拟 SCSI 适配器
LSI Logic Parallel	4, 7, 8,9,10	LSI Logic 并行 SCSI 虚拟适配器最适合在最新客户机操作系统上使用。两种 LSI Logic 控制器的性能相当
LSI Logic SAS	7, 8,9,10	当客户机操作系统由于 SAS 逐渐淘汰并行 SCSI 的支持时，LSI Logic SAS 控制器比 LSI Logic 并行虚拟适配器更好。这两种控制器的性能是相当的
VMwareParavirtual	7, 8,9,10	VMware Paravirtual SCSI 是一个针对虚拟环境优化的控制器，它在较低 CPU 过载时有更高的吞吐量，代价是兼容的客户机操作系统较少

从表 6.3 可以看出，只有 2 种适配器（LSI Logic SAS 和 VMware Paravirtual）支持虚拟机硬件 7 或以上版本。LSI Logic SAS 控制器是运行 Windows Server 2008 和 2008 R2 的虚拟机的默认 SCSI 适配器，而 LSI Logic Parallel SCSI 控制器则是 Windows Server 2003 的默认配置。各种 Linux 的默

认配置是 BusLogic Parallel SCSI 适配器。

BusLogic 和 LSI Logic 控制器非常简单，它们模拟了常用的 SCSI 控制器。AHCI 适配器是基于 SATA 的控制器，它可以替代旧的 IDE 适配器。通常只用于支持客户机虚拟 CD-ROM 设备。但是，VMware Paravirtual SCSI 适配器则是一种完全不同的控制器。

简而言之，并行虚拟化（paravirtualized）设备（及其相应的驱动程序）特别优化了与底层虚拟机监控程序（VMM）的直接通信：它们有较高的吞吐量和较低的延迟时间，而且它们显著降低了 I/O 操作的 CPU 影响。这就是在 vSphere 中使用 VMware Paravirtual SCSI 适配器的原因。第 9 章将详细介绍并行虚拟化驱动程序。

与其他虚拟化 SCSI 适配器相比，并行虚拟化 SCSI 适配器能够提升虚拟磁盘性能和特定 CPU 使用率下的 IOPS 数。并行虚拟化 SCSI 适配器还降低了客户机操作系统访问存储的延迟时间。

如果并行虚拟化 SCSI 适配器如此之好，那么为什么不在所有地方使用这种适配器呢？理由很简单，这种适配器只能用在 vSphere 环境中，因此没有适合大多数客户机操作系统本地磁盘的并行虚拟化 SCSI 适配器驱动程序。通常，推荐在启动磁盘上使用 vSphere 推荐的虚拟化 SCSI 适配器，在其他虚拟磁盘上使用并行虚拟化 SCSI 适配器，特别是那些有活跃工作负载的虚拟磁盘。

正如之前所介绍的，有许多方法可以配置虚拟机层存储。在考虑各种数据存储和协议选择时，如何保证为虚拟机配置最正确的存储呢？这时就应该使用虚拟机存储配置文件。

3. 分配虚拟机存储策略

虚拟机存储策略是基于策略的存储的重要组成。为了使用由 VASA 提供者（由存储供应商提供）的系统存储功能和用户自定义存储功能，可以创建虚拟机存储策略，帮助配置和控制虚拟机的存储分配方式。

前面已经介绍了如何在各种组件中配置端对端存储策略，但是在进行下一步之前，先重温一下之前的内容。在 6.3.1 节的"5．认识基于策略的存储"中，解释了如何配置标签和标签类别，以便分配给数据存储策略规则集。同时还介绍了如何基于这些标签和 VASA 的功能创建规则集，如图 6.59 所示。在 6.3.2 节的"7．为数据存储分配一个存储功能"中，展示了如何在集群中启用存储策略，如图 6.60 所示，以及如何为数据

图 6.59　虚拟机存储策略要求一个指定的用户自定义存储功能

存储分配标签。配置的最后一个组件是在虚拟机和存储策略之间建立链接。

在启用虚拟机存储策略特性之后，虚拟机的 Summary 选项卡上会出现一个新区域，显示虚拟机是否符合所分配的虚拟机存储策略。如果虚拟机未分配存储配置文件——很快会介绍如何分配虚拟机存储配置文件，那么这个区域是空的，如图 6.61 所示。

执行下面的步骤，给虚拟机分配一个虚拟机存储策略。

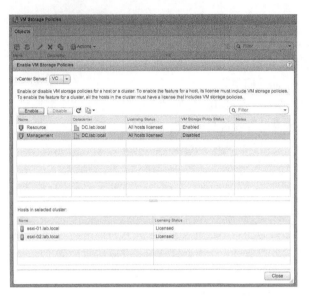

图 6.60 启用的虚拟机存储策略对话窗口显示了虚拟机策略的当前状态和未来的许可符合性

图 6.61 这个虚拟机还没有分配虚拟机存储策略

（1）在 vSphere Web 客户端上打开 Hosts And Clusters（主机与集群）或 VMs And Templates（虚拟机与模板）视图。

（2）右键单击目录窗格的一个虚拟机，选择 Edit Settings（编辑设置）。

（3）在 Edit Settings 对话窗口单击虚拟硬盘旁边的箭头。

（4）在 VM Storage Policy（虚拟机存储策略）下面的下拉列表中选择要分配给虚拟机和配置相关文件的虚拟机存储策略。

（5）在所列的每一个虚拟磁盘上，选择该虚拟磁盘要关联的虚拟机存储策略。

图 6.62 显示了一个虚拟机、一个要分配到虚拟硬盘 1 的虚拟机存储策略。

图 6.62 因为每一个虚拟磁盘都有自己的虚拟机存储策略，所以要针对每一个虚拟机磁盘设置虚拟机存储功能

（6）单击 OK 按钮，将修改保存到虚拟机，并应用该存储策略。

在分配了虚拟机存储策略之后，这个区域会显示虚拟机当前存储与所分配存储策略的符合性，如图 6.63 和图 6.64 所示。

图 6.63 和图 6.64 还显示了最后一次符合性检查的日期和时间。注意，单击 Refresh 超链接，可以立即执行一些符合性检查。

在第 9 章介绍如何创建虚拟机和如何给虚拟机添加虚拟磁盘时，会介绍基于配置文件的存储和虚拟机存储配置文件。

图 6.63 该虚拟机存储策略指定的存储功能与虚拟机的当前存储位置不匹配

除了前面介绍的各种方法之外，还有一个方法可以从虚拟机访问存储：使用客户机内 iSCSI 发起者。

图 6.64 该虚拟机的当前存储与所分配的虚拟机存储策略相匹配

4. 使用客户机内 iSCSI 发起者

在 6.3.3 节中，提到了 RDM 并不是将存储设备直接连接到虚拟机的唯一方法。另一种方法是使用客户机内 iSCSI 发起者，绕过虚拟机管理程序直接访问存储。

是否选择使用客户机内 iSCSI 发起者由许多因素决定，其中包括（但不仅限于）存储配置（阵列是否支持 iSCSI）、网络配置和策略（是否有足够的带宽在虚拟机网络上支持额外的 iSCSI 流量）、应用需求（应用程序是否需要或者专门要求使用客户机内 iSCSI 发起者，或者需要使用 RDM 的应用程序是否能够使用客户机内 iSCSI 发起者替代）、合并目标（是否允许由使用客户机内 iSCSI 发起者而增加虚拟机的 CPU 和内存过载）和客户机操作系统（客户机操作系统是否有软件 iSCSI 发起者）。

在决定使用客户机内 iSCSI 发起者时，一定要注意以下几个方面。

◆ 通过客户机内发起者访问的存储应该与作为虚拟磁盘的 NFS 和 VMFS 数据存储分离。在规划存储配置时一定要注意这一点。

◆ 因为所有 iSCSI 流量都绕过虚拟机管理程序，所以一定要给虚拟机网络增加多一些负载能力和监控工具。此外，除了虚拟机管理程序层的配置之外，还要配置和提供冗余连接和多重路径。这可能要求在服务器上增加更多的物理 NIC。

◆ 如果使用 10GbE，则需要创建一种更复杂的 QoS/Network I/O 控制配置，保证客户机内 iSCSI 流量按正确的优先级划分。

◆ 因为不经过虚拟机管理程序，所在通过客户机内 iSCSI 发起访问存储时，就无法使用 Storage vMotion 功能。

◆ 同样，通过客户机内 iSCSI 发起者访问的存储也不支持 vSphere 快照功能。

和 vSphere 的其他方面一样，这里并没有绝对正确或绝对错误的选择，只有最适合当前环境的选择。要注意在客户机操作系统中使用 iSCSI 发起者的影响，如果它适合当前环境，就可以继续使用。

精简配置：应该在阵列上设置还是在 VMware 上设置

通常，这两种方法都是正确的。

如果阵列支持精简配置，那么通常在大多数运营模型中，阵列层精简配置的效率更高。如果在 LUN 或文件系统层设置胖分配，那么在使用率较低时，会有大量的未使用空间，除非一开始就创建较小存储，然后再不停地扩展数据存储，但是这种运营方式比较麻烦。

此外，在使用 NFS 或块存储的阵列上应用精简配置技术，则是一种很好的做法。在 vSphere 中，常用的默认虚拟磁盘类型都适合使用存储阵列层精简配置，因为它们不会预先归零文件——瘦磁盘和扁平磁盘都是，但是胖分配不是，而且 vSphere 也很少使用这种磁盘。

精简配置池的规模越大，往往精简配置的效率越高。在一个阵列上，这种结构（通常称为池）要大于单个数据存储，因此效率更高——在负载较高的池中精简配置对象的规模越大，精简配置的效率越高。

阵列中精简配置的另一个容易被忽视的好处是，在非虚拟存储中还有多余的可用容量。当精简配置只用于 vSphere 时，VMFS 数据存储占用了阵列中的整个数据存储容量，即使数据存储本身没有存储虚拟机。

在精简配置上使用精简配置（thin on thin）是否有缺点？实际上是没有的，只要用户能够且愿意仔细监控 vSphere 层和存储层的使用率。要使用 vSphere 或第三方使用报告工具和阵列层报告工具，并且在 vSphere 和阵列（如果支持）上设置临界通道和自动处理操作。为什么？即使 vSphere 5.0 增加了精简配置感知和支持，精简配置仍然需要注意空间耗尽的状态监控，因为资产耗尽的后果是很严重的。VMware 客户机内存耗尽时会转而使用虚拟机交换分区，与之不同的是，数据存储实际容量耗尽时，使用该数据存储的虚拟机就会受到影响。在精简配置上使用精简配置，确实可以提高效率，但是可能会加剧过度负载和导致存储耗尽。

这里有一个值得参考的例子。如果在一个使用胖虚拟磁盘的数据存储的虚拟磁盘总分配空间为 500GB，那么数据存储的大小至少为 500GB。现在，这些虚拟磁盘实际上并没有用完 500GB 空间。假设它们只使用了 100GB 空间，而其余空间是空闲的。如果在存储阵列上使用精简配置，那么分配的 LUN 或文件系统就是 500GB，但是只使用了 100GB 的池空间。使用的空间不能超过 500GB，所以必须在存储层上添加监控功能。

相反，如果使用瘦虚拟磁盘，那么技术上数据存储大小只有 100GB。它与正在使用的存储空间完全相等（100GB），但是显然空间很快就会突破 100GB，因为虚拟磁盘空间可以在不需要管理干预的前提下增加到 500GB——只需要虚拟机继续在客户机操作系统中写入更多的数据。因此，必须紧密监控数据存储和底层存储 LUN/ 文件系统，管理员必须准备好给阵列增加更多存储，并且在需要扩展数据存储。

有两个例外情况不适用于"尽可能在阵列层次上使用精简配置"的原则：一是在一些最高性能用例上，因为精简配置架构的性能影响通常高于传统胖存储配置（通常达到临界值——在不同阵列有不一样的临界值）；二是在大型高性能 RDBMS 存储对象上，这时阵列缓存的数量要明显少于数据库，因此实际的后台锭子与主机 I/O 密切相关。这些数据库结构的内部逻辑通常需要知道 I/O 位置，这种奇特的方式意味着它们的数据结构需要用磁盘结构反映其内部结构。有了超大的阵列缓存，就可以分离传输 RDBMS 类型的主机和后台锭子，因此也与这个问题无关。这两种情况很重要，但是也很少见。"尽可能在阵列层次上使用精简配置"是一个普遍适用的指导原则。

在本章最后一节中，将回顾前面所介绍的内容，然后总结出一些推荐的实践方法。

6.4　应用 SAN 和 NAS 最佳实践方法

在学习了在 vSphere 环境中配置与管理存储的知识后，要掌握以下核心原则。

◆ 要选择一种最容易获得且属于中等规模目标的存储架构。设计不应该针对过度增长场景。我们总是可以在以后使用 Storage vMotion 时将存储迁移到更大规模阵列上。

◆ 要考虑同时使用 VMFS 和 NFS，组合使用可以带来很大的灵活性。

◆ 在考虑整个 vSphere 环境的初始阵列设计规模时，要注意可用性、性能（IOPS、Mbps 和延迟时间）和容量——一定要考虑所有这些方面，而且通常都要按照这个顺序。

前面列表的最后一点并不是夸张的。新接触存储的人们一般只考虑到存储容量（TB），而忽略了可用性和性能。容量一般不会成为一个正确存储配置的瓶颈。有了现代大容量磁盘（一般单碟达到 300GB 以上）和容量缩减技术，如精简配置、去重和压缩等，只需要很少的磁盘就可以实现很大的容量规模。因此，容量绝不是效率的动因。

下面举一个应用实例来说明问题。首先，先进行以容量为中心的规划过程。

◆ 确定有 150 个虚拟机，每一个虚拟机大小为 50GB。

◆ 这意味着，在不使用任何特殊技术的前提下，一共需要 7.5TB（150×50GB）的空间。由于 vSphere 快照和虚拟机交换区还需要额外的空间，假设有 25% 的过载比例，则需要为 vSphere 环境规划 10TB 存储。

◆ 为了实现 10 TB 存储，则要使用接近 13 个 1 TB 大小的 SATA 磁盘（假定用 10+2 RAID 6 和 1 个热备）。

◆ 虽然虚拟磁盘大小为 50 GB，但是它们的平均使用空间只有 20GB，而其余空间是空闲的。因此，为了进一步优化配置和提高效率，可以在 vSphere 或存储阵列层使用精简配置。使用这种方法可以将存储需求减少为 3TB，另外再利用 vSphere 托管数据存储对象和警报，还可以将空间预留比例从 25% 减少为 20%。这样就可以把存储需求减少到 3.6 TB。

◆ 此外，在具体使用的阵列上，可能还可以在存储上实现去重，这是有超高通用性的做法。假设保守估计去重比例为 2:1，那么只需要 1.5 TB 的容量，再加上其他方面增加的 20% 容量，就变成了 1.8 TB。

◆ 由于只有 1.8 TB，因此可以用一个由 750 GB 磁盘实现的超小 3+1 RAID 5 实现，它的净容量为 2.25 TB。

这样成本是否更低一些，也更高效一些呢？毕竟，已经从 13 个 1TB 锭子减少为 4 个 750GB 锭子。但是，问题没那么简单，还要用第二种方法实现。但是，这次的规划过程以性能为中心。

◆ 确定有 150 个虚拟机（和上面一样）。

◆ 在它们的工作负载方面，虽然它们的峰值 I/O 为 200 IOPS，平均 I/O 为 50 IOPS，而且所有虚拟机的工作峰值都不会出现在同一时刻，所以我们决定取平均值。

◆ 在吞吐量方面，它们在备份时的峰值为 200Mbps，大多数时候为 3 Mbps（作为对比，复制一个文件到 USB 2 闪存盘的速度为 12Mbps——这对于服务器而言只是较小的带宽）。I/O 规模通常较小，在 4 KB 左右。

◆ 在 150 个虚拟机中，虽然大部分将作为一般用途的服务器，但是有 10 个是"大主机"（如 Exchange 服务器和一些 SharePoint 后台 SQL Server），它们需要特殊规划，所以它们需要使用参考架构方法单独设计。其他 140 个虚拟机可以确定为平均需要 7 000 IOPS（140×50 IOPS）和 420 Mbps 平均吞吐量（140×3 Mbps）。

◆ 假设无 RAID 损耗或缓存负载，7000 IOPS 相当于：

> 39 个 15K RPM Fibre Channel/SAS 磁盘（每个磁盘 7000 IOPS/180 IOPS）；

> 59 个 10K RPM Fibre Channel/SAS 磁盘（每个磁盘 7000 IOPS/120 IOPS）；

> 87 个 5400 RPM SATA 磁盘（每个磁盘 7000 IOPS/80 IOPS）；

> 7 个企业闪存盘（每个磁盘 7000 IOPS/1000 IOPS）。

◆ 假设无 RAID 损耗或缓存负载，420 Mbps 可以变成 3360 Mbps。在阵列和 ESXi 主机层，需要以下组件。

> 2 个 4Gbps 光纤通道阵列端口（虽然 1 个也可以，但是要 2 个才能实现高可用性）。

> 2 个 10GbE 端口（虽然 1 个也可以，但是要 2 个才能实现高可用性）。

> 4 个 1GbE 端口，用于连接 iSCSI 或 NFS。根据 NFS 在链路聚合配置下的工作方式，NFS 要求仔细规划多数据存储，才满足吞吐量目标。iSCSI 要求使用多重路径配置，才能满足吞吐量要求。

◆ 如果使用块设备，则需要将虚拟机分散到各个数据存储，保证数据存储和后台 LUN 能够支持所包含虚拟机的 IOPS，保证队列不会溢出。

◆ 显然，SATA 磁盘不是这种情况的理想选择（它们可能需要使用 87 个锭子）。使用这种 300GB 15K RPM 磁盘（不使用企业闪存盘），假设 10% 的 RAID 6 容量损耗，则至少可以获得 11.7 TB 净容量。这已经远远足够存储胖分配的虚拟机，更不说精简配置和使用去重技术了。

◆ 这种精简配置和去重技术是否能够节约容量？当然可以。是否可以用它来节约容量？可能可以。记住，设计的配置规模已经满足 IOPS 工作负载的要求——除非工作负载小于我们的测量值，或者在这些锭子上附加的工作负载在虚拟机连接时不会产生 I/O。锭子（磁盘）一定会不停地为现有虚拟机工作，所以附加的工作负载肯定会增加 I/O 服务时间。

那么，这个例子说明了什么？精简配置和数据去重就毫无用处吗？性能就是一切吗？

当然不是。这个例子要说明的是，为了实现更高效率，必须从不同的角度看待效率:性能、容量、功耗、运营方便性和灵活性。下面是用于指导整个流程的 5 个步骤。

（1）了解工作负载，确定 IOPS、Mbps 和延迟要求。

（2）去掉峰值，保留平均值。

（3）使用参考架构和专用计划，设计一个满足峰值工作负载要求的虚拟化配置。

（4）先规划最高效的方法，满足总工作负载性能要求。

（5）使用第 4 步开发的性能配置，用最高效的容量配置解决这个需求。有一些工作负载会受到性能约束（因此，第 4 步是约束），而有一些则受到容量约束（因此，第 5 步也是约束）。

下面，将所有知识总结为可用的最佳实践。

1. 在考虑性能时

◆ 通过简单规划或评估做一些工程设计。测量一些主机样例，或者使用 VMware 容量规划工具（VMware Capacity Planner）分析将要在基础架构中虚拟化的每一个主机的 IOPS 和带宽负载。如果无法测量，则至少要进行评估。如果用作虚拟桌面，则估计在 5 ～ 20 IOPS；如果用作轻量服务器，则估计在 50 ～ 100 IOPS。通常，大多数配置都受 IOPS 约束，而不受吞吐量约束，但是在可能的情况下要测量主机的平均 I/O 值（或者，使用容量规划工具）。虽然评估适用于轻量服务器环境，但是不要去评估大型服务器——一定要实际测量，测量是很容易的，而且一定要"2 次测量，1 次裁剪"，特别是那些肯定会有较高工作负载的虚拟机。

◆ 在大型应用中（Exchange、SQL Server、SharePoint、Oracle、MySQL 等），大型数据库负载的存储规模、布局和最佳实践都与物理部署不同，而且更适合选择 RDM 或不带其他虚拟磁盘的 VMFS 卷。此外，要使用 VMware 与存储供应商提供的联合参考架构。

◆ 记住，数据存储必须有足够所有虚拟机使用的 IOPS 和容量。要记住，每一个不同类型的锭子要有 80 ～ 180 IOPS（参见本章 6.2.2 节中的"磁盘"），才能支持所有虚拟机。如果所有虚拟机加在一起的总 IOPS 需求能够用一个数据存储实现，那么就得到一个很好的近似总值。精简配置和扁平分配磁盘的归零操作会产生额外的 I/O（预先归零的胖分配不会），但是这部分几乎可以忽略。RAID 保护的机制会损失一些 IOPS，但是如果构成数据存储所需要的锭子数量（通过文件系统与 NFS 或 LUN 与 VMFS）乘以每一个锭子的 IOPS 数大于总工作负载所需要的总 IOPS，那么就差不多了。存储供应商提供的数量越准确，虚拟化项目成功的概率就越大。

◆ 缓存的好处很难估计，它们的效果差别很大。如果无法测试，则可以记住它们能够大大改进 VMware RDBMS 环境的虚拟机启动时间，但是对其他环境作用很小，所以在规划锭子时要注意这一点。

2. 在考虑容量时

◆ 不仅要考虑数据存储的虚拟机磁盘，还要考虑它们的快照、交换分区、挂起状态与内存。有一个经验法则是在虚拟磁盘基础上增加 25%。如果在阵列层次上使用精简配置，那么增大数据存储并没有坏处，因为它们只有在需要时才会用到。

◆ 数据存储大小设置其实没有完美的最佳实践。一直以来，人们总是会推荐不同的固定大小。一个简单的方法是，为一个数据存储选择你认为合适的标准虚拟机数量，然后乘以第一个虚拟机的平均虚拟磁盘大小，再加上 25% 的额外空间，就可以得到标准构建块大小。记住，VMFS 和 NFS 数据存储并不会限制虚拟机数量——在 VMFS 中，需要考虑磁盘队列和 SCSI 保留（很少使用）；而在 NFS 中，则需要考虑一个数据存储的带宽。

◆ 要保持灵活性和效率。尽可能在阵列层上使用精简配置，如果阵列不支持，则在 VMware 层次上使用。它毫无坏处（只要有监控），但是不要指望它能减少锭子需求（考虑到性能需求）。

◆ 如果阵列不支持精简配置，但是支持扩展 LUN，则要在 vSphere 上使用精简配置，但是一开始要先创建较小的 VMFS 卷，避免规模过大和效率不高。

◆ 总之，一定不要过度设计。每一个现代阵列都可以动态增加容量，而且还可以使用 Storage vMotion 分散工作负载。使用新的托管数据存储功能设置临界值和操作，然后使用新的 vSphere VMFS 扩展功能扩展 LUN 和 VMFS 数据存储，或者扩大 NFS 数据存储。

3. 在考虑可用性时

◆ 要将存储规划和配置的重点放在保证设计高可用性上。检查阵列配置、存储结构（光纤通道或以太网）和 NMP/MPP 多重路径配置（或 NIC 组合 / 链路聚合和 NFS 路由）是否配置正确。一定要尽力保持将供应商互操作指标和固件更新流程更新到最新版本。

◆ 记住，要在出现性能和容量问题时执行无间断处理（VMFS 扩容 / 扩展、阵列性能工具和 Storage vMotion）。有时候，对于整体存储可用性的影响也是一种问题。

在决定虚拟机存储设计原则时，有 2 种常用模型：预言性模式和自适应模式。

4. 预言模式

◆ 创建几个有不同存储特性的数据存储（VMFS 或 NFS），并且根据特征给每一个数据存储添加标签。

◆ 提前确定需求，根据需求将每一个应用程序部署到恰当的 RAID 上。

◆ 运行应用程序，检查虚拟机性能是否可接受（或者当 HBA 队列接近满队列临界值时，监控 HBA 队列）。

◆ 在需要时使用 RDM。

5. 自适应模式

◆ 创建标准化数据存储构建块模型（VMFS 或 NFS）。

◆ 数据存储上创建虚拟磁盘。记住，无论别人怎么说，实际上数据存储是没有数量上限的。关键在于数据存储的性能水平。

◆ 运行应用程序，检查磁盘性能是否可接受（在 VMFS 数据存储上，当 HBA 队列接近满队列临界值时，监控 HBA 队列）。

◆ 如果性能可接受，则在数据存储上创建更多的虚拟磁盘。如果达不到要求，则要创建一个新数据存储，然后使用 Storage vMotion 分散工作负载。

◆　适时使用 RDM。

建议混合使用这两种模式：使用自适应模式，并且从两个完全不同的数据存储性能配置开始（这个概念来自预言性模式），一个用于工具型虚拟机，另一个用于高优先级虚拟机。

一定要阅读、遵循和使用以下一些重要文档。

◆　VMware 的光纤通道与 iSCSI 配置指南；

◆　VMware 的 HCL；

◆　存储供应商的最佳实践 / 解决方案指南。

有时候，文档可能会过期。如果用户认为文档有错误，一定要重视其他人的指导：利用在线社区，或者联系 VMware 或供应商，获取最新的信息。

最重要的是，要有必胜的信心！

一直以来，物理主机和存储配置都是极少变动的，存储配置错误对于性能或容量的影响是巨大的。错误配置不仅会给应用程序带来问题，也会增加工作复杂性和停机时间。在性能和容量方面，错误的危害往往源于管理员经常出现的过度设计。

由于现代阵列支持动态修改存储属性的功能，而且又有了 Storage vMotion（"脱离困境"的终极法宝——包括完全更换阵列），错误配置带来的危害和风险大大降低，现在的风险更多在于过度设计或过度投入。用户不能受制于无法无间断修改的低性能配置。

比任何存储配置或特性都重要的是，要设计一个高可用的配置，它既要符合当前需求，又要在 VMware 修改其他组件时能够灵活修改。

6.5　要求掌握的知识点

1. 区分并理解共享存储的基础概念（包括 SAN 和 NAS）

vSphere 依靠共享存储实现一些高级功能、集群范围可用性和集群中所有虚拟机的总体性能。我们可以在光纤通道、FCoE 和 iSCSI SAN 上设计高性能和高可用共享存储基础架构，也可以使用 NAS；此外，也可以使用中型存储架构和企业级存储架构。一定要先设计符合性能要求的存储架构，然后再满足容量需求。

掌握 1

举例说明每一种协议适合用于哪一种 vSphere 部署。

掌握 2

指出 3 个存储性能参数和存储性能的决定因素，以及如何快速评估一个指定存储配置的性能参数。

2. 理解 vSphere 存储方法

vSphere 有 3 种基本存储连接模型：块设备 VMFS、RDM 和 NFS。最灵活的配置会使用全部 3 种模型，这主要是通过一种共享容器模型和适时使用 RDM 实现的。

掌握 1

指出 VMFS 数据存储、NFS 数据存储和 RDM 的用例。

掌握 2

如果使用 VMFS，而且需要跟踪一个性能指标，那么这个指标是什么？配置一个监控程序跟踪这个指标。

3. 在 vSphere 层次上配置存储

在选择共享存储平台之后，vSphere 还需要配置一个存储网络。网络设计（基于光纤通道或以太网）必须满足可用性和吞吐量要求，而这受到协议选择和 vSphere 基础存储协议（在 NFS 中是网络协议）的影响。恰当的网络设计包含物理冗余性和物理或逻辑隔离机制（SAN 分区和网络 VLAN）。在配置好连接之后，再使用预言性或自适应模式（或者混合模式）配置 LUN 和 VMFS 数据存储和 / 或 NFS 导出 /NFS 数据存储。使用 Storage vMotion 解析热点及其他非最优虚拟机部署。

掌握 1

从性能角度看，什么问题能够最恰当地反映一个负载过度的 VMFS 数据存储？如果确定这个问题？它最可能发生在什么地方？可以采用哪 2 种方法纠正？

掌握 2

当一个 VMFS 卷用完时，可以采用哪 3 种不间断的纠正操作？

掌握 3

从性能角度看，什么问题能够最恰当地反映一个负载过度的 NFS 卷？如果确定这个问题？它最可能发生在什么地方？可以采用哪两种方法纠正？

4. 在虚拟机层次上配置存储

在配置好数据存储之后，创建虚拟机。在创建虚拟机时，将虚拟机部署到恰当的数据存储，然后在需要时（才）使用 RDM。在需要的位置使用客户机内 iSCSI，但是要理解它对于 vSphere 环境的影响。

掌握 1

在不关机的前提下，将一个 VMFS 卷的虚拟磁盘从精简配置转换为胖分配（预归零胖分配），然后再转换为精简配置。

掌握 2

指出应该使用物理兼容模式 RDM 的地方，然后配置这种用例。

5. 在 vSphere 中使用 SAN 和 NAS 存储最佳实践方法

阅读、遵循和使用 VMware 及存储供应商提供的最佳实践 / 解决方案指导文档。不要一开始就过度设计，而要学会使用 VMware 和存储阵列特性监控性能、队列和后台负载，然后再执行无间断调整。要先规划性能，再规划容量（通常容量需求要让步于性能需求）。要将设计时间投入到可用必设计和大型高 I/O 负载虚拟机上，并且使用灵活的池设计实现通用的 VMFS 和 NFS 数据存储。

掌握 1

快速评估 200 个平均大小为 40GB 的虚拟机所需要的最小可用容量。对 vSphere 快照提出一些假设。在使用 RAID 10、RAID 5 (4+1) 或 RAID 6 (10+2) 时，阵列所需要的净容量分别是多少？在容量耗尽时，应该执行哪些无间断操作？

掌握 2

还是前一个问题的配置，如果每一个虚拟机的实际保存数据只有 20GB，即使它们分配了 40GB 虚拟磁盘，而且在不支持精简配置的阵列上使用了胖分配，那么所需要的最小净容量是多少？如果阵列支持精简配置，又是多少？如果使用 Storage vMotion 将胖分配转换为精简配置（包括阵列支持精简配置和不支持精简配置两种情况），又是多少呢？

掌握 3

假设有 100 台虚拟机，每一台虚拟机生成 200 IOPS，大小为 40 GB，评估它们需要的锭子数量。假设没有 RAID 损耗或缓存增益。如果使用 500 GB SATA 7200 RPM、300 GB 10K Fibre Channel/SAS、300 GB 15K Fibre Channel/SAS、160 GB 消费类 SSD 或 200 GB 企业级闪盘，又分别是多少呢？

第 7 章

保证高可用性和业务连续性

保证高可用性和业务连续性是虚拟化的一个重要组成部分，但是它经常被忽视或事后才发现其重要性。它与配置存储设备和创建虚拟网络一样重要。虚拟化（特别是 VMware vSphere 虚拟化）采用了新方法实现高可用性和业务可持续性。在多个层次上，vSphere 管理员都可以根据业务需要和公司特殊需求使用不同的方法实现高可用性。本章将介绍专门用于保证高可用性和业务连续性的工具与技术。

本章的主要内容有：

◆ 理解 Windows 集群技术及其种类；

◆ 使用 vSphere 内置的高可用性功能；

◆ 认识各种高可用性解决方案的区别；

◆ 理解实现业务连续性的额外组件。

7.1　理解高可用性的层次

即使在非虚拟化环境中，也有多种方法可以实现操作系统实例与应用程序的高可用性。在使用 vSphere 的虚拟化环境中，还有另外一些高可用性方法。图 7.1 显示了这些层次。

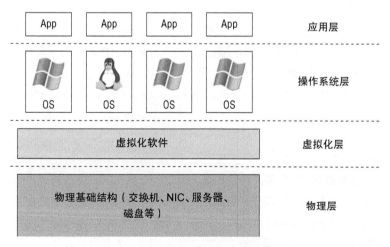

图 7.1　每一层都有各自的高可用性方法

在各个层次上，都有许多工具和技术可以实现高可用性和业务连续性。

◆ 应用层的选项有 Oracle 实时应用集群（Real Application Clusters, RAC）。

◆ 操作系统层的解决方案包括操作系统集群功能，Windows Server 故障恢复集群（Windows Server Failover Clustering, WSFC）。

◆ 虚拟化层也有许多高可用特性，其中包括 vSphere 高可用性（HA）和 vSphere 容错（FT）。

◆ 物理层高可用性则通过冗余硬件实现——多个网络接口卡（NIC）或主机总线适配器（HBA）、多个存储区网络（SAN）交换机与结构、多个存储路径、多个存储阵列控制器、冗余电源等。

这里的每一种技术都有其自身的强项和弱项。例如，在物理层实现冗余是非常好的，但是它无法处理应用层故障。反过来，保护应用层不出现故障也很好。但是，若底层硬件未实现冗余措施，则一样会出现问题。在为虚拟化负载创建高可用性时，一定要记住：没任何一种方法可以解决所有问题。一定要根据自己的具体需求使用正确的工具去解决问题。

由于本书主要介绍 vSphere，因此只能介绍其中一些高可用性方法，重点介绍以下 3 种重要的高可用性技术：

◆ 微软 Windows 操作系统集群；

◆ 使用 vSphere HA 的 ESXi 主机集群；

◆ 使用 vSphere FT 的虚拟机镜像。

在介绍了这 3 种技术之后，将介绍一些与业务连续性相关的方面。更多关于物理层高可用性的内容可以参考本书第 5 章和第 6 章。

首先，先学习在操作系统层次上经常使用的高可用性技术：操作系统集群（这里具体只针对微软 Windows Server 实例）。

7.2　虚拟机集群

因为 Windows Server 广泛应用于现代企业数据中心，所以我们很可能会遇到需要创建或支持 Windows 集群的情况。在 Windows Server 上使用集群实现高可用性的方法主要有两种：

◆ 网络负载平衡（Network Load Balancing, NLB）集群；

◆ Windows Server 故障恢复集群（Windows Server Failover Clustering, WSFC）。

虽然这两种方法都称为集群，但是它们的用途有很大区别。NLB 一般实现可伸缩性能，而 WSFC 则主要通过主动 - 被动工作负载集群的方式实现冗余性和高可用性。

有一些专家指出 vSphere HA 可以替代 WFC，因为 vSphere HA 可以在出现物理主机故障时执行故障恢复——具体参见本章 7.3 节。确实如此，但是一定要注意，这些高可用机制运行在不同的层次上（见图 7.1）。WSFC 运行在操作系统层，提供操作系统冗余，防止集群中某个操作系统实例失效后影响业务的正常运行。操作系统故障可能是由硬件故障造成。vSphere HA（和 vSphere FT）运行在靠近操作系统的层次上，但是运行方式并不完全相同。本章会反复强调一点，每一种高可用机制都有其各自的优点和缺点。读者只有理解这一点，才能为特定的环境选择正确的方法。

表 7.1 列举了不同版本 Windows Server 提供的集群支持。

表 7.1　　　　　　　　**Windows Server 2003/2008 集群支持**

操 作 系 统	网络负载平衡	Windows 故障恢复集群
Windows Server 2003/2008 Web 版	支持（最多 32 个节点）	不支持
Windows Server 2003/2008 标准版	支持（最多 32 个节点）	不支持
Windows Server 2003/2008 企业版	支持（最多 32 个节点）	支持（2003 最多 8 个节点，2008 最多 16 个节点）
Windows Server 2003/2008 数据中心版	支持（最多 32 个节点）	支持（2003 最多 8 个节点，2008 最多 16 个节点）
Windows Server 2012	支持（最多 32 个节点）	支持（最多 64 个节点）

本节将概括介绍 NLB 集群及其在 vSphere 环境的使用方法。

7.2.1　网络负载平衡集群简介

网络负载平衡（Network Load Balancing, NLB）配置包括一组无状态服务器，它们将平衡处理应用程序请求或服务。在一个典型 NLB 集群中，所有节点都是集群中的主动参与者，它们一起响应服务的请求。如果 NLB 集群中有一个节点停止工作，那么客户连接将直接被重定向到 NLB 集群中另一个可用节点上。NLB 集群大部分时候都作为一种提高性能和可用性的手段。因为客户端连接可能会定向到集群中任意一个节点，所以 NLB 集群最适合用于处理无状态连接和协议，如使用微软互联网信息服务（IIS）、虚拟私有网络（VPN）或微软安全服务与加速（ISA）服务器等的环境。图 7.2 显示了一个 NLB 集群的架构，它由一组基于 Windows 的虚拟机构成（其架构与物理服务器相同）。

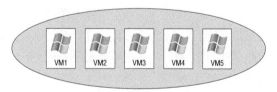

Load-balanced identity: www.lab.local (10.1.1.10)

图 7.2　一个 NLB 集群最多可以包含 32 个激活节点（只显示了 5 个节点），流量将平均分布到各个节点上。NLB 软件允许节点使用同一个名称和 IP 地址，因此客户端都使用这个名称访问

VMware 的网络负载平衡支持

在编写本书时，虽然 VMware 支持 NLB，但是只有将 NLB 运行在多播（Multicast）模式，才能支持 vMotion 和使用位于不同物理主机的虚拟机。此外，还需要在物理交换机上配置静态地址解析协议（Address Resolution Protocol, ARP）记录，才能实现这个目标，因此这就大大限制了这个解决方案的可伸缩性。如果 NLB 运行单播（Unicast）模式，那么所有虚拟机都必须运行在同一个主机上，对于期待高可用性功能的人来说，这不是一个好方法。另一种方法是，使用第三方负载平衡程序实现相同的效果。

NLB 集群并不适合每一种应用程序或工作负载。对于不适合使用 NLB 的应用程序和工作负载，可以使用微软提供的 Windows Server 故障恢复集群。

7.2.2 Windows Server 故障恢复集群简介

与 NLB 集群不同，Windows Server 故障恢复集群（从现在开始称为服务器集群、故障恢复集群或 WSFC）主要用于提高可用性。除了高可用性，服务器集群不会提高性能。在一个典型的服务器集群中，有多个节点可以拥有一个服务或应用程序资源，但是在特定时刻只能有一个节点拥有这个资源。服务器集群经常用于运行 Microsoft SQL Server 和 DHCP 服务等应用程序，它们都需要使用一个公用数据存储。这个公用数据存储包含的信息可由当前在线且拥有该资源的节点访问；在出现故障时，其他拥有者可能接管和访问这个资源。每一个节点都至少需要有两个网络连接：一个用于连接生产网络，一个用于传输节点间的集群心跳服务。图 7.3 所示详细说明了一个使用物理系统创建的服务器集群结构（在本节后面将介绍几种使用虚拟机创建服务器集群的方法）。

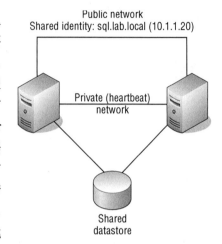

图 7.3 服务器集群最适合 SQL Server、DHC 等应用程序和服务，它们都使用一个公用数据集

在正确配置时，服务器集群就可以自动转移运行在多个集群节点的服务和应用的故障。在将多个节点配置为一个服务或应用资源集群时，任意指定时刻只能有一个节点拥有这个资源。如果当前的资源拥有者出现故障，使得集群节点之间的心跳丢失，那么另一个节点就会接管资源，从而继续支持资源访问，将数据丢失率降低到最小。Windows Server 有多种方式配置 Windows Server 故障恢复集群或 Microsoft 集群 Server（MSCS）。由于本书主要介绍 VMware 而不是 Windows Server，所以我们将例子主要集中在最流行的 Windows Server 2008R2 这一版本中。要将多个 Windows Server 2008 节点配置为一个微软集群，需要满足以下前提条件。

◆ 节点必须运行 Windows Server 2008 企业版或数据中心版。

◆ 所有节点都要能够访问相同的存储设备。存储设备及其共享方式的具体细节取决于集群的配置方式。

◆ 所有节点都要连接和配置 2 个相似的网络适配器：一个连接生产（或公共）网络，一个连接心跳（或私有）网络。

◆ 所有节点都应该有支持所安装 Windows 版本的微软集群服务。

早期版本的 Microsoft Exchange 常被用来对齐到基于分类模型的共享存储中。然而，Exchange 2010 引入了一个全新的概念——Database Availability Groups（数据库可用性组，DAGs）。尽管 Exchange 仍然可以使用基于应用程序的集群配置进行安装，却已经与一般的共享存储分离，转而在每个节点上使用本地存储。由于 Exchange 需要 I/O 配置文件，所以本地存储更加适合于这个应用程序。在详细介绍如何在 vSphere 中创建运行微软 Windows Server 2008 的服务器集群之前，首先要介绍几个创建服务器集群的场景。

1. 了解虚拟机集群配置

使用 Windows Server 2008 虚拟创建一台服务器集群需要使用下面 3 种配置之一。

单机集群　集群中两个虚拟机运行在同一个 ESXi 主机上，这种集群称为单机集群（cluster in a box）。这是 3 种配置中最容易创建的一种。只需最小限度的配置即可应用。

多机集群　集群中的虚拟机分别运行在不同的 ESXi 主机上，这种集群称为多机集群（cluster across boxes）。VMware 只允许在老版本上使用这种配置：集群节点的 C 盘必须保存在主机的本地存储或本地 VMFS 数据存储上，集群的共享存储必须保存在光纤通道外部磁盘，而且必须在存储上使用裸设备映射。在 vSphere 4 和 vSphere 5 中，它修改和更新为允许使用 SAN 的 ".vmdk" 文件，而且允许集群虚拟机启动盘或 C 盘保存在 SAN 上，但是在使用微软集群的虚拟机上不支持使用 vMotion 和 vSphere DRS。

物理虚拟混合集群　由一个物理服务器和一个虚拟机共同构成的集群通常称为物理虚拟混合集群（physical-to-virtual cluster）。同时使用物理和虚拟服务器的配置可以实现两种环境的最佳配置，唯一的限制是这种配置不能使用 RDM 的虚拟兼容性（Virtual Compatibility）模式。

下面将分别更详细地介绍这 3 种配置。

创建基于 Windows 的服务器集群一直被认为是一种高级技术，只有那些精通高可用环境实现与管理的高级技术人员才能实现。虽然这可能是一种玩笑，但是也在一定程度上说明了这种解决方案的创建和维护有一定的难度，并且运行于虚拟机管理程序还可以增加这种复杂性。

即使可以创建出一个集群虚拟机环境，但是如果集群解决方案违反了 VMware 的集群限制条件，那么会得不到支持。下面列出了 VMware 公布的集群虚拟机环境支持和不支持的情况。

- ◆ 服务器集群的节点支持 32 位和 64 位虚拟机。
- ◆ 现在支持在大多数集群节点上设置应用级复制（例如，Microsoft Exchange 2007 集群连接复制）。
- ◆ 集群允许有 5 个节点。
- ◆ 集群不能在虚拟机中使用 NIC 组合。
- ◆ 配置为集群节点的虚拟机必须使用 LSI Logic SCSI 适配器（Windows Server 2003）或 LSI Logic SAS 适配器（Windows Server 2008）和 vmxnet 网络适配器。
- ◆ 集群配置中的虚拟机不支持使用 vSphere FT 或 Storage DRS，。它们可以加到一个配置这些特性的集群中，但是构成服务器集群的虚拟机必须禁用这些特性。
- ◆ 服务器集群的虚拟机不能使用 N_Port ID 虚拟化。
- ◆ 运行同属于一个服务器集群的虚拟机的 ESXi 系统必须运行同一个版本的 ESXi。

除此之外，还需要执行一些操作。必须修改 HKLM\System\CurrentControlSet\Services\ Disk\ TimeOutValue，将 I/O 超时设置为 60 秒以上。如果要创新创建一个集群，则需要再次重置这个值。此外，在安装或升级 VMware 工具时，还应该在每个节点上检查该值。

现在开始更详细地学习集群知识，以及虚拟环境支持的各种集群方法。先介绍最基本的集群配置：单机集群。

2．学习单机集群配置

单机集群配置将运行在同一个 ESXi 主机上的两个虚拟机配置为服务器集群的节点。服务器集群的共享磁盘可以是保存在本地虚拟机文件系统(VMFS)卷或共享 VMFS 卷的".vmdk"文件。图 7.4 所示详细说明了一个单机集群的配置。

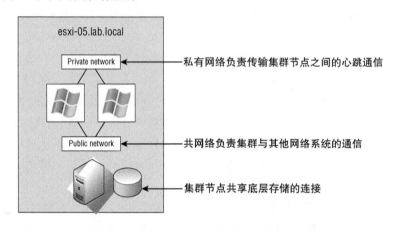

私有网络负责传输集群节点之间的心跳通信

共网络负责集群与其他网络系统的通信

集群节点共享底层存储的连接

图 7.4　单机集群配置不能避免单点故障，因此它不是在虚拟机中部署微软服务器的常用做法和推荐做法

在了解单机集群配置的结构图之后，应该想想为什么要部署这样一个东西？事实上，一定不会去部署这样一个单机集群配置，因为它仍然存在单点故障问题。由于两个虚拟机都运行在同一个主机上，如果主机出现故障，则两个虚拟机都会崩溃。这种架构违背了创建故障恢复集群的初衷。单机集群配置仍然存在单点故障问题，它可能导致集群应用程序停机。如果运行双节点单机集群的 ESXi 主机出现故障，那么两个节点都会失效，故障恢复也不会发生。这是一种相对简单的安装设置，适用于学习或者测试集群服务配置。在计划停机或修补时也会遇到这种情况。

虚拟集群的配置方法

正如本章第一部分所介绍的，部署服务器集群的目标是实现高可用性。在一个基于 **vSphere** 的故障中，高可用性无法通过单机集群配置实现，因此一定不能用这种配置运行任何重要的生产应用和服务。

3．学习多机集群配置

虽然单机集群场景更多是一种集群实验或学习工具，但是多机集群配置则是一种支持关键虚拟机严格运行时间要求的稳定解决方案，例如，有大量最终用户的企业级服务器和 SQL Server 及 Exchange Server 等服务。顾名思义，多机集群实现的高可用性源于将集群的两个节点部署到不同的

ESXi 主机上。如果一个主机出现故障，那么集群的第二个节点将接管整个集群组及其资源，然后服务和应用都能够继续响应客户请求。

多机集群配置要求虚拟机能够访问相同的共享存储，它必须运行在虚拟机所在 ESXi 主机之外的光纤通道、FCoE 或 iSCSI 存储设备上。构成集群节点操作系统卷的虚拟磁盘可以是一个标准 VMDK 实现；然而，作为共享存储的磁盘必须是一种特殊磁盘：裸设备映射（Raw Device Mapping, DRM）。RDM 特性允许虚拟机直接访问 SAN 设备的 LUN。第 6 章已经简单介绍过了 RDM。

多机集群配置的步骤比单机集群配置复杂一些。当集群跨越多个主机时，必须正确配置虚拟机之间的所有正常通信和虚拟机与存储设备之间的所有正常通信。图 7.5 详细说明了双节点虚拟机多机集群配置的步骤，其中客户机操作系统是 Windows Server 2008。

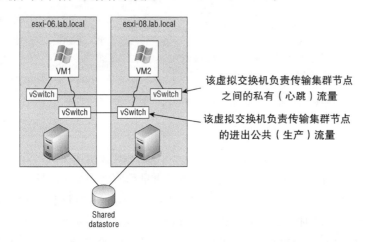

图 7.5　位于不同 ESXi 主机的微软虚拟机集群要求每一个虚拟机都合适 RDM 访问共享存储

在虚拟集群中使用裸设备映射

RDM 虽然不会直接访问一个 LUN，但它也不是一个普通的虚拟磁盘文件。RDM 是这两者的混合体。在给虚拟机添加一个新磁盘时，Add Hardware 向导（马上会介绍）的 Select A Disk（选择磁盘）页面会有一个 RDM 选项。这个页面将 RDM 定义为虚拟机直接访问 SAN 的方式，从而实现 SAN 管理。这种说法似乎与此处的补充内容的标题完全相反；然而，这两种说法都是正确的（虽然有点奇怪）。

如果选择一个 RDM 作为新磁盘，就被迫选择了一个 RDM 兼容模式。RDM 可以配置为 Physical Compatibility（物理兼容）模式或 Virtual Compatibility（虚拟兼容）模式。Physical Compatibility 模式选择允许虚拟机直接访问原生 LUN。然而，Virtual Compatibility 模式是一种混合配置，它允许访问原生 LUN，但是必须将 VMDK 作为访问代理。下图详细说明了在 Virtual Compatibility 模式使用 RDM 的结构。

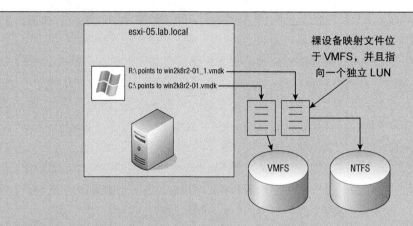

既然两种模式都可以访问原生 LUN，为什么要有两种模式呢？因为 Virtual Compatibility 模式的 RDM 的优点是支持创建快照。在使用 Virtual Compatibility 模式时，就能够在支持原生 LUN 访问的基础上使用快照功能，也包括各种 SAN 层快照或镜像软件。当然，如果没有 SAN 层软件，那么 VMware 快照特性肯定是一种非常有用的工具。选择使用 Physical Compatibility 还是 Virtual Compatibility，其依据就是是否可以和（或）需要使用 VMware 快照技术，或者使用物理虚拟混合集群。

在开始使用 RDM 时，一定要记录所有配置。ESXi 能够连接但未格式化为 VMFS 并且尚未作为 DRM 分配的所有存储都会显示为可用存储。如果并非所有管理员都在同一个页面，那么很可能有人将一个用作 RDM 的 LUN 重新分配为 VMFS 数据存储，这实际上会在配置过程中清除所有 RDM 数据。分配 RDM 时不默认为隐藏，但是以前就有人犯过这样的错误，一定要小心，这个过程会很快清除设备中的所有数据。在 vCenter Server 中创建一个单独的列，其中列出所有配置的 RDM LUN，保证所有人都有据可循；或者使用一个标签（详见第 3 章）。

接下来，继续执行下面的步骤，在不同 ESXi 主机的虚拟机上用 Windows Server 2008 配置一个微软集群服务。

（1）创建第一个 Windows Server 2008 集群节点。

执行下面的步骤，创建第一个集群节点。

① 使用 vSphere Web 客户端新建一个虚拟机，安装 Windows Server 2008（或者克隆一个安装了 Windows Server 2008 的虚拟机或模板）。

关于创建虚拟机的详细步骤参考第 9 章；关于克隆虚拟机的详细步骤参考第 10 章。

② 给虚拟机配置两个 NIC，如图 7.6 所示。图中所示一个用于公共（生产）网络，一个是私有（心跳）网络。根据需要给 Windows Server 2008 分配 IP 地址。在完成网络配置之后，关闭虚拟机。

③ 右键单击新虚拟机，选择 Edit Settings（编辑设置）。

④ 单击 New Device 下拉菜单，选择 RDM Disk（RDM 磁盘），然后单击 Add 按钮，如图 7.7 所示。

⑤ 从可用目标列表上选择正确的目标 LUN，单击 Next 按钮。

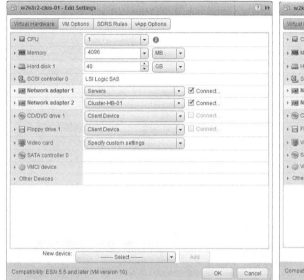 

图 7.6 微软 Windows 服务器集群的节点要求至少有 **图 7.7** 在集群中为第一个节点添加 RDM 磁盘类型的两个 NIC。其中一个适配器要能够连接生产网络，另 新设备，为附加节点添加已有硬盘
一个适配器则负责集群内部的心跳通信

再次提醒：一定要选择正确的 LUN，否则可能会覆盖一些重要的数据！

⑥ 单击 New Hard Disk（新建硬盘）旁边的箭头，并选择 Location（位置）附近的"Store with the virtual machine to keep the VMDK proxy file on the same datastore as the VM"（存储在虚拟机上，并与 VMDK 代理文件保持于同一数据存储）。

⑦在 RDM Compatibility 模式上选择 Physical 或 Virtual。

不同的版本有不同的需求。在这里要选择 Physical，单击 Next 按钮。

Windows Server 2003 和 Windows Server 2008 的 RDM 需求

如果使用 Windows Server 2003 在多个 ESXi 主机上创建集群，则可以使用 Virtual 模式 RDM。如果使用 Windows Server 2008 在多个 ESXi 主机上创建集群，则必须使用 Physical Compatibility 模式。

---

⑧ 选择 RDM 应该连接的虚拟设备节点，如图 7.8 所示，单击 Next 按钮。

注意，必须选择不同的 SCSI 节点，不能将 RDM 存储在 SCSI 0 上。

使用 SCSI 节点存储 RDM

在微软服务器集群中作为共享存储的 RDM 必须配置在一个 SCSI 节点上，但是这个节点不能是硬盘所连接的 SCSI，因为这是保存操作系统的磁盘。例如，如果操作系统的虚拟硬盘配置为使用 SCSI 0 节点，那么 RDM 应该使用 SCSI 1 节点。这个规律既适用于虚拟集群也适用于物理集群。

---

⑨ 重复执行第 2 ~ 8 步，为微软服务器集群节点所需要的共享存储位置配置另一个 RDM。在这里，只显示一个 RDM。

⑩ 启动集群的第一个节点。一定要为连接生产网络和心跳网络的网络适配器分配有效的 IP 地址。然后，格式化代表 RDM 的新磁盘，并指定盘符，如图 7.9 所示。

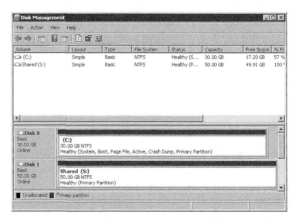

图 7.8 新 SCSI 适配器的 SCSI 总线共享必须设置为 Physical，才能在多个 ESXi 主机上创建一个微软集群

图 7.9 连接第一个集群节点的 RDM 必须格式化并分配一个盘符

⑪ 继续下一个部分，配置第二个集群节点和各自的 ESXi 主机。

（2）创建第二个 Windows Server 2008 集群节点。

执行下面的步骤，创建第二个集群节点。

① 使用 vSphere Web 客户端，创建第二个运行 Windows Server 2008 的虚拟机，将其添加到第一个集群节点所在的 Active Directory 域中。在虚拟机中配置 2 个 NIC，并且给这两个 NIC 分配生产（公共）和心跳（私有）网络的正确 IP 地址。

② 关闭第二个虚拟机。

③ 将同一个 RDM 添加到第二个集群节点上。

这一次不要选择 Raw Device Mappings，因为创建第一个节点时选择的 LUN 不会出现在列表中（因为已经被使用）。相反，要选择 Use An Existing Virtual Disk（使用一个已有的虚拟磁盘），如图 7.7 所示，浏览到 VMDK 代理文件的位置（如果在创建第一个节点的第 6 步中选择了 Store With The Virtual Machine，那么会找到一个与后台 LUN 大小相同的 VMDK 文件）。

一定要在第二个虚拟机上使用相同的 SCSI 节点值。例如，如果第一个节点使用 SCSI 1:0 作为第一个 RDM，那么第二个节点也要配置相同的值。另外，还要为新的 SCSI 适配器编辑 SCSI 总线共享配置（物理 SCSI 总结共享）。

④ 启动第二个虚拟机。

⑤ 确认在 Disk Manager（磁盘管理器）上能够看到与 RDM 相关的所有硬盘。这时，磁盘的状态会显示为 Healthy（健康），但是盘符还没有分配。

（3）创建 Windows Server 2008 故障恢复集群。

执行下面的步骤，创建管理集群。

① 以管理员用户账号登录到第一个节点。

② 启动开始菜单的 Server Manager（服务器管理器）——如果它未自动启动。

③ 单击 Add Features（添加特性）。

④ 在 Add Features 向导的特性列表上选择 Failover Clustering（故障恢复集群），单击 Next 按钮。

⑤ 单击 Install 按钮。在安装完成之后，单击 Close 按钮。

⑥ 在第二个节点是重复执行这个配置过程。

在将故障恢复集群安装到两个节点之后，就可以验证集群配置，保证所有配置都正确无误。

① 以管理员用户身份登录到第一个节点。

② 在开始菜单上选择 Administrative Tools（管理工具）→ Failover Cluster Management（故障恢复集群管理）。

③ 单击 Validate A Configuration（验证配置），启动 Validate A Configuration 向导。

单击 Next 按钮，启动向导。

④ 输入两个集群节点的名称，单击每个服务名后面的 Add，将其添加到列表上，单击 Next 按钮。

⑤ 保持默认选择不变（Run All Tests，执行所有测试），单击 Next 按钮。

⑥ 在 Confirmation（确认）步骤时单击 Next 按钮。

⑦ 检查测试报告。如果出现错误，则按照指南修改错误。

完成之后，单击 Finish 按钮。

现在，可以开始创建集群。

① 仍然以管理员用户身份登录第一个节点，并且运行 Failover Cluster Management，单击 Create A Cluster（创建一个集群）。

② 在 Create Cluster 向导的第一个界面上，单击 Next 按钮。

③ 输入两个节点的名称，单击每个服务器后面的 Add 按钮，将其添加到列表上。

单击 Next 按钮继续下一个步骤。

④ 选择不执行验证测试（因为已经测试过）。单击 Next 按钮。

⑤ 指定一个集群名和生产（公共）网络的 IP 地址。单击 Next 按钮继续下一个步骤。

⑥ 在 Confirmation（确认）界面上单击 Next 按钮。

⑦ Create Cluster 向导会执行一些必要步骤创建集群，然后将资源上线。在完成之后检查报告，单击 Finish 按钮。

在集群启动和运行之后，就可以使用 Failover Cluster Management（故障恢复集群管理）应用程序添加资源、应用和服务了。有一些应用程序不仅能够感知集群，如 Microsoft SQL Server 和 Microsoft Exchange Server，也允许在标准安装向导中创建一个服务器集群。其他感知集群的应用程序和服务也可以通过集群管理器配置到集群中。具体请参考 Microsoft Windows Server 2008 的文档说明和（或）要添加到集群的具体应用程序的文档说明。

4. 学习物理虚拟混合集群

最后一种集群场景是物理虚拟混合集群（Physical-to-Virtual Clustering）。从名称可以猜到，这个集群包含 2 个节点，其中一个节点是物理主机，另一个节点是虚拟机。图 7.10 详细说明了包含 2 个节点的物理虚拟混合集群。

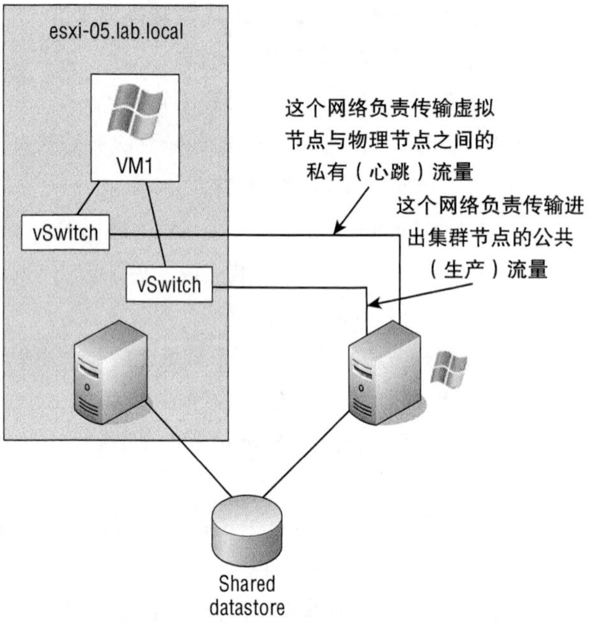

创建物理虚拟混合集群的约束条件与前面的配置完全相同。类似地，在物理虚拟混合集群中配置虚拟机节点的步骤也与前一节完全相同，只是多了一个步骤：无论使用哪一个版本的 Windows Server，都必须创建 Physical Compatibility 模式的 RDM。虚拟机必须能够访问物理主机的相同存储位置。虚拟机还必须能够访问物理主机的相同生产网络和心跳网络。

实现物理虚拟混合集群的优点是用较低的成本实现高可用性。由于虚拟机集群有 2 个节点的限制，因此物理虚拟混合集群实际上是一种 N+1 集群解决方案，其中 N 是指环境中的物理服务器数，另外再加一个运行虚拟机的物理服务器。无论是哪一种方法，每一个物理虚拟机集群都会形成一个故障恢复配对。在一个故障恢复配对的集群设计范围中，物理虚拟混合集群的最重要设计就是运行 ESXi 主机的主机规模。可以想象，ESXi 主机越强大，它能处理的故障恢复事件就越多。一个性能强大的 ESXi 主机可以更好地处理多个物理主机的故障，而性能稍差的 ESXi 主机可能只能处理一个物理主机的故障，出现再多故障时就会性能产生重大影响。图 7.11 显示了一个多对一物理虚拟混合集群示例。

图 7.10 由物理主机和虚拟机共同构成的集群是一种实现高可用性的高性价比方法

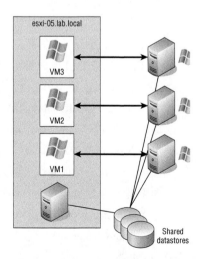

图 7.11 使用一个强大的 ESXi 系统运行多个故障恢复集群是物理虚拟混合集群的其中一种用例

> **操作系统集群不仅限于 Windows**
>
> 虽然本节只介绍了 Windows Server 操作系统集群方法，但是操作系统集群不仅限于 Windows。其他支持的操作系统也可以在操作系统本身实现高可用性。

现在，介绍了 Windows Server 的操作系统集群，接下来要学习 VMware 的高可用版本。VMware 内置了一个高可用特性 vSphere HA。接下来，读者会了解到 vSphere HA 实现高可用性的方法与操作系统集群完全不同。

7.3 实现 vSphere HA

前面介绍了如何使用操作系统集群技术实现操作系统和应用程序的高可用性。除了操作系统集群，vSphere 还有一个专门用于实现虚拟层高可用性的特性。vSphere 高可用性（vSphere High Availability, HA）是 vSphere 产品的一个组件，它支持自动处理虚拟机的故障恢复。因为术语"高可用性"有多种含义，所以一定要理解 vSphere HA 的行为，保证使用正确的高可用性机制实现具体的需求。在一些特殊环境中，可能更适合选择本章所介绍的其他高可用性机制。

> **完全重写了上一个版本**
>
> vSphere 5.0 完全重写了 vSphere HA 的基础代码。如果使用过前一个版本 vSphere，则一定要注意重新认识这个版本的 vSphere HA 用法。

7.3.1 理解 vSphere HA

vSphere HA 特性能够在 ESXi 主机中虚拟机失效时立即自动重启这个虚拟机，如图 7.12 所示。

vSphere HA 主要是为了处理 ESXi 主机故障，但是它也可以处理虚拟机和应用程序的故障。在所有情况中，vSphere HA 通过重启虚拟机来处理检测到的故障。这意味着在故障发生时会出现一段停机时间。可是，这个停机时间无法精确计算，因为它我们事先不知道重启 1 个或多个虚拟机需要多长时间。从这一点可以看出，vSphere HA 实现的高可用性可能不及其他高可用性解决方案。而且，当 ESXi 主机之间由于 vSphere HA 特性执行故障恢复时，

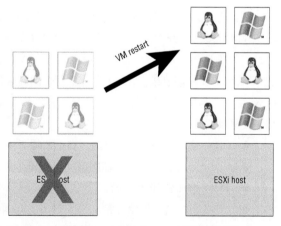

图 7.12 vSphere HA 能够在 ESXi 主机的虚拟机出现故障时立即自动重启这个虚拟机

还可能会出现一些数据丢失和（或）文件系统损坏问题，因为在服务器出现故障时，虚拟机会马上关机，然后在几分钟后在另一台服务器上启动。然而，由于 Windows 和许多 Linux 发行使用了带日志的文件系统，因此这种可能性相对较小。

 Real World Scenario

vSphere HA 真实体验

作者 Nick Marshall 说："我想介绍一下自己对于 vSphere HA 的个人体验及遇到的结果。虽然其他人的情况可能完全不一样，但是这个可以作为一个合理的预期效果。我有一个 VMware ESXi 主机，它属于一个包含 5 个节点的集群。这个节点有时候会在半夜崩溃，当主机停机时，它上面运行的 15 ~ 20 个虚拟机也随之停止。vSphere HA 开始介入，按预期方式重启所有虚拟机。

在这个过程中，最有意思的是它们一定在监控和警报服务器崩溃之后才崩溃。所有配置了一般警报计划的虚拟机都没有触发任何警报，然后直接重启了。我们确定在一些虚拟机上设置了更激进的监控措施，它们确实也断开了警报，但是在我们登录系统和检查问题之前又恢复了。我怀疑过是否警报从未触发过，是否真的出现了停机？但是这种怀疑并没有困扰我很长时间，而且我还发现了一些令我满意的结果。

在另一个场景中，我在测试中在一个双节点集群上添加了一个虚拟机。我断开了运行虚拟机的主机的电源线，故意制造一个故障。从开始到恢复 PING 连接的时间间隔为 5 ~ 6 分钟。这个时间并不算太长，但是仍然不符合一些应用的要求。vSphere 容错（FT）现在可以在环境的最重要和最关键服务器上进一步缩短恢复时间，我将会在后面的内容中更详细地介绍 vSphere FT。"

7.3.2　理解 vSphere HA 的实现基础

表面上，vSphere HA 的功能与前一个版本的 vSphere 类似。但是，实际上 vSphere 5.0 HA 使用了 VMware 全新开发的工具错误域管理器（Fault Domain Manager, FDM）。FDM 是从零开始开发的，它替代自动化可用性管理器（Automated Availability Manager, AAM），它是老版本 vSphere 上的 vSphere HA 功能基础。AAM 有许多严重的局限性，其中包括非常依赖名称解析和可扩展性限制。FDM 是专门为解决这些局限性而开发，同时仍然保留老版本 vSphere 的功能。FDM 还为 AAM 增加了一些重要改进。

- ◆ FDM 使用一种主 / 从架构，它不依赖于主 / 副主机。
- ◆ FDM 同时支持使用管理网络和存储设备进行通信。
- ◆ FDM 增加了 IPv6 支持。
- ◆ FDM 可以解决网络分割和网络隔离的问题。

FDM 采用的方法是在每一个 ESXi 主机上运行一个代理。这个代理不同于 vCenter 管理代理，后者是 vCenter 与 ESXi 主机通信的工具（管理代理也称为 vpxa）。这个代理安装在 ESXi 主机的 /

opt/vmware/fdm 下，配置文件存储在 /etc/opt/vmware/fdm 下。（注意，必须启动 SSH 和 ESXi shell，才能查看这些目录。）

虽然 FDM 与 AAM 有显著区别，但是最终用户几乎不会注意到 vSphere HA 运行方式的变化。因此，通常不会直接引述 FDM，而是直接说 vSphere HA。但是，希望读者能注意到这一点变化，这样才能了解底层的变化。

在启用 vSphere HA 时，vSphere HA 代理会参与选择一个 vSphere HA 主主机（master）。vSphere HA 主主机负责在 vSphere HA 的集群中执行下面一些重要任务。

- ◆ 负责监控从主机，然后在从主机出现故障时重启虚拟机。
- ◆ 负责监控所有受保护的虚拟机电源状态。如果一个受保护的虚拟机出现故障，那么 vSphere HA 主主机会重启虚拟机。
- ◆ 负责管理属于集群成员的一组主机，以及管理集群主机的添加和删除过程。
- ◆ 负责管理一组受保护的虚拟机。它会在用户执行启动或关闭操作之后更新这个列表。这些更新操作由 vCenter Server 请求触发，vCenter Server 会请求主主机保护虚拟机或解除保护。
- ◆ 负责缓存集群配置。主主机会向从主机发送通知，告诉它们集群配置发生的变化。
- ◆ vSphere HA 主主机负责向从主机发送心跳消息，使它们知道主主机仍然处理正常激活状态。
- ◆ 向 vCenter Server 报告状态信息。vCenter Server 一般只与主主机通信。

正如前面介绍的，vSphere HA 主主机的作用非常重要。因此，如果现有主机出现故障，那么它自动会选择一个新的 vSphere HA 主主机。然后，新的主主机会接管这些所列的任务，其中包括与 vCenter Server 通信。

---

vCenter Server 是否能与 vSphere HA 从主机通信

有些时候 vCenter Server 将与从主机的 vSphere 代理进行通信。其中包括：在执行 vSphere HA 主主机时，在一个主机执行为隔离或分割时，或者现有主主机通知 vCenter 它无法连接从代理时。

一旦启用 vSphere HA 的集群中有一个 ESXi 主机选择了一个 vSphere HA 主主机，那么所有其他主机都会成为连接该主主机的从主机。从主机有下面这些职责。

- ◆ vSphere HA 从主机负责监控主机本地运行的虚拟机的运行时状态。这些虚拟机运行时状态的重要变化都会转发到 vSphere HA 主主机上。
- ◆ vSphere HA 从主机负责监控主机的状态。如果主机出现故障，从主机会参与新的主主机选择。
- ◆ vSphere HA 从主机负责实现不需要主主机集中控制的 vSphere HA 特性。这其中包括虚拟机状态监控（VM Health Monitoring）。

在一个启用 vSphere HA 的集群中，任何一个 ESXi 主机的角色都会显示在 vSphere Web 客户端中 ESXi 主机的 Summary 选项卡上。图 7.13 显示了 vSphere Web 客户端显示这些信息的方式。

前面提到了，vSphere HA 使用了管理网络和存储设备进行通信。如果主主机无法通过管理网络与从主机通信，那么主主机会检查它的心跳数据存储（heartbeat datastores）——vSphere HA 用于通信的数据存储，确定从主机是否仍然存活。这个功能可以帮助 vSphere HA 处理网络分割（Network partition）和网络隔离（Network isolation）。

网络分割是指即使一个或多个从主机有网络连接，但是它们却无法与主主机通信。在这种情况下，vSphere HA 能够使用心跳数据存储检查分割的主机是否仍然存活，以及是否执行一些操作保护这些主机的虚拟机或在网络分区内选择新的主主机。

网络隔离是指有一个或多个从主机失去了所有管理网络连接。隔离主机既不能与 vSphere HA 主主机通信，也不能

图 7.13 主机的 Summary 选项卡显示了 ESXi 主机的主或从状态，下面显示了主主机和从主机

与其他 ESXi 主机通信。在这种情况下，从主机使用心跳数据存储通知主主机——它已经被隔离。从主机使用一个特殊的二进制文件(主机及集成软件包文件，host-X-poweron file)通知主主机。然后，vSphere HA 主机可以执行相应的操作，保证虚拟机受到保护。本章 7.3.4 节中的 "2. (2) vSphere HA 隔离响应" 中介绍网络隔离和 ESXi 主机处理网络隔离的方式。

图 7.14 显示了 vSphere HA 用于存储 vSphere HA 主从主机之间心跳数据的文件，它们位于一个 VMFS 数据存储中。

在 7.3.4 节中的 "4. 设置 vSphere HA 数据存储心跳" 中，将介绍如何查看跳数据存储，以及如何告诉 vSphere 应该使用哪一些数据存储保存心跳。

在简要了解 vSphere HA 的架构及行为之后，接下来将学习如何使用 vSphere HA 保护虚拟机。

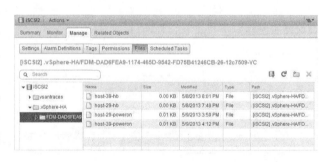

图 7.14 vSphere HA 在从主机上使用主机及集成软件包文件通知主主机它已经从网络隔离

7.3.3 启用 vSphere HA

在实现 vSphere HA 时，必须解决下面的需求。

◆ 在一个 vSphere HA 集群中，所有主机都必须能够访问集群中所有虚拟机使用的共享存储位置。这其中包括虚拟机使用的光纤通道、FCoE、iSCSI 和 NFS 数据存储。

◆ 在一个 vSphere HA 集群中，所有主机都必须有完全相同的虚拟网络配置。如果一个主机添加了一个新交换机，那么该交换机也应该添加到集群的所有主机上。如果使用 vSphere

DRS，那么所有主机都应该加到同一个 vDS 上。

一个 vSphere HA 测试

有一个测试虚拟机的 **vSphere HA** 功能的最简单方法：执行一次 **vMotion**。执行一次 **vMotion** 操作的要求实际上比执行一次 **vSphere HA** 故障恢复的要求高很多，但是其中一些要求是相同的。简言之，如果一个虚拟机能够在集群主机上成功执行一次 **vMotion**，那么就可以假定这些主机的虚拟机都支持 **vSphere HA**。执行一次 **vMotion**，从节点 1 迁移到节点 2，从节点 2 迁移到节点 3，从节点 3 迁移到节点 4，最后从节点 4 迁移回节点 1，就可以全面测试集群 4 个节点的虚拟机。如果这个过程顺利完成，那么虚拟机就通过了测试。

和老版本一样，vSphere HA 是一个集群层次上的配置。用户必须先将 ESXi 主机添加到集群上，才能使用 vSphere 保护虚拟机。记住，VMware 集群代表着 CUP 和内存资源的逻辑组合。在使用 vSphere HA 时，集群也代表一个逻辑保护边界。只有当虚拟机运行在 vSphere HA 集群中的一个 ESXi 主机时，它们才能得到 vSphere HA 的保护。编辑集群的设置，就可以在集群中启用 vSphere HA 特性，如图 7.15 所示。

当在一个集群上启用 vSphere HA 时，它会选择一个主主机，具体参见上一节。集群的其他主机将成为连接该主主机的从主机。在启动 vSphere HA 时，观察 vSphere Web 客户端的 Tasks 窗格就可以看到这个过程。图 7.16 显示了在一个集群上启用 vSphere HA 时产生的任务。

在启用 vSphere HA 之后，有时我们需要暂时停止它，如在网络维护期间。前面已经介绍过在出现网络分割或网络隔离时 vSphere HA 的行为。如果要执行一些可能触发这些事件的网络维护操作，则要取消选定 Enable Host Monitoring（启用主机监控）复选框，防止 vSphere HA 触发隔离响应或网络分割行为。图 7.17 显示了 Enable Host Monitoring 复选框，它

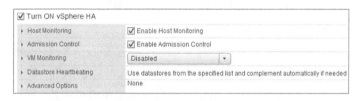

图 7.15 在整个集群上启用或禁用 vSphere HA

图 7.16 在 Tasks 窗格上可以看到，在一个 ESXi 主机集群上启用 vSphere HA 时，它会选择一个主主机

图 7.17 在执行网络维护时取消选定 Enable Host Monitoring 复选框，可以防止 vSphere HA 触发不必要的网络隔离或网络分割响应

可以在网络维护期间临时禁用 vSphere HA 的主机监控功用,从而不会触发网络分割或网络隔离行为。

7.3.4 配置 vSphere HA

在启用 vSphere HA 之后,就可以开始配置 vSphere HA,其中包括下面几个重要方面:

◆ 接入控制与接入控制策略;

◆ 虚拟机选项;

◆ 虚拟机监控;

◆ 数据存储心跳。

接下来的小节将详细介绍每一个方面的配置。

1. 配置 vSphere HA Admission Control

vSphere HA Admission Control(接入控制)和 Admission Control Policy(接入控制策略)设置共同控制着 vSphere HA 集群的集群容量行为。在出现故障时,vSphere HA 是否允许用户启动超出其支持容量的虚拟机?或者集群是否应该禁用启动超出其实际保护范围的虚拟机?这就是接入控制设置的基本概念——接入控制策略则是它的扩展。

Admission Control 有 2 个设置值。

◆ Enable:不允许执行违反可用性约束的虚拟机启动操作。

◆ Disable:允许执行违反可用性约束的虚拟机启动操作。

这些选项与 Admission Control Policy 设置相对应,具体参见后面的内容。首先,来详细地了解一下 Admission Control 设置。

假设有一个包含 4 个相同 ESXi 主机的集群。这 4 个 ESXi 主机上运行着许多配置完全相同的虚拟机。这些虚拟机总共使用了 75% 的集群资源。这个集群配置为仅支持一个 ESXi 主机故障恢复(后面将更详细地说明这个问题)。如果现在需要再多启动一个虚拟机,那么虚拟机消耗的资源将超出 75% 的资源使用限制。这时,Admission Control 设置就会发挥作用。

如果 Admission Control 设置为 Enabled,那么 vSphere HA 将阻止启动这个额外虚拟机的操作。为什么呢?因为集群已经达到了有一个 ESXi 主机出现故障时它能够支持的容量限制(4 个相同主机的 1 个主机,相当于 25% 的集群容量)。因为 vSphere HA 设置了禁止执行违反可用性限制的虚拟机启动操作,所以 vSphere HA 将阻止启动超出保护范围的虚拟机。实际上,vSphere HA 会保证集群在遇到故障事件总是有足够的资源保护所有虚拟机。

相反,如果 Admission Control 设置为 Disabled,那么 vSphere HA 将允许启动更多的虚拟机,直至所有集群资源都分配完毕。如果在这以后又有一个 ESXi 主机出现故障,那么可能会有一些虚拟机无法重新启动,因为现在已经没有足够资源运行所有的虚拟机。vSphere HA 允许超出集群的可用性限制范围。

> **vSphere HA 集群的过度分配**
>
> 当 Admission Control 设置为允许突破可用性约束范围启动虚拟机时，就可能会出现虚拟机分配的物理内存大于实际内存的情况。
>
> 这种情况就是所谓的过度分配（overcommitment），它可能会影响虚拟机的性能，因为虚拟机会被迫将页信息从快速的 RAM 转移到较慢的交换分区磁盘文件。没错，虚拟机仍然会启动，但是由于主机资源已经消耗殆尽，因此整个系统和所有虚拟机都会明显变慢。这样会增加 HA 恢复虚拟机的时间。本来只需要 20 ~ 30 分钟的恢复时间可能最终延长为 1 个小时以上。关于资源分配和 vSphere 处理内存过度分配的详细说明，请参见第 11 章。

现在，我们应该可以推测出 Admission Control Policy 设置与 Admission Control 行为的对应关系。当 Admission Control 启用时，Admission Control Policy 设置会先判断需要保留多少资源和集群所能控制及容忍故障的限制值，然后再控制它的行为。

图 7.18 显示了 Admission Control Policy 设置。

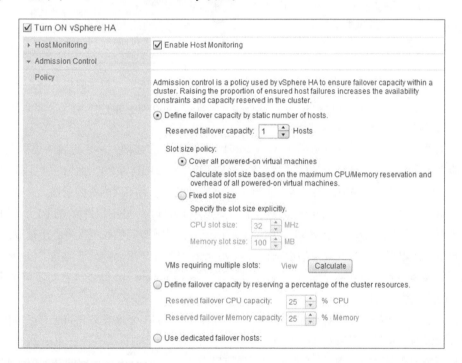

图 7.18 Admission Control Policy 设置将决定一个 vSphere HA 集群处理可用性约束的行为

Admission Control Policy 有 3 个选项。

◆ 第 1 个选项是 Define Failover Capacity By Static Number Of Host（由静态主机数定义故障恢复容量），它规定了集群配置可以承受的主机故障数量。因为 ESXi 主机可能有不同的

RAM 和（或）CPU 容量，而且集群中的虚拟机可能有不同级别的资源分配方式，所以 vSphere HA 使用插槽（slot）的概念计算集群的容量。这让指定集群的插槽大小变得更加灵活。马上会详细说明插槽的概念。

◆ 第 2 个选项是 Define Failover Capacity By Reserving A Percentage Of The Cluster Resources （利用保留集群资源百分比定义故障恢复容量），它可以指定作为故障事件的备用容量占集群总资源的百分比。CPU 和内存可以分别指定不同的百分比。将集群的总可用资源乘以指定的百分比，就可以计算出配置的可用性约束。

◆ 第 3 个选项是 Use Dedicated Failover Hosts（使用专用故障恢复主机），它可以指定 1 个或多个 ESXi 主机作为故障恢复主机。这些主机可以作为备用容量，在出现故障时，vSphere HA 将使用这些主机重新启动虚拟机。

一定要小心使用故障恢复主机

在选定一个 ESXi 主机作为 vSphere HA 故障恢复主机时，几乎就像是将这个主机切换到 Maintainence（维护）模式。vSphere DRS 将不会在启动时部署这些虚拟机，也不会在负载平衡计算时考虑这些主机，具体参见第 12 章。此外，用户不能手动启动故障恢复主机的虚拟机。这些主机实际上已经留作备用容量。

在大多数情况下，Admission Control Policy 设置是很容量理解的。很多时候，最难理解的部分就是插槽及插槽大小。当 Admission Control Policy 设置为 Failover Capacity By A Static Number Of Host 时，vSphere HA 就会使用这些概念。

为什么要使用插槽和插槽大小呢？ vSphere HA 使用插槽和插槽大小，是因为集群上的 ESXi 主机可能有不同的配置：有一个主机可能有 8 个 CPU 核心和 24GB RAM，而另一个主机则可能有 12 个 CPU 核心和 48GB RAM。类似地，集群中的虚拟机很可能有不同的资源配置。有一个虚拟机可能需要 4GB RAM，但是另一个虚拟机则可能需要 8GB RAM。一些虚拟机会使用 1 个 vCPU，而另一些虚拟机则使用 2 个或 4 个 vCPU。因为 vSphere 无法提前知道哪些主机将会出现故障，自然也无法知道哪些虚拟机会受到故障的影响，所以 vSphere HA 需要用一种方法建立"最小公分母"，表示集群的整体容量。在可以表达集群总容量的前提下，vSphere HA 就能够预留足够的资源数，保护配置的主机故障数量。

这就是插槽与插槽大小发挥作用的时候。首先，vSphere HA 会检查集群的所有虚拟机，然后确定最大保留内存和最大保留 CPU。例如，如果集群中有一个虚拟机需要保留 2GB 内存，但是其他虚拟机不需要保留内存，那么 vSphere HA 将使用 2GB 作为计算内存插槽的基准值。同样，如果有一个虚拟机需要保留 2GHz CPU 容量，而所有其他虚拟机都不需要保留 CPU，那么 2GB 就是保存值。基本上，vSphere HA 会将有最大内存保留值和最大 CPU 保留值的虚拟机作为最小公分母。

如果不需要保留值呢

vSphere HA 使用保留值（参见第 11 章）计算插槽大小。如果没有任何虚拟机需要保留 CPU 或内存，那么 vSphere 将使用默认 CPU 保留值（32MHz）计算插槽大小。对于内存而言，vSphere HA 将使用最大内存过载量作为计算插槽大小的依据。请参考图 7.18 中显示灰色的内容。

在建立了最小公分母之后，vSphere HA 就会计算集群中每一个 ESXi 可以提供的插槽总数。然后，它再决定当有最大插槽数量的主机出现故障时（最坏的情况），集群可以提供多少插槽。vSphere HA 会在 CPU 和内存上执行这些计算和比较，然后再使用最严格的结果。如果 vSphere HA 计算得到 50 个内存插槽和 100 个 CPU 插槽，那么 50 就是 vSphere HA 使用的数量。然后，分配给这些插槽的虚拟机将决定有多少插槽被使用，以及有多少插槽是空闲的，Admission Control 将使用这些数字判断可以启动更多的虚拟机（有足够的插槽）或不可以启动（可用插槽不够）。

在一个不平衡的集群（unbalanced cluster）上，刚刚介绍的插槽大小计算算法会得到出乎意料的设置值。所谓不平衡的集群，是指包含各种差别很大的 ESXi 主机的集群，如同一个集群中有一个 12GB RAM 的主机和一个 96GB RAM 的 ESXi 主机。此外，如果集群中虚拟机分配的资源保留值也差别很大，那么也是一种不平衡的集群（例如，有一个虚拟机有 8GB 内存保留值，而所有其他虚拟机的保留值远远少于这个值）。虽然我们可以使用高级设置优化 vSphere HA 插槽计算方法，但是通常不推荐这样做。在这些情况下，还有其他选项。

◆ 将大小相近的虚拟机（或者大小相近的主机）部署到独立的集群上。

◆ 使用百分比可用性约束（通过 Percentage Of Cluster Resources Reserved As Failover Spare Capacity 设置）替代主机故障数或故障恢复主机数。

在需要使用保留值时，使用在资源池的保留值可能是另一种有利于缓解插槽大小计算的方法。关于保留值和资源池的更详细介绍，参见第 11 章。

vSphere HA 配置的下一个重要方面是虚拟机选项。

2. 配置 vSphere HA 虚拟机选项

图 7.19 显示了可用于控制 vSphere HA 中虚拟机行为的虚拟机选项。管理员可以配置的虚拟机选项有 2 个：VM Restart Priority（虚拟机重启优先级）和 Host Isolation Response（主机隔离响应）。这两个选项都可以配置为集群默认设置，也可以在各个虚拟机上单独配置。

（1）vSphere HA 虚拟机重启优先级。

并非所有虚拟机都是同等重要的。有一些虚拟机会更重要一些，因此需要更高优先级的可用性保证。当一个 ESXi 主机遇到故障时，vSphere HA 将指派其他集群节点接管它的虚拟机，它们只有有限的资源，用完之后就无法再提供资源启动其他虚拟机了。当 Admission Control 设置为 Disabled 时，它允许启动超出集群支持上限的虚拟机，因此更容易出现这样的问题。为了不让重要的虚拟机停止工作，vSphere HA 集群支持通过 VM Restart Priority（虚拟机重启优先级）设置虚拟机的优先级。

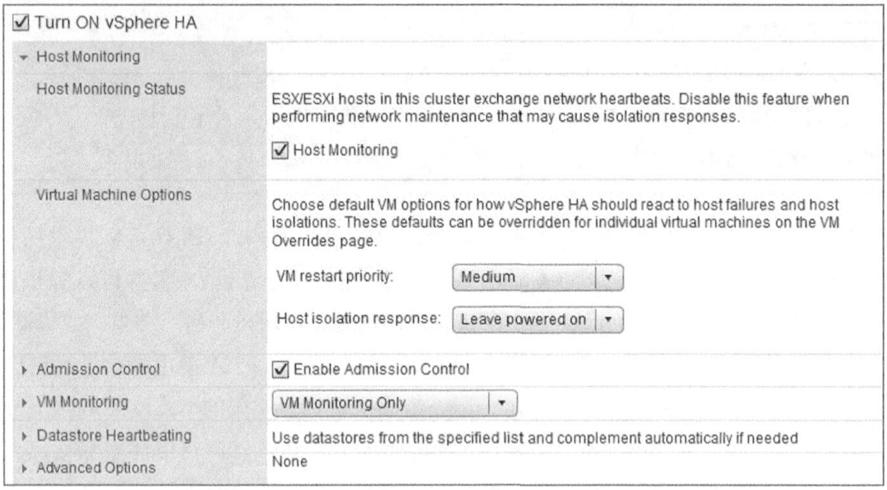

图 7.19 我们可以定义集群默认虚拟机选项自制 vSphere HA 的行为

在 vSphere HA 集群中，虚拟机的 VM Restart Priority 选项值包括 Low（低）、Medium（中）、High（高）和 Disabled（禁用）。对于优先重启的虚拟机，应该将 VM Restart Priority 设置为 High。对于在资源可用时才重启的虚拟机，应该将 VM Restart Priority 设置为 Medium 或 Low。对于不会消失一段时间和在可用资源减少期间不应该启动的虚拟机，应该将 VM Restart Priority 设置 Disabled。用户可以为整个集群定义一个默认重启优先级，如图 7.19 所示，但是如果有一个虚拟机会更加（更不）重要吗？虚拟机的重写部分允许为每一个虚拟机定义不同重启优先级。图 7.20 显示了在集群上将 VM Restart Priority 设置为 Medium，然后在其他虚拟机上根据它们在组织中的重要性设置优先级。

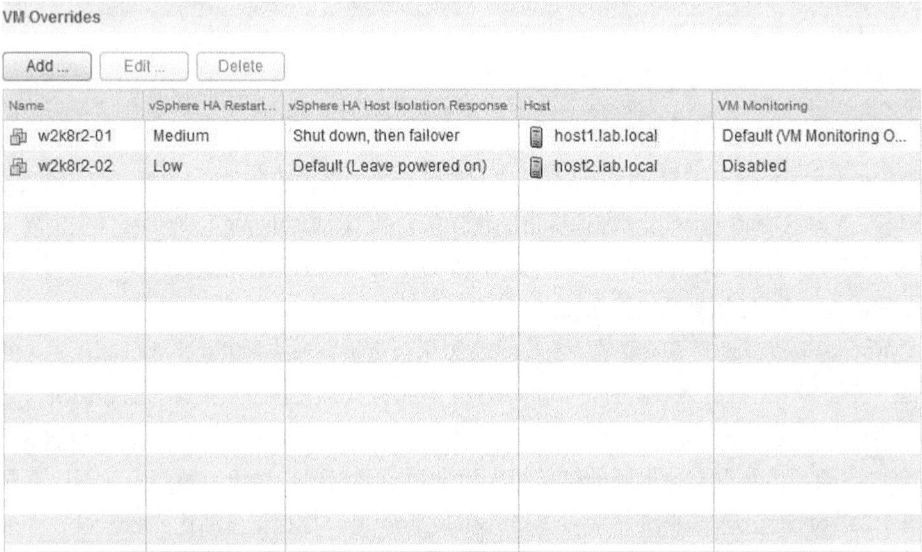

图 7.20 使用 VM Overrides 设置，指定哪些虚拟机可以优先重启，哪些可以忽略

　　只有当 ESXi 主机上的虚拟机遇到意外故障时，重启优先级才会发挥作用。在主机上正常运行的虚拟机不受重启优先级的影响。然后，vSphere HA 也可能因为资源限制而不启动配置了 High 重启优先级的虚拟机，而这可能恰恰是因为一些低优先级的虚拟仍然在运行（同样，只有在 Admission Control 设置为 Disabled 时才会出现这种情况）。例如，图 7.21 所示的 ESXI 主机 esxi-05 运行了 4 个高优先级虚拟机，另外 4 个虚拟机设置了中或低优先级。同时，esxi-06 和 esxi-07 总共运行了 13 个虚拟机，但是这些虚拟机中只有 2 个设置了高优先级。当 esxi-05 出现故障时，

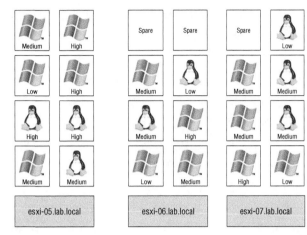

图 7.21　在缺少资源时，故障 ESXi 主机的高优先级虚拟机可能不会启动——在 vSphere HA 集群其他主机上运行的低优先级虚拟机用光了资源

集群的 FDM 主主机将开始启动高优先级的虚拟机。如果启用了 vSphere DRS，那么虚拟机会自动部署到其中一个正常运行的主机上。然而，假设剩余资源只够运行 3 个高优先级虚拟机，那么会有 1 个高优先级虚拟机不会启动，而其他中、低优先级的虚拟机将继续在其他主机上正常运行。

　　这时，用户仍然可以使用 vSphere 产品套件手动修正这种不平衡性。vSphere 虚拟环境的所有业务连续性计划都应该加入一个应急计划，寻找并关闭一些虚拟机，释放资源给支持高优先级网络服务器的虚拟机使用。在预算允许的情况下，要在 vSphere HA 集群中保证有足够的资源满足所有重要虚拟机的使用需求，即使在计算容量下降的情况下也一样。将 Admission Control 设置 Enabled，就可以保证有足够重启虚拟机的可用资源，具体参见 7.3.4 节中的 "1. 配置 vSphere HA Admission Control"。

　　（2）vSphere HA 隔离响应。

　　前面介绍了 FDM 是 vSphere 的基础，以及它是如何使用 ESXi 管理网络实现主主机及所连接从主机之间的通信。当 vSphere HA 主主机接收不到来自从主机的状态更新，那么主主机会认为这个主机已经出现故障，然后指示其他连接的从主机开始启动已丢失节点所运行的虚拟机。

　　但是，如果丢失心跳的节点实际上并没有消失，又会出现什么情况？如果心跳丢失，但是节点仍然在运行呢？这种情况就是 7.3.2 节所介绍的网络隔离概念。当 vSphere HA 集群有一个 ESXi 主机被隔离时——也就是说，它无法与主主机通信，也无法与其他 ESXi 主机或其他网络设备通信，那么这个 ESXi 主机就会触发图 7.19 所示对话窗口配置的隔离响应。默认隔离响应设置是 Leave Powered On（保持启动）。用户可以在整个集群或若干虚拟机上修改这个设置（通常不推荐修改）。

　　因为 vSphere HA 使用 ESXi 管理网络和连接的数据存储（通过数据存储心跳）进行通信，所以 vSphere 5.0 处理网络隔离的方式与老版本 vSphere 有些不同。在老版本的 vSphere 中，当主机被隔离之后，它会自动触了配置的隔离响应。当主机不能接收到其他主机的心跳，而且它也无法访问隔离地址（isolation address）时——默认是指管理网络的默认网关，它就认为自己被隔离了。

在 vSphere 5.0 中，决定一个主机是否隔离的过程有些不一样。主主机会主动尝试与它的从主机通信时；而从主机也会主动获取来自主主机的更新。无论是哪一种情况，当主或从主机接收不到任务 vSphere HA 网络心跳信息时，它就会尝试与隔离地址通信（默认是管理网络的默认网关）。如果它能够访问默认网关或附加的配置隔离地址，那么 ESXi 主机就认为它自己处于网络分割状态，并且按照 7.3.2 节所介绍的方法响应。如果主机无法访问隔离地址，那么它就认为自己被隔离了。这是 vSphere 5 行为与老版本行为的不同之处。

这时，认为自己处于网络隔离状态的 ESXi 主机会修改所有心跳数据存储的二进制主机及集成软件包文件中的一个特殊位（具体参见 7.3.4 节中的 "4．设置 vSphere HA 数据存储心跳"）。这个位可以反映隔离状态，主主机发现这个位已经设置了值，因此就能发现从主机已经被隔离了。当主主机发现一个隔离从主机时，主主机会锁定 vSphere HA 在心跳数据存储所使用的另一个文件。当隔离的节点发现这个文件已经被主主机锁定时，它就知道主主机已经准备要重启虚拟机——注意主主机是能够重启虚拟机的，隔离主机就可以自由执行配置的隔离响应了。因此，即使将隔离设置为 Shut Down 或 Power Off（关机），这个操作也只能在隔离从主机通过数据存储心跳结构确认且主主机认可重启虚拟机操作之后才会执行。

但是，问题仍然存在：是否应该修改 Host Isolation Response 设置？

这个问题的答案取决于当前部署的虚拟和物理网络基础架构。下面来看一些例子。

假设有一个主机同时将 ESXi 管理网络和虚拟机网络连接到同一个虚拟交换机，而它又绑定了一个网络适配器（显然这并不是一般推荐的配置）。在这种情况下，当 vSwitch 的上行链路的线路断开时，ESXi 管理网络和计算机上每一个虚拟机的连接都会断开。然后，解决的方法是关闭虚拟机。当一个 ESXi 主机确认自己已被隔离，而且主主机也同意重启虚拟机，它就可以执行这个隔离响应，从而使所有虚拟机在另一个主机上重启并配置好所有网络连接。

另一个更加符合实际情况的例子是，有一个 vCenter Server 带有 2 个上行链路，但是 2 个上行链路都连接同一个物理交换机。如果这个 vSwitch 同时处理 ESXi 管理网络和虚拟机网络，那么这个物理交换机断线就意味着管理流量和虚拟机流量都会中断。将 Host Isolation Response 设置为 Shut Down 将允许 vSphere HA 在另一个 ESXi 主机上重启这些虚拟机，并且恢复虚拟机的连接。

然而，如果一个网络配置包含多个上行链路、多个 vSwitch 和多个交换机，如图 7.22 所示，那么应该将 Host

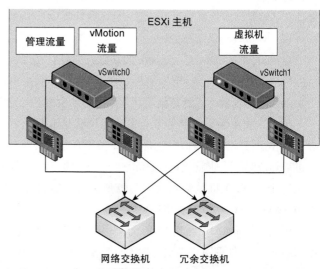

图 7.22　该选项让虚拟机在主机隔离后仍继续运行，并且只能在虚拟和物理网络基础架构均支持高可用性时才设置

Isolation Response 设置为 Leave Powered On，因为网络隔离事件也不可能让该主机的虚拟机停留在不可访问的状态。

配置隔离响应地址

在一些高度安全的虚拟环境中，管理访问仅限于单个非路由连接管理网络。在这些时候，安全计划要求去除 ESXi 管理网络的默认网关。这里的概念是将 ESXi 管理网络锁定到本地子网，从而阻止任何远程网络访问管理接口。这种做法的缺点：在管理网络没有配置默认网关 IP 地址时，就不能通过 PING 隔离地址来确定网络隔离状态。

然而，也可以为这样的场景配置隔离响应地址。IP 地址可以是任意 IP 地址，但是这个 IP 地址一定要能够访问，而且在任何时间都可从网络断开。

执行下面的步骤。

① 使用 vSphere Web 客户端，连接一个 vCenter Server 实例。

② 打开 Hosts And Clusters 视图，右键单击一个已有集群，选择 Settings 选项。

③ 确保选定左栏的 vSphere HA，单击 Edit 按钮。

④ 展开 Advanced Options，单击 Add 按钮。

⑤ 在 Advanced Options（HA）对话窗口的 Option 列输入 das isolationaddress。

⑥ 输入 IP 地址，作为不能连接 FDM 主主机的 ESXi 主机的隔离响应地址。

⑦ 单击两次 OK 按钮。

这个界面还可以配置下面的选项：

◆ das.isolationaddress1：指定一个尝试连接的地址；

◆ das.isolationaddress2：指定第二个尝试连接的地址；

◆ das.AllowNetwork：指定一个另一个传输 HA 心跳的端口组。

到现在为止，本书只学习了 vSphere HA 如何处理 ESXi 主机故障。在下节中，将介绍如何使用 vSphere HA 处理客户机操作系统和应用程序的故障。

3. 配置 vSphere HA 虚拟机监控

除了监控和处理 ESXi 主机故障，vSphere HA 还能够检查客户机操作系统和应用程序故障。当检测到故障时，vSphere HA 就可以重启虚拟机。图 7.23 显示了 Edit Cluster Settings（编辑集群设置）对话窗口中配置这个行为的区域。

这个功能的实现基础已经内置在 VMware 工具中，具体参见第 9 章的内容。VMware 工具将从客户端操作系统发送一系列心跳到虚拟机所在的 ESXi 主机。通过监控这些心跳及磁盘和网络 I/O 活动，vSphere HA 就可以确定客户机操作系统是否发生故障。如果一定时间内没有 VMware 工具心跳、没有磁盘 I/O 和没有网络 I/O，那么（启用 VM Monitoring 的）vSphere HA 就会认为客户端操作系统已经出现故障，从而重启这个虚拟机。为了帮助修复故障，vSphere 还会在 vSphere HA 重启虚拟之前保存一个虚拟机控制台截图。这样有助于捕捉可能出现的诊断信息，如内核 Dump 或 Windows 系统的蓝屏 STOP 错误。

vSphere HA 还能监控应用程序。这个功能要求第三方软件使用 VMware 工具的内置 API，向 vSphere HA 发送与应用程序相关的心跳。通过使用这些 API，第三

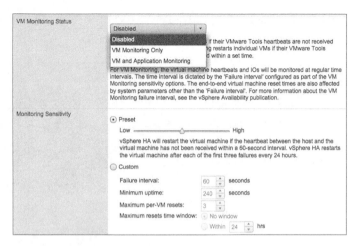

图 7.23　可以配置 vSphere HA，让它监控客户机操作系统和应用程序心跳，然后在发生故障时重启虚拟机

方软件开发者就可以进一步扩展 vSphere HA 的功能，处理特定应用程序的故障。

直接选择 VM Monitoring Status 下拉列表的保持级别，就可以启用虚拟机或应用程序监控，如图 7.23 所示。

如果启用了虚拟机或应用程序监控，那么就可以调整监控灵敏度。使用这个滑动条，就可以控制在发现 VMware 工具心跳丢失及没有磁盘和网络 I/O 流量之后，vSphere HA 会多长时间重启虚拟机。这个滑动条还可以控制在故障数量达到上限之后，vSphere HA 经过多长时间会再次重启虚拟机。表 7.2 显示了滑动条每一个位置对应的值。

表 7.2　　　　　　　　　　　　虚拟机监控灵敏度设置

监控灵敏度设置	故 障 间 隔	最短运行时间	最大故障数	故障时间
Low（低）	2 分钟	8 分钟	3	7 天
Medium（中）	1 分钟	4 分钟	3	24 小时
High（高）	30 秒	2 分钟	3	1 小时

下面分别说明了这些信息的作用。

◆ Failure Interval（故障间隔）：如果 vSphere HA 在这段时间内没有检测到任何 VMware 工具心跳、磁盘 I/O 和网络 I/O，那么它会认为虚拟机出现故障，然后重启这个虚拟机。

◆ Minimum Uptime（最短运行时间）：在运行的虚拟机开始监控 VMware 工具心跳之前，vSphere 会等待一段时间来确保操作系统有充足的时间启动并使心跳稳定。

◆ Maximum Failures（最大故障数）：这是指 vSphere HA 在指定故障时间内重启一个虚拟机的最大次数。如果 Maximum Failures 设置为 3，那么当有一个虚拟机在指定故障时间里记

录了 4 次故障，它就停止自动重启。这样可以防止 vSphere HA 无休止地重启出现问题的虚拟机。

◆ Failure Window（故障时间）：vSphere 在这个时间段里重启虚拟机的次数在设定的最大次数范围内（Maximun Failures）。如果这段时间里发生更多的故障，那么虚拟机将不会再重启。

如果这些预定义的选项还不够用，那么还可以选择 Custom（自定义），如图 7.24 所示，然后指定自定义值：Failure Interval（故障间隔）、Minimum Uptime（最小在线时间）、Maximum Per-VM Resets（各个虚拟机的重置最大值，即 Maximum Failures）和 Maximum Resets Time Window（最大重置时间段，即 Failure Window）。

和 vSphere HA 的其他区域一样，用户还可以选择配置每一个虚拟机的监控设置。这样就可以

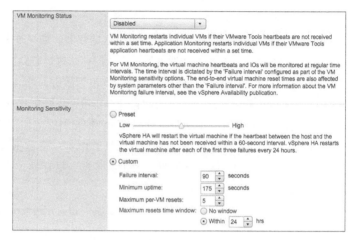

图 7.24　Custom 选项可以具体控制 vSphere HA 如何监控虚拟机的客户机操作系统故障

在各个虚拟机上启用或禁用虚拟机监控和应用程序监控的灵敏度。因此，如果只需要在少数虚拟机上监控，则可以定义一个默认集群设置，再单独配置例外设置。

vSphere HA 的最后一个配置区域是数据存储心跳。

4. 设置 vSphere HA 数据存储心跳

数据存储心跳属于 vSphere 5.0 的 vSphere HA 功能。当 ESXi 管理网络不可用时，通过共享数据存储进行通信，vSphere HA 就可以更好地保护由于网络分割或网络隔离引起的停机问题。

vSphere HA 的这个配置可以指定 vSphere HA 将使用哪一个数据存储传输心跳。图 7.25 显示了 Edit Cluster 对话窗口的 Datastore Heartbeating（数据存储心跳）区域。

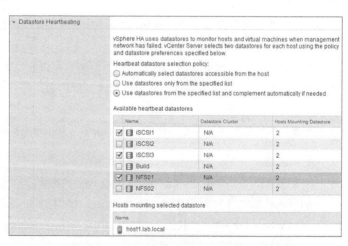

图 7.25　选择 vSphere HA 用于发送数据存储心跳的共享数据存储

vSphere HA 包含 3 个不同的设置，管理员可以使用它们决定心跳数据存储的选择。

◆ 第一个选项是 Automatically Select Datastores Accessible From The Host（从主机中自动选择可访问的数据存储），它禁止从这个列表选择数据存储，但是可以使用任意集群数据存储作为 vSphere HA 的心跳存储。

◆ 第二个选项是 Use Datastores Only From The Specified List（只能从指定的列表中使用数据存储）。

◆ 它限定 vSphere HA 只使用选定的数据存储。如果这些数据存储中有一个变为不可用，那么 vSphere HA 将不会通过另一个数据存储执行心跳。

◆ 第三个选项是 Use Datastores From The Specified List And Complement Automatically If Needed(必要时从指定列表和自动补集中使用数据存储)。这个选项是前两个选项的混合体。选择这个选项，管理员就选择了 vSphere HA 应该使用的首选数据存储。vSphere HA 会从该列表的数据存储中选择。如果其中有一个数据存储失效，那么 vSphere HA 会选择另一个数据存储，直至没有可用的首选数据存储。这时，它会改为选择任何可用的集群数据存储。

最后一个选项可能是最灵活的，但是要如何知道 vSphere HA 使用了哪一个数据存储呢？在下一节中，将介绍如何确定 vSphere HA 实际使用哪一个数据存储执行数据存储心跳，以及如何确定插槽大小、发现集群配置问题和收集受保护和未保护虚拟机的总数。

7.3.5　管理 vSphere HA

vSphere HA 执行了许多自动化任务，如插槽大小、插槽总数、数据存储心跳主机选择和 FDM 的主(从)角色选择等。如果不正确设置这些值，管理员就很难正确管理 vSphere HA 及其操作。幸好，VMware 在 vSphere Web 客户端中提供了关于 vSphere HA 的信息，它们可以帮助简化 vSphere HA 的管理。

其中一些信息很容易发现。例如，一个 vSphere HA 集群的 ESXi 主机的 Summary 选项卡上就显示了主（从）主机状态，如图 7.13 所示。

类似地，虚拟机的受保护（或未保护）状态也可以在虚拟机的 Summary 选项卡中查看，它表示 vSphere HA 主主机识别到这个虚拟机已经正常启动，而且将在出现故障时负责重启虚拟机，如图 7.26 所示。

然而，其他信息可以在 Cluster → Monitor → vSphere HA 中找到，如图 7.27 所示。

1．概要区域

概要区域列出了所有与 vSphere HA 集群相关的内容。它分为 3 个部分。

◆ Hosts（主机）列出了当前的 vSphere HA 主主机及连接该主主机的从主机数量。虽然 vSphere HA 主主机状态也显示在 ESXi 主机的 Summary 选项卡上，但是在有大量主机的集群中，使用这个对话窗口会更方便和更快速。

图 7.26 两图说明了目前在 vSphere HA 中显示为 Unprotected（未保护）和 protected（受保护）的虚拟机间的区别。未保护的虚拟机可能是因为主主机还没有收到 vCenter Server 的通知，所以还不知道虚拟机已经启动和需要保护

图 7.27 vSphere HA 的 Summary 选项卡包含很多 vSphere HA 及其操作的信息。vSphere HA 的当前主主机、受保护和未保护虚拟机数量和心跳数据存储等信息都显示在这里

◆ VMs(虚拟机)显示了当前受保护和未保护的虚拟机数量。这个信息可以帮助管理员快速"看一眼"保护汇总信息，也是一个快速确定还有多少虚拟机未得到 vSphere HA 保护的方法。

◆ Advanced Runtime Info（高级运行时信息）显示了 vSphere HA 计算得到的插槽大小、集群的总插槽数、已用插槽数、可用插槽数和故障恢复插槽数。这些都是非常有用的信息。如果 Admission Control 设置为 Enabled，而一些本该启用的虚拟机又无法启动，那么要检查这个对话窗口的插槽大小，这时显示的插槽大小可能会与预期值相差很大。

2. 心跳数据存储区域

Heartbeat Datastores（心跳数据存储）区域显示了 vSphere HA 目前使用哪些数据存储目前执行心跳。如果还不能确定哪些数据存储可以或应该使用，那么可以从这里看到 vSphere HA 选择使用哪些数据存储执行心跳。

3. 配置问题区域

在 Configuration Issues 区域，vSphere HA 会显示所有的配置问题。例如，如果集群已经超出了配置的故障恢复容量。这里也可能看到一些关于管理网络冗余的警告信息（如果 ESXi 管理网络未配置冗余和保护单点故障）。根据这里显示的错误信息，用户可以执行相应的操作，纠正实际或潜在的问题。

vSphere HA 是一个强大的特性，强烈推荐在所有 vSphere 实现中使用这个特性。然而，vSphere HA 确定只能依靠重启虚拟机来实现这种高可用性。如果应用程序需要更高级的高可用性呢？vSphere 还提供了另一个功能：vSphere 容错（vSphere Fault Tolerance，FT）。vSphere FT 基于 VMware

的 vLockstep 技术，它可以实现应用程序的零停机时间、零数据丢失和持续可用性。

这听起来很吸引人。那么，它是如何工作的？下一节将介绍这个特性。

7.4 实现 vSphere FT

vSphere FT 是"持续可用性"的发展，它使用 VMware vLockstep 技术将一个主主机和副主机保存在一个 LOCKSTEP 中。这个虚拟 LOCKSTEP 基于 2006 年 VMware Workstation 引入的记录（回放）技术。vSphere FT 将记录的数据变成流（只记录非确定性事件），而回放则是以确定性方式发生的。通过这种方式，VMware 就创建了一个流程，它将指令与指令匹配、内存与内存匹配，从而获得完全相同的结果。

确定性（Deterministic）表示计算机处理器会在副虚拟机上执行完全相同的指令，最终得到与主虚拟机相同的状态。另一方面，非确定性事件都是功能，如网络、磁盘、键盘 I/O，以及硬件中断。因此，记录流程将会使用这个数据流，而回放则执行所有键盘操作和鼠标单击。在主虚拟机上稳定地移动鼠标时，可以看到鼠标在副虚拟机也以相同轨迹移动。

在介绍如何在虚拟机中启用 vSphere FT 之前，需要介绍使用 vSphere FT 的一些需求。因为 vSphere FT 通过匹配指令和内存在 2 个不同的 ESXi 主机上创建 2 个完全相同的虚拟机，所以 vSphere FT 有一些非常严格的要求。这些要求出现在 3 个层次上：集群层、主机层和虚拟机层。

vSphere FT 有以下的集群层要求。

◆ 集群必须启用主机证书检查。这是 vCenter Server 4.1 及以上版本的默认设置。

◆ 集群必须至少有 2 个运行相同版本 FT 的 ESXi 主机。FT 版本显示在 ESXi 主机的 Summary 选项卡的 Fault Tolerance 区域。

◆ 如果要一起使用 vSphere FT 和 vSphere DRS，则必须启用 VMware EVC。否则，所有启用 vSphere FT 的虚拟机都会禁用 vSphere DRS。

除此之外，vSphere FT 还有以下的 ESXi 主机要求。

◆ ESXi 主机必须能够访问相同的数据存储和网络。

◆ ESXi 主机必须配置一个容错日志网络连接。这个 vSphere FT 日志网络要求至少使用千兆比特以太网连接，推荐使用 10 千兆比特以太网。虽然 VMware 要求使用专用的 vSphere FT 日志 NIC，但是需要时这些 NIC 也可用于其他功能。

◆ 主机必须有兼容 vSphere FT 的 CPU。

◆ 主机必须安装 vSphere FT 授权。

◆ ESXi 主机的 BIOS 必须启用硬件虚拟化（Hardware Virtualization, HV），才能启用 vSphere FT 的 CPU 支持。

最后，vSphere FT 要求它保护的虚拟机符合以下条件。

◆ vSphere FT 只支持带一个 vCPU 的虚拟机。有多个 vCPU 的虚拟机不兼容 vSphere FT。

◆ 虚拟机必须支持一个支持的客户机操作系统。

◆ 虚拟机文件必须存储在所有对应 ESXi 主机都能访问的共享存储上。vSphere FT 支持光纤通道、FCoE、iSCSI 和 NFS 等共享存储。

◆ 虚拟机的虚拟磁盘必须采用胖分配（提前归零胖分配）格式或虚拟模式 RDM。

◆ 虚拟机不能有任何快照。在虚拟机上启用 vSphere FT 之前，必须删除或提交快照。

◆ 虚拟机不能是一个链接克隆。

◆ 虚拟机不能配置任何 USB 设备、声音设备、串口或并行端口。在启用 vSphere FT 之前，要在虚拟机配置上删除这些项目。

◆ 虚拟机不能使用 N_Port ID 虚拟化（NPIV）。

◆ 不支持嵌套页表 / 扩展页表（NPT/EPT）。vSphere FT 将在启用 vSphere FT 的虚拟机上禁用 NPT/EPT。

◆ 虚拟机不能使用 NIC 转移或老的 vlance 网络驱动器。要关闭 NIC 转移，并将网络驱动器更新到 vmxnet2、vmxnet3 或 E1000。

◆ 虚拟机不能配置来自物理或远程设备的 CD-ROM 或软盘设备。要断开这些设备，或者为它们指定一个共享存储的 ISO 或 FLP 映像。

◆ 虚拟机不能使用并行虚拟化内核。要关闭并行虚拟化，才能使用 vSphere FT。

可以看出，要符合一些非常严格的要求才能正确支持 vSphere FT。

vSphere FT 还引入了一些需要特殊操作的变化。

◆ 建议在参与 vSphere FT 的所有 ESXi 主机的 BIOS 上关闭电源管理（也称为电源封顶）。这样有利于统一集群中 ESXi 主机的 CPU 速度。

◆ 虽然可以使用 vMotion 处理由 vSphere FT 保护的虚拟机，但是不能使用 Storage vMotion。这意味着由 vSphere FT 保护的虚拟机不能使用 Storage DRS。若要使用 Storage vMotion，则必须先关闭 vSphere FT。

◆ 不支持热插拔设备，因此不能在 vSphere FT 保护的虚拟机启动时修改任何虚拟硬件。

任何硬件变化都会引起网络变化

在虚拟机运行时修改虚拟网卡的设置：需要先断开网卡，再将其接上。因此，当 **vSphere FT** 运行时，一定不能改动虚拟网卡。

◆ 因为 vSphere FT 不支持快照，所以不能使用任何依赖于快照技术的备份方法。这其中包括所有使用数据保护 vSphere Storage API 和 VMware 数据保护技术的备份解决方案。如果要用这些工具备份启用 vSphere FT 的虚拟机，则必须先禁用 vSphere FT。第 3 章介绍了如何在规定的时间内设置计划任务执行"禁用 FT"和"启用 FT"以满足备份要求。

在确定在环境中使用 vSphere FT 的位置与方法，一定要记住这些操作限制条件。

现在，用户已经可以在一个虚拟机上真正启用 vSphere FT 了。执行下面的步骤，就可以启用 vSphere FT。

（1）如果 vSphere Web 客户端未运行，则启动它，连接到一个 vCenter Server 实例。只有在使用 vCenter Server 时才能使用 vSphere FT。

（2）打开 Hosts And Clusters 或 VMs And Templates 目录视图。右键单击一个运行的虚拟机，选择 Fault Tolerance → Turn On Fault Tolerance，如图 7.28 所示。

图 7.28　从虚拟机的快捷菜单打开 vSphere FT

在启用 vSphere FT 时出现的错误消息"Incorrect Monitor Mode（监控模式不正确）"

如果在一个运行的虚拟机上启用 vSphere FT 时接收到一个错误消息："监控模式不正确"，那么很可能是因为所使用的 CPU 只能在关机时才能启用虚拟机的 vSphere FT。当虚拟机启动时，一些特定的 CPU 不能启用 vSphere FT——最常见的是英特尔"Nehalem"或 Xeon 55xx 系列 CPU。解决方法是关闭虚拟机，再启用 vSphere FT。

（3）这时会弹出一个警告消息，提示启用 vSphere FT 将会导致几个变化。首先，所有虚拟磁盘都会转换为胖分配预归零（Thick Provision Eager Zeroed）磁盘，也称为预归零胖磁盘（所有块都预先归零的虚拟磁盘）。其次，如果集群未启用 VMware EVC，那么这个虚拟机会禁用 vSphere DRS 保留机制，如图 7.29 所示。单击 Yes 按钮，在选定的虚拟机上打开 vSphere FT。

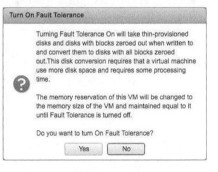

图 7.29　在一个虚拟机上激活 vSphere FT 时，会同时修改其他几个配置

> **vSphere FT 是否会禁用一个虚拟机的 vSphere DRS**
>
> 如果集群上未启用 VMware EVC，那么当启用 vSphere FT 时，vSphere FT 将在选定虚拟机上禁用 DRS。如果启用了 VMware EVC，那么 vSphere 5.5 将支持同时开启 vSphere FT 和 vSphere DRS。

（4）在选择启用 vSphere FT 之后，创建任务就会开始，如图 7.30 所示。

如果虚拟机的虚拟磁盘还不是胖分配预归零格式，那么它将自动转换这些磁盘的格式。如果虚拟磁盘较大，那么这个过程需要一定的时间才能完成。

（5）一旦完成，目录树的虚拟机图标就会发生变化。图 7.31 显示了一个已启用 vSphere FT 的虚拟机。

这样就完成了全部操作。这个过程很简单——表面上是这样的。

实际上，在开启 vSphere FT 之后，vCenter Server 将使用一种特殊的 vMotion 创建副虚拟机。主虚拟机和副虚拟机都共享同一个磁盘，vSphere FTP 将使用 VMware vLockstep 保持这些虚拟机的同步。vSphere FT 使用 ESXi 主机之间的网络连接保持主副虚拟机的同步（前面介绍要求的时候提到过，ESXi 主机必须建立一个容错日志连接；第 5 章详细介绍了如何配置这个网络连接）。只有主虚拟机会响应其他网络系统，而副虚拟机只是静静地等待。这几乎可以等同于主动 - 被动集群配置，每次只有一个节点拥有这个共享网络。当支持主虚拟机的 ESXi 主机出现故障时，副虚拟机就会立刻接管负载，完全不会中断网络连接。这时会有一个反向 ARP 发送到物理交换机，把虚拟机的新位置报告给网络。是不是听起来很熟悉？这就是将虚拟机转移到新主机时 vMotion 所做的操作。一旦副虚拟机变成主虚拟机，就会开始创建新的副虚拟机，直到同步锁定。在锁定同步之后，就可以看到绿色的图标，如图 7.32 所示。

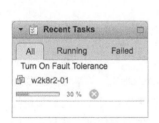

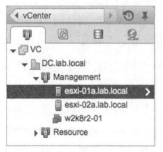

图 7.30 vSphere FT 必须在第一次启动时将现有虚拟磁盘转换为胖分配预归零格式

图 7.31 深色虚拟机图标表示这个虚拟机已启用了 vSphere FT

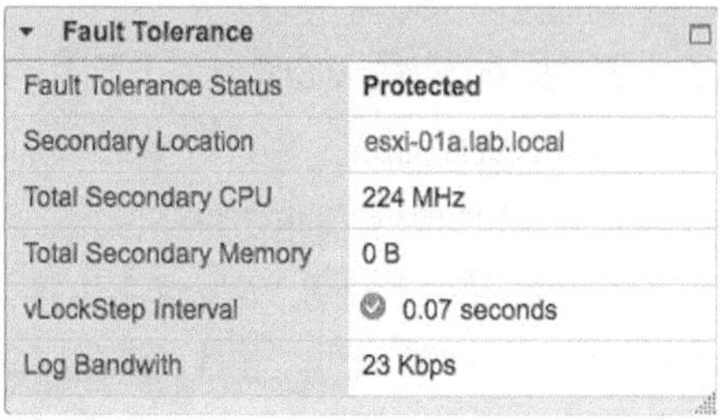

图 7.32 vSphere Web 客户端在虚拟机的 Summary 选项卡的 Fault Tolerance 区域显示 vSphere FT 的状态信息

一旦符合这些要求，vSphere FT 启用之后就不需要再添加任何配置。

在结束 vSphere FT 话题之前，还要介绍如何一起使用 vSphere FT、vSphere HA 和 vSphere DRS。首先介绍如何同时使用 vSphere FT 和 vSphere HA。

7.4.1　同时使用 vSphere FT 和 vSphere HA

vSphere FT 可以与 vSphere HA 一起使用，而且只有在集群和虚拟机上同时启用 vSphere HA，才能启用 vSphere FT。正如前面所介绍的，如果主虚拟机所在 ESXi 主机出现故障，那么副虚拟机会接管负载，同时自动创建一个新的副虚拟机，从而保护业务不受故障影响。但是，如果有多个主机同时出现故障呢？

如果有多个主机出现故障，那么 vSphere HA 将重启主虚拟机。然后，vSphere FT 将在另一个主机上重新创建副虚拟机，实现保护机制。

如果客户机操作系统出现故障，那么 vSphere FT 不会执行任何操作。因为 vSphere FT 只负责虚拟机的同步，所以两个虚拟机会同时崩溃。如果启用了 vSphere HA 的 VM Monitoring，它会检测到主虚拟机的故障，然后启用主虚拟机，而副虚拟机的创建过程也会再次启动。读者是否已经发现了副虚拟机的行为模式？在同步失败之后，副主机总是会重建。这样有助于避免 vSphere FT 出现分裂问题。

单个操作系统映像与双操作系统映像的对比

在出现客户机操作系统故障时，许多人不理解 **vSphere FT** 的行为。如果主虚拟机的客户机操作系统崩溃，副虚拟机的客户机操作系统也会崩溃。虽然表面上看它们是两个独立的客户机操作系统实例，但实际上是一个同步的客户机操作系统实例。它运行在一个包含 **2** 个不同 **ESXi** 主机的 **LOCKSTEP** 中，如果其中一个出现故障，那么两个都会崩溃。

这与传统客户机操作系统集群解决方案有显著区别，因为传统方案依赖于两个独立的客户机操作系统实例。如果有一个客户机操作系统实例出现故障，那么另一个实例仍然会保持运行，而且会接管出现故障的实例负载。微软 Windows 故障恢复集群（WSFC）就属于这种配置。

理解客户机操作系统集群与 **vSphere FT** 的区别有助于为特定的应用程序与需求选择正确的高可用性机制。

7.4.2　同时使用 vSphere FT 和 vSphere DRS

此外，vSphere FT 还可以整合 vSphere DRS 并实现互操作。然而，只有使用 VMware EVC，才能正确实现这种互操作性和整合。

在集群层次上启用 VMware EVC 时，vSphere FT 还可以使用 vSphere DRS。当 VMware EVC 和 vSphere DRS 都启用，并且设置为完全自动管理，那么 vSphere DRS 将为受容错保护的虚拟机提供推荐的初始化部署操作，将在集群的再平衡计算与操作期间加入容错保护的虚拟机，并且允许给主虚拟机分配一个 vSphere DRS 自动化级别（假设副虚拟机与主虚拟机有相同配置）。

如果未启用 EVC，而且在容错保护的虚拟机上将 vSphere DRS 设置为 Disabled，那么只有副虚拟机支持初始部署，所有容错保护的虚拟机都不会加入集群的再平衡计算或操作。

7.4.3　了解 vSphere FT 应用实例

vSphere FT 并不需要在所有虚拟机上运行。这个服务要谨慎使用，只在一些最重要的虚拟机上使用这种容错技术。任何一个 ESXi 主机 VMware 的配置文档最多不能有超过 4 个由 vSphere FT 保护的虚拟机——包括主、副虚拟机。记住，一旦有主（或副）虚拟机被锁定和同步，就会在受保护的虚拟机上使用 2 份资源。

现在，读者已经学习了许多高可用性方法，接下来开始学习灾难恢复计划的规划与设计。

7.5 规划业务连续性

高可用性只是解决方案的一部分，只是更大范围业务连续性的一个组成部分。业务连续性是指保证业务在各种重大事件下仍然能够继续正常运行。高可用性只解决了业务连续性的一小部分问题：保证业务在物理服务器出现故障、操作系统或应用程序出现故障及网络组件出现故障时仍然可以持续运行。用户还需要处理和保护更多的故障类型，此处主要介绍其中 2 种。

◆ 防止设备故障、软件错误或用户误操作造成数据丢失（或误删数据）。

◆ 保证有足够的灾难恢复计划，防止整个数据中心失效或不可用。

大多数组织都制定一个或多个策略，其中定义了可以解决这些故障场景的过程、流程、工具和技术。正如本节所介绍的信息，用户要保证所使用的解决方案符合公司的业务连续性政策要求。如果公司还没有制定业务连续性政策，现在就是时候了！

在接下来的两节中，将介绍这两种故障场景，以及可以使用的产品和技术。首先了解数据保护。

7.5.1 实现数据保护

备份是每一个 IT 部门的重要职责，但是它们通常也是出现最严重冲突和问题的来源。一方面，许多组织希望虚拟机能够简化备份，而另一方面，虚拟机本身也增加了备份的难度。在本节中，将介绍虚拟机备份的基本概念，然后概括介绍 VMware Data Recovery（数据备份），这是 VMware 推出的针对小型 vSphere 环境的备份解决方案。

1. 了解虚拟机备份方法

在一个 VMware vSphere 环境中，有 3 种基本方法可以备份虚拟机：

◆ 在客户机操作系统上运行某种备份代理；

◆ 使用 vSphere 快照和数据保护 vSphere Storage API（更多称为 VADP）；

◆ 使用基于阵列的快照集成。

虽然各种备份应用程序都有所差别，但是基本方法是相同的。每种方法都有其自身的优点和缺点，没有一种解决方案适合所有的客户。

图 7.33 说明了在客户机操作系统上使用备份代理的信息流。

从图 7.33 中可以看到，在客户机操作系统上运行

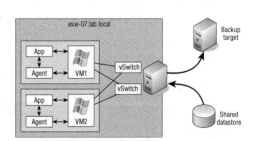

图 7.33 在客户机操作系统上运行备份代理可以实现应用程序和操作系统层面的集成，但是也一样有缺点

一个备份代理，可以实现操作系统层和应用程序层感知和集成。这个备份代理可以使用客户机操作系统的 API 整合操作系统及其中运行的应用程序（例如，使用微软 Windows 的卷影复制服务）。这样备份代理就可以执行非常细致的备份，如 SQL 数据库的某些表、Microsoft Exchange 的特定邮箱或 Linux 文件系统的部分文件。

然而，在客户机操作系统中运行备份代理也有一些缺点。

◆ 网络流量一般会通过网络，从而可能造成网络瓶颈。如果备份流量与最终用户流量通过相同的网络，那么这个问题更严重。

◆ 引用专注备份网络，要避免造成用户流量的传输瓶颈。这意味着需要在 ESXi 主机上添加更多的 NIC、独立 vSwitch、独立物理交换机、虚拟机的额外 vNIC 和增加客户机操作系统及整个解决方案的复杂性。

◆ 备份代理分别运行在每一个客户机操作系统实例上。因此，随着越来越多的虚拟机（和客户机操作系统实例）进入物理服务器，会造成更多的过载。因为物理主机的整体使用率由于整合而得到提高，所以留给备份过程的负载空间很少，但反过来又会增加备份时间。

◆ 一些备份供应商要求为每一个备份客户端购买单独授权，这会影响虚拟化和整合技术在财务方面的优势。

尽管有这些缺点，但由于将操作系统层和应用程序层紧密整合，所以备份代理非常适合一些主要考虑粒度和应用程序整合的环境。vSphere 环境实现的第二种主要方法是在客户机操作系统上执行备份。与前一种方法不同，它使用 VMware vSphere 的快照功能，解锁虚拟机的虚拟磁盘，然后直接备份虚拟磁盘。当完成虚拟磁盘备份之后，提交快照，就完成了备份。实现这个流程自动化的是数据保护 vSphere Storage API——自动化让备份供应商更容易使用。

大概流程如下所示。

（1）备份软件要求先创建一个虚拟机虚拟磁盘快照，然后才能备份。

（2）VMware vSphere 创建一个快照，从现在开始虚拟机虚拟磁盘的所有数据写入都会转到 Delta 磁盘。此时，原始 VMDK 文件已经解锁。

（3）备份应用程序将备份原始 VMDK 文件。

（4）原始 VMDK 文件备份完成之后，备份软件请求 vSphere 提交快照。

（5）写入 Delta 磁盘的数据会提交到原始磁盘，然后删除快照。

（6）在下一个虚拟机上重复该过程。

VADP 并没有给备份供应商提供专门用于备份 vSphere 虚拟机的标准接口，但是它还引入了其他一些有用的特性。例如，改动块跟踪（Changed Block Tracking, CBT）允许 vSphere 和备份应用跟踪 VMDK 中发生修改的块，然后只备份这些修改过的块。用户可以将 VMDK 块的 CBT 操作等同于 DOS 和 NTFS 的存档标记。

与客户机内备份类似，基于 VADP 的备份也有一些优点和缺点。

◆ 这种方法通常几乎不会增加处理器和内存过载，因为它不需要在每一个客户机操作系统实例上运行备份代理。这一些特定的环境中，这种方法可以实现更高整合比例，或者提高工作负载的性能。

◆ 因为客户机操作系统实例上运行的应用程序通常毫无关系，所以基于 VADP 的备份一般不能实现与客户机内备份相同级别的备份（恢复粒度）。此外，这也可能会影响应用程序的一致性。

◆ VADP 备份解决方案的实现方式决定了文件级恢复是难实现的。有一些解决方案要求存储整个虚拟机，然后手工处理需要恢复的各个文件。这是评估过程中一定要考虑的操作问题。

有许多备份供应商使用 VADP 执行虚拟机备份。事实上，VMware 本身提供了一种使用 VADP 的入门级备份解决方案。这种解决方案叫作 VMware Data Recovery。

2. 实现 VMware Data Protection

VMware Data Protection（VDP）是一种基于磁盘的备份与恢复解决方案。该解决方案完全整合 vCenter Server，实现集中且高效的管理备份作业，同时还包括数据去重功能。VDP 使用 VADP 优化虚拟机的备份流程。

那么，VDP 是如何工作的？ VDP 包含 3 个主要组件。第一个组件是 VDP 虚拟备份设备，它负责管理备份和恢复流程；第二个组件是 vSphere Web 客户端的用户界面插件；第三个组件是去重的目标存储，在 VDP 虚拟备份设备中有预定大小的 VMDK，可用大小有 0.5TB、1.0TB 和 2.0TB。

VDP 虚拟备份设备安装完成后，在 vSphere Web 客户端的 Backup 选项卡中选择想保护的虚拟机。调度一个备份作业，配置数据保留策略。vCenter Server 会将作业信息发送到 VDR 虚拟备份设备，通过初始化受保护虚拟机的实时快照而启动备份流程。与前一个版本相似，VDP 将快照直接挂载到 VDP 虚拟备份设备上，从而释放 LAN 的网络流量。在快照挂载之后，虚拟设备就开始将块一级的数据直接保存到目标存储。在这个保存过程中，在数据到达目标磁盘之前，VDP 设备将对数据执行去重操作，去除冗余的数据。在将所有数据写入到目标磁盘之后，VDP 设备就会卸载快照，然后将快照应用到虚拟机上。

如果不能恢复数据，那么备份自然是无用的。在使用 VDP 时，恢复流程是实时文件级操作或整个系统恢复操作。VDP 虚拟备份设备将取出需要恢复的特定块的数据。虚拟设备实际上只传输修改过的数据。这样可以加快整个流程。在恢复一个文件时，或者执行文件级恢复时，整个流程是从虚拟机控制台初始化的。

最后，使用哪一种方法保护数据并不是最重要的。最重要的是真正做到为虚拟数据中心提供数据保护。

使用存储阵列保护数据

许多存储供应商都开始在阵列上添加数据实时快照功能。各个供应商有不同的快照实现方式——这和其他信息技术领域一样，而且每一种方法都有其优点和缺点。增加这个功能的结果是可以实时保存一定时间的公司信息视图。这个时间段可以是小时、天、周或月为单位，具体取决于所使用的磁盘数量。这些快照可以作为"第一线"数据保护措施。这里有一个例子。假设一个虚拟机被意外删除。

通过使用实时恢复，就可以恢复到虚拟机删除前一刻的状态。挂载当时的 LUN，然后恢复虚拟机。虽然这不是传统的适合替代其他备份的解决方案，但是基于阵列的快照和阵列复制已经具有更多意义。由于数据涉及面的持续扩大以及企业所需求的恢复点目标（RPOs）和恢复时间目标（RTOs），传统的备份解决方案难以满足企业需求。阵列的功能已经逐渐成熟，并且提供多种业务持续性和灾难恢复选项，如异地复制和卸载较低存储层。

7.5.2 从灾难事件恢复

高可用性只是保持应用 / 系统正常执行日常操作的一半功能。另一半则是灾难恢复，即从一个灾难性故障恢复数据。飓风、地震和其他自然（人为）灾害都证明了拥有一个周详且良好设计的恢复计划的重要性。整个数据中心在这些灾害中完全消失，而幸存的数据中心也因为电力中断而无法继续保持工作。当诸如飓风 Katrina 这样的灾害发生时，灾难的后果已经向世人清楚展示了公司应该做好的准备工作。

在虚拟化出现之前的情形。灾难恢复（DR）团队开始行动，远程恢复站点接管实时恢复企业信息系统的任务。然而，所谓及时恢复，至少也需要几天的时间，才能重建和安装恢复服务器，然后从备份介质恢复企业信息系统。

听起来很简单。虽然理论上是这样，但是整个过程总会出现意想不到的问题。首先，在恢复过程中，所有远程数据中心都无法将环境恢复到与当前环境完全相同的状态。在从备份介质恢复数据之后，最有意思的一个问题是许多服务器出现蓝屏，因为它们的驱动程序不同。大部分情况下，在恢复完成之后，必须在恢复服务器上重新安装驱动程序，但是这时就会出现所谓的墨菲定律。

其次，恢复过程本身是另一种形式的争夺点。如果备份策略没有考虑哪些服务器应该优先恢复，那么在发生灾难时，在尝试根据重要性来恢复和重建系统时，可能会浪费很多时间等待磁带机的恢复（可能先恢复了使用这些磁带机的应用服务器）。如果备份跨越多个磁带机，那么这种争夺会更加严重。说到磁带机，它们本身也经常中断和无法访问。经常是备份做好了，也发送到了站点的磁带机上，但是磁带在不使用时很少测试。如果一切顺利，那么几天时间就可以完成恢复，但是有时候是很难成功恢复的。

现在，大部分数据都存储在 SAN 上，而且数据会复制到远程灾难恢复共管站点的另一个 SAN 上。因此，数据已经准备就绪，随时准备好恢复，这通常确实能够加快恢复速度。一开始，这是一种非常昂贵的方法，只有价钱不菲的企业级 SAN 才能拥有这种容量。但是多年以来，这些存储变得越来越标准化，软件解决方案已经开始启用相似的功能，而无需与端点的硬件需求匹配。

要创建 SAN 复制，公司要购买 2 个 SAN。它们分别位于不同的位置，而数据将复制到这两个站点上。许多供应商推出了复制解决方案，而不同供应商的复制解决方案有不同的特性。有些解决方案使用光纤通道或 IP 光纤通道（Fibre Channel over IP FCIP）；另一些则使用标准的 TCP/IP 连接。有些复制解决方案只支持供应商自己的存储阵列（如 EMC SRDF 或 NetApp SnapMirror），而其他复制解决方案则支持不同的存储环境。有些复制解决方案允许根据不同作用拆分复制的数据（可能对备份有好处）；而另一些则不具备这个功能。

尽管有这些差别，但是所有复制解决方案都可以归为两类。

◆ 同步复制解决方案；

◆ 异步复制解决方案。

在同步复制解决方案中，主阵列会等待副阵列确认各个数据写入操作，然后才将写确认信息发送回主机，保证数据的副本总是与主阵列保持一致。这里会出现延迟累加情况，而且会随着距离的增加显著增加。此外，这也意味着同步复制解决方案一般会限制在一定的距离之内，这样才能将延迟时间降到最低。

异步复制解决方案会将大部分数据传输到副阵列，不等待远程阵列返回写确认消息，就直接向主机发送写确认信息。使用这种方法，远程数据副本就一定不可能与主副本保持一致，但是这种方法可以将数据复制到非常远的距离，而且带宽需求也比较少。

在一个 vSphere 环境中，用户可以组合使用 SAN 复制和 / 或基于主机的复制（同步或异步）和 VMware 站点恢复管理器（Site Recovery Manager, SRM），这是一个工作流自动化工具，它可以帮助管理员按计划高性能数据中心的所有虚拟机。SRM 是一个很好的产品，但是同样不属于本书内容范围。读者可以从 VMware SRM 网站了解更多信息，网址是 www.vmware. com/products/site-recovery-manager/。

是否能组合使用 vSphere HA 故障恢复与同步复制

在本章开头提到过不能通过高可用故障转移而切换到另一个站点。一般而言，这是正确的——即使使用了同步 SAN 复制。虽然同步 SAN 复制可以保证远程站点数据总是最新的，但是现在市场上每一个传统复制产品都将远程数据存储设置为只读。随着市场中出现支持同时读 / 写多个位置存储的新解决方案，这个功能也变为现实。

虽然 SAN 复制很强大，但是有时也会不可行。对于小型企业或远程办公室来说，基础结构的大小和成本就会变得不合理。无法避免的是，仍然需要 DR。因此，VMware 中有一个名为 vSphere Replication（vSphere 复制）的基于 IP 的复制引擎。

7.5.3 使用 vSphere 复制

对于企业管理来说，最重要的是在远程位置复制重要数据和工作负载的能力。恢复重要工作负载和数据是保持企业经营的关键，启动和运行的越快，工作效率就越高。正如上一节所讨论的，从主要位置复制数据到次要位置可以使用 SAN 复制，但是这是一个成本较高的解决方案。而另一个可行的方法则是使用内置的 vSphere 复制。

vSphere 复制最先出现于 SRM 5.0 中，后来作为 vSphere 5.1 的一项新功能被分离出来，并在 vSphere 5.5 中进一步完善。它在虚拟机管理程序层面上提供了基于虚拟机的复制和恢复。这意味着提供复制以及在两个位置之间分离网络连接不需要外部需求。vSphere 复制可用于任何有许可证的入门升级版的以上版本，它可以在相同或不同的集群中复制虚拟机，也就是说目标和源可以在其他国家的相同或不同的 vCenter 中。在介绍如何配置 vSphere 复制之前，先解释一下该功能的架构和局限性。

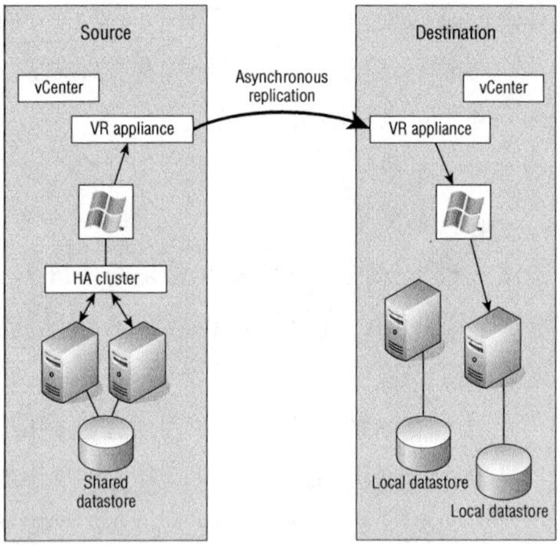

如前所述，vSphere 复制可以根据存储系统或协议进行配置。它可在本地与 SATA、光纤通道 SAN 或基于 IP 的 NAS 连接。vSphere 复制没有类型偏好，对于源和目标有着足够的灵活性，如图 7.34 所示。

以下条件影响 vSphere 复制的配置：

◆ 最大复制时间（RPO）：24 小时；

◆ 最小复制时间（RPO）：15 分钟；

◆ 受保护的虚拟机最大数量：500/ 实例；

◆ 最大实例：10/vCenter Server。

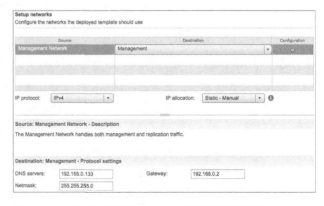

图 7.34 只要有网络连接，vSphere 复制就能够在数据中心之间运行

vSphere 复制通过在 vSphere 的扩展功能集中部署虚拟设备进行安装。安装步骤与 vCenter Operations Manager 或 vSphere Management Assistant 的类似。下面介绍安装步骤，然后介绍如何在一个 vCenter Server 实例中配置可以复制到不同集群的虚拟机。

（1）如果 vSphere Web 客户端未运行，则启动它，连接到一个 vCenter Server 实例。

（2）右键单击一个集群或数据中心对象，选择 Deploy OVF Template（部署 OVF 模板）。

（3）在下载 vSphere 复制设备 OVF 的文件中浏览本地文件。单击 Next 按钮进入下一界面。

（4）检查细节保证一切正常。单击 Next 按钮进入 EULA 界面。

（5）单击 Accept 按钮，然后单击 Next 按钮。

（6）为设备选择名称和位置，单击 Next 按钮。

（7）决定存储格式，记住设备不存储复制的数据。

（8）选择正确的网络配置。如图 7.35 所示，已选定一个静态 IP 分配。

（9）在该页面配置设备的密码和静态 IP(已选择的情况下)。单击 Next 按钮。

（10）从第二个界面开始到最后一个界面，将被要求为 vSphere 复制设备选择一个 vCenter 服务。本例只有一个可选项。单击 Next 按钮。

（11）检查所有选择，然后单击 Finish 按钮开始部署。

（12）vSphere 复制设备完成部署后，

图 7.35 在部署之前配置 vSphere 复制设备的网络

在虚拟机中运行。

在 vSphere Web 客户端首页，出现了已创建的 vSphere 复制的新图标。在这里可以监控已有的复制工作和配置目标网站。当为复制设置一台虚拟机时，将产生大部分实际配置。添加附加网站就如同部署另一台 vSphere 复制虚拟设备并添加到目标网站一样简单。为了方便起见，假定只有一个网站，并且为虚拟机配置一个本地复制。

(1) 如果 vSphere Web 客户端未运行，则启动它，连接到一个 vCenter Server 实例。

(2) 打开 Hosts And Clusters 或 VMs And Templates 视图。

(3) 右键单击一个虚拟机时，底部会出现 vSphere 复制的附加菜单。在该菜单中选择 Configure Replication（配置复制），如图 7.36 所示。

(4) Configure Replication 对话窗口出现之后，选择目标网站。在本例中，唯一的网站是本地网站。

(5) 在下一界面中选择复制服务器设备。选择 Auto-Assign 并单击 Next 按钮。

图 7.36 虚拟设备的添加功能被部署后，新菜单就会添加到 vSphere Web 客户端中

(6) 在 Target 位置界面，选择要复制并驻留的数据存储。这里请做出正确的选择，因为是否可以使用复制的数据填充数据存储取决于 RPO 时间表。单击 Next 按钮。

(7) 在 Replication 选项中选择客户操作系统静止方法，Microsoft Shadow Copy Services（VSS）是唯一可用选项。静止可以确保运行于虚拟机的 VSS 设备在复制之前刷新了磁盘中的所有缓存数据。

(8) Recovery Settings 页面是最重要的设置页面，因为这里是设置复制频率和保留复制数量的地方。将 RPO 设置为 8 小时，实时实例设置为 3 天到 5 天，如图 7.37 所示。

(9) 在最终界面检查所有设置并单击 Finish 按钮。

现在，虚拟机已经按照复制设置复制到网站和数据存储。如果要恢复虚拟机，只需单击 vCenter 首页的 vSphere Replication 按钮，在 Replications 列表中找到虚拟机，选择 Recover，然后选择恢复目标。请记住，在恢复虚拟机时，都是在没有连接端口组的情况下运行的。这确保了在网络中已有其他

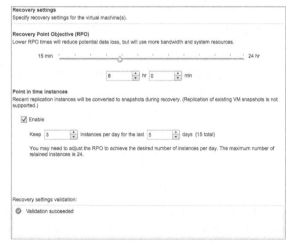

图 7.37 在 vSphere 复制中配置的恢复设置应满足（或超过）设备的 RPO 需求

复制时也可以进行恢复，以避免冲突。

本章介绍了增加运行时间的高可用性，以及保证业务在遇到重大不良事件时继续运行的业务连续性。本章的学习要求并不高，但要更好地理解如何在自己的环境中实现这两个功能。高可用性是所有 IT 部门的重要工作，而且一定要认真创建或设计解决方案。然而，这还远远不够，用户还必须在不停地测试、测试再测试，保证所有解决方案都按预期设计执行，最重要的是在出现问题时能够发挥应有的作用。

7.6　要求掌握的知识点

1. 理解 Windows 集群及集群的不同种类

Windows 集群在设计虚拟与物理服务器的高可用性解决方案中发挥重要作用。Microsoft Windows 支持在主服务器出现故障时，将应用程序转移到副服务器上。

掌握 1

关于虚拟环境的 Windows 集群，具体有哪 3 种集群配置？

掌握 2

NLB 集群和 Windows 故障恢复集群的主要区别是什么？

2. 使用 vSphere 的内置高可用性功能

VMware 虚拟基础架构内置了许多方便使用的高可用性方法：vSphere HA 和 vSphere FT。这两个方法可以帮助优化关键应用程序的正常运行时间。

掌握

VMware 在 vSphere 中提供的 2 种高可用性方法是什么？它们有何区别？

3. 理解各种高可用性解决方案的区别

运行在应用层的高可用性方案（如 Oracle Real Application Cluster）在架构和操作方式上不同于操作系统层解决方案（如 Windows 故障恢复集群）。类似地，操作系统层集群解决方案与基于虚拟机管理程序的解决方案也差别很大，如 vSphere HA 或 vSphere FT。每种方法都有其优点和缺点，而现代管理员很可能需要在数据中心使用多种方法。

掌握

指出基于虚拟机管理程序解决方案优于操作系统级解决方案的一个方面。

4. 理解业务连续性的其他组件

还有其他一些组合可以保证组织的业务连续性。数据保护（备份）和将数据复制到另一个位置，是两个帮助实现业务连续性的方法，即使遇到灾难事件也一样有效。

掌握

将数据复制到另一个位置的 3 种方法是什么？所有持续性计划的黄金法则是什么？

第 8 章

配置 VMware vSphere 安全性

在创建和管理 vSphere 环境时，将重要性按 1 ～ 10 级排列，安全性总是排在接近 10 级的位置。这的确是合理的。即使 VMware 增加了产品的功能和特性，这些产品和特性仍然必须符合其他服务器所应用的安全策略。大多数时候，ESXi 和 vCenter Server 都能够很好地符合这些安全策略的要求，但是有时候也会遇到一些问题。这一节将介绍帮助保证 vSphere 环境正确符合组织安全策略的工具和技术。

本章的主要内容有：

◆ 配置与控制 vSphere 身份验证；

◆ 管理角色与访问控制；

◆ 控制 ESXi 主机服务的网络访问；

◆ 整合 Active Directory。

8.1 vSphere 安全性概述

与信息技术其他领域的安全性类似，vSphere 环境的安全性要求保护 vSphere 所有组件的安全。具体要实现以下 vSphere 组件的安全性。

◆ ESXi 主机；

◆ vCenter Server；

◆ 虚拟机（特别是虚拟机内运行的客户机操作系统）；

◆ 虚拟机内运行的应用程序。

本章将介绍 vSphere 组件的安全设置：ESXi 主机、单点登录、vCenter Server 和虚拟机的客户机操作系统。每一种组件都有其特殊的安全问题，而且每一种组件都有处理安全性的不同方式。例如，ESXi 的安全问题不同于 Windows 版本 vCenter Server 或基于 Linux 的 vCenter Server 虚拟设备。本书不会介绍如何实现虚拟机内应用程序的安全性，因为这些任务不属于本书阐述范围。然而，建议在设置 vSphere 环境安全性时，一定要注意应用程序层的安全性。当考虑如何设置 vSphere 环境中各个组件的安全性时，必须考虑下面 3 个方面。

◆ 身份验证（Authentication）；

◆ 权限管理（Authorization）；

◆ 操作登记（Accounting）。

这种模型通常也称为 AAA 模型，它描述了一种安全方法，其中用户的身份必须通过验证（正确标识其身份）、获得授权（启用或允许执行一个任务，包括网络访问控制）并登记操作（所有操作都会跟踪和记录，以备将来查询）。

和其他章节的学习一样，一定要注意本章节提出的一些建议与虚拟化完全无关。因为 vSphere 虚拟化影响着数据中心的许多方面，所以在考虑安全性时还必须考虑所有方面。而且，有一些建议会在书中多处重复提到。安全性应该深入到 vSphere 设计与实现的每一个方面，所以在本章关于安全性的讨论中自然也会看到前面提到过的一些相同的方法。

关于安全性设置，首先要介绍的组件是 ESXi 主机。

8.2　ESXi 主机安全性

VMware ESXi 是 vSphere 的核心，任何关于 vSphere 安全性的讨论都会涉及如何保证 ESXi 的安全性。本节将介绍如何使用 AAA 模型作为指导框架设置 ESXi 主机的安全性。首先从身份验证开始。

8.2.1　配置 ESXi 身份验证

vSphere 管理员的大多数工作都与 vCenter Server 相关。即使如此，也需要了解 ESXi 是如何处理用户身份验证的，因为 vCenter Server 管理 ESXi 主机的机制也依赖于 ESXi 身份验证。此外，有时候用户可能不会直接连接一个 ESXi 主机。在使用 vCenter Server 时，虽然大多数时候都不需要直接连接一个 ESXi 主机，但是有时候确实就需要。有些时候，用户是无法通过 vCenter Server 执行任务的，例如：

◆　vCenter Server 不可用或已关闭；

◆　修复 ESXi 启动故障和配置问题。

由于仍然有一些情况要求使用 ESXi 的身份验证（即使可以通过 vCenter Server 间接验证），因此必须理解 ESXi 主机的各种管理用户与组的方式。它们的基本管理方式有 2 种：在每一个主机本地管理用户与组，或者整合 Active Directory。下节将依次介绍这些方法。

1. 在本地管理用户与组

大多数时候，在 ESXi 主机上使用本地用户账户的次数和频率都明显减少。通常，访问一个 ESXi 主机只需要 2 ~ 3 个账户。为什么是 2 ~ 3 个，而不是 1 个呢？至少创建 2 个账户的最好理由是防止一些情况使其中一个用户账户无法使用，如用户休假、生病或发生意外。我们知道，ESXi 主机的用户与组都是在各个 ESXi 主机上单独管理。因为需要使用到本地账户的机会非常少，所以许多组织认为在多个 ESXi 主机上只管理少数账户，在管理人力方面是可以接受的。

在这样的环境中，有 2 种方法可以在本地管理用户与组：使用命令行工具和使用 vSphere 客户端。选择哪一种方法，很多时候取决于个人的经验和偏好。例如，我个人非常喜欢使用命令行，所以我首选使用命令行接口（CLI）。然而，如果有人更喜欢使用 Windows 应用程序，那么最佳选择是 vSphere。本节将介绍这两种方法，读者可以根据自己的需求选择最适合使用的方法。

执行下面的步骤，使用 vSphere 客户端查看本地用户与组。

① 启动 vSphere 客户端（如果未运行），连接一个 ESXi 主机。记住，vSphere 客户端不能直接管理 ESXi 主机，如果连接一个 vCenter Server 实例，则无法在 vSphere 客户端上管理本地用户与组。

② 在左边的目录清单上选择 ESXi 主机。

③ 单击右边内容窗格的 Local Users & Groups（本地用户与组）选项卡。

在 Local Users & Groups 选项卡上可以新建用户或组、编辑已有用户或组（包括修改密码）和删除用户与组。接下来，将逐一介绍这些任务。

另外，还可以使用 CLI 管理本地用户与组。虽然 ESXi 提供了一个本地 shell（8.2.2 节中的"2. 控制本地 CLI 访问"将更详细地介绍 ESXi 主机本地 shell），但是在 ESXi 上使用 CLI 的首选方法是 vSphere CLI（也称为 vCLI）。我们认为 vSphere 管理助手（vSphere Management Assistant, vMA）是使用 vSphere CLI 的最佳方式。接下来，将依次介绍创建、编辑和删除本地用户与组的过程，其间会介绍和使用 vMA。

接下来，一起学习如何创建用户或组、编辑用户或组及删除用户或组。

（1）创建一个本地用户或组。

执行下面的步骤（这些步骤假定已经进入 vSphere 客户端的 Local Users & Groups 选项卡），使用 vSphere 客户端创建一个本地用户或组。

① 右键单击 Local Users & Groups 选项卡的空白区域，选择 Add。

这时会打开 Add New User 对话窗口。

② 指定登录名、UID（可选）和用户名。

如果不指定 UID，那么系统会分配下一个可用 UID——从 500 开始。如果 ESXi 主机由 vCenter Server 管理，那么 UID500 可能已经被 vpxuser 账户占用，具体参见本章 8.3.2 节。

③ 输入并重复输入新用户账户的密码。

④ 如果想要允许这个用户使用 ESXi Shell，则选定 Grant Shell Access To This User（为此用户分配 Shell 访问权限）。

⑤ 在 Group Membership（组成员）下的组下拉列表中选择一个 Group，单击 Add 按钮。

这样就可以将新用户添加到 Users 组中。

⑥ 单击 OK 按钮，用指定的值创建这个用户。

新用户将显示了用户列表上。

在 8.2.4 节中，将介绍如何给用户分配一个角色，控制用户允许执行哪些操作。

将 root 用户添加到 vSphere

vSphere 5.1 问世之前，我们无法创建与内置 root 账户权限相同的其他账户，所有人必须共享 root 账户。这意味着，每当执行一个升级任务时，无法将该操作与特定的人关联起来。

从 vSphere 5.1 开始，本地 ESXI root 组可以提供实际 root 权限。

执行下面的步骤，使用 vSphere 客户端创建一个本地组。

① 单击 Local Users & Groups 选项卡上面的 Groups 按钮。

② 右键单击选项卡的空白区域，选择 Add。

这时会打开 Create New Group（新建组）对话窗口。

③ 指定一个组名和组 ID（可选）。

如果未指定一个组 ID，那么系统会自动分配一个组 ID——从 500 开始。

④ 在下拉列表上选择想要添加到这个组的用户，单击 Add 按钮。

重复执行这个操作，添加所有想加入该组的用户。

⑤ 单击 OK 按钮，创建这个组，返回 vSphere 客户端。

新建的组将显示在 Local Users & Groups 选项卡的组列表上。

此外，也可以使用 CLI 创建用户与组。在 vMA 上，可以使用 vicfg-user 命令在一个 ESXi 主机上创建用户与组。

执行下面的步骤，使用 CLI 创建一个用户或组。

① 通过 SSH 会话连接 vMA。

② 在 vMA 命令提示符下，输入下面的命令，在指定 ESXi 主机上创建一个新用户账户。

```
vicfg-user --server server.domain.com --username root --entity user --login LoginName --operation add
```

如果要创建一个新用户组，则需要修改 --entity 和 --login 参数值。

```
vicfg-user --server server.domain.com --username root --entity group --group GroupName --operation add
```

③ 在一些 vMA 配置中，可能会提示输入密码，才能执行这个命令。输入该用户在前一个命令中输入的密码（这个例子是 root）。

④ 如果是创建新用户账户，则会提示输入新用户的密码。输入要指定给新用户的密码，然后再次重复一次。

图 8.1 显示 vMA 提示输入一个执行命令的密码及新用户账户的密码。

正如之前所介绍的，创建一个新用户或组只是整个

图 8.1 vicfg-user 命令提示输入执行命令的密码，然后提示输入新建用户的密码

过程的一部分。要在 vSphere 客户端使用这个账户，还需要分配一个角色。稍后 8.2.4 节将介绍角色与权限。

现在就来学习如何在 vSphere 客户端和 CLI 上编辑一个用户或组。

(2) 编辑一个本地用户或组。

执行下面的步骤，使用 vSphere 客户端编辑一个本地用户或组。

① 假设已经启动了 vSphere 客户端，并且连接了一个 ESXi 主机，那么从目录视图选择这个 ESXi 主机，选择 Local Users & Groups（本地用户与组）选项卡。

② 右键单击想要修改的用户，选择 Edit。

这样就会打开 Edit User（编辑用户）对话窗口。

③ 根据需要，在 Edit User 对话窗口上修改用户账户。

登录名不能修改，如图 8.2 所示。

④ 单击 OK 按钮，完成选定用户账户的修改。

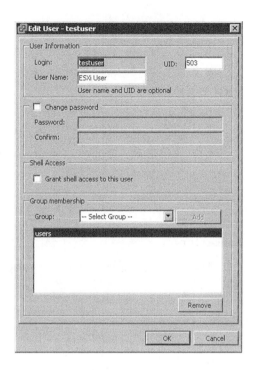

图 8.2 可以修改用户的 UID、用户名、密码和组成员，但是不能修改登录名

使用 vSphere 客户端编辑组的步骤几乎是完全相同的。然而，在编辑一个组时，快捷菜单不会显示一个 Edit 命令；相反，要使用 Properties 命令。此外，在编辑一个组时，只能修改组的成员，其他属性都不允许修改。

执行下面的步骤，使用 CLI 编辑一个本地用户或组。

① 使用 PuTTY.exe（Windows）或终止窗口（Mac OS X 或 Linux），建立一个 SSH 会话连接 vMA 实例。

② 使用下面这个命令，修改一个指定 ESXi 主机的用户账户。

```
vicfg-user --server esxi-03.lab.local --username root --entity user --login
LoginName --newusername "New Full Name" --operation modify
```

如果要修改一个用户组，则将 --entity 和 --login 参数值修改为：

```
Vicfg-user --server esxi-03.lab.local --username root --entity group --
operation modify --group TestGroup --adduser testuser --removeuser bob
```

和 vSphere 客户端一样，使用 vicfg-user 命令时也只能给组添加用户或从组中删除用户。

③ 如果提示输入执行命令的密码（主要与 vMA 配置有关），则输入用户在 --username 参数配置的密码。

最后，介绍如何删除 ESXi 主机的本地用户与组，结束关于管理本地用户与组的内容。

（3）删除一个本地用户与组。

执行下面的步骤，使用 vSphere 客户端删除一个指定 ESXi 主机中一个本地用户或组。

① 在使用 vSphere 客户端连接指定的 ESXi 主机之后，从目录视图选择 ESXi 主机，选择 Local Users & Groups（本地用户与组）选项卡。

② 要删除一个用户，则单击 Users 按钮。要删除一个组，则单击 Groups 按钮。

③ 右键单击要删除的用户或组，选择快捷菜单中的 Remove。在提示操作确认时，单击 Yes 按钮。

执行下面的步骤，使用 vCLI 删除一个本地用户或组。

① 使用 PuTTY.exe（Windows）或终端窗口（Mac OS X 或 Linux），通过 SSH 连接 vMA。

② 执行下面的命令，删除一个用户。

```
vicfg-user --server esxi-03.lab.local --username root --entity user --operation delete --login UserName
```

要删除一个组，则修改 --entity 和 --login 参数值。

```
vicfg-user --server esxi-03.lab.local --username root --entity group --operation delete --group GroupName
```

注意，在删除所有成员之前，不能从 CLI 删除一个组。在 vSphere 客户端上删除组时没有这个限制。

连接 vCenter Server 还是不连接

管理 vSphere 环境的最佳方法是将遗留 vSphere 客户端连接到一个 vCenter Server 实例。虽然也可以将 vSphere 客户端直接连接到 ESXi 主机，但是这样会少了很多功能。如果没有购买 vCenter Server，那么则可能只能选择连接 ESXi 主机。在这种情况中，必须在 ESXi 主机本地创建管理虚拟机的用户账户，具体参见本节的"1. 在本地管理用户与组"。

现在虽然知道了在每一个 ESXi 主机本地管理用户与组的具体步骤，但是这样做会有什么安全问题呢？又应该如何解决这些安全问题呢？下面是其中一些例子。

◆ 必须以手动方式在每一个 ESXi 主机上单独管理用户与组。如果忘记在一个特定 ESXi 主机上删除一个已离职员工的用户账户，那么就留下了一个潜在的安全问题。

◆ 没有任何方法可以集中应用密码策略。虽然可以为每一个 ESXi 主机设置密码策略，但是必须在环境中每一个 ESXi 主机上分别执行这些操作。如果需要修改密码策略，则必须在每一个 ESXi 主机上依次修改。

通过使用 VMware 提供的功能，将 ESXi 的身份验证整合到 Active Directory 中，就可以解决这两个安全问题，具体见下一节的介绍。

2. 启用 Active Directory 整合

读者现在已经知道，默认情况下，ESXi 使用本地用户与组来分配目录和文件的权限。这时本地用户与组是 ESXi 安全模型的重要组成部分,具体参见 8.2.4 节。虽然这些本地的用户与组构成了 ESXi 安全模型的基础,但是前面已经在提到,在企业的每一个 ESXi 主机本地管理这些用户与组,需要大量的管理人力,而且会有一些安全问题。

如果既能够持续增加 ESXi 主机的本地访问需求,又能避免在本地管理用户与组的安全问题,那么是否有办法做到呢?

解决这些安全问题的一种方法是使用集中安全管理工具。在 vSphere 5 中,VMware 增加了微软 Active Directory 的支持,这是一个广泛部署的目录服务,它可以作为 ESXi 主机的集中安全管理工具。正如 8.3 节将会介绍的,基于 Windows 的 vCenter Server 已经整合了 Active Directory,所以允许 ESXi 主机使用相同安全管理工作是很有必要的。

在将 ESXi 主机添加到 Active Directory 之前,还必须先准备好 4 个前置条件。

◆ 保证 ESXi 主机的时间与 Active Directory 域控制器的时间同步。ESXi 支持 NTP,第 2 章已经介绍了如何在 ESXi 主机上配置 NTP。

◆ 保证 ESXi 主机能够解析 Active Directory 域名,并且能够通过 DNS 定位到域控制器。一般情况下,这意味着要配置 ESXi 主机使用与 Active Directory 域控制器相同的 DNS 服务器,如第 2 章介绍的 NTP。

◆ ESXi 主机的完整域名(FQDN)必须使用与 Active Directory 域相同的域名前缀。

◆ 必须在 Active Directory 上创建一个 ESX Admins 组。将允许连接 ESXi 主机的用户账户添加到这个组中。不允许使用其他组合,且组名必须是 ESX Admins。

一旦准备好这些前置条件,就可以配置 ESXi 主机通过 Active Directory 执行身份验证。

执行下面的步骤配置 ESXi 主机,让它使用 Active Directory 作为其集中安全管理工具。

(1) 使用 vSphere 客户端登录到 ESXi 主机,用 root 账户登录(或者有相同权限的账户)。

(2) 从目录视图中选择 ESXi 主机,选择 Configuration 选项卡。

(3) 在 Software 区域中选择 Authentication Services(身份验证服务)。

(4) 单击右上角的 Properties 按钮。

(5) 在 Directory Services Configuration(目录服务配置)对话窗口中的 Select Directory Service Type(选择目录服务类型)下拉列表上选择 Active Directory。

(6) 指定这个 ESXi 主机将用于执行身份验证的 Active Directory 域的 DNS 域名。

(7) 单击 Join Domain(加入域)按钮。

(8) 指定有权限允许主机加入这个域的用户名与密码。

一旦 ESXi 主机加入到 Active Directory,用户就能够使用他们的 Active Directory 身份信息执行 ESXi 主机的身份验证。使用 vSphere 客户端或 vCLI,用户可以使用 domain\username 或 username@domain 语法。在 vCLI 上,用户必须将 domain\username 信息添加到双引号中,如下所示。

```
vicfg-users --server esxi-03.lab.local --username "lab\administrator" --
entity group --operation list
```

此外，配置 vMA 使用 Active Directory 身份验证，可以进一步简化 vMA 的使用。

虽然管理用户的身份验证方式是很重要的，但是控制用户访问 ESXi 主机的方式同样重要。在下节中，将介绍如何控制 ESXi 主机的访问。

8.2.2　控制 ESXi 主机的访问

AAA 模型的第二部分是权限管理（Authorization），包括影响本地访问或网络的访问控制机制。在本节中，将介绍用于控制 ESXi 主机访问的方法。

1. 控制本地访问

ESXi 提供了在直连控制台用户界面（Direct Console User Interface, DCUI）上通过服务器控制直接访问的方法。本书的其他章节已经展示过 DCUI 的截图，如第 2 章。

只有拥有 ESXi 主机 Administrator 角色的用户才能够访问 DCUI。本书还没有介绍角色的概念（具体参见 8.2.4 节），但是 DCUI 的这个限制条件可以控制允许访问 DCUI 的角色。与其他安全性类似，一定要通过物理服务器控制台保证主机访问的安全性，而使用 Administrator 角色限制 DCUI 的访问则有利于实现这个目标。

2. 控制本地 CLI 访问

ESXi 有一个 CLI 环境，它可以通过服务器的物理控制台访问。然而，CLI 环境（也称为 ESXi Shell）默认是禁用的。如果需要通过 CLI 访问 ESXi，则必须先启用 ESXi Shell。可以通过 DCUI 或 vSphere 客户端启用 ESXi Shell。

执行下面这些步骤，通过 DCUI 启用 ESXi Shell。

（1）使用物理服务器控制台或一些 KVM 设备访问 ESXi 主机的控制台（许多服务器供应商提供远程控制台功能）。

（2）按 F2 键，登录到 DCUI。当提示输入用户名和密码时，输入有访问 DCUI 权限的用户和密码（这个用户必须拥有该 ESXi 主机的 Administrator 角色）。

（3）找到 Troubleshooting Options（故障恢复选项），按 Enter 键。

（4）选择 Enable ESXi Shell（启用 ESXi Shell）。

这样就可以在 ESXi 主机上启用 CLI 环境。

（5）按 Escape 键，直到返回 DCUI 主界面。

（6）按 Alt+F1 键，访问该 ESXi 主机的 CLI 环境。

如果主机使用本地身份验证，则要使用该主机本地定义的一个用户账户进行身份验证。如果主机使用上节所介绍的 Active Directory 身份验证机制，就可以使用 Active Directory 身份信息登录（使用 domain\username 或 username@domain syntax）。

执行下面的步骤，通过 vSphere 客户端启用 ESXi Shell。

（1）使用 vSphere 客户端连接 ESXi 主机。

（2）在目录视图中选择 ESXi 主机，选择 Configuration 选项卡。

（3）在 Software 区域中选择 Security Profile（安全配置文件）。

（4）单击 Services 旁边的 Properties 超链接。

这样就会打开 Services Properties 对话窗口。

（5）从服务列表选择 ESXi Shell，单击 Options 按钮。

（6）单击 Start 按钮。

（7）单击 OK 按钮，返回 Services Properties 对话窗口。

列表中 ESXi Shell 的状态现在变成 Running。

（8）单击 OK 按钮，返回 vSphere 客户端。

ESXi Shell 现在已经启用。

现在就可以在 ESXi 主机控制台上使用本地 CLI 了。但是一定要注意，VMware 不推荐经常使用 ESXi Shell 作为管理与维护 ESXi 的主要手段。相反，应该使用 vSphere 客户端和（或）vMA，而且只有在确实需要时才使用 ESXi Shell。

虽然执行这些步骤可以启用本地 CLI 访问，但是还没有实现远程 CLI 访问。此时，必须执行另外一些步骤，才能启用远程 CLI 访问，具体参见下一节内容。

3. 控制 SSH 远程 CLI 访问

安全 Shell（也称为 SSH）是广泛使用的加密远程控制台协议。SSH 最早在 1995 年开发，目的是替代其他一些协议，如 Telnet、rsh 和 rlogin，这些协议并没有可靠的身份验证机制，也不能防御密码嗅探等网络攻击。SSH 很快得到广泛应用，而且 SSH-2 协议现在已经成功互联网工程任务小组（Internet Engineering Task Force, IETF）的一个提议互联网标准。

ESXi 使用 SSH 作为一种远程控制台访问方法。因此，vSphere 管理员可以使用 SSH 窗口远程访问 ESXi 主机的 CLI，如 Windows 的 PuTTY.exe 或 Linux 或 Mac OS X 的 OpenSSH，然后执行一些管理任务。然而，与 ESXi Shell 类似，ESXi 主机默认禁用了 SSH 访问。要想通过 SSH 远程访问一个 ESXi 主机的 CLI，则必须先启用 ESXi Shell 并启用 Shell。前面已经介绍了如何启用 ESXi Shell，现在介绍如何通过 DCUI 和 vSphere 客户端启用 SSH。

执行下面的步骤，通过 DCUI 启用 SSH。

（1）使用物理服务器控制台或一些 KVM 机制访问 ESXi 主机的控制台（许多服务器供应商提供了远程控制台访问功能）。

（2）按 F2 键，登录到 DCUI。当提示输入用户名和密码时，输入有 DCUI 访问权限的用户名和密码（这个用户必须拥有这个 ESXi 主机的 Administrator 角色）。

（3）找到 Troubleshooting Options（故障恢复选项），按 Enter 键。

（4）选择 Enable SSH（启用 SSH），启用 ESXi 主机的 SSH 服务器（或后台程序）。

（5）按 Esc 键，直到返回 DCUI 主界面。

执行下面的步骤，通过 vSphere 客户端启用 SSH。

（1）使用 vSphere 客户端连接 ESXi 主机。

(2) 在目录视图中选择 ESXi 主机，选择 Configuration 选项卡。

(3) 在 Software 区域中选择 Security Profile（安全配置文件）。

(4) 单击 Services 旁边的 Properties 超链接。

这时会打开 Services Properties（服务属性）对话窗口。

(5) 在服务列表中选择 SSH，单击 Options 按钮。

(6) 单击 Start 按钮。

(7) 单击 OK 按钮，返回 Services Properties 对话窗口。

这里列表中 SSH 的状态应该变成 Running（正在运行）。

(8) 单击 OK 按钮，返回 vSphere 客户端。现在，可以使用 PuTTY.exe（Windows）或 OpenSSH（Mac OS X、Linux 及其他 Unix 发行版），通过 SSH 会话连接 ESXi 主机。

和本地 CLI 访问一样，VMware 不推荐使用 SSH 作为 ESXi 主机的日常管理手段。事实上，前一个版本的 vSphere 不支持使用 SSH 访问 ESXi。这个版本的 vSphere 支持这种方式，但是 VMware 仍然不推荐经常使用这种方法。如果要使用 CLI 环境，那么推荐使用 vMA 作为主要的 CLI 环境。

root 的 SSH 登录是默认启用的

一般而言，允许 root 用户通过 SSH 登录主机被认为是违反安全性最佳实践。然而，在 vSphere 5.0 中，在启用 SSH 和 ESXi Shell 时，root 用户允许通过 SSH 登录。这在日常操作中是保持禁用 SSH 和 ESXi Shell 的另一个原因。

虽然 VMware 支持通过 SSH 访问 ESXi 主机的 CLI 环境，但是这个版本的 SSH 并没有提供与"完整"SSH 环境同等的灵活性。这也进一步说明了在特定需要时必须使用 SSH，以及对 ESXi 主机增加额外访问控制的重要性，如网络防火墙。

4. 通过 ESXi 防火墙控制网络访问

ESXi 包含一个防火墙，它可以控制进出主机的网络流量。这个防火墙为 vSphere 管理员提供了另一层控制，即控制哪一类网络流量允许进出 ESXi 主机。

默认情况下，ESXi 防火墙只允许管理虚拟机与 ESXi 主机的必要连接流量通过。默认开放的端口有：

◆ TCP 443 和 902：vSphere 客户端、vCenter 代理；

◆ UDP 53：DNS 客户端；

◆ TCP 和 UDP 427：Common Information Model (CIM) Service Location Protocol (SLP)；

◆ TCP 8000：vMotion；

◆ TCP 22：SSH。

关于 ESXi 主机开放端口的完整列表，可以在直接连接 ESXi 主机的 vSphere 客户端上查看，如图 8.3 所示。或使用 vSphere Web 客户端连接 vCenter 服务器，选择主机，导航到 Manage Settings Security Profile。

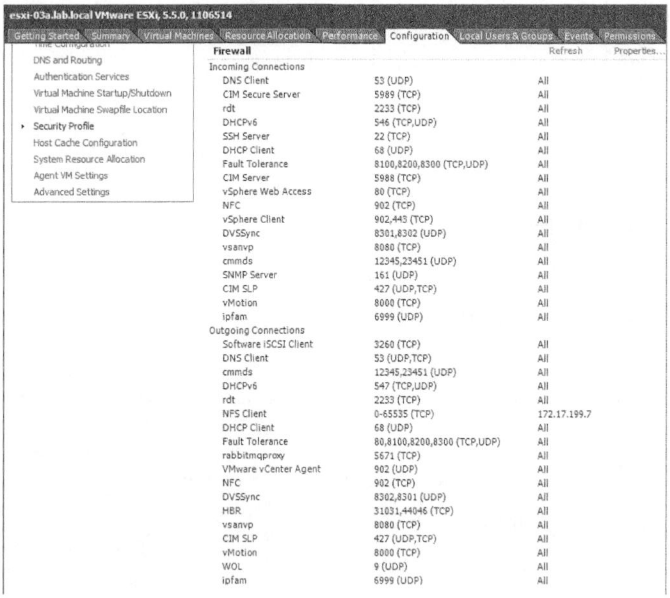

图 8.3　在 vCenter Server 的 Configuration 选项卡中，Security Profile 区域显示了 ESXi 防火墙的当前配置

在 vSphere 客户端的同一个区域上，还可以启用更多允许通过防火墙的端口，或者禁用当前打开的端口。这里列出可配置的大量预定义端口和相关服务。

执行下面的步骤，启用或禁用通过 ESXi 防火墙的流量。

（1）启动 vSphere 客户端，连接到一个 ESXi 主机或一个 vCenter Server 实例。

（2）从目录视图中选择一个 ESXi 主机，选择 Configuration 选项卡。

如果连接到一个 vCenter Server，那么可能需要先打开 Hosts And Clusters 目录视图。

（3）在 Software 区域中选择 Security Profile。

（4）单击 Firewall 标题右边的 Properties 超链接。

这时会打开 Firewall Properties 对话窗口。

（5）选定一个流量类型旁边的复选框，就可以允许这种流量通过防火墙；取消选定这种流量旁边的复选框，就可以禁用这种流量。

（6）单击 OK 按钮，返回 vSphere 客户端。

此外，ESXi 防火墙还允许配置更细致的网络访问控制，指定来自特定源地址的流量允许通过。这样就能够允许某些特定类型的流量通过 ESXi 防火墙，但是限制一些特定的 IP 地址。

执行这些步骤，限制来自特定来源的网络服务访问。

（1）启动 vSphere 客户端，连接一个 ESXi 主机或一个 vCenter Server 实例。

（2）从目录视图中选择一个 ESXi 主机，选择 Configuration 选项卡。

如果连接一个 vCenter Server 实例，则可能需要先打开 Hosts And Clusters 目录视图。

（3）在 Software 区域中选择 Security Profile。

（4）单击 Firewall 标题右边的 Edit 按钮。

这时会打开 Firewall Properties（防火墙属性）对话窗口。

（5）选择当前允许通过防火墙的端口。

（6）如果要限制对特定来源的访问，在对话框底部取消选择标有 Allow Connections From Any IP Address 的复选框。

源地址允许使用下面 3 种格式：

◆ 192.168.1.24：一个 IPv4 源地址；

◆ 192.168.1.0/24：一个 IPv4 源地址的子网；

◆ 2001::1/64：一个 IPv6 地址的子网。

图 8.4 显示了为选定网络流量配置的源子网 10.0.0.0/8。

（7）单击 OK 按钮，关闭 Firewall Settings 对话窗口，返回 Firewall Properties 对话窗口。

（8）单击 OK 按钮，关闭 Firewall Properties 对话窗口，返回 vSphere 客户端。

ESXi 防火墙的这个特性不仅可以更灵活地定义哪些服务允许进出 ESXi 主机，也定义了进出主机的流量来源。

图 8.4 这个 ESXi 主机上通向选定网络地址的流量只能来自指定的子网地址

前面两个示例概述了如何使用传统 vSphere 客户端和 vSphere Web 客户端执行防火墙任务。偶然可能会遇到需要通过防火墙配置自定义端口和服务的情况，这需要通过 ESXi shell 或 SSH 执行。

以下步骤将指导你完成创建自定义防火墙规则的过程。

（1）通过 SSH 登录到 ESXi shell。

（2）如要显示当前的防火墙规则，运行以下命令。

```
esxcli network firewall ruleset list
```

（3）对防火墙配置文件进行备份。

```
cp /etc/vmware/firewall/service.xml /etc/vmware/firewall/service.xml.bak
```

（4）通过以下命令允许更改防火墙配置文件。

```
chmod 644 /etc/vmware/firewall/service.xml
```

（5）使用以下命令切换粘贴位标志。

```
chmod +t /etc/vmware/firewall/service.xml
```

（6）用文本编辑器打开防火墙配置文件，在本例中使用 Vi。

```
vi /etc/vmware/firewall/service.xml
```

（7）如图 8.5 所示，按照与文件中已有服务相同的语法添加一个服务。

图 8.5 将正确的 XML 添加到 services.xml 文件即可定制 ESXi 主机防火墙端口

```
<service id='0101'>
  <id>lab.local</id>
  <rule id='0000'>
    <direction>inbound</direction>
    <protocol>udp</protocol>
    <porttype>dst</porttype>
    <port>1337</port>
  </rule>
  <rule id='0001'>
    <direction>outbound</direction>
    <protocol>udp</protocol>
    <porttype>src</porttype>
    <port>1337</port>
  </rule>
  <enabled>true</enabled>
```

```
    <required>false</required>
</service>
```

(8) 将防火墙配置权限更改回原来的值。

```
chmod 444 /etc/vmware/firewall/service.xml
```

(9) 运行以下命令更新防火墙配置。

```
esxcli network firewall refresh
```

(10) 最后，再次列出防火墙规则，确保更改有效。

```
esxcli network firewall ruleset list
```

维护 ESXi 防火墙配置是 ESXi 主机安全性的一个重要方面。

另一个推荐的安全实践是隔离 ESXi 管理网络，以控制对 ESXi 主机管理界面的网络访问。可以使用网络防火墙（我们将在下一节介绍的一项技术）完成这一任务。

5. 控制 ESXi 管理接口的网络访问

ESXi 防火墙可以控制 ESXi 主机上特定 TCP/IP 端口的访问，但是还应该考虑另外一个步骤，就是使用一个网络防火墙控制 ESXi 主机的管理接口访问。使用一个网络防火墙应用访问控制列表（ACL），控制哪一些系统允许连接 ESXi 主机的管理接口，这是 ESXi 防火墙的补充方法，而且它符合众所周知的推荐实践方法——"深度防御"。

如果要选择将 ESXi 主机的管理接口隔离在一个独立的网段，一定要记住下面 2 个重要问题。

◆ 一定要允许从 vCenter Server 正常访问 ESXi 主机。方法可以是允许相应的端口通过防火墙，或者将更多的网络接口添加到 vCenter Server 系统的隔离管理网段。推荐使用后一种方法，但是两种方法都是行之有效的。

◆ 如果可以直接访问 ESXi 主机，则一定要允许 vMA 或运行 PowerCLI 脚本的系统的访问。如果 vMA 或 PowerCLI 脚本连接 vCenter Server，则只需要允许 vCenter Server 的访问。

 Real World Scenario

使用一个"跳转"设备

常见的一种广泛应用技术是"跳转"设备。这是一个系统（通常基于 Windows Server），它拥有连接隔离网络及其他网段的接口。一般是先连接跳转设备，再从这个设备使用 vSphere 客户端、PowerCLI、vMA 或其他工具连接到 vSphere 环境。这样就不需要创建防火墙规则控制隔离管理网络的流量访问，但是仍然能够正常访问管理环境。如果准备隔离 ESXi 主机的管理接口，那么也可以考虑使用这种方法管理虚拟环境。

控制 ESXi 主机的网络访问是整个安全策略的重要组成部分，但是要保持 ESXi 主机更新最新的安全漏洞补丁也同等重要。

8.2.3　保持 ESXi 主机更新

保持 vSphere 环境安全性的另一个重要部分是保持 ESXi 主机更新到最新补丁。VMware 会根据需要发布 ESXi 的安全补丁。不安装这些安全补丁，vSphere 环境就可能存在安全风险。

vSphere 更新管理器（VUM）是 VMware 专门为 vSphere 解决这个问题的工具。第 4 章已经详细介绍了 VUM。为了尽可能提高 vSphere 环境的安全性，强烈推荐在环境中使用 VUM 保持 ESXi 主机的更新。

在下节中，将介绍另一个方面：权限管理，即使用访问控制来管理通过认证的用户允许在 ESXi 主机上执行哪些操作。

8.2.4　管理 ESXi 主机权限

本书已经介绍过如何管理用户与组，包括本地管理和通过 Active Directory 管理，ESXi 主机安全性的另一个重要方面是角色的概念。

vCenter Server 和 ESXi 主机都使用相同结构的安全模型给用户分配管理虚拟基础架构的权限。这个模型由用户、组、角色、权限（Privilege）和许可（Permission）构成，如图 8.6 所示。

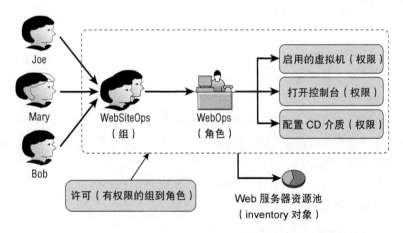

图 8.6　vCenter Server 和 ESXi 用同一种安全模型分配访问控制权限

非 vCenter Server 环境与 vCenter Server 环境的不同之处主要在以下两方面：

◆ 用户与组对象的创建位置；

◆ 每一个环境的角色与权限粒度。

读者已经知道 ESXi 可以使用每一个 ESXi 主机本地定义的用户与组，或者使用微软 Active Directory 作为集中安全管理工具。在后面的"通过单点登录进行用户身份验证"一节中会看到，vCenter 还可以利用 Active Directory 这样的目录作为一个集中安全机构。在 vSphere 5.1 面世之前，基于 Windows 的 vCenter Server 是 Active Directory 的一个成员，那时是通过这一联系利用权限。从 vSphere 5.1 开始，随着 vCenter 单点登录（SSO）的引入，体系结构发生了显著变化。本章后面会对 SSO 做更多解释。这是为不使用 vCenter Server 和使用 vCenter Server 的环境管理权限的第一个关键区别。

第二个重要区别是两种环境的角色与权限管理粒度。在解释这个区别之前，必须先讨论和定义角色与权限。

在不使用 vCenter Server 的环境中，或者管理员选择让认证用户直接通过 ESXi 主机执行管理任务，则一定要先介绍安全模型。

在 vCenter Server/ESXi 安全模型的最基本格式中，用户或组都会分配给拥有权限的角色。然后，将用户—角色—权限组合分配到目录的一个对象中，即权限许可。这意味着 vCenter Server/ESXi 安全模型包含 4 个基本组件。

用户或组　用户是一种验证机制；组是用户的集合。在上节介绍了如何管理用户与线，以及 ESXi 如何使用本地用户与组，或者使用 Active Directory 的用户与组。用户与组构成了安全的基本结构。

权限（Privilege）　权限是对用户可以在目录对象上执行的一个操作。这可能包括分配数据存储的空间、启动虚拟机、配置网络或者给虚拟机附加一个虚拟 CD/DVD。

角色（Role）　角色是权限的组合。ESXi 有一些内置的角色（马上会介绍），也允许用户自定义角色。

许可（Permission）　许可允许一个用户或组执行分配给一个清单对象的角色指定的活动。例如，用户可以将一个包含所有权限的角色分配给一个目录对象。将这个角色附加到目录对象就创建了一个许可。

这种模块化的安全模型有很大的灵活性。vSphere 管理员可以使用 ESXi 提供的内置角色，也可以创建包含自定义权限的自定义角色，然后将这些自定义角色分配给目录对象，从而在虚拟基础架构上重建一组正确的功能集合。通过将角色关联到用户或组，vSphere 管理员就只需要定义一次角色；然后，有任何人需要这些权限时，所有管理员需要将它关联到带有对应角色的用户或组。这确实能够大大简化权限的管理。

一个 ESXi 主机有下面 3 个默认角色。

No Access　顾名思义，No Access 角色的意思就是不允许访问。这个角色禁止访问目录中一个或多个对象。如果有一个用户分配了高于目录的访问权限，则可以使用 No Access 角色。No Access 角色还可以用在一些较低层对象，阻止一些对象的访问。例如，如果用户分配了 ESXi 主机的访问权限，但是又不应该访问某个特定的虚拟机，那么这时就应该在这个虚拟机上使用 No Access 角色。

Read-Only　这个角色允许用户查看 vSphere 客户端目录的对象。它不允许用户以任何方式操作任何一个可见的对象。例如，一个有 Read-Only 权限的用户能够看到目录中的虚拟列表，但是不能操作它们。

Administrator　这个角色拥有最高权限，但是它只是一个角色，需要分配给一个由用户或组对象和目录对象（如虚拟机）组合。

由于 ESXi 主机只有这 3 个内置角色，因此灵活性还远远不够。此外，前面介绍的默认角色也是不能修改的，所以不能定制默认的角色。然而，这并不是问题。默认角色形成的限制都可以通过创建自定义角色突破。用户可以创建一些更符合自己要求的自定义角色，或者克隆现有角色，根据自己的需要增加一些权限。

下面，开始详细了解如何创建一个自定义角色。

1. 创建自定义角色

如果 ESXi 提供的默认角色不符合组织的权限管理要求，那么就应该创建一些更适合业务需求的自定义角色。例如，假设有一组用户需要访问虚拟机的控制台，而且还需要修改这些虚拟机的 CD 和软盘介质。由于所有默认角色不包含这些需求，因此必须创建一个自定义角色。

执行下面的步骤，创建一个名为 Operator 的自定义角色。

（1）启动 vSphere 客户端（如果未运行），连接到一个 ESXi 主机。

（2）使用导航栏或者选择 View → Administration → Roles，打开 Administration 区域。

此外，也可以按 Ctrl+Shift+R 组合键。

（3）单击 Add Role（添加角色）按钮。

（4）在 Name 文本框中输入新角色的名称（在这个例子中是 Operator），选择这个角色的成员所需要的权限，如图 8.7 所示。

图 8.7 所示的权限允许分配 Operator 角色的用户或组访问一个虚拟机的控制台、修改 CD 和软盘介质和修改虚拟机的电源状态。

图 8.7 自定义角色可以增强管理功能和提高权限分配的灵活性

修改虚拟介质的权限许可

要修改使用 SAN 卷中存储的软盘映像（扩展名为 ".flp" 的文件）和 CD/DVD 磁盘映像（扩展名为 ".iso" 的文件）的软盘和 CD 介质，还需要给这个组最上一层分配 Browse Datastore 权限——这里是 ESXi 主机本身。

（5）单击 OK 按钮，创建自定义角色。

现在，新的 Operator 角色已经创建，但是它还没有起作用，还必须给用户或组分配这个角色，将角色应用到 ESXi 主机和（或）各个虚拟机上。

2. 分配权限许可

角色既简单又实用，但是必须给一个用户或组分配角色，然后再以权限许可的方式分配给一个目录对象，这样角色才会真正生效。假设有一些用户需要访问作为 Web 服务器的虚拟机。如果通过 ESXi 主机管理访问控制，那么必须在这个主机上创建一个用户账户（或者使用一个 Active Directory 用户账户）和一个新用户组，如 WebServerOps。在创建这些用户和组之后，就可以执行安全模型。

执行下面的步骤，给一个用户或组分配虚拟机访问控制权限。

（1）启动 vSphere 客户端（如果未运行），连接到一个 ESXi 主机。

（2）右键单击左边目录树上要分配权限的对象，单击 Add Permission（添加权限许可）选项。在这个例子中，要右键单击 ESXi 主机。

（3）单击 Assign Permissions（分配权限许可）对话窗口的 Add 按钮。

（4）在 Select Users And Groups（选择用户与组）对话窗口中选择正确的用户或组（例如，WinESXOps）。

如果要整合 ESXi 主机和 Active Directory，则可以使用 Domain 下拉框，显示来自 Active Directory 的用户与组。

在看到想要添加的用户或组之后，单击 Add 按钮，单击 OK 按钮。这样就返回 Assign Permissions 对话窗口，这时用户或组已经列在对话窗口左边。

（5）在 Assigned Role（已分配角色）下拉列表中选择将要给选定用户或组分配的角色。在这个例子中，在下拉列表上选择 Operator（前面定义的角色），将这个角色分配给选定的用户或组。

如果有一个 ESXi 主机运行了 30 个虚拟机，而且其中只有 10 个是 Web 服务器虚拟机呢？如果像前面介绍那样在 ESXi 主机层次上分配权限许可，那么就会将角色分配给全部 30 个虚拟机，而不只是 10 个 Web 服务器虚拟机。这是因为，在分配一个权限许可时，默认会启用一个选项 Propagate To Child Objects（传播到子对象）。图 8.8 显示了 Assign Permissions 对话窗口。注意，传播权限许可的选项位于对话窗口右下角。

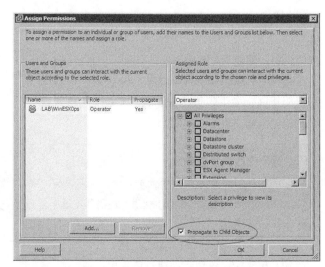

图 8.8　默认情况下，给一个对象分配权限许可将把权限许可传播到所有子对象上

这个选项与 Windows 文件系统的继承设置类似。它允许角色分配的权限应用到与选定对象邻近的对象上。例如，如果 Operator 角色作为一个权限许可应用到目录窗格的 ESXi 主机上，并且启用了 Propagate To Child Objects 选项，那么 Operator 角色的所有成员都能够与 ESXi 主机的所有虚拟机交互。虽然这肯定能够简化访问控制的实现，但是它也带来了另一个问题：Operator 角色的权限许可已经超出范围，现在应用到所有虚拟机上，而不仅仅应用到 Web 服务器上。在主机层分配访问权限，Operator 角色的成员就能够修改软盘和 CD 介质，以及使用 Web 服务器虚拟同的控制台，但是它们也能够对目录中其他虚拟机执行相同的操作。

为了保证权限分配符合真正的要求，必须单独将权限许可依次分配给 10 个 Web 服务器虚拟机。显然，这个过程的效率不高。Web 服务器虚拟机进一步增多时，需要增加额外的管理人力，才能保证访问控制。

此外，可以给非 Web 服务器虚拟机分配 No Access 角色，阻止其访问，但是这种方法一样不适合大规模使用，也会增加管理工作量。

这个问题显示了在各个 ESXi 主机上管理访问控制的缺点。还要记住，到现在为止讨论的所有步骤都在虚拟基础架构的各个 ESXi 主机上执行。如果有一种方法能够组织虚拟机目录，又会如何呢？换言之，如果创建一个专门针对 Web 服务器虚拟机的"容器对象（如文件夹）"，然后将所有 Web 服务器虚拟机移到文件夹中，又会如何呢？这时就可以将整个分配角色的用户组分配到上一级对象，然后一样启用继承，如图 8.9 所示。问题是文件夹对象不能在一个 ESXi 主机上创建。这意味着，唯一可用的方法是资源池。

3. 使用资源池分配权限许可

资源池（resource pool）实际上是一个特殊对象。可以将它看作一种文件夹。第 11 章将更详细地介绍资源池。强烈建议读者阅读本章内容，理解资源池的实际用途，以及它们的工作方式，然后再实际使用它们组织虚拟机。这里主要关注于如何使用资源池组织虚拟机，但是一定要注意，以这种方式使用资源池会产生另一个副作用。

执行下面的步骤，创建一个资源池。

（1）启动 vSphere 客户端（如果未启动），连接到一个 ESXi 主机。

（2）通过使用导航栏、使用 Ctrl+Shift+H 组合键或选择菜单 View → Inventory → Inventory，打开目录视图。

（3）右键单击 ESXi 主机，选择 New Resource Pool（新建资源池），如图 8.9 所示。

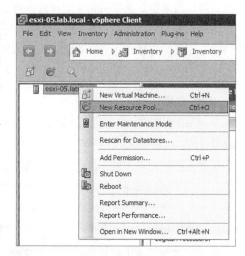

图 8.9 文件夹对象不能添加到一个 ESXi 主机上，因此资源池是分组虚拟机的唯一可用方法

（4）在 Name 文本框中输入资源池名称，这里是 WebServers。

（5）在需要时配置资源分配，为资源池配置限额和保留空间。

限额是指资源使用的最高上限值，而保留空间是为了预留空间保证。

（6）单击 OK 按钮。

现在已经创建了 WebServers
资源池，接下来可以将虚拟机添加
到资源池中，如图 8.10 所示。将虚
拟机添加到资源池，实际上就是在
资源池中创建新的虚拟机（参见第
9 章），或者将现有虚拟机拖放到资
源池上。

除此外，资源池成为可以分
配权限许可的目录对象。本节的
"2．分配权限许可"所介绍的相同

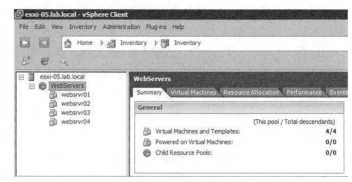

图 8.10 资源池也是目录对象，因此也可以作为一种基础架构管理
的对象

过程也适用于这里。直接给资源池分配权限许可，同时选定 Propagate To Child Objects 复选框。这
些权限许可就会应用到资源池的所有虚拟机上。

使用资源池也可以实现一些重要目标：优化虚拟机的组织方式和优化虚拟机权限许可的分配
方式。

然而，除了上面这些优点，还必须说明一点：通常不推荐以这种方式使用资源池。虽然资源
池是可以用来组织虚拟机和分配权限许可，但是资源池的主要用途是控制资源分配；它们原来并不
作为组织虚拟机的手段。在第 11 章中，将介绍资源分配，以及为什么只将资源池作为虚拟机组织
方式并不是好方法。强烈推荐读者阅读本章内容，并且完全理解资源池如何影响资源分配。

现在已经学习了如何分配权限许可，接下来介绍如何删除权限许可。

4．删除权限许可

当管理需求发生变化，或者权限许可分配出现错误时，就需要删除一些权限许可。本节的"2．分配
权限许可"已经介绍了给 ESXi 主机分配 Operator 角色的过程。现在，已经创建了一个资源组，可以更
加细致地控制权限许可，因此应该删除之前应用到主机的权限许可。

执行下面的步骤，删除目录中一个对象的权限许可。

（1）启动 vSphere 客户端（如果未运行），连接一个 ESXi 主机。

（2）使用导航栏、菜单或快捷键打开目录视图。

（3）选择目录中的对象，选择 Permissions 选项卡。

在这个例子中，需要从 ESXi 主机删除权限许可，所以要在目录上选择主机。

（4）右键单击权限许可列表中要删除的权限记录，单击 Delete 选项。

由于权限许可分配给了上层父对象，因此这里会出现一个警告信息，提示用户可能还在使用他

们的权限许可。在这个例子中，确实要删除父对象（ESXi 主机）的权限，因为这些权限许可已经应用到子对象（资源池）。但是，在其他情况下，可能需要保留父对象的权限许可。

在目录中分配了权限许可之后，很容易会忘记之前所执行的操作。当然，如果公司有强制要求的文档记录，可能才有可靠的审查跟踪方法。然而，vSphere 客户端可以方便地查看现有角色的使用情况。

5. 确定权限许可的使用情况

随着虚拟机和资源池目录变得越来越大并越来越复杂，很可能这些对象分配的权限许可也会变得越来越复杂。此外，随着公司需求和管理策略的不断变化，这些权限许可也需要适时变化。这些因素组合在一起，就形成了一种非常复杂且很难理清的权限许可环境。

为了解决这个问题，可以使用 vSphere 客户端的角色视图，它可以帮助管理员确定角色被分配给了哪些对象，以及目录中分配了哪些权限许可。

执行下面的步骤，确定一个角色作为权限许可分配给了哪一个对象。

（1）启动 vSphere 客户端（如果未启动），连接一个 ESXi 主机。

（2）使用导航栏、Ctrl+Shift+R 组合键或菜单 View → Administration → Roles，打开角色视图。

（3）单击角色，查看它的使用情况。

明细窗格显示了角色使用的目录层次，如图 8.11 所示。

使用 vSphere 客户端的角色视图，管理员就可以跟踪权限许可的分配情况，从而可以在

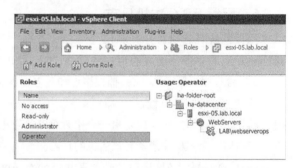

图 8.11 vSphere 客户端详细显示了当前角色的使用情况

需要时编辑或删除权限许可。但是，有时候不仅需要删除权限许可，还需要删除角色。

6. 编辑和删除角色

随着时间的推移，管理需求也一定会变化。很多时候，用户可能需要创建新角色、编辑现有角色或删除角色。如果一个角色分配的权限不再适用于环境，那么就应该编辑角色，增加或删除一些权限。

执行下面的步骤，编辑一个角色。

（1）启动 vSphere 客户端（如果未启动），连接一个 ESXi 主机。

（2）使用导航栏、Ctrl+Shift+R 快捷键，或菜单 View → Administration → Roles，打开角色视图。

（3）右键单击要编辑的角色，选择 Edit Role（编辑角色）。

（4）在 Edit Role 对话窗口中，根据需要添加或删除权限。完成之后，单击 OK 按钮。

正如本章前面所介绍的，ESXi 不允许编辑默认角色。

如果一个角色不再使用，则应该删除这个角色，减少需要管理的对象数量。

执行下面的步骤，删除一个角色。

(1) 启动 vSphere 客户端（如果未启动），连接一个 ESXi 主机。

(2) 使用导航栏、Ctrl+Shift+R 组合键或菜单 View → Administration → Roles，打开角色视图。

(3) 右键单击要删除的角色，选择 Remove。

当删除一个仍在使用的角色时，ESXi 主机会提示选择将现有角色成员转移到一个新角色，或者直接删除角色的所有成员。这样可以避免意外删除目录中仍在使用的角色。读者已经理解如何操作 ESXi 主机的本地用户、组、角色和权限许可，但是一定要注意，这些操作不会经常执行。在缺少集中管理和身份验证时，管理本地用户账户的工作是很烦琐的。整合 Active Directory 可以大大简化这些管理工作，因为它允许将用户与组管理合并到一个集中目录上。然而，读者会发现大多数访问控制都在 vCenter Server 中配置。在 vCenter Server 中管理访问控制要比管理各个 ESXi 主机更加灵活，具体参见 8.3.3 节。

关于 ESXi 主机安全性，还有最后一个方面要介绍，即 AAA 模型的第三个 A：操作登记（Accounting），即日志记录。下面开始详细学习如何处理 ESXi 主机的日志。

8.2.5 配置 ESXi 主机日志

捕捉系统日志信息是计算机与网络安全的一个重要方面。系统日志记录或登记了所执行的操作、发生的事件、出现的错误和 ESXi 主机及其虚拟机的状态。每一个 ESXi 主机都运行一个 syslog 后台程序（服务），它会捕捉事件和日志，以备将来检查。如果将 ESXi 安装到一些本地磁盘上，那么日志的默认位置在 ESXi 安装程序创建的一个 4GB 大小码暂存分区。虽然这是 ESXi 主机日志的长时间存储空间，但是用一个位置存储所有主机的日志，会增加日志分析的难度。管理员必须连接到第一个主机才能查看该主机的日志。

而且，如果从 SAN 启动（或者使用 vSphere Auto Deploy），那么就不存在本地暂存分区，这时日志就保存在 ESXi 主机的内存中——这意味着 ESXi 主机重启后它们就会消失。显然，这并不是一个理想的配置。

解决这两个问题的常用方法是使用第三方系统日志服务器。该服务器运行一个 syslog 后台程序，它可以接收来自各个 ESXi 主机的日志记录。更方便的是，VMware 在 vSphere 5 中提供了 3 种不同形式的系统日志采集工具。

◆ 作为一个可安装到 Windows Server 计算机的可安装服务；

◆ 作为一个预安装到 vCenter Server 虚拟设备的服务；

◆ 作为 vMA 内置系统日志后台程序的一部分。

第 4 章已经介绍了如何在 Windows Server 计算机上安装 VMware Syslog Collector，以及如何配置 ESXi 主机，将它们的日志发送到这个集中系统日志服务。

8.2.6 回顾其他的 ESXi 安全建议

除了前面与 ESXi 主机相关的安全建议，下面还有其他一些可以遵循的推荐实践方法。

◆ 设置 ESXi 主机的 root 密码。如果未设置 root 密码，则可以按 F2 键，通过服务器控制台设置密码。关于 ESXi 控制台的详细使用方法，参见第 2 章内容。

◆ 在 vCenter Server 中使用主机配置文件。主机配置文件可以保证 ESXi 主机的配置不会与主机配置文件的设置冲突或不一致。关于主机配置文件，参见第 3 章内容。

◆ 在 ESXi 主机上启用 Lockdown 模型。启用 Lockdown 模式可以禁用基于控制台的用户访问和通过 vSphere 客户端的直接访问。通过 vSphere 管理助手（vMA）的 root 访问也受到限制。

在学习了 ESXi 主机的各种安全设置方法后，现在可以继续学习 vCenter Server 的安全设置，这是 vSphere 环境的第二个重要组件。

8.3　vCenter Server 安全性

大多数时候，在讨论 vCenter Server 安全性时一定会涉及底层操作系统的安全设置。在一些部署 Windows Server 版本 vCenter Server 的环境中，这意味着要设置 Windows Server 的安全性。在使用 Linux 版本 vCenter Server 虚拟设备时，则意味着要设置 SuSE Linux 的安全性。但是，由于它是一个虚拟设备，因此预安装的 SuSE Linux 实例可以设置的安全选项并不多。

在运行 Windows Server 版本 vCenter Server 的环境中，Windows Server 的安全性已经有很多人介绍，所以这里我不会再详细介绍。但是，有一些常用的安全建议需要遵循。

◆ 保持所有 Windows Server 的更新和升级。这样可以防止一些潜在的安全攻击。

◆ 使用微软公开发布的最佳实践和指南强化 Windows Server 环境的安全性。

◆ 除了这些标准安全建议，还有一些专门与 vCenter Server 相关的安全建议。

◆ 一定要保持 vCenter Server 的补丁更新和升级。

◆ 尽可能将 vCenter Server 后台数据库部署到一个独立系统上（物理机或虚拟机），并且在这个系统上尽可能应用推荐的最佳实践。

◆ 如果使用 SQL Server 执行 Windows 身份验证，则要创建一个 vCenter Server 专用服务账户——不要让 vCenter Server 与其他服务或应用程序共享一个 Windows 账户。

◆ 一定要在独立数据库服务器和后台数据库上使用相应供应商发布的安全实践方法。这其中包括数据库服务器本身（Microsoft SQL Server、IBM DB2 或 Oracle）及数据库底层操作系统（Windows Server、Linux 等）的安全性。

◆ 将默认的 vCenter Server 自签名 SSL 证书替换为一个来自可信根授权机构的有效 SSL 证书。

SSL 证书更换

随着 vCenter 组件与 vSphere 5.1 和更高版本的分离，更换默认 SSL 证书的复杂性增加了。VMware 创建了工具来辅助这个更换过程，并且提供了大量有关该主题的知识库文章，从而解决了这种复杂性。

如果要分步解释整个过程，需要一章节的篇幅。所以如果你有兴趣，我们推荐你阅读 kb.vmware.com/kb/2034833 上的知识库文章。

除了这些建议，还有其他一些步骤可以保证 vCenter Server 及其管理的基础架构的安全性。

同样，这里也使用 AAA 模型作为安全措施的基本结构，首先从 vCenter Server 的身份验证开始介绍。

8.3.1　通过单点登录进行用户身份验证

在 ESXi 中，用户需要通过 vCenter Server 验证身份，然后才能执行一些任务。但从 vSphere 5.1 开始，随着 vCenter 单点登录的引入，这一身份验证过程发生了显著变化。处理这一身份验证的方式取决于你的环境。基于 Windows Server 的 vCenter Server 和基于 Linux 的 vCenter Server 虚拟设备提供相同的身份验证机制。

通常你可能会根据 Active Directory 进行身份验证，但是可以在单点登录系统内管理用户和组，或者甚至将其连接到 OpenLDAP。

因为使用 Active Directory 和使用本地 SSO 是最常见的身份验证方法，我们将着重讨论这两种方法。

本节主要介绍下面 3 个内容。

◆ 配置 SSO，使用 Active Directory 执行身份验证。

◆ 配置 SSO，使用本地账户执行身份验证。

◆ 理解 vCenter Server 如何通过 vpxuser 执行 ESXi 身份验证。

1. 在 Windows Server 的 Active Directory 上配置 SSO

在以前版本的 vSphere 中，当在 Windows Server 计算机上安装 vCenter 时，利用 Active Directory 非常简单。在安装 vCenter 之前将计算机加入到 Active Directory，然后根据 Windows 与 Active Directory 的集成方式，vCenter 就能自动利用 Active Directory 中存储的用户和组。如果不选择加入到 Active Directory，那么对基于 Windows 的 vCenter 版本进行配置，使其使用外部目录服务。

vSphere 5.1 首次引入了 SSO，VMware 在 vSphere 5.5 中做了一些额外的修改。SSO 和 Active Directory 集成的关键是 SSO 管理员或"主管"账户。这个账户可以用于配置全部额外目录服务的后续安装。

在安装 vCenter 时，系统会提示应该将哪个用户或组添加为 vCenter 管理员。默认使用内置的 SSO 用户账户 adminisgtrator@vsphere.local。这些默认的 SSO 设置不会默认将权限扩展到 Active Directory 内的用户。这是好事；我们不希望添加那些不应该加入 vSphere 环境管理层的用户。一般来说，只应该为确实需要某个权限的用户进行授权；这是最小权限原则的一部分，是计算机安全的一个关键概念。

问题在于：在 vSphere 5.5 之前，域管理员组（即 Active Directory 的管理员组）默认被授予 vCenter Server 的管理员角色（本章稍后将在 8.3.3 节"管理 vCenter Server 权限许可"详细讨论 vCenter Server 角色）。这个权限分配工作发生在 vCenter Server 对象上，向下传播到全部子对象。根据我们的经验，在许多组织中，有的管理员组成员与虚拟化基础设施毫无关系。授权这些用户

vCenter Server 权限违背了最佳安全做法；所以不把域管理员组放在 SSO Sever 是个好主意。

请执行以下步骤，将 Active Directory 作为 vCenter Server 的源使用。

（1）以 SSO 管理员身份登录到 vCenter Web 客户端。除非已经创建了另一个账户，否则用户名是 administrator@vsphere.local。

（2）单击导航窗格中的 Administration。

（3）在 Single Sign-On 区域，单击 Configuration。

（4）选择中间标签为 Identity Source 的选项卡。

（5）单击绿色加号图标添加新的身份源。

（6）在 Add Identify Source 对话框中，有以下 4 个选项：

◆ Active Directory（集成 Windows 验证）；

◆ Active Directory 作为 LDAP 服务器；

◆ Open LDAP；

◆ 本地操作系统。

前两个选项与 Active Directory 相关，但它们的连接方法略有不同。使用 Windows 身份验证要求用户账户或计算机账户具备遍历整个目录的相关权限，并使用 Kerberos 进行身份验证。

第二个选项 Active Directory 使用 LDAP 代替 Kerberos 进行连接。

第三个选项 Open LDAP，是与 Open LDAP 集成的相当简单的方式。这可以连接到基于 Windows 或 Linux 的 Open LDAP 系统。

最后一个选项是本地操作系统。它与安装 SSO 的操作系统有关，在我们的示例中，是 Windows Server 2008 R2 系统。这个选项将 SSO 与本地用户集成，本地用户则在操作系统内配置。

在这个示例中，我们使用 Windows 身份验证和计算机账户连接 Active Directory。这是将 SSO 与 Active Directory 集成最简单的方式，因为它会预先填写 SSO 服务器所属的 Active Directory 域名，因此可以使用计算机账户进行验证。

选中这些选项之后，单击 OK 按钮关闭对话框。

vCenter Server（更具体来讲即单点登录）现在就与 Active Directory 链接起来。现在就能够将域的用户和组添加特定于 vSphere 环境的角色了。稍后将详细解释这个操作。

2. 在 Windows Server 本地账户上配置 SSO

前几节我们配置了 SSO，以将 Active Directory 用作用户和组的源。类似地，我们也可以配置 SSO 来将本地机器的用户和组用作身份源。SSO 的一大优点就是，可以同时有多个身份源。这在操作角色分离的 IT 外包环境中特别有用。添加本地 OS 非常类似于添加 Active Directory；然而，你可能会发现，SSO 安装程序已经配置了身份源。如果需要手动配置它，执行以下步骤。

（1）以 SSO 管理员身份登录到 vCenter Web 客户端。除非已经创建了另一个账户，否则用户名是 administrator@vsphere.local。

（2）在 Navigator 窗格中单击 Administration。

（3）在 Single Sign-On 区域中，单击 Configuration。

（4）选择中间的 Identity Sources 选项卡。

（5）单击绿色加号按钮添加一个新身份源。

（6）选择 Local OS 单选按钮。

（7）为该身份源输入一个名称，然后单击 OK 按钮。

前面我们已经提到过，SSO 安装过程中默认添加本地 OS 身份源。可以在 Identity Sources 选项卡中删除这个源。只需高亮显示源并单击红叉图标即可删除它。唯一不能删除（或编辑）的身份源是 vsphere.local（或 SSO 内置的）源。

下节将介绍如何在 vCenter Server 虚拟设备上配置使用 Active Directory。

3. 配置虚拟设备版本 vCenter Server 的 Active Directory

要在基于 Linux 的 vCenter Server 虚拟设备上使用 Active Directory，需要执行下面 2 个步骤。

① 在虚拟设备上整合 Active Directory。

② 将正确的权限许可添加到 vCenter Server 层次上，允许 Active Directory 账户登录和管理目录对象。

下面来详细学习这些步骤。

（1）在虚拟设备上整合 Active Directory。

使用虚拟设备的管理界面，就可以在虚拟设备上整合 Active Directory。vCenter Server 虚拟设备提供了一个 Web 管理界面，它是通过虚拟设备所分配 IP 地址与 5480 端口访问的。例如，如果虚拟设备分配的 IP 地址是 10.1.1.100，那么可以通过地址 https://10.1.1.100:5480 访问 Web 管理界面。这时，界面会提示登录虚拟设备。默认的登录用户名与密码分别是 root 和 vmware。

执行下面的步骤，登录管理界面，设置整合 Active Directory。

① 在 Web 管理的主界面上，选择 Authentication（身份验证）选项卡。

② 选择 Active Directory。

③ 选择 Active Directory Enabled。

④ 指定 Active Directory 域名，以及有权限将虚拟设备加到域中的账户用户名与密码。

⑤ 单击 Save Settings 按钮。

这个界面会提示，Active Directory 配置的所有修改都需要重启虚拟设备，所以下一步会重启虚拟设备。

⑥ 选择 System 选项卡。

⑦ 单击 Reboot 按钮。在操作确认提示时选择 Reboot。

虚拟设备将会重启。

使用 vSphere 客户端的虚拟机控制台，可以监控虚拟设备的重启过程。在虚拟设备成功重启之后，就可以使用 Active Directory 登录账户，尝试登录虚拟设备的 Web 管理界面，测试 Active Directory 是否成功整合。登录时可以使用 domain\username 或 username@domain 语法。

如果登录成功，则可以继续下一个步骤。如果不成功，则需要修复 Active Directory 整合问题。vCenter Server 虚拟设备支持 SSH 登录，因此可以通过 SSH 登录，检查日志，查找在配置过程中出现的登录错误。

如果在 Active Directory 整合中出现问题，则可以按以下面的列表进行检查。

◆ 确认虚拟设备的时间与 Active Directory 域控制器的时间同步。

◆ 保证虚拟设备能够通过 DNS 解析和定位到 Active Directory 域控制器的域名。这意味着它要使用与 Active Directory 相同的 DNS 服务器。

◆ 确认虚拟设备与 Active Directory 域控制之间没有任何防火墙，或者所有流量都允许通过中间的防火墙。

在确认 Active Directory 成功整合之后，就可以进入配置 vCenter Server 虚拟设备 Active Directory 的第 2 步。

（2）为 Active Directory 用户或组添加权限许可。

虽然 vCenter Server 虚拟设备已经成功整合 Active Directory，但是 Active Directory 账户还无法使用 vSphere 客户端登录。必须先给 vCenter Server 中的 1 个或多个 Active Directory 用户或组分配访问权限，才能让它通过 vSphere 客户端登录。

执行下面的步骤，给一个 Active Directory 用户或组分配权限许可，让它能够通过 vSphere 客户端登录 vCenter Server 虚拟设备。

① 启动 vSphere 客户端（如果未运行）。

② 在 IP Address/Name 域中指定 vCenter Server 虚拟设备的 DNS 名称或 IP 地址。

③ 输入用户名 root 和密码 vmware，单击 Login 按钮，登录到 vCenter Server 虚拟设备。

④ 在目录窗格上选择 vCenter Server 对象，选择 Permissions 选项卡。

⑤ 右键单击 Permissions 选项卡的空白区域，选择 Add Permission。

⑥ 在 Assign Permissions 对话窗口上单击 Add 按钮。

⑦ 在 Domain 下拉框上选择 Active Directory 域。

⑧ 找到要添加的用户或组，单击 Add 按钮，单击 OK 按钮。

在这里不推荐使用一个用户账户；相反，要使用一个属于 Active Directory 的安全组。前面提到过，将 ESXi 整合到 Active Directory 中，要求使用一个名为 ESX Admins 的安全组；这里也一样可以使用这个组。

⑨ 在 Assign Permissions 对话窗口上，在 Assigned Roles（已分配角色）下拉列表上选择 Administrator，确认选定了 Propagate To Child Objects。

这样就保证选定的 Active Directory 用户和（或）组拥有 vCenter Server 虚拟设备的 Administrator 角色。默认情况下，只有预定义的 root 账户才有这个角色。

⑩ 单击 OK 按钮，返回 vSphere 客户端。

在完成这个过程之后，现有就可以在 vSphere 客户端上使用 Active Directory 的用户名与密码登录到 vCenter Server 虚拟设备。所有条件都准备好了——vCenter Server 虚拟设备已经配置为使用

Active Directory。

在开始介绍 vCenter Server 的权限许可管理之前，先概括介绍一下 vCenter Server 与 ESXi 主机的交互方式。读者一定要理解 vCenter Server 如何使用一个特殊用户账户作为管理 ESXi 主机的代理。

8.3.2 理解 vpxuer 账户

在本章第一节介绍了 ESXi 安全模型包含用户、组、角色、权限和许可。此外，还介绍了如何管理本地用户与组，或者在 ESXi 主机中整合 Active Directory。

正如 8.3.3 节所介绍的，vCenter Server 使用相同的用户 / 组 / 角色 / 权限 / 许可的安全模型。在使用 vCenter Server 时，所有活动都通过 vCenter Server 中分配了某个角色的 Windows 账户完成，这个角色又会作为一个权限许可应用到一个或多个目录对象上。Windows 账户、角色和目录对象组合构成一个权限许可，它允许（或禁止）用户执行一些特定的功能。用户账户位于 Active Directory（或 vCenter Server 计算机）上，而不在 ESXi 主机上，而权限许可和角色则定义在 vCenter Server 中，不在 ESXi 主机上。因为用户不需要直接登录到 ESXi 主机，所以不需要在 ESXi 主机上创建很多本地用户账户，从而提高了安全性。但是，即使很少使用，有时候也仍然需要在 ESXi 主机上创建本地管理账户，这就是为什么我之前要介绍管理本地用户与组，以及将 ESXi 身份验证整合到 Active Directory 中。

因为用户账户位于 ESXi 主机之外，而且角色、权限和许可也定义在 ESXi 主机之外，所以在使用 vCenter Server 管理虚拟基础架构时，实际上只是创建了一个管理任务，而不直接操作 ESXi 主机或虚拟机。因此，使用 vCenter Server 管理主机或虚拟机的用户都是采用这种形式。例如，管理员 Shane 想要登录到 vCenter Server 上，创建一个新虚拟机。Shane 首先需要给正确的目录对象或 vCenter Server 对象分配正确的角色——可能是专门用于创建新虚拟机的自定义角色。

假设已经给正确的目录对象（假设是一个资源池）分配正确的角色，Shane 已经有了创建、修改和监控虚拟机所需要的全部条件。但是，在登录 vCenter Server 时，Shane 的用户账户是否有直接访问 ESXi 的权限呢？答案是没有。事实上，代理账户只用于将 Shane 的任务发送到对应的 ESXi 主机或虚拟机上。账户 vpxuser 只是 vCenter Server 用于存储和跟踪后台数据库的账户。

---

vpxuser 安全性

vpxuser 账户和密码存储在 vCenter Server 数据库和 ESXi 主机上。vCenter Server 计算机使用 vpxuser 账户与 ESXi 主机通信。vpxuser 的密码包含 32 位（随机选择的）字符，它在 ESXi 主机上用 SHA1 加密，并且在 vCenter Server 上进一步混淆。在 vCenter Server 管理的 ESXi 主机中，每一个 vpxuser 密码都保持唯一。

这个账户的授权完全不需要任何管理员干预，因为这样会破坏需要使用这个账户的 vCenter Server 功能。一般人绝不会使用这个账户和密码，所以他们不能用这个账户直接访问任何 ESXi 主机。因此，完全不需要管理这个账户，也不需要给它附加普通的管理权限或一般用户账户的安全策略。

每当 vCenter Server 访问一个 ESXi 主机，或者管理员创建一个与 ESXi 主机通信的任务，就一定要使用到 vpxuser。在 vCenter Server 管理的 ESXi 主机上都有 vpxuser 账户（它由 vCenter Server 自动创建；这就是为什么 vCenter Server 在将一个主机添加到目录时需要使用 root 密码的原因），并且分配了 Administrator 角色。这样 vpxuser 账户就能够在 vCenter Server 管理的各个 ESXi 主机上执行各种任务。当一个用户登录到 vCenter Server 中，vCenter Server 就会给这个用户应用它的安全模型（角色、权限和许可），保证用户只允许执行他们已授权的任务。但是在后台，所有这些任务都会通过 vpxuser 发送到各个 ESXi 主机上。

现在，读者已经了解 vCenter Server 的身份验证方法。接下来，要关注 vCenter Server 的权限许可，它们控制着用户在通过 vCenter Server 身份验证之后允许执行哪些操作。

8.3.3　管理 vCenter Server 权限许可

vCenter Server 的安全模型与上节介绍的 ESXi 主机安全模型完全相同：先创建用户或组，然后将它们分配给一个特定目录对象使用的角色（包含 1 个或多个权限）。它们的区别是，vCenter Server 支持在目录层次上创建新对象，而 ESXi 主机则不能。这其中包括集群和文件等对象（这两个对象已经在第 3 章介绍过）。vCenter Server 还支持资源池（参见 8.2.4 节中的 "3. 使用资源池分配权限许可"，第 11 章将更深入地介绍）。vCenter Server 还支持多种权限许可分配方式。例如，一个 ESXi 主机只有一个目录视图，而 vCenter Server 则有 Hosts And Clusters、VMs And Templates、Datastores And Datastore Clusters、Storage 和 Networking 等目录视图。权限许可就是将一个角色分配给一个或多个目录对象，它可以在所有这些视图中发生。

正如前面所介绍的，这意味着 vSphere 管理员可以在 vCenter Server 上创建比 ESXi 主机更复杂复杂的权限许可层次。

由于角色是安全模型的一个重要组成部分——这是权限的分组，可以通过一个许可分配给用户或组。接下来，详细了解 vCenter Server 提供的预定义角色。

1. 了解 vCenter Server 的角色

ESXi 主机只有很少的默认角色，但是 vCenter Server 则提供了更多的默认角色，因此也大大增加了访问控制的灵活性。虽然这两种安全模型都支持创建自定义角色，但是 ESXi 只有 3 种默认角色，而 vCenter Server 则提供了 9 种默认角色，其中包括 3 种与 ESXi 相同的角色。图 8.12 显示了 vCenter Server 的默认角色。在 vSphere 客户端的菜单中选择 Storage → Roles，查看这些角色。

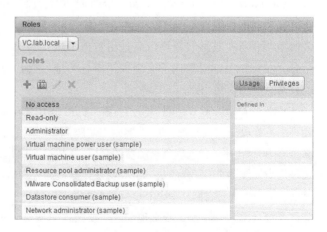

图 8.12　vCenter Server 的默认角色比 ESXi 主机的更加灵活

从上图可以看到，VMware 在 vCenter Server 安装过程中创建了很多默认角色。记住，和 ESXi 默认角色一样，vCenter Server 不允许修改 No Access、Read-Only 和 Administrator 角色——可以先克隆，再定制这些角色。一旦克隆了其中一个内置角色，就可以根据自己的需要定制角色所分配的权限。

要想高效使用这些角色，关键是理解 VMware 所提供的每一种角色的作用。

No Access 顾名思义，这个角色是指不允许用户或组访问。但是，为什么需要这个角色呢？这个角色的实际用途是，在一些从更高层次获得权限的用户或组上，剥夺它们所分配角色中定义的权限许可。例如，在数据中心对象上给 Eileen 分配了 Virtual Machine User 角色，它允许 Eileen 管理数据中心对象的所有虚拟机，但是她也有权限访问数据中心的操作登记（日志）虚拟机，这是一个潜在的安全问题。这时，应该在 Accounting VM（日志虚拟机）上给 Eileen 分配 No Access 角色，这样就可以剥夺她的 Virtual Machine User 权限。

Read-Only 这个只读角色允许用户查看 vCenter Server 目录。它不允许用户通过 vSphere 客户端或 Web 客户端以任何方式操作任何一个虚拟机，而只能查看目录中应用了 Read-Only 角色的每一个虚拟机的电源状态。

Administrator 如果一个用户分配了一个拥有 Administrator 角色的对象，那么该用户就拥有了在 vCenter Server 中该对象的全部管理权限。注意，这并不是分配虚拟机内客户机操作系统的所有权限。例如，如果一个用户分配了一个虚拟机的 Administrator 角色，那么该用户就可以修改这个虚拟机分配的 RAM 和性能参数（配额、保留空间和限额），但是可能甚至没有这个虚拟机的登录权限，除非这个用户也分配了客户机操作系统的内部权限。

Administrator 角色可以分配给任何层次的对象，在这个层次上获得这个角色的用户或组将拥有这个对象及其子对象（如果选定"继续"复选框）的 vCenter Server 管理权限。

除了 No Access、Read-Only 和 Administrator 角色，其他角色都是示例角色。它们主要用于向 vSphere 管理员展示如何通过角色和权限许可结构反映管理结构模型。

Virtual Machine Power User（示例） 虚拟机高级用户示例角色拥有允许用户在虚拟机上执行更多功能的权限许可。这其中包括配置 CD 和软盘介质、修改电源状态、获取和删除快照及修改配置等任务。这些权限许可只适用于虚拟机。例如，如果用户在数据中心层次上分配了这个角色，他们就只能管理属于这个数据中心的虚拟机，而不能修改数据中心上诸如资源池等对象的设置。

Virtual Machine User（示例） 虚拟机用户示例角色给用户分配了访问虚拟机的权限，但是不允许用户修改虚拟机配置。用户可以控制虚拟机电源，只要他们有访问介质的权限，他们就能修改虚拟 CD-ROM 驱动器或软盘驱动器的介质。例如，如果一个用户分配了一个虚拟机的这个角色，那么该用户就能够将 CD 介质从一个 ISO 映像修改为客户机系统物理 CD-ROM 驱动器上的一个共享存储卷。如果想要将它们从一个 ISO 文件修改为另一个（都存储在虚拟机文件系统（VMFS）卷或网络文件系统（NFS）卷上），那么他们还需要获得 vCenter Server 层次中数据中心对象上一级的 Browse

Datastore 权限许可——通常是 ESX/ESXi 主机所在的数据中心。

Resource Pool Administrator（示例）　资源池管理员示例角色可以给用户分配管理和配置资源池资源的权限，包括虚拟机、子池、调度任务和警报等。

VMware Consolidated Backup User（示例）　VMware 统一备份用户示例角色给用户分配使用 VCB 备份虚拟机的权限。

Datastore Consumer（示例）　数据存储使用者示例角色的目标用户是只有一个权限许可的用户：从数据存储分配空间的权限许可。显然，这个角色的权限是很有限的。

Network Consumer（示例）　与数据存储使用者角色类似，网络使用者示例角色也只有一个权限许可，即分配网络的权限许可。

这些默认角色提供了很好的使用示例，但是它们并不符合所有公司的使用需要。如果想要使用一些比默认角色更复杂的角色，则需要创建自定义角色。下一节介绍自定义角色的过程。

2. 配置 vCenter Server 角色

如果 vCenter Server 提供的默认角色还不满足一些特定用户的功能要求呢？这要具体情况具体分析。先来看最简单的情况。如果选择了一个最适合的用户角色，但是这个角色又缺少了一个重要权限，或者这角色分配了一些用户不想要的权限，那么克隆这个角色，然后定制克隆后的角色，就可以将它修改为完全符合要求的角色。

执行下面的步骤，在 vCenter Server 中克隆一个角色。

（1）启动 vSphere 客户端（如果未运行），然后连接一个 vCenter Server 实例。

（2）从 Home 界面导航到 Roles 区域。

（3）右键单击想要克隆的角色，在快捷菜单上选择 Clone。

在克隆了角色之后，就可以根据需要添加或删除权限。8.2.4 节中的"6. 编辑和删除角色"已经介绍过角色的编辑过程。

原封不动地保留内置角色

建议原封不动地保留内置的角色。vCenter Server 不允许修改 No Access、Read-Only 和 Administrator 角色，但是允许修改其他角色。为了避免引起多个管理员的误解，建议原封不动地保留内置的角色，然后通过克隆来定制新角色。

如果要分配权限给 vCenter 内的一个对象，使用与 ESXi 主机相同的原则。分配给用户一个角色，然后将该角色分配给 vCenter Web 客户端内的一个对象。

在深入探究将哪些权限分配给一个角色之前，我们通过一个示例看一下如何分配权限给 vSphere Web 客户端内的一个对象。

（1）以 vCenter 管理员身份登录到 vCenter Web 客户端。除非已经创建了另一个账户，否则用户名是 administrator@vsphere.local。

（2）导航到希望为其更改权限的对象。在本例中，找到 vCenter Server 对象。

（3）选择 Manage 选项卡，然后单击 Permissions 分区。

（4）单击绿色加号箭头，打开 Add Permission 对话框。

（5）在左列中，单击 Add 按钮。

（6）在 Select Users/Groups 对话框中，可以从 Domain 下拉列表中选择一项。该列表包含先前在 SSO 内配置的身份源。

（7）从列表中找到 Active Directory 用户。单击 Add 按钮，然后单击 OK 按钮。

（8）在列表中指定用户，接下来分配一个角色。从 Assigned Role 下拉列表中选择 Administrator，然后单击 OK 按钮。

（9）Active Directory 用户现在可以使用 vSphere Web 客户端登录并管理 vCenter。

默认情况下，与 vSphere 客户端一样，Propagate To Children 复选框处于选中状态。

当前选定对象的所有子对象也将获得授予的权限。通过向 vCenter 对象分配权限并保留 Propagate To Children 处于选中状态，我们提供给该用户对这个 vCenter Server 实例管理的所有对象的访问权限。这些对象包括 ESXi 主机、VM、网络和数据存储等。在分配权限时要牢记这一点，永远仅提供所需的最小访问权限。

3. 认识 vCenter Server 权限

角色是非常有用的，现在来了解一下角色的属性，以及如何编辑角色，同时还要了解每一个权限及它们在定制角色时的作用。记住，权限是指分配给角色的各个任务。如果不分配权限，角色是毫无用处的，所以一定要理解 vCenter Server 提供的权限。

权限有很多，它们可以分成几个常用类别。先了解一下常用类别的用处。

Alarms（警报） 控制着 vCenter Server 警报的创建、修改、删除、禁用和确认。

Auto Deploy（自动部署） 控制着使用 vSphere Auto Deploy 在启动时动态分配 ESXi 主机的权限。

Datacenter（数据中心） 控制着在 vCenter Server 中创建、删除、移动和重命名数据中心的权限。操作 IP 池的权限也属于这个分类。

Datastore（数据存储） 控制着谁可以访问 ESXi 附加卷所存储文件的权限。这个权限必须在 ESXi 主机的上级对象上分配，例如，数据中心、ESXi 集群或包含 ESXi 主机的文件夹。

Datastore Cluster（数据存储集群） 控制着谁允许配置数据存储集群（与基于配置文件的存储和存储 DRS 一起使用）。

Distributed Switch（分布式交换机） 控制着谁可以创建、删除或修改分布式虚拟交换机。

ESX Agent Manager（ESX 代理管理员） 控制着 ESX 主机代理的查看、配置或修改。

Extension（扩展） 控制着 vCenter Server 扩展的注册、更新或移动。vSphere 更新管理器（VUM）就是一个扩展。

Folder（文件夹） 控制着 vCenter Server 层次中文件夹的创建、删除和一般操作权限。

Global（全局） 包括管理 vCenter Server 授权设置和服务器设置的权限，如 SNMP 和 SMTP。

Host（主机） 控制着哪些用户可以操作目录的 ESXi 主机。这其中包括在目录上添加和删除 ESXi 主机、修改主机的内存配置或修改防火墙设置。

Host Profile（主机配置文件） 控制着主机配置文件的创建、编辑、删除或查看。

Network（网络） 控制着在 vCenter Server 目录上配置或删除网络的权限。

Performance（性能） 控制着用户修改对象 Performance 选项卡上性能图表信息的显示时间间隔的权限。

Permissions（权限） 控制着谁可以修改一个角色分配的权限，以及谁可以管理指定对象的角色（用户）组合。

Profile-Driven Storage（配置文件驱动的存储） 控制着谁可以查看和更新配置文件驱动的存储。

Resource（资源） 控制着资源池的管理，包括创建、删除或重命名池，以及控制 vMotion 迁移与应用 DRS 推荐策略。

Scheduled Task（调度任务） 控制着任务的配置，以及在 vCenter Server 内运行调度任务的权限。

Sessions（会话） 控制着 vCenter Server 的 vSphere 客户端会话的查看和断开，以及向连接的 vSphere 客户端用户发送全局消息的权限。

Storage Views（存储视图） 控制着修改服务器配置和查看存储视图的权限。

Tasks（任务） 控制着创建或更新任务的权限。

VRMPolicy 控制着虚拟权限管理（VRM）的设置。VRM 是安全策略管理和虚拟机访问的中心。

Virtual Machine（虚拟机） 控制着 vCenter Server 目录中虚拟机的管理，其中包括创建、删除或连接虚拟机远程控制台；控制虚拟机的电源状态；控制软驱和 CD 介质和管理模板等权限。

Distributed Virtual Port (dvPort) Group（分布式虚拟端口组） 控制着谁可以创建、删除或修改分布式交换机的分布式虚拟端口组。

vApp 控制着 vApp 的配置与管理，如给 App 添加虚拟机；克隆、创建、删除、导出或导入一个 vApp；启动或关闭 vApp；或者查看开放虚拟化格式（OVF）环境。

Inventory Service（目录服务） 控制着谁可以访问 vCenter Server 目录服务的标记功能。

vService 控制着 vService 与 vApp 依赖关系的创建、删除或修改。

如何将这些权限分配到角色上是最关键的部分。正如之前所介绍的，vCenter Server 已经定义了一些默认角色。其中一些很好理解且无法修改，如 No Access、Read-Only 和 Administrator。表 8.1 所列出了其他预定义角色及分配到这些角色的默认权限。

表 8.1 预定义角色及其默认权限

预定义角色	分配的权限
Virtual Machine Power User（虚拟机超级用户）	Datastore（数据存储）→ Browse Datastore（浏览数据存储） Global（全局）→ Cancel Task（取消任务） Scheduled Task（计划任务）→ Create Tasks（创建任务），Modify Task（修改任务），Remove Task（删除任务），Run Task（运行任务） Virtual Machine（虚拟机）→ Configuration（配置）→ Add Existing Disk（添加现有磁盘），Add New Disk（添加新磁盘），Add or Remove Device（添加或删除设备），Advanced（高级），Change CPU Count（修改 CPU 计数），Change Resource（修改资源），Disk Lease（磁盘租赁），Memory（内存），Modify Device Settings（修改设备设置），Remove Disk（删除磁盘），Rename（重命名），Reset Guest Information（重置来宾信息），Settings（设置），Upgrade Virtual Hardware（升级虚拟硬件） Virtual Machine(虚拟机)→ Interaction(交互)→ Acquire Guest Control Ticket(取得客户机控制令牌)，Answer Question（提问），Configure CD Media（配置 CD 介质），Configure Floppy Media（配置软盘），Console Interaction（控制台交互），Device Connection（设备连接），Power Off（关机），Power On（开机），Reset（重置），Suspend（挂起），VMware Tools Install（安装 VMware 工具） Virtual Machine（虚拟机）→ State（状态）→ Create Snapshot（创建快照），Remove Snapshot（删除快照），Rename Snapshot（重命名快照），Revert To Snapshot（转换为快照）
Virtual Machine User（虚拟机用户）	Global（全局）→ Cancel Task（取消任务） Scheduled Task（计划任务）→ Create Tasks（创建任务），Modify Task（修改任务），Remove Task（删除任务），Run Task（运行任务） Virtual Machine（虚拟机）→ Interaction（交互）→ Answer Question（提问），Configure CD Media（配置 CD 介质），Configure Floppy Media（配置软盘），Console Interaction（控制台交互），Device Connection（设备连接），Power Off（关机），Power On（开机），Reset（重置），Suspend（挂起），VMware Tools Install（安装 VMware 工具）
Resource Pool Administrator（资源池管理员）	Alarms（警报）→ Create Alarm（创建警报），Modify Alarm（修改警报），Remove Alarm（删除警报） Datastore（数据存储）→ Browse Datastore（浏览数据存储） Folder（文件夹）→ Create Folder（创建文件夹），Delete Folder（删除文件夹），Move Folder（移动文件夹），Rename Folder（重命名文件夹） Global（全局）→ Cancel Task（取消任务），Log Event（记录事件日志），Set Custom Attribute（设置自定义属性） Permissions（权限许可）→ Modify Permissions（修改权限许可） Resource（资源）→ Assign Virtual Machine To Resource Pool（将虚拟机分配到资源池），Create Resource Pool（创建资源池），Migrate（迁移），Modify Resource Pool（修改资源池），Move Resource Pool（移动资源池），Query vMotion（查询 vMotion），Relocate（迁移位置），Remove Resource Pool（删除资源池），Rename Resource Pool（重命名资源池）

续表

预定义角色	分配的权限
Resource Pool Administrator（资源池管理员）	Scheduled Task（计划任务）→ Create Tasks（创建任务），Modify Task（修改任务），Remove Task（删除任务），Run Task（运行任务） Virtual Machine（虚拟机）→ Configuration（配置）→ Add Existing Disk（添加现有磁盘），Add New Disk（添加新磁盘），Add Or Remove Device（添加或删除设备），Advanced（高级），Change CPU Count（修改 CPU 计数），Change Resource（修改资源），Disk Lease（磁盘租赁），Memory（内存），Modify Device Settings（修改设备设置），Raw Device（裸设备），Remove Disk（删除磁盘），Rename（重命名），Reset Guest Information（重置来宾信息），Settings（设置），Upgrade Virtual Hardware（升级虚拟硬件） Virtual Machine（虚拟机）→ Interaction（交互）→ Answer Question（提问），Configure CD Media（配置 CD 介质），Configure Floppy Media（配置软盘），Console Interaction（控制台交互），Device Connection（设备连接），Power Off（关机），Power On（开机），Reset（重置），Suspend（挂起），VMware Tools Install（安装 VMware 工具） Virtual Machine（虚拟机）→ Inventory（目录）→ Create From Existing（从现有虚拟机创建），Create New（创建新虚拟机），Move（移动），Register（注册），Remove（删除），Unregister（解除注册） Virtual Machine（虚拟机）→ Provisioning（分配）→ Allow Disk Access（分配磁盘访问），Allow Read-Only Disk Access（允许只读磁盘访问），Allow Virtual Machine Download（允许虚拟机下载），Allow Virtual Machine Files Upload（允许虚拟机文件上传），Clone Template（克隆模板），Clone Virtual Machine（克隆虚拟机），Create Template From Virtual Machine（从虚拟机创建模板），Customize（定制），Deploy Template（部署模板），Mark As Template（标记为模板），Mark As Virtual Machine（标记为虚拟机），Modify Customization Specification（修改定制规格），Read Customization Specifications（读取自定义规格） Virtual Machine（虚拟机）→ State（状态）→ Create Snapshot（创建快照），Remove Snapshot（删除快照），Rename Snapshot（重命名快照），Revert To Snapshot（转换为快照）
VMware Consolidated Backup User（VMware 统一备份用户）	Virtual Machine（虚拟机）→ Configuration（配置）→ Disk Lease（磁盘租赁） Virtual Machine（虚拟机）→ Provisioning（分配）→ Allow Read-Only Disk Access（允许只读磁盘访问），Allow Virtual Machine Download（允许虚拟机下载） Virtual Machine（虚拟机）→ State（状态）→ Create Snapshot（创建快照），Remove Snapshot（删除快照）
Datastore Consumer（数据存储使用者）	Datastore（数据存储）→ Allocate Space（分配空间）
Network Consumer（网络使用者）	Network（网络）→ Assign Network（分配网络）

从上表可以看到，vCenter Server 在各个角色上明确规定了所有权限。因为这些权限非常具体，所以对于在 vCenter Server 执行简单任务的用户而言，有时候会增加权限分配的复杂性。下面，通过一些例子来学习权限、角色和权限许可在 vCenter Server 的用法。

委派创建虚拟机和安装客户机操作系统的功能

在虚拟基础架构中，有一个常用的访问控制委派是给一组用户（如 provisioning 或 deployment team) 分配创建虚拟机的权限。在浏览一组整个可用权限列表之后，似乎是很容易实现的。然而，实际操作要比想象中复杂。给用户分配创建虚拟机的权限，涉及分配整个 vCenter Server 目录中多个层次的权限。

---

4. 在 vCenter Server 中组合使用权限、角色和权限许可

到现在为止，读者已经学习了关于设计正确的 vCenter Server 结构来支持公司管理与运行需求的所有知识。但是，有时候，在实践中将所有这些方面整合在一起要比想象的复杂得多。在后面的内容中，通过一个例子介绍如何将所有方面整合在一起。

下面开始介绍这个场景。在 IT 部门中，有一个团队专门负责创建 Windows 服务器。在服务器创建之后，服务器的运行操作转移到另一个团队。现在，在数据中心实现虚拟化后，需要在 vCenter Server 中实现相同的职责分离。似乎很简单，只需要配置 vCenter Server 使该团队能够创建虚拟机即可。这个团队在 Active Directory 中用一个组对象表示（这个 Active Directory 组叫作 IT-Provisioning），然后你想要利用 Active Directory 组成员来控制给谁分配 vCenter Server 的权限。

在下面的步骤中，特意将一些项目描述得很简单。例如，不会详细介绍如何创建一个角色或如何将这个角色作为权限许可分配到一个目录对象上，因为这些任务已经在本章其他小节中已经介绍过。

执行下面的步骤，允许一个 Windows 组创建虚拟机。

(1) 使用 vSphere 连接一个 vCenter Server 实例。用一个拥有 vCenter Server Administrator 角色的用户账户登录。

(2) 在界面上，单击 Roles 图标。

(3) 创建一个新角色 VMCreator。

(4) 将下面的权限分配给 VMCreator 角色。

Datastore → Allocate Space；

Virtual Machine → Inventory → Create New；

Virtual Machine → Configuration → Add New Disk；

Virtual Machine → Configuration → Add Existing Disk；

Virtual Machine → Configuration → Raw Device；

Resource → Assign Virtual Machine To Resource Pool。

这些权限只允许 VMCreator 角色创建新虚拟机，而不允许克隆现有虚拟机或从模板部署。这

些操作需要额外的权限。例如，要允许这个角色从现有虚拟机创建新虚拟机，则需要将下面的权限添加到 VMCreator 角色上。

Virtual Machine → Inventory → Create From Existing；

Virtual Machine → Provisioning → Clone Virtual Machine；

Virtual Machine → Provisioning → Customize。

（5）给拥有 VMCreator 角色的 Windows 用户组（如例子中的 IT-Provisioning）添加一个权限许可到文件夹、数据中心、集群或主机。

如果没有将这个角色分配给数据中心对象，则需要将这个角色单独分配给 VMs And Templates 视图的一个文件夹。否则，在创建虚拟机时会遇到一个错误。

类似地，如果没有将这个角色分配给数据中心对象，那么这个组也没有任务数据存储对象的权限。数据存储对象属于数据中心对象的子对象，所以数据中心对象应用的权限许可默认会传播到数据存储上。如果没有给任何一个数据存储对象分配权限（直接分配或通过传播获得），那么最终将无法创建新虚拟机，因为用户无法选择存储虚拟机的数据存储。

（6）如果想要或需要让 Windows 组查看 vCenter Server 层次中其他的对象，则需要在对应的对象上给这个组分配 Read-Only 角色。

例如，如果这个组应该查看数据中心的所有对象，则要在数据中心对象上分配 Read-Only 角色。

这样，创建虚拟机的权限就已经准备齐全；然而，IT-Provisioning 组还没有权限挂载 CD/DVD 映像，因此也无法安装客户机操作系统。因此，必须分配更多的权限，才能让 IT-Provisioning 组既能创建虚拟机并将它们保存到 vCenter Server 的正确位置上，也能在这些虚拟机上安装客户机操作系统。

执行下面的步骤，允许 Windows IT-Provisioning 组能够从一个 CD/DVD 映像文件安装客户机操作系统。

（1）使用 vSphere 客户端，连接一个 vCenter Server 实例。使用一个拥有 vCenter Server Administrator 角色的用户账户登录。

（2）在 Home 界面上，单击 Roles 图标。

（3）创建一个新角色 GOS-Installers。

（4）给 GOS-Installers 角色分配下面的权限。

Datastore → Browse Datastore；

Virtual Machine → Configuration；

Virtual Machine → Interaction。

（5）在数据中心、文件夹、集群或主机上给对应的 Windows 组（这个例子是 IT-Provisioning）分配 GOS-Installers 角色。

记住，同一个用户或组不能在同一个对象上分配两个不同的角色。

正如前面所介绍的，看似简单的创建虚拟机任务实际上也包含许多不同的角色和权限许可。这只是一个例子；实践上还有大量不同的配置场景，它们要求我们给 ESXi 和 vCenter Server 的各种对象创建各种角色和分配权限许可。

---

vCenter Server 权限的相互作用

在一些不同规模的组织中，用户通常属于多个组，而这些组又会在不同对象上分配不同级别的权限。下面来看一下在虚拟基础架构中给多个用户组成员分配多个权限的情况。

例如，当一个用户属于多个组，而它们又有目录中不同级别对象的不同权限时，权限的实际作用是怎么样的。在这个例子中，用户 Rick Avsom 属于 Res_Pool_Admins 和 VM_Auditors Windows 组。Res_Pool_Admins 组分配了 vCenter Server 角色 Resource Pool Admins（资源池管理员），而它的权限是在 Production 资源池上设置的。VM_Auditors 组分配了 vCenter Server 角色 Read-Only，而它的权限是在 Win2008-02 虚拟机上设置的。Win2008-02 虚拟机位于 Production 资源池。

当用户以 Rick Avsom 身份登录到 vCenter Server 计算机上，目录视图只会显示他权限范围内的对象。按照前面描述的权限分配方式，Rick Avsom 将能够管理 Production 资源池，也有 Win2008-02 虚拟机的全部权限，因为他通过权限传播获得了 Resource Pool Admin 权限。然而，Rick Avsom 无法管理 Win2008-02 虚拟机，因为它只有 Read-Only 权限。这个例子的结果是，当属于多个组的用户在一些目录对象上获得了相互冲突的权限时，他们只获得了在对象上直接配置的权限。

另一个常见权限分配情况是，一个用户属于拥有同一个对象上不同权限的多个组。在这个例子中，用户 Sue Rindlee 属于 VM_Admins 和 VM_Auditors Windows 组的成员。VM_Admins 组已经分配了 vCenter Server 角色 Virtual Machine Power User，而 VM_Auditors 组则分配了 vCenter Server 角色 Read-Only。这两个角色都分配了 Production 资源池的权限。

当用户以 Sue Rindlee 身份登录到 vCenter Server 计算机时，目录视图只显示她权限范围的对象。按照前面描述的权限分配方式，Sue Rindlee 能够修改 Production 资源池中的所有虚拟机。因为 Sue 通过 VM_Admin 组成员获得的 Virtual Machine Power User 权限高于通过 VM_Auditors 组成员获得的 Read-Only 权限。

这种情况的权限分配结果是，当用户属于在同一个对象拥有不同权限的多个组时，权限会出现叠加效果。即使 Sue Rindlee 属于一个分配了 vCenter Server 角色 No Access 的组，她的 Virtual Machine Power User 角色也会生效。然而，如果将 Sue Rindlee 的用户账户直接添加到一个 vCenter Server 对象上，并且分配了 No Access 角色，那么她就无法访问权限传播范围所覆盖的任意一个对象。

即使很好地理解了权限传播方式，也一定要小心处理。一定要根据最小权限原则，保证任何用户都没有分配到大于其工作需求的权限。

在委派授权时，一定要小心谨慎。不要分配超出工作需求的权限。和其他信息系统环境一样，访问控制实现是一个真实存在对象，它总是需要小心处理和修正。一定要小心、灵活地管理权限，而且要做好心理准备，用户和管理员都有一颗好奇的心，他们总是会不自觉地突破限制。保持领先一步，一定要记住最小权限原则。

下面将简要介绍 vCenter Server 的日志记录，结束本节关于 vCenter Server 安全性的内容。

8.3.4　了解 vCenter Server 日志记录

正如 8.2.5 节所介绍的，日志是安全性的重要组成部分，也是一种非常有用的故障恢复工具。在学习了 ESXi 主机的日志记录之后，现在快速学习一下 vCenter Server 日志。

但是，vCenter Server 并没有将日志转移到一个系统日志中央服务器。然而，vSphere 客户端提供了查看 vCenter Server 日志的方法。在 vSphere 客户端的首页上，选择 Administration 区域中的 System Logs（系统日志），就可以查看日志。

vCenter Server 可以将其日志转发给一个基于 VMware 的集中日志服务器，名为 vCenter Log Insight。然而，这是一款单独的产品，不在本书讨论范围之内。vSphere Web 客户端提供了一种方式以供查看 vCenter Server 生成的日志。从 vSphere Web 客户端的主界面中选择 Log Browser 即可查看日志。

图 8.13 显示了 vSphere 客户端的这个区域。

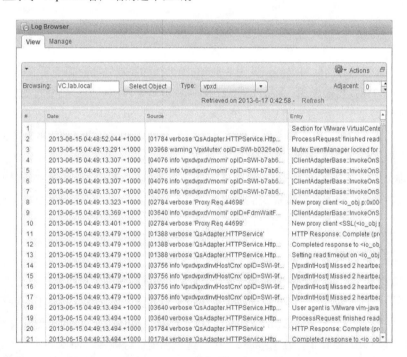

图 8.13　vCenter Server 的日志可以在 vSphere 客户端的 Administration 区域查看

在这个界面上，可以查看 vCenter Server 的日志，了解任务执行、操作请求和配置变更等额外信息。

在这个界面上，还可以导出系统日志，具体参见面前第 3 章所介绍的任务。在本章的下节中，将介绍 vSphere 环境的第三个和最后一个安全组件：虚拟机。

8.4　虚拟机安全性

和 vCenter Server 一样，虚拟机的安全性实际上是指虚拟机内客户机操作系统的安全性。整本书都一直在介绍如何实现 vSphere 支持的 Windows、Linux、Solaris 和其他客户机操作系统的安全性，所以不会再重复这些内容。下面介绍 2 个推荐使用的虚拟机安全方法。其中一个只适用于 vSphere 虚拟化环境，另一个则适用于更广泛的场景。

首先介绍一些 vSphere 网络安全策略。

8.4.1　配置网络安全策略

vSphere 提供了一些强大的虚拟网络功能，特别是增加了 vSphere 分布式交换机和思科 Nexus 1000V 第三方分布式虚拟交换机。这些虚拟交换机提供了几个与安全性相关的策略，它们可用于保证虚拟机的安全性。第 5 章已经介绍过这些设置。

在 vSphere 虚拟网络环境中，与安全性相关的重要网络安全策略有：

◆　混杂模式；

◆　MAC 地址变更；

◆　伪信号。

VMware 建议将所有这些策略都设置为 Reject(拒绝)。如果有一些业务确实需要打开这些特性，则可以按逐个端口组设置的方式，在需要使用这些功能的特定虚拟机或主机上启动这些特性。前面介绍的一个例子是基于网络的入侵检测系统 / 入侵防御系统 (IDS/IPS)。不要在整个 vSwitch 上启用混杂模式——大多数 IDS/IPS 需要使用的特性，而是创建只供该虚拟机使用的独立端口组，只有这个端口组上启用混杂模式。

在考虑虚拟机的安全性时，一定在注意这些网络安全策略，而且在配置这些策略时一定要考虑功能与安全性的平衡。下一个虚拟机安全性建议适用范围更加广泛，但是仍然是一个有根据的推荐做法。

8.4.2　保持虚拟机更新

和 ESXi 主机和 vCenter Server 计算机一样，一定要保持虚拟机的客户机操作系统更新最新补丁。按照笔者的经验，许多安全问题都可以通过更新虚拟机内客户机操作系统的补丁而得到解决。

在 vSphere 4.x 中，用户可以使用 vSphere 更新管理器（当时称为 vCenter 更新管理器）为虚拟机内客户机操作系统安装补丁。在 vSphere 5 中，这个功能已经删除，而 vSphere 更新管理器（参见第 4 章)主要关注于 ESXi 的补丁更新。因此，一定要部署一种客户机操作系统补丁更新解决方案，保证客户机操作系统保持补丁更新，安装供应商提供的所有最新安全修复和更新。在下章中，将深入介绍虚拟机的创建与配置过程。

8.5　要求掌握的知识点

1. 配置和控制 vSphere 的身份验证

ESXi 和 vCenter Server 都有身份验证机制，而且两个产品都能够使用本地用户与组或在 Active Directory 中定义的用户与组。身份验证是安全性的基本要素，一定要确认用户的身份。用户可以使用 vSphere 客户端或命令行接口（如 vSphere 管理助手）管理 ESXi 主机的本地用户和组。Windows 版本和 Linux 虚拟设备版本的 vCenter Server 都支持使用 Active Directory 的身份验证。

掌握

你请团队中的一位管理员在 ESXi 主机上创建一些账户。这位管理员不熟悉命令行工具，因此不知道如何创建用户。这位管理员是否可以使用其他方法完成这个任务？

2. 管理角色和访问控制

ESXi 和 vCenter Server 都有一个基于角色的访问控制系统，包含用户、组、权限、角色和权限许可。vSphere 管理员可以使用这种基于角色的访问控制系统定义非常细致的权限，控制哪些用户允许通过 vSphere 客户访问 ESXi 主机或 vCenter Server 实例。例如，vSphere 管理员可以限制一些用户在 vSphere 客户端上对一些对象的特定操作。vCenter Server 包含了一组示例角色，它们可以作为基于角色的访问控制系统的使用实例。

掌握

描述 ESXi/vCenter Server 安全模型中角色、权限和权限许可的区别。

3. 控制 ESXi 主机的网络访问

ESXi 提供了一个网络防火墙，它可以控制 ESXi 主机服务的网络访问。这个防火墙可以接近进出流量，也可以进一步限制特定来源 IP 地址或子风的流量。

掌握 1

描述如何使用 ESXi 防火墙限制一个特定来源 IP 地址的流量。

掌握 2

列举 ESXi 内置防火墙的限制

4. 整合 Active Directory

vSphere 的所有主要组件都支持整合微软 Active Directory，包括 ESXi 主机、vCenter Server（Windows 版本和 Linux 虚拟设备版本）及 vSphere 管理助手。因此，vSphere 管理员可以选择使用 Active Directory 作为 vSphere 5.5 中所有主要组件的集中目录服务。

掌握

你刚刚在 vSphere 环境中安装了一个新的 ESXi 主机，准备配置主机，使其整合 Active Directory 环境。但是不知道什么原因，似乎主机无法正常工作。你认为可能是什么问题引起的？

第9章

创建与管理虚拟机

VMware ESXi 主机已安装就绪，vCenter Server 已顺利运行，网络已畅通无阻，SAN 已配置完毕，VMFS 也已格式化……虚拟化启动了！在虚拟基础架构到位之后，管理员必须马上将精力转向虚拟机的部署。

在本章将了解：

◆ 创建虚拟机；

◆ 安装客户机操作系统；

◆ 安装 VMware 工具；

◆ 管理虚拟机；

◆ 修改虚拟机。

9.1 了解虚拟机

通常情况下，在 IT 专业人员看来，虚拟机（virtual machine, VM）就是运行在 ESXi 主机上的 Windows 或 Linux 系统。严格的说，这个词汇并不是百分之百的正确。所谓的物理机，在安装操作系统之前它就已经是一台物理机器。因此，虚拟机应该是未安装客户机操作系统的虚拟机（"客户机操作系统"指的是安装到虚拟机上的操作系统实例）。但是，从日常使用的角度上看，也可以继续将 Windows 或者 Linux 系统称之为虚拟机。在提到"客户机操作系统"时，指的就是安装在虚拟机上的 Windows、Linux、Solaris 或者其他支持的操作系统实例。

如果虚拟机不是运行在虚拟机管理程序上的客户机操作系统实例，那么虚拟机又是什么呢？这个问题的回答取决于个人看问题的角度。也就是说，从虚拟机"内部"往外看，还是从虚拟机的"外部"往里看呢？

9.1.1 从内部了解虚拟机

从虚拟机内部运行的软件来看，虚拟机确实只是一组专门用于运行一个客户机操作系统实例的虚拟机硬件。

虚拟机由哪些虚拟硬件组成呢？默认情况下，VMware ESXi 为虚拟机提供了以下的通用硬件。

◆ Phoenix BIOS；

◆ 英特尔主板；

◆ 英特尔 PCI IDE 控制器；

◆ IDE CD-ROM 驱动器；

◆ BusLogic 并行 SCSI、LSI 逻辑并行 SCSI 或 LSI 逻辑 SAS 控制器；

◆ AMD 或英特尔 CPU（与物理硬件对应）；

◆ 英特尔 e1000 或 AMD PCnet NIC；

◆ 标准 VGA 显卡。

VMware 选择这些通用硬件，目的是为了兼容最大范围的客户机操作系统。因此，在将客户机操作系统安装到虚拟机时，一般都可以使用市场上现成的驱动程序。图 9.1 显示了 VMware vSphere 提供的一些虚拟硬件示例，它们看起来就像是标准物理硬件。网络适配器和存储适配器（分别标识为一个 Intel(R) 82574L GB 网络连接器和一个 LSI SAS 3000 系列适配器）都有相对应的物理设备，而许多现代客户机操作系统都包含这些设备的驱动程序。

图 9.1 VMware ESXi 为虚拟机提供了通用硬件和针对虚拟化优化的硬件

然而，VMware vSphere 还有只能在虚拟化环境使用虚拟硬件。回顾图 9.1 所示的显示适配器，实际上并没有作为 VMware SVGA II 显示适配器的物理设备；这个设备是虚拟化环境特有的设备。这些针对虚拟化环境优化的设备也称为半虚拟化（paravirtualized）设备，可以高效地运行在由 vSphere 虚拟机管理程序创建的虚拟化环境中。由于这些设备没有相对应的真实物理设备，因此有专用的客户机操作系统驱动器。VMware 工具（本章的 9.4 节将介绍）可以提供这些的功能，并且为这些设备的运行提供针对虚拟化环境优化的驱动程序。

物理机器会安装一定数量的内存、一定数量的网络适配器或者特定数量的磁盘设备，虚拟机也一样。一台虚拟机包括以下类型和数量的虚拟硬件设备。

◆ 处理器：1 ~ 64 个带 vSphere Virtual SMP 的处理器（处理器数量取决于 vSphere 授权）。

◆ 内存：最大 1TB RAM。

◆ SCSI 适配器：每一个适配器 15 个设备，最多 4 个 SCSI 适配器，每一个虚拟机最多 60 个 SCSI 设备；可以只从前 8 个设备中的其中 1 个启动。

◆ SATA 控制器：最多 4 个 SATA 控制器，每个控制器 30 个设备，每一个虚拟机总共 120 个 SATA 设备。设备可包括虚拟硬盘驱动器或虚拟 CD/DVD 驱动器。

◆ 网络适配器：最多 10 个网络适配器。

◆ 并行端口：最多 3 个并行端口。

◆ 串行端口：最多 4 个串行端口。

◆ 网络适配器：最多 10 个网络适配器。

◆ 并行端口：最多 3 个并行端口。

◆ 串行端口：最多 4 个串行端口。

◆ 软盘驱动器：1 个软盘控制器最多 2 个软盘设备。

◆ 一个 USB 控制器最多连接 20 个 USB 设备。

◆ 键盘、显卡和鼠标。

硬盘并不在上面的列表中，因为虚拟机硬盘一般作为 SCSI 设备。由于每个适配器最多可以有 4 个 SCSI 适配器和 15 个 SCSI 设备，所以 1 个虚拟机完全可以安装 60 个硬盘驱动器。vSphere 5.5 中的一个新特性是，现在也可以将虚拟硬盘驱动器作为 SATA 设备添加进来。每个虚拟机最多可以有 4 个 SATA 控制器，每个控制器 30 个设备，所以总共可有 120 个虚拟硬盘驱动器。正如之前所提到的，如果使用的是 IDE 硬盘，那么每一个虚拟机最多可以有 4 个 IDE 设备。

虚拟硬盘的大小限制

虚拟机上的虚拟硬盘容量最大是 2TB。更确切地说，是比 2TB 少 512B 的值。对于一台虚拟机而言，这样的存储已经够大了。

提供给虚拟机的任何虚拟硬盘驱动器的最大容量已从先前版本中的 2TB 增加至 62TB。对于一个虚拟机而言这是非常大的存储量，而且对于寻求虚拟化大型业务关键型应用程序的组织而言是值得欢迎的变化。

除了客户操作系统实例，还可以从另一个角度来看待虚拟机。那就是从外面的角度看——从虚拟机管理程序的角度来看。

9.1.2 从外部了解虚拟机

为了更好地了解什么是虚拟机，不能只是从客户操作系统实例（例如，从"内部"）的角度来看待虚拟机，还必须考虑如何从"外部"看待虚拟机。换言之，在运行虚拟机的 ESXi 上如何看待虚拟机。

从 ESXi 主机的角度看，虚拟机由存储在一个支持存储设备上的几种文件组成。组成虚拟机的 2 种最常见的文件是配置文件和虚拟硬盘文件。配置文件(后面称为 VMX 文件)是一种纯文本文件，扩展名为".vmx"，它定义了虚拟机的结构。VMX 文件定义了虚拟机所使用的虚拟硬件。配置文件中存储了处理机个数、RAM 数、网络适配器个数、相关的 MAC 地址、网络适配器连接的网络以及所有虚拟硬盘的数量、名称和位置等信息。

代码清单 9.1 显示的是虚拟机 win2k12-01 的 VMX 文件的示例。

代码清单 9.1：虚拟机配置（VMX）文件示例

```
.encoding = "UTF-8"
config.version = "8"
virtualHW.version = "10"
nvram = "Win2k12-01.nvram"
pciBridge0.present = "TRUE"
svga.present = "TRUE"
pciBridge4.present = "TRUE"
pciBridge4.virtualDev = "pcieRootPort"
pciBridge4.functions = "8"
pciBridge5.present = "TRUE"
pciBridge5.virtualDev = "pcieRootPort"
pciBridge5.functions = "8"
pciBridge6.present = "TRUE"
pciBridge6.virtualDev = "pcieRootPort"
pciBridge6.functions = "8"
pciBridge7.present = "TRUE"
pciBridge7.virtualDev = "pcieRootPort"
pciBridge7.functions = "8"
vmci0.present = "TRUE"
hpet0.present = "TRUE"
displayName = "Win2k12-01"
extendedConfigFile = "Win2k12-01.vmxf"
virtualHW.productCompatibility = "hosted"
scsi0.present = "TRUE"
disk.EnableUUID = "TRUE"
ide1:0.present = "TRUE"
ethernet0.present = "TRUE"
guestOS = "windows8srv-64"
memSize = "3072"
toolScripts.afterPowerOn = "TRUE"
toolScripts.afterResume = "TRUE"
toolScripts.beforeSuspend = "TRUE"
toolScripts.beforePowerOff = "TRUE"
uuid.bios = "42 0b c8 94 5e 80 53 23-93 c3 a1 83 e7 eb 3a 3c"
vc.uuid = "50 0b cd 35 8d 65 b5 e8-fa 91 9d 71 1e 4c 96 4b"
scsi0.virtualDev = "lsisas1068"
ide1:0.deviceType = "cdrom-image"
ide1:0.fileName = "/vmfs/volumes/51b386f8-2e41c1dd-cd3f-0050569d341f/9200.16384
```

```
    .WIN8_RTM.120725-1247_X64FRE_SERVER_EVAL_EN-US-HRM_SSS_X64FREE_EN-US_
DV5.ISO"
    floppy0.startConnected = "FALSE"
    floppy0.clientDevice = "TRUE"
    floppy0.fileName = "vmware-null-remote-floppy"
    ethernet0.virtualDev = "e1000e"
    ethernet0.networkName = "VLAN-25"
    ethernet0.addressType = "vpx"
    ethernet0.generatedAddress = "00:50:56:8b:7f:44"
    scsi0:0.present = "TRUE"
    scsi0:0.deviceType = "scsi-hardDisk"
    scsi0:0.fileName = "Win2k12-01.vmdk"
    scsi0.pciSlotNumber = "160"
    ethernet0.pciSlotNumber = "192"
    vmci0.id = "-404014532"
    vmci0.pciSlotNumber = "32"
    uuid.location = "56 4d 63 d4 3c 1a 3b 36-b6 bf e6 a8 32 ce 3e 4e"
    cleanShutdown = "FALSE"
    replay.supported = "FALSE"
    sched.swap.derivedName = "/vmfs/volumes/51b386f8-2e41c1dd-cd3f-0050569d341f/Win2
    k12-01/Win2k12-01-9dff3075.vswp"
    replay.filename = ""
    scsi0:0.redo = ""
    pciBridge0.pciSlotNumber = "17"
    pciBridge4.pciSlotNumber = "21"
    pciBridge5.pciSlotNumber = "22"
    pciBridge6.pciSlotNumber = "23"
    pciBridge7.pciSlotNumber = "24"
    scsi0.sasWWID = "50 05 05 64 5e 80 53 20"
    vm.genid = "4785438942692035628"
    vm.genidX = "-5102819482874211651"
    tools.remindInstall = "FALSE"
    vmotion.checkpointFBSize = "4194304"
    softPowerOff = "FALSE"
    ide1:0.startConnected = "TRUE"
    tools.syncTime = "FALSE"
    unity.wasCapable = "TRUE"
    toolsInstallManager.lastInstallError = "0"
    toolsInstallManager.updateCounter = "1"
```

通读 win2k12-01.vmx 文件，就可以发现虚拟机由以下组件构成。

在 guestOS 行中，可以看到虚拟机的客户机操作系统是"windows8srv-64"；这表示对应的操作系统是 Windows Server 2012 64- 位版本。

在 memsize 行中，可以看出虚拟机配置了 3GB 的 RAM。

在 scsi0:0.fileName 行中，可以看出虚拟机的硬盘位于文件 win2k12-01.vmdk 上。

按照 floppy0 行的配置，可以看到虚拟机上配置了一个软盘驱动器，但是还未连接上（如 floppy0.startConnected 所示）。

按照 ethernet0 各行的设置，可以看出虚拟机上为 VLAN25 端口组配置了一个网络适配器。

按照 ethernet0.generatedAddress 行的设置，可以看出虚拟机的唯一一个网络适配器自动生成了 MAC 地址 00:50:56:8b:7f:44。

虽然 VMX 文件很重要，但它只包含了构成虚拟机的虚拟硬件的结构定义。它并不存储虚拟机的客户操作系统实例上的任何实际数据。另一种文件类型才发挥这样的作用——虚拟硬盘文件。

虚拟硬盘文件的扩展名为"a.vmdk（后面称为 VMDK 文件）"，它保存虚拟机上存储的实际数据。每个 VMDK 文件表示一个硬盘。对于一台运行着 Windows 的虚拟机而言，第一个 VMDK 文件通常是 C 盘的存储位置。而在 Linux 系统中，它通常是根分区（root）、引导分区（boot）和一些其他的分区的存储位置。用户可以添加其他的 VMDK 文件，作为虚拟机的额外存储位置，并且每个 VMDK 文件都将作为虚拟机的独立物理硬盘。

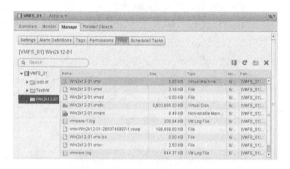

图 9.2　vSphere Web 客户端中的文件浏览器只显示了一个 VMDK 文件。

虽然将虚拟硬盘称为"VMDK 文件"，但是虚拟硬盘实际上由 2 种不同的文件组成。这 2 种文件使用的扩展名都是".vmdk"，但是它们有不同的作用。其中一种文件是 VMDK 头文件，而另一种是 VMDK 扁平文件。但是，在虚拟化领域中，人们将虚拟硬盘称为"VMDK 文件"还有一个重要原因，如图 9.2 所示。

仔细查看图 9.2，会发现只有唯一一个 VMDK 文件。虽然实际上应该有 2 个文件，但是只有在命令行界面上才能看到它们。用户可以看到 2 种不同的 VMDK 文件：VMDK 头文件（两者中较小的文件）和 VMDK 扁平文件（两者中较大的文件，并且文件名中有 -flat），如图 9.3 所示。

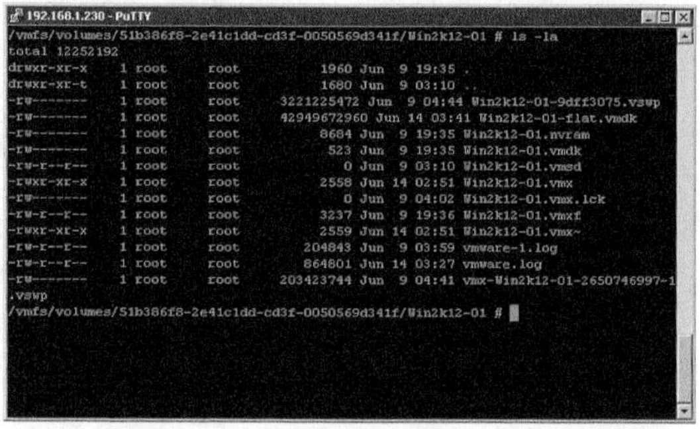

图 9.3　实际上虚拟机的每一个虚拟硬盘都对应 2 个不同的 VMDK 文件，但是 vSphere Web 客户端只显示了其中一个文件

　　在这 2 个文件中，VMDK 头文件是一个纯文本文件，其内容是可读的文字；而 VMDK 扁平文件则是一个二进制文件，不能直接读懂其中的内容。VMDK 头文件只包含配置信息和扁平文件的指针；而 VMDK 扁平文件则包含了虚拟硬盘的实际数据。显然，这意味着 VMDK 头文件通常非常小，而 VMDK 扁平文件则可能与 VMX 配置的虚拟硬盘一样大。因此，在本章接下来介绍的其他配置设置中，一个 40GB 的虚拟硬盘可能就会有一个 40GB 的 VMDK 扁平文件。

　　代码清单 9.2 显示了一个示例 VMDK 头文件的内容。

代码清单 9.2：VMDK 头文件示例

```
# Disk DescriptorFile
version=1
encoding="UTF-8"
CID=d68134bc
parentCID=ffffffff
isNativeSnapshot="no"
createType="vmfs"

# Extent description
RW 83886080 VMFS "win2k8r2-02-flat.vmdk"

# The Disk Data Base
#DDB

ddb.adapterType = "lsilogic"
ddb.geometry.cylinders = "5221"
ddb.geometry.heads = "255"
ddb.geometry.sectors = "63"
ddb.longContentID = "328b8afc206187816c4a76061c071021"
ddb.thinProvisioned = "1"
ddb.toolsVersion = "9314"
ddb.uuid = "60 00 C2 94 29 04 46 c9-4c 7f 86 94 c1 ea 41 60"
ddb.virtualHWVersion = "4"
```

　　虚拟机还包含其他几种文件。例如，当虚拟机运行时，还可能出现一个 VSWP 文件，即 VMkernel 交换文件。在第 11 章中，将更详细地介绍 VMkernel 交换文件。此外，还有一个存储虚拟机的 BIOS 设置的 NVRAM 文件。

　　现在，读者大概了解了虚拟机由哪些文件组成，接下来开始真正创建一些虚拟机。

9.2 创建虚拟机

创建虚拟机是 VMware vSphere 应用过程中的一个核心部分，而 VMware 已经将这个过程简化到极致。接下来介绍整个过程，并详细介绍其中的各个步骤。

> **vSphere Web 客户端与 vSphere 客户端**
>
> **VMware** 决定从完全密集配置的 **vSphere** 客户端转而支持多平台兼容的 **vSphere Web** 客户端。添加到 **vSphere 5.1** 和更高版本（包括 **vSphere 5.5**）的新功能，只在 **vSphere Web** 客户端中提供。尽管可使用 **vSphere** 客户端创建虚拟机，但我们建议尽可能使用 **vSphere Web** 客户端。

执行下面的步骤，创建一个虚拟机。

（1）如果 vSphere Web 客户端未运行，则启动 vSphere Web 客户端，连接一个 vCenter Server 实例。如果 vCenter Server 实例不可用，启动 vSphere 客户端并直接连接到 ESXi 主机。

（2）在目录树中，右键单击一个集群、资源池或者 ESXi 主机的名称，选择 New Virtual Machine（新建虚拟机）选项，如图 9.4 所示。

此外，也可以使用 File 菜单或者按 Ctrl+N 组合键打开这个向导。

（3）打开 Create a New Virtual Machine（创建新虚拟机）向导，选择 Custom，如图 9.5 所示。单击 Next 按钮。

（4）输入虚拟机名称，选择用于存储虚拟机的目录位置，单击 Next 按钮。

图 9.4 打开一个 ESXi 集群或者一个独立 ESXi 主机的快捷菜单，打开 Create a New Virtual Machine 向导

（5）如果所选择的集群没有激活 vSphere DRS，或者所运行的 vSphere DRS 处于手动模式，就必须在集群上选择一个用于创建虚拟机的主机。如图 9.6 所示。在列表上选择一个 ESXi 主机，单击 Next 按钮。

图 9.5 使用 vSphere Web 客户端时创建新虚拟机的选项

图 9.6 此处所选择的逻辑文件夹结构与选定数据存储上保存的虚拟机文件并不对应（如 VMX 和 VMDK）

逻辑目录和物理目录

在创建新虚拟机时选择的目录位置是一个逻辑位置，如图 9.6 所示。这个目录位置并不对应于运行虚拟机的的服务器，也不是将存储虚拟机的数据存储。在选择显示 VMs And Templates 目录视图时，这个逻辑目录就会显示在 vSphere Web 客户端上。

（6）选择存储虚拟机文件的数据存储。

如图 9.7 所示，vSphere Web 客户端显示了许多数据存储信息（大小、已分配空间、空闲空间、数据存储类型）。但是，vSphere Web 客户端并没有显示诸如 IOPS 容量或者性能统计等信息。在第 6 章探讨了创建与配置存储设备，它可以根据存储供应商的 vCenter Server 存储的策略（以及由 vSphere 管理员创建和分配的用户自定义存储特性）创建虚拟机存储配置文件。如图 9.7 所示，VM Storage Profile 下拉列表列出了当前所定义的虚拟机存储配置文件。如果目前没有定义设备级别，或者虚拟机设备级别未激活，那么这个下拉列表将被禁用。

在选择一个虚拟机存储配置文件时，数据存储清单便会分成两组：兼容列表和不兼容列表。兼容的数据存储是指其属性符合存储设备级别的数据存储；不兼容的数据存储则是指其属性不符合虚拟机存储配置文件所定义标准的数据存储。图 9.8 显示了选定的一个存储设备级别，以及为这个虚拟机存储选定的一个兼容的数据存储。

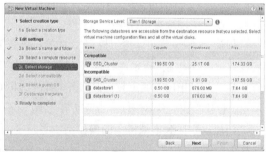

图 9.7　在创建新虚拟机时，使用存储设备级别有助于自动选择虚拟机存储位置

图 9.8　在使用虚拟机存储策略时，选择一个兼容的数据存储，可以保证满足虚拟机的存储要求

使用虚拟机存储文件，有利于将底层存储阵列功能自动整合到虚拟机存储部署决策的过程中。这样可以大大提升虚拟机存储文件的功能和实用性。关于虚拟机存储文件的更多信息参考第 6 章。

选择一个数据存储，单击 Next 按钮。

（7）选择一个 VMware 虚拟机版本。vSphere 5.5 引入了一个新的虚拟机硬件版本：版本 9。老版本的 vSphere 版本也支持老版本的虚拟机硬件。如果所创建的虚拟机将由版本 5.1 和版本 5.5 的 ESXi 主机共享，则可以选择版本 9。如果所创建的虚拟机只在 vSphere 5.5 中使用，则可以选择版本 10。单击 Next 按钮。

在老版本 ESXi 上运行虚拟机

与从老版本 ESX/ESXi 升级不同,不需要执行升级操作,版本 5.5 就允许在老版本 ESXi 上创建虚拟机。例如,有些读者可能会记得,将虚拟机从 ESX 2.x 更新到 ESX 3.x 的过程中,需要执行一个"DMotion"更新过程, 因此会出现一段明显的停机时间。

这并不是说将虚拟机从老版本更新到 vSphere 5 不会产生任何停机时间,只是这段停机时间不会出现在主机本身的更新过程中。相反, 这个一定会引起虚拟机停机的过程(升级 VMware Tools 和将虚拟硬件从版本 7 或者版本 8 升级到版本 10)可以安排到以后执行。

vSphere 支持可在数据中心、集群或主机级别配置的 Default VM Compatibility 级别。借助 Default VM Compatibility 设置,可为新创建的虚拟机的虚拟机版本设置默认值。通过在层次结构的较高级别(比如集群级别)设置 Default VM Compatibility,可以确保新部署的虚拟机将拥有正确的虚拟机版本。

只有最新的虚拟机版本,即版本 11,支持 vSphere 中的最新功能。如果你的环境仅运行 ESXi 5.5,应考虑将 Default VM Compatibility 设置为 ESXi 5.5 或更高版本,以利用 vSphere 5.5 中的所有新虚拟机功能。

(8)选择对应操作系统供应商的单选钮,选择正确的操作系统版本,单击 Next 按钮。很快就可以看到,vSphere Web 客户端会在向导后面提供了一些推荐使用的值。

(9)此时,Customize Hardware 界面显示,可以在这里定制将提供给虚拟机的虚拟硬件。首先,我们将选择要向虚拟机提供多少 CPU。使用 CPU 旁边的下拉框选择虚拟 CPU 的数量。

根据 vSphere 许可,虚拟机 CPU 插槽可以有 1 ~ 64 个。此外,还可以选择每个虚拟 CPU 插槽的内核数量。使用虚拟机硬件版本 10 的每一个虚拟机支持最大内核总数是 64 个。因此,每一个虚拟机 CPU 插槽的可用内核的总数将根据所选择的虚拟 CPU 插槽数量而变化。有关每一个虚拟 CPU 插槽的可用虚拟核心数的具体信息, 参见以下位置:www.vmware.com/support/pubs/。

记住,安装到虚拟机上的操作系统必须支持选定的虚拟 CPU 数量。虚拟 CPU 数量越多,并不意味着性能会越高。在某些情况下,数量越大反而会对性能造成负面影响。

在完成虚拟 CPU 配置之后,单击 Next 按钮继续。

(10)单击上 / 下箭头,或者输入值,给虚拟机配置一定 RAM,如图 9.9 所示。输入想要的内存值,给虚拟机配置一定 RAM,如图 9.9 所示。默认的内存大小以 MB 为单位列出,将其改为 GB 可能更简单一些,这样就无需知道精确的 MB 数量。

如图 9.9 所示,Web 客户端会根据之前所选的操作系统和版本显示 RAM 的最小值和推荐值。这就是在创建虚拟机时要选择正确的客户

图 9.9　根据选定的客户操作系统,vSphere Web 客户端提供了一些关于虚拟机内存总量的基本配置指导

操作系统的其中一个重要原因。

这个页面中所配置的 RAM 数量就是客户操作系统中系统属性所显示的 RAM 数量，而且也是客户操作系统可以使用的最大内存数量。它等同于系统物理 RAM 数量。物理主机使用的内存量不可能超过物理内存总数，与之相同，虚拟机也不可能使用超过它所配置使用的内存。

在选择了虚拟机分配的 RAM 总量之后，单击 Next 按钮。

内存在哪里

这个页面所显示的设置并不保证一定有相同物理内存用于实现配置的值。在稍后的章节中会介绍，虚拟机的内存可能是物理 RAM、VMkernel 交换文件空间或者这两者的组合。

（11）选择网络适配器的个数、网络适配器的类型及各个网络适配器将连接的网络。图 9.10 显示了配置虚拟 NIC 的屏幕截图，而表 9.1 则列举了不同类型的虚拟 NIC 的其他信息。

关于虚拟 NIC 适配器的更多信息

VMware 网站上详细地介绍了虚拟 NIC 适配器类型以及其支持要求，具体参见 http://kb.vmware.com/kb/1001805。

图 9.10 虚拟机最多可以配置 4 个网络适配器，它们可以属于相同或不同的类型，也可以位于相同或不同的网络中

表 9.1   **vSphere 5 的虚拟 NIC 类型**

虚拟 NIC 类型	支持的虚拟机硬件版本	说　　明
E1000	4, 7, 8, 9, 10	这个虚拟 NIC 模拟了 Intel 82545EM Gigabit Ethernet NIC。虽然在很多现代的客户操作系统都包含这种 NIC 的驱动程序，但是一些老版本客户操作系统可能没有这种驱动程序
E1000e	8, 9, 10	这个虚拟 NIC 模拟了 Intel 82574L Gigabit Ethernet NIC。这个驱动器比 E1000 驱动器中的 Intel 82545EM NIC 的版本更新。这个 NIC 是 Windows Server 2012 和 Windows 8 来宾的默认 NIC
Flexible	4, 7, 8, 9, 10	这种虚拟 NIC 是一种 Vlance 适配器，它是 AMD 79C970 PCnet32 10 Mbps NIC 的一种模拟形式。大多数 32 位客户机操作系统都包含这种 NIC 的驱动程序。在安装 VMware 工具之后（本章稍后将介绍 VMware 工具），那么这个虚拟 NIC 变成更高性能的 VMXNET 适配器。Flexible 虚拟 NIC 类型只适用于特定的 32 位客户操作系统。例如，在运行 32 位版本 Windows Server 2008 的虚拟机上不能使用 Flexible 虚拟 NIC，但是 32 位版本的 Windows Server 2003 可以选择使用这种 NIC

续表

虚拟 NIC 类型	支持的虚拟机硬件版本	说　明
VMXNET 2 (Enhanced)	4, 7, 8, 9, 10	这个虚拟 NIC 类型基于 VMXNET 适配器，但是可以支持更多的高性能特性，例如，巨型帧和硬件卸载。只有少数客户机操作系统支持这种类型
VMXNET 3	7, 8, 9, 10	VMXNET 3 虚拟 NIC 类型是最新版本的高性能半虚拟化驱动器。它支持所有的 VMXNET 2 特性，以及多队列支持、IPv6 卸载和 MSI/MSI-X 中断传输等其他特性。只有虚拟机硬件版本 7 或者更高版本和少数客户操作系统支持这种类型

（12）选择 New SCSI Controller 展开选择区域，然后单击下拉框，为 Create New Virtual Machine Wizard 的 Select A Guest OS 页面上的操作系统选择合适的 SCSI 适配器。

向导可能已经根据选定的操作系统选择了正确的默认驱动器。例如，在选择 Windows Server 2003 作为客户机操作系统时，系统会自动选择 LSI Logic 并行适配器，但是，在选择 Windows Server 2008 作为客户机操作系统时，系统则自动选择 LSI Logic SAS 适配器。在第 6 章已经介绍了其他虚拟 SCSI 适配器的配置方法。

虚拟机器 SCSI 控制器

Windows 2000 内置了 BusLogic 并行 SCSI 控制器的支持，而 Windows Server 2003 及更高版本的操作系统也内置了 LSI Logic 并行 SCSI 控制器的支持。此外，Windows Server 2008 也支持 LSI Logic SAS 控制器。Windows XP 并没有这些内置支持，因此在安装过程中附加驱动程序磁盘。选择错误的控制器将导致操作系统安装出现错误,这个错误一般是无法找到硬盘。在物理到虚拟(P2V)迁移操作中，选择错误的 SCSI 控制器将导致虚拟机的 Windows 客户操作系统出现"蓝屏错误"，启动安装的 Windows 将无法启动。

（13）在创建一个新虚拟机时自动配置虚拟硬盘。如果需要添加一个新虚拟硬盘，选择屏幕底部的 New Device 下拉框，如图 9.11 所示。

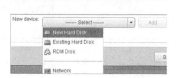

图 9.11　在创建一个新虚拟机时自动配置虚拟硬盘。也可以使用 New device 选项添加更多虚拟硬盘

添加虚拟磁盘到虚拟机的选项如下。

New Hard Disk（新建硬盘）选项允许用户创建将托管来宾 OS 的文件和数据的新虚拟磁盘（VMDK 文件）。由于在创建新虚拟机时已默认添加一个虚拟硬盘，如果虚拟机需要两个磁盘（比如在需要一个操作系统驱动器和一个数据驱动器时），使用这一选项会很有用。

Existing Hard Disk（已有虚拟磁盘）：允许使用一个已可配置客户机操作系统的虚拟磁盘创建虚拟机，位于一个可用数据存储中。

RDM（裸设备映射）Disk：允许虚拟机配置裸设备 SAN LUN 访问。第 6 章已更加详细地介绍了 RDM。

由于已默认配置虚拟硬盘，我们将使用它来安装来宾 OS，而无需添加另一个虚拟磁盘。

添加现有的磁盘

现有的虚拟磁盘并不一定包含有客户操作系统实例，它可能包含作为虚拟机副驱动器的数据。添加包含数据的现有磁盘，可以大大提升虚拟硬盘的可移植性，从而允许用户在虚拟机之间顺利地迁移数据。我们总是会遇到一些与客户机操作系统相关的问题，如分区、文件系统类型或者权限等。

（14）在添加新虚拟硬盘或使用默认提供的虚拟硬盘时，有用于创建新虚拟磁盘的选项可用。选择 New Hard Disk 展开选择区域并访问这些选项，如图 9.12 所示。存储虚拟磁盘的数据存储格式确定可选的最大容量。选择恰当的 Disk Provisioning（磁盘分配）选项。

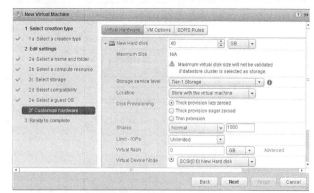

图 9.12　在创建新的虚拟磁盘时，vSphere 5.5 提供了许多不同的 Disk Provisioning（磁盘分配）选项

◆ 选择 Thick Provision Lazy Zeroed（胖分配迟归零），则创建一个在创建时就分配所有空间但不归零的虚拟磁盘。在这种情况下，VMDK 扁平文件的大小将与虚拟磁盘相同。一个 40 GB 的虚拟磁盘就会有一个 40 GB 的扁平文件。

◆ 选择 Thick Provision Eager Zeroed（胖分配预归零），则创建一个在创建时就分配所有空间但不归零的虚拟磁盘。要支持 vSphere Fault Tolerance，则必须选择该选项。同时，这个选项也意味着 VMDK 扁平文件的大小与虚拟硬盘相同。

◆ 选择 Thin Provision（精简配置）选项，则创建一个按需分配空间的虚拟磁盘。在这种情况下，VMDK 扁平文件可以根据实际存储的数据总量而增大，最高可以达到虚拟硬盘指定的最大容量。

在不同的存储平台、存储类型以及存储供应商的 vSphere 存储集成技术支持（如 VAAI 或者 VASA）中，有一些选项可能无法使用（禁用）。例如，不支持 VAAIv2 扩展的 NFS 数据存储将禁用这些选项，因为它只支持精简配置 VMDK。（第 6 章已经详细介绍了 VAAI 和 VASA。）

新虚拟磁盘的位置有 2 个选项。这些选项通过选择 Location 字段旁边的下拉框使用。记住，这些选项将影响物理位置，而不是逻辑位置；这些选项将直接影响用于存储虚拟机管理程序文件的数据存储和（或）目录。

◆ 选项 Store With The Virtual Machine（与虚拟机存储在一起）会将文件与配置文件和其他虚

拟机文件保存在同一个子目录中。这是一个最常用的选项，因为这样可以更加方便地管理虚拟机文件。

◆ 选项 Browse（指定虚拟数据存储）可以将虚拟机文件与其他文件分开存储。当需要给虚拟机添加新的虚拟硬盘或者需要将操作系统虚拟磁盘与数据虚拟磁盘分开时，一般都选择使用这个选项。Browse 选项允许您浏览可用数据存储并将虚拟机文件与其他文件分开存储。

◆ 如有需要，您可以为创建的虚拟机配置其他选项，比如 Shares、Limits 或 Virtual Flash Sizing（在第 6 章中有详细讨论）。

（15）Virtual Device Node（虚拟设备节点）选项可以指定虚拟磁盘连接的 SCSI 节点、IDE 控制器或者 SATA 控制器，Disk Mode（硬盘模式）选项可以将虚拟磁盘配置为 Independent 模式，如图 9.13 所示。Disk Mode 通常是不可修改的。单击 Next 按钮接受默认设置，如图 9.13 所示。

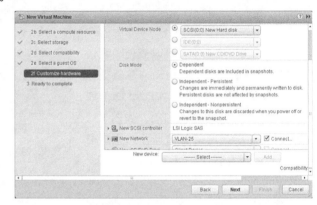

图 9.13　虚拟磁盘可以配置在多个不同的 SCSI 适配器和 SCSI ID 上，也可以配置一个独立磁盘

◆ Virtual Device Node（虚拟设备节点）下拉列表显示了 15 种不同的 SCSI 节点，它可以用在虚拟机支持的 4 个 SCSI 适配器上。当使用 IDE 控制器时，这个下拉列表会显示 4 种不同的可用 IDE 节点。当使用 SATA 控制器时，这个下拉列表会显示 30 种不同的可用 SATA 节点。

◆ 不选择 Independent 模式选项，则可以保证将虚拟磁盘停留在默认状态，从而允许创建虚拟机快照。如果选定 Independent 复选框，就可以将虚拟磁盘配置为一个持久存储磁盘，这时所有修改都将立即且永久地写入磁盘；或者配置一个非持久磁盘，这样虚拟机关闭将放弃所有修改。

完成虚拟机配置的添加或修改时，单击 Next 按钮。

（16）最后检查虚拟机的配置。如果发现有问题，则可以返回并进行修改，如图 9.14 所示。单击向导左边的超链接，就可以直接跳回向导前面的步骤，再次修改配置。

图 9.14　检查 Create New Virtual Machine 向导的配置，确保虚拟机设置正确无误，并且避免出现错误之后删除和重建虚拟机

一切就绪时，单击 Finish 按钮。

正如前面所介绍的，创建虚拟机的过程非常简单。但在创建新的虚拟机时，一些设置值的使用则没那么简单。最恰当的设置值是什么呢？

选择新虚拟机的设置值

创建新的虚拟机时，最难的事情就选择正确的虚拟 CPU 个数、内存总量或者虚拟 NIC 的个数与类型。幸好，关于虚拟机 CPU 和 RAM 大小及虚拟机网络的文档有很多，所以我建议根据需要选择适当虚拟机大小（查看本章后面的章节）。

虚拟机大小影响重大

正确确定虚拟机的大小是 vSphere 设计中至关重要的部分，它会影响许多方面。更多关于虚拟机大小对其他 vSphere 设计的影响，请阅读同样由 Sybex 出版的《VMware vSphere Design》。

在其他方面上，并没有太明确的指导原则。除了新虚拟机创建过程的可用选项，新老用户总是会在下面 4 个方面遇到问题，例如：

◆ 怎么知道如何调整虚拟机的大小？

◆ 如何给虚拟机命名？

◆ 应该配置多大的虚拟磁盘？

◆ 虚拟机是否需要高端图形？

下面开始更详细地介绍这些问题。

1. 调整虚拟机大小

读者可能希望我们就如何调整虚拟机大小提供具体的指导。我们也希望如此，但遗憾的是，虚拟机大小主要取决于环境、虚拟机上安装的应用程序、性能要求和许多其他因素。不如讨论一种方法，使用这种方法了解在将物理服务器重新部署为虚拟机之前物理服务器的资源使用要求（CPU、内存、磁盘和网络），反而更好。

将虚拟机大小调整为与物理服务器相同的规格可能导致虚拟机偏大（或偏小）。将虚拟机调整得过大和过小都会导致该虚拟机产生性能问题，而且可能导致同一 ESXi 主机上的其他虚拟机产生性能问题。

可以使用一个容量规划流程帮助了解如何调整虚拟机大小。使用容量规划流程，可了解当前物理服务器的长期利用情况，然后使用该信息来调整虚拟机的大小。

一个典型的容量规划练习需要 2 ～ 4 周的时间，而且使用工具自动监控和报告物理服务器的性能。通过长期（比如 30 天内）监控服务器，可以捕获正常业务周期，比如月末处理，如果监控时间短，可能就监控不到月末的情况。

两个最常用的容量规划工具其实是免费的，不过其中一个并非面向所有人提供。也许最广为人知的工具是 VMware 的一款产品，叫作 Capacity Planner。另一种产品叫作 Microsoft Assessment and

Planning Toolkit，也许没那么广为人知，但也是很强大的一个工具。

免费，但并非面向所有人

Capacity Planner 是一款免费产品，但并非所有人都可以使用它。Capacity Planner 仅可供 VMware 或 VMware 认证合作伙伴使用。如果你是 VMware 产品的最终用户，就不能访问 Capacity Planner。

尚未与 VMware 或合作伙伴合作？幸好，你通常可以与你的 VMware 代表合作，为环境中的服务器访问 Capacity Planner。

Microsoft Assessment and Planning Toolkit 可从 Microsoft 网站上免费下载，且可供所有人使用。可以从以下位置下载它。

www.microsoft.com/en-us/download/details.aspx?id=7826。

两个工具都产生类似的结果，比如 CPU、内存、磁盘、网络的平均和最大利用率值以及其他更具体的性能计数器。Capacity Planner 非常易于定制，允许添加性能计数器来执行标准 Windows 或应用程序计数器监控范围以外的监控。Microsoft Assessment and Planning Toolkit 不那么可定制，但包括面向 Microsoft 应用程序（比如 SQL Server 或 SharePoint Server）的高级报告，在打算虚拟化这些应用程序时该特性会很有用。

使用这些工具的流程对于两者也类似。执行长期容量规划分析之后，查看结果，了解服务器的实际利用率。

这些工具还允许生成结果，告知需要多少台 ESXi 主机（使用 Microsoft Assessment and Planning Toolkit 时告知需要多少台 Hyper-V 主机，不过结果也适用于 ESXi）来支持环境。例如，如果要监控总共 70 台物理服务器，这些工具可能会告知，基于每台服务器的实际利用率，总共仅需要 7 台 ESXi 主机即可将那些服务器作为虚拟机来加以支持。结果因环境中的实际利用率而异。

容量规划是一项有用的练习，因为它会告知在将服务器转换为虚拟机之前服务器的实际利用率。 比方说，一台物理服务器配有两个 CPU，每个 CPU 有 8 个核心和 64GB 的 RAM，而且该服务器运行 Microsoft SQL Server 2012。

读者可能认为，由于 SQL Server 通常是重要应用程序，服务器必须得到充分利用。事实上，很多时候在容量规划之后，你会发现，服务器其实只利用了两个 CPU 核心和 8GB 的 RAM。在虚拟化该服务器时，可以将资源减少到服务器真正使用的数量，为其他虚拟机节省资源。

不管是刚开始走上虚拟化之旅，还是要接着虚拟化更多关键应用程序，容量规划都会提供可用来适当地调整虚拟机大小的宝贵信息。

2. 虚拟机命名

选择虚拟机的显示名称可能看起来并不太重要，但是一定保证使用一种恰当的命名策略。建议虚拟机的显示名称要与所安装的客户机操作系统所配置的主机名称相匹配。例如，如果客户机操作系统上准备使用名称 Server1，那么虚拟机显示名称应该也设置为 Server1。如果在虚拟显示名称上使用空格（这是允许的），那么在使用命令行工具管理虚拟机时会更加复杂一些，因为在命令行上必然给带空格的字符串添加双引号。此外，由于 DNS 主机名称不能包含空格，因此在虚拟机名称上使用空格会导致虚拟机名称和客户操作系统主机名称不一致。这意味着用户必须避免使用标准 DNS 命名策略中不允许使用的空格和特殊符号，保证虚拟机的内部和外部都采用相似命名方式。除了组织的政策之外，这往往由个人喜好决定。

分配给虚拟机的显示名称也可以成为存储虚拟机文件的 VMFS 卷的文件夹名称。从文件的层面上看，相关的配置（VMX）和虚拟硬盘（VMDK）文件将使用虚拟机创建过程名称文本框中所指定的名称。如图 9.15 所示，读者可以看到用户指定的名称 win2k12-02 将同样作为虚拟机的文件夹名称和文件名。

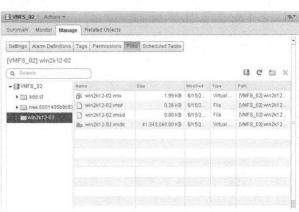

图 9.15　指定的虚拟机显示名称将在很多地方使用

3. 确定虚拟机硬盘大小

第 3 个问题是虚拟机的硬盘应该多大？这个问题稍微有点复杂。解决方法有很多种，但是一些最佳实践方法涵盖了虚拟机的管理、可伸缩性和备份。首先，一般推荐创建有多个虚拟磁盘文件的虚拟机，这样就可以将操作系统数据与自定义用户 / 应用数据分离。分离系统文件和用户 / 应用数据可以在将来更方便地增加数据驱动器的数量，并且可以使用更实用的备份策略。例如，一个 25GB ~ 30 GB 的系统驱动器，通常能够为操作系统的初始安装和持续增长提供足够的空间。底层存储系统的容量和功能、已安装的应用程序、系统的功能和连接到计算机上的用户数量等，决定了不同虚拟机上的数据驱动器的大小会有所不同。但是，因为附加硬盘不能存储操作系统数据，所以更容易在需要时调整这些驱动器。

记住，附加的虚拟硬盘驱动将采用与原始虚拟硬盘相同的命名方式。例如，虚拟机 Server1 的原始硬盘文件名为 win2k12-02.vmdk，那么新虚拟硬盘文件的名称将是 win2k12-02_1.vmdk。每一个附加的文件名会递增最后的数字，这样可以更方便地管理和辨别与特定虚拟机相关联的所有虚拟磁盘文件。图 9.16 显示了一个有 2 个虚拟硬盘的虚拟机，从中可以看到 vSphere 的附加虚拟硬盘命名方式。

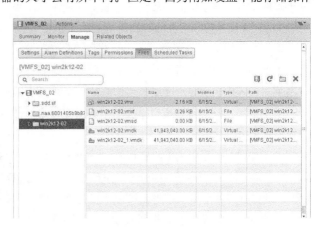

图 9.16　vSphere 会自动为附加的虚拟硬盘的文件名添加一个数字

在第 10 章会重新回顾创建虚拟机的过程，以便了解如何使用模板实现和维护最优虚拟机配置，它可以将用户 / 应用数据与系统分离。现在已经创建了虚拟机，接下来就可以准备将客户机操作系统安装到虚拟机中。

 Real World Scenario

分配虚拟机不同于分配物理机

过去，虚拟机分配必须采用不同于物理机分配的方式。毕竟，正是因为服务器的使用不充分或过度使用等问题，才使用虚拟化来整合工作负载的。

在物理世界里，服务器分配的依据是它在整个生命周期的最大需求。因为一台服务器的预期负载可能会在生命周期中不断变化，所以就可能就可能物理服务器分配了超过实际需要的 CPU 资源和 RAM。

但在虚拟环境中，只能给虚拟机分配实际需要的资源。当它们需要更多负载时，再给它们添加更多的资源，而且这有时候不会引起停机。

如果不转变这种事情的思考方式，那么就会遇上和我的一位客户的相同问题。在客户的整合项目的早期，他给虚拟机配置了与物理机器相同的资源。有时还没等到虚拟环境中的资源耗尽并发现整合比率远远低于预期，客户就已经被说服，改变了分配方式。在改变分配方式之后，客户就能提高他的整合比率，同时还不会对他所提供的服务水平造成负面影响。因此，正确地配置虚拟机大小是很重要的。

4. 虚拟机图形

根据环境中部署的虚拟机的类型，可能需要考虑图形性能。对于后端系统，比如数据库系统或电子邮件平台，虚拟机的图形性能不重要，通常也不用管。然而，如果要部署一个虚拟桌面基础架构 (VDI)，虚拟机的图形性能和功能可能就是重要考量因素。

对于像 VMware Horizon View 这样的 VDI 解决方案，最终用户不再运行一台完整的台式机或笔记本电脑，而是从各种终结点设备连接到其虚拟桌面（在 vSphere 上运行）这些设备可以是笔记本电脑、台式机、瘦客户端或零客户端，甚至平板电脑和智能手机。

对于最终用户而言，虚拟桌面通常充当完整桌面的替代物，因此桌面的性能需要像被替换的物理硬件那样好（或者更好）。

为了提供高端图形功能给虚拟机，vSphere 5.5 支持 vSGA 或 Virtual Shared Graphics Acceleration。该技术允许您将图形卡安装到 ESXi 主机中，然后将 3D 渲染的处理卸载到物理图形卡，而非主机 CPU。通过让专用于渲染图形的硬件执行处理，这一卸载有助于降低总体 CPU 利用率。

尽管 3D 渲染设置在虚拟机设置中加以配置，但它们仅用于 VMware Horizon View。如果要使用 Horizon View 以外的 VDI 解决方案，需询问供应商了解是否支持 vSphere 上的 3D 渲染。

9.3 安装客户机操作系统

一个新虚拟机就像是一个硬盘空空的物理计算机。所有的组件都已经准备就绪，唯独缺少一个操作系统。在创建了虚拟机之后，就可以开始安装一个支持的客户机操作系统。ESXi 一般支持安装以下的客户机操作系统（这并不是一个完整列表）。

◆ Windows 8（32 位和 64 位）；

◆ Windows 7（32 位和 64 位）；

◆ Windows Vista（32 位和 64 位）；

◆ Windows Server 2012（64 位）；

◆ Windows Server 2008 R2（64 位）；

◆ Windows Server 2008（32 位和 64 位）；

◆ Windows Server 2003（32 位和 64 位）；

◆ Windows Small Business Server 2003；

◆ Windows XP Professional（32 位和 64 位）；

◆ Red Hat Enterprise Linux 3/4/5/6（32 位和 64 位）；

◆ CentOS 4/5（32 位和 64 位）；

◆ SUSE Linux Enterprise Server 8/9/10/11（32 位和 64 位）；

◆ Ubuntu Linux（32 位和 64 位）；

◆ NetWare 5.1/6.x；

◆ Sun Solaris 10（32 位和 64 位）；

◆ FreeBSD（32 位和 64 位）。

有虚拟 Mac 服务器吗

VMware vSphere 5.0 还增加了一些新客户机操作系统的支持。最有代表性的是 vSphere 5.0 增加了支持 Apple Mac OS X Server 10.5 和 10.6 的支持。这样就可以在 VMware ESXi 主机上运行 Mac OS X Server 虚拟机了。但重要的是，只有使用特殊的 Apple Xserve 服务器模块运行 ESXi 时，才安装 Mac OS X 服务器。

虽然安装这些支持的客户机操作系统与在物理服务器上安装的步骤是完全相同的，但是在每一个客户机操作系统安装的过程中所提供的信息区别可能很大。由于不同的客户机操作系统或者不同版本的客户机操作系统的安装过程各不相同，因此本书不会详细介绍实际客户机操作系统的安装过程。这是客户操作系统供应商的事情。相反，本书主要关注于与虚拟环境相关的客户机操作系统安装任务。

9.3.1 配置安装介质

有一个任务对于虚拟环境是非常有用的，但是通常在虚拟环境中不需要执行这个任务，那就是客户机操作系统的安装介质。在物理环境中，管理员一般会将操作系统安装介质插入到物理服务器的光驱中安装操作系统，然后完成安装。然而在虚拟环境中，虽然过程类似，但是存在一个问题——如果服务器是虚拟的，那么要在哪里插入 CD 呢？有几种方法可以解决这个问题。其中一种很便捷，而另一种则需要花费较长的时间，但却是非常值得的。

虚拟机可以通过几种方式访问存储在光盘上的数据。虚拟机可以使用 3 种不同的方式访问光盘（如图 9.17 所示的 Datastore ISO File 选项）。

Client Device（客户机设备）　这个选项允许将运行 vSphere Web 客户端的计算机本地光驱映射到虚拟机上。例如，如果在企业使用的惠普笔记本电脑上使用 vSphere Web 客户端，则可以直接将 CD/DVD 插入到本地光驱，然后通过这个选项将它映射到虚拟机上。这是上面提到的快捷简单的方法。

Host Device（主机设备）　这个选项可以将 ESXi 主机的光驱映射到虚拟机上。VMware 管理员必须将 CD/DVD 插入到服务器的光驱上，然后虚拟机才能访问磁盘。

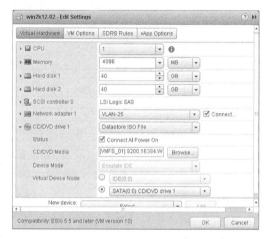

图 9.17　虚拟机可以访问 vSphere Web 客户端系统、ESXi 主机或存储为 ISO 映像的物理光驱

Datastore ISO File（数据存储 ISO 文件）　最后一个选项是将一个 ISO 映像（参见补充内容"ISO 映像基础"知识）映射到虚拟机上。虽然使用 ISO 映像通常需要多一个步骤——从物理磁盘创建 ISO 映像，但是现在有越来越多的软件通过 ISO 映像发布，而 vSphere 环境可以直接使用这些映像。

ISO 映像基础知识

ISO 映像是一个光区的存储文件。这个名称源于 CD-ROM 介质所使用的国际标准组织（International Organization for Standardization, ISO）9660 文件系统标准，而 ISO 格式得到了许多软件供应商的广泛支持。许多软件应用程序都使用 ISO 映像。事实上，Windows、Linux 和 Mac OS X 的大多数 CD 刻录软件应用程序都可以从现有物理磁盘创建 ISO 映像，或者将 ISO 映像刻录到物理光盘上。

ISO 映像是安装客户机操作系统的推荐方法，因为它们比实际光驱的读取速度更快，也更容易挂载或卸载。

但是，在使用 ISO 映像安装客户机操作系统之前，必须先将它保存到一个 ESXi 可以访问的位置。通常，这意味着需要将它上传到 ESXi 主机中可以访问的一个数据存储上。

执行下面的步骤，将一个 ISO 映像上传到数据中心上。

（1）使用 vSphere Web 客户端连接一个 vCenter Server 实例，或启动 vSphere Web 客户端连接一个 ESXi 主机。

（2）从 vSphere Web 客户端菜单栏上选择 Storage。

（3）右键单击想要上传 ISO 映像的数据存储，选择快捷菜单的 Browse 文件。

（4）选择数据存储上用于存储 ISO 映像的目标文件夹。

如果要创建存储 ISO 映像的新文件夹，则可以使用 Create A New Folder（新建文件夹）按钮（带绿色加号的文件夹图标）。

（5）在 Files screen 的工具栏上，单击 Upload（上传）按钮（带绿色箭头的磁盘图标）。在出现的对话框中，选择 Upload File（上传文件），如图 9.18 所示，并单击 Open 按钮。

（6）vSphere Web 客户端将文件上传到数据存储中选定的文件夹中。

在将 ISO 映像上传到一个可用数据存储之后，就可以开始使用 ISO 映像真正安装一个客户机操作系统。

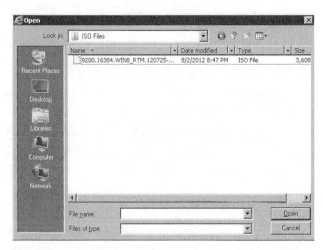

图 9.18 通过 Upload 按钮，可以上传用于安装客户机操作系统的 ISO 映像

9.3.2 使用安装介质

一旦安装介质准备就绪——使用 vSphere Web 客户端所在计算机的本地 CD-ROM 驱动器，使用物理服务器的光驱，或者创建 ISO 映像上传到一个数据存储中，这时就可以使用安装介质真正在虚拟机上安装一个客户机操作系统。

执行下面的步骤，使用一个共享数据存储的 ISO 文件安装客户机操作系统。

（1）使用 vSphere Web 客户端连接一个 vCenter Server 实例或，使用 vSphere Web 客户端连接虚拟机所在的 ESXi 主机。

（2）在菜单栏上选择 Home → Hosts And Clusters 或 Home → VMs And Templates，打开 Hosts And Clusters 或 VMs And Templates 视图。

（3）右键单击目录树上新建的虚拟机，选择 Edit Settings（编辑设置）菜单选项。这时会打开 Virtual Machine Properties（虚拟机属性）窗口。

（4）展开 CD/DVD Drive 1 硬件选项显示附加属性。

（5）变换到 Datastore ISO File（数据存储 ISO 文件）的下拉对话框，选择 Connect at Power On（在启动后连接）复选框。如果无法选定 Connect at Power On 复选框，那么虚拟机将无法从选定的 ISO 映像启动。

（6）单击 Browse 按钮，浏览保存客户机操作系统 ISO 文件的数据存储。

（7）浏览可用的数据存储，找到用于安装客户机操作系统的 ISO 文件。在选择这个 ISO 文件之后，就会出现与图 9.17 中类似的属性页面。

（8）右键单击虚拟机，并从菜单栏上选择 Power On（启动电源）选项。另外，使用虚拟机的属性页面的 Actions drop-down 选。虚拟机将从挂载的 ISO 映像启动，然后开始安装客户机操作系统。

（9）右键单击虚拟机，并从菜单框中选择 Power On 选项。另外，也可以使用虚拟机的属性页面的 Open Console 选项。

（10）根据屏幕指引，完成客户机操作系统的安装。安装过程与所使用的客户机操作系统有关。具体的安装步骤参见客户机操作系统所提供的文档。

虚拟机客户机操作系统

关于客户机操作系统的完整列表，以及所有相关安装说明及问题，请参考 VMware 网站的 PDF 文件，网址为 www.vmware.com/pdf/GuestOS guide.pdf，注意区分大小写。

9.3.3 使用虚拟机控制台

虚拟机控制台的操作方式与物理系统的控制台类似。在控制台中可以执行任何虚拟机操作：访问虚拟机的 BIOS 并修改设置；关闭虚拟机（重新启动）；控制正在安装或虚拟机中已安装的客户机操作系统。本章的 9.5 节和 9.6 节将详细介绍这些功能，但现在还要先学习一个工具。

vSphere Web 客户端知道要将用户所执行的键盘和鼠标操作传输到虚拟机上，还是由 vSphere Web 客户端本身处理。要实现这个控制，必须使用"聚焦（Focus）"的概念。当单击虚拟机控制台内部区域时，虚拟机就会获得焦点：键盘和鼠标操作都会转发到虚拟机上。除非安装了 VMware 工具——9.4 节将介绍，否则必须手动向 vSphere Web 客户端发送指令，才能将焦点移出虚拟机。vSphere Web 客户端是通过侦测一个特殊组合键 Ctrl+Alt 来切换焦点的。当按 Ctrl+Alt 组合键时，vSphere Web 客户端会让当前控制鼠标和键盘的虚拟机释放控制，将控制权交回给 vSphere Web 客户端。记住，在使用鼠标时，它不能超出虚拟机控制台窗口的范围。按 Ctrl+Alt 组合键，虚拟机就会释放控制。

在安装了客户机操作系统之后，然后就应该安装和配置 VMware 工具。下一节将介绍 VMware 工具的安装与配置。

 Real World Scenario

微软授权和激活虚拟机的 Windows

随着虚拟化市场逐渐成熟，微软也针对这个市场调整了它的授权方式。尽管有了这些调整——也正因为这些调整，人们仍然很难理解 Windows Server 操作系统的虚拟化授权方式。Microsoft 显著简化了 Windows Server 2012 中的授权方式，减少了要授权的操作系统版本数量。下面列举了来自微软和 VMware 的各种授权信息和数据。

◆ 微软 Windows Server 授权只针对于物理主机，而不是针对虚拟机。具体而言，Windows Server 2012 许可证附加到物理服务器的 CPU。

◆ 只要有 1 份 Windows Server 2012 数据中心版本授权，用户就允许在获得授权的物理服务器上安装任意多个 Windows 虚拟机实例。

◆ Windows Server 2012 Standard Edition 的授权版本授权用户在分配有许可证的物理服务器上每个物理 CPU 安装和运行多达 2 个 Windows 实例。

◆ 只要有 1 份 Windows Server 2012 标准版授权，用户就允许在获得授权的物理服务器上安装 1 个 Windows 实例。

◆ 授权级别依次递减，所以在 1 个获得 Windows Server 2012 数据中心版本授权的物理服务器上，用户可以安装无限多个数据中心版本或标准版本的虚拟机。另外，这个规则也适用于老版本的 Windows Server。

◆ vMotion 可以将运行中的虚拟机迁移到新主机上，只要目标 ESXi 主机也有足够多的迁移虚拟机授权，迁移操作也不违反微软的授权协议，并在 Windows 授权中维护有效的 Software Assurance。例如，如果 ESXi 主机 ESXi01（有两个物理 CPU）运行着 4 个 Windows 虚拟机，另一个主机 ESXi02（有 2 个物理 CPU）运行了 3 个 Windows 虚拟机实例，而且每 1 个物理系统都分配了 1 个 Windows Server 2012 标准版授权，那么执行 vMotion 操作将 1 个虚拟机从 ESXi01 迁移到 ESXi02 不会违反授权协议。但是，执行 vMotion 操作将一个虚拟机从 ESXi02 迁移到 ESXi01 则违反了授权协议，因为 ESXi01 的授权每个 CPU 最多只允许同时运行 2 个 Windows 虚拟实例。

因为微软要求将 Windows Server 授权附加到物理硬件上，所以许多组织选择给物理硬件购买 Windows Server 2012 数据中心版本授权。这样就可以在硬件上运行无限数量的 Windows Server 实例，而且由于权限逐级下降和涵盖老版本，因此他们也允许使用 Windows Server 2008 的标准版、企业版或数据中心版，以及 Windows Server 2012 的标准版或数据中心版。

系统激活是另 1 个需要规划的方面。如果一个 Windows Server 客户机操作系统的授权结构超出容量授权协议，则需要在安装后 60 天内向微软激活操作系统。激活操作可以通过互联网自动完成，也可以通过拨打区域服务电话完成。对于 Windows Server 操作系统而言，激活算法会包含服务器的硬件规格。为此，当硬件变化太大引起操作系统发生重大变化时，就需要重新激活操作系统。为了顺利完成激活，特别是减少重新激活，必须在激活之前对内存和处理器进行必要的调整，然后安装 VMware 工具。

9.4　安装 VMware 工具

虽然 VMware 工具默认没有安装，但是这个软件包属于虚拟机的重要组成部分。安装 VMware 工具百利而无一害。本章开头已经提到过，VMware vSphere 提供了一些针对虚拟化优化（也叫作半虚拟化）的设备，可以提升虚拟机性能。在许多时候，这些半虚拟机设备并没有客户机操作系统标准安装所包含的设备驱动程序。这些设备的驱动程序可以从 VMware 工具获得，这是在虚拟机和客户机操作系统上安装 VMware 工具的另一个原因。

换言之，安装 VMware 工具是一个标准实例方法，一定要在部署虚拟机时完成这个步骤。VMware 工具包有以下好处：

◆ 经过优化的 NIC 驱动程序；

◆ 经过优化的 SCSI 驱动程序；

◆ 增强的显卡和鼠标驱动程序；

◆ 虚拟机心跳；

◆ VSS 支持为快照和备份启用来宾静默。许多 VMware 和第三方应用程序和工具依赖于 VMware Tools VSS 集成；

◆ 增强的内存管理。

VMware 工具还有助于优化和自动化虚拟机的聚焦管理，所以可以轻松、随意地切换虚拟机控制台，而不需要反复按 Ctrl+Alt 组合键命令。

VMware 工具包支持 Windows、Linux、NetWare、Solaris 和 FreeBSD 操作系统；但是，不同的客户机操作系统的安装方法各不相同。在所有操作系统上，安装 VMware 工具的第一步是在 vSphere Web 客户端上选择安装 VMware 工具的选项。前面介绍过 ISO 映像，以及 ESXi 如何使用 ISO 映像将 CD/DVD 挂载到虚拟机上。这里就恰恰可以使用这个功能。在选择安装 VMware 工具时，vSphere 会将一个 ISO 作为 CD/DVD 挂载到虚拟机上，然后客户机操作系统就可以访问挂载的 CD-ROM，其中包含了 VMware 工具的安装文件。

VMware 工具的 ISO 文件在哪里

VMware 工具的 ISO 映像位于 ESXi 主机的 **/vmimages/toolsisoimages** 目录中。只有在 ESXi 主机上启用 ESX Shell，然后通过 SSH 会话连接主机，才能访问这个目录；vSphere Web 客户端上无法查看这个目录。安装过程会自动将这些 ISO 映像保存在这个目录；因此不需要从别处下载，或者从安装光盘拷贝，也完全不需要管理或维护这些映像。

正如前面所介绍的，安装 VMware 工具的过程与客户机操作系统相关。因为 Windows 和 Linux 在 VMware vSphere 的虚拟机部署中使用最广泛，所以本节将主要举例说明如何在这两个操作系统上安装 VMware 工具。首先介绍在 Windows 客户机操作系统上安装 VMware 工具的过程。

9.4.1 在 Windows 上安装 VMware 工具

执行下面的步骤，在运行虚拟机运行的 Windows Server 2012 客户机操作系统上安装 VMware 工具。

（1）使用 vSphere Web 客户端，连接到一个 vCenter Server 实例或使用 vSphere Web 客户端连接一个 ESXi 主机。

（2）在菜单栏上选择 Home → Hosts And Clusters 或 Home → VMs And Templates，打开 Hosts And Clusters 或 VMs And Templates 视图。

(3) 右键单击目录树的虚拟机，选择 Open Console（打开控制台）。也可以使用虚拟机属性页面上的 Open Console 选项。

(4) 如果未登录到客户机操作系统，则选择 Send Ctrl-Alt-Delete，然后登录到客户机操作系统。

(5) 右键单击虚拟机，并选择 All vCenter Actions → Guest OS → Install VMware Tools。这时会出现一个对话窗口，其中显示了其他一些信息。单击 Mount to mount the VMware Tools ISO 关闭对话窗口。

如何切换回去

记住，在将 VMware 工具安装到客户机操作系统之前，还无法在控制台中随意切换客户机操作系统的控制。相反，要单击虚拟机控制台，才能开始控制客户机操作系统。完成之后，必须按 Ctrl+Alt 组合键，才能释放鼠标和键盘控制。在安装了 VMware 工具之后，就可以自动切换环境控制。

---

(6) 这时会显示一个 AutoPlay 对话窗口，提示用户正在执行的操作。选择选项 Run Setup64.exe。

如果 AutoPlay 对话窗口没有显示，则打开 Windows 资源管理器，双击 CD/DVD 驱动器图标。这时就会出现 AutoPlay 对话窗口。

(7) 在 Welcome To The Installation Wizard For VMware Tools（欢迎来到 VMware 工具的安装向导）页面上，单击 Next 按钮。

(8) 选择 VMware 工具的安装类型，单击 Next 按钮。

Typical（典型安装）选项已经能够满足大多数情况的要求。Complete（安全安装）选项将安装所有可用特性，而 Custom（自定义安装）选项则可以最大程度定制安装的特性。

(9) 单击 Install 按钮。

在安装过程中，会出现若干次确认安装第三方设备驱动程序的提示，在这些提示中都选择 Install。如果 AutoRun 对话窗口再次出现，就直接关闭该窗口，继续安装。

(10) 在安装完成之后，单击 Finish 按钮。

(11) 单击 Yes 按钮，立即重启虚拟机，或者单击 No 按钮，稍后再手动重启虚拟机。

新版本的 Windows（如 Windows Server 2008）使用另一种机制改进控制台会话的图形性能——另一种显卡驱动程序。

执行下面的步骤，安装另一个显卡驱动程序，优化图形控制台性能。

(1) 在开始菜单上选择 Run。在 Run 对话窗口中输入 devmgmt.msc，单击 OK 按钮。这样就会启动 Device Manager（设备管理器）控制台。

(2) 展开 Display Adapters（显示适配器）项目。

(3) 右键单击 Standard VGA Graphics Adapter（标准 VGA 图形适配器）或 VMware SVGA II 项目，选择 Update Driver Software（更新驱动程序）。

(4) 单击 Browse My Computer For Driver Software（在"我的电脑"中查找驱动程序）。

（5）单击 Browse 按钮，在打开的对话窗口中找到 C:\Program Files\CommonFiles\ VMware\ Drivers\wddm_video，单击 Next 按钮。

（6）很快，Windows 会报告已经成功安装了 VMware SVGA 3D (Microsoft Corporation – WDDM) 设备的驱动程序。单击 Close 按钮。

（7）在提示时重新启动虚拟机。

在虚拟机的 Windows 重新启动之后，使用图形化控制台，就会发现性能有很大改观。注意，Windows Server 2012 中不再需要这个过程。VMware SVGA 3D 驱动器随 VMware Tools 的安装而自动安装。

在老版本的 Windows 上，如 Windows Server 2003，通过配置硬件的加速设置，就可以提升虚拟机控制台的响应速度。它的默认设置为 None ；将其设置为 Maximum（最大值），可以大大提升控制台会话的体验。VMware 工具的安装过程会在最后提示用户设置这个值，但是即使用户当时选择不设置硬件加速，以后也一样很容易设置。强烈推荐优化虚拟机控制台的图形性能。（注意，Windows XP 默认将这个值设置为 Maximum。）

执行下面的步骤，调整虚拟机中运行的 Windows Server 2003（或修改了默认值的 Windows XP）硬件加速。

（1）右键单击 Windows 桌面的空白区域，选择 Properties 选项。

（2）选择 Settings 选项卡，单击 Advanced 按钮。

（3）选择 Troubleshoot（故障恢复）选项卡。

（4）将 Hardware Acceleration（硬件加速）滑块拖到右边的 Full 设置值，如图 9.19 所示。

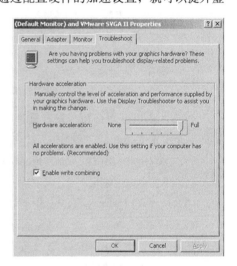

图 9.19　调整 Windows 客户机操作系统的硬件加速特性，可以有效地改进鼠标性能

在安装好 wmv 工具并重启虚拟机之后，系统托盘就会显示 VMware 工具图标——灰色方框内带有 VM 字母（Windows 任务设置可能隐藏了这个图标）。系统托盘的图标表示 VMware 工具已经安装并正常运行。

在先前版本的 vSphere 中，双击系统托盘中的 VMware Tools 图标会调出一组可配置选项。自 vSphere 5.1 起，该界面已被移除，取而代之的是图 9.20 中所示的信息界面。先前我们可以配置时间同步机制，从工具栏显示或隐藏 VMware 工具，并且选择用于暂停、恢复、关闭或启用虚拟机的脚本。

图 9.20　自 vSphere 5.1 起，我们不再通过与系统托盘中的图标进行交互来配置 VMware 工具中的属性

VMware 现在提供一个基于命令行的工具，名为 VMwareToolboxCmd.exe，该工具允许配置这些设置。可以通过启动命令提示符并浏览到 VMware 工具的安装目录来访问 VMwareToolboxCmd.exe。

VMware Tools 以前的版本，默认情况下，客户机操作系统与主机之间的时间同步是禁用的。在启用客户机操作系统与 ESXi 主机之间的时间同步时，要特别小心，因为 Windows 域用户使用 Kerberos 执行身份验证，而计算机之间的时间差会直接影响 Kerberos。一个属于 Active Directory 域的基于 Windows 的客户机操作系统已经配置了一个原生时间同步过程，而其域中的域控制器负责充当 PDC 模拟器操作的主角色。如果 ESXi 主机的时间与 PDC 模拟器操作主域控制器不同，那么客户机操作系统可能最终超出 Kerberos 允许的 5 分钟时间限制。在超出 5 分钟时间之后，Kerberos 会在身份认证和复制方面出现错误。

在虚拟机环境中，有多种不同的方法可以管理时间同步。第一种方法不使用 VMware 工具的时间同步机制，而使用 W32Time 服务和 PDC 模拟器，它可能通过编辑注册表而配置外部时间服务器的原生时间同步。第二种方法是禁用 Windows 域的原生时间同步，只使用 VMware 工具特性。第三种方法就可以同步 VMware ESXi 主机和同一个外部时间服务器的 PDC 模拟器操作主控制器，然后再启用 VMware 工具的同步选项。在这种情况中，原生 W32Time 服务和 VMware 工具都应该将时间修改为相同的值。

VMware 发表了一组知识库文章，包含时间同步的最新建议。关于 Windows 客户机操作系统的安装，参考 http://kb.vmware.com/kb/1318 或"虚拟机时间同步"文档：www.vmware.com/files/pdf/Timekeeping-In-VirtualMachines.pdf。

在 ESXi 上配置 NTP

如果确实要选择使用 VMware 工具实现客户机操作系统和 ESXi 主机的时间同步，则一定要使用 NTP 将 ESXi 主机配置为同步一个权威时间源。参见第 2 章中关于如何通过一个 NTP 时间服务器配置 ESXi 时间同步。

本书已经介绍了如何在 Windows 客户机操作系统上安装 VMware 工具，现在将介绍在 Linux 客户机操作系统上安装工具的过程。

9.4.2 在 Linux 上安装 VMware 工具

VMware vSphere 支持的 Linux 发行版有很多种，虽然它们都是"Linux"，但是不同的发行版之间仍然有一些差别，因此很难有一种安装过程适合所有 Linux 发行版使用。在本节中，将使用 Novell SuSE Linux Enterprise Server (SLES) 11。这是一个流行的企业级 Linux 发行版，用它来介绍如何在 Linux 上安装 VMware 工具。

执行下面的步骤，在运行 64 位 SLES 11 客户机操作系统的虚拟机上安装 VMware 工具。

（1）使用 vSphere Web 客户端连接一个 vCenter Server 实例，或使用 vSphere 客户端连接一个 ESXi 主机。

（2）要先连接虚拟机的控制台，然后才能安装 VMware 工具。右键单击虚拟机，选择 Open Console（打开控制台）。

（3）使用有正确权限的账号登录 Linux 客户机操作系统。通常使用的是 root 账号或有类似权限的账号（有一些 Linux 发行版禁用了 root 账号登录，但是会提供一些管理账号，如 Ubuntu）。

（4）右击单机虚拟机并选择 All vCenter Actions → Guest OS → Install VMware Tools（安装 / 升级 VMware 工具）。在弹出的对话窗口上单击 Mount 按钮。

（5）假设 Linux 虚拟机上有一个图形化用户环境，这时会打开一个文件浏览器窗口，它会显示自动挂载的 VMware 工具 ISO 的内容。

（6）打开一个 Linux 终端窗口。在许多发行版中，可以右键单击文件浏览器窗口的空白区域，选择 Open In Terminal（在终端中打开）。

（7）如果现在不在 VMware 工具挂载点的目录中，则需要使用下面的命令将目录切换到 VMware 工具挂载点（不同的发行版或版本有不同的路径。下面是 SLES 11 的路径）。

```
cd /media/VMware\ Tools
```

（8）将压缩的 TAR 文件（扩展名为 .tar.gz）解压缩到一个临时目录，然后使用下面的命令切换到临时目录。

```
tar -zxf VMwareTools-9.3.2-1092649.tar.gz -C /tmp
cd /tmp/vmware-tools-distrib
```

（9）在 /tmp/vmware-tools-distrib 目录中使用 sudo 命令运行 Perl 脚本 vmware install.pl。

```
sudo ./vmware-install.pl
```

在提示时输入当前账号的密码。

（10）安装程序会提示输入一系列信息，如二进制文件的位置、初始化脚本的位置及库文件的位置。默认设置都在中括号中。除非这个 Linux 系统需要设置不同的值，否则直接按 Enter 键。

（11）在安装完成之后，VMware 工具 ISO 将自动卸载。使用下面的命令，可以删除临时安装目录。

```
cd
rm -rf /tmp/vmware-tools-distrib
```

（12）在 VMware 工具安装完成之后，重启 Linux 虚拟机。

这里介绍的步骤都是在运行 Novell SLES 11 64 位操作系统的虚拟机上执行的。因为不同的 Linux 发行版都有不同的特点，这些安装 VMware 工具的命令可能不适合其他发行版。然而，这些步骤确实能够说明整个安装过程。

Linux 版的 VMware 工具

在将 **VMware** 工具安装到 Linux 客户端操作系统上时，**TAR** 文件的路径和 **TAR** 文件包号码可能有所差别。在不同的 **Linux** 发行版上，**VMware** 工具安装程序还会提供一些将以太网驱动程序替换为升级 **VMXNet** 驱动程序的操作指示。通常，这些指示信息包括升级旧驱动程序、扫描新设备、加载新的 **VMXNet** 驱动程序，然后重新激活网卡。

在安装了 VMware 工具之后，虚拟机对象的 Summary 选项卡将显示 VMware 工具的状态及其他信息，如操作系统、CPU、内存、DNS（主机）名、IP 地址和当前 ESXi 主机。图 9.21 显示了之前安装了 VMware 工具的 Windows Server 2012 虚拟机信息截图。

如果从老版本 VMware vSphere 升级到 vSphere 5.5，那么几乎可以肯定客户机操作系统上运行的是旧版本的 VMware 工具。只有升级这

图 9.21 虚拟机对象的 Summary 选项卡上可以查看 VMware 工具、DNS 名称、IP 地址等详细信息

些工具，才能使用最新的驱动程序。第 4 章已经介绍过如何在这个过程中使用 vSphere 更新管理器，但是这个过程完全可以手动完成。

在 Windows 客户机操作系统中，升级 VMware 工具的过程很简单：右键单击虚拟机，选择 All vCenter Actions → Guest OS → Upgrade VMware Tools。选择 Automatic Tools Upgrade（自动升级工具）选项，单击 OK 按钮。vCenter Server 将安装 VMware 工具，并且在需要时自动重启虚拟机。

在其他客户机操作系统中，升级 VMware 工具通常就意味着要再次运行整个安装过程。例如，参考本章在 SLES 上安装 VMware 工具的指令，就可以了解在 Linux 虚拟机上升级 VMware 工具的方法。

创建虚拟机只是虚拟机管理的一个工作。下节将介绍其他一些虚拟机管理任务。

9.5 管理虚拟机

除了创建虚拟机，vSphere 管理员还需要执行其他一些管理任务。虽然这些任务相对较为简单，但是一样需要了解。

9.5.1 添加或注册已有虚拟机

正如前一章所介绍的，从零开始创建虚拟机只是在环境中部署虚拟机的一种方法。vSphere 管理员很有可能会得到一些在其他环境上创建的虚拟机。假设另一位管理员给了一些构成虚拟机的文件——VMX 和 VMDK 文件，用户就可以在环境中通过这些文件部署虚拟机。前面已经介绍过如何使用 Datastore Browser 上传文件到数据存储，但是在它已经上传到数据存储之后，又该做什么呢？

这时，需要注册一个虚拟机。注册虚拟机就可以将它添加到 vCenter Server（或 ESXi 主机）的目录上，然后管理员就可以管理这个虚拟机。

执行下面的步骤，将一个已有的虚拟机添加（注册）到目录上。

（1）打开 vSphere Web 客户端，连接一个 vCenter Server 或一个 ESXi 主机。

（2）可以从 vSphere Web 客户端内的大量不同视图注册虚拟机。不过 Storage inventory 视图可能是最合乎逻辑的地方。使用菜单栏或导航栏导航到 Storage inventory 视图。

（3）右键单击包含要注册虚拟机的数据存储。在快捷菜单上选择 Register VM，如图 9.22 所示。

图 9.22　通过右键单击数据存储并选择 Register VM 调用 Register Virtual Machine Wizard。

（4）使用文件浏览器导航到虚拟机的 VMX 文件所在的文件夹。选择正确的 VMX 文件并单击 OK 按钮。

（5）Register Virtual Machine Wizard 预先填充虚拟机的名称。它通过读取 VMX 文件的内容完成这一填充。接受默认名称或键入新名称；然后在 inventory 视图内选择一个逻辑位置，并单击 Next 按钮。

（6）选择要运行这个虚拟机的集群，单击 Next 按钮。

（7）如果选择了一个未启用 VMware DRS 的集群，或者设置为 Manual（手动），则必须选择运行虚拟机的特定主机。选择一个主机，单击 Next 按钮。

（8）检查设置。如果所有设置都正确，则单击 Finish 按钮；否则，单击向导左边的超链接或 Back 按钮，返回并执行必要的修改。

当 Register Virtual Machine 向导运行结束之后，虚拟机就会添加到 vSphere Web 客户端目录上。这时，用户就可以执行各种虚拟机操作，如启动虚拟机。

9.5.2　修改虚拟机电源状态

虚拟机电源状态修改涉及 6 个不同的命令。右键单击虚拟机，选择 All vCenter Actions → Power，快捷菜单就会显示这 6 个命令，如图 9.23 所示。

大体来说，这些命令很好理解，但是其中一些命令有细微差别。

Power On（启动电源）和 Power Off（关闭电源） 这些功能的作用与名称完全相同。它们相当于直接按下虚拟机的虚拟电源按钮，而不会直接控制

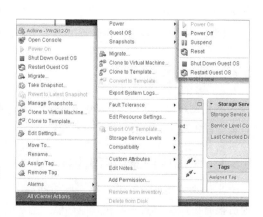

图 9.23　Power 子菜单可以启动电源、关闭电源、挂起或重置虚拟机，安装 VMware 工具之后还可以访问操作系统

客户机操作系统（如果有安装）。

小心使用 Power Off

虽然 Power Off 的行为可以在 Virtual Machine Properties 对话窗口上配置——参见 VMware 工具的 Options 选项卡，但是经过测试发现，Power Off 的默认值（Shut Down Guest）与实际的 Shut Down Guest（客户机关机）命令并不相同。相反，Power Off 命令直接关闭电源，而不会先调用客户机操作系统的关闭命令。

Suspend（挂起） 这个命令会挂起虚拟机。在恢复虚拟机时，它会返回到之前挂起的状态。

Reset（重置） 这个命令将重置虚拟机。这不同于重启客户机操作系统，它相当于按下电脑前面的 Reset 按钮。

Shut Down Guest OS（客户机关机） 这个命令只有在安装 VMware 工具时才能使用，而且它通过 VMware 工具先调用客户机操作系统的关机命令。为了避免客户机操作系统实例的文件系统或数据损坏，要尽可能使用这个命令。

Restart Guest OS（重启客户机） 与 Shut Down Guest OS 命令类似，这个命令要求安装 VMware 工具，而且会触发客户机操作系统重启。

如图 9.23 所示，这些命令都有对应的键盘快捷键。

9.5.3　移除虚拟机

如果想要保留一个虚拟机，但是又不想它列在虚拟机目录上，则可以将这个虚拟机从目录移除。这样就可以保留虚拟机文件，而且只要使用 9.5.1 节介绍的过程，就可以在将来将虚拟机重新添加到目录上（如注册）。

右键单击一个关闭电源的虚拟机，在快捷菜单上选择 All vCenter Actions → Remove From Inventory 就可以移除一个虚拟机。在 Confirm Remove（确认移除）对话窗口上单击 Yes 按钮，虚拟机就会从目录移除。使用 vSphere Web 客户端文件，可以确认虚拟机文件仍然位于数据存储的相同位置上。

9.5.4　删除虚拟机

如果有一个虚拟机不需要再使用——意味着它不需要列在目录上，也不需要在数据存储上继续保留文件，那么这时可以完全删除虚拟机。但是一定要小心，这个操作不可以撤销！

右键单击一个关闭电源的虚拟机，在快捷菜单上选择 All vCenter Actions → Delete From Disk 就可以完全删除一个虚拟机。vSphere Web 客户端将提示操作确认，提醒将要删除一个虚拟机及其相关的磁盘文件（VMDK 文件）。单击 Yes 按钮，继续从目录和数据存储删除文件。在完成之后，同样可以使用 Datastore Browser 确认虚拟机文件已经删除。

添加现有虚拟机、将虚拟机从目录移除和删除虚拟机，都是相对较简单的任务。但是，修改虚拟机则比较复杂，必须用单独一节内容来介绍。

9.6 修改虚拟机

和物理主机一样，虚拟机也需要根据性能需要升级或修改虚拟硬件。例如，一个新的内存密集型客户端—服务器应用程序需要增加内存，或者一个新数据挖掘应用程序要求增加一个处理器或者增加更多的网络适配器处理需要更多带宽的 FTP 流量。在这些情况中，虚拟机就要求修改为客户机操作系统配置的虚拟硬件。当然，这只是负责管理虚拟机的管理员必须完成的其中一个任务。其他任务还有，使用 vSphere 的快照功能防范虚拟机中客户机操作系统的潜在问题。下面小节将介绍这些任务，首先是如何修改虚拟机的硬件。

9.6.1 修改虚拟机的硬件

在大多数时候，修改虚拟机要求关闭虚拟机的电源。当然，也有一些例外情况，如图 9.24 所示。用户可以热添加 USB 控制器、SATA 控制器、以太网适配器、硬件或 SCSI 设备。在本节，读者还会了解到一些客户机操作系统也支持在启动时添加虚拟 CPU 或 RAM。

在 vSphere Web 客户端上给虚拟机添加新虚拟硬件时，使用的界面与创建虚拟机的界面类似。例如，单击 Virtual Machine Edit Settings 对话窗口按钮上的 New Device 下拉对话框，就可以给一个现有虚拟机添加一个新的虚拟硬件。在虚拟机启动时，可以给虚

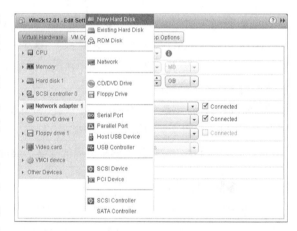

图 9.24 用户可以在虚拟机启动时添加一些硬件。如果在虚拟机启动时无法添加虚拟硬件，操作会失败

拟机添加一个虚拟硬盘。这时，vSphere Web 客户端使用与图 9.11、图 9.12 和图 9.13 相同的步骤。这里唯一的区别是，现在是给虚拟机添加一个新虚拟硬盘。作为一个示例，将介绍给虚拟机添加一个以太网适配器的步骤（无论虚拟机是否正在运行，其步骤都是相同的）。

执行下面的步骤，给虚拟机添加一个以太网适配器。

（1）启动 vSphere Web 客户端连接一个 vCenter Server 实例，或使用 vSphere 客户端连接一个 ESXi 主机。

（2）如果不在一个显示虚拟机的目录视图上，则在菜单中选择 Home → Inventories，切换到 Hosts And Clusters 或 VMs And Templates 视图。

（3）右键单击要添加以太网适合器的虚拟机，选择 Edit Settings。

（4）选择屏幕底部的 New Device 下拉框，并选择 Network。单击 New Device 下拉框旁边的 Add 按钮，将以太网适配器添加到虚拟机。

（5）展开 New Network 选项访问更多属性。

（6）选择网络适配器类型，它要连接的网络，以及是否要启动连接的网络适配器，如图9.25所示。单击 Next 按钮，继续后续步骤。

（7）检查设置，单击 OK 按钮。

除了添加新的虚拟硬件，用户还可以虚拟机启动时修改其他设置。例如，在虚拟机启动时挂载和卸载 CD/DVD 驱动器、ISO 映像和软盘映像。本章 9.3 节介绍了将 ISO 映像挂载为虚拟 CD/DVD 驱动器的过程。此外，在虚拟机运行时，还可以将适配器分配和重新分配给虚拟器。所有这些任务都可以在 VM Properties 对话窗口中执行。在虚拟机快捷菜单上选择 Edit Settings，就可以打开这个窗口。

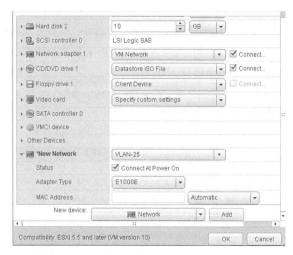

图 9.25 在添加新网络适配器时，必须选定适配器类型、网络及是否在启动时连接

还有人使用软盘吗

在 vSphere 环境中创建的新虚拟机会自动配置一个软盘驱动器，尽管我个人认为它是很少使用的。事实上，它的唯一使用的场合就是，在安装 Windows 客户机操作系统过程中，添加一个自定义存储驱动器时。除非确定需要使用软盘驱动器，否则一般都可以将软盘从硬件列表删除。

如果在虚拟机中运行 Windows Server 2008、Windows Server 2008 R2 或 Windows Server 2012，那么还可以在虚拟机运行时添加虚拟 CPU 或 RAM。这个功能必须先启用，然后才能使用。这有些矛盾，想要启用热添加的虚拟机必须先关闭电源。

执行下面的步骤，启用虚拟机 CPU 或 RAM 的热添加。

（1）启动 vSphere Web 客户端（如果未运行），连接一个 vCenter Server 实例，或使用 vSphere 客户端连接一个 ESXi 主机。

（2）打开 Hosts And Clusters 或 VMs And Templates 目录视图。

（3）如果要启用热添加的虚拟机当前未启动，则右键单击虚拟机，选择 All vCenter Actions r → Power → Shut Down Guest OS。这些虚拟机必须先关机，然后才能启用热添加功能。

注意 Power Off 和 Shut Down the Guest OS 的区别

本章前面介绍了虚拟机的快捷菜单有 2 个选项的功能似乎是相同的。

Power → Power Off 命令的实际功能是：关闭虚拟机的电源。这就像是意拔掉电源线。客户机操作系统不会有时间执行关机操作。

> Power → Shut Down Guest OS 命令会向客户机操作系统发送一个关机命令，这样客户机操作系统就可以有序关闭。这个命令要求先安装 VMware 工具，而且它保证客户机操作系统不会因为意外关机而崩溃或损坏。
>
> 在日常操作中，使用 Shut Down Guest OS 选项。只有在确实需要时，才使用 Power Off 选项。

（4）右键单击虚拟机，选择 Edit Settings。

（5）在 Virtual Hardware 选项卡中，选择 CPU 展开可用选项。选择 CPU Hot Plug 选项中的 Enable CPU Hot Add 复选框。

（6）要启用内存热添加，选择 Memory 展开可用选项。选择 Memory Hot Plug 选项中的 Enable 复选框，启用热插拔内存。

（7）单击 OK 按钮，将修改保存到虚拟机上。

在配置了这个设置之后，就可以在虚拟机启动时添加 RAM 或虚拟 CPU。图 9.26 显示了一个启用热添加的已启动虚拟机。图 9.27 显示了一个启用 CPU 热插拔的已启动虚拟机。CPU 插槽数量可以修改，但是不能修改每一个虚拟 CPU 插槽的核心数量。

除了前面介绍的修改，其他虚拟机配置修改都只能在虚拟机关闭时才能执行。当虚拟机关闭电源时，所有配置选项都可以修改，如 RAM、虚拟 CPU，或者添加或删除其他硬件组件，如 CD/DVD 驱动器或软盘驱动器。

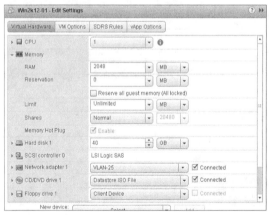 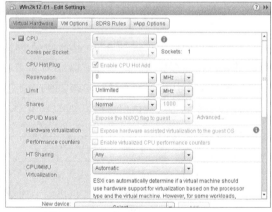

图 9.26　使用内存热添加时，内存范围有一定的限制

图 9.27　在启用 CPU 热插拔后，可以配置更多的虚拟 CPU 插槽，但是每一个 CPU 的核心数量不能修改

校准虚拟机文件系统

第 6 章介绍了 VMFS 校准的概念，建议虚拟机的文件系统也要校准。如果在创建虚拟机时，使用独立的虚拟硬件存储操作系统和数据，那么管理员可能关心数据磁盘文件系统的校准，因为这个磁盘

可能发生最大的 I/O 负载。例如，如果一个虚拟有 Disk 0（保存操作系统）和空白磁盘 Disk 1（保存数据，有较多 I/O 负载），那么 Disk 1 应该校准。

执行下面的步骤，校准运行老版本（非 Windows Server 2008）的虚拟机的 Disk 1。

（1）使用管理员账号登录虚拟机。

（2）打开命令提示符，输入 **Diskpart**。

（3）输入 **list disk**，按 Enter 键。

（4）输入 **select disk 1**，按 Enter 键。

（5）输入 **create partition primary align = 64**，按 Enter 键。

（6）输入 **assign letter = X**，其中 X 要替换成相应的值。

（7）输入 **list part**，确定新分区有 64KB 偏移值。

（8）格式化分区。

要在所有虚拟机上这个过程，似乎非常复杂。这确实是一个复杂过程；但是，这样做的好处可以符合大部分 I/O 需求。

正如前面介绍的，在虚拟机中运行操作系统可以方便地重新配置硬件，甚至能够支持 CPU 热插拔等特性。除此之外，使用虚拟机还有其他一些优势，其中一个就是 vSphere 的快照特性。

9.6.2 使用虚拟机快照

虚拟机快照允许管理员创建虚拟机的即时检查点。快照可以捕捉特定时刻的虚拟机状态，VMware 管理员可以在出现事件时转换回前一个快照状态，然后就可以删除快照。否则，如果要保留修改，那么管理员可以提交修改，并删除快照。

这个功能有很多用处。假设要为虚拟机中运行的客户机操作系统实例的最新供应商安装补丁，但是又希望在补丁安装出现问题时能够恢复原来的状态。在安装补丁前创建快照，就可以在补丁安装出现问题时恢复回快照状态。这就像是一个保护网。

其他特性也会使用快照功能

vSphere 更新管理器会使用快照功能，另外各种虚拟机备份框架也会使用这个功能。

在开始使用快照之前，一定要注意 vSphere FT 不支持快照——参见第 7 章，所以由 vSphere FT 保护的虚拟机不能创建快照。老版本的 vSphere 不允许在创建快照的虚拟机上执行 Storage vMotion，但是 vSphere 5 已经删除了这个限制。

执行下面的步骤，创建一个虚拟机快照。

（1）打开 vSphere Web 客户端连接一个 vCenter Server，或，或使用 vSphere 客户端连接一个 ESXi 主机。

（2）打开 Hosts And Clusters 或 VMs And Templates 目录视图。

这里我们可以使用导航栏、View 菜单或键盘快捷键（例如，按 Ctrl+Shift+H 组合键可以打开 Hosts And Clusters 目录视图）。

（3）右键单击目录树，选择 Snapshot，选择 Take Snapshot。

（4）指定快照的名称（如图 9.28 所示），单击 OK 按钮。

如图 9.28 所示，创建快照有 2 个选项。

Snapshot The Virtual Machine's Memory（创建虚拟机内存快照）：指定是否在快照中加入虚拟机的 RAM。选定这个选项时，虚拟机 RAM 的当前状态也会写到一个扩展名为 ".vmsn" 的文件中。

图 9.28 指定快照的名称和描述，可以方便管理多个历史快照

Quiesce Guest File System（静默客户机文件系统）：这个选项要求先安装 VMware 工具，它控制客户机文件系统是否为静默方式，这样就可以保持客户机文件系统的一致性。这可以保证客户机文件系统中的数据与快照完全相同。

在创建快照时，使用不同的选项会在数据存储上创建一些附加文件，如图 9.29 所示。

有一些管理员误认为快照就是完全复制所有虚拟机文件。快照并不是完全复制虚拟机文件，如图 9.29 所示。VMware 的快照技术只使用最少的空间，因为它只存储改变的文件，而不会完全复制虚拟机，但是仍然能够恢复回前一个快照状态。

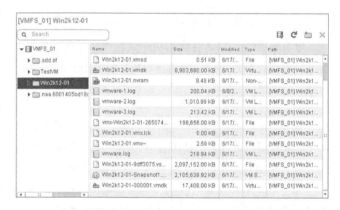

图 9.29 在创建快照时，虚拟机的数据存储会出现一些附加文件

执行下面的步骤，就可以演示快照技术及其行为。

（1）创建一个配置 Windows Server 2008 R2 默认安装设置的虚拟机，它只有一个硬盘（客户机操作系统上是 C 盘）。虚拟硬盘是 VMFS 卷的精简配置磁盘，最大空间为 40GB。

（2）创建一个快照 FirstSnap。

（3）在 C 盘中添加约 3GB 的数据，它们存储在 win2k12-01.vmdk 中。

（4）创建第二个快照 SecondSnap。

（5）再次在 C 盘中添加约 3GB 大小的数据，它们一样存储在 win2k12-01.vmdk 中。

表 9.2 列出了每一步产生的文件及大小。注意，这些结果作为我们的示例的一部分记录，可能与读者执行的类似测试的结果有所不同。

表 9.2 快照结果

	VMDK 大小	NTFS 大小	NTFS 空闲空间
初始状态（第 1 个快照前） win2k12-01.vmdk（C 盘）	8.6 GB	40 GB	31 GB
第 1 个快照（复制数据前） win2k12-01.vmdk（C 盘） win2k12-01-000001.vmdk	8.6 GB 17.4 MB	40 GB	31 GB
第 1 个快照（复制数据后） win2k12-01.vmdk（C 盘） win2k12-01-000001.vmdk	8.6 GB 3.1 GB	40 GB	28.1 GB
第 2 个快照（复制数据前） win2k12-01.vmdk（C 盘） win2k12-01-000001.vmdk win2k12-01-000002.vmdk	8.6 GB 3.1 GB 17.4 MB	40 GB	28.1 GB
第 2 个快照（复制数据后） win2k12-01.vmdk（C 盘） win2k12-01-000001.vmdk win2k12-01-000002.vmdk	8.6 GB 3.1 GB 3.1 GB	40 GB	25.2 GB

如表 9.2 所示，虚拟机并不知道快照的存在和额外的 VMDK 文件。然而，ESXi 会将虚拟机虚拟磁盘的修改写到快照 VMDK 文件中，它也称为差分磁盘（delta disk 或 differencing disk）。这些差分磁盘一开始很小，但是随着存储的修改增多而变大。

尽管快照尝试保持存储效率，但是它们会慢慢占用大量的磁盘空间。因此，一定要在需要时才使用快照，而且要定期删除旧快照。此外，使用快照也会给性能造成负担。因为有一部分磁盘空间将用于存储差分磁盘，所以 ESXi 主机在差分磁盘增大时会必须更新元数据文件（文件扩展名 .sf）。在更新元数据时，LUN 必须锁定，这样可能会影响其他虚拟机和使用相同 LUN 的主机的性能。

使用 Snapshot Manager（快照管理器），可以查看或删除快照，也可以切换回之前的快照。

执行下面的步骤，可以打开 Snapshot Manager。

（1）使用 vSphere Web 客户端连接一个 vCenter Server 实例，或使用 vSphere 客户端连接一个 ESXi 主机。

（2）右键单击目录树上的虚拟机名称，在快捷菜单上选择 Manage Snapshots。

（3）选择要恢复的快照（如图 9.30 所示），单击 Revert To 按钮。

图 9.31 和图 9.32 演示了快照的其他特性。图 9.31 显示了将数据写入到两个新文件夹 temp1 和 temp2 之后，运行 Windows Server 2012 的虚拟机文件系统的状态。图 9.32 显示了同一个虚拟机，但是这时它恢复到写入数据之前的状态。从图中可以看出，好像这两个新文件夹从未创建过一样（没错，我保证没有在这些快照中手动删除这些文件夹。读者可以自行测试一下）。

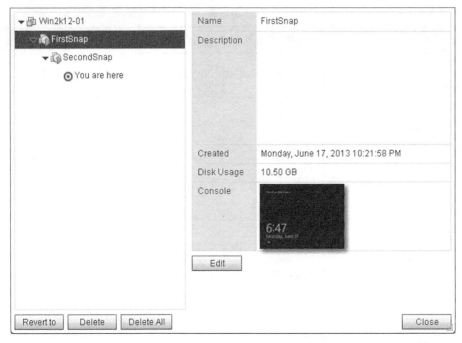

图 9.30　Shapshot Manager 可以恢复回之前的快照，但是从快照创建开始后未备份的数据将丢失

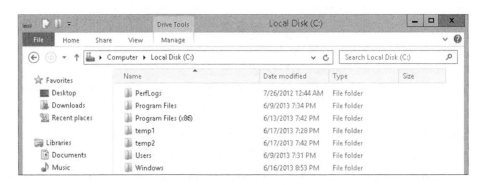

图 9.31　这个运行 Windows Server 2008 R2 的虚拟机将数据保存到两个临时文件夹中

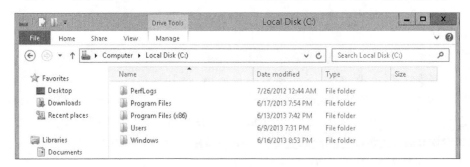

图 9.32　在恢复到文件夹创建之前的快照之后，同一个虚拟机没有任何数据记录

> **恢复快照**
>
> 恢复快照会丢失一些数据。在快照创建之后写入的数据都会消失，创建快照之后安装的应用程序也会消失。因此，只有在确认数据允许丢失或数据备份到其他位置时，才可以恢复快照。

正如前面所介绍的，快照是防范虚拟机数据被意外修改的好方法。快照不能备份，也不应该保存在备份中。然而，它们可以防范由于应用程序安装不当或其他造成数据丢失或损坏的过程。

但是，快照不能保护虚拟机的配置。前面已经介绍过，快照会创建差分磁盘，然后将客户机操作系统实例的写操作重定向到这些差分磁盘上。快照并不能保护 VMX 文件，而它们是定义和存储虚拟机配置的文件，因此不能使用快照来保护虚拟机配置的修改。一定要记住这一点。

其他章节还会介绍另外一些虚拟机管理任务。例如，要使用 vMotion 将一个虚拟机从一个 ESXi 主机迁移到另一个 ESXi 主机，参见第 12 章的内容；要修改虚拟机的资源分配设置，则参见第 11 章。

在介绍完虚拟机的创建与管理之后，下章将介绍使用模板、OVF 模板和 vApp 分配虚拟机的过程。虽然 VMware 可以优化虚拟机的分配过程，但是使用模板可以进一步简化服务器的分配，并且可以保持虚拟机与客户机操作系统部署的统一性。

9.7 要求掌握的知识点

1. 创建虚拟机

和物理系统类似，虚拟机由一组虚拟硬件组成——一个或多个虚拟 CPU、RAM、显卡、SCSI 设备、IDE 设备、软盘驱动器、并行与串行端口和网络适配器。这是从底层物理硬件虚拟化和抽象的虚拟硬件，它们可以实现虚拟机的可迁移性。

掌握

创建 2 个虚拟机，一个运行 Windows Server 2012，另一个运行 SLES 11（64 位）。记下 Create New Virtual Machine 向导所推荐的配置区别。

2. 安装客户机操作系统

正如物理主机需要使用操作系统一样，虚拟机也需要安装操作系统。vSphere 支持许多 32 位和 64 位操作系统，其中包括所有主流版本的 Windows Server、Windows Vista、Windows XP 和 Windows 2000 及各种 Linux 发行版 FreeBSD、Novell NetWare 和 Solaris。

掌握

客户机操作系统可以使用哪 3 种方法访问 CD/DVD 中的数据？每种方法的优点是什么？

3. 安装 VMware 工具

为了提高客户机操作系统的性能，需要使用专门针对 ESXi 虚拟机管理程序设计和优化的虚拟化驱动设备。VMware 工具包含了这些优化的驱动程序，以及其他用于优化虚拟环境操作的工具。

掌握

有一位管理员同事向你询问一些安装 VMware 工具的问题。这位管理员选择使用 Install/Upgrade VMware Tools 命令，但是似乎虚拟机内没有任何变化。出现这个问题的原因是什么？

4. 管理虚拟机

在创建虚拟机之后，vSphere Web 客户端就可以方便地管理虚拟机。虚拟软盘映像和 CD/DVD 驱动器可以根据需要挂载和卸载。vSphere 支持按顺序关闭虚拟机的客户机操作系统，但前提是要安装 VMware 工具。由于虚拟机快照允许创建虚拟机的即时"照片"，因此管理员可以在需要时回滚修改操作。

掌握 1

管理员可以使用哪 3 种方法将 CD/DVD 内容恢复回虚拟机？

掌握 2

Shut Down Guest OS 命令和 Power Off 命令有何不同？

5. 修改虚拟机

vSphere 提供了许多简化虚拟机修改的特性。管理员可以热插拔一些硬件，如虚拟硬盘和网络适配器。另外，一些客户机操作系统还支持热添加虚拟 CPU 或内存，但是这些特性必须启用后才能使用。

掌握 1

修改虚拟机配置的首选方法是哪一个，编辑 VMX 文件还是使用 vSphere Web 客户端？

掌握 2

列举虚拟运行时不能添加的硬件类型？

第 10 章

使用模板与 vApp

手动创建虚拟机并在虚拟机上安装客户机操作系统比较适合小规模环境。但是，如果需要部署大量虚拟机，又会怎样？如何确保虚拟机的一致性以及标准化呢？通过 vCenter Server，在 VMware vSphere 提供了一种通过 vCenter Server 实现的方法：虚拟机克隆和模板。本章将阐述如何在环境中使用克隆、模板以及 vApp 优化虚拟机部署。

本章的主要内容有：

◆ 克隆虚拟机；

◆ 创建虚拟机模板；

◆ 通过模板部署新虚拟机；

◆ 通过 Open Virtualization Format（OVF）模板部署虚拟机；

◆ 将虚拟机导出为 OVF 模板；

◆ 配置 vApp。

10.1 克隆虚拟机

如果希望环境中分配一台新的服务器，那么可以使用 VMware vSphere 来达成所愿。环境中使用 vCenter Server，就可以克隆虚拟机；也就是说，可以复制虚拟机，其中包括虚拟机的虚拟磁盘。那么，它如何帮助用户更快地分配一台新虚拟机呢？想想看：创建新虚拟机过程中最花时间的工作是什么？当然并非创建虚拟机本身，因为这是几分钟就可以完成的事情。真正花时间的是安装客户机操作系统——可能是 Windows Server、Linux 或其他支持的客户机操作系统的系统，这是创建新虚拟机的过程中最耗费时间的过程。使用 vCenter Server 克隆一台虚拟机——这也意味着要克隆虚拟机的虚拟磁盘，就不需要在克隆的虚拟机上安装客户机操作系统了。通过克隆虚拟机，就不需要在每台新虚拟机上安装客户机操作系统了。

仍然需要安装第一个客户机操作系统

文中提到，克隆虚拟机就不需要在每台新虚拟机上安装客户机操作系统。这没有问题，但是前提是克隆的虚拟机上已经安装了客户机操作系统。在考虑使用虚拟机克隆来分配新虚拟机时，一定要注意一点：仍然需要在源虚拟机上安装客户机操作系统。这是必须的！

　　然而，这里存在一个问题：在克隆客户机操作系统环境之后，两台虚拟机将拥有相同 IP 地址、相同计算机名称、相同 MAC 地址等。但是，这并不是问题：VMware 可以在克隆虚拟机上定制客户机操作系统安装，因此可以继续保留客户机操作系统，但是要为克隆虚拟机上指定新的身份标识。对于基于 Linux 的客户机操作系统，VMware 可以使用开源工具定制安装；而对于基于 Windows 的客户机操作系统，vCenter Server 则可以使用 Microsoft 的 Sysprep 工具。但是，根据所克隆的 Windows 版本，需要预先在 vCenter Server 的计算机上安装 Sysprep。

10.1.1　在 vCenter Server 上安装 Sysprep

　　vCenter Server 使用 Microsoft 的 Sysprep 工具来定制基于 Windows 的客户机操作系统安装。Sysprep 工具的作用是允许多次克隆一个 Windows 安装环境，并且为每一次安装指定唯一的身份标识。这样可以确保只需安装一次 Windows，但可以不停地重用 Windows 安装环境，同时每一次都使用 Sysprep 工具创建新的计算机名称、新的 IP 地址以及新的安全标识（SID）。

　　要在 vCenter Server 上使用 Sysprep，管理员必须先将 Sysprep 以及其相关文件提取到 vCenter Server 安装过程创建的一个目录中。如果在部署虚拟机之前未提取这些文件，那么将无法为

Windows Server 2008 之前的所有 Windows 版本定制客户机操作系统（Windows Server 2008 不需要在 vCenter Server 计算机上安装 Sysprep）。图 10.1 所示为在一个未提取 Sysprep 文件的 vCenter Server 上的 Clone Existing Virtual Machine（克隆已有的虚拟机）向导的 Guest Customization（客户机定制）页面。

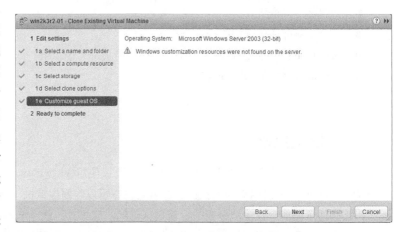

图 10.1　如果未将 Sysprep 文件提取和存储到 vCenter Server 系统上，则无法自定义克隆虚拟机的客户机操作系统

　　执行以下步骤，定制从 Windows Server 2003 x86 (32-bit) 客户机操作系统模板创建的客户机操作系统。

　　1．将 Windows Server 2003 x86 CD 插入到 vCenter Server 的硬盘驱动器。

　　2．打开 Windows Server 2003 CD 的 /support/tools/deploy.cab 目录。

　　3．如果 vCenter Server 计算机上运行的是 Windows Server 2003，则可以将 sysprep.exe 和 setupcl.exe 文件复制到如下目录中。

```
C:\Documents and Settings\All Users\Application Data\VMware\VMware
VirtualCenter\sysprep\svr2003
```

如果 vCenter Server 计算机上运行 Windows Server 2008 及以上版本，则可使用以下路径。

```
C:\ProgramData\VMware\VMware VirtualCenter\Sysprep\svr2003
```

在其他平台上重复这些步骤(使用 svr2003-64 文件夹自定义 Windows Server 2003 的 64 位安装，或者使用 xp 和 xp-64 文件夹来分别自定义 Windows XP 和 Windows XP 64 位安装)。正如之前所提到的，自定义 Windows Server 2008 安装不需要在 vCenter Server 计算机上安装 Sysprep 版本。

一旦在（适用的）Windows 版本上安装了 Sysprep 工具，就可以开始克隆和自定义虚拟机了。在克隆第一台虚拟机之前，建议花点时间创建一个定制规格，具体参见下一节内容。

10.1.2　创建定制规格

vCenter Server 的定制规格将与定制虚拟机克隆的工具一起使用（基于 Windows 客户机操作系统的虚拟机使用 Sysprep，而基于 Linux 客户机操作系统的虚拟机则使用开源工具）。在本章后面的"克隆虚拟机"小节中，管理员必须为 vCenter Server 的克隆虚拟机提供必要信息，指定克隆虚拟机的唯一身份。这些信息包括 IP 地址、密码、计算机名称以及授权信息。定制规格只允许管理员提供一次信息，并且在克隆虚拟机时根据需要使用这些信息。

有 2 种方法可以创建定制规格：

◆ 在克隆虚拟机过程中创建；

◆ 在 vCenter Server 中使用 Customization Specification Manager（定制规格管理工具）创建。

在 10.1.3 节中，将阐述如何在克隆虚拟机时创建一个定制规格。现在，阐述如何使用 Customization Specifications Manager。

在 vCenter Web 客户端上选择 Home → Customization Specification Manager，就可以访问 Customization Specifications Manager，如图 10.2 所示。

进入 vCenter Server 的 Customization Specifications Manager 区域之后（注意，vSphere Web 客户端的导航栏会显示所连接的 vCenter Server 实例），就可以创建一个新的定制规格或者编辑一个现有的定制规格。不管是创建一个新的定制规格或者编辑一个现有的定制规格，方法都是一样的，而且两者都需要使用 vSphere Web 客户端 Guest Customization（vSphere 客户机定制）向导。

执行以下步骤，创建一个新的定制规格。

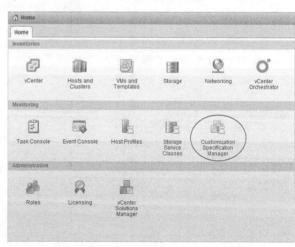

图 10.2　在 vSphere Web 客户端的 Management 选项卡中，可以直接打开 Customization Specifications Manager

（1）如果未运行 vSphere Web 客户端，则先启动 vSphere Web 客户端，再连接一个 vCenter Server 实例（只有连接 vCenter Server 才能使用这个功能，不能连接一个独立的 ESXi 主机）。

（2）选择 Home → Customization Specifications Manager，打开 Customization Specifications Manager。

（3）单击 New 按钮，创建一个新的定制规格。这时会打开 vSphere Web 客户端的 Windows Guest Customization 向导。

（4）在 Target Virtual Machine OS（目标虚拟机操作系统）下拉框中选择 Windows 或者 Linux。默认为 Windows。

（5）指定定制规格的名称及描述（可选）。

单击 Next 按钮。

（6）指定 Name（名称）和 Organization（组织）的值（这两个值都是必填的，否则无法继续）。单击 Next 按钮。

（7）选择一种指定 Windows 客户机操作系统计算机名的选项。

有 4 个选项可以选择。

◆ 可以手动指定名称，但是只有在选择 Append A Numeric Value To Ensure Uniqueness（附加数字值保证唯一性）时，这个选项才有效。

◆ 选择 Use The Virtual Machine Name（使用虚拟机名），将客户机操作系统的计算机名设置为与虚拟机名相同的值。

◆ 如果想要在使用这个定制规格时提示输入名称，则要选择 Enter A Name In The Clone/Deploy Wizard（在克隆／部署向导中输入一个名称）。

◆ 第 4 个选项是使用 vCenter Server 配置的一个定制应用。因为这个 vCenter Server 实例没有配置定制应用，所以它目前是禁用的（灰色的）。

通常推荐选择 Use The Virtual Machine Name。因为这样，客户机操作系统的计算机名称会与虚拟机名称保持一致，正如在第 9 章中谈到创建一个新的虚拟机所推荐的一样。图 10.3 显示了第 4 个选项。

在这个定制规定中选择使用这个选项之后，单击 Next 按钮。

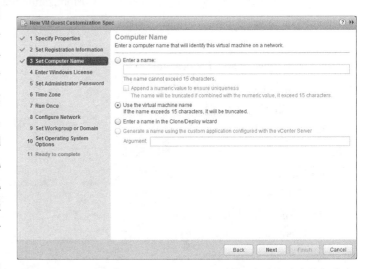

图 10.3 The Guest Customization 向导提供了多种克隆虚拟机命名选项

（8）指定一个 Windows 产品密钥，并选择正确的服务器许可模式（Per Seat 或者 Per Server）。单击 Next 按钮。

（9）输入 Windows Administrator 账号的密码，并再次输入确认密码。

如果想以管理员身份自动登录（或者在一些自动配置脚本中使用），则选择 Automatically Log On As The Administrator（自动登录为管理员），并指定自动登录的次数。单击 Next 按钮继续。

（10）选择正确的时区，单击 Next 按钮。

（11）如果想在用户第一次登录时运行一些命令，则可以在 vSphere Web 客户端的 Windows Guest Customization 向导的 Run Once（执行一次）界面上输入这些命令。如果没有命令运行，或者在输入所有命令之后，单击 Next 按钮。

（12）选择要应用到网络配置的设置选项。

◆ 如果想要使用 DHCP 为虚拟机的网络接口分配 IP 地址，那么可以选择 Typical Settings（典型配置）。

◆ 如果想要给任意网络接口分配静态的 IP 地址，就必须选择 Custom Settings（自定义设置），接着向导会提示输入 IP 地址信息。

很多管理员不喜欢使用 DHCP，但是又想确保每个虚拟机拥有一个唯一的 IP 地址。这时应该选择 Custom Settings，单击 Next 按钮，就可以查看如何在定制规格中实现这个目标。

（13）在 Configure Network 界面中，单击 NIC1 行最右边的小按钮，如图 10.4 中圈出的按钮。这样就可以打开 Edit Network（编辑网络）对话窗口，如图 10.5 所示。

要想给克隆虚拟机分配一个静态 IP 地址，而不需要每次修改自定义配置，关键在于选择选项 Prompt The User For An Address When The Specification Is Used（当使用这个规格时提示用户输入一个地址）。选择这个选项之后，每次使用这个规格克隆虚拟机时，vCenter Server 会提示用户指定一个唯一静态 IP 地址。

选择 Prompt The User For An Address When The Specification Is Used，还必须提供子网掩码、默认网关以及可选的 DNS 服务器。完成这些之后，单击 OK 按钮，接着单击 Next 按钮。

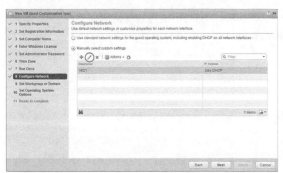

图 10.4 这个小按钮可用于定制网络接口设置

图 10.5 Edit Network 对话框中有一个选项会提示用户输入地址

（14）选择使用基于 Windows 客户机操作系统，还是加入一个工作组或域。

如果要将客户机操作系统加入一个工作组，那么必须指定工作组名称。如果客户机操作系统要加入一个域，那么必须指定域名和域的认证信息。单击 Next 按钮。

（15）一般而言，要选定 Generate New Security ID (SID)（生成新的安全 ID）。单击 Next 按钮。

（16）在 vSphere Web 客户端的 Windows Guest Customization 向导的最后一个界面上检查所有设置，确保所有设置值都是正确的。

如果需要做修改，则可以单击左边的超链接或者 Back 按钮，返回并修改值。否则，单击 Finish 按钮，完成定制规格的创建过程。

因为 Windows 定制规格一般包含产品密钥，因此需要为不同版本的 Windows 创建多个规格。重复之前的步骤，创建其他的规格。

 Real World Scenario

导入、导出、克隆的规格

在我们帮助客户迁移到新的 **vSpherer** 环境时，他们不希望从头开始设置自己数量巨大的自定义规格。借助于 **vSphrere** 的导出、导入以及克隆能力，我们省掉了所有这些额外工作。

在 Customization Specification Manager 中，有不同的图标对应着从文件导入、导出到文件以及克隆选中规格。虽然利用这些工具可以在不同的环境之间转移规格，但会损失一些保存的敏感信息，如产品密钥。可以在导入规格之后再返回添加这些信息。

现在已经有了一个定制规格，而且 vCenter Server 计算机中还安装了 Sysprep 工具（如果克隆的 Windows 版本比 Windows Server 2008 更老），接下来，需要一个已安装客户机操作系统的源虚拟机，这样就可以克隆和定制虚拟机了。

不一定需要使用定制规格

用户不一定需要使用定制规格。但是，在克隆一个虚拟机时，必须指定定制规格所需要的信息。因为不管如何都需要输入信息，所以为什么不通过创建定制规格一次性解决呢？

10.1.3　克隆虚拟机

如果执行了前两节的步骤，那么克隆虚拟机就很简单了。

执行以下步骤，克隆一个虚拟机。

（1）如果 vSphere Web 客户端未运行，则启动它，将它连接到一个 vCenter Server 实例。在直接连接一个 ESXi 主机时，无法执行克隆操作。

（2）打开 Hosts And Clusters 或者 VMs And Templates 目录视图。

（3）右键单击一个虚拟机，选择 Clone To Virtual Machine。这时会打开 Clone Existing Virtual Machine 向导。

（4）指定一个虚拟机名，为虚拟机选择一个逻辑目录位置。单击 Next 按钮。

（5）选择将要运行虚拟机的主机或者集群。单击 Next 按钮。

（6）所选择的集群未启用 DRS，或者配置为 Manual（手动）模式，那么必须选择运行虚拟机的特定主机。单击 Next 按钮。

（7）如果弹出提示，那么选择必须部署虚拟机的资源池。单击 Next 按钮。

（8）选择需要的虚拟磁盘格式，然后选择一个目标数据存储或者数据存储集群。

如果想要或者需要将虚拟机配置文件保存到另一个位置，而不保存到虚拟硬盘上，则要单击 Advanced 按钮。然后单击 Next 按钮。

（9）这时，Clone Existing Virtual Machine 向导会提示选择客户定制选项，如图 10.6 所示。

如果想使用已创建的定制规格，那么可以选择 Customize The Operating System。在这种个例子中，将介绍如何在克隆虚拟机时创建一个定制规格，因此要选择 Customize The Operating System，单击 Next 按钮。

（10）单击 Create A Specification 图标，Guest Customization Spec 向导就会打开。

在 10.1.2 节中，创建定制规格时也使用了同一个向导。有关使用这个向导的详细步骤，参考本节的内容。

（11）最后，vSphere Web 客户端的 Windows Guest Customization 向导会提示保存规格，如图 10.7 所示。

选择 Save This Customization Specification For Later Use（保存这个定制规格以备将来使用），创建的这个定制规格可以在将来重复用于克隆虚拟机。到目前为止，读者已经学习了 2 种在 vSphere Web 客户端中创建定制规格的方法。

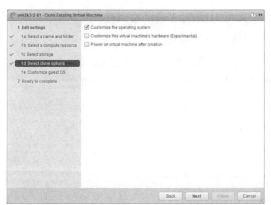

图 10.6　Clone Virtual Machine 向导提供了几种定制客户机操作系统的选项

图 10.7　以规格方式对客户操作系统进行自定义被保存下来供日后使用，即使是在 VM 克隆向导的中间创建的自定义也是如此

现在已经看到了在 vSphere Web 客户端中创建自定义规格的两种方式。

（12）单击 Finish 按钮，完成客户定制过程，返回 Existing Virtual Machine 向导，选择最近创建的规格并单击 Next 按钮。

（13）检查克隆虚拟机的设置。如果需要修改任何设置，则可以单击 Back 按钮或者左边的超链接，返回并修改设置。否则，单击 Finish 按钮开始克隆虚拟机。

当虚拟机克隆过程启动之后，vSphere Web 客户端会在 Recent Tasks（最新任务）区域显示一个新的活动任务，如图 10.8 所示。用户可以在这里监控克隆操作的进度。

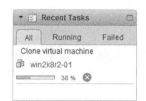

完成克隆之后，就可以启动虚拟机了。注意，只有在启动虚拟机之后，客户机操作系统的定制过程才开始运行。在启动了虚拟机和加载客户机操作系统之后，vSphere Web 客户端便开始生效，并开始启动客户定制过程。在不同的客户机操作系统上，定制过程完成之前至少需要重启一次虚拟机。

图 10.8 vSphere Web 客户端的克隆任务显示了虚拟机克隆操作的当前状态

克隆正在运行的虚拟机

正在运行的虚拟机也一样可以克隆。虚拟机的快捷菜单有一个 Clone 选项，可用于复制虚拟机。在虚拟机的摘要页面上，Commands（命令）列表上的 Clone To New Virtual Machine（克隆到新虚拟机）选项可用于实现相同的任务。这些命令可以在未启动的虚拟机上执行，也可以在已启动的虚拟机上执行。记住，除非定制了客户机操作系统，否则会创建一个与源虚拟机完全相同的副本。当想要创建一个与运行中生产环境完全相同的测试环境，那么这是一个非常有用的方法。

事实上，假设将 vCenter Server 作为一个虚拟机运行，那么克隆现有虚拟机的一个非常实用的应用场景就是克隆 vCenter Server 虚拟机。这样就可以实时复制虚拟数据中心的一个重要部分。

正如前面所介绍的，比起手工创建虚拟机然后安装客户机操作系统的虚拟机部署方法，克隆虚拟机要快得多——在一些虚拟机和基础架构环境中只需要几分钟时间。

通过克隆虚拟机，管理员可以创建一个"黄金虚拟机映像"库，它们是虚拟机的主副本，它们包含一些特定设置并安装了一个指定的客户机操作系统。这个方法存在的唯一问题是，虽然这些虚拟机目的是作为不变的主副本，但是它们却仍然可以运行和修改。这个潜在的问题可以通过 vCenter Server 的虚拟机模板解决。在下一节将讲解如何使用模板。

10.2 创建模板和部署虚拟机

在 vSphere 环境中，传统上需要花费数小时才能完成的工作现在只需几分钟就可以完成。本章已经介绍了，通过使用虚拟机克隆和定制规格就可以快速且方便地创建新虚拟机，并且安装好客户机操作系统。vCenter Server 的模板特性建立在这个功能之上，它只需要少量的管理操作，就可以快速且方便地分配新虚拟机，并保护主虚拟机不会无意中发生变化。

> **这个特性必须使用 vCenter Server**
>
> 因为模板使用克隆部署新的虚拟机，所以只有在使用 vCenter Server 管理 ESXi 主机时才可以使用模板。

vCenter Server 提供了 2 种创建模板的方法：Clone To Template（克隆到模板）和 Convert To Template（转换为模板）。这 2 种方法都要求使用一个已安装客户机操作系统实例的虚拟机。顾名思义，Clone To Template 功能可以将原始虚拟机复制为一个模板格式，并保证与原始虚拟机完全相同。类似地，Convert To Template 功能可以将原始虚拟机转换为一个模板格式，因此不需要先转换回虚拟机格式再启动虚拟机。不管使用哪一种方法，一旦虚拟机变成模板格式，该模板便无法启动，也不能编辑其设置。它现在是一个受保护的格式，可以防止管理员不经意地或无意中修改这个"黄金映像"，因为其他虚拟机一样使用它。

当考虑将哪些虚拟机转换为模板时，要注意使用模板是为了拥有一个可以按照目标环境的部署需要进行定制的原始系统部署。在模板虚拟机上储存的任何信息都将成为部署该模板的新系统的一部分。如果虚拟机将作为生产环境的关键服务器，并且安装了应用，那么它们就适合转换为模板。最适合作为模板的虚拟机是具备一个全新安装的客户机操作系统及其他基本组件的虚拟机。

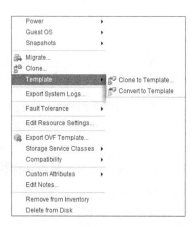

事实上，建议创建一个专门作为模板的全新虚拟机，或者在虚拟机创建之后尽快创建模板。这可以最大程度保证模板的原始性，而且从该模板克隆的虚拟机都将从相同配置开始运行。

使用虚拟机的快捷菜单或者 Commands 列表的 Convert To Template 连接，都可以将虚拟机转化成模板。图 10.9 显示了将现存的虚拟机转换成模板格式的 2 种方法。因为模板不可以修改，所以在更新或运行模板之前，首先必须将模板转换回虚拟机，然后才能更新，最后再转换为模板。注意，Convert To Template 命令是灰色的，因为虚拟机这个时候正在运行，如图 10.9 所示。必须将这个虚拟机关闭，才能使用 Convert To Template 命令。

图 10.9 用户可以将虚拟机转换为模板，或者将虚拟机克隆成模板

10.2.1 将虚拟机克隆成模板

Clone To Template 功能与创建可部署为新虚拟机的模板时所使用的转换方法具有相同的效果，但是它与原始虚拟机的转换方法不同。通过将原始虚拟机转变为可启动的格式，Clone To Template 功能就可以更新模板。这意味着，不需要在该虚拟机所在的相同数据存储中存储模板对象定义。

执行以下步骤，将虚拟机克隆为模板格式。

（1）使用 vSphere Web 客户端连接一个 vCenter Server 实例。当 vSphere Web 客户端直接连接

ESXi 主机时，不能使用克隆和模板功能。

（2）打开 Hosts And Clusters 或者 VMs And Templates 目录视图。

任意一个视图都可以克隆为模板，但是只有在 VMs And Templates 目录视图中才可以看到模板。

（3）右键单击作为模板使用的虚拟机，选择 All vCenter Actions → Template → Clone To Template。

（4）在 Template Name 文本框中输入新模板的名称，选择目录中用于存储模板的逻辑位置，单击 Next 按钮。

（5）选择存储模板的主机或者集群，单击 Next 按钮。

（6）如果所选择的集群上禁用了 DRS 或者配置为 Manual（手动）操作，那么必须在集群中选择一个指定主机。单击 Next 按钮。

（7）在下一个界面的顶部，选择模板的磁盘格式，如图 10.10 所示。

下面是 4 种可选的模板磁盘格式。

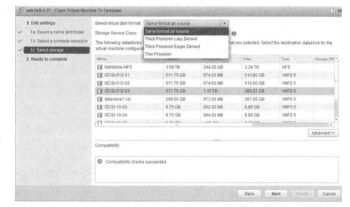

图 10.10　vCenter Server 提供了 4 种存储模板虚拟磁盘的选项

◆ **Same Format As Source**（与源虚拟机使用相同格式）：这个选项可以将模板的虚拟磁盘保存为与所克隆虚拟机相同的格式。

◆ **Thick Provision Lazy Zeroed**（胖分配延迟归零）：表示在虚拟磁盘创建时完全分配空间，但是空间要在创建后才归零。

◆ **Thick Provision Eager Zeroed**（胖分配预归零）：表示也在创建时分配所有空间，同时在使用之前就归零了所有空间。使用 vSphere FT 时必须使用这种格式。

◆ **Thin Provision**（精简配置）：这种格式会按需分配空间，这意味着虚拟磁盘将只占据客户机操作系统当前使用的空间。

（8）如果已经定义了虚拟机存储策略，那么可以在 Storage Service Class 下拉列表中选择恰当的存储策略。如果还没有任何一个虚拟机存储配置文件已启用，或者还没有定义任何存储配置文件，那么这个下拉列表就处于禁用状态（灰色）。单击 Next 按钮。

（9）检查模板的配置信息，单击 Finish 按钮。

这里不是定制模板

注意，模板是无法定制的。客户机操作系统定制只发生在从模板部署虚拟机的时候，而非在创建模板本身的时候。记住，模板是无法启动的，而客户机操作系统定制要求启动虚拟机。

在 vCenter Server 目录中，模板的图标不同于虚拟机的图标。单击数据中心对象，选择 Virtual Machines 选项卡，或者将目录视图切换为 VMs And Templates 视图，就可以查看模板对象。

10.2.2 从模板部署虚拟机

在创建了模板库之后，右键单击作为基础系统映像的模板，选择相应的选项，就可以分配新的虚拟机。

执行以下步骤，从一个模板部署一个虚拟机。

（1）打开 vSphere Web 客户端，连接一个 vCenter Server 实例。克隆和模板都不支持使用 vSphere Web 客户端直接连接到 ESXi 主机。

（2）找到作为虚拟机基础的模板。模板对象位于 VMs And Templates 目录视图。

（3）右键单击模板对象，选择 Deploy Virtual Machine From This Template（从模板部署虚拟机）。这样就可以打开 Deploy From Template（部署模板）向导。

（4）在虚拟机的 Name 文本框中输入新虚拟机的名称，在目录中选择存储虚拟机的逻辑位置，单击 Next 按钮。

（5）选择运行虚拟机的集群或主机，单击 Next 按钮。

（6）如果所选择的集群未启用 DRS，或者配置为手动模式，那么必须选择一个特定的主机来运行虚拟机。单击 Next 按钮。

（7）按照提示，选择保存虚拟机的资源池，单击 Next 按钮。

（8）为从模版创建的虚拟机选择所需的虚拟机虚拟磁盘格式。

（9）如果已经定义了虚拟机的存储策略，那么可以从 VM Storage Profile 下拉列表中选择适当的存储策略，然后选择目标数据存储或者数据存储集群。如果需要虚拟机策略和虚拟磁盘分别存储在不同的位置，那么可以单击 Advanced 按钮（如图 10.11 所示，但是图中并没有选择）。

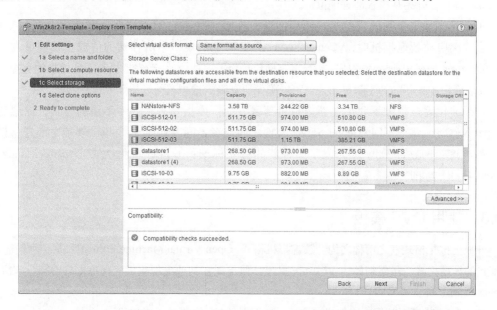

图 10.11 根据 vMotion、DRS、HA 和其他组织约束条件，选择新虚拟机的数据存储

（10）选择定制客户机操作系统的方式。

选择 Customize Using An Existing Customization Specification（使用一个现有定制规格执行定制），可以使用现有的定制规格；或者选择 Customize Using The Customization Wizard（使用定制向导执行定制），以交互方式指定定制信息。前面已经介绍过这两个选项。在这里，可以使用之前创建的规格，所以可以选择 Customize Using An Existing Customization Specification，选择之前创建的规格。单击 Next 按钮。

不要选择 Do Not Customize

我不推荐选择 Do Not Customize（不定制）。这样会选择一个与源模板拥有客户机操作系统和网络配置设置的虚拟机。虽然在第一次部署模板时，这并不会引起任何问题。但是，在之后的部署中一定会出现问题。

唯一一个可以选择 Do Not Customize 的情况是，在转换模板之前，已经在客户机操作系统环境中执行了一些步骤（例如，在运行 Windows 客户机操作系统的虚拟机上运行了 Sysprep）。

（11）因为之前所创建的定制规格中配置了提示用户指定客户机操作系统的 IP 地址，所以此时 Deploy Template（部署模板）向导会提示输入 IP 地址。输入想要分配给虚拟机的 IP 地址，单击 Next 按钮。如果定制规格已经配置为使用 DHCP，那么向导会跳过这个步骤。

（12）检查模板的部署信息。

如果需要修改设置，则可以使用超链接或者 Back 按钮，返回进行修改。如果不需要，可以单击 Finish 按钮，开始从模板部署虚拟机。

vCenter Server 会继续复制组成模板的所有文件，并将它们存储到选定数据存储的新位置上。第一次启动新虚拟机时，vCenter Server 会根据定制规格中所存储的值或者管理员在 Guest Customization 向导中所输入的值来执行定制操作。除了这些修改,新虚拟机与原始模板的完全相同。通过安装模板的最新的补丁和更新，就可以确保所克隆的虚拟机统一更新到最新状态。

在标准化虚拟机配置和加速新虚拟机部署方面，模板是一种非常不错的方式。遗憾的是，vCenter Server 无法在不同 vCenter Server 实例之间或者不同 VMware vSphere 环境之间迁移模板。为了解决这个问题，VMware 开发了一种新的行业标准：开放虚拟化格式（Open Virtualization Format, OVF）标准。

10.3 使用 OVF 模板

开放虚拟化格式（之前称之为开放虚拟机格式 [Open Virtual Machine Format]）是一种描述虚拟机配置的标准格式。虽然初始由 VMware 提出，但是现在其他虚拟化供应商也支持 OVF。VMware vSphere 5 有 2 种支持 OVF 的方式：

◆ 从 OVF 模板部署新虚拟机（本质上就是从 OVF 格式导入虚拟机）；

◆　将虚拟机导出为 OVF 模板。

首先，让我们来看看如何从 OVF 模板部署虚拟机。

10.3.1　从 OVF 模板部署虚拟机

使用 OVF 模板的第一种方法是，右键单击主机、集群、数据中心或 vCenter Server 并选择 Deploy OVF Template，从 OVF 模板部署虚拟机。这样就会启动一个向导，指示用户一步步从 OVF 模板部署一个新虚拟机。如图 10.12 所示，vCenter Server 可以部署本地存储的 OVF 模板，也可以部署需要使用通过 URL 访问的远程存储 OVF 模板。

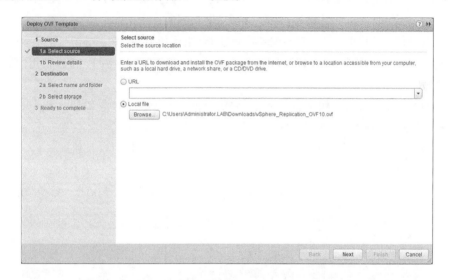

图 10.12　vCenter Server 使用一个向导从 OVF 部署模板

除了选择 OVF 模板的源位置，无论是从本地文件批量导入，还是从互联网下载，从 OVF 模板部署虚拟机的过程都是一样的。

执行以下步骤，从 OVF 模板部署虚拟机。

（1）如果 vSphere Web 客户端未运行，则启动 vSphere Web 客户端，连接到一个 vCenter Server 实例或者一个 ESXi 主机。

（2）在 vSphere Web Client Hosts And Clusters 视图中，右键单击主机，选择 Deploy OVF Template（部署 OVF 模板）。

（3）选择 OVF 模板的源位置——必须是 OVF 或者 OVA 格式，单击 Next 按钮。

使用 OVF 还是 OVA

在本章的 10.3.3 节中，会更详细地介绍 OVF 和 OVA 的区别。

（4）OVF Template Details（OVF 模板明细）界面总结了关于模板的信息。单击 Next 按钮。

（5）单击 Accept 按钮，接受最终用户许可协议，单击 Next 按钮。

（6）为从 OVF 模板部署的新虚拟机指定一个名称，然后在 vCenter Server 目录上选择一个位置。

这是一个逻辑位置，而非物理位置。在下一个步骤中，将会选择一个物理位置（运行新虚拟机及保存虚拟硬盘文件的位置）。

（7）选择一个运行新虚拟机的集群、ESXi 主机或者资源池，单击 Next 按钮。

（8）如果所选择的集群未启用 vSphere DRS，或者设置为手动操作，那么就必须选择一个特定的主机来运行虚拟机。选择一个 ESXi 主机，单击 Next 按钮。

（9）选择存储新虚拟机的数据存储或者数据存储集群。如果不确定新虚拟机需要多少空间，那么 OVF Template Details 界面（参见第 4 步）会显示虚拟机所需的空间。选择使用的数据存储，单击 Next 按钮。

（10）选择新虚拟机所使用的虚拟磁盘格式。Thick Provision Lazy Zeroed 和 Thick Provision Eagerly Zeroed 选项将预先分配所有空间；而 Thin Provision option 则将根据需要分配空间。参考第 9 章的 9.2 节，了解关于这些选项的更多细节。选择硬盘格式，单击 Next 按钮。

（11）对于在 OVF 模板中定义的每一个源网络，要将源网络映射到 vCenter Server 的目标网络。目标网络是一个端口组或者 dvPort 组，如图 10.13 所示。有关端口组的更多信息，请参阅第 5 章。

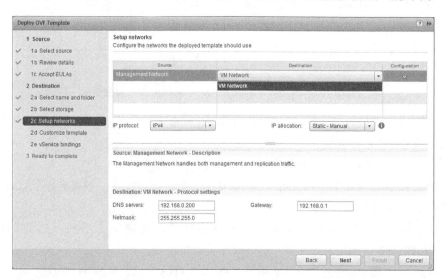

图 10.13　OVF 模板上定义的源网络会被映射到 vCenter Server 的端口组和 dvPort 组

（12）有一些 OVF 模板会要求确认如何给新虚拟机分配 IP 地址，如图 10.14 所示。选择喜欢的选项（Static - Manual 或者 DHCP），单击 Next 按钮。

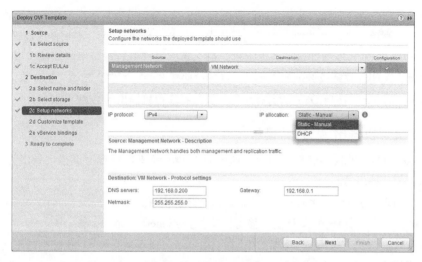

图 10.14 vSphere 管理员可以选择用不同的方式控制如何给从 OVF 模板部署的新虚拟机分配 IP 地址

选择正确的 IP 分配策略

一般来说，可以从 IP 分配下拉列表选择 Static - Manual 或 DHCP。Transient 选项要求在 vCenter Server 内指定特殊的配置 (创建或配置的 IP 池)，而且需要 OVF 模板定义的客户机操作系统的支持。这种支持通常是一个脚本，或者是一个设置了 IP 地址的可执行应用程序。

(13) 现在，有些 OVF 模板会提示用户输入新虚拟机可以使用的特定属性。例如，如果在第 12 步中选择 Static - Manual 作为 IP 地址分配机制，那么这个步骤将出现一个分配 IP 地址的提示，如图 10.15 所示。输入正确的值，单击 Next 按钮。

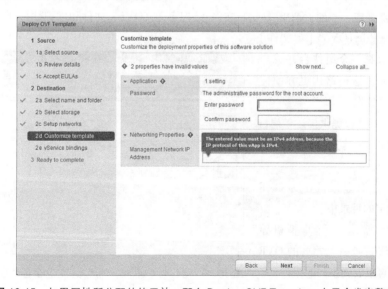

图 10.15 如果属性所分配的值无效，那么 Deploy OVF Template 向导会发出警告

（14）Ready To Complete（准备开始）界面总结了从 OVF 模板部署虚拟虚拟机所需要的步骤。如果一切无误，则单击 Finish 按钮；如果出现错误，则单击 Back 按钮，返回修改设置。

一旦成功地从 OVF 模板部署了新虚拟机，那么新虚拟机将与目录中的其他虚拟机是一样的。它们可以启动、关闭、克隆或者创建快照——关于这些任务的更详细介绍参考第 9 章。

在 vCenter Server 上使用 OVF 的另外一种方式是将虚拟机导出为 OVF 模板。

10.3.2　将虚拟机导出为 OVF 模板

除了支持从 OVF 模板部署新虚拟机，vCenter Server 还支持将现有虚拟机导出为 OVF 模板。这种功能有下面几种用途。

创建一个可以在多个 vCenter Server 实例之间迁移的模板。

◆ 将虚拟机从一个 vSphere 环境迁移到另外一个 vSphere 环境上。

◆ 将 VM 转移到支持 OVF 标准的不同 hypervisor，或者从支持 OVF 标准的不同 hypervisor 转移 VM。

◆ 允许软件供应商将其产品打包为虚拟机，并且方便地分发给客户使用。

不管是基于何种原因将虚拟机导出为 OVF 模板，这种过程都相对较为简单。

执行以下步骤，将虚拟机导出为一个 OVF 模板。

（1）如果 vSphere Web 客户端未运行，则启动 vSphere Web 客户端，将其连接到一个 vCenter Server 实例或者一个 ESXi 主机。

（2）打开 vSphere Web 客户端，确定你想要显示的虚拟机。

（3）右键单击虚拟机并选择 Export OVF Template。打开 Export OVF Template 对话框。

（4）指定 OVF 模板的名称，选择存储 OVF 模板的目录，选择格式。

◆ Folder Of Files (OVF) [多文件] 格式，将 OVF 模板的各个组件作为多个独立文件保存到一个文件夹中——配置清单（MF）文件、结构定义（OVF）文件和虚拟硬盘（VMDK）文件。

◆ Single File (OVA) [单文件] 格式会将各个组件合并成一个文件。这种格式更方便传输或者分发。

（5）为 OVF 模板提供描述信息。

（6）导出操作一切就绪时，单击 OK 按钮。

（7）所选择的虚拟机作为 OVF 模板导出到选定的目录中。

如图 10.16 所示，一个虚拟机导出为一个 OVF（多文件）格式的 OVF 模板，这样就可以看到不同的组件。

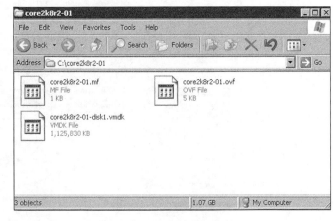

图 10.16　导出为 OVF 模板的虚拟机包含的各个 OVF 模板组件

一旦成功地将虚拟机导出为 OVF 模板，就可以使用 10.3.1 节介绍的步骤将该虚拟机导入到 VMware vSphere 环境中。

在结束 OVF 模板的话题之前，我还想概括介绍一下组成 OVF 模板的结构和组件。

10.3.3 认识 OVF 模板

在图 10.16 中，已经讲述了组成 OVF 模板的不同文件。在这个例子中，从 vCenter Server 导出的 OVF 模板包含 3 个文件。

◆ 配置清单文件，它的扩展名为 ".mf"，并且包含了另外两个文件的 SHA-1 摘要。vCenter Server（和其他支持 OVF 规格的应用）将计算模板中另外两个文件的 SHA-1 摘要，然后将它们与配置清单文件的 SHA-1 摘要进行对比，从而验证 OVF 的完整性。如果摘要匹配，那么证明 OVF 模板的内容未被修改过。

如何保护配置清单呢

配置清单包含了 SHA-1 摘要，它可以帮助应用程序验证 OVF 模板组件未被修改。但是，怎样保护配置清单？OVF 规格允许使用一个可选的随机 X.509 数据证书，它也可以用来验证配置清单文件的完整性。

◆ OVF 描述文件，它是一个 XML 文档，扩展名为 ".ovf"。它包含了 OVF 模板的信息，如产品细节、虚拟硬盘、需求、许可、完整的参考文件列表以及 OVF 模板内容的描述。代码清单 10.1 显示了上节从 vCenter Server 上导出的 VM I 的部分 OVF 描述文件内容。（用反斜线 "\" 表示一些手工换行的语句，目的是增加 OVF 描述文件的可读性。）

◆ 虚拟硬盘文件，它的扩展名为 .vmdk。OVF 规格支持多个虚拟硬盘格式，而不仅仅是 VMware vSphere 使用的 VMDK 文件，但是显然 vCenter Server 和 VMware ESXi 天生只支持 VMDK 格式的虚拟硬盘。在一些 OVF 模板中，可能包含多个 VMDK 文件，而且所有的文件都必须引用 OVF 描述文件(参考代码清单 10.1 中的 OVF 描述文件的 <DiskSection>)。

代码清单 10.1　OVF 描述文件示例的部分内容

```xml
<?xml version="1.0" encoding="UTF-8"?>
<!--Generated by VMware VirtualCenter Server, User: Administrator, \
   UTC time: 2013-04-05T00:37:32.238463Z-->
<Envelope vmw:buildId="build-380461" \
xmlns="http://schemas.dmtf.org/ovf/envelope/1" \
xmlns:cim="http://schemas.dmtf.org/wbem/wscim/1/common" \
xmlns:ovf="http://schemas.dmtf.org/ovf/envelope/1" \
xmlns:rasd="http://schemas.dmtf.org/wbem/wscim/1/cim-schema \
/2/CIM_ResourceAllocationSettingData" \
xmlns:vmw="http://www.vmware.com/schema/ovf" \
xmlns:vssd="http://schemas.dmtf.org/wbem/wscim/1/cim-schema \
```

```
/2/CIM_VirtualSystemSettingData" \
xmlns:xsi="http://www.w3.org/2001/XMLSchema-instance">
 <References>
   <File ovf:href="core2k8r2-01-disk1.vmdk" ovf:id="file1" \
   ovf:size="1152849920" />
 </References>
 <DiskSection>
 <Info>Virtual disk information</Info>
 <Disk ovf:capacity="30" ovf:capacityAllocationUnits="byte * 2^30" \
 ovf:diskId="vmdisk1" ovf:fileRef="file1" \
 ovf:format="http://www.vmware.com/interfaces/specifications/vmdk.html# \
 streamOptimized" ovf:populatedSize="2744057856" />
 </DiskSection>
<NetworkSection>
 <Info>The list of logical networks</Info>
 <Network ovf:name="VLAN19">
   <Description>The VLAN19 network</Description>
 </Network>
</NetworkSection>
<VirtualSystem ovf:id="core2k8r2-01">
  <Info>A virtual machine</Info>
  <Name>core2k8r2-01</Name>
  <OperatingSystemSection ovf:id="1" \
  vmw:osType="windows7Server64Guest">
    <Info>The kind of installed guest operating system</Info>
    <Description>Microsoft Windows Server 2008 R2 (64-bit) \
    </Description>
  </OperatingSystemSection>
  <VirtualHardwareSection>
    <Info>Virtual hardware requirements</Info>
    <System>
      <vssd:ElementName>Virtual Hardware Family</vssd:ElementName>
      <vssd:InstanceID>0</vssd:InstanceID>
      <vssd:VirtualSystemIdentifier>core2k8r2-01
      </vssd:VirtualSystemIdentifier>
      <vssd:VirtualSystemType>vmx-08</vssd:VirtualSystemType>
    </System>
  </VirtualHardwareSection>
 </VirtualSystem>
</Envelope>
```

OVF 规格支持使用 2 种格式的 OVF 模板，对此我已经做了简单的描述。OVF 模板可以作为一组文件分发，例如，10.3.2 节介绍的从 vCenter Server 导出 OVF 模板。在这种情况下，可以轻松查看到 OVF 模板的不同组件，但是不利于分发，除非将它们保存到一个网络服务器（记住，vCenter Server 和 VMware ESXi 可以从一个存储在远程 URL 的 OVF 模板部署虚拟机）。

OVF 模板也可以作为一个文件进行分发。这一个文件的扩展名为".ova"，而且采用 TAR 格式，而 OVF 规格对 OVA 存档的保存位置和组件顺序有着严格的要求。虽然已经介绍过的所有组件都已经包含在内，但是因为所有内容都存储在一个文件中，因此很难在其中看到各个组件。但是，使用 OVA（单个文件）格式可以更方便地在不同位置之间移动 OVF 模板，因为每次只需要处理一个文件。

关于更多的细节信息

桌面管理任务小组（Desktop Management Task Force, DMTF）批准的完整 OVF 规格参见：www.dmtf.org/standards/ovf。在撰写本书时，这个规格的最新版本 1.1.0 已经在 2010 年 1 月份发布。

OVF 规格也为 OVF 模板提供了另外一种有趣的功能：将多个虚拟机封装在单个 OVF 模板中。OVF 描述文件有一些元素专门指定 OVF 模板包含一个虚拟机（如代码清单 10.1 所示的 VirtualSystem 元素）还是多个虚拟机（VirtualSystemCollection 元素）。如果 OVF 模板包含了多个虚拟机，则允许 vSphere 管理员从一个 OVF 模板部署一组完整的虚拟机。

事实上，vSphere 可以利用 OVF 模板的这个功能将多个虚拟机封装在一个 vApp 中，这是另一个重要功能。

10.4 使用 vApp

vApp 是 vSphere 管理员用来将多个虚拟机合并为一个单元的方法。这个功能有什么用处呢？越来越多的企业应用使用多个虚拟机，企业应用的组件可能分散到多个虚拟机上。例如，一个典型的多层应用可能有一个或者多个前端网络服务器、一个应用服务器和一个后台数据库服务器。虽然这里每一个服务器都可以部署到分散的虚拟机，而且以分散方式管理，但是它们也是服务组织的一个较大型应用。将这些不同的虚拟机合并为一个 vApp，就可以让 vSphere 管理员将多个虚拟机作为一个整体进行管理。

这一节将介绍如何配置 vApp，包括创建 vApp 和编辑 vApp。我们现在就先从创建 vApp 开始。

10.4.1 创建 vApp

创建 vApp 需要两个步骤。首先，要创建和配置 vApp 容器；其次，在 vApp 上克隆现有虚拟机、从模板部署或者新建虚拟机，将一个或者多个虚拟机添加到 vApp 上。不断地添加虚拟机，直到 vApp 上包含了所有必需的虚拟机。

执行以下步骤，创建一个 vApp。

（1）如果 vSphere Web 客户端未运行，那么先启动它，再连接到一个 vCenter Server 实例，或者启动传统的 vSphere 客户端连接到一个独立的 ESXi 主机。

（2）选择 View → Inventory → Hosts And Clusters，或者 View → Inventory → VMs And Templates，进入一个允许创建 vApp 的目录视图。

（3）右键单击一个现有主机、资源池或者群，选择 New vApp（新建 vApp）。这样就会打开 New vApp 向导。

新建 vApp 的限制条件

虽然我们可以在一个 vApp 上再创建 vApp，但是不可以在未激活 vSphere DRS 的集群上创建 vApp。

（4）如果使用 Web 客户端，它会询问是要创建新的 vApp 还是克隆现有的 vApp。在这个示例中，我们正在创建新的 vApp，所以选择这个选项，并单击 Next 按钮。

（5）指定新 vApp 的名称。如果已连接到一个 vCenter Server 上，则必须在存储 vApp 的文件夹层次上选择一个位置（这是一个逻辑位置，而非物理位置）。

（6）单击 Next 按钮。这样，New vApp 向导就会进入 Resource Allocation（资源分配）步骤。如果需要调整 vApp 的资源分配设置，那么就可以在这个界面上设置。默认情况下，如图 10.17 所示。新的 vApp 会分配普通优先权，没有保留值和不限制 CPU 或者内存使用。但有一点要注意，这些默认设置可能不符合整体资源分配策略。务必阅读第 11 章，了解更多关于 vApp 对资源分配设置的影响。

（7）单击 Next 按钮，来到 New vApp 向导的最后一步。在这里，检查新的 vApp 的设置。如果一切正常，则单击 Finish 按钮；否则返回向导，根据需要修改设置。

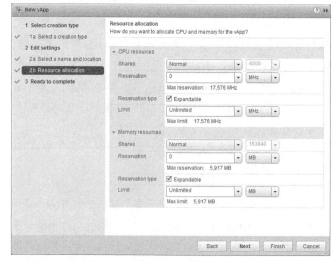

图 10.17　确认这些默认资源分配设置适合具体环境的要求

在创建 vApp 之后，就可以继续将虚拟机添加到 vApp 上。下面是将虚拟机添加到 vApp 的几种不同的方式。

◆ 将一个已有虚拟机克隆到 vApp 的一个新虚拟机上。本章的 10.1 节已经阐述了克隆虚拟机的过程。这个过程在这里也一样适用。有一点需要注意：将一个虚拟机克隆到 vApp 上时，它的逻辑文件夹位置选项会被忽略。

◆ 从一个 vCenter Server 模板部署一个新虚拟机，将新虚拟机添加到 vApp 上。

◆ 在 vApp 上从零开始创建一个全新的虚拟机。因为这是从零开始创建一个新虚拟机，所以这就意味着必须在虚拟机上安装客户机操作系统。克隆一个现有的虚拟机或者从一个模板部署，则不需要安装客户机操作系统。

◆ 通过拖放操作将一个已有的虚拟机添加到 vApp 上。

一旦创建了 vApp，并且将 1 台或者多台虚拟机添加到 vApp 上，就可能需要编辑 vApp 的一些设置。

10.4.2 编辑 vApp

编辑 vApp 稍微有一些不同，因为 vApp 是一种容器，vApp 具有一些与虚拟机一样的属性和设置。为了不混淆所设置或编辑的设置项目，VMware 已经最大可能地简化 VMware 容器了。vApp 上可以编辑的设置很少，具体参见后续小节。

1. 编辑 vApp 的资源分配设置

右键单击 vApp，在快捷菜单中选择 Edit Settings（编辑设置），就可以编辑 vApp 的资源分配设置。这时将打开 Edit vApp Settings（编辑 vApp 设置）对话窗口，如图 10.18 所示。

选择 Options 选项卡，Resources 选项显示了 vApp 的资源分配设置。在这个选项上，可以分配更高或者更低的资源访问优先级、预留 vApp 资源或者限制 vApp 的资源使用。如果无法理解这些设置项目的意义，或者不知道如何使用，也不需要担心。第 11 章将详细地介绍在 VMware vSphere 环境下如何使用这些设置。

2. 编辑 vApp 的 IP 配置策略

在 Edit vApp Settings 对话窗口中，在 IP Allocation Policy（IP 分配策略）选项上修改 vApp 中虚拟机的 IP 地址分配方式，如图 10.19 所示。

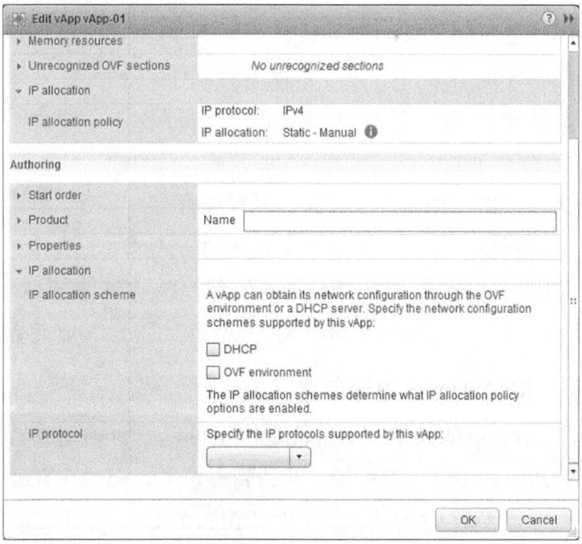

如图所示，3 个选项分别是 Static - Manual、Transient 和 DHCP。

◆ 选择 Static - Manual 选项时，必须

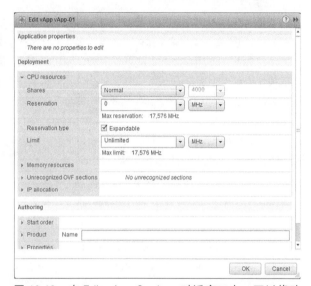

图 10.18 在 Edit vApp Settings 对话窗口上，可以修改 vApp 的各种设置

图 10.19 vApp 提供了几种不同的 vApp 虚拟机 IP 地址分配选项

在虚拟机的客户机操作系统实例中手动设置 IP 地址。

◆ Transient 选项利用 vCenter Server 创建和管理的 IP 池给 vApp 中的虚拟机分配 IP 地址。当虚拟机关闭时，IP 地址会自动释放。

◆ DHCP 选项利用一个外部的 DHCP 服务器给 vApp 中的虚拟机分配 IP 地址。

IP 池不同于 DHCP

一开始，有人可能会认为使用 IP 池的 **Transient** 设置就意味着 vCenter Server 使用一个类 DHCP 机制来将 IP 地址分配给 vApp 中的虚拟机，而完全不需要用户的干预。但是，实际情况并不是这样的。使用 IP 池的 **Transient** 设置要求 vApp 上的虚拟机的客户机操作系统必须支持这个功能。这种支持一般是一个脚本、一个可执行文件或其他机制，从 IP 池中获得一个 IP 地址，然后分配给虚拟机内部的客户机操作系统。这与 DHCP 完全不同，而且也不能替代网段中的 DHCP。

在第一次创建 vApp 时，这里可以使用的唯一一个 IP 分配政策就是 Static - Manual。要先激活其他两个选项，然后才能选择它们。要激活其他 IP 分配选项，需要在 OVF Environment 复选框的 IP Allocation 区域上单击 IP Allocation（IP 分配）按钮。这时会打开 Advanced IP Allocation 对话窗口，如图 10.20 所示。

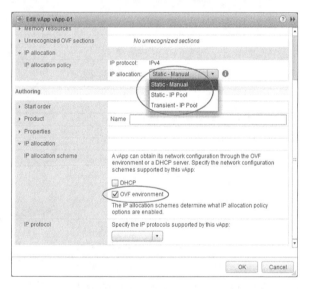

3. 编辑 vApp 的 Authoring 设置

在 Edit vApp Settings 对话窗口的 Authoring 区域中，用户可以编辑 vApp 的其他元数据，例如，产品名称、产品版本或者供应商 URL。如果 vApp 是由一个供应商提供，那么这里可能已经预先存在一些设置值，否则就需要手工输入值。不管

图 10.20　如果需要使用 Transient（也称为 OVF Environmen）或者 DHCP 选项，则必须在这个对话框中激活它们

是哪一种情况，这里所设置的值都会显示在 vSphere Web 客户端中 vApp 的 Summary 选项卡上。图 10.21 显示了 vSphere Web 客户端中显示的 vApp 元数据。

4. 编辑 App 的电源设置

vApp 的其中一个价值定位是可以同时启动或者关闭 vApp 中的所有虚拟机。稍后将介绍如何完成——虽然读者可能已经猜到方法了，但是现在要先讲解 vApp 的电源设置。

在 Edit vApp Settings 对话窗口的 Start Order 选项卡上，可以设置虚拟机启动顺序，以及指定各个虚拟机启动时间间隔。同样的，还可以设置关机操作和定时。

在大多数时候，这里唯一需要调整的是实际的启动 / 关机顺序。使用上、下箭头移动虚拟机的顺序，就可以设置虚拟机启动顺序。例如，假设要保证后台数据库虚拟机最先启动，然后启动中间层应用服务器，最后启动前面 Web 服务器。这时就可以在 Start Order（启动顺序）选项卡上控制它们的启动顺序。一般而言，这里的大部分默认设置都不需要改动。

注意，是"大部分默认设置"，因为建议修改其中一个默认设置。默认情况下，Shutdown Action（关机操作）设置为 Power Off（关闭电源），建议将其改为 Guest Shutdown（关闭客户机）——这需要在客户机操作系统实例中安装 VMware 工具。这个操作可以在各个虚拟机逐个设置，所以如果有一个虚拟机没有安装工具（不推荐这样做），那么仍然可以将 Shutdown Action 设置为 Power Off。

图 10.22 显示了虚拟机 win2k8r2-04 将 Shutdown Action 设置为 Guest Shutdown，而不是 Power Off。

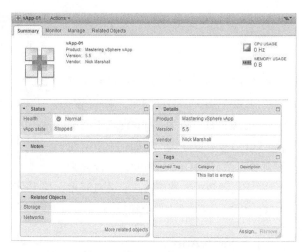

图 10.21　vSphere Web 客户端显示了一个 vApp 对象 Summary 选项卡中 General 区域的元数据

10.4.3　修改 vApp 的电源状态

vApp 的电源启动或者关闭过程与标准虚拟机完全相同。可以选择以下 3 种方法启动 vApp。

图 10.23 显示了 Actions 按钮上的 Power On 命令。

vSphere Web 端工具栏上的 Power On 按钮位于 Related Objects 选项卡内。

vApp 快捷菜单的 Power On 命令（右键单击 vApp）。

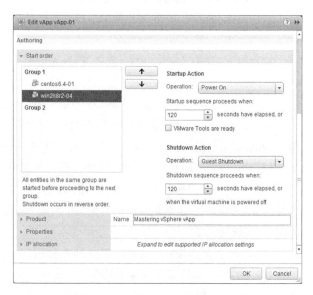

图 10.22　使用 Guest Shutdown 代替 Power Off，将有利于避免在客户机操作系统实例崩溃

vApp 属性的 Start Order 选项卡可以根据用户设置控制 vCenter Server 启动 vApp 的方式，如图 10.23 所示。vCenter Server 将启动一个组中的所有虚拟机，等待一段时间之后，再启动下一个组中的虚拟机，接着再等待一段时间，以此类推。通过编辑 Start Order 选项卡的设置，就可以控制虚拟

机的启动顺序，以及两组虚拟机之间的等待时间间隔。

一旦启动且运行了 vApp，那么就可以像操作独立的虚拟机一样挂起或者关闭 vApp。根据 Start Order 选项卡上的设置，vApp 内的虚拟机可以为 vApp 配置不同的 Power Off 请求响应方式。正如在上节所建议的那样，最好将 Guest Shutdown 设置为 vApp 关闭电源请求的响应操作。关机顺序与 vApp 配置的启动顺序完全相反。

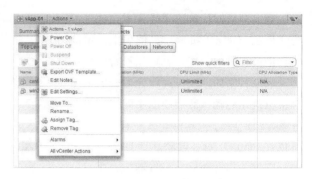

图 10.23 App 的 Actions 按钮提供的选项可以修改这个 vApp 内全部 VM 的电源状态

10.4.4 克隆 vApp

克隆一个 vApp 的方法几乎与克隆虚拟机的方法完全相同。

执行以下步骤，就可以克隆一个 vApp。

（1）如果 vSphere Web 客户端未运行，则启动它，将其连接到一个 vCenter Server 实例。克隆 vApp 要求连接一个 vCenter Server。

（2）打开 Hosts And Clusters 或者 VMs And Templates 目录视图；这两个目录视图都会显示 vApp 对象。

（3）右键单击 vApp，选择 All vCenter Actions → Clone。

（4）在 Clone vApp（克隆 vApp）向导中，选择一个将要运行新 vApp 的主机、集群或者资源池。因为 vApp 要求使用 vSphere DRS，所以不可以选择一个未激活 vSphere DRS 的集群。单击 Next 按钮。

（5）指定新 vApp 的名称，为 vApp 选择一个逻辑目录位置。单击 Next 按钮。

（6）选择一个目标数据存储或者数据存储集群，单击 Next 按钮。注意，这里并没有选择虚拟机存储策略的选项。虽然集群的成员虚拟机可能分配了虚拟机存储策略，但是不可以给 vApp 本身分配一个虚拟机存储策略。

（7）选择目标虚拟磁盘格式。单击 Next 按钮。

（8）如果 vApp 定义了具体的属性，那么接下来也可以在克隆的 vApp 上编辑这些属性。完成之后，单击 Next 按钮。

（9）检查新的 vApp 的设置，单击 Back 按钮或者左边的超链接，返回并根据需要修改设置。如果一切正常，则单击 Finish 按钮。

vCenter Server 将克隆 vApp 容器对象和 vApp 中的所有虚拟机。但是，vCenter Server 不会定制 vApp 中虚拟机里的客户机操作系统配置；管理员将负责定制克隆 vApp 中的虚拟机设置。

到目前为止，本章已经介绍了如何克隆虚拟机、定制克隆的虚拟机、创建模板、使用 OVF 模板以及使用 vApp。在本章的最后一节中，将快速地介绍如何将其他环境的虚拟机导入到当前 VMware vSphere 环境中。

10.5　从其他环境导入虚拟机

VMware 提供了一个名为 VMware Converter 的独立产品，可以帮助用户将物理硬件上安装的操作系统迁移到 vSphere 虚拟化环境上——使用一个所谓物理到虚拟的迁移过程（P2V 迁移）。

VMware Converter 既支持 P2V 功能，又支持虚拟到虚拟（V2V）功能。V2V 功能允许将其他的虚拟化平台的虚拟机导入到 VMware vSphere 上。此外，管理员也可以使用 VMware Converter 的 V2V 功能，将虚拟机从 VMware vSphere 上导出到其他的虚拟化平台上。V2V 功能特别适合用于迁移 VMware 企业级虚拟平台 VMware vSphere 和 VMware 托管虚拟平台之间的虚拟机，如 Windows 或 Linux 的 VMware Workstation，或者 Mac OS X 的 VMware Fusion。虽然这些都是 VMware 的产品，但是这些产品架构存在一些差别，必须使用 VMware Converter 或者类似的工具，才能在不同产品之间迁移虚拟机。

10.6　要求掌握的知识点

1．克隆虚拟机

克隆虚拟机是一个强大的功能，它可以显著地减少创建和启动一个包含完整客户机操作系统的虚拟机的时间。vCenter Server 不仅可以克隆虚拟机，还可以定制虚拟机，使每一个虚拟机都有其独特的特性。用户可以将定制虚拟机的信息保存为一个定制规格，然后不断地重用使用这些信息。vCenter Server 甚至还可以克隆运行中的虚拟机。

掌握 1

如何在 vSphere Web 客户端中创建定制规格？

掌握 2

有一名管理员同事请你帮忙优化 VMware vSphere 环境中 Solaris x86 虚拟机的过程。你应该如何回复他呢？

2．创建虚拟机模板

vCenter Server 的模板功能是克隆功能的一个很好的补充。vCenter Server 有一个将现有的虚拟机克隆或者转换为模板的选项，可以方便地创建模板。通过创建模板，就可以确保虚拟机主映像不会被意外改变或者修改。然后，一旦创建了模板，vCenter Server 就可以从该模板克隆虚拟机，并在创建过程中定制这些虚拟机，确保它们具有所需要的特殊特性。

掌握

在下面的任务中，哪些可以将运行 Windows Server 2008 的虚拟机转换为一个模板？

（1）将客户机操作系统的文件系统修改为 64KB 界限。

（2）将虚拟机整合到 Active Directory 中。

（3）执行一些应用特有的配置和系统微调。

（4）安装操作系统供应商提供的所有补丁。

3. 从模板部署新虚拟机

通过组合使用模板和克隆功能，VMware vSphere 管理员就可以标准化所部署的虚拟机配置，避免主映像发生修改，以及减少部署新客户机操作系统实例的时间。

掌握

你的另一个 VMware vSphere 管理员打开从模板部署新虚拟机的向导。虽然他有一个准备使用的定制规格，但是他若想修改规格中的一个设置，是否必须创建一个全新的定制规格呢？

4. 从 OVF 模板部署虚拟机

开放虚拟化格式（OVF，之前称为开放虚拟机格式）模板提供了一种机制，它可以在不同的 vCenter Server 实例或者完全不同的独立 VMware vSphere 环境之间迁移模板或者虚拟机。OVF 模板包含虚拟机的结构定义和虚拟机的虚拟硬盘数据，并且可以保存为一个包含多个文件的文件夹或者单个文件形式。因为 OVF 模板包括虚拟机的虚拟硬盘，所以 OVF 模板可以包含客户机操作系统安装环境，并且往往被软件开发者作为一种交付软件的方法，他们会将软件预安装到虚拟机内的客户机操作系统中。

掌握

供应商提供了一个包含虚拟机的压缩文件，该文件称为虚拟设备。在压缩文件之中，有几个 VMDK 文件和一个 VMX 文件。那么，是否可以使用 vCenter Server 的 Deploy OVF Template 功能导入这个虚拟机呢？如果不可以，那么该如何将这个虚拟机导入到指定的基础架构中呢？

5. 将虚拟机导出为一个 OVF 模板

为了方便在不同 VMware vSphere 环境之间迁移虚拟机，用户可以使用 vCenter Server 将虚拟机导出为一个 OVF 模板。OVF 模板不仅包含虚拟机的配置，也还包含了虚拟机的数据。

掌握

你准备将一个虚拟机导出为一个 OVF 模板，并且想保证 OVF 模板可以方便地通过 U 盘或者移动硬盘保存和使用。那么，最适合使用哪一种格式，是 OVF 还是 OVA？为什么？

6. 配置 vApp

vSphere vApp 使用 OVF 将多个虚拟机组合为一个管理单元。在 vApp 启动时，它的所有虚拟机也会按照管理员指定的顺序启动。关闭 vApp 也一样。此外，vApp 就像是一个包含多个虚拟机的资源池。

掌握

列举 2 种将虚拟机添加到 vApp 的方法。

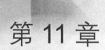

第 11 章

管理资源分配

在当今的动态数据中心环境中，利用单一物理服务器来管理大量虚拟机的理念具有非常重要的价值，但用户必须面对的问题是：能够在单个 VMware ESXi 主机上运行的虚拟机数量是有限的。读者要理解在主机上运行的虚拟机是如何消耗关键资源（内存、处理器、磁盘和网络）以及主机自身是如何消耗资源的，这是充分利用虚拟化平台的关键之处。ESXi 主机对每种资源的访问判断方法有些与众不同。本章将介绍 ESXi 主机是如何分配这些资源的，以及如何改变这些资源的分配方式。

本章的主要内容有：

◆ 管理虚拟机内存分配；

◆ 管理 CPU 利用率；

◆ 创建和管理资源池；

◆ 控制网络和存储 I/O 利用率；

◆ 利用闪存。

11.1 回顾虚拟机资源分配

服务器虚拟化最显著的优点之一是，它能够根据机器的实际性能需求为虚拟机分配资源。在传统的物理服务器环境中，通常为服务器分配的资源要比实际需求多一些，因为在购买服务器时我们都安排了特定的预算，预算安排所提供的服务器规格都已经最大化了。例如，配置一个动态主机配置协议（DHCP）服务器实际需要双核处理器、32 GB 的 RAM 和 146 GB 的镜像硬盘吗？在多数情况下，DHCP 服务器都没有充分利用这些资源。在虚拟化环境中，可以创建一个虚拟机，它更适合充当 DHCP 服务器的角色。在这种 DHCP 服务器中，实际可以配置一个合适的 2 GB 或 4 GB 的 RAM（取决于客户机操作系统），使用单个处理器和容量介于 20 GB ～ 40 GB 之间的磁盘空间，运行虚拟机的 ESXi 主机完全可以按照这种资源进行配置。这样，就可以使用这些资源来创建附加的虚拟机，而无须浪费价格昂贵的内存、CPU 和磁盘存储器资源。在第 9 章已经说过，基于客户机操作系统的预期需求和虚拟机中运行的应用程序来正确分配资源是合理精简虚拟机的关键所在。合理精简虚拟机以后，就能够获得更高的效率和固结比（每个物理服务器上运行更多的虚拟机）。

即使已经精简了虚拟机，但是当用户添加更多的虚拟机时，每个虚拟机需要占据 ESXi 主机上额外的资源，此时需要消耗主机资源来支持这些虚拟机。因此从某种意义上说，主机的资源将被耗尽。当主机资源被耗尽时，ESXi 能做些什么？当虚拟机请求的资源超出物理主机所能实际提供的范围时，ESXi 该如何处理这种问题呢？如何保证客户机操作系统及其应用程序所需的资源不会被其他客户机操作系统及其应用程序所消耗呢？

所幸，VMware vSphere 专门设计了一整套控制措施来处理这些问题：必要时确保对资源的访问权限、控制或管理资源的使用、当可用资源不足时能够实现对资源的优先访问。特别地，vSphere 提供了 3 种方法来控制或修改资源分配：预留、限制和共享。

虽然这些机制的实际表现因资源而各异，但基本思想都是一样的，如下所述。

预留 预留有助于确保某种特定资源的分配。无论运行什么应用时，特定的虚拟机需要绝对保证具有访问特定数量的指定资源的权限，用户可以使用预留方式来分配资源。

限制 限制非常简单，它是一种限制虚拟机使用资源的控制方式。虚拟机的一些限制仅仅是由它们的构造方式所决定的——例如，配置具有单个虚拟 CPU（vCPU）的虚拟机限制只能使用单个

vCPU。vSphere 内部的限制特性能够授予的权限甚至可以超过这些资源的使用方式。根据资源的限制方式，ESXi 的特定行为会发生变化。在本章的后面我将详细介绍每个资源的特性。

共享 共享有助于建立优先级。当 ESXi 主机出现资源竞争时，主机必须确定哪个虚拟机具有访问哪个资源的权限，并且共享可用于确定优先级。具有较高共享权限的虚拟机将具有更高的优先级，因此对 ESXi 主机资源具有更高的访问权限。

图 11.1 展示了虚拟机中这 3 种机制的显示特性。

在本章的剩余部分，将讨论这 3 种机制（预留、限制和共享）中的 1 种或多种是如何控制或修改 vSphere 环境中的 4 种主要资源：内存、CPU、存储器和网络。

图 11.1　预留、限制和共享机制提供了更好的资源控制方式

增长策略

管理虚拟数据中心最大的挑战之一是，在既不危害也不高估性能的情况下管理增长。对于任何规模的企业而言，建立计划来管理虚拟机和 ESXi 主机增长都是至关重要的。

建立计划最简单的方法是构建资源使用文献，以下是文献的详细内容。

◆　向清单中添加新虚拟机的标准配置是什么？确保指定了一些关键配置，例如，操作系统驱动器的容量、数据驱动器的容量，以及为 RAM 分配多大的容量。通过建立虚拟机标准，可以提高效率并确保虚拟机的容量是适宜的。

◆ 创建一个超过标准配置规格的虚拟机的决策点是什么？标准配置很好，但它没有考虑企业的所有需求。由于以后还会出现一些异常情况，因此需要记录这些异常的来源。

◆ 在可用性和性能水平遭到破坏之前，服务器的可用资源是多少？这既影响其他设计要点，又会受其他设计要点影响，如 N+1 冗余。

◆ 如果使用的是 ESXi 主机（或整个群集）资源，一次添加 1 个还是多个主机？

◆ 环境中群集的最大容量是多少？何时需要添加其他主机（或一组主机）组成一个新的群集？这都会影响到诸如一次添加多少主机等操作事项。例如，如果必须启动一个新的群集，那么至少需要 2 个主机，最好使用 3 个。

首先介绍的虚拟机资源是内存。在很多情况下，内存是最先需要竞争的资源。因此，首先讨论内存是合理的。

11.2　使用虚拟机内存

首先讨论虚拟机的内存是如何分配的。在本节的后面将介绍作为管理员如何使用预留、共享和限制来帮助控制或修改虚拟机使用内存。

通过 Web 客户端创建一个新虚拟机时，向导将询问虚拟机应该使用多少内存，如图 11.2 所示。根据所选择的客户机操作系统（本示例中使用的客户机操作系统是 Windows Server 2008 R2），Web 客户端提供了一个默认值。

以上所分配的内存容量是客户机操作系统将会看到的容量——在本示例中，该容量是 4096 MB。这与构建一个物理系统并在系统主板上插入一组 4 个 1024 MB 的内存是相同的。如果在该虚拟机上安装 Windows Server 2008，Windows 将会报告安装了 4096MB 的 RAM。最后，这个容量就是虚拟机"认为"它所具有的容量，并且虚拟机认为这个最大容量始终是客户机操作系统所能访问的。这与在物理系统上安装 4 个 1024 MB 双列直插式存储模块

图 11.2　虚拟机内存配置指示虚拟机"认为"自己所拥有的 RAM 容量

（DIMM）是相似的，该虚拟机使用的物理 RAM 容量永远不可能超过 4096 MB。

假设 ESXi 主机的物理 RAM 容量为 16 GB，能够正常运行虚拟机（换言之，管理程序需要使用一些 RAM，还需要剩余的 16 GB 来运行虚拟机）。在新虚拟机中，它可以流畅地运行，并为其

他虚拟机留下约 12 GB 的容量（在后面将会介绍还存在的一些额外开销，但现在假设 12 GB 容量都可以供其他虚拟机使用）。

当运行的虚拟机数量超过 3 个时会出现什么情况？每个虚拟机配置的 RAB 容量是 4GB 吗？每个附加的虚拟机都会向 ESXi 主机请求 4 GB 的 RAM。此时，4 个虚拟机都会访问物理内存，因此需要把所有的 16 GB 内存全部分配给虚拟机。ESXi 将用完关键资源（内存）。

当用户启动第 5 个虚拟机时会出现什么情况呢？它能运行吗？简单来说可以正常运行，不过需要采用一些关键技术使管理员能够过量使用内存（也就是说，给虚拟机分配的内存比 VMware ESXi 主机实际安装的内存要多），这些关键技术很高级。对于理解 VMware ESXi 的内存分配机制，这些技术都是必不可少的，因此简要介绍一下这些技术及其工作原理。

11.2.1 理解 ESXi 高级内存技术

在当前市场上的管理程序中，VMware ESXi 是唯一一种支持一些高级内存分配技术的管理程序。虽然存在这些高级内存管理技术，但在编写本书时，VMware ESXi 是目前商业市场上唯一一种能够支持内存过量使用的管理程序，而它所采用的工作方式对客户机操作系统是不可见的。

ESXi 不需要客户机操作系统的介入

还有其他一些商业管理应用程序能够提供过量使用内存技术，但这些产品所支持的功能仅适用于特定的客户机操作系统。

VMware ESXi 采用 4 种不同的内存管理技术来确保物理服务器的 RAM 尽可能地被有效利用：空闲内存税 (Idle Memory Tax)、透明页共享、膨胀、内存压缩和交换。

如果不了解这些内存管理技术，建议读者阅读 Carl A. Waldspurger 撰写的 "VMware ESX Server 中的内存资源管理"。该书可以在线阅读，具体网址为：

http://www.waldspurger.org/carl/papers/esx-mem-osdi02.pdf

1．空闲内存税（Idle Memory Tax）

在 VMware ESXi 开始主动进行修改以缓解内存压力之前，它会让空闲内存付出更多代价，以确保 VM 没有主动浪费内存。IMT 最高可以借用每台 VM 分配内存的 75% 为另一台 VM 提供服务。可以通过 Advanced VM 设置（请参阅第 9 章）在每台 VM 上设置，不过在多数情况下，这个配置不是必需的，而且除非有特定需求，也不推荐进行这个设置。

在客户操作系统内，VMware 工具会使用自己的膨胀驱动来了解分配了哪些内存块空闲，这样可在其他地方使用；也可用更主动的方式使用膨胀驱动，具体稍后介绍。

2．透明页共享（Transparent Page Sharing）

VMware ESXi 使用的第二种内存管理技术是透明页共享，在这种技术中，同一块内存页在虚拟机之间被共享，以减少所需的内存页总量。管理程序计算内存页面目录的哈希表，以确定包含相同内存的页面。如果找到了匹配的哈希表，就对匹配的内存页面进行完整的比较，以便排除假匹配。当确定页面完全相同时，管理程序将会透明地重映射虚拟机的内存页面，以便它们共享相同的物理内存页。这将减少全体主机消耗的内存。用户可以设置高级参数来调整页面共享机制的行为。

通常情况下，ESXi 工作在 4 KB 内存页面上，它会在所有的内存页面上使用透明页面共享。但是，当管理程序利用 CPU 中可供使用的硬件卸载功能（如 Intel 扩展页面表 [EPT] 硬件助手或 AMD 快速虚拟化索引 [RVI] 硬件助手）时，管理程序将会使用 2 MB 内存页面，这种页面也称作大页面。在这些情况下，ESXi 不会共享这些大页面，但它会计算大页面内部的 4 KB 页面所对应的哈希表。如果管理程序需要调用交换技术，大页面将被分解成小页面，通过已经计算出来的哈希表，管理程序能够在这些小页面被交换之前调用页面共享技术。

3. 膨胀（Ballooning）

在前面已经介绍过，ESXi 内存管理技术对客户机操作系统是不可见的，这意味着客户机操作系统的选择是无关紧要的。的确如此，任何支持的客户机操作系统都可以利用 ESXi 内存管理的所有功能。但是，这些技术未必独立于客户机操作系统，这只意味着它们的操作不需要与客户机操作系统进行交互。透明页面共享操作是独立于客户机操作系统的，但膨胀操作并非如此。

膨胀操作涉及使用客户机操作系统中安装的驱动程序，称作气球驱动程序（balloon driver）。该驱动程序是 VMware 工具的组成部分，安装 VMware 工具时需要安装它。气球驱动程序被安装到客户机操作系统中以后，它就可以响应来自管理程序的命令，以回收来自特定客户机操作系统的内存。为了实现该功能，气球驱动程序首先向客户机操作系统（一种称作膨胀的进程）请求内存，然后把该内存传递给管理程序供其他虚拟机使用。

当气球驱动程序请求内存时，客户机操作系统可以释放一些不再使用的页面，因此管理程序就有可能回收内存，且不会影响在该客户机操作系统上运行的应用程序的性能。如果客户机操作系统中已经存在内存压力，这意味着对客户机操作系统和其应用程序而言，为该虚拟机分配的内存容量是不足的。气球驱动程序膨胀很可能会调用客户机操作系统分页(或交换)，这将会影响到系统的性能。

气球驱动程序如何工作

第 9 章已经介绍过，气球驱动程序是 **VMware** 工具的组成部分。正因为如此，它是一种特定于客户机操作系统的驱动程序，这意味着 Linux 虚拟机应该安装基于 Linux 系统的气球驱动程序，而 Windows 虚拟机应该安装基于 Windows 的气球驱动程序，等等。

无论使用什么客户机操作系统，气球驱动程序的工作形式都是相同的。当 ESXi 主机运行的物理内存不足时，管理程序首先会向气球驱动程序发出增加内存的信号。为此，气球驱动程序会向客户机操作系统请求内存。这些操作会使气球驱动程序的内存占用容量增加或者膨胀。然后，授权给气球驱动程序的内存将被传递给管理程序。管理程序就可以使用这些内存页面为其他虚拟机提供内存，从而减少交换的需求，并使内存限制对性能产生的影响最小化。当主机上的内存压力缓解时，气球驱动程序就会缩小，或者把内存返还给客户机操作系统。

按照这种方式使用特定的客户机操作系统的气球驱动程序，ESXi 获取的关键优势在于它允许客户机操作系统来决定哪些页面可以分配给气球驱动程序进程（因此释放给管理程序）。在某些情况下，气球驱动程序的的膨胀可以向管理程序释放内存，而不会降低虚拟机的性能，因为客户机操作系统能够为气球驱动程序提供未使用的或空闲的页面。

4. 内存压缩（Memory Compression）

从 vSphere 4.1 起，VMware 增加了另外一个内存管理技术，即内存压缩。当 ESXi 主机达到必须进行 Hypervisor 交换的时候，VMkernel 会对内存页面进行压缩，将它们保存在 RAM 的压缩缓存缓冲区内。页面至少能够成功地被压缩 50%，压缩后的页面被放进压缩内存缓冲区内，而不是写入磁盘，这样如果客户操作系统需要这块内存页面，恢复起来会更加迅速。内存压缩能极大地减少必须交换到磁盘的页面数量，从而极大地提高内在压力巨大的 ESXi 主机的性能。压缩缓存使用的 VM 内存数量可以配置（配置为 10%），但实际数量从 0 开始，会根据需要随着 VM 内存开始交换而增长。只有在 ESXi 主机达到需要进行 VMKernel 交换的时候才会进行压缩。

5. 交换（Swapping）

研究 VMware ESXi 如何管理内存时，会涉及 2 种交换方式。第一种是客户机操作系统交换（guest OS swapping），在这种交换方式中，虚拟机内部的客户机操作系统根据自身的内存管理算法为虚拟磁盘交换页面。在当前的内存需求比可用内存大的时候，通常采用这种交换形式。在虚拟环境中，与客户机操作系统及其应用程序需求相比，采用这种方式配置的虚拟机需要较少的内存。例如，仅需 1 GB 的 RAM 就可以尝试运行 Windows Server 2008 R2。客户机操作系统交换完全在客户机操作系统的控制下工作，而不是由管理程序控制的。

另一种交换方式是管理程序交换（hypervisor swapping）。如果前面介绍的这些技术都不能有效控制客户机操作系统的内存利用率，ESXi 主机就不得不采用管理程序交换方式。这意味着 ESXi 会以交换磁盘上内存页面的方式来回收内存，而其他程序也需要这些内存。这种 ESXi 交换不会考虑客户机操作系统在当前是否正在使用这些页面。由于磁盘的响应时间比内存的响应时间要慢上千倍，如果采用了管理程序交换方式，就会严重影响客户机操作系统的性能。因此，如果没有绝对必要，那么 ESXi 都不会采用这种交换方式，而是作为已经尝试过其他所有内在管理技术之后的最后方式。

对于管理程序交换方式，应该谨记的要点是，尽可能避免采用这种方式：因为它会显著影响系统的性能。即使交换到 SSD（固态硬盘）也比直接访问 RAM 慢得多。

采用这些高级内存管理技术以后，与物理服务器中的实际内存相比，虽然 ESXi 可以为虚拟机分配更多的内存，但这些内存管理技术无法确保内存容量或提供内存优先访问功能。即使采用这些高级内存管理技术，但在某些情况下还需要采用一些技术来控制虚拟机访问和使用这些内存。此时，VMware vSphere 管理员可以使用上面介绍的预留、限制和共享 3 种机制来修改或控制资源分配方式。下一节将介绍如何使用这些机制来控制内存分配。

11.2.2 控制内存分配

像所有物理资源一样，内存是有限资源。ESXi 中的高级内存管理技术有助于充分利用这种有限资源，使内存资源比在常规状态下发挥更大的作用。但是，为了更精细地控制 ESXi 分配内存的方式，管理员还必须借助于前面介绍的 3 种机制：预留、共享和限制。如图 11.3 所示，虚拟机的 Virtual Machine Properties 对话框展示了这 3 种设置。

编辑内存或 CPU 的预留、限制或共享的步骤是相同的。处理存储 I/O 和网络 I/O 的方式略有不同，因此在本章稍后的相关部分将讨论这些内容。其中，在 11.6 节介绍存储 I/O，在 11.5 节讨论网络 I/O。

执行以下步骤编辑虚拟机的内存或 CPU 的预留、限制或共享。

图 11.3 vSphere 支持使用预留、共享和限制来控制内存分配

（1）使用 Web 客户端连接 vCenter Server 实例。

（2）导航到 Hosts And Clusters 视图或 VMs And Templates 视图，然后在目录中找到要编辑的 VM。

（3）选择 VM，选择内容区域的 Edit Setting 选项。

（4）在 Virtual Hardware 选项卡上，单击 CPU 或 Memory 项目旁边的三角。

（5）根据需要调整共享、预留和限制的值。

既然已经知道了如何调整共享、预留和限制的值，下面将详细介绍这些机制是如何应用于内存使用和分配的特定行为的。

1. 使用内存预留技术

内存预留是每个虚拟机的可选设置。默认内存预留值是 0MB（等同于没有内存预留），如图 11.3 所示。用户可以使用滑块来调整该值。但是，究竟该如何设置预留值？调整内存预留值会产生哪些影响？

虚拟机设置的 Resources 选项卡上指定的内存预留值是 ESXi 主机必须提供给该虚拟机的真实物理内存，该值是虚拟机启动的必备条件。具有内存预留值的虚拟机在其预留设置中确保配置的 RAM 容量。如前文所述，默认值是 0 MB，或者说没有预留值。在前面的示例中，配置 4 GB RAM 的虚拟机并且默认预留值是 0 MB，这意味着 ESXi 主机不需要为虚拟机提供任何物理内存。如果 ESXi 主机不需要为虚拟机提供真实的 RAM，那么虚拟机从何处获取内存呢？缺少预留值，

VMkernel 可以通过 VMkernel 交换为虚拟机提供内存。

在前面介绍 ESXi 部署各种内存管理技术时已经说过，VMkernel 交换是一种管理程序交换方式。启动虚拟机时，通过创建一种文件扩展名为 ".vswp" 的文件实现 VMkernel 交换。默认情况下，VMkernel 创建的虚拟机交换文件与虚拟机的配置文件和虚拟磁盘文件（可以重新定位 VMkernel 交换）位于相同的数据存储位置。由于缺少内存预留（默认配置），该交换文件的容量与虚拟机配置的 RAM 容量是相同的。因此，配置 RAM 为 4 GB 的虚拟机拥有的 VMkernel 交换文件容量也应该为 4 GB，并且在默认情况下，存储位置与虚拟机配置和虚拟磁盘文件是相同的。

从理论上说，这意味着虚拟机能够完全通过 VMkernel 交换（或磁盘）获取内存分配。由于磁盘访问时间比 RAM 访问时间要慢几个数量级，因此虚拟机性能将退化。

RAM 的速度

与 RAM 相比，VMkernel 交换到底有多慢呢？如果对 RAM 访问时间和磁盘寻道时间做一些基本假设，可以发现，这两者的速度相比人的能力都要明显快得多，但把这两者相互进行比较，RAM 又要快得多。

RAM 访问时间 =10 纳秒（例如）

SSD 寻道时间 = 500 微秒（例如）

磁盘寻道时间 =8 毫秒（例如）

这两者的差别按如下方式计算：

$$0.008 \div 0.00000001 = 800000$$

或

$$0.0005 \div 0.00000001 = 50000$$

RAM 的访问速度是传统磁盘的 800000 倍，或是 SSD 的 50000 倍。换句话说，如果访问 RAM 需要 1 秒，那么访问磁盘就需要 800000 秒（九又四分之一天）；如果认为 SSD 交换有帮助的——它需要半天以上。

$$((800000 \div 60 \text{ 秒}) \div 60 \text{ 秒}) \div 24 \text{ 小时} = 9.259$$

$$((50000 \div 60 \text{ 秒}) \div 60 \text{ 秒}) \div 24 \text{ 小时} = 0.578$$

可以看到，如果追求虚拟机的性能，那么把充足的预算安排在 RAM 上来支持即将运行的虚拟机一定是明智之举。当然还有其他因素也会影响虚拟机性能，但 RAM 是最重要的一个因素。之所以 ESXi 内存管理工具中采用内存压缩技术，也是因为存在这种显著的速度差异，采用内存压缩技术可以大大提高性能；它可以避免向磁盘交换页面，把页面预留在内存中。即使 RAM 中的压缩页面也比交换到磁盘的页面快得多。

没有采用内存预留技术的虚拟机有可能通过 VMkernel 交换获取所有内存，当 ESXi 主机 RAM 可用时，这是否意味着虚拟机实际上可以通过交换获取所有内存呢？答案是否定的。ESXi 尝试为每个虚拟机提供其请求的所有内存，但不能超过虚拟机配置中的最大容量。显然，配置 RAM 仅为

4096 MB 的虚拟机请求的 RAM 不能超过 4096 MB。但是，当 ESXi 主机没有足够的 RAM 来满足它所托管的虚拟机内存需求时，并且像透明页共享、气球驱动程序和内存压缩等技术也无法满足需求时，VMkernel 就不得不把每个虚拟机内存的某些页面置换到单个虚拟机的 VMkernel 交换文件中。

是否存在某种控制方式，可以控制交换技术应该为单个虚拟机提供多少内存分配容量呢？而实际物理 RAM 又必须提供多少内存容量呢？答案是肯定的。此时，内存预留技术就可以发挥作用了。回忆一下，前面已经说过内存预留技术可以指定 ESXi 主机必须为虚拟机提供实际物理 RAM 容量。默认情况下，虚拟机的预留内存是 0 MB，这说明 ESXi 不需要提供实际物理 RAM。这意味着如果需要的话，所有的虚拟机内存都可能被置换到 VMkernel 交换文件中。

如图 11.4 所示，如果决定为虚拟机设置 1024 MB 内存预留容量，那么看一下会出现什么情况。虚拟机获取内存的方式是如何变化的？

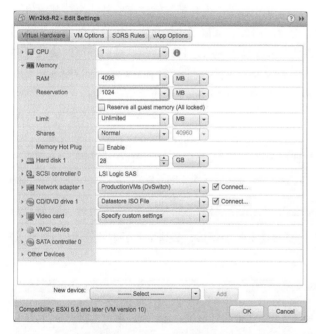

图 11.4　为虚拟机设置 1024 MB 的内存预在本示例中

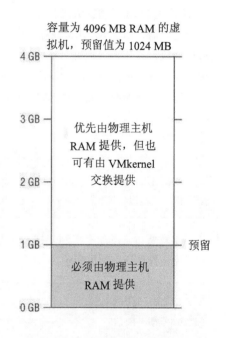

图 11.5　内存预留相应减少了 VMkernel 交换空间的可能需求

当虚拟机启动时，ESXi 主机至少必须提供 1024 MB 的实际 RAM 来支持该虚拟机的内存分配。实际上，这可以确保为该虚拟机分配 1024 MB RAM。主机可以将剩余的 3072 MB RAM 分配给其他物理 RAM 或 VMkernel 交换，如图 11.5 所示。在这种情况下，由于保证了某些虚拟机的 RAM 来自于物理 RAM，ESXi 的 VMkernel 交换文件的容量就相应减少了，因此 VMkernel 交换文件容量将减少 1024 MB。到目前为止，这种现象正好与本书所介绍的一致：内存预留值为 0 MB，VMkernel 交换文件的容量与配置内存相同。当预留值增加时，VMkernel 交换文件的容量就要相应地减少。

当 ESXi 主机运行的虚拟机数量超过它实际的 RAM 所能支持的数量时，这种机制可以确保虚拟机至少可以拥有一些可用的高速内存，但这也存在风险。假设在该主机上启动的每个虚拟机的预留值都设置为 1024 MB，并且在主机上拥有 8 GB 可用的 RAM 来运行虚拟机，那么只能同时启动 8 个虚拟机（8 × 1024 MB = 8192 MB）。但从积极的方面看，如果为每个虚拟机配置的初始 RAM 容量是 4096 MB，那么运行的虚拟机本来需要主机上拥有 32 GB RAM，但现在仅需要 8 GB 就可以了。ESXi 使用前面介绍的这些技术（透明页共享、气球驱动程序、内存压缩，最后是 VMkernel 交换），作为管理员，分配的 RAM 容量比服务器上实际安装的物理容量要多。

使用内存预留技术还必须了解另一个副作用。在前面的部分已经说过，使用内存预留技术可以为虚拟机确保物理 RAM。但是，在虚拟机中只有作为客户机操作系统才能请求内存。如果虚拟机配置了 1024 MB 的预留值，那么 ESXi 主机将会为虚拟机分配必要的 RAM，首先为该虚拟机分配的 1024 MB RAM 是预留值的一部分。RAM 是按需分配的：内存预留值也不例外。内存预留值一旦被分配以后，由于 RAM 是内存预留值的一部分，因此它就被锁定给该虚拟机（无法通过气球驱动程序回收，也不可以向磁盘交换或压缩）。从某种程度上说，这是有益的：这正好可以确保这部分内存只能分配给该虚拟机。但从另一方面说，这又是有害的，因为预留的内存一旦分配给某个虚拟机以后，其他虚拟机就无法再回收利用该内存，管理程序自身也不能再使用该内存。

预留内存与透明页共享

虽然预留内存不能被管理程序回收供其他地方使用（毕竟这可以确保供特定的虚拟机使用），但预留内存可以通过透明页共享技术被共享。透明页共享不会影响预留内存的有效性，因为该页面仍然隶属于特定的虚拟机。

与本章所讨论的所有机制一样，使用内存预留技术必须谨慎，必须全面了解该技术对 ESXi 主机的行为和操作所产生的影响。

明智地使用内存超量技术

通过 **VMware ESXi**，虽然可以超量使用内存，但是必须谨慎使用。仔细权衡性能方面的各种因素。虽然 **VMware ESXi** 采用了一些高级内存管理技术（如透明页共享和空闲页面回收）可以帮助用户节省内存，但是当内存不可用时，任何工作负载实际需要的内存都可能会影响性能。根据实际经验，很多基于 **Windows** 平台运行的工作负载仅使用了它们实际配置内存的一部分。

在这种环境下，超量使用服务器中安装的物理 **RAM** 的 50% 通常都是安全的，不会出现明显的性能退化。这意味着拥有 32 GB RAM 的服务器托管的虚拟机能够配置使用 48GB 的 RAM。当然，更高比率的超量使用内存也是极有可能的，当然，进行更多的超量提交是十分可行的，尤其在 VDI 或虚拟桌面这类大量 VM 使用相同基操作系统映像的环境中。我们已经看过某种特定环境中，提供 TPS 可省 90% 以上内存。但是，要明智地使用内存超量技术，使 vSphere 部署达到最大值，关键之处是要了解虚拟机的需求和它们消耗资源的机制。

2. 使用内存限制技术

如果重新查看图 11.3，还会发现一个内存限制设置。默认情况下，创建的所有新虚拟机都没有设置内存限制，这说明在创建虚拟机时为内存限制设置分配的初始 RAM 是它的有效限制值。那么，限制设置到底有什么作用？它可以用于设置实际限制值，确定虚拟机可以使用的物理 RAM 容量。

为了了解这种操作机制，下面把此虚拟机的限制值从默认的 Unlimited 设置更改为 2048 MB。这种配置会产生哪些实际效果？下面按以下几种情况进行说明。

◆ 该虚拟机配置了 4096 MB 的 RAM，因此在虚拟机内部运行的客户机操作系统认为自己可以使用 4096 MB 的 RAM。

◆ 该虚拟机的预留值是 1024 MB RAM，说明 ESXi 主机必须为虚拟机分配 1024 MB 的物理 RAM，以确保该 RAM 供虚拟机使用。

◆ 假设 ESXi 主机安装了足够可用的物理 RAM，那么管理程序将根据需要为虚拟机分配 2048 MB 内存（限制值）。当客户机操作系统使用的内存达到 2048 MB 时，气球驱动程序将会介入以阻止客户机操作系统使用更多的内存。当客户机操作系统的内存使用量低于 2048 MB 时，气球驱动程序将会缩小并给客户机操作系统返还内存。这种机制的有效作用是，能够确保客户机操作系统使用的内存容量保持在 2048 MB 以下（限制值）。

◆ 预留值和限制值之间存在 1024 MB "缺口" 可以由物理 RAM 提供，也可以由 VMkernel 交换空间提供。如果物理 RAM 可用时，ESXi 将会为其分配物理 RAM。

实施内存限制时，任何客户机操作系统都无法意识到，这是使用内存限制最关键的问题。如果为虚拟机配置 4 GB 的 RAM，那么在该虚拟机内部的客户机操作系统会认为自己可以使用 4GB RAM，并且会相应地按照这种容量去使用。因此，如果在该虚拟机上设置了 2 GB 的限制值，那么 VMkernel 将会强制该虚拟机仅能使用 2 GB 的 RAM。预留内存技术虽然很有用，但它在实施过程中不能与该虚拟机内部的客户机操作系统进行通信和合作。客户机操作系统会始终认为自己拥有 4 GB RAM，完全没有意识到管理程序对其设置的限制值。如果客户机操作系统的工作集容量或者在其中运行的应用程序的容量超过了内存限制值，那么设置内存限制值将会影响虚拟机的性能——此时客户机操作系统需要不断地向磁盘交换页面（客户机操作系统交换，而不是管理程序交换）

通常情况下，当需要降低 ESXi 主机上的物理内存使用率并且可以接受负面性能时，内存限制技术只是一种临时措施。一般而言，用户不希望为虚拟机提供多余的 RAM 或者长期限制内存使用率。因为在这种情况下，虚拟机的性能通常会很差，实际上配置更小的 RAM 或者不设置内存限制性能会更好一些。

为什么使用内存限制

有人也许会问："为什么还要使用限制呢？为什么不直接把配置限制值设置为希望虚拟机使用的值呢？" 这个问题提得很好！请记住，内存限制是由 **VMkernel** 强制实施的，客户机操作系统无法意识到这种配置限制，在很多情况下，内存限制都会对虚拟机的性能产生负面影响。

但是，当用户需要使用内存限制作为临时措施来降低主机上的物理内存使用率时，有时候就需要使用内存限制技术。作为群集一部分的 ESXi 主机，也许需要执行维护。在维护窗口，用户计划使用 **vMotion** 把虚拟机迁移到其他主机上，并临时降低一些不重要的虚拟机上的内存使用率，以便不会过量使用内存或者对其他更多的虚拟机产生负面影响。此时，限制将会发生作用。既然已经知道了内存限制会对性能产生负面影响，请务必在已经理解和接受这种负面影响以后才使用该技术。

初始内存分配、内存预留和内存限制这些功能强大的工具相互协同工作，可以有效管理 ESXi 主机上的可用内存。但是，还需要介绍另一种工具，这就是内存共享。

3. 使用内存共享技术

在图 11.3 中，还有第 3 个称作共享的设置还没有介绍。本书已经介绍了内存预留和内存限制，这 2 种机制有助于更精细地控制 ESXi 为虚拟机进行分配内存。这些机制常常是非常有效的：这就是说，即使 ESXi 主机拥有充足的物理 RAM 供虚拟机使用，限制设置也会起作用。

内存共享与其他 2 种方式有很大差别。Vmware 中的共享系统是一种按比例分配的共享系统，管理员根据这种比例为虚拟机分配资源优先级。但是，只有 ESXi 主机中存在物理 RAM 竞争时才会使用内存共享机制。换句话说，ESXi 主机上的虚拟机正在请求的内存超出了主机能够提供的容量。如果 ESXi 主机拥有足够可用的内存，共享机制就不会起作用。但是，当内存缺乏时，ESXi 就必须决定应该选取哪个虚拟机来访问内存。共享是一种为虚拟机请求内存建立优先级设置的方式，虚拟机请求的内存应该大于虚拟机的预留值，但小于其限制值（回忆一下，小于预留值的内存虚拟机是确定可以获取的，但为虚拟机分配的内存也不能超过限制值。因此，共享只能在内存预留值和限制值之间起作用）。换句话说，如果 2 个虚拟机需要的内存容量超过了它们的预留极限，而 ESXi 主机又不能同时满足它们对 RAM 的需求，此时可以为每个虚拟机设置共享值，以便其中的某个虚拟机对 ESXi 主机中的 RAM 获取更高的访问优先级。

可能有些人会说，只需要增加该虚拟机的预留值就可以了。虽然这种做法也许是一种合法的技术，但正如本章前文所述，这样做也许会限制主机中能够运行的虚拟机总数。另外，增加 RAM 的配置容量还需要重新启动虚拟机才能生效（如第 9 章所示，除非运行的客户机操作系统支持热添加内存，并且该虚拟机已经启用了该特性），但共享功能能够在虚拟机保持运行的情况下动态调整进行调整。

必须重复的一个关键问题是，只有当 ESXi 主机不能满足内存请求时，共享才会起作用。如果 ESXi 主机拥有足够的内存来满足虚拟机的内存请求，就不需要确定请求的优先级。因为它拥有足够的内存进行分配。只有当 ESXi 主机没有足够内存分配时，才必须确定如何进行内存分配。

为了方便讨论，假设有 2 个虚拟机（虚拟机 1 和虚拟机 2），每个虚拟机的预留值是 1024 MB，配置的最大值都是 4096 MB，并且它们供虚拟机使用的 RAM 不足 2 GB，这 2 个虚拟机都在同一个 ESXi 主机上运行。如果 2 个虚拟机拥有的共享内存数相同（假设每个虚拟机都是 1000 MB；稍后将介绍实际值），那么当每个虚拟机请求的内存超过其预留值时，每个虚拟机将从 ESXi 主机获取相同的 RAM 值。另外，由于主机不能满足这 2 个虚拟机的所有 RAM 需求，因此每个虚拟机将会向磁盘交换相同数目的页面（VMkernel swap file）。当然，这是假设 ESXi 不能使用气球驱动程序或上面已经介绍的其他内存管理技术从其他正在运行的虚拟机回收内存。如果你把虚拟机 1 的共享值设置为 2000 MB，那么虚拟机 1 现在拥有的共享容量将是虚拟机 2 的 2 倍。这也意味着当虚拟机 1 和虚拟机 2 请求的 RAM 超过它们各自的预留值时，虚拟机 2 每获取 1 个 RAM 页面时，虚拟机 1 将获取 2 个 RAM 页面。如果虚拟机 1 拥有更大的共享值，那么它访问主机中可用内存的优先级权限就更高。因为虚拟机 1 在分配的 3000 MB 共享值中占 2000 MB，比例达到了 67%；虚拟机 2 在分配的 3000 MB 共享值中占 1000 MB，比例仅占 33%。这就出现了前面介绍的 2:1 的现象。每个虚拟机的 RAM 页面分配情况是根据它在所有虚拟机中分配的共享比例数进行分配的，如图 11.6 所示。

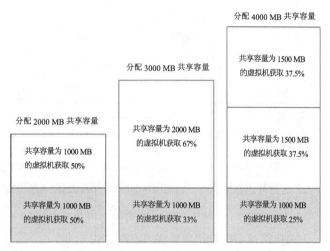

图 11.6　共享根据其在分配的共享总量中所占的共享数建立相对优先级

即使用户没有为虚拟机特别分配共享值，VMware vSphere 也会在创建虚拟机时为它自动分配共享值。如图 11.3 所示，可以查看默认的共享值，它是配置的内存值的 10 倍，内存的压缩以 MB 为单位表示——更准确地讲，对于虚拟机分配的每个 MB，默认允许 10 个共享。图 11.3 所示的虚拟机配置的 RAM 是 4096 MB，因此，它的默认内存共享值是 40960 MB。与虚拟机分配的内存数量成正比，这种默认分配方式可以确保每个虚拟机都能按此方式获得访问内存的授权优先级。

当很多虚拟机在相同的 ESXi 主机上运行时，预测实际的内存利用率和每个虚拟机获取的内存访问数就变得更加困难。在本章的 11.4 节将介绍使用资源池为一组虚拟机分配内存限制、预留和共享的复杂方式。

虽然已经介绍了 VMware ESXi 如何使用一些高级内存管理技术，但还需要考虑虚拟化技术的另一个方面：开销。下一部分将提供使用 ESXi 时有关内存开销方面的一些数据信息。

4. 查看内存开销

常言道，天下没有免费的午餐。ESXi 主机上的内存也有代价，这种代价就是内存开销。ESXi 主机上有几种基本过程会消耗主机内存。除了为虚拟机分配的初始内存之外，VMkernel 自身、ESXi 主机上运行的各种守护进程（服务），以及每个正在运行的虚拟机都会引起 VMkernel 分配一些内存来托管虚拟机。每台 VM 上启动的分配 RAM 数量取决于每台 VM 的虚拟 CPU 和内存配置。在最近几个版本的 vSpherer 上，VMware 已经极大地改善了开销的需求。5.5 版本有所显示，参见表 11.1，其值已经四舍五入到最接近的整数。

表 11.1   **虚拟机内存开销**

分配的内存 （MB）	1 vcpu	2 vcpus	4 vcpus	8 vcpus
256	20MB	20MB	32MB	48MB
1024	26MB	30MB	38MB	54MB
4096	49MB	53MB	61MB	77MB
16384	140MB	144MB	152MB	169MB

来源：出自 VMware 网站的 VMware vSphere 5.5 文档，网址为 http://pubs.vmware.com/sphere-51/topic/com.vmware.vsphere.resmgmt.doc/GUID-B42C72C1-F8D5-40DC-93D1- FB31849B1114.html

计划为虚拟机分配内存时，务必记住这些内存开销数据。在计算内存分配和使用过程中，需要考虑这些开销值，当计划使用的虚拟机含有大量内存和虚拟 CPU 时，这些数据尤其重要。通过表 11.1 可以发现，这些情况下的内存开销是非常重要的。

5. 内存预留、限制和共享技术小结

由于每种资源的预留、共享和限制的特定行为略有不同，因此以下简要回顾一下它们控制内存分配的机制。

◆ 预留可以确保特定虚拟机的内存。只有虚拟机请求内存时，才会分配内存，但是在虚拟机启动之前，主机必须拥有足够可用的内存来满足全部预留值。因此（仔细想想，这是很有道理的），预留的内存值不能超过主机已经安装的内存。内存预留值一旦分配给某个虚拟机以后，就不能再被共享、交换或被 ESXi 主机回收了，它将被锁定给该虚拟机。

◆ 限制设定内存使用的上限。使用气球驱动程序（如果安装了 VMware 工具）实现限制会对性能产生严重的负面影响。当虚拟机达到内存限制值（客户机操作系统无法意识到该限制值）时，气球驱动程序将会膨胀以确保内存使用值低于该限制。但这会导致客户机操作系统向磁盘交换数据，因此会显著降低系统性能。

◆ 共享仅适用于主机的 RAM 出现竞争时，可用于建立对主机 RAM 的优先级权限。虚拟机根据分配的共享值与总的共享值比例被授予优先级。当主机没有出现内存竞争时，共享就不适用，并且也不会影响内存分配或使用。

这些知识应用于控制 CPU 使用率时，本书会对预留、限制和共享做类似小结，这是下一节需要讨论的话题。

11.3 管理虚拟机 CPU 利用率

使用 Web 客户端创建新虚拟机时，CPU 配置有两个选择。首先，选择 VM 中有多少虚拟 CPU，然后决定每个 socket 有多少核心。这个选择决定了 VM 有多少 socket。这种 CPU 设置可以

让虚拟机中的客户机操作系统在主机系统中有效地利用 1 ～ 64 个虚拟 CPU，具体情况取决于客户机操作系统和 vSphere 许可证。

VMware 工程师设计虚拟化平台时，他们最初使用的是真实的系统板和模拟虚拟机（在这种情况下，虚拟化平台是基于 Intel 440BX 芯片集）。虚拟机能够模拟 PCI 总线，并且能够通过一种标准接口将 PCI 总线映射到输入 / 输出设备中。但虚拟机如何模拟 CPU 呢？答案是"没有模拟"。可以认为虚拟系统板有一个放置 CPU 插座的"洞"，这样客户机操作系统只需要查看洞就可以看到主机服务器中的一个内核。通过这种方式，VMware 工程师能够避免编写 CPU 模拟软件（CPU 供应商每次引入新指令集时，这些模拟软件都需要更改）。如果添加一个模拟层，会显著增加系统开销，由于增加了更多的计算开销，因此会限制虚拟化平台的性能。

那么，虚拟机应该拥有多少 CPU ？创建一个虚拟机来替换物理 DHCP 服务器所需的虚拟 CPU 当然不会超过 1 个，因为在一天当中最忙的时刻 CPU 的利用率也不会超过 10%。实际上，如果用户在该虚拟机上使用 2 个虚拟 CPU（vCPU），那么就会限制整个主机的可扩展性。所以这里只能使用 1 个虚拟 CPU。

VMkernel 需要同时为多 vCPU 虚拟机调度 CPU 周期。这意味着当双 vCPU 虚拟机请求 CPU 周期时，请求将进入主机处理队列，主机必须等到至少有两个内核或超线程（如果启用了超线程）拥有并发空闲周期来调度该虚拟机。放松合作调度算法（relaxed co-scheduling algorithm）提供了一定的灵活性，允许主机稍微机动一些调度这些内核。但即使这样处理，管理程序在至少 2 个内核上找到开放时间段可能会变得更困难。即使虚拟机仅需要很少的时钟周期来处理一些本来在单处理机上就能完成的无意义的任务，这种情况也会发生。这里举一个例子：你是否曾经在宽阔的道路上被前面的卡车所挡道，而这个卡车占据的车道不止 1 个？这个车辆同时占据了 2 个不同的车道。本来正常的交通就会被这种缓慢的车辆所干扰。现在交通之所示被阻塞，是因为两个车道都被它占据了。

另一方面，由于负载原因，如果虚拟机需要 2 个 vCPU，虚拟机将会不断地工作，那么为该虚拟机分配 2 个 vCPU 是有必要的（但前提是主机拥有 4 个或更多的 CPU 内核）。如果 ESXi 主机是老式双处理器单核系统，那么为虚拟机分配 2 个 vCPU 就意味着当虚拟机每次获取 CPU 周期时，它将拥有 CPU 的所有处理能力。主机和其他虚拟机的整体性能都会降低。与以前的硬件时代相比，在当前的多内核 CPU 市场中，这种考虑已经有些多余了，但还需要读者记住这一点。

全部使用 1 个（CPU）——至少开始这么做

每个虚拟机创建时应该只分配 1 个虚拟 CPU，这样物理处理器时间就不会产生不必要的竞争。只有当虚拟机的性能水平规定需要使用额外的 CPU 时，才应该为它分配多个 CPU。记住，只有当 ESXi 主机拥有的内核数超过分配给虚拟机的虚拟 CPU 数目时，才能创建多 CPU 虚拟机；只有主机拥有 2 个或更多个内核时，才能创建双 vCPU 虚拟机；只有主机拥有 4 个或更多个内核时，才能创建 4 vCPU 虚拟机；只有主机拥有 8 个或更多个内核时，才能创建 8 vCPU 虚拟机。内存限制会对性能产生负面影响，请务必在已经理解和接受这种负面影响以后才使用该技术。

11.3.1 默认 CPU 分配

和前面介绍的内存设置一样，用户也可以配置共享、预留和限制设置来分配 CPU 容量。

创建单 vCPU 的虚拟机时，该虚拟机的最大 CPU 周期总量与主机系统内核的时钟速度是相等的。换句话说，如果创建一个新虚拟机，那么它可以通过"系统板中的洞"查看内核的主频，并且查看的所有内核主频数就是 CPU 的主频（3 GHz CPU 的 ESXi 主机将允许虚拟机查看 3 GHz 的内核）。

图 11.7 展示了 CPU 预留、限制和共享的默认设置。

图 11.7 默认情况下，vSphere 不提供 CPU 预留值和 CPU 限制值；提供的 CPU 共享值为 1000

11.3.2 设置 CPU 关联性

除了共享、预留和限制之外，vSphere 还提供第 4 种选项来管理 CPU 的使用：CPU 关联性。通过 CPU 关联性，管理员可以静态地把虚拟机关联到某个特定的物理 CPU 内核中。通常建议不要使用 CPU 关联性，因为它的弊端比较明显。

◆ CPU 破坏了 vMotion；

◆ 管理程序不能在服务器中所有的处理内核中均衡虚拟机负载——这会阻止管理程序调度引擎最有效地利用主机资源；

◆ 由于破坏了 vMotion，因此不能使用群集中的 CPU 关联性，vSphere DRS 在群集中没有被设置为 Manual（手动）操作。

由于存在这些限制，因此大多数企业都不使用 CPU 关联性。但是，如果即使存在这些弊端，仍然需要使用 CPU 关联性时，就可以配置虚拟机使用 CPU 关联性。

执行以下步骤配置 CPU 关联性。

（1）如果 vSphere 客户端还没有运行，启动它，并把它连接到 vCenter Server 或独立的 ESXi 主机上。

（2）进入 Hosts And Clusters 或 VMs And Templates 目录视图。

（3）右键单击需要配置 CPU 关联性的虚拟机，选择 Edit Settings。

（4）在 Virtual Hardware 选项卡上，单击 CPU 旁边的三角。

（5）在 Scheduling Affinity 部分，列出了该虚拟机可以访问的 CPU 内核清单。例如，如果需要在内核 1～内核 4 上运行虚拟机，输入 1～4。

（6）单击 OK 按钮，保存更改。

与其尝试使用 CPU 关联性来确保 CPU 资源，还不如使用预留技术。

11.3.3 使用 CPU 预留

如图 11.7 所示，新虚拟机的默认 CPU 预留容量是 0 MHz（无预留值）。回想一下，预留值是一种确保的资源，因此，在默认情况下虚拟机的 VMkernel 不会确保任何 CPU 容量。这意味着，当虚拟机需要完成工作时，它会把自己的 CPU 请求放入 CPU 队列中，以便 VMkernel 能够连同其他虚拟机请求一起依次进行处理。在轻负载的 ESXi 主机上，虚拟机等待 CPU 时间不会太长；但是在重负载的主机上，虚拟机需要等待的时间可能会显著增多。

如果设置了 1024 MHz 预留值，那么当出现 CPU 周期需求时，系统就会立刻为该虚拟机分配该数量的 CPU 可用容量，如图 11.8 所示。

虚拟机预留使用 CPU 预留值会对 ESXi 主机行为产生显著的影响。从这一点上看，CPU 预留与内存预留机制是相同的。ESXi 必须拥有足够的资源来满足预留设置时，预留值才会起作用。如果每个虚拟机的预留值都是 1024 MHz，并且主机的 CPU 容量是 12000 MHz，那么可以启动的虚拟机不能超过 11 个（1024 MHz × 11 = 11264 MHz），即使所有的虚拟机都是空闲的也是如此。注意，这里说的是"启动"而不是"创建"（只有启动虚拟机才会分配资源，而不是创建）。

图 11.8 为虚拟机配置 1024 MHz CPU 容量的预留值可以确保 CPU 获得该数量的 CPU 性能

就这一点而言，虽然 CPU 预留机制与内存预留非常相似，但是涉及"共享"预留的 CPU 周期时，这两者的区别就非常明显了。回忆一下前面的内容，预留内存一旦分配给虚拟机以后就不能再被回收、向磁盘交换或共享了。但对 CPU 预留却不一样。假设你拥有一个虚拟机，不妨称作虚拟机 1，它的 CPU 预留值是 1024 MHz。如果虚拟机 1 是空闲的，没有使用它的预留 CPU 周期，那么这些周期就可以分配给虚拟机 2。如果虚拟机 1 突然需要时钟周期，虚拟机 2 就不能再占用它们了，它们就会被分配给虚拟机 1。

因此，在 CPU 共享上使用预留设置与使用内存预留设置是类似的，但也存在很大的差别。通过前面的学习可以看到，内存的限制设置会存在一些弊端，那么 CPU 限制是否也是如此呢？

11.3.4 使用 CPU 限制

限制分配的 CPU 容量，除了 CPU 预留之外，每个虚拟机还有一个选项可供用户设置。这种设置可以有效地限制虚拟机的性能，不管主机的可用容量是多少，这种设置都可以让虚拟机查看每秒时钟周期的最大值。记住，在一个 3 GHz 4 处理器的 ESXi 主机上托管的含有一个单核虚拟 CPU 的虚拟机只能把单个 3 GHz 的内核作为其最大值，但是作为管理员可以修改该限制，使虚拟机无法查看实际的最大内核速度。例如，在 DHCP 服务器上设置 500 MHz 限制，以便它重新索引 DHCP 数据库时，不会试图占用它可以查看的处理器上所有的 3 GHz 容量。与物理主机上内核中可用的容量相比，通过 CPU 限制，可以限制虚拟机使用更少的处理能力。因为并不是所有虚拟机都需要使用物理处理器内核的全部处理性能。

使用 CPU 限制设置的主要弊端是，它会对客户机操作系统和在虚拟机上运行的应用程序的性能产生影响。限制设置是一种真实的限制，即使存在大量可用的 CPU 周期，也无法调度虚拟机，使运行的物理 CPU 内核超过限定的指定值。因此，在任意设置 CPU 限制之前，理解虚拟机的 CPU 处理需求是非常重要的，否则会对系统的性能产生严重影响。

面对增长时增加竞争

在新的虚拟环境中部署若干个没有限制值的虚拟机时，管理员可能会遭遇一个最常见的问题。用户已经习惯了系统在环境生命周期中早期阶段的优良性能水平，但是随着部署的虚拟机越来越多的时候，开始出现 CPU 周期的竞争，最初部署的虚拟机的相对性能就会降低。

解决这种问题的方法之一是，大约设置单个内核时钟频率的 10% ~ 20% 作为预留值，并把该值的约 20% 作为虚拟机的限制值。例如，主机拥有 3 GHz CPU，每个虚拟机最初设置的预留值和限制值分别是 300 MHz 和 350 MHz。这可以确保虚拟机在轻负载 ESXi 主机和重负载 ESXi 主机上都具有类似的性能。在使用的虚拟机上通过设置这些值来创建一个模板，因为任何新虚拟机都将通过该模板进行部署，所以这些值会传递给所有的新虚拟机。注意，这只是第一步。当虚拟机确实需要更多的 CPU 性能时，限制虚拟机也是有可能的，应该时刻监控虚拟机，以确定它们是否在使用你为它们提供的所有 CPU。

如果数字看上去低了，可以根据需要随意增加。根据在这些虚拟机上运行的负载情况和预期的性能水平为虚拟机性能设置最合适的期望值，这一点非常重要。

11.3.5 使用 CPU 共享

出现资源竞争时，VMware vSphere 共享模式能够提供一种按优先级权限访问资源的方式，它对内存和 CPU 的控制机制是类似的。当其他虚拟机需要 CPU 资源时，CPU 共享将确定如何为虚拟机分配 CPU。默认情况下，所有虚拟机的初始共享数都是相等的，这意味着如果 ESXi 主机上出现 CPU 周期竞争，每个虚拟机获得服务的优先级是平等的。记住，只有这些 CPU 周期大于虚拟机的预留值设置时，这种共享值才会起作用；只有 ESXi 主机被请求的 CPU 周期大于它所能分配的 CPU 周期时，共享值才会适用。从另一个方面看，无论主机出现什么情况，虚拟机都可以访问其预留周期。但是，如果虚拟机需要更多的 CPU 周期（这就会出现竞争），那么共享值就会起作用。如果主机上不存在 CPU 竞争，并且主机拥有足够的 CPU 可供分配，那么 CPU 共享就不会影响 CPU 的分配。

分配 CPU 周期时，需要实际考虑几种情况。为此，最好的确定方式是考虑若干种方案。假设虚拟机在以下 2 种环境下工作：

◆ ESXi 主机包括双、单内核、3 GHz CPU；

◆　ESXi 主机拥有一个或多个虚拟机。

详细方案如下所示。

方案 1　ESXi 主机拥有单个虚拟机在运行。运行的虚拟机的共享值设置为默认值。在这种方案下，共享值会起作用吗？答案是否定的，因为虚拟机之间没有出现对 CPU 时间的竞争。

方案 2　ESXi 主机拥有 2 个空闲的虚拟机在运行。运行的虚拟机的共享值设置为默认值。在这种方案下，共享值会起作用吗？答案是否定的，因为 2 个虚拟机都是空闲的，所以虚拟机之间没有出现对 CPU 时间的竞争。

方案 3　ESXi 主机拥有 2 个同等繁忙的虚拟机在运行（每个虚拟机都在请求最大的 CPU 容量）。运行的虚拟机的共享值设置为默认值。在这种方案下，共享值会起作用吗？答案同样是否定的，因为每个虚拟机都是由主机中不同的内核提供服务，所以虚拟机之间没有出现对 CPU 时间的竞争。

CPU 关联性不适用群集

如果使用 VSphere Distributed Resource Scheduler（能够按全自动模式配置群集），那么不能在此群集中为虚拟机设置 CPU 关联性。为了使用 CPU 关联性，必须手动 / 部分自动地配置群集或手动 / 部分自动地设置虚拟机。

方案 4　为了强迫竞争，可以设置 CPU 关联性，配置 2 个虚拟机都使用相同的 CPU。ESXi 主机拥有 2 个同等繁忙的虚拟机在运行（每个虚拟机都在请求最大的 CPU 容量）。这可以确保虚拟机之间存在竞争。运行的虚拟机的共享值设置为默认值。在这种方案下，共享值会起作用吗？答案是肯定的。但在这种情况下，由于所有的虚拟机拥有相同的共享值，因此每个虚拟机进入主机 CPU 队列的权限是相同的，用户无法察觉共享值的作用。

方案 5　ESXi 主机拥有 2 个同等繁忙的虚拟机在运行（把 CPU 关联设置为相同的内核，并且每个虚拟机都在请求最大的 CPU 容量）。共享值按以下方式设置：设置虚拟机 1 的 CPU 共享值设置为 2000，把虚拟机 2 的 CPU 共享值设置为默认值 1000。在这种方案下，共享值会起作用吗？答案是肯定的。在这种情况下，虚拟机 1 的共享值是虚拟机 2 的两倍。这意味着主机为虚拟机 2 每分配 1 个时钟周期，都要为虚拟机 1 分配 2 个时钟周期。换句话说，ESXi 主机每次为虚拟机分配 3 个时钟周期时，其中有 2 个时钟周期是分配给虚拟机 1 的，有 1 个时钟周期是分配给虚拟机 2 的。图 11.6 中的图解直观地说明了共享是如何根据为所有虚拟机分配的共享总量的百分比进行配置的。

方案 6　ESXi 主机拥有 3 个同等繁忙的虚拟机在运行（把 CPU 关联设置为相同的内核，并且每个虚拟机都在请求最大的 CPU 容量）。共享值按以下方式设置：设置虚拟机 1 的 CPU 共享值设置为 2000，把虚拟机 2 和虚拟机 3 的 CPU 共享值均设置为默认值 1000。在这种方案下，共享值会起作用吗？答案是肯定的。在这种情况下，虚拟机 1 的共享值是虚拟机 2 和虚拟机 3 的两倍。这意味着主机为虚拟机 1 每分配 2 个时钟周期，都要为虚拟机 2 和虚拟机 3 分配 1 个时钟周期。换言之，ESXi 主机每次为虚拟机分配 4 个时钟周期时，其中有 2 个时钟周期是分配给虚拟机 1 的，1 个时钟周期是分配给虚拟机 2 的，1 个时钟周期是分配给虚拟机 3 的。可以发现，这已经有效地消弱了虚拟机 1 的 CPU 性能。

　　方案 7　ESXi 主机拥有 3 个虚拟机在运行。虚拟机 1 空闲，虚拟机 2 和虚拟机 3 同等繁忙（每个虚拟机都在请求最大的 CPU 容量，并且把每个虚拟机都设置为相同的 CPU 关联性）。共享值按以下方式设置：把虚拟机 1 的 CPU 共享值设为 2000，虚拟机 2 和虚拟机 3 的 CPU 共享值均设置为默认值 1000。在这种方案下，共享值会起作用吗？答案是肯定的。但是在这种情况下，虚拟机 1 是空闲的，这说明它不请求任何 CPU 周期。因此，为活动的虚拟机分配主机 CPU 时，不需要考虑虚拟机 1 的共享值。在这种情况下，由于虚拟机 2 和虚拟机 3 的共享值相等，因此它们将平等地共享主机 CPU 周期。

避免 CPU 关联性设置

应该不惜一切代价避免使用 CPU 关联性。即使配置某个虚拟机使用单个 CPU（如 CPU1）也是如此，除非其他的虚拟机都被配置成不使用该 CPU。此时，每个虚拟机都不能使用 vMotion 功能。简言之，不要这样做。因为这会失去 vMotion 功能，所以不值得这么做。取而代之，可以使用共享、限制或预留技术。

　　在这些方案下，如果打算使用 8 内核主机配置 30 个左右的虚拟机，那么逐个在虚拟机上设置共享值并预测系统如何响应就会变得很困难了。于是问题就出现了。"共享是不是一种有用的工具"的答案是肯定的，但是在大型企业环境中，需要检查资源池和性能，并综合考虑所有虚拟机的预留值和限制值，再设置共享参数。在 11.4 节将介绍资源池的相关知识。但是，下面还需要对预留、限制和共享机制进行小结，以便大家使用这些技术控制 CPU 的分配和使用。

11.3.6　CPU 预留、限制和共享技术小结

　　运用预留、限制和共享技术控制或修改 CPU 的使用时，以下是一些关键行为和事实。

◆ CPU 周期上设置的预留值对虚拟机的处理能力提供了有力保证。与内存预留不一样，必要时，ESXi 可以把预留的 CPU 周期分配给其他请求使用。与内存预留相同的是，为了启动虚拟机，ESXi 主机必须拥有足够的实际物理 CPU 容量来满足预留值。因此，设置的 CPU 预留周期不能超过主机能够实际提供的。

◆ CPU 限制仅用于阻止虚拟机获取额外的 CPU 周期，即使存在可用的 CPU 周期，CPU 限制也能发挥作用。即使主机拥有大量可用的 CPU 处理能力，设置了 CPU 限制的虚拟机使用的 CPU 周期也不能超过指定的限制值。根据客户机操作系统和应用程序的实际情况，CPU 限制可能会（也可能不会）对性能产生副作用。

◆ 当 ESXi 主机存在 CPU 竞争时，可以使用共享来确定 CPU 的分配。与内存一样，共享是根据设置的共享值与分配的共享总量计算的百分比来授予 CPU 访问权限的。这意味着相对于其他虚拟机和分配的共享总量而言，为虚拟机授予的基于共享值的 CPU 周期百分比始终是相对的，它不是一个绝对值。

到目前为止，已经介绍了 4 种主要资源类型中的两种(内存和 CPU)。在介绍第 3 种资源类型(网络)之前，需要先对资源池的相关概念进行阐述。

11.4 使用资源池

前面介绍的虚拟机资源分配设置（内存和 CPU 预留、限制、共享）是用于单个虚拟机的修改或控制分配资源的方法，或者当其他虚拟机也试图访问资源时修改虚拟机的优先级。与分配用户组，然后为组分配权限类似，可以利用资源池为一组虚拟机分配资源，这种方法更简单、更有效。换句话说，不是以单个虚拟机为单位配置预留、限制或共享，而是用资源池一次性为一组虚拟机设置这些值。

在 Hosts And Clusters 目录视图中，资源池是一种特定的容器对象，与文件夹非常相似。可以在独立的主机上创建资源池，或者在启用 DRS 功能的群集中创建资源池作为管理对象。图 11.9 展示了创建资源池的过程。

资源池的属性有 2 部分：一部分是 CPU 设置（预留、限制和共享），另一部分是内存的类似设置。把这些资源设置应用到某个资源池中时，这些设置将会影响资源池中的所有虚拟机。因此，资源池提供了一种可扩展的方式来调整一组虚拟机的资源设置。在资源池中设置 CPU 和内存共享、预留、限制的方式与在单个虚拟机上设置这些值非常相似。但与单个虚拟机相比，在资源池中这些值的工作方式却截然不同。

为了说明如何在资源池上设置共享、预留和限制，同时也为了解释这些值应用于资源池是如何工作的，本书将在 ESXi 主机上创建 2 个资源池来说明这些问题。资源池的名称分别为 ProductionVMs 和 DevelopmentVMs，如图 11.10 和图 11.11 所示。ProductionVMs 和 DevelopmentVMs 已经分别配置了这些值。

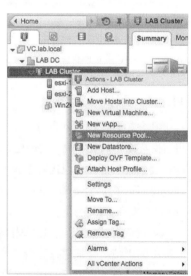

图 11.9 可以在单个主机上或者在群集中创建资源池，资源池在 vCenter Server 清单中提供了一种管理和性能配置层

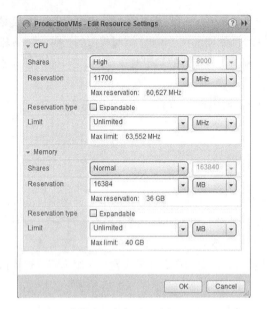
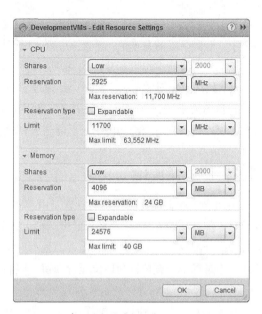

图 11.10 出现资源竞争时，确保 ProductionVMs 资源池的 CPU 和内存资源，并且为该资源池分配更高的资源访问权限

图 11.11 出现资源竞争时，为 DevelopmentVMs 资源池分配较低的 CPU 和内存访问优先级

11.4.1 配置资源池

在介绍资源池如何进行资源分配之前，先创建和配置资源池。如图 11.10 和图 11.11 所示，使用这两幅图中的资源池为例创建并配置资源池。

要创建资源池，只需在单个 ESXi 主机或者 ESXi 主机群集中单击右键，并选择 New Resource Pool 即可。在 Create Resource Pool 对话框中为新资源池命名，并根据需要设置 CPU Resources 和 Memory Resources 的值。

创建资源池以后，通过单击列表面板中的虚拟机并把它拖到合适的资源池中，需要把虚拟机迁移到合适的资源池中。结果类似于图 11.12 所示的层次结构。

插在这个特定的示例中，有 2 种服务器：产品服务器和开发服务器。每种服务器都创建了资源池：作为产品类别的虚拟服务器 ProductionVMs 和作为开发类别的虚拟服务器 DevelopmentVMs。本示例的目标是，

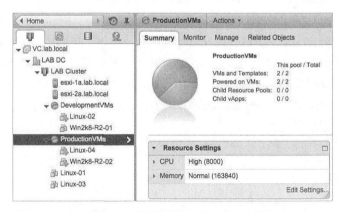

图 11.12 分配给资源池的虚拟机使用分配给资源池的资源

出现对特定资源的竞争时，确保产品虚拟机能够获得对该资源的较高访问优先级权限。除了该目标之外，还需要确保开发服务器中的虚拟机使用的物理内存不超过 24 GB。只要开发服务器组中的虚拟机共同使用的 RAM 不超过 24 GB，则不必关心其中有多少虚拟机在同时运行。最后，还需要确保这两组虚拟机的最少资源量。

为了达到为产品虚拟机确保资源的目标，ProductionVMs 资源池需要按以下方式进行设置（参考图 11.10）。

◆ CPU Resources 区域：共享值设置为 High。

◆ CPU Resources 区域：预留值设置为 11700 MHz。

◆ CPU Resources 区域：取消选定 Reservation Type 的 Expandable 复选框。

◆ CPU Resources 区域：不设置 CPU 限制（在 Limit 下拉菜单中选定 Unlimited 复选框）。

◆ Memory Resources 区域：预留值设置为 16384 MB。

◆ Memory Resources 区域：取消选定 Reservation Type 的 Expandable 复选框。

◆ Memory Resources 区域：不设置内存限制（选中 Unlimited 复选框）。

类似地，DevelopmentVMs 资源池需要按以下方式进行设置（参考图 11.11）。

◆ CPU Resources 区域：预留值设置为 2925 MHz。

◆ CPU Resources 区域：取消选定 Reservation Type 的 Expandable 复选框。

◆ CPU Resources 区域：限制值设置为 11700 MHz。

◆ Memory Resources 区域：预留值设置为 4096 MB。

◆ Memory Resources 区域：取消选定 Reservation Type 的 Expandable 复选框。

◆ Memory Resources 区域：限制值设置为 24576 MB。

同样，在 DevelopmentVMs 资源池上设置值也需要右键单击资源池，并选择 Edit Settings，然后设置需要的值。

现在已经创建了资源池，下面将解释这些设置会对每个资源池中包含的虚拟机产生哪些作用。

11.4.2　理解资源池的资源分配原理

在前面部分，本书引导大家创建了 2 个名为 ProductionVMs 和 DevelopmentVMs 的资源池。图 11.10 和图 11.11 展示了这些资源池的值的设置情况。创建这些资源池并设置其值的目的是确保产品虚拟机（ProductionVMs 资源池中的虚拟机）始终能够使用一定量的资源，同时限制开发虚拟机（DevelopmentVMs 资源池中的虚拟机）使用的资源。在本示例中，使用了所有 3 个值（共享、预留和限制）来完成目标。下面在资源池中了解一下每个值的使用方式。

1.　利用资源池管理 CPU 的使用

首先介绍分配给资源池控制 CPU 使用的共享值。通过图 11.10 可以看到，ProductionVMs 资源池的 CPU 共享值被设置成 High（8000）。图 11.11 展示了 DevelopmentVMs CPU 共享值被设置成 Low

(2000)。与 2 个虚拟机的 CPU Shares 相比较，这两种设置的作用是相同的，但是当 ProductionVMs 和 DevelopmentVMs 资源池中的虚拟机存在 CPU 资源竞争时，效果就不一样了。所有的 ProductionVMs 资源池和其中的虚拟机将拥有较高的优先级。图 11.13 说明了每个资源池中含有 2 个虚拟机时，CPU 资源是如何进行分配的。

仔细观察图 11.13 中的信息，记住资源分配在每个层次都会出现。在给定的 ESXi 主机中只有 2 个资源池，所以根据共享值情况，CPU 将按照 80/20 进行分配。这说明 ProductionVMs 资源池将获取 80% 的 CPU 时间，而 DevelopmentVMs 资源池仅获取 20% 的 CPU 时间。

现在对图 11.13 进行扩展，在每个资源池中再添加一个虚拟机，以便读者进一步理解资源池中共享值的工作原理。在资源池内部，如果存在分配给虚拟机的 CPU 共享值，它们就会起作用，其工作原理如图 11.14 所示。

在图 11.14 中，由于没有为虚拟机分配自定义 CPU 共享，因此它们都使用默认的 CPU 共享值 1000。资源池中有 2 个虚拟机，这意味着每个虚拟机可以获取所在资源池中 50% 的可用资源（因为每个虚拟机占有资源池中分配的共享总量的 50%）。在本示例中，这意味着主机 CPU 容量的 40% 将会分配给 ProductionVMs 资源池中的每个虚拟机。假设每个资源池中有 3 个虚拟机，那么分配给父资源池的 CPU 将会被分成 3 个部分。类似地，如果有 4 个虚拟机，那么分配给父资源池的 CPU 将会被分成 4 个部分。可以使用所选群集、ESXi 主机或资源池上的 Resource Allocation 选项卡来检验资源的分配情况。图 11.15 展示了包含 ProductionVMs 和 DevelopmentVMs

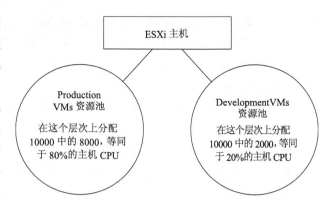

图 11.13 共享值不同的两个资源池将根据它们共享份额的百分比比例分配资源

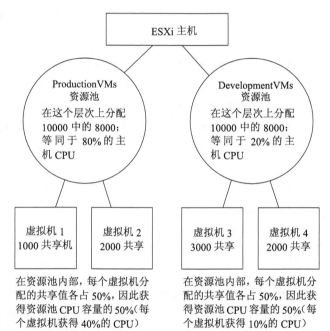

图 11.14 通过资源池的共享值，分配给资源池的资源百分比进一步按照资源池中虚拟机的共享值进行划分

资源池的群集上的 Resource Allocation 选项卡。选中 CPU 按钮，vSphere 客户端将展示所选群集的 CPU 分配情况。

注意图 11.15，在群集的根目录下正好同时包含了资源池和虚拟机（总而言之，群集自身也是资源池）。在这种情况下，计算分配的 CPU 百分比应该使用所有的共享值总量（同时包括资源池和虚拟机）。

图 11.15　Resource Allocation 选项卡可以检验 vCenter Server 层次中的对象资源分配情况

仅当存在实际的资源竞争时共享才适用

记住，只有虚拟机之间存在资源竞争时（换句话说，当 ESXi 主机不能实际满足某种特定资源的全部请求时），共享分配才会发生作用。如果 ESXi 主机在 2 个 4 核处理器上仅运行 8 个虚拟机，就不存在资源竞争的管理问题（假设这些虚拟机只有 1 个单 vCPU），因此 Shares 不会起作用。当审查 Shares 分配结果时，务必记住图 11.15 中显示的这些内容。

既然已经介绍了 Resource Allocation 选项卡，下面还需要讨论使用资源池过程中的一条重要的注意事项。就像文件夹一样，可以整体使用资源池。有些组织和管理员已经采用这种方式使用资源池，以便他们按照特定的方式组织这些虚拟机。虽然存在这种可能，但不推荐这么做。Resource Allocation 选项卡有助于说明其中的原因。

如图 11.16 所示，展示了 ESXi 主机群集的 Resource Allocation 选项卡。在该群集的根目录下，总共分配的共享值为 14000。因为每个虚拟机正在使用默认的 CPU 共享值（每个 vCPU 的共享值为 1000），所以它们对主机 CPU 容量的访问权限是相同的。在这种情况下，每个 vCPU 为 7%（虚拟机的共享值为 2000，2 个 vCPU 的 Shares 是 14%）。

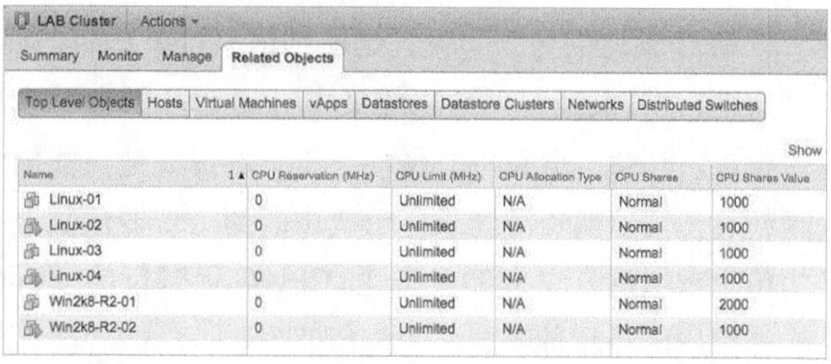

图 11.16　缺少自定义 CPU 共享值，所有虚拟机将被分配相同的 CPU 容量

如图 11.17 所示，这里唯一的变化是添加了一个资源池。资源池的默认变化没有任何改变。注意，资源池的默认 CPU 共享值是 4000，仅仅添加了资源池就把单个虚拟机的默认 CPU 配置从每个 vCPU 14% 改变到每个 vCPU 9%。另一方面，资源池现在获取的主机 CPU 为 36%。如果向资源池中添加单个虚拟机，那么一个虚拟机将会获取 36% 的主机 CPU 容量，而其他虚拟机仅能获取 9% 的主机 CPU 容量（或者双 vCPU 虚拟机获得 18% 的主机 CPU 容量）。

这种对资源分配分布无意识的改变就是不推荐整体组织虚拟机的原因。如果确实需要按这种方式使用资源池，务必理解按这种方式配置环境所产生的影响。组织环境更好的一种方法，而且对性能没有影响的方法是，在 vCenter 中使用文件夹或标签，请参阅第 3 章。

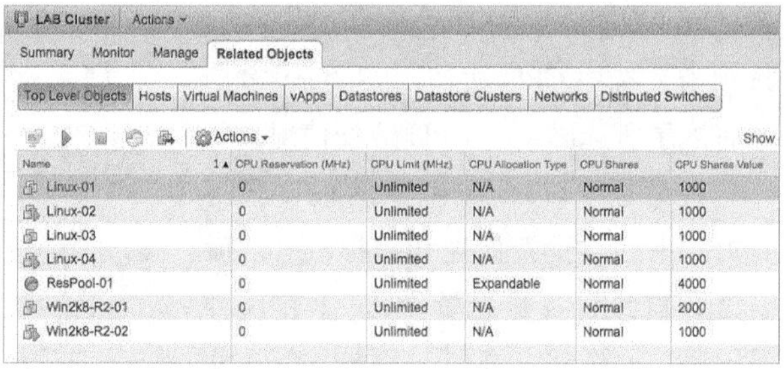

图 11.17　在默认情况下，即使没有设置任何自定义值，添加一个资源池也会改变资源的分配策略

资源池属性的下一个设置是估计 CPU 的 CPU Reservation。仍然使用图 11.10 和图 11.11 中的示例，可以看到 ProductionVMs 资源池上的 CPU 预留值被设置为 11700 MHz，DevelopmentVMs 资源池的 CPU 预留值是 2925 MHz（托管这些资源池的群集中的 ESXi 主机拥有 4 核 2.93 GHz Intel Xeon CPUs，因此这实际在一个服务器上为 ProductionVMs 资源池预留 4 个内核，而在另一个服务器上为 DevelopmentVMs 资源池预留 1 个内核）。这种设置可以确保至少有 11700 MHz 可用的 CPU 时间供 ProductionVMs 资源池中的所有虚拟机使用（或者 2925 MHz 的 CPU 供 DevelopmentVMs 资源池中虚拟机使用）。假设 ESXi 主机的总 CPU 容量是 23400 MHz（8 × 2925 MHz = 23400 MHz），这意味着该主机上 8775 MHz 的 CPU 时间可供其他预留值使用。如果再创建一个预留值为 8775 MHz 的资源池，那么系统的累计预留值将达到所有可用的主机 CPU 容量（5850 MHz × 4 = 23400 MHz）。这种配置意味着管理员不能创建任何额外的资源池或含有预留值设置的单个虚拟机。请记住，ESXi 主机或群集必须拥有足够的资源容量（CPU 容量）来满足所有的预留值。预留的容量不能超过主机实际拥有的资源容量。

CPU 预留的另一个设置是使预留值可扩展的选项。通过可扩展预留值（类似于选择 Expandable 复选框），资源池可以向它的父主机或父资源池"借用"资源，以满足资源池中单个虚拟机上的预留设置。注意，含有可扩展预留设置的资源池只能向父层次"借用"资源来满足预留值，而不是满足超过预留值的资源请求。示例中的两个资源池都没有可扩展预留设置，因此只能在每个资源池中为单个虚拟机分配 5850 MHz 的 CPU 容量预留值。任何试图超过该预留值的设置都会导致错误消息，告知用户已经超过了允许的预留值限制。

取消选定 Expandable 复选框并不会限制可供资源池使用的 CPU 总容量；只会限制资源池中可以预留的 CPU 总容量。为了设置实际 CPU 使用上限，需要使用 CPU 限制设置。

CPU 限制是每个资源池的第 3 个设置。除了资源池中的 CPU 限制会应用于资源池中所有的虚拟机之外，资源池上的 CPU 限制机制与单个虚拟机上的限制机制是类似的。绑定到资源池中的所有虚拟机都可以使用该值。在本示例中，ProductionVMs 资源池没有分配 CPU 限制值。在这种情况下，系统允许 ProductionVMs 资源池中的虚拟机使用群集中 ESXi 主机所能提供的所有 CPU 周期。在另一个方面，DevelopmentVMs 资源池的 CPU 限制设置是 11700 MHz，这意味着 DevelopmentVMs 资源池中的所有虚拟机最多可以使用的 CPU 容量是 11700 MHz。在 2.93 GHz Intel Xeon CPU 中，这种容量近似等同于一个 4 核 CPU。在多数情况下，资源池上的 CPU 共享、预留和限制机制与它们在单个虚拟机上都是类似的。通过下节的学习，读者还将看到，资源池上的内存共享、预留和限制机制也是如此。

2. 利用资源池管理内存的使用

在资源池设置的内存部分，第一个设置是共享值。这种设置的工作原理与单个虚拟机上的内存共享非常相似。出现竞争时，内存共享通过气球驱动程序（或者内存压力严重时，将会激活内存压缩或通过管理程序交换向磁盘交换数据）确定哪组虚拟机最先放弃内存。但是，当资源池中的虚拟机与其他资源池中的虚拟机出现资源竞争时，这种设置适用于为资源池中的所有虚拟机设置优先级数。观察示例中使用的内存共享设置（ProductionVMs = Normal 和 DevelopmentVMs = Low），这意味着如果主机内存是有限的，当 DevelopmentVMs 资源池中的虚拟机需要的内存超过它们的预留值时，它们所拥有的优先级权限比 ProductionVMs 资源池中的同等的虚拟机要低一些。如图 11.14 所示，前面使用该图解释了资源池上的 CPU 共享情况，这里对内存共享也同样适用。与 CPU 共享一样，也可以使用 Resource Allocation 选项卡来检验资源池或资源池中虚拟机的内存分配情况。

第 2 个设置是资源池内存预留。内存预留值将会为资源池中的虚拟机预留一定数量的主机 RAM，这能有效确保资源池中的虚拟机能够获取一些实际 RAM。在 CPU 预留部分的讨论中已经解释过，Expandable Reservation 复选框不是限制资源池可以使用的内存量，而是限制在资源池中可以预留的内存量。

内存限制值是你为特定一组虚拟机设置的可以使用的主机 RAM 容量。如果允许管理员在 DevelopmentVMs 资源池中使用 Create Virtual Machines 权限，那么当运行的虚拟机消耗的实际主机 RAM 超过限制值时，内存限制值将会阻止管理员运行虚拟机。在示例中，DevelopmentVMs 资源池上的内存限制值被设置为 24576 MB。管理员在开发过程中能够创建多少虚拟机呢？他们可以创建任意多个虚拟机。

虽然这种设置不会限制创建虚拟机，但是它会限制运行的虚拟机。那么，管理员可以运行多少虚拟机呢？内存使用的限制不是以单个虚拟机为单位进行设置的，而是成批进行设置的。也许它们使用所有内存只能运行一个虚拟机，或者使用较低的内存配置运行多个虚拟机。假设创建的每个虚拟机都没有设置单个内存预留值，管理员就可以同时运行任意多个虚拟机。但是，一旦虚拟机使用的主机 RAM 达到 24576 MB，那么管理程序就会介入，阻止资源组中的虚拟机使用其他内存。回忆一下在 11.2.2 节中的"2 使用内存限制技术"讨论的技术，VMkernel 将会使用该技术实施内存限制。如果管理员构建 6 个初始内存容量为 4096 MB 的虚拟机，那么全部 4 个虚拟机将会使用 24576 MB 的内存容量（假设没有没有其他开销，已经介绍的内容不属于这种情况），并且在实际 RAM 中运行。如果管理员试图运行 20 个配置为 2048 MB RAM 的虚拟机，虽然它们的内存需求是 24576 MB（20 × 2048 MB），但是全部 20 个虚拟机只能共享 24576 MB 的 RAM，其余的 RAM 容量很可能由 VMkernel 交换提供。此时，系统的性能将会显著变慢。

如果要消除限制，从 Limit 下拉菜单中选定 Unlimited 复选框。内存限制和 CPU 限制的取消方法是相同的。到现在为止，读者应该对 ESXi 向虚拟机分配资源的方式有了比较全面的了解，也可以利用这些设置来满足特定的需求和工作负载。

　　正如所看到的，如果有一组虚拟机具有类似的资源需求，那么使用资源池将会是一种极好的方式，这样可以确保资源分配的一致性。只要理解了资源分配的层次特性（在层次水平中，资源首先是分配给资源池的，然后再把这些资源分配给资源池中的虚拟机），就能够有效使用资源池了。

　　迄今为止，已经学习了如何控制 CPU 和内存的使用，但这些仅是虚拟机使用的 4 种主要资源的其中两种。下一个部分，将学习如何通过使用网络资源池控制网络流量。

11.5　调节网络 I/O 利用率

　　目前我介绍的资源池只能用于控制 CPU 和内存的使用。但是，vSphere 还能提供另外一种资源池，即网络资源池，它可以帮助控制网络利用率。通过网络资源池（可以分配共享和限制），控制输出网络流量。这种特性称作 vSphere Network I/O Control（NIOC）。

> **只能在 Distributed Switch 上使用**
>
> vSphere Network I/O Control 仅适用于输出网络流量，并且只能在 vSphere Distributed（vDS）4.1.0 及 5.1.0 之前的版本上使用。更多有关 vDS 安装或配置信息参考第 5 章。

　　启动 vSphere NIOC 时，vSphere 将激活 8 个预定义网络资源池：

◆ NFS Traffic；

◆ Management Traffic；

◆ vMotion Traffic；

◆ vSphere Storage Area Network Traffic；

◆ vSphere Replication (VR) Traffic；

◆ iSCSI Traffic；

◆ Virtual Machine Traffic；

◆ Fault Tolerance (FT) Traffic。

　　vDS 的 Resource Allocation 选项卡上可以查看所有网络资源池，如图 11.18 所示。

　　建立并使用 NIOC 涉及 2 个步骤。首先，在特定的 vDS 上启动 NIOC；其次，创建并配置网络资源池。如果使用 5.5.0 版本创建全新的 vDS，则第一步已经完成——NIOC 默认启用。

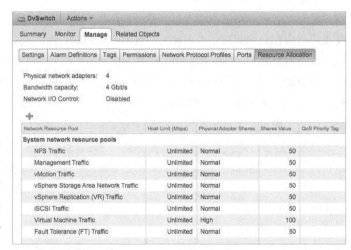

图 11.18　vDS 上的网络资源池提供细粒度的网络流量控制

在 vDS 上请执行以下步骤启动 NIOC。

（1）如果 Web 客户端没有运行，启动它，并连接到 vCenter Server 实例中。因为 NIOC 依赖于 vDS，并且 vDS 只有在 vCenter 上才可用，所以直接连接到 ESXi 主机上无法使用 NIOC。

（2）使用导航栏或主屏幕进入 Networking 视图。

（3）选择需要启动 NIOC 的 vDS。

（4）右键单击 vDS。

（5）单击 Edit Settings。

（6）选择 Enabled in the Network I/O Control 下拉对话框，单击 OK 按钮。

在该 vDS 上启动 NIOC。vDS 对象的 Resource Allocation 选项卡说明已经启动了 NIOC 特性，如图 11.19 所示。

如果使用 vDS 5.0 版本以及更高版本，除了实际启用 NIOC 之外，还可以修改现有的网络资源池或创建新的网络资源池。但对于 vDS 4.1.0 版本，既不能创建新的网络资源池，也不能编辑现有的网络资源池。

网络资源池包括以下 3 个基本设置。

图 11.19　vCenter Server 明确地指示 vDS 启用了 NIOC 特性

◆ 第 1 个设置是 Host Limit。该值用于指定该网络资源池允许使用的网络流量的上限，单位是 Mbps。选定 Unlimited 复选框，说明只有物理适配器自身限制网络资源池。

◆ 第 2 个值是 Physical Adapter Shares。这与存在资源竞争时，使用共享来实现对 CPU 或 RAM 的优先级访问权限一样，存在网络竞争时，网络资源池中的物理适配器共享可以建立物理网络适配器的优先级访问权限。与其他类型的共享一样，没有竞争时该值将不起作用。可以把该值设置成 3 个预定义值，或者设置一个不超过 100 的 Custom 值。3 个预定义值分别是：Low 就是共享值为 25，Normal 等同与共享值为 50，High 等同于共享值为 100。

◆ 第 3 个值是 QoS Tag。QoS（Quality of Service）优先级标签是一种适应于所有传出数据包的 802.1p 标签。除了 ESXi 主机之外，配置的用于识别 802.1p 标签的上游网络交换机可以进一步提高和实施 QoS。

图 11.20 展示了其中一个预定义网络资源池（Fault Tolerance（FT）Traffic 资源池）的所有 3 个值。

管理员拥有编辑预定义网络资源池或创建自己的网络资源池的选项。

执行以下步骤编辑现有的网络资源池。

（1）如果 Web 客户端没有运行，请启动它，并连接到 vCenter Server 实例中。

（2）进入 Networking 目录视图。

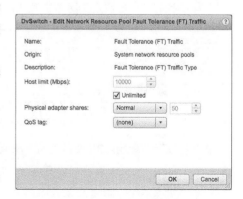

图 11.20　vSphere 允许管理员修改预定义网络资源池

（3）选择包含需要修改资源池的 vDS。

（4）选择 Resource Allocation 选项卡。

（5）选择需要编辑的网络资源池，单击 Edit 铅笔图标。

（6）通过 Network Resource Pool Settings 对话框根据需要修改 Host Limit、Physical Adapter Shares 或 QoS Tag 值。

（7）单击 OK 按钮，保存对网络资源池的修改。

如果不想修改预定义网络资源池，则需要创建自己的资源池。

执行以下步骤创建新的网络资源池。

（1）如果 Web 客户端没有运行，启动它，并连接到 vCenter Server 实例中。

（2）进入 Networking 目录视图。

（3）选择需要创建新资源池的 vDS。

（4）选择 Resource Allocation 选项卡。

（5）单击 New Network Resource Pool 图标，打开 New Network Resource Pool 对话框，如图 11.21 所示。

（6）为新资源池命名，并进行描述。

（7）为 Physical Adapter Shares 选择预定义选项（Low、Normal 或 High），或者选择 Custom 并输入 1～100 之间的值。

（8）要设置限制，选定 Unlimited 复选框（目的是取消选定它），输入一个 Host 限制值。该值的单位是 Mbps（兆比特每秒）。

（9）如果需要应用 QoS 优先级标签，就从下拉列表中选择值。

（10）单击 OK 按钮，创建指定值的新网络资源池。

至少拥有一个用户定义网络资源池以后，就可以把端口群映射到网络资源池中了。

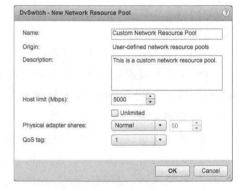

图 11.21　管理员拥有创建新网络资源池来自定义网络流量控制的选项

不能向系统池中映射端口群

只能把端口群映射到用户定义的网络资源池中，而不是系统资源池中。这是为了确保这个流量在可用带宽内得到合适的分担。例如，让同一资源池内的 VM 流量作为关键系统流量（如容错或 iSCSI），并不是个好主意。

执行以下步骤为用户定义的网络资源池分配端口群。

（1）如果 vSphere 客户端没有运行，启动它，并连接到 vCenter Server 实例中。

（2）进入 Networking 目录视图。

（3）选择托管希望映射到端口群的网络资源池的 vDS。

（4）在准备映射的 RPort 组上单击右键，并选择 Edit Settings。

（5）在设置内，选择合适的网络资源池，如图 11.22 所示。

（6）单击 OK 按钮保存这些修改，并返回到 Resource Allocation 选项卡。

在含有大量端口群的大型环境中，确定哪些端口群

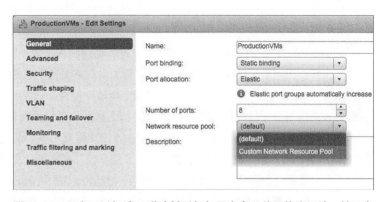

图 11.22 用户可以把端口群映射到任何用户定义的网络资源池，并且多个端口群也可以被关联到单个网络资源池中

被映射到哪些资源池也许是一件很枯燥的工作。

◆ 为了减轻管理负担，vCenter Server 提供了一种简单的方式来展示链接到特定网络资源池的所有端口群。

◆ 选择某个网络资源池以后，只需单击屏幕底部附近的 Port Groups 按钮，视图就会转入与所选网络资源池相关联的特定端口群，如图 11.23 所示。该图展示了名称为 Custom Network Resource Pool 的用户定义资源池与端口群的关联情况。为了便于用户使用，该视图还包含一定量的网络细节情况（例如，VLAN ID、端口绑定和附加的虚拟机数目等）。

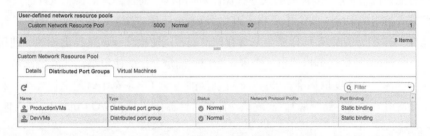

图 11.23 为了减轻管理负担，vSphere 客户端为所有关联到网络资源池的端口群提供了统一视图

NIOC 提供了一种非常强大的功能，有助于确保 VMware vSphere 环境中存在的各种网络流量能够正确共存，尤其是当前的企业开始由千兆比特以太网（Gigabit Ethernet）转向 10 千兆比特以太网，这种功能就显得更为重要。更少更快的网络连接意味着更多合并的流量，因此，如何控制相同物理介质上的流量共存问题的需求就变得更为重要了。

目前已经对 4 种主要资源的其中 3 种进行了介绍，同时介绍了 Mware vSphere 如何对这些资源的使用和访问进行管理。还剩下一种资源没有讨论：存储。

11.6 控制存储 I/O 利用率

对 vSphere 而言,控制内存或 CPU 的分配和使用相对简单一些。管理程序很容易检测 CPU 是否繁忙,物理内存是否已经被耗尽。当这些资源出现资源竞争条件时,不仅容易检测,而且易于修改。如果 CPU 非常繁忙,当没有足够的 CPU 周期分配时,就不再为低优先级的虚拟机调度周期,而把更多的周期分配给高优先级的虚拟机。那么这种优先级是如何确定的呢?记住,vSphere 使用共享值机制来确定优先级。同样地,如果 RAM 出现限制,就会调用客户机操作系统中的气球驱动程序回收内存,或者降低低优先级虚拟机的分配率,并提高高优先级虚拟机的分配率。管理程序不仅能够完全掌握这些资源的利用率,而且能够完全控制这些资源。除了管理程序之外,任何程序都不能调度 CPU,管理程序在不知情的情况下,RAM 不能存储任何信息。正是通过这种完全的控制,vSphere 不仅能够通过共享建立优先级,而且能够提供预留(确保对资源的访问)和限制(资源使用的上限)功能。在本章前面的部分,读者已经阅读并学习了这些机制。

学习网络利用率时,情况发生了一些改变。管理程序能部分掌握网络的使用情况:它可以知道产生了多少 Mbps 和由哪些虚拟机产生。但是,管理程序不能完全控制网络利用率:它不能控制出站流量。确实无法控制网络中其他地方产生的流量。考虑网络的本质,出现 VMware vSphere 无法控制的其他工作负载的是必然的,vSphere 不能以任何方式控制或影响这些工作负载。即使这样,vSphere 仍然能够提供共享(建立优先级)和限制(为虚拟机可以使用的网络带宽提供一个上限值)的控制水平。这就是 Network I/O Control,前面部分已经介绍了这些内容。

关于资源的分配和使用,存储与网络在很多方面是相似的。vSphere 在实现许多功能时,其他工作负载很可能会使用 vSphere 需要的共享存储。对 vSphere 而言,其他负载是外部负载,vSphere 不能以任何方式控制或影响这些工作负载,因此 vSphere 不能完全控制该资源。另一个事实是,管理程序不能像掌握 CPU 和内存那样完全掌握存储情况,这使检测和调整存储资源的使用率变得更加困难。但是,vSphere 仍然可以使用一个度量标准来确定存储的使用率,那就是延迟(Latency)。使用延迟作为检测竞争的度量标准,vSphere 可以提供共享(出现竞争时建立优先级)和限制(确保虚拟机不会使用太多的存储资源)。实现该功能的特性称作 Storage I/O Control,或者叫作 SIOC。

---

vSphere 4.1 中最先出现 Storage I/O Control 功能

Storage I/O Control 功能最先出现在 VMware vSphere 4.1 中,只能支持 Fibre Channel 和 iSCSI 数据存储。在 vSphere 5.0 中,SIOC 还添加了对 NFS 的支持。

VMware vSphere(之前叫作 VMware Infrastructure)的老用户可能会意识到,很久以前自己就已经能够向磁盘分配共享值了。这种功能与 SIOC 所能提供的功能之间的关键区别在于范围。没有 SIOC,启用虚拟机的虚拟磁盘上的共享功能只能对特定的主机有效:对于每个虚拟机分配的共享值是多少,或者分配的共享总量是多少,ESX/ESXi 主机不能交换这些信息。这意味着在多个主机之间适当调整共享值,使访问的存储资源达到正确比例是不可能实现的。

在访问特定数据存储时，通过在所有主机之间扩展共享分配，SIOC 解决了这个问题。使用 vCenter Server 作为中心信息存储，SIOC 综合考虑所有主机上的所有虚拟机之间分配的所有共享值，然后根据共享分配值按照正确的比例分配存储 I/O。

为了让这一切发挥作用，必须为 SIOC 提供以下条件。

◆ SIOC 启用的所有数据存储必须在单个 vCenter Server 实例的管理之下。vCenter Server 是所有共享分配的"中心交换所"，因此所有的数据存储和主机必须由单个 vCenter Server 实例管理才有意义；

◆ 通过 Fibre Channel（包括 FCoE）和 iSCSI 连接的 VMFS 数据存储支持 SIOC，还支持 NFS 数据存储，但不支持 Device Mappings（RDMs）；

◆ 数据存储必须只能是单一长度。不支持多种长度的数据存储。

Storage I/O Control 和阵列自动分层

如果存储阵列支持自动分层（在不同层 [SSD、FC、SAS、SATA] 之间支持阵列无缝和透明迁移数据的能力），务必仔细检查 VMware 硬件兼容性列表（HCL），以核实阵列自动分层功能与 SIOC 相兼容。还应该查看厂商的文档，以获取 SIOC 最佳做法。使用 SIOC 能够破坏某些存储阵列内置的自动分层。

假设环境满足了这些需求，那么就可以充分利用 SIOC 了。配置 SIOC 只需要两步过程。第一步，在一个或多个数据存储上启用 SIOC；第二步，在单个虚拟机上分配存储 I/O 资源的共享或限制值。

首先介绍在特定数据存储上启用 SIOC。

11.6.1 启用 Storage I/O Control

SIOC 是以单个数据存储为单位启用的。默认情况下，数据存储不启用 SIOC 功能，这说明如果要利用这种功能，就必须明确地启用 SIOC。

数据存储与数据存储群集

虽然在默认情况下单个数据存储禁用 SIOC，但是启用 Storage DRS 的数据存储群集（它们启用 Storage DRS 的 I/O 标准）在默认情况下却启用 SIOC 功能。更多有关 Storage DRS 信息参考第 12 章。

执行以下步骤启用数据存储的 SIOC 功能。

（1）如果 vSphere 客户端没有运行，启动它，并连接到 vCenter Server 实例中。只有连接到 vCenter Server 时，SIOC 才可用，而不是连接到单个 ESXi 主机。

（2）进入 Storage 视图。

（3）选择你需要启用 SIOC 的数据存储。

（4）选择 Manage Settings 选项卡。

（5）单击 Edit 按钮，如图 11.24 所示。

（6）在 Datastore Capabilities 对话框中选择 Enabled under Storage I/O Control。

（7）单击 Close 按钮。

所选数据存储现在已经启用了 SIOC 功能，如图 11.25 所示。Web 客户端的 Datastore Details 窗格中的 Datastore manage 选项说明了这一点。

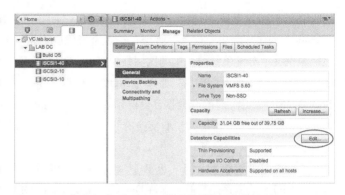

图 11.24 在这个对话框中可以管理具体数据存储的 SIOC 配置

一般来说，通过这些步骤就可以使用 SIOC 来控制存储 I/O 资源的利用率了。

但是在很多情况下，需要调整 SIOC 的配置，使其功能能够适应特定的阵列和阵列配置。之前已经提到过，vSphere 可以通过一种度量标准来检测竞争：延迟和峰值吞吐率。

在访问存储 I/O 资源时，SIOC 使用延迟作为阈值来确定自己应该何时激活和使用共享值。特别是 vSphere 检测的延迟超过特定的阈值时（以毫秒为单位），SIOC 将被激活。由于阵列结构和性能存在巨大差异，VMware 认识到用户可能需要调整 SIOC 的默认拥塞阈值。毕竟，特定的延迟度量也

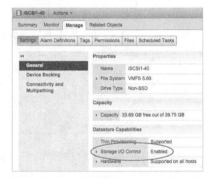

图 11.25 为了便于参考，数据存储的 SIOC 状态显示在 vSphere 客户端中

许能反映某些阵列或配置上存在拥塞（或竞争），但不能反映其他阵列或配置问题。把拥塞阈值设置为可调整状态，vSphere 管理员能够对 SIOC 的行为进行适当调整，以便更好地匹配他们的特定阵列和配置。

另一个度量标准是 vSphere 5.5 中默认启用的指标——Peak Throughput（峰值吞吐率）。SIOC 使用一个称为 IO Injector（IO 插入器）的特殊工具来测试存储阵列的特征，并执行两大检查。第一个是检查数据存储底层磁盘系统的重叠；这样 Storage DRS 就可以进行正确的放置决策，以实现工作负载的均衡；具体将在第 12 章介绍。IO Inector 执行的另外一个检查与本节关系更近——就是 Peak Throughput（峰值吞吐率）检查。与延迟高峰检查不同，了解特定数据存储的最大能力，可以确保 SIOC 在拥塞（或争用）发生之前就发挥作用。同延迟一样，可以用百分比设置来调整这个阈值。

在特定的数据存储上执行以下步骤来调整 SIOC 的拥塞阈值设置。

（1）如果 Web 客户端没有运行，则启动它，并连接到 vCenter Server 实例中。

（2）进入 Storage 视图。

（3）从目录树中选择需要的数据存储。

（4）选择要启用 SIOC 的数据存储.

（5）单击 Manage Settings 选项，单击 Edit 按钮。

(6) 在 Edit Congestion Threshold 对话框中，输入需要的拥塞阈值设置，单位是百分比或毫秒，单击 OK 按钮。

应该使用的阈值是多少

调整基于延迟的拥塞阈值设置时，要根据特定阵列、阵列的配置和阵列供应商的建议来正确进行设置，这一点非常重要。这些推荐会因供应商的不同而各异，具体取决于阵列中驱动器的数目、阵列中驱动器的类型，以及是否启用阵列的自动分层特性。但是，在考虑拥塞阈值时，一般认为以下设置是合理的指导策略：

◆ 由 SSD 组成的数据存储，减少到 10 毫秒；

◆ 由 10K/15K FC 和 SAS 组成的数据存储，设置为 30 毫秒；

◆ 由 7.2K SATA/NL-SAS 组成的数据存储，增加到 50 毫秒；

◆ 对含有多种驱动器类型的自动分层数据存储，设置为 30 毫秒。

虽然这是一些合理的指导策略，但是与其他产品一起使用 SIOC 功能时，我强烈建议参考开发商的相关文档，把推荐值作为拥塞阈值。

在 1 个或多个数据存储上启用了 SIOC，并且根据存储器供应商推荐的值调整（可选）拥塞阈值以后，就可以开始在虚拟机上设置存储 I/O 资源值了。

11.6.2 为虚拟机配置存储资源设置

SIOC 提供了 2 种机制来控制虚拟机使用存储 I/O：共享和限制。这些机制与其他资源的操作原理是完全相同的：共享值建立一个相对优先级作为分配的共享总量的比例，限制值用于定义给定虚拟机可能产生的每秒 I/O 操作数（IOPS）的上限。与内存、CPU 和网络 I/O 一样，vSphere 为磁盘共享和限制提供了默认设置。默认情况下，创建的虚拟机的每个虚拟磁盘分配的磁盘共享值是1000，不设置 IOPS 限制。

如果需要的设置与默认值不同，那么可以轻松修改分配的存储 I/O 共享和存储 I/O 限制。

1. 分配存储 I/O 共享

在虚拟机 Edit Settings 对话框上修改默认存储 I/O 共享值，该操作与修改内存分配或 CPU 利用率是相同的。图 11.26 展示了虚拟机的磁盘共享。

执行以下步骤修改虚拟机的存储 I/O 共享值。

(1) 如果 Web 客户端没有运行，启动它，并连接到 vCenter Server 实例中。

(2) 进入 Hosts And Clusters 或 VMs And Templates 目录视图。

(3) 右键单击需要更改存储 I/O 设置的特定虚拟机，在打开的菜单中选择 Edit Settings。

(4) 单击硬盘旁边的三角，显示图 11.26 所示的对话框。

(5) 对每个虚拟磁盘单击 Shares 下拉菜单来更改设置，如图 11.27 所示。这些设置可以是Normal、Low、High 或 Custom。

图 11.26　修改存储 I/O 共享的位置与修改其他资源分配设置是相同的

图 11.27　如果需要任意的存储 I/O 共享值，必须把设置更改为 Custom

（6）在步骤 5 中，如果选择了 Custom，则单击共享值下拉菜单并输入自定义存储 I/O 共享值。

（7）对与该虚拟机关联的虚拟磁盘重复步骤 5 和步骤 6。

（8）单击 OK 按钮保存更改，并返回到 Web 客户端。

当 SIOC 检测到数据存储上出现竞争（或拥塞）时，隶属于该虚拟机的所选虚拟磁盘将根据共享值获取存储 I/O 资源的分配比例（记住，与前面在拥塞阈值中所说明的那样，vSphere 使用延迟或峰值带宽 [peak bandwidth] 作为激活 SIOC 的触发器）。与所有其他共享值一样，只有当检测到存储 I/O 资源存在竞争时，SIOC 才会使用共享值。如果没有竞争（数据存储或数据存储群集指示低延迟或带宽值时），将不会激活 SIOC 功能。

只有出现资源竞争时共享功能才被激活

只有存在资源竞争时才会应用共享。本章所介绍的所有共享值都具备这种特性。无论是否设置内存、CPU、网络或存储的共享值，只有管理程序检测存在特定的资源竞争时，vSphere 才会介入并应用这些共享。共享不是一种保证值或绝对值，当管理程序不能满足所有的虚拟机需求时，共享就会建立相对优先级。

---

2. 配置存储 I/O 限制

另外，也可以对虚拟机可以产生的 IOPS 数设置限制。默认情况下，该值是没有限制的。但是，如果用户觉得自己需要设置 IOPS 限制，可以在设置存储 I/O 共享相同的位置设置它。

执行以下步骤设置 IOPS 上的存储 I/O 限制。

（1）如果 Web 客户端没有运行，启动它，并连接到 vCenter Server 实例中。

（2）进入 Hosts And Clusters 或 VMs And Templates 视图。

（3）右键单击某个虚拟机，在打开的菜单中选择 Edit Settings。

（4）单击要设置 IOPS 限制的磁盘旁边的三角。

（5）单击 Limit – IOPS 列，并输入虚拟机能够在在该虚拟磁盘上产生的最大 IOPS 数。

（6）在分配给该虚拟机的每个虚拟磁盘上重复步骤 4 和步骤 5。

（7）单击 OK 按钮保存更改，并返回到 Web 客户端。

谨慎使用 IOPS 限制

设置不合适的 IOPS 限制会对虚拟机的性能产生严重影响。在设定 IOPS 限制之前，务必要清楚地了解客户机操作系统的 IOPS 需求和在客户机操作系统上安装的应用程序。

与应用于内存、CPU 或网络 I/O 一样，存储 I/O 限制是绝对值。管理程序将会执行分配的存储 I/O 限制，即使存在足够可用的存储 I/O 也是这样。

以单个虚拟机为单位设置这些存储 I/O 资源值是一种很好的方式，但是需要采用某种统一的视图将这些设置应用于数据存储上的所有虚拟机时又该怎么做？所幸，vCenter Server 和 Web 客户端提供了一种简单的方式来查看各种设置的汇总信息。

3．查看虚拟机的存储 I/O 资源设置

在 Datastores And Datastore Clusters 目录视图中，可以查看特定 vCenter Server 实例管理的所有数据存储的列表。通过对 11.6.1 节的学习已经知道，同样是在该视图，可以启用 SIOC 功能，可以获取应用于数据存储上的虚拟机的所有存储 I/O 设置的统一视图。

在 Datastores And Datastore Clusters 视图中所选的数据存储的 Virtual Machines 选项卡上，vCenter Server 提供了数据存储上所有虚拟机的列表。如果使用 Web 客户端窗口底部的滚动栏向右滚动，将会看到 3 个特定的 SIOC 列：

◆ Shares Value；

◆ Limit – IOPs；

◆ Datastore % Shares。

图 11.28 展示了已经启用 SIOC 功能的数据存储上的这 3 列内容。注意，所选的启用 SIOC 数据存储的虚拟机上的默认值没有被修改。

从图 11.28 可以看出，在出现竞争时，vCenter Server 使用分配的共享值建立访问存储 I/O 资源的相对百分比。对 vSphere 管理员而言，这种一致的行为使管

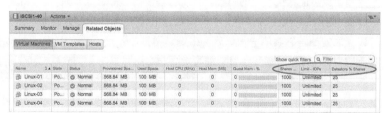

图 11.28 数据存储的虚拟机选项卡为数据存储上的所有虚拟机提供了与存储相关的有用的汇总信息视图

理资源分配的复杂任务变得更加简单。

> **Storage I/O Control 与外部负载**
>
> 只有 VMware vSphere 群集支持 SIOC（4.1 版本及更高版本）正在使用由 vCenter Server 管理的存储 I/O 资源时，Storage I/O Control 会起作用。但是，情况并非都是如此。由于存在许多现代阵列的构建方式，因此在支持启用 SIOC 数据存储的相同物理磁盘上运行着许多不同的负载。
>
> 在这种情况下，SIOC 具有检测"外部负载"的能力，并且会自动停止限制。但是，在随后的延迟评估期（4 秒），SIOC 将会再次根据拥塞阈值检测数据存储的延迟，并确定是否需要再次开始限制，循环再次开始。
>
> 为了解决这种问题，VMware 建议你在虚拟负载或非虚拟负载上避免使用共享物理磁盘。由于存在不同阵列的体系结构，因此这可能很难实现，应与存储供应商协商，听取他们的建议和最佳实践。

迄今为止，我们已经讨论了共享存储，它的功能和设置与阵列无关，不论是光纤通道、iSCSI，还是 NFS，不论阵列以何种形式呈现给 ESXi 主机，都没有关系。下一节将介绍一些基于 SSD 的本地存储独有的一些功能。

11.6.3 利用闪存

随着物理内存和虚拟内存比值提高，环境变得越来越密集，对速度更快存储的需求日益明显。闪存迅速成为行业标准。服务器和 SAN 配备基于闪存的存储已经非常普遍。传统来讲，SAN 使用更少量的闪存部分作为缓存，提高速度更慢的磁盘的响应时间。但随着 SAN 规模的增长，对昂贵的闪存缓存的需求也随之增长，此时更经济的解决方案可以加载带用 SSD 或基于 PCIe 闪存存储的服务器（可以是机架式，也可以是刀片式）。

vSphere 5.5 提供了两种完全不同的方式来使用基于本地闪存的主机存储，不论是 SSD 硬盘还是 PCIe 卡。vFlash Cache (vFC) 这个功能充当每台 VM 上的 I/O 缓冲区。另一个功能，Swap to Host Cache（交换到主机缓存），用于将本地闪存分配为交换空间。这两项功相互不并排斥；可以同时启用，甚至可以基于同一块 SSD，只是彼此的工作方式完全不同。

> **闪存还是 SSD？**
>
> 虽然行业可能使用不同的名称，但所有基于闪存的存储都是在类似的 NAND 技术之上构建。SSD、EFD 或单纯的闪存，都不过是不插电也能保持数据的非易失内存。不同产品之间的差异与"常规"硬盘之间的差异类似——延迟、带宽、弹性。当然，还有大小。就像常规的转轴磁盘驱动器一样，不同型号闪存的性能和容量特征可能会非常不同。

1. 为虚拟机启用 vFlash

vFlash 缓存是一种资源类型，这种资源类型可以在每台虚拟机的基础上分配，就像 CPU 和内存一样。实际上，它可以向下分配到单个虚拟磁盘（VMDK）的级别。但是，虚拟机不必分配 vFlash 就能工作。同 CPU 和内存分配一样，在虚拟机关机的时候，不消耗 vFlash 资源，虚拟机缓存的内容被刷回磁盘。与 CPU 和内存的分配也类似，如果集群的每台主机上配置了足够的资源，则 vFlash 缓存与 HA、vMotion 兼容，因此与 DRS 也兼容。

以下操作说明描述了如何启用 vFlash 缓存。

（1）如果 Web 客户端 尚未运行，启动它并连接到 vCenter Server 实例。

（2）导航到 Hosts And Clusters 视图或 VMs And Templates 视图。

（3）选中一台主机，单击 Manage → Settings → Virtual Flash → Resource Management。

（4）在这个屏幕内，单击内容区域右上角的 Add Capacity 按钮。

（5）从列表中选择 SSD，如图 11.29 所示。单击 OK 关闭对话框。这个 SSD 现在分配到 vFlash 缓存资源池。

（6）导航到要分配 vFlash 资源的虚拟机，选择 Actions 下拉菜单，单击 Edit Settings。

（7）在 Edit Settings 对话框内，展开虚拟机属性的 Hard Disk 区域，以 GB 或 MB 为单位分配资源数量，如图 11.30 所示。

（8）单击 OK 按钮关闭对话框，将配置修改提交到虚拟机。

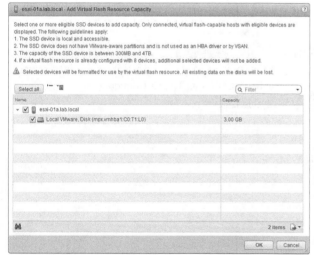

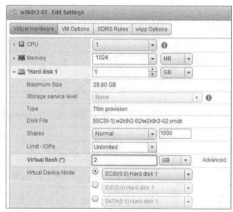

图 11.29 vSphere 5.5 的新功能，现在可以将 SSD 加入 vFlash 缓存资源能力

图 11.30 向 VM 分配 vFlash 缓存，就像分配 CPU 或内存一样简单

可以看到，配置和分配 vFlash 缓存是一项相当简单的任务。不那么容易的是找出哪些虚拟机硬盘会从 vFlash 缓存的分配受益，以及如何分配。在第 13 章"监控 VMware vSphere 性能"中，我们将详细讨论如何监控 vSphere 的性能。为了加入 vFlash 缓存而测算工作负载基线时，使用性能图表和 resxtop 会有很大帮助。根据环境中所运行的工作负载不同，可能会发现 vFlash 缓存没有多大好处。在低 I/O 高内存超量提交的环境中，可能会发现磁盘 I/O 不断增长，因为主机需要将

内存交换到磁盘，就像本章前面所描述的。在这个场景中，分配基于闪存的资源进行交换是个好主意。

2. 配置 Swap to Host Cache（交换到主机缓存）

Swap to Host Cache（交换到主机缓存）或 Swap to SSD（交换到 SSD）功能将一部分本地 SSD 存储分配给虚拟机交换文件使用。本章前面讨论过，虚拟机交换文件与担任 系统的交换 / 页面文件有很大不同。

需要指出的非常重要的一点是，只有内存争用达到 hypervisor 必须将未保留的虚拟机内存交换到磁盘的时候，这项功能才有用。根据本章前面解释的图形，访问交换到磁盘（即使 SSD）的内存，要比从 RAM 中访问它们慢多。这就是说，如果你的环境属于这个类型，那么启用这个功能会有明显的性能益处。

要配置主机执行 Swap to Cache，需要存在有 SSD 支持的 VMFS 数据存储。以下步骤描述了如何启用这个功能。

（1）如果 Web 客户端没有运行，启动它，并连接到 vCenter Server 实例。

（2）导航到 Hosts And Clusters 视图。

（3）选择合适的主机。

（4）单击 Manage → Storage 选项卡。

（5）选择 Host Cache Configuration，如图 11.31 所示。

图 11.31 Host Cache Configuration 功能针对 SSD 数据存储设计

（6）高亮有 SSD 支持的合适的 VMFS 数据存储，单击 Edit 笔形图标。

（7）最好，确保选中 Allocate Space For Host Cache。如果要将这个数据存储用于其他用途，可以自定义这个大小。

（8）单击 OK 按钮结束配置。

启用 Swap to Host Cache 之后，主要就会用 .vswp 文件填满数据存储上分配的大小（如图 11.32 所示）。这些 .vswp 文件就被用来代替其他虚拟机文件所在的同一数据存储上通常会发现的"常规的".vswp 文件。这里需要记住的是，需要在集群内的每台主机上启用这个设置，因为这个设置不是集群感知的。如果一台 VM 通过 vMotion 被转移到没有启用 Swap to Host Cache 的虚拟机，则会使用普通的基于数据存储的交换文件。

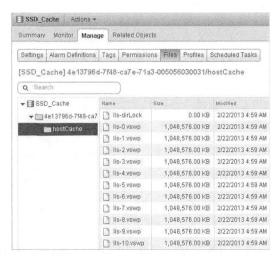

图 11.32 只要数据存储启用了 Host Cache，就会立即被预先分配的文件填满

> **充分利用 SSD**
>
> 即使 vFlash Cache 和 Swap to Host Cache 可以在同一 SSD 上配置，但就如何最好地利用这项有限的资源，还有一些事情应该考虑。
>
> 如果虚拟机有很高的内存争用，经常交换到磁盘，则最好将 SSD 数据存储分配为 Swap to Host Cache。但是，如果虚拟机受到 I/O 约束，在读写磁盘时遇到很高的延迟，则将 SSD 分配给 vFlash Cache 更好。
>
> 最后，每个环境都各不相同。一定要考虑 SSD 分配的地方，确保最大限度地发挥手上速度最快的存储设备的作用。

本章介绍了如何使用预留、共享和限制来修改 VMware vSphere 的资源分配和资源利用机制。下章将介绍其他一些工具来平衡服务器组之间的资源利用率。

11.7　要求掌握的知识点

1．管理虚拟机内存管理

几乎在所有的虚拟机数据中心，内存是最先出现的竞争资源。在其他资源出现限制之前，多数企业在 VMware ESXi 主机上通常会耗尽内存资源。所幸，VMware vSphere 同时提供高级内存管理技术和扩展控制技术来管理虚拟机内存分配和内存利用率。

掌握 1

为了确保一定水平的性能，IT 主管认为所有的虚拟机至少应该配置 8 GB RAM。但是，你知道应用程序很少使用这么多内存。为了确保一定的性能水平，什么是可接受的折中方案呢？

掌握 2

你正在配置全新的大规模 VDI 环境，但担心集群主机没有足够的 RAM 处理预期的负载。哪一项高级内存管理技术可以确保每个桌面有足够的 RAM，而不必使用交换文件？

2．管理 CPU 利用率

在 VMware vSphere 环境中，ESXi 主机控制虚拟机访问物理 CPU。为了有效管理和分配 VMware vSphere，管理员必须理解如何为虚拟机分配 CPU 资源，包括如何使用预留、限制和共享。预留提供了资源的保证值，限制提供资源使用的上限，共享有助于在约束环境下调整资源的分配。

掌握

有些 VMware 管理员对 CPU 预留的的用法有些担忧。他担心使用 CPU 预留会"影响"CPU 资源，担心这些预留的资源无法被其他虚拟机使用。管理员的这些担忧有依据吗？

3．创建并管理资源池

为大量虚拟机管理资源的分配和使用严重增加了管理任务。资源池为管理员提供了一种机制，可以一次性同时为一组虚拟机应用资源分配策略。资源池使用预留、限制和共享来控制和修改资源的分配行为，但仅适用于内存和 CPU 资源。

掌握

在相同的硬件上，你的公司可能会同时运行测试（开发）负载和产品负载。你如何确保测试（开发）负载不会消耗太多的资源，从而不会影响产品负载的性能呢？

4. 控制网络和存储 I/O 利用率

内存、CPU、网络 I/O 和存储 I/O 一起组成 4 种主要资源，VMware vSphere 管理员必须有效管理这些资源，以便构建一个高效的虚拟数据中心。通过控制网络 I/O 和存储 I/O，管理员有助于确保统一的性能、满足服务级目标，防止一种负载过度消耗资源，影响其他负载的正常使用。

掌握 1

指出 Network I/O Control 的 2 种限制？

掌握 2

使用 Storage I/O Control 有哪些需求？

现在对闪存的利用比以往任何时候都流行，vSphere 5.5 引入了新的 vFlash Cache 功能，与 Swap to Host Cache 功能并列。这个新的资源类型对需要最大性能的环境有利。

掌握 3

如果虚拟机有巨大的 I/O 需求，应该配置哪一项闪存功能，为什么？

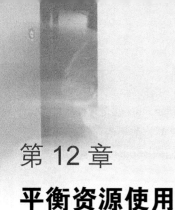

第 12 章

平衡资源使用

用 VMware vSphere 进行虚拟化的作用之一，就是在单台物理主机上更好地利用计算资源。vSphere 支持在单台物理主机上运行多个客户操作系统实例。但是，还可跨多台物理主机更好地实现资源利用，也就是说能够在主机之间转移工作负载，以平衡资源使用。vSphere 提供了许多强大的工具，可以帮助管理员平衡资源的利用。

本章的主要内容有：

◆ 配置和执行 vMotion ；

◆ 确保 vMotion 跨处理器家族的兼容性；

◆ 使用 Storage vMotion ；

◆ 执行 Combined vMotion 和 Storage vMotion ；

◆ 配置和管理 vSphere Distributed Resource Scheduler ；

◆ 配置和管理 Storage DRS。

12.1 利用和分配的比较

很多时候，分配和利用之间微妙的基本差异很难理解。分配指的是资源的分配方式，在 vSphere 环境中，分配指如何将 CPU 周期、内存、存储 I/O 以及网络带宽分配给特定的虚拟机或虚拟机组。另一方面，利用指的是资源分配之后的使用情况。vSphere 提供了 3 种机制来影响分配：预留（保证资源分配）、限制（资源分配的最大限额）以及共享（按优先级访问资源分配）。虽然这些机制强大而且有用——在第 11 章中讲过——它们确实也有自己的局限（并非双关语）。如果一台主机上资源利用很高，而另一台主机上的资源利用很低，这种情况下该怎么办？上面的 3 种机制都无法帮助在 ESXi 主机之间平衡资源的利用；它们只能控制资源的分配。我在第 11 章讲的和本章要讨论的正是分配和利用之间的区别。

VMware vSphere 用以下 4 种方法帮助平衡资源的利用。

vMotion vMotion 通常也称为实时迁移，用来自动在两台 ESXi 主机之间平衡计算资源使用。

Storage vMotion Storage vMotion 相当于存储上的 vMotion，用来手动地在两台数据存储之间平衡存储的利用。

vSphere Distributed Resource Scheduler vSphere Distributed Resource Scheduler（DRS）用来自动

在两台或多台 ESXi 主机之间平衡计算资源使用。

Storage DRS 就像 Storage vMotion 是存储版的 vMotion 一样，Storage DRS 就是存储版的 DRS，在虚拟机文件的初始放置之前或之后，它被用来在两台或更多数据存储间自动平衡存储的利用。

在介绍和解释平衡资源使用的这 4 个机制的过程中，还会介绍或回顾 vSphere 其他几项关联功能，例如，群集和 VMware Enhanced vMotion 兼容性（EVC）。

先从 vMotion 开始。

12.2 探索 vMotion

前面已经将 vMotion 的功能定义为手动在两台 ESXi 主机之间平衡计算资源使用的一种方式。这个定义的确切含义是什么？ vMotion 提供了在服务不中断情况下从一台 ESXi 主机向另一台 ESXi 主机执行实时迁移的能力。这个操作不需要停机；网络连接也不断开，应用程序继续运行，不被中断。实际上，最终用户并不知道、也感觉不到虚拟机已经在两台物理 ESXi 主机之间迁移。在使用 vMotion 将虚拟机从一台 ESXi 主机迁移到另一台 ESXi 主机时，意味着还将资源分配——CPU 和内存—从一台主机迁移到另一台。这使 vMotion 成为极为高效的工具，可以在虚拟化数据中心中对 ESXi 主机对虚拟机进行手动负载平衡、消除"热点"主机（利用程度过高的 ESXi 主机）。

除了在 ESXi 主机之间手动平衡虚拟机负载，vMotion 还有其他好处。如果因为硬件维护需要将某台 ESXi 主机关机，或者因为其他原因退出生产，则可以使用 vMotion 将全部活动虚拟机从准备下线的这台主机迁移到另一台不处于硬件维护窗口期的主机。因为 vMotion 做的是实时迁移——对服务没有中断，也不需要停机——所以需要这些虚拟机的用户仍然可以使用它们。

虽然听起来像魔术，但 vMotion 的基本前提相对简单。vMotion 的工作机制是：将虚拟机内存的内容从一台 ESXi 主机复制到另一台 ESXi 主机，然后将虚拟机磁盘文件的内容传输到目标主机。

下面来进一步了解。vMotion 的操作顺序如下。

（1）管理员启动运行中虚拟机（虚拟机 1）从一台 ESXi 主机（esxi-03a）到另一台（esxi-04a）的迁移，如图 12.1 所示。

（2）源主机（esxi-03a）开始跨过为 vMotion 启用的 VMkernel 接口将虚拟机 1 在主机内中活动的内存页面复制到目标主机（esxi-04a）。这称为预复制。在这个过程中，虚拟机仍然为源（esxi-04a）上的客户提供服务。在从源向目标复制内在的过程中，内存中的页面可能发生变化。ESXi 会对这个情况进行处理，它会在内存地址已经复制到目标主机之后，对源主机上虚拟机内在中发生的变化保持一个变化日志。这个日志称为内存位图。参阅图 12.2。注意，这个过程是迭代发生的，会反复地复制发生变化的内存。

---

vMotion 现在可以利用多块网卡

vSphere 5 中的 vMotion 可以利用多块网卡协助在主机之间传输内存数据。

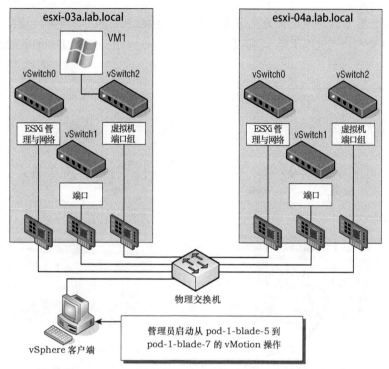

图 12.1 vMotion 迁移的第 1 步：在虚拟机开机的时候启动迁移

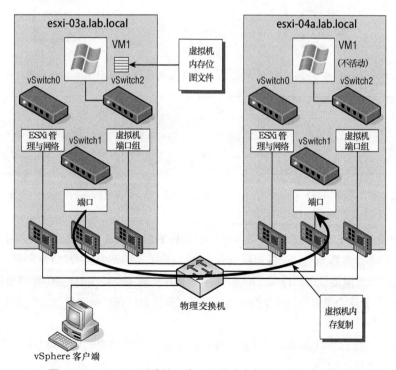

图 12.2 vMotion 迁移第 2 步：开始内存复制，添加内存位图

（3）在待迁移主机的全部内在内容都已经传输到目标主机（esxi-04a）后，源 ESXi 主机（esxi-03a）上的虚拟机 1 被停止操作。这意味着它仍在内存内，但不再为客户的数据请求提供服务。内存位图文件也被传输到目标（esxi-04a），如图 12.3 所示。

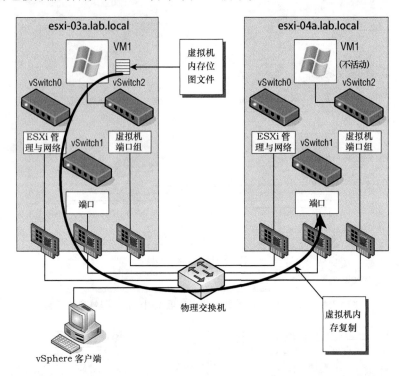

图 12.3　vMotion 迁移第 3 步：停止虚拟机 1，将内存位图文件从源 ESXi 主机传输到目标 ESXi 主机

内存位图

内存位图中不包含发生变化的内存地址的内容，它只是包含内存的地址——发生变化的内存通常称为脏内存。

（4）目标主机（esxi-04a）读取内存位图文件中的地址，并从源（esxi-03a）请求这些地址的内容，如图 12.4 所示。

（5）内存位图文件中的内存地址指向的内容传到目标主机后，在目标主机上启动虚拟机。注意，这个启动不是重新启动——虚拟机的状态在内存内，所以目标主机只是启用虚拟机。这时，目标主机发送一条反向地址解析协议（RARP）消息，在目标 ESXi 主机连接的物理交换机端口上注册它的 MAC 地址。这个过程使物理交换机基础设施将网络数据包从刚刚移动的虚拟机上连接的客户端发送到合适的 ESXi 主机。

（6）虚拟机在目标主机成功运行之后，虚拟机在源主机上使用的内存被删除。这个内存可供 VMkernel 使用，如图 12.5 所示。

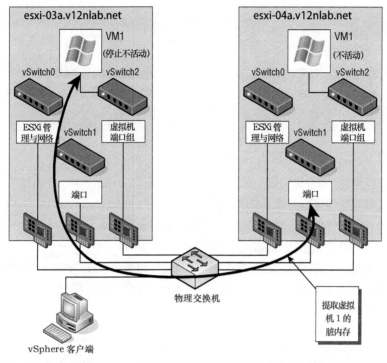

图 12.4 vMotion 迁移第 4 步：从源将位图文件中列出的实际内存（脏内存）提取到目标

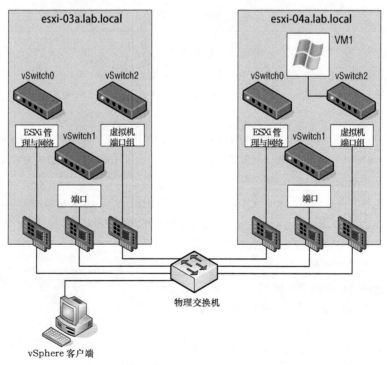

图 12.5 vMotion 迁移第 5 步：vCenter Server 从源 ESXi 主机删除虚拟机

用 ping 测试一下

仔细按照前面的过程操作，可以注意到有一个时刻，迁移虚拟机既不在源主机上运行也不在目标主机上运行。这个时间通常非常短。测试表明，连续 ping（Windows 操作系统上的 ping -t）移动中的虚拟机，在较差的情况下，会丢失一个 ping 包。多数客户机—服务器应用程序构建的时候，在通知客户有问题之前，可以容忍丢失的包不止一两个。

12.2.1　检查 vMotion 的需求

vMotion 迁移非常神奇，用户第一次在真实环境中观看它工作的时候，会留下极为深刻的印象。但是，要让这个过程准确执行，详细的规划还是必需的。当 vMotion 只能够通过 vCenter Server 时，参与 vMotion 过程的主机必须满足必要的需求，被迁移的虚拟机也一样。

参与 vMotion 的每台 ESXi 主机必须满足以下需求。

◆ 源和目标 ESXi 主机必须都能访问保存虚拟机文件的共享存储（VMFS 或 NFS 数据存储）。

◆ 千兆比特以太网或更快的网卡（NIC），而且每台 ESXi 主机上必须为 vMotion 定义并启用了 VMkernel 端口。

没有共享存储的 vMotion

在 12.2.1 节中，我们说 vMotion 要求共享存储。vSpherer 5.1 引入了"无共享" vMotion 能力。这个新功能将 vMotion 和 Storage vMotion 结合使用，具体细节请参阅本章的 12.5 节。

这个 VMkernel 端口可以在 vSphere 标准交换机上、vSphere 分布式交换机上、也可以在 Cisco Nexus 1000V 之类第三方分布式虚拟交换机上，但必须为了 vMotion 启用。千兆比特以太网卡或更快的网卡最好供 vMotion 流量专门使用，即使在必要的时候与其他类型的流量共享这块网卡也可以接受。

第 5 章提供了在 vSwitch 上创建 VMkernel 端口的步骤，包含了在 vSphere 标准交换机或 vSphere 分布式交换机上创建 VMkernel 端口的操作说明。为了方便，先回顾一下在 vSphere 分布式交换机上创建 VMkernel 端口的步骤。

执行以下步骤在现有的 vSphere 分布式交换机上创建一个 VMkernel 端口。

（1）如果 Web 客户端尚未运行，启动它，并连接到 vCenter Server 实例。

（2）导航到 Hosts And Clusters 目录视图。

（3）在左侧的目录列表中选择已经参与 vSphere 分布式交换机的 ESXi 主机。

（4）在右侧的内容窗格中选择 Manage 选项卡。

（5）单击 Networking，显示主机的网络配置。

（6）单击 Virtual Adapters 链接。

（7）在 Virtual Adapters 窗格中添加链接，添加新的虚拟适配器。

（8）选择 Vmkernel Network Adapter，单击 Next 按钮。

（9）浏览到正确的端口组，单击 Next 按钮。

（10）启用 vMotion 流量服务，单击 Next 按钮。

（11）指定 VMkernel 接口的 IP 地址和子网掩码。

（12）审核要对分布式交换机所做修改的图表。

如果一切正确，单击 Finish 按钮，完成 VMkernel 接口的添加。否则，单击 Back 按钮对设置进行相应的修改。

 Real World Scenario

vMotion 的网络安全性

不论什么时候，只要设计 **VMware** 网络，都要确保 **vMotion** 网络的与所有其他流量隔离。如果有可能，还要放在一个不通过路由的子网。这一设计决策背后的原因是，**vMotion** 流量不加密。这样做是对的；当 VM 的内存在 ESXi 主机之间复制时，流量以明文方式发送。对于实验室环境，甚至对开发环境来说，这可能不是问题，但在生产环境或多租户环境中，肯定需要考虑这个问题。我们来看一个包含大型银行的假想场景。

ESXi 主机 ABank-ESXi-42a 上有一台运行 SQL 数据库的 VM。这个数据库中包含客户的详细信息，包括信用卡号。这台 VM 被保护在多个防火墙后面，远离 Internet。显然，因为这台服务器数据的敏感性，只有选定的高级管理员人员才允许访问这台服务器来执行相关任务和维护。因为有了这些预防措施，银行认为这台服务器是"安全的"。

级别略低的管理员也能访问同一管理网络，但被拒绝访问更敏感的服务器，例如这台 SQL 数据库。有位初级网络管理员想访问信用卡信息。他选择嗅探管理网络上的网络流量，看上面有没有一些有意思的内容。在多数情况下，管理流量，例如 **vSphere Web Client**，是加密的，所以初级管理员只能得到混乱的数据。

不幸的是，ABank-ESXi-42a 需要进行维护，而且 **vMotion** 网络与管理流量在同一子网。SQL VM 的 **vMotion** 初始化之后，内存中的数据以明文在管理网络上发送，因此这个初级网络管理员能够看到其中的流量。

这家银行需要做的就是将 **vMotion** 网络放在隔离的 VLAN 或子网内，只允许 **VMkernel** 端口访问，从而可以避免这种情况。

除了刚刚描述的配置需求（共享存储和为 Motion 启用的 VMkernel 端口），两台 ESXi 主机之间成功的 vMotion 迁移还需要满足以下全部条件。

◆ 源和目标主机必须连接在相同的虚拟交换机上，虚拟交换机必须配置正确，带有启用 vMotion 的 VMkernel 端口。如果使用 vSphere 分布式交换机，源和目标主机必须参与同一台 vSphere 分布式交换机。

◆ 待迁移虚拟机连接的所有端口组在源和目标 ESXi 主机上必须都存在。端口组名称区分大小写，所以要在每台主机上创建相同的端口组，确保它们插入相同的物理子网或 VLAN。名为 Production 的虚拟交换机与名为 PRODUCTION 的虚拟交换机不是一回事。记住，为了防止停机，虚拟机在移动的时候，不会改变它的网络地址。虚拟机会保持它的 MAC 地址和 IP 地址，这样与它连接的客户端就不必为了重新连接而解析任何新的信息。

◆ 源和目标主机上的处理器必须兼容。在主机间传输虚拟机的时候，虚拟机引导时已经检测过运行它的处理器的类型。因为虚拟机在 vMotion 迁移期间不会重新启动，所以客户系统假定目标主机上的 CPU 指令集与源主机上的 CPU 指令集相同。也可以使用略微不同的处理器，但一般来说，执行 vMotion 的两台主机的处理器必须满足以下需求。

◆ CPU 必须来自同一厂商（Intel 或 AMD）。

◆ CPU 必须来自同一 CPU 系列（Xeon 55xx, Xeon 56xx, 或 Opteron）。

◆ CPU 必须支持相同的功能，例如，SSE2、SSE3、SSE4、NX 或 XD（参见后面的"处理器指令"）。

◆ 对于 64 位虚拟机，CPU 必须启用了虚拟化技术（Intel VT 或 AMD-v）。

在 12.3 节中会进一步介绍处理器兼容性问题。

处理器指令

单指令多数据流式扩展 2（SSE2）是对 PIII 处理器的多媒体扩展（MMX）指令集的增强。增强针对的是处理器的浮点计算能力，提供了 144 条新指令。SSE3 指令集是对 SSE2 标准的增强，针对的是多媒体和图形应用程序。新的 SSE4 扩展针对图形和应用程序服务器。

AMD 的执行禁用（XD）和 Intel 的不执行（NX）是将内存内面标记为纯数据页面的处理器功能，这可以防止病毒运行这个地址上的代码。操作系统需要利用这个功能写入，一般来说，从 Windows 2003 SP1 和 Windows XP SP2 开始的 Windows 版本支持这个 CPU 功能。

Intel 和 AMD 最新的处理器拥有对虚拟化的特殊支持。要创建 64 位的虚拟机，必须在 BIOS 中启用 AMD-V 和 Intel 的虚拟化技术（VT）。

除了对参与主机的 vMotion 需求，虚拟机还必须满足以下需求才能迁移。

◆ 虚拟机禁止与只有一台 ESXi 主机能够物理访问的任何设备连接。这包括磁盘存储、CD/DVD 驱动器、软驱、串口、并口。如果迁移的有其中任何一个映射，要在违规设备上取消选定 Connected 复选框。例如，不能迁移连接了 CD/DVD 驱动器的虚拟机；要断开驱动器以进行 vMotion，应取消选定 Connected 复选框。

◆ 虚拟机禁止连接到只在内部使用的虚拟交换机。

◆ 虚拟机禁止将它的 CPU 亲和性设定在特定 CPU 上。

◆ 虚拟机必须将全部磁盘、配置、日志、非易失性随机存取内存（NVRAM 文件）存储在源和目标 ESXi 主机都能访问的 VMFS 或 NFS 数据存储上。

如果启动了 vMotion 迁移，vCenter Server 发现它认为违反 vMotion 兼容性规则的问题，就会出现错误消息。在某些情况下，发出警告，不发错误。在发出警报的时候，vMotion 迁移仍然会成功。例如，如果已经取消选定了与主机连接的软驱的复选框，则 vCenter Server 会提示，有一个到主机设备的映射没有活动，会请示是否不论如何都进行迁移。

Vmware 说 vMotion 需要使用千兆比特以太网卡，但这块网卡不一定专供 vMotion 使用。在设计 ESXi 主机时，在可能的情况下，可以专门划出一块网卡给 vMotion。这样就减少了 vMotion 网络上的争用，vMotion 处理可以更快更高效。

vMotion 的千兆网络需求

虽然 vMotion 网络的需求说需要 1Gbps，但技术上最低是 600Mbps。长距离使用 vMotion 时要记住这点，因为这可能是一个更容易达到的需求。

回顾了对 ESXi 主机和虚拟机要求的全部必要前提之后，下面来实际执行一个 vMotion 迁移。

12.2.2 执行 vMotion 迁移

验证完 ESXi 主机需求和虚拟机需求之后，就做好了执行 vMotion 迁移的准备。

执行以下步骤对运行中的虚拟机进行 vMotion 迁移。

（1）如果 Web 客户端尚未运行，启动它，并连接到 vCenter Server 实例。vMotion 要求 vCenter Server。

（2）导航到 Hosts And Clusters 视图或 VMs And Templates 视图。

（3）在目录中选择已经开启的虚拟机，在虚拟机上单击右键，选择 Migrate。

（4）选择 Change Host，单击 Next 按钮。

（5）如果目标主机或目标集群上定义了资源池，则需要选择目标资源池（或集群）。还可以选择一个 vApp 作为目标资源池。第 10 章中介绍过 vApps 的概念。

要选择集群中的单个主机，请选中 Allow Host Selection Within This Cluster。

多数时候，虚拟机当前所在的同一资源池（或集群）就足够了。在 vSphere 5 中，虚拟机当前所在的资源池被自动选作目标资源池。记住，选择另外一个资源池可能会改变这台虚拟机访问资源的优先级。资源池放置对资源分配影响的深入讨论参阅第 11 章。如果目标主机上没有定义资源池，则 vCenter Server 会完全跳过这个步骤。单击 Next 按钮。

（6）选择目标主机。

图 12.6 显示了一个产生验证错误的目标主机，即 vCenter Server 发现了会阻碍 vMotion 操作成功的错误。图 12.7 显示选中了一个兼容的而且配置正确的目标主机。

在选择了正确的目标主机后，单击 Next 按钮。

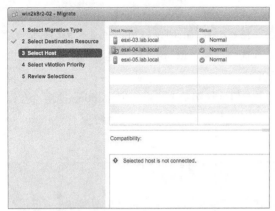 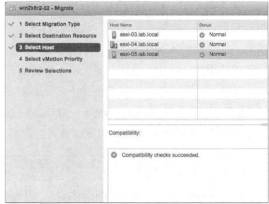

图 12.6 在 vMotion 操作期间，vCenter Server 会显示验证目标主机期间发现的错误

图 12.7 如果 vCenter Server 没有显示任何验证错误，则允许继续执行 vMotion 操作

（7）选择 vMotion 迁移需要使用的优先级。

在 vSphere 5.5 中，这个设置控制着为 vMotion 迁移分配的保留资源份额。标记为 Reserve CPU For Optimal vMotion Performance 的得到的 CPU 资源份额比标记为 Perform With Available CPU Resources 的迁移高。不论保留多少资源，都会进行迁移。这个行为与以前版本中的行为不同，参阅补充内容"vSphere 以前版本中的迁移优先级"。一般推荐选择 Reserve CPU… (Recommended)。单击 Next 按钮继续。

> **vSphere 以前版本中的迁移优先级**
>
> vMotion 高优先级 / Reserved CPU 保留 CPU 的行为和标准优先级 / Non-Reserved 非保留的行为在 vSphere 4.1 中发生了变化；这个行为被带到了 vSphere 5.5。但对 vSphere 4 来说，这些选项的行为是不同的。对于 vSphere 4，如果给迁移保留的资源不可用，高优先级迁移不会执行。但如果没有足够资源可用，标准优先级的迁移可能执行得更慢，甚至可能无法完成。

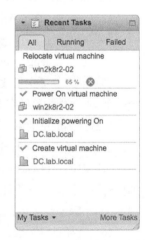

（8）审核设置，如果所有信息都正确，则单击 Finish 按钮。

如果有任何错误，单击 Back 按钮或左侧的超级链接返回并纠正错误。

（9）虚拟机开始迁移。很多时候，这个过程的进度对话框会在大约 14% 的地方暂停一下，然后在 65% 的地方再次暂停。

14% 处的暂停时主机在建立通信、搜集要迁移的内存页面的信息；在 65% 暂停时源虚拟机被停止并从源主机获取"脏"内存页面，如图 12.8 所示。

图 12.8 Web 客户端的 Recent Tasks 窗格显示 vMotion 操作的进度

> **vMotion 不是高可用性功能**
>
> **vMotion** 是个很棒的功能，但它不是一个高可用性功能。它确实可以用来提高正常运行时间，减少因为计划外运行中断产生的停机，但在计划外的主机故障期间，**vMotion** 不会提供任何保护。对于这个功能，需要 **vSphere** 高可用性（HA）和 **vSphere** 容错（FT），这两项功能在第 7 章讨论过。

vMotion 是虚拟管理员的宝贵工具。一旦采用 vMotion 管理数据库中心，就无法想象没有了它该如何管理。

但是经过一段时间，用户会发现自己处于没有 vMotion 的局面。随着英特尔和 AMD 等硬件厂商推出新一代 CPU，会遇到这样的局面：有些 ESXi 主机使用某一代 CPU，而另一些主机使用更新一代的 CPU。请记住，vMotion 的需求之一就是 CPU 要兼容。因此，如果需要更新一些硬件，就必须在开始使用新一代 CPU 的时候。这会发生什么情况？ vSphere 用称为 VMware 增强的 vMotion 兼容性（EVC）的功能来解决这个潜在问题。

12.3　确保 vMotion 兼容性

在 12.2.1 节讨论了执行 vMotion 操作需要满足的一些必要前提。尤其提到 vMotion 有一些相当严格的 CPU 需求。具体来讲，CPU 必须来自同一厂商，必须属于同一系列，必须共享一套公共的 CPU 指令集和功能。

在有两台物理主机位于一个集群，两台主机之间的 CPU 不同的情况下，vMotion 会失败。这个问题称为 vMotion 边界。直到后来的 ESXi 3.x 版本以及 Intel、AMD，在其处理器上提供了适当支持，这个问题也没有解决——这是虚拟数据库中心管理员和架构师不得不承受的一件事。

但是，在 VMware VirtualInfrastructure 3.x 后来的版本以及后续的 VMwarevSphere 4.x 和 5.x 中，VMware 支持来自 Intel 和 AMD 协助缓解这些 CPU 差异的硬件扩展。实际上，vSphere 提供了两种方法来解决这个问题：或者部分解决，或者整体解决。

12.3.1　使用每台虚拟机的 CPU 掩码

vCenter Server 提供了在每台虚拟机的基础上创建自定义 CPU 掩码的能力。虽然这在支持 vMotion 的兼容性方面可以提供极大的灵活性，但也要明确有一个例外，即 VMware 完全不支持的一件事。

这个例外是什么呢？在每台虚拟机的基础上有一个设计，告诉虚拟机显示或掩码主机 CPU 上的"无执行 / 执行禁用"（NX/XD）位，CPU 掩码的这个特定实例得到 VMware 的完整支持。向虚拟机掩码 NX/XD 位，就是告诉虚拟机不存在 NX/XD 位。如果 2 台主机兼容，但 NX/XD 位不匹配，这种做法是有用的。如果虚拟机不知道对方有 NX 位或 XD 位，则在使用 vMotion 迁移这台虚拟机的时候就会关心目标主机有没有这个位。掩码 NX/XD 位实现了最大的 vMotion 兼容性。如果 NX/XD 位暴露给虚拟机（如图 12.9 所示），则源和目标 ESXi 主机中 BIOS 中的 NX/XD 设置必须匹配。

对于NX/XD位之外的功能，则必须深入自定义CPU掩码。在这里就超出了VMware支持的边界。在图 12.9 的对话框可以看到 Advanced 按钮。单击 Advanced 按钮，打开 CPU Identification Mask 对话框，如图 12.10 所示。

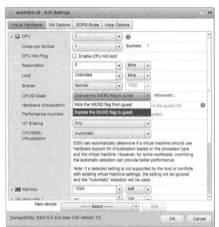 

图 12.9 以每台虚拟机为基础对掩码 NX/ XD 位的选项进行控制

图 12.10 在 CPU Identification Mask 对话框中可以创建自定义 CPU 掩码

在这个对话框中可以创建自定义 CPU 掩码，将 CPU ID 值中特定的位标记掉。这里不会介绍太多细节，因为 VMware 根本不支持它。如果运行 HCL 上的硬件，通常不需要这个设置。但是，Scott Lowe 有两篇博客提供了额外的信息，它们的网址是：

http://blog.scottlowe.org/2006/09/25/sneaking-around-vmotion-limitations/

http://blog.scottlowe.org/2007/06/19/more-on-cpu-masking/

幸运的是，还有更容易（而且得到全面支持）的方法可以处理这个问题，它称为 VMware 增强的 vMotion 兼容性（EVC）。

12.3.2 使用 VMware 增强的 vMotion 兼容性

认识到 vMotion 潜在的兼容性问题可能是个大问题之后，VMware 与 Intel 和 AMD 密切配合，研究可以解决这个问题的功能。在硬件方面，Intel 和 AMD 在其 CPU 内加入功能，允许修改 CPU 返回的 CPU ID 值。Intel 将这个功能称为 Flex 迁移；AMD 只是将这个功能嵌在其现有的 AMD-V 虚拟化扩展当中。在软件方面，VMware 创建了新的功能，可以利用这个硬件功能为集群内的全部服务器创建公共的 CPU ID 基线。这个功能最初在 VMware ESX/ESXi 3.5 Update 2 中引入，称为 VMware 增强的 vMotion 兼容性。

EVC 在集群层次上启用。图 12.11 显示了 EVC 对集群的控制方式。

在图 12.11 中可以看到，EVC 目前在这个集群上启用。这个集群中包含使用 AMD 处理器的服务器，所以 EVC 使用 AMD Operon Generation 1 基线。要改变 EVC 使用的基线，步骤如下所示。

（1）单击 Change EVC Mode 按钮。

（2）打开一个对话框，这里可以禁用 EVC 或修改 EVC 基线，如图 12.12 所示。

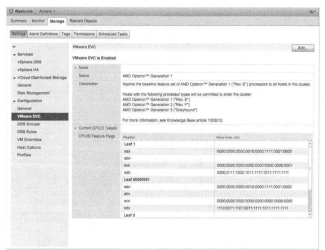

图 12.11　VMware EVC 在集群层次上启用和禁用

图 12.12　可以启用或禁用 EVC，也可以修改处理器基本的 EVC 使用

vCenter Server 执行一些验证检查，以确保物理硬件能够支持选中的 EVC 模式和处理器基线。如果选择的设置硬件不能支持，则 Change EVC Mode 对话框会反映出这种不兼容。图 12.13 显示为选中了不兼容的 EVC 模式。

在启用 EVC 并设置处理器基线之后，vCenter Server 会计算正确的 CPU 掩码，并将这个信息传送给 ESXi 主机。ESXi 管理程序与 Intel 底层或 AMD 处理器，创建与这个正确 CPU 掩码匹配的正确 CPU ID 值。在 vCenter Server 通过检查 CPU 兼容性来验证 vMotion 兼容性时，底层 CPU 会返回兼容的 CPU 掩码和 CPU ID 值。但是，vCenter Server 和 ESXi 不能为当前启动的虚拟机设置 CPU 掩码（要验证这点，可以打开运行中虚拟机的属性，进入 Recsources 选项卡的 CPUID Mask 区域。可以发现，这里的所有控制都是禁用的）。

结果就是，如果想修改 EVC 模式的集群已经有虚拟机启动，那么 vCenter Server 会阻止进行修改。在图 12.14 中可以看到（注意警告，并注意 OK 按钮已经禁用），必须关闭虚拟机才能修改集群的 EVC 模式。

在设置集群的 EVC 模式时，记住有些特定于 CPU 的功能，例如，更新的多媒体扩展或加密指令，可以在 vCenter Server 和 ESXi 通过 EVC 禁用它们的时候被禁用。依赖这些高级扩展的虚拟机可能受到 EVC 的影响，所以在设置集群的 EVC 模式前，要确保工作负载不会受到负面影响。

EVC 是项强大的功能，可以向 vSphere 管理员保证 vMotion 兼容性可以长时间维持，即使硬件的代际发生变化。有了 EVC，就不必担心没有了 vMotion 该怎么办。

传统的 vMotion 只协助进行 CPU 和内存负载的均衡。下一节将讨论一种手动平衡存储负载的方法。

图 12.13 vCenter Server 确保选中的 EVC 模式与底层硬件兼容

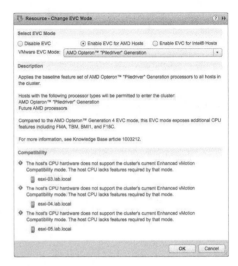

图 12.14 vCenter Server 通知用户集群中的哪台 ESXi 主机已经启动或挂起，阻碍对集群 EVC 模式的修改

12.4 使用 Storage vMotion

vMotion 和 Storage vMotion 就像一枚硬币的两面。传统地 vMotion 将运行中的虚拟机从一台物理主机迁移到另一台，在主机之间转移 CPU 和内存的使用，但虚拟机的存储不变化。这样从主机到主机地转移虚拟机，可以手动地平衡 CPU 和内存的负载。另一方面，Storage vMotion，负责将运行中虚拟机的虚拟磁盘从一个数据存储迁移到另一个数据存储，但保持虚拟机继续在同一台 ESXi 主机上执行——即使用 CPU 和内存资源。这样就可以手动平衡数据存储的"负载"或利用，将虚拟机的存储从一个数据存储转移到另一个。与 vMotion 一样，Storage vMotion 也是实时迁移；在虚拟磁盘从一个数据存储迁移到另一个数据存储期间，虚拟机不会遇到任何问题。

那么 Storage vMotion 是如何工作的呢？这个过程相对简单。

（1）vSphere 复制构成虚拟机的非易失性文件：配置文件（VMX）、VMkernel 交换、日志文件、快照。

（2）vSphere 在目标数据存储上启动虚拟机的影子或映像。因为影子主机还没有虚拟磁盘（还没有复制过来），所以空闲等待它的虚拟磁盘。

（3）Storage vMotion 先创建目标磁盘，再创建映像设备——一个新的驱动器，镜像源和目标之间的 I/O——被插入虚拟机和底层存储之间的数据路径。

日志中的 SVM 镜像设备信息

如果在 Storage vMotion 操作期间和操作之后，审核 ESXi 主机上的 vmkernel 日志文件，可以看到带有"SVM"前缀的日志项目，表明创建了镜像设备，并提供关于镜像设备的操作信息。

（4）I/O 镜像驱动器就位后，vSphere 进行虚拟磁盘从源到目标的单向复制。在源发生变化时，I/O 镜像驱动器确保在目标上也体现出这些变化。

（5）虚拟磁盘复制完成后，vSphere 迅速地挂起并继续，以便将控制权转移给前面在目标数据存储上创建的影子虚拟机。这个转换通常发生得很快，所以对于服务没有中断，与 vMotion 一样。

（6）源数据存储上的文件被删除。

需要着重指出的是，在确认迁移成功之前，原始文件不会删除。如果发生错误，vSphere 就能直接退回原始位置。这有助于防止 Storage vMotion 过程期间的错误造成数据丢失情况或虚拟机运行中断。

执行以下步骤使用 Storage vMotion 迁移虚拟机的虚拟磁盘。

（1）如果 vSphere 客户端尚未运行，启动它。

只有在使用 vCenter Server 时才有 Storage vMotion。

（2）导航到 Hosts And Clusters 或 VMs And Templates 视图。

（3）从左侧的目录树选择要迁移虚拟磁盘的虚拟机，再选择 Migrate。与初始化 vMotion 操作使用的对话框相同。

（4）选择 Change Datastore，单击 Next 按钮。

（5）选择目标数据存储或数据存储集群。（在 12.7 节"介绍和操作 Storage DRS"会进一步了解数据存储集群。）

（6）选择期望的虚拟磁盘格式（Same Format As Source, Thick Provision LazyZeroed, Thick Provision Eager Zeroed, 或 Thin Provision）。

Storage vMotion 允许在实际进行磁盘迁移的时候改变磁盘的格式，所以可以从 Thick Provision Lazy Zeroed 切换到 Thin Provision，以及其他切换。

带原始设备映射的 Storage vMotion

在使用带原始设备映射（RDM）的 Storage vMotion 时要小心。如果想只迁移 VMDK 映射文件，则一定要选择 Same Format As Source 作为虚拟磁盘的格式。如果选择不同格式，则在 vMotion 操作的过程中，虚拟模式 RDM 会转变成 VMDK（物理模式的 RDM 不受影响）。RDM 转变成 VMDK 之后，就不能再转变回 RDM。

（7）如果在 vCenter Server 中安装了一个已经定义了的存储供应程序，请从 Storage Profile 下拉列表中选择期望的配置。

（8）如果需要单独迁移虚拟机的配置文件和虚拟硬盘，或迁移到不同位置，那么单击

Advanced 按钮。

　　图 12.15 显示了迁移虚拟机向导存储步骤的 Advanced 视图，以及如何为虚拟机的不同部分单独选择目标和磁盘格式。

　　(9) 在 Storage 屏幕选择完成后，单击 Next 按钮继续迁移虚拟机向导。

　　(10) 审核 Storage vMotion 的设置，确保每个设置都正确。如果需要做修改，那么单击左侧的超链接。

　　启动了 Storage vMotion 操作之后，vSphere 客户端就会在 Task 窗格显示迁移的进度，与执行任务(如 vMotion)时一样。

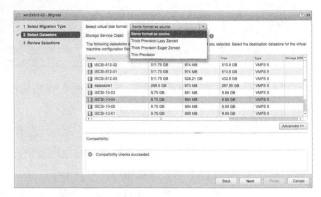

图 12.15　使用迁移虚拟机向导修改虚拟机的虚拟磁盘格式

　　在重命名文件的时候，Storage vMotion 处理 vSphere 5.5 的方式有一个显著不同。在以前版本的 vSphere 中，这项功能以前被启用，然后在 vSphere 5.1 中又被禁用。在 vSphere 5.5 中，重命名功能得到额外的功能支持。我们不会介绍具体如何使用这个功能的细节，但在 vSphere 5.5 中，在执行 Storage vMotion 时，vSphere 会将数据存储中的文件重命名，使它与 vSphere Web 客户端中显示的虚拟机名称匹配。只有被处理的虚拟机已经在 vSphere Web Client 中重命名的时候才会发生这种情况。如果因为虚拟机刚刚创建或来自上一个 Storage vMotion，没有重命名的情况，那就不会发生这个过程。需要了解的是，不能选择不重命名文件。Storage vMotion 对底层文件重命名，以符合虚拟机的显示名称以及 VMware 指定的文件命名规范。

　　在 Storage vMotion 过程中，会按标准的 <VM name>.<extension> 格式重命名以下文件：

◆ .VMX；

◆ .VMXF；

◆ .NVRAM；

◆ .VMDK；

◆ .VMSN。

　　提示：如果虚拟机有两个虚拟磁盘（VMDK），而只对其中一个磁盘做了 Storage vMotion 操作，则只有这块磁盘以及相关的文件会被重命名。如果（根据命名标准）有两个文件，则会形成相同的文件名称，例如快照磁盘，这时会在名称中加上数字后缀以解决名称冲突。

12.5　vMotion 与 Storage vMotion 组合使用

　　从 vSphere 5.1 开始，vMotion 和 Storage vMotion 可以组合成一个过程，形成所谓的无共享 vMotion。

　　现在，不需要（通常）昂贵的共享存储（例如，NAS 或 SAN），VMware 管理员就能在主机间移动工作负载，不必考虑存储的类型。将 vMotion 与 Storage vMotion 组合时，使用本地共享、混合共享存储、或标准的共享存储都是正确选项。

　　一般来讲，组合 vMotion 和 Storage vMotion 唯一的需求就是两台主机共享相同的 L2（二层）网络。但这样就需要使用 vSphere Web 客户端，因为在传统的 vSphere Client 中没有启用这项功能。但是，根据对这项功能工作方式的期望，可能需要增加额外的需求，所以我们用以下示例来说明。

　　示例 1

◆　两台主机在同一个 vMotion 网络内。

◆　两台主机使用本地数据存储。

　　示例 1 中的两台主机由同一个 vMotion 网络连接，但两台主机只有本地数据存储，如图 12.16 所示。从一台主机向另外一台迁移 VM 时，存在两个数据流。启动的第一个流是存储流，因为这个传输通常比内存传输需要更长时间才能完成。存储传输完成之后，内存复制开始。虽然有两个独立的数据传输，所有数据流都在同一个 vMotion VMkernel 网络上发生。

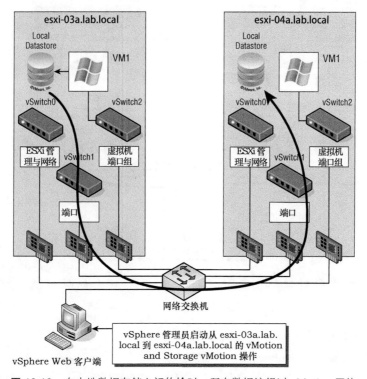

图 12.16　在本地数据存储之间传输时，所有数据流经过 vMotion 网络

　　示例 2

◆　两台主机在同一个 vMotion 网络上。

◆　一台主机使用本地数据存储。

◆　一台主机使用 SAN 数据存储。

　　在示例 2 中，一个 vMotion 网络连接了两台主机。但其中一台的存储连接的是 SAN。在这

个示例中，数据流的变化不大。唯一区别是第二台主机将接收到的数据通过自己的存储网络推到
SAN，而不是本地数据存储。在图 12.17 中可以看到其中的细节。两台主机连接在共享存储上，从
而形成我们的示例 3。

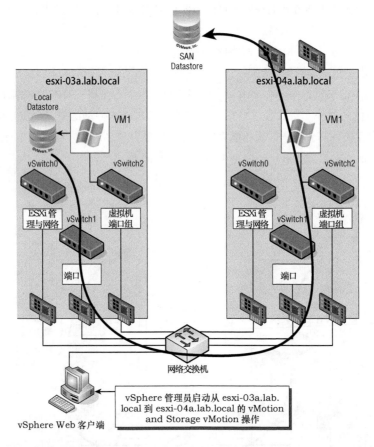

图 12.17　在本地数据存储和非本地数据存储之间传输时，数据流通过 vMotion 网络，然后通过存储网络

示例 3

◆　两台主机在同一个 vMotion 网络上。

◆　两台主机使用共享的光纤通道 SAN 数据库。

　　在大型企业环境中，示例 3 中的两台主机更典型。在这些情况下，一般会有一个 SAN 或 NAS
与全部 ESXi 主机连接。在这个情况下，数据流向有很大不同。同平常一样，vMotion 网络承载内
存数据流。这个示例中的不同之处包括共享存储组件。Storage vMotion 足够智能，可以检测到两台
主机都能看到源数据存储和目标数据存储。它会智能地使用存储网络而不是 vMotion 网络来迁移这
个数据，即使是源上的本地数据存储！如图 12.18 所示。

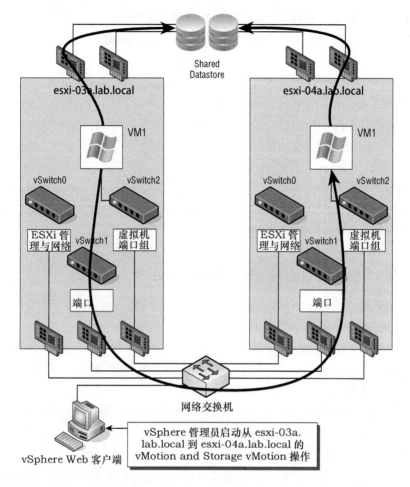

图 12.18 如果使用的不是同一个数据存储，Storage vMotion 完全知道两台主机是否都能看到目标数据存储。只要有可能就会使用存储网络

请执行以下步骤，使用组合 vMotion 和 Storage vMotion，将 VM 迁移到另一台主机和数据存储。

（1）如果 Web 客户端尚未运行，请启动它。

（2）导航到 Hosts and Clusters 或 VMs And Templates 视图。

（3）从左侧的清单树中，在要迁移虚拟磁盘的 VM 上单击右键，然后选择 Migrate。同一对话框还可用来启动 vMotion，而且会打开 Storage Vmotion 操作。

（4）选择 Change Both Host And Datastore，单击 Next 按钮。

（5）选择目标源，单击 Next 按钮。

（6）选择虚拟机要迁移到的主机，单击 Next 按钮。

（7）选择目标数据存储或数据存储集群。

（8）选择期望的虚拟磁盘格式 (Same Format As Source, Thick Provision Lazy Zeroed, Thick

Provision Eager Zeroed, 或 Thin Provision)。单击 Next 按钮继续。

(9) 如果需要，修改 vMotion 的优先级，单击 Next 按钮预览修改。

(10) 最后，审核要做的修改，并单击 Finish 按钮。

在组合 vMotion 和 Storage vMotion 时，首先发生存储迁移，其背后有双重原因。第一，硬盘比内存大，比内存慢，所以 Storage vMotion 的用时要比 vMotion 用时长很多；第二，基于磁盘的存储的变化率通常低于内存的变化率。如果 vMotion 操作先发生，则内存位图文件（本章前面讨论过）在等待 Storage vMotion 任务完成的过程中，会变得非常巨大。这正是先进行 Storage vMotion 操作有很大意义的原因。

与 vMotion 类似，Storage vMotion（或二者的组合）是手动调整资源负载或利用率的重要方式，但它们终究是响应性的工具。vSphere DRS 和 Storage DRS 利用 vMotion 和 Storage vMotion 实现一定程度的自动化，协助实现跨集群的均衡利用。.

12.6 探索 vSphere Distributed Resource Scheduler

在介绍 vMotion 时，说过 vMotion 是一种跨 VMware ESXi 主机手动平衡负载的方式。vSphere Distributed Resource Scheduler（DRS）基于跨 ESXi 主机手动平衡负载的想法构建，将它变成一种跨 ESXi 主机组自动平衡负载的方法。组就是集群，在第 3 章介绍过，并在第 7 章再次讨论过。

vSphere DRS 是 vCenter Server 在集群属性中的一项功能，用来跨多台 ESXi 主机进行负载的均衡。它有下面两个主要功能。

◆ 在虚拟机启动的时候决定应该在哪个集群节点上运行它，这项功能通常称为智能放置。

◆ 不断对集群上的负载进行评估，或者做出迁移建议，或者使用 vMotion 自动移动虚拟机，创建更均衡的集群工作负载。

vSphere DRS 作为 vCenter Server 内部的流程运行，这意味着必须有 vCenterServer 才能使用 vSphere DRS。默认情况下，DRS 每 5 分钟（或 300 秒）检查一次，查看集群的工作负载是否均衡。集群内的某些操作也会调用 DRS，例如，添加或移除 ESXi 主机或者修改虚拟机的资源设置。在调用 DRS 的时候，它会计算集群的不平衡情况，并应用资源控制（例如，预留、共享、限制），如果必要，还会生成迁移集群内主机的建议。根据 vSphereDRS 的配置，这些建议可以自动应用，这意味着 DRS 会在主机之间自动迁移虚拟机，以保持集群的平衡（换句话讲，将集群的不平衡降到最小）。

> **vSphere Distributed Resource Scheduler 启用资源池**
>
> 在制作 ESXi 主机集群的时候，DRS 支持使用资源池。如果主机位于启用了 HA 的集群上，则必须还要启用 DRS，允许创建资源池。

幸运的是，如果希望保持控制，则可以对 DRS 在集群内移动虚拟机的主动程度进行设置。

如果想查看 DRS 属性，可以在启用了 DRS 的集群上单击右键，选择 Edit Settings，单击左侧的 vSphere DRS 标题，通过查看这些属性可以发现，有 3 个与 DRS 集群的自动化等级有关的选择：手动（Manual）、半自动（Partially Automated）、全自动（Fully Automated）。滑块只影响全自动设置在集群上的操作。这些设置控制着虚拟机初始的摆放以及虚拟机在主机之间的自动转移。下面 3 小节分别介绍这 3 个自动等级的行为。

12.6.1　理解手动自动化行为

DRS 集群设置为手动（Manual）时，每次启动一台虚拟机，集群都会要求你选择在哪台 ESXi 主机上托管这台虚拟机。在对话框里会根据可用主机当时的适用性对主机进行评分：优先级越低，选择越好，如图 12.19 所示。

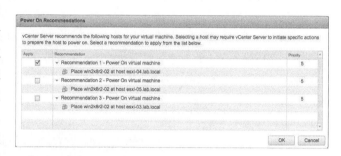

手动设置在 DRS 检测到集群的 ESXi 主机之间存在不平衡时，也会建议进行 vMotion 迁移。这是一个平均过程，工作的时间长度要比多数人以前在 IT 领域习惯的时长都要长。很难看到 DRS 因为存在超过 5 分钟的不平衡就做出推荐。在集群清单中选择集群，然后选择 DRS 选项卡，可以看到推荐的迁移列表。

图 12.19　DRS 集群设置为手动（Manual），需要指定应该在哪里启动虚拟机

从 Monitor DRS 选项卡中，单击 Apply 推荐按钮可以批准待定 DRS 推荐，并启动迁移。vMotion 会自动处理迁移。图 12.20 显示了手动 DRS 自动化中在集群的 DRS 选项卡上显示的一些待定推荐。

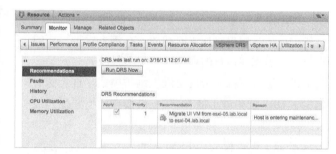

图 12.20　在 DRS 设置为手动自动化时，vMotion 操作必须由管理员批准

12.6.2　理解半自动化行为

如果在 DRS 自动化设置上选择半自动化（Partially Automated）设置，DRS 在虚拟机初次启动时，会自动决定应该在哪台主机上运行（不要求执行启用任务的用户选择），但仍会在 DRS 选项卡上提示所有迁移。因此，初始摆放是自动的，迁移仍然是手动的。

12.6.3　理解全自动化行为

DRS 的第三个设置是全自动化（Fully Automated）。这个设置会做出初始摆放的决策，不会提示，

还会根据选中的自动化等级（滑块）自动做出 vMotion 决策。

DRS 集群的全自动设置滑块上有 5 个位置。滑块值的范围从保守（Conservative）到激进（Aggressive）。保守会自动应用推荐优先级为 1 的推荐。其他迁移则列在 DRS 选项卡内，要求管理员批准。如果将滑块从最保守的设置向右移一位，则优先级为 1 和 2 的推荐自动应用；优先级高于 2 的推荐等待管理员批准。滑块全移到激进设置好，集群中引起推荐的任何不平衡都会自动批准（甚至应用优先级为 5 的推荐）。注意，这可能给 ESXi 主机环境带来额外的压力，因为即使一点点不平衡也会触发迁移。

迁移的计算可以规律地修改。假设在高活动期间，DRS 做出优先级 3 的推荐，自动化等级已经设定，所以优先级 3 的推荐需要手动批准，但推荐并未被注意到（或者管理员根本没在办公室。）1 小时后，导致这个推荐的虚拟机已经安顿下来，现在操作正常。这时，DRS 选项卡不再显示这个推荐。这个推荐从此被撤销。之所以发生这个行为，是因为如果迁移仍然列在表内，管理员可能批准它，反而导致不平衡。

在许多情况下，优先级 1 的推荐与集群的负载没有关系。相反，优先级 1 的推荐通常是由 2 种情况造成的。造成优先级 1 的第一种情况是将主机置于维护模式，如图 12.21 所示。

维护模式是主机上的一个设置，它会防止 ESXi 主机执行任何与虚拟机相关的功能。在进入维护模式的主机上目前正在运行的虚拟机必须关机或转移到另一台主机，这台主机才会真正进入维护模式。这意味着启用了 DRS 的集群上的 ESXi 主机会自动生成优先级 1，将所有虚拟机迁移到集群内的其他主机。图 12.20 显示了置于维护模式的 ESXi 主机上生成的优先级 1 推荐。

可以导致优先级 1 推荐的第二种情况是 DRS 亲和性规则发生作用的时候。下面讨论 DRS 亲和性规则。

图 12.21 进入维护模式的 ESXi 主机不能启动新的虚拟机，也不能作为 vMotion 的目标主机

Distributed Resource Scheduler 集群性能快速回顾

对于任何虚拟基础设施管理员来讲，监控集群的详细性能都是一个重要的任务，尤其是监控整个集群的 CPU 和内存活动以及集群内虚拟机各自的资源利用情况。集群对象详情窗格的摘要（Summary）选项卡中包含集群的配置信息，以及与当前负载分布有关的统计数字。另外，用查看资源分布图表（ViewResource Distribution Chart）链接可以打开一个图表，显示集群中 ESXi 主机当前的资源分布情况。虽然资源分配和分布不一定直接代表性能，但无论如何也是一个有帮助的度量指标。

12.6.4 使用 Distributed Resource Scheduler 规则

为了进一步支持管理员针对特定环境自定义 vSphere DRS 的行为，vSphere 提供了创建 DRS 规则的能力。vSphere DRS 支持 3 种 DRS 规则。

◆ 虚拟机亲和性规则：指的是 Web 客户端中的 Keep Virtual Machines Together。

◆ 虚拟机反亲和性规则：指的是 Web 客户端中的 Separate Virtual Machines。

◆ 主机亲和性规则：指的是 Web 客户端中的 Virtual Machines To Hosts。

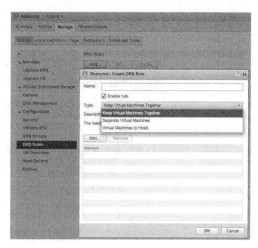

图 12.22 显示了在新建 DRS 规则的对话框中的这 3 种规则。

上节讲过，DRS 属于会触发优先级 1 推荐的第二种情况（另一种是维护模式）。当 DRS 检测到虚拟机要违反 DRS 规则时，就会生成优先级 1 推荐，迁移一台或多台虚拟机，以满足 DRS 规则表达的约束。

vSphere 的 DRS 规则功能为 vSphere 管理员提供了为复杂关系建模的能力，在今天的数据中心中经常存在这种复杂关系。下面逐一学习每种 DRS 规则。

图 12.22 DRS 支持虚拟机亲和性、虚拟机反亲和性和主机亲和性规则

1. 创建虚拟机亲和性规则

亲和性规则将与同一台主机上的虚拟机放在一起。假设有一个多层应用程序，里面有一台 Web 应用程序服务器和一台后端的数据库服务器，两台服务器之间频繁通信，你希望这个通信利用同一台服务器上的高速总线，但不要跨过网络。在这种情况下，就可以定义一条亲和性规则（Keep Virtual Machines Together），确保这两台虚拟机在集群内始终在一起。

执行以下步骤，创建 DRS 亲和性规则。

（1）如果 Web 客户端尚未运行，启动它，并连接到 vCenter Server 实例在连接到特定 ESXi 主机时不能管理 DRS 和 DRS 规则，必须连接到 vCenter Server 实例。

（2）导航到 Hosts And Clusters 目录视图。

（3）单击右键要应用规则的 DRS 集群，选择 Settings 选项。

（4）单击 DRS Rules 选项卡。

（5）单击面板顶部的 Add 按钮。

（6）输入规则的名称，并选择 Keep Virtual Machines Together 作为要创建的规则类型。

（7）单击 Add 按钮，在规则中包含必要的虚拟机。

只要选中要包含在 DRS 规则中的虚拟机旁边的复选框即可。

（8）单击 OK 按钮。

（9）审核新规则的配置，确保正确。

（10）单击 OK 按钮。

虚拟机的亲和性规则用来指定应该一直在一起的虚拟机。但是，如果虚拟机必须一直分开应该怎么办？DRS 用虚拟机反亲和性规则提供了这一功能。

2. 创建虚拟机反亲和性规则

假设一个环境里有 2 台邮件服务器虚拟机。管理员几乎都不会让 2 台服务器在同一台 ESXi 主机。相反，管理员希望邮件服务器分到集群内 2 台不同的 ESXi 主机上，这样一台主机的故障只会影响 2 台邮件服务器的一台。在这种情况下，虚拟机反亲和性规则是要使用的正确工具。

执行以下步骤创建 DRS 反亲和性规则。

（1）如果 Web 客户端尚未运行，启动它，并连接到 vCenter Server 实例请记住，DRS 和 DRS 规则只在 vCenter Server 上可用。

（2）导航到 Hosts And Clusters 目录视图。

（3）单击右键要应用规则的 DRS 集群，选择 Settings 选项。

（4）选择 DRS Rules 选项卡。

（5）单击面板顶部的 Add 按钮。

（6）输入规则的名称，选择 Separate Virtual Machines 作为要创建的规则类型。

（7）单击 Add 按钮，在规则中包含必要的虚拟机。

只要选中要包含在 DRS 规则中的虚拟机旁边的复选框即可。

（8）单击 OK 按钮。

（9）审核新规则的配置，确保正确。

（10）单击 OK 按钮。

使用虚拟机亲和性规则和虚拟机反亲和性规则时，有可能创建出不可靠的规则，例如建了一条 Separate Virtual Machines 规则，里面有 3 台虚拟机，而所在的 DRS 集群只有 2 台主机。在这种情况下，vCenter Server 会生成报告警告，因为 DRS 不能满足规则的需求。

迄今为止，已经看过了如何指示 DRS 将虚拟机保持在一起，或者让虚拟机保持分开，但是如果想将虚拟机限定在集群的一组主机内该怎么办？这是主机亲和性规则发挥作用的地方。

主机亲和性规则在 vSphere 4.1 中第一次出现

VMware 在 vSphere 4.1 中推出了主机亲和性规则。主机亲和性规则在以前的版本中不可用。

---

3. 使用主机亲和性规则

除了虚拟机亲和性虚拟机反亲和性规则，vSphere DRS 还支持第三种 DRS 规则：主机亲和性规则。主机亲和性规则用于管理虚拟机和集群的主机之间的关系，管理员可以控制集群中的哪台主机允许运行哪台虚拟机。在与虚拟机亲和性和虚拟机反亲和性规则结合使用时，管理员能够创建非常复杂的规则集合,对数据中心的应用程序和工作负载之间的关系进行建模。

在可以开始创建主机亲和性规则之前,必须创建至少一个虚拟机 DRS 组和至少一个主机 DRS 组。图 12.23 显示了 DRS 组,可以看到列表框中已经定义了几个组。

执行以下步骤创建虚拟机组或主机 DRS 组。

(1)如果 Web 客户端尚未运行,启动它,并连接到 vCenter Server 实例。

(2)导航到 Hosts And Clusters 视图。

(3)在启用了 DRS 的集群上单击右键,选择 Settings。

(4)在 Settings 面板中单击 DRS 组。

(5)要创建虚拟机 DRS 组,单击 Add 按钮。

(6)为新的 DRS 组起名。

(7)从下拉列表选择组类型。

(8)根据组的类型,单击 Add 按钮,选择要加入组的虚拟机或主机,使用复选框选择虚拟机或主机。如果集群有大量虚拟机或主机,则可以使用对话框右上角的筛选器。

图 12.24 显示了我们在哪里向新的 VM DRS 组添加了 4 台虚拟机。

(9)向 DRS 组添加完虚拟机或组件,或从 DRS 组移除完虚拟机或主机时,单击 OK 按钮。

(10)在集群的 Settings 对话框中单击 OK 按钮,保存 DRS 组,返回 Web 客户端。

前面的步骤对于虚拟机 DRS 组和主机 DRS 组都是一样的,在创建规则之前,每个组至少都要创建一个。

定义完虚拟机 DRS 组和主机 DRS 组之后,就可以实际定义主机亲和性规则了。主机亲和性规则将虚拟机 DRS 组和主机 DRS 组以及首选的规则行为放在一起。有 4 个主机亲和性规则行为。

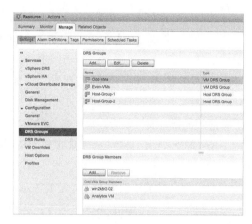

图 12.23　用 DRSGroups Manager 可以创建和修改虚拟机 DRS 组以及主机 DRS 组

图 12.24　这个截屏显示了向 DRS 组添加虚拟机

- ◆ 必须在组内的主机上运行(Must Run On Hosts In Group);
- ◆ 应该在在组内的主机上运行(Should Run On Hosts In Group);
- ◆ 禁止在组内的主机上运行(Must Not Run On Hosts In Group);
- ◆ 不应该在组内的主机上运行(Should Not Run On Hosts In Group)。

这些规则大体上一看就知道其含义。每个规则或者是强制的（必须 /Must），或者是首选的（应该 /Should），外加亲和性（在上面运行 /Run On）或者反亲和性（不在上面运行 /Not Run On）。强制性的主机亲和性规则——带有"必须 /Must"字样的规则——不仅得到 DRS 的尊重，还得到 vSphere HA 和 vSphere DPM 的尊重。例如，如果某个故障转移违反必需的主机亲和性规则，则 vSphere HA 不会执行这个故障转移。另一方面，首选规则可以违反。管理员可以选择创建一个基于事件的警报，监控是否违反了首选的主机亲和性规则。在第 13 章将学习警报。

图 12.25 显示了来自选中虚拟机 DRS 组的主机亲和性规则、一个规则行为以及选中的主机 DRS 组。

在定义主机亲和性规则时一定要注意，尤其是图 12.25 所示的强制性主机亲和性规则。虚拟机只能在同时属于这两组的主机上运行。这种情况如图 12.26 所示。

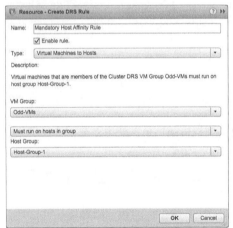

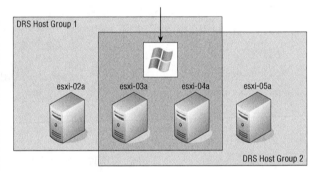

图 12.25　这个主机亲和性规则规定，选中的虚拟机组必须在选中的 ESXi 主机组上运行

图 12.26　管理员应该确保使用多个必需主机亲和性规则的时候会产生预期结果

虽然 DRS 支持的不同类型的规则提供了大量灵活性，但有时候可能需要更细的粒度。为了满足对于粒度的需求，可以修改或禁用集群内单个虚拟机的 DRS。

4. 配置 DRS VM Overrides

虽然多数虚拟机都应该允许利用 DRS 的均衡行为，但管理员可能坚持企业特定的关键虚拟机不应该使用 DRS。但是，这些虚拟机应该留在集群内，以利用 vSphere HA 提供的高可用性功能。换句话说，虚拟机可以参与 HA，但不参与 DRS，即使这两个功能在集群上都已启用。如图 12.27 所示，应该使用 VM Overrides 配置集群中的虚拟机。

在 Cluster Settings 窗格中，列在 DRS Groups 和 DRS Rules 下的是 VM Overrides。该对话框可以在单个虚拟机上设置与集群设置不同的 HA 和 DRS 设置。使用这种方法修改设置时，虽然开始可以成批地添加它们，但它们的编辑则要一个一个编辑。如果需要了解虚拟机重启优先级、主机隔离、虚拟机监控的更多信息，HA 在第 3 章和第 7 章中已经讨论过。

专注于 DRS，有以下自动化等级可用：

- ◆ 全自动（Fully Automated）；
- ◆ 半自动（Partially Automated）；
- ◆ 手动（Manual）；
- ◆ 使用 Cluster Settings ；
- ◆ 禁用（Disabled）；

前 3 个选项的作用与本章 12.6.1、12.6.2、12.6.3 小节中讨论的一样。禁用选项关闭 DRS，包括启动时的自动主机选择和后来的迁移推荐。默认 Use Cluster Settings 选项让虚拟机接受集群上设置的自动化等级。

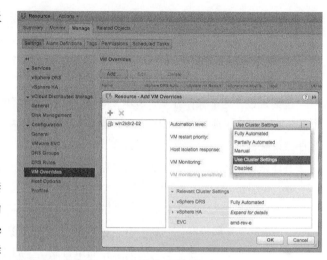

图 12.27 可以阻止单个虚拟机参与 DRS

至少要对变化开放

即使选择了一台或多台虚拟机不参与 DRS 自动化，最好也不要将虚拟机设为禁用选项，因为这样就不会提供建议。可能一个优先级 2 的推荐建议移动虚拟机，而管理员以前觉得在特定主机上最好。但迁移可能建议不同的主机。因此，手动选项更好。至少它打开了可能性，也许虚拟机在另一台主机上可能执行得更好。

VMware vSphere 为管理员提供了许多工具，让他们的工作更轻松，前提是理解这些工具并设置正确。谨慎的做法可能是监控这些工具的行为，观察随着环境的增长，是否需要对配置进行修改。监控和警报将在第 13 章详细讨论。

DRS 是 vSphere 中宝贵而有用的一部分，它在 vMotion 之上构建，使 vSphere 管理员能够更主动地管理他们的环境。

12.7 介绍和操作 Storage DRS

它是在 VMware 以前版本推出的功能之上构建的——具体来讲，构建在 Storage I/O Control 和 Storage vMotion 之上——SDRS 推出了自动平衡存储利用的能力。SDRS 执行这个自动平衡时，不仅能在空间利用的基础上执行，还能在 I/O 负载平衡的基础上执行。

与 vSphere DRS 类似，SDRS 是在一些密切相关的概念和术语之上构建的。

- ◆ 同 vSphereDRS 使用集群作为要操作的主机集合一样，SDRS 使用数据存储集群作为要操作的数据存储集合。
- ◆ 同 vSphere DRS 既能执行初始放置又能手动和持续地进行平衡一样，SDRS 也既能执行

VMDK 的初始放置又能执行 VMDK 的持续平衡。SDRS 的初始放置功能特别吸引人，因为它有助于 vSphere 管理员简化虚拟机的供给过程。

◆ 同 vSphere DRS 提供亲和性和反亲和性规则来影响推荐一样，SDRS 提供 VMDK 亲和性和反亲和性功能。

前面说过，为了操作方便，SDRS 使用数据存储集群的思想——将一组数据存储当成共享存储资源。在可以启用或配置 SDRS 之前，必须创建数据存储集群。不能将数据存储随意组合成一个数据存储集群，有一些指导原则需要遵守。

具体来讲，VMware 为组合成数据存储集群的数据存储提供了以下指导原则。

◆ 大小和 I/O 能力不同的数据存储可以组合成一个数据存储集群。虽然可行，但我们并不推荐这一做法，除非有非常特定的需求。另外，不同阵列和不同厂商的数据存储可以组成一个数据存储集群。但是，不能将 NFS 和 VMFS 数据存储组合在一个数据存储集群内。

◆ 不能将复制的和非复制的数据存储组合成一个启用 SDRS 的数据存储集群。

◆ 数据存储集群内数据存储上连接的主机必须运行 ESXi 5 或以上版本。ESX/ESXi 4.x 以及之前版本不能与准备加入数据存储集群的数据存储连接。

◆ 跨多个数据中心共享的数据存储不支持 SDRS。

混合硬件加速支持行不行？

硬件加速是 vSphere Storage API 对阵列集成（更常见的名字是 VAAI）支持的结果，它是在创建数据存储集群时需要考虑的另外一个因素。作为最佳做法，VMware 不建议将支持硬件加速的数据存储与不支持硬件加速的数据存储混合。数据存储集群中的全部数据存储在底层阵列的硬件回事支持方面应该一致。

除了这些 VMware 的通用指导原则，还建议读者向具体的存储阵列厂商咨询，获得特定于阵列的附加建议和一些支持或不支持基于阵列功能的建议。下节将介绍如何创建和数据存储集群，作为深入了解 SDRS 的准备工作。

12.7.1 创建和使用数据存储集群

现在准备就绪，要创建数据存储集群并开始更详细地探索 SDRS。

执行以下步骤创建数据存储集群。

（1）如果 Web 客户端尚未运行，启动它，只有在环境中使用 vCenter Server 时才可以使用 Storage DRS 和数据存储集群。

（2）导航到 Storage 视图。

也可以使用导航条或按 Ctrl+Shift+D 组合键。

（3）在期望新建数据存储集群的数据存储对象上单击右键。

单击 New Datastore Cluster。这会启动新建数据存储集群向导。

（4）为新数据存储集群起名。

（5）如果想为这个数据存储启用 Storage DRS，那么选择 Turn On Storage DRS。单击 Next 按钮。

（6）Storage DRS 既可以在手动模式下操作，也可以在全自动模式下操作。在手动模式下只做推荐；在自动模式下会自动执行存储迁移。选择 Fully Automated，单击 Next 按钮。

（7）如果希望 Storage DRS 在推荐或迁移时，在空间利用中包含 I/O 指标，选择 Enable I/O Metric For Storage DRS Recommendations。配置 SDRS，包含 I/O 指标，会自动在这个群集的数据存储上启用存储 I/O 控制。

（8）可以调整 Storage DRS 在推荐或执行迁移（取决于 Storage DRS 配置成手动还是全自动操作）时用来控制的阈值。

默认利用空间阈值是 80%，这意味着数据存储达到 80% 的时候，Storage DRS 会推荐或执行存储迁移。I/O 延迟的默认设置是 15ms；应该根据存储厂商的推荐调整这个值。图 12.28 显示了 SDRS 运行时规则的默认设置。调整完这些值之后，单击 Next 按钮。

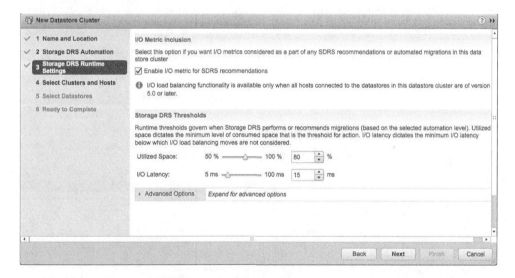

图 12.28　SDRS 的默认设置包括 I/O 指标和已利用空间和 I/O 延迟的设置

存储 I/O 控制 Storage DRS 延迟阈值

第 11 章的 11.6 节中讨论了调整存储处以以及存储 I/O 控制的阈值（SIOC）。SDRS 的默认 I/O 延迟阈值（15 ms）低于 SIOC 的默认阈值（30 ms）。这些默认设置背后的思想是，在需要进行节流之前，SDRS 可以执行迁移以平衡负载（全自动情况下）。

正如我建议的，你要联系存储厂商，了解关于 SIOC 延迟值的具体推荐，还应该联系阵列厂商，看它是否有 SDRS 延迟值的推荐。

（9）在应该添加数据存储集群的 ESXi 主机或集群旁边的复选框上选中，单击 Next 按钮。

（10）选择要添加到新数据存储集群的可用数据存储。

因为 Storage DRS 的性质，所以应该将 Show Datastores 下拉框保持在默认设置 Connected To All Hosts，这样前一步选择的主机和集群就可以访问这里列出的任何数据存储。在希望添加到数据存储集群的每个数据存储旁边的复选框上选中。单击 Next 按钮。

（11）在新建数据存储集群向导的最后一页上审核设置。

如果设置有任何不正确，或者希望做修改，可单击左侧的超链接或 Back 按钮退回。否则，单击 Finish 按钮。

新创建的数据存储集群会在 Storage 视图中出现，如图 12.29 所示。数据存储集群的 Summary 选项卡会显示数据存储集群内数据存储聚合的统计信息。

创建了数据存储集群之后，可以通过添加更多数据存储来增加数据存储集群的容量，方法与添加新 ESXi 主机给 vSphere DRS 集群增加容量的方法基本相同。

要将数据存储添加到数据存储集群，只要在现有的数据存储集群上单击右键，从弹出的菜单中选择 Add Storage，打开 Move Datastores Into Datastore Cluster 对话框，选择额外的数据存储，添加到数据存储集群。图 12.30 显示了 Move Datastores Into Datastore Cluster 对话框，可以看到有些数据存储不能添加，因为并没有连接全部必需的 ESXi 主机。这可以确保没有错误地将一个数据存储添加到数据存储集群，发现 SDRS 迁移造成一台或多台 ESXi 主机不能访问这个 VMDK。

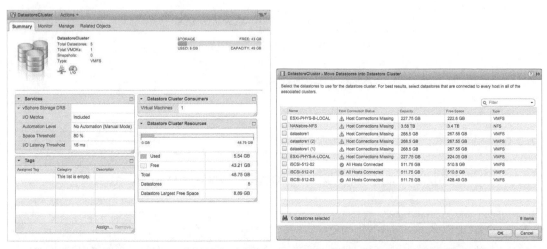

图 12.29 数据存储集群的 Summary 选项卡提供关于总容量、总空间、总剩余空间、最大剩余空间的整体信息

图 12.30 要将数据存储添加到数据存储集群，新数据存储必须与数据存储集群上当前连接的全部主机都连接

SDRS 还为数据存储提供了一个维护模式选项，就像 vSphere DRS 为 ESXi 主机提供了维护模式选项一样。要将数据存储置于 SDRS 维护模式，可在数据存储上单击右键，在弹出的菜单中选择 All vCenter Actions → Enter Maintenance Mode。如果数据存储上当前有注册的虚拟机，则 SDRS 会

自动生成迁移推荐, 如图 12.31 所示。如果在 SDRS 维护模式迁移推荐对话框中选择 Cancel, 则取消了 SDRS 维护模式请求, 数据存储就不进入 SDRS 维护模式。

> **Storage DRS 维护模式不影响模板和 ISO 映像**
>
> 在为数据存储启用 SDRS 维护模式时, 会针对注册的虚拟机生成推荐。但是, SDRS 维护模式并不影响存储在这个数据存储上的模板、未注册的虚拟机以及 ISO 映像。

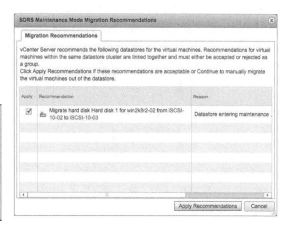

图 12.31 将数据存储置于 SDRS 维护模式会生成转移数据存储的 SDRS 推荐

除了使用这节前面介绍过的 Add Storage 对话框, 还可以使用拖放操作将数据存储加入现有的数据存储集群。但注意, 如果数据存储没有与数据存储集群上连接的所有主机连接, 则拖放操作不会发出警告, 因此一般推荐使用 Move Datastores Into Datastore Cluster 对话框, 如图 12.30 所示。

现在深入介绍一下如何配置 SDRS 来操作已经创建的数据存储集群。

12.7.2 配置 Storage DRS

SDRS 的全部配置都在 Manage → Settings 面板中进行。打开 Settings 面板, 在数据存储集群上选择或单击 Settings。这两种方法的效果一样。在这个面板中, 单击面板右上角的 Edit 按钮。

在 Settings 面板中, 可以执行以下任务:

◆ 启用或禁用 SDRS;

◆ 配置 SDRS 自动化等级;

◆ 修改 SDRS 运行时规则;

◆ 配置或修改自定义 SDRS 计划;

◆ 创建 SDRS 规则, 影响 SDRS 行为;

◆ 以每台虚拟机为基础配置 SDRS 设置。

下面几节详细分析这些任务。

1. 启用或禁用 Storage DRS

在 Edit 对话框的 General 区可以方便地启用或禁用 SDRS。图 12.32 显示了 Edit 对话框的这个区域。在这里可以选择 Turn ON vSphere Storage SDRS 启用 SDRS。如果 Storage DRS 已经启用, 也可以取消 Turn ON vSphere Storage DRS 的选择 (禁用它)。如果禁用 SDRS, 则 SDRS 设置依然保留。如果稍后重新启用 SDRS, 则配置返回到禁用前的状态。

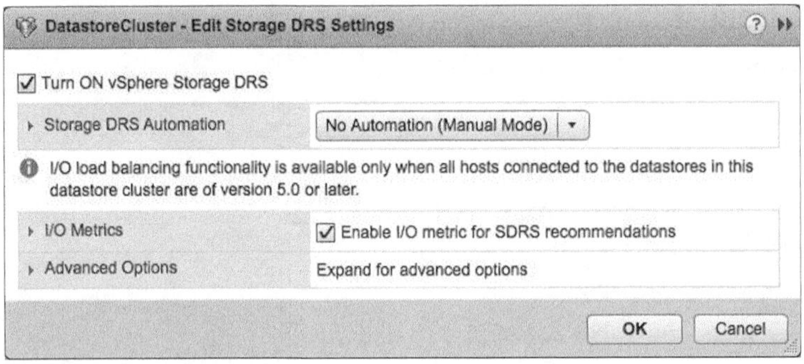

图 12.32   除了启用禁用 Storage DRS，在这个对话框里还可以启用或禁用 Enable I/O metrics for SDRS recommendations

2. 配置 Storage DRS 自动化

SDRS 提供了 2 个预定义的自动化等级：无自动化手动模式（No Automation（Manual Mode））和全自动（Fully Automated），如图 12.33 所示。

SDRS 自动化等级设为无自动化手动模式时，SDRS 会为初始放置生成推荐，并为配置的空间和 I/O 阈值生成存储迁移的推荐。初始放置推荐是在新建虚拟机（从而新建虚拟磁盘）、给虚拟机添加虚拟磁盘、克隆虚拟机或模板时生成的。初始放置推荐采用弹出窗口的形式，如图 12.34 所示。

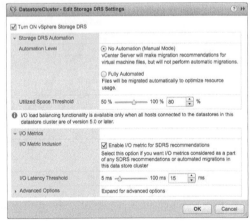

图 12.33   Storage DRS 提供了手动操作模式和全自动操作模式

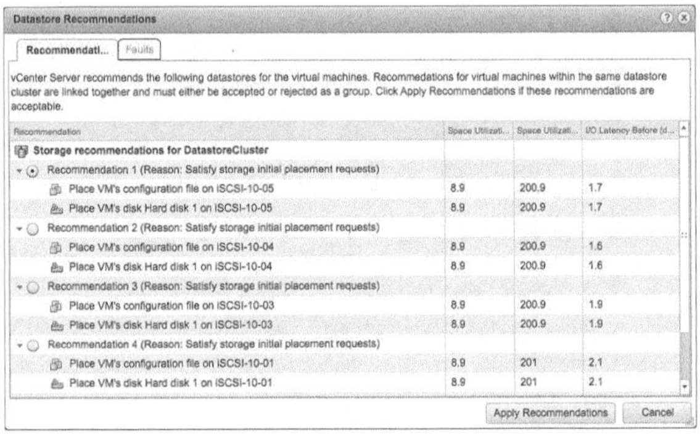

图 12.34   只要新建虚拟磁盘，Storage DRS 就会显示一列初始放置推荐

存储迁移的推荐用 2 种方式提醒注意。先生成一个警报，提醒存在一个 SDRS 推荐。可以在 Datastore 视图中数据存储集群的 Monitor → Issues 选项卡查看这个警报，如图 12.35 所示。

另外，数据存储集群的 Monitor → Storage DRS 选项卡（在 Datastore 视图中可见，如图 12.36 所示）会列出当前的 SDRS 推荐，并提供一个选项来应用这些推荐，即初始化推荐的 StoragevMotion 迁移。

SDRS 配置为全自动模式时，SDRS 会自动初始化 StoragevMotion 迁移而不是生成推荐要求管理员批准。在这个示例中，可以使用数据存储集群的 Monitor → Storage DRS 选项卡查看 SDRS 操作的历史，方法是：单击 Storage DRS 选项卡左侧的 History 按钮。图 12.37 显示了选中数据存储集群的 SDRS 历史。

要修改 SDRS 在全自动模式下运行时的激进程度，需要切换到 Edit Cluster（编辑集群）对话框的 SDRS 运行时规则（SDRS Runtime Rules）区，具体将在下一节介绍。

图 12.35 数据存储集群上的这个警报表明存在一个 SDRS 推荐

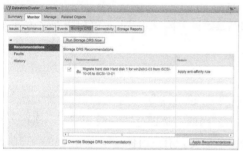

图 12.36 选择应用 Storage DRS 选项卡中的推荐，初始化 SDRS 推荐的存储迁移

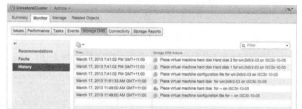

图 12.37 在数据存储集群的 Storage DRS 选项卡上，单击 History 按钮可以回顾在全自动模式下运行时已经执行的 SDRS 操作

3. 修改 Storage DRS 的运行时行为

在 Edit Cluster（编辑集群）对话框的 SDS 运行时规则（SDRS Runtime Rules）区，有多个选项可以修改 SDRS 的行为。

首先，如果想告诉 SDRS 只基于空间利用率操作，不基于 I/O 使用情况操作，只要取消选定 Enable I/O Metric For SDRS Recommendations 复选框。这就告诉 SDRS，严格根据空间利用率推荐或执行（根据自动化等级）迁移。

其次，在 Storage DRS Thresholds 区域可以调整 SDRS 用来推荐或执行迁移的阈值。默认情况下，Utilized Space 设置是 80%，意味着当数据存储的空间利用率达到 80% 时，SDRS 就会推荐或执行迁移。默认的 I/O Latency 设置是 15 ms；当数据存储集群中指定数据存储的延迟测量值超过 15s，而且启用了 I/O 指标时，SDRS 就会推荐或执行存储迁移，迁移到另外一个延迟测量值低的数据存储。

如果单击箭头旁边的 Advanced Options,,可以进一步微调 SDRS 的运行时行为。

◆ 顾名思义,Keep VMDKs Together By Default(默认将 VMDK 保持在一起)。默认虚拟机的虚拟磁盘(VMDK)应该保持在一起,除非一直将它们分割在多个数据存储之间的特定需求。

◆ Check Imbalances Every 选项用来控制 SDRS 多久评估一次 I/O 或空间利用,以便做推荐或执行迁移。

◆ I/O ImbalanceThreshold(I/O 不平衡阈值)控制 SDRS 算法的激进程度。当滑块向着 Aggressive(激进)移动,计数器的值增加时,SDRS 在全自动模式下运行时自动处理的推荐的优先级就会提高。

◆ Minimum Space Utilization Difference(最小空间利用差异)是个滑块,可以指定 SDRS 在提出建议或执行迁移之前时应该寻找的改进量。默认设置是 5%。这意味着如果目标的值比源的值低 5%,SDRS 就会提出建议或执行迁移。

除了对 SDRS 评估 I/O 和空间利用的频率进行控制的基本计划控制外,还可以创建更复杂的计划设置。

4. 配置或修改 Storage DRS 计划

在 Schedule Storage DRS 按钮旁边的 Edit 可以创建自定义计划。这些自定义计划允许 vSphere 管理员指定什么时候应该采取不同的 SDRS 行为。例如,是否有些时候 SDRS 应该在 No Automation(Manual Mode)/ 无自动化(手动模式)下运行? 是否有些时候空间利用或 I/O 延迟阈值应该不同? 如果出现这样的情况,则需要用 SDRS 调整这些反复出现的不同,通过自定义 SDRS 计划可以做到这点。

下面来看一个示例。假设有一个在全自动化模式下运行的 SDRS,而且它工作得很好。但在晚上运行备份的时候,希望 SDRS 不要自动执行存储迁移。使用自定义 SDRS 计划,可以告诉 SDRS 在一天的某些时候、一周的某些工作日切换到手动模式,这个时间段过去后再返回全自动模式。

执行以下步骤创建自定义 SDRS 计划。

(1)如果尚未运行,启动 Web 客户端。

(2)导航到 Datastore 视图。

(3)在某个数据存储集群上单击右键,选择 Settings。

(4)在左侧的面板中选择 Schedule Storage DRS。打开 Edit Storage DRS Settings (scheduled) 向导。

(5)选择要为这个计划激活的设置,单击左侧的 Scheduling 选项继续。

(6)提供一个任务名称和任务描述。现在单击 Change 超级链接,设置计划。

(7)指定这个计划任务应该激活的时间。

例如,如果需要在午夜运行备份期间改变 SDRS 的行为,则选择 Setup A Reoccurring Schedule For This Action,可以将开始时间设为 10:00 PM。

选择每天的复选框,并单击 OK 按钮关闭该模式。

（8）审核设置。如果都正确，就单击 OK 按钮。

完成 Schedule Storage DRS Task 向导后，会在 SRDS 的计划列表中出现一组新的项目，如图 12.38 所示。如这个示例一样，通常会计划两个任务，一个用来修改设置，另一个用来将设置改回来。

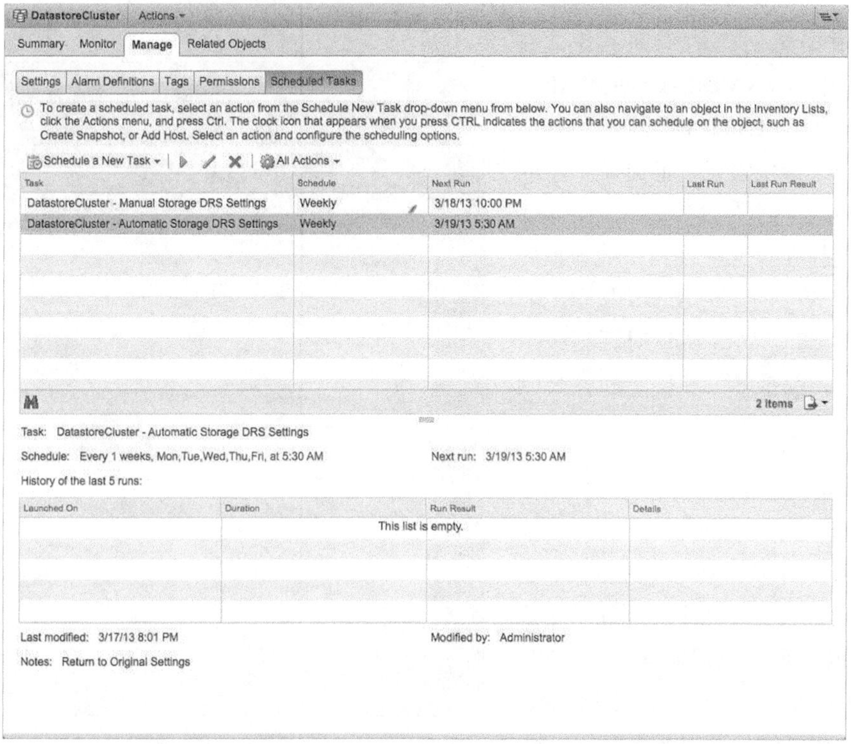

图 12.38　SDRS 计划项目可以用来在特定日期特定时间自动修改 SDRS 的设置

对 SDRS 不同时间、不同工作日的行为进行配置的这个能力非常强大，它允许 vSphere 管理员自定义 SDRS 的行为，以便最好地适应他们的环境。SDRS 规则是另外一个工具，为管理员提供了更多控制，可以控制 SDRS 处理虚拟机和虚拟磁盘的方式，具体如下一节所述。

5. 创建 Storage DRS 规则

正如 vSphere DRS 有亲和性规则和反亲和性规则一样，SDRS 为 vSphere 管理员提供了创建 VMDK 亲和性规则和反亲和性规则以及虚拟机反亲和性规则的能力。这些规则修改 SDRS 的行为，以确保特定的 VMDK 总保持在一起（VMDK 亲和性规则）或者分离（VMDK 反亲和性规则）或者特定虚拟机的全部虚拟磁盘都保持分离（虚拟机反亲和性规则）。

执行以下步骤创建 SDRS VMDK 反亲和性规则或 SDRS 虚拟机反亲和性规则。

（1）在 Web 客户端中导航到 Hosts And Clusters 目录视图。

（2）单击右键 VM，选择 Edit Settings。

也可以使用数据存储集群 Summary 选项卡上的 Edit Settings 命令。

（3）选择 Rules 选项卡。

（4）单击 Add 按钮添加规则。

（5）在 Rule 对话框中，给创建的规则起名。

（6）根据想创建的规则类型，在 Type 下拉框中选择 VMDK affinity、VMDK Anti-Affinity 或 VM Anti-Affinity。

对于这个示例来说，可选择 VMDK Anti-Affinity。

（7）选择要包含在规则中的虚拟磁盘，如图 12.39 所示，单击 OK 按钮。

（8）在 Edit SDRS Rule 对话框中单击 OK 按钮，完成 SDRS 反亲和性规则的创建。

6. 设置 Storage DRS VM Overrides

同 DRS 一样，Storage DRS 可以通过 VM Overrides 功能在每台虚拟机的基础上覆盖集群设置。如果需要在特定虚拟机或虚拟机组上应用不同设置，VM Overides 可以提供这个粒度级别的控制。

在 Datastore Cluster Manage Settings 选项卡内，选择 VM Overrides 选项。在这里可以增加、编辑或删除单个虚拟机的覆盖规则，如图 12.40 所示。

7. DRS 评估计划

正常情况下，Storage DRS 每 8 个小时运行一次评估（这个间隔可以调整，可参考本节的"3. 修改 Storage DRS 的运行时行为"）。在下次评估时，Storage DRS 会在评估中包含新的反亲和性规则。如果想立即调用 SDRS，如图 12.41 所示，数据存储集群的 Storage DRS 选项卡，会通过 Run Storage DRS Now 链接提供立即调用 SDRS 的能力。

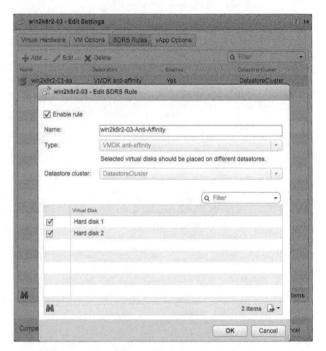

图 12.39　SDRS VMDK 反亲和性规则用来指定虚拟机中应该保持在数据存储集群不同数据存储上的虚拟磁盘

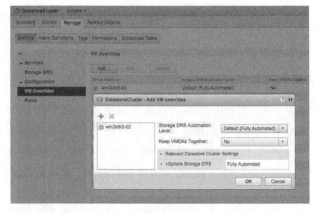

图 12.40　每个 VM Overrides 区域显示哪个虚拟机与 SDRS 集群设置不同

可以看到，SDRS 内置了巨大的灵活性，允许 vSphere 管理员充分利用 SDRS 的威力，可以调整它的行为，最好地适应他们的具体环境。

下一章将回顾和讨论监控、警报，并介绍 VMware vSphere 在性能监控领域为管理员提供了哪些工具或功能。

图 12.41　使用 Run Storage DRS 链接根据需要调用 SDRS

12.8　要求掌握的知识点

1.　配置和执行 vMotion

vMotion 这个功能允许将运行中的虚拟机从一台物理 ESXi 主机迁移到另一台物理 ESXi 主机，中间对最终用户来说没有停机。要执行 vMotion，必须确保 ESXi 主机和虚拟机都必须满足特定的配置需求。另外，vCenter Server 会执行验证，以确保遵守了 vMotion 兼容性规则。

掌握 1

某个厂商刚刚为你的虚拟化基础设施中的一些客户操作系统发布了一系列补丁。你要求主管给你一些停机时间，但主管说，只要使用 vMotion 就可以避免停机。主管说得对吗？为什么对，或为什么不对？

掌握 2

vMotion 是否阻止计划外停机的解决方案？

2.　确保跨处理器系列的 vMotion 兼容性

vMotion 要求源和目标 ESXi 主机上的 CPU 系列兼容才能成功。为了协助缓解由于处理器系列变化导致的潜在问题，vSphere 提供了增强的 vMotion 兼容性（EVC），可以掩盖 CPU 系列之间的差异，维持 vMotion 的兼容性。

掌握

有虚拟机正在集群的主机上运行时，能否修改集群的 EVC 等级？

3.　使用 Storage vMotion

就像 vMotion 用来将运行中的虚拟机从一台 ESXi 主机迁移到另一台一样，StoragevMotion 用来将运行中虚拟机的虚拟磁盘从一个数据存储迁移到另一个。也可以使用 Storage vMotion 在胖供给和瘦供给的虚拟磁盘类型之间转移。

掌握

请说出 Storage vMotion 可以帮助管理员处理 vSphere 环境中与存储有关变化的 2 个功能。

4.　执行组合 vMotion 和 Storage vMotion

同时使用 vMotion 和 Storage vMotion 为虚拟机在主机之间的迁移提供了巨大的灵活性。利用这一功能，还可以在必须卸载某台主机进行维护的时候节省时间。

掌握

一个普通管理员试图在虚拟机运行的时候，将虚拟机迁移到另一个数据存储和主机，并希望尽可能迅速而简单地完成这项任务。他应该选择哪个迁移选项？

5. 配置和管理 vSphere Distributed Resource Scheduler

vSphere Distributed Resource Scheduler 使 vCenter Server 能够自动化执行 vMotion 的迁移过程，协助进行集群内跨 ESXi 主机的负载平衡。DRS 可以按照要求自动执行，vCenter Server 有灵活的控制，可以影响 DRS 的行为，也可以影响启用 DRS 的集群内特定虚拟机的行为。

掌握

虽然想利用 vSphere DRS 为环境内的一些虚拟工作负载提供负载平衡。但是，由于业务约束，有一些工作负载不应该使用 vMotion 自动转移到其他主机。可以使用 DRS 吗？如果可以，如何防止这些工作负载受到 DRS 的影响？

6. 配置和管理 Storage DRS

就像 vSphere DRS 构建在 vMotion 之上一样，Storage DRS 构建在 Storage vMotion 之上，Storage DRS 将自动化带到了平衡存储容量和 I/O 利用的流程中。Storage DRS 使用数据存储集群，可以用手动或全自动模式操作。还存在大量的自定义，如自定义计划、虚拟机和 VMDK 反亲和性规则，以及阈值设置，使得管理员可以针对他们的具体环境微调 Storage DRS 的行为。

掌握 1

说出 2 种通知管理员已经生成 Storage DRS 推荐的通知方式。

掌握 2

使用拖放操作向数据存储集群添加数据存储潜在的不足是什么？

第 13 章

监控 VMware vSphere 性能

VMware vSphere 的监控工作应该是主动性的标杆确定和反应性的基于警报的操作的结合。这两种方法 vCenter Server 都提供，帮助管理员密切监督每台虚拟机和主机以及清单中的层次对象。使用这两种方法来确保管理员时刻关注性能问题或容量的缺乏。

vCenter Server 不但在监控虚拟机和主机方面提供了一些令人兴奋的新功能，如扩展的性能视图和图表，而且极大地扩展了默认可用的警报类型和数量。这些功能让 VMwarevSphere 性能的管理和监控变得更加容易。

本章的主要内容有：

◆ 使用警报进行主动监控；
◆ 使用性能图表；
◆ 集成 vCenter Operations Manager；
◆ 使用命令行工具搜集性能信息；
◆ 监控 ESXi 主机和虚拟机的 CPU、内存、网络和磁盘使用。

13.1 性能监控概述

监控性能是每个 vSphere 管理员工作的关键部分。幸运的是，vCenter Server 提供了许多方法可以深入了解 vSphere 环境和环境内运行的虚拟机的行为。

vCenter Server 提供的第一个工具是它的警报机制。Alarm definitions（警报定义）可以附加在 vCenter Server 内的任何对象上，它提供了一个非常理想的方式，可以主动警示 vSphere 管理员或数据中心工作人员注意潜在的性能问题或资源使用情况。13.2 节将详细讨论警报。

vCenter Server 提供的另一个工作就是 ESXi 主机和虚拟机的 Summary 选项卡上的 Content 区域。Content 区域提供了快速的"一望可知"资源使用信息。

这个信息可以用作性能的快速刻度计，但要了解更详细的性能信息，则必须深入了解本章后面讨论的 vCenter 工具。

第三个提供"一望可知"性能摘要的工具是 Related Objects 选项卡，在 vCenter Server 对象、数据中心对象、集群对象，以及 ESXi 主机上都可以找到。图 13.1 显示了集群对象的 Related Objects → Virtual Machines 选项卡，该选项卡提供了常规的性能和资源使用情况的概述。这个信息包括 CPU 利用率、主机和来宾内存使用情况，以及存储空间的使用情况。同 Resources 窗格一样，这个信息可能有用，但用途有限。这里的匆匆一瞥，可能就会帮助用户隔离出正在造成所在 ESXi 主机性能问题的虚拟机。

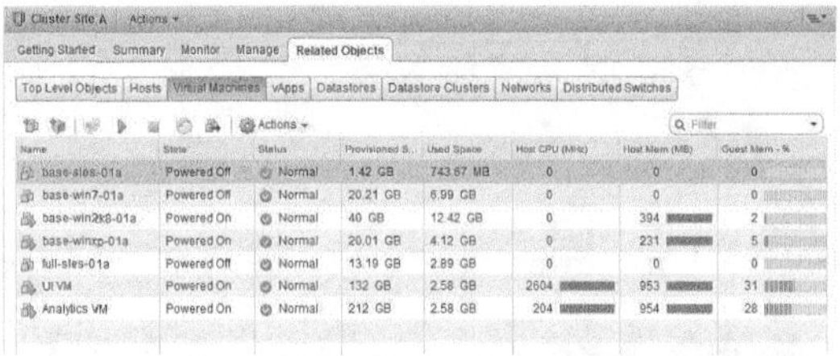

对于 ESXi 集群、资源池和虚拟机，可以用的另一个工具是 Resource Allocation（资源分配）选项卡。Resource Allocation 选项卡提供了整个池的 CPU 和内存资源使用情况。这个查看资源

图 13.1　集群对象的 Related Objects ➤ Virtual Machines 选项卡可以快速了解虚拟机 CPU 和内存使用情况

使用情况的高层次方法应用于分析整体的基础设施利用情况。该选项卡还提供了简便的方式，可以调整单个虚拟机或资源池的预留、限制，以及共享，不需要单独编辑每个对象。

vCenter Server 还在 Performance 选项卡内提供了一个强大而深入的工具，它提供了一种机制，可以创建图形，用图形来表示指定 ESXi 主机或虚拟机一段长时间的实际资源消耗。图形提供的历史信息可以用于趋势分析。vCenter Server 提供了许多对象和计数器，用来分析单个虚拟机或主机在指定间隔内的性能。Performance 选项卡和图形是隔离性能问题的强大工具，本章将在 13.3 节中详细讨论它们。

Vmware 还支持自己的企业级监控解决方案 vCenter Operations Manager Foundation 与 vSphere 一起安装，不收 Foundation 许可费。虽然免费许可的默认功能有限，但其能力比标准的 Performance 选项卡是一大进步。我们将在 13.4 节"理解 vCenter Operations Manager"介绍如何安装这个额外组件以及它带来了哪些好处。

VMware 还提供了 resxtop，可以深入查看 vSphere 中可用的全部数器，协助隔离和识别 hypervisor 中的问题。resxtop 只在 vSphere Management Assistant（vMA）中运行。本章将在 13.5 节介绍 resxtop。

最后，要用讨论过的各个工具说明如何用它们监控 vSphere 环境的 4 个资源：CPU、内存、网络和存储。

下面先来讨论警报。

13.2　使用警报

除了使用图形和高等级的信息选项卡，管理员还可以根据 vCenter Server 提供的预定义触发器为虚拟机、主机、网络及数据存储创建警报。根据对象的不同，这些警报可以监控资源的消耗、对象的状态，警示管理员满足了某种条件，例如，资源使用率高，或者资源使用率低。这些警报可以提供操作，通过电子邮件或 SNMP 陷阱将相关情况通知管理员。操作还可以自动运行脚本，或者提供其他机制来纠正虚拟机或主机正在遭遇的问题。

在 vSphere 每个版本中，VMware 继续添加了内置默认警报的数量。在图 13.2 中可以看到，

vCenter Server 提供的警报在最顶级对象——vCenter Server 对象上定义。

这些默认警报是通用的。有些预定义警报警示管理员发生了以下情况。

◆ 主机的存储状态、CPU 状态、电压、温度或电源状态发生变化；

◆ 集群遇到了 vSphere High Availability（HA）错误；

◆ 数据存储剩余内存空间低下；

◆ 虚拟机的 CPU 使用、内存使用、磁盘延迟、冗余状态发生变化。

除了刚刚描述的预定义警报的小样本，还有更多警报，而且 VMware 允许用户对创建 vCenter Server 内的任何对象创建警报。这就在问题发展之前，极大地提高了 vCenter 将虚拟环境内的变化主动警示给管理员的能力。

因为默认警报对于管理需要来说可能太通用，所以创建自定义警报通常是必需的。但在介绍如何创建警报之前，首先需要讨论警报范围这个概念。讨论完警报范围之后，将带领读者创建几个警报。

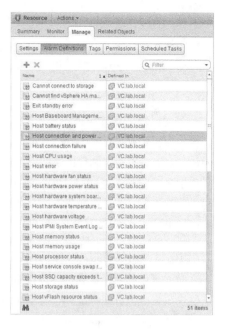

图 13.2　vCenter Server 内对象的默认警报在 vCenter Server 对象本身定义

13.2.1　理解警报范围

在创建警报时，要注意的一件事就是警报的范围。在图 13.2 中看到了 vCenter Server 中可用的默认警报集合。这些警报是在 vCenter Server 对象上定义的，所以范围最大——应用于这个 vCenter Server 实例管理的全部对象，还可以在数据中心级别、集群级别、主机级别甚至虚拟机级别上创建警报。这样 vSphere 管理员就能创建限定范围、满足特定监控需求的具体的警报。

在对象上定义警报时，警报会应用到这个对象在 vCenter Server 层次结构以下的全部对象。VMware 在 vCenter Server 中提供的默认警报集合在 vCenter Server 对象上定义，所以应用于这个 vCenter Server 实例管理的全部对象—数据中心、主机、集群、数据存储、网络以及虚拟机。如果要在资源池上创建警报，则这个警报只应用于这个资源池内的虚拟机。类似地，如果在特定的虚拟机上创建警报，则这个警报只应用于这个特定的虚拟机。

警报还和特定类型的对象关联。例如，有些警报只应用于虚拟机，有些警报只应用于 ESXi 主机。在创建警报时可以使用这个筛选机制为自己服务。例如，如果需要监控所有 ESXi 主机上的某个特定情况，则可以在数据中心对象 vCenter Server 对象上定义一个主机警报，则这个警报会应用于全部 ESXi 主机，而不会在虚拟机上应用。

在定义警报时记住这些范围影响，这样新的警报才会按预期工作。没人希望由于在层次结构错误的点上创建警报而将 vSphere 环境的某些部分排除在外，也不想创建类型错误的警报而将某些部分排除在外。

现在来看看如何创建警报。

13.2.2 创建警报

前面已经了解到，有许多不同类型的警报可供管理员创建。有的警报可以监控资源消耗，例如，一台虚拟机消耗了多少 CPU 时间，一台 ESXi 主机分配了多少内存。有的警报可以监控特定事实，例如，只要某个特定的分布虚拟端口组被修改就报警。

另外，前面还说到可以在 vCenter Server 内不同的对象上创建警报。不论警报的类型如何、警报附加其上的对象类型如何，创建警报的基本步骤是相同的。下面几节通过创建 2 个不同的警报来了解可用的选项。

1. 创建资源消耗警报

首先来创建一个监控资源消耗的警报。正如在第 9 章讨论的，vCenter Server 支持虚拟机快照。这些快照将虚拟机在特定时点的情况捕捉下来，日后可以回滚（或撤回）这个状态。但是，快照需要占用额外的磁盘空间，因此监控快照使用的磁盘空间就是一项重要任务。在 vSphere 中，vCenter Server 提供了创建警报监控虚拟机快照空间的能力。

在创建自定义警报之前，应该问自己两个问题。第一，是否已经有警报在处理这个任务？浏览 vCenter Server 可用的警报表明，虽然有一些与存储相关的警报，但是还没有警报监控快照的磁盘使用。第二，如果要创建新的警报，在 vCenter Server 中哪个位置创建这个警报合适？这就涉及前面讨论的范围问题：应该在哪个对象上创建这个警报，只有范围正确，才会在预期的条件下警示？在这个示例中，需要对超过预期阈限的任何快照空间使用报警，因此更高层次的对象，如数据中心对象，甚至 vCenter Server 对象都是创建这个警报的最佳位置。

必须使用 vCenter Server 创建警报

不能直接连接到 ESXi 主机来创建警报，警报功能由 vCenter Server 提供，必须连接 vCenter Server 实例才能操作警报。

执行以下步骤创建警报，监控数据中心全部虚拟机的虚拟机快照磁盘空间使用情况。

（1）如果 vSphere Web 客户端尚未运行，启动它，并连接到 vCenter Server 实例。

（2）导航到一个目录视图，例如，Hosts And Clusters 或 VMs And Templates。可以使用导航栏或 Home 的合适的图标。

（3）在数据中心对象上单击右键，在弹出的菜单中选择 Alarm → New Alarm Definition。

（4）在 Alarm Settings 对话框中选择 General 选项卡，输入警报名称和警报描述。

（5）从 Monitor 下拉列表中选择虚拟机。

（6）确定选中 Monitor For Specific Conditions Or State 的相关单选钮，如 CPU Usage。单击

Next 按钮移到 Triggers 选区上。

（7）在 Triggers 选项卡上单击 add/plus 按钮，添加新的触发器。

（8）添加 Trigger Type，设为 VM Snapshot Size (GB)。对于这个警报，只对快照的大小感兴趣，但还有其他触发器可用。

◆ VM CPU Demand To Entitlement Ratio—— 虚拟机 CPU 要求：获得比。

◆ VM CPU Ready Time——虚拟机 CPU 就绪时间。

◆ VM CPU Usage——虚拟机 CPU 使用率。

◆ VM Disk Aborts—— 虚拟机磁盘中断。

◆ VM Disk Resets——虚拟机磁盘重置。

◆ VM Disk Usage——虚拟机磁盘使用率。

◆ VM Fault Tolerance Latency——虚拟机容错延迟。

◆ VM Heartbeat——虚拟机心跳。

◆ VM Max Total Disk Latency——虚拟机最大磁盘延迟。

◆ VM Memory Usage——虚拟机内存使用率。

◆ VM Network Usage——虚拟机网络使用率。

◆ VM Snapshot Size——虚拟机快照大小。

◆ VM State——虚拟机状态。

◆ VM Total Size on Disk——
虚拟机磁盘总体大小。

（9）确定 Operator 列设为 Is
Above。

（10）分钟将警报和危险条件
从 1 GB 修改为 2 GB。单击 Next
按钮，移到 Actions 屏幕上。

图 13.3 显示了修改 Warning
值和 Critical 值之后的 Triggers 选
项卡。

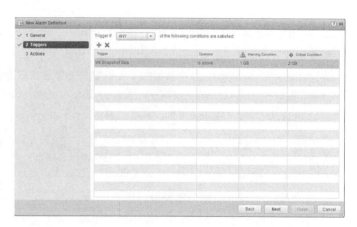

图 13.3 在 Triggers 选项卡定义激活警报的条件

注意：计数器会变化

选择 Is Above 这个条件多数是为了识别超出指定阈限的虚拟机、主机、或数据存储。这个阈限应该是什么、什么行为属于异常（或值得监控），都由管理员来决定。大多数情况下，跨 ESXi 主机和数据存储的监控应该一致。例如，管理员会定义一个值得通知的阈限（比如 CPU、内存、或网络利用），并配置一个跨全部主机的警报监控这个计数器。类似地，管理员可能为数据存储定义一个阈限，如可用剩余空间数量，并配置一个跨全部数据存储的警报监控这个指标。

> 但是，在进行虚拟机监控的时候，可能很难找出一个适用于所有虚拟机的基线。尤其是考虑到企业级应用程序必须执行相当长的时间。对于这类场景，管理员一定希望自定义警报，尽早得到性能问题的通知。这样管理员就不必等问题出现再应对，而是能够提前设法阻止问题发生。
>
> 对于域控制器、DNS 服务器以前承担类似功能的虚拟机来说，建立覆盖全部此类基础设施服务器的基线和阈值也许可行。归根结底，vCenter Server 警报的美妙，就在于它的灵活性，可以根据每个组织的需要自定义并且可以满足需要的粒度。

（11）在 Actions 选项卡上，指定这个警报触发时应该执行的额外操作。

◆ 下面是 Actions 有效的。

◆ 发送电子邮件通知。

◆ 通过 SNMP 发送通知陷阱。

◆ 改变虚拟机的电源状态。

◆ 迁移虚拟机。

如果保持 Actions 选项卡为空，则警报只会通知 vSphere Web 客户端内的管理员。对于这个示例，保持 Actions 选项卡为空。

> **配置 vCenter Server 发送电子邮件通知和 SNMP 通知**
>
> 要让 vCenter Server 为触发的警报发送电子邮件，必须给 vCenter Server 配置 SMTP 服务器。要配置 SMTP 服务器，在 vSphere Web 客户端中选择 vCenter Server from within the Navigator，选择 Manage ➤ Settings。单击右侧的 Edit 按钮，在左侧的列表中选择 Mail，提供 SMTP 服务器的地址和发件人的账号。推荐使用一个可以识别的发件人账户，这样在收到电子邮件时，就知道它来自 vCenter Server 所在的计算机。可以使用 vcenter-alerts@lab.local 这样的账户。
>
> 类似地，要让 vCenter Server 发送 SNMP 陷阱，必须在 vCenter Server Settings 对话框的 SNMP 下面配 SNMP 接收方。可以指定从一到四的管理接收方来监控陷阱。

（12）单击 Finish 按钮创建警报。

警报现在创建成功。要查看刚刚创建的警报，可在左侧的 Navigator 中选择数据中心对象，选择右侧的 Manage → Alarm Definitions 选项卡。如果选择 Alarm Definitions（不要选择 Triggered Alarms），就可以看到列出了新的警报，如图 13.4 所示。

2. 在警报上使用时长和操作频率

下面创建另外一个警报。这次创建的警报要利用 Triggers and Actions 选项卡的参数。对虚拟机快照警报来说，这 2 个参数没有实际意义。定义这个警报的真实目的就是当快照超出指定大小时得到警示。而对其他类型的警报，利用这 2 个参数可能有意义。

有些触发器只是简单的状态检测，例如，VM State 触发器，而在其他触发器上，能够指定大小，例如，VM Snapshot Size。还有第三种类型，这是大小和时间（或时长）的组合。VM Network Usage 之类的触发器只在大小在一段时间内超过（或不到）指定阈值的时候才会激活。

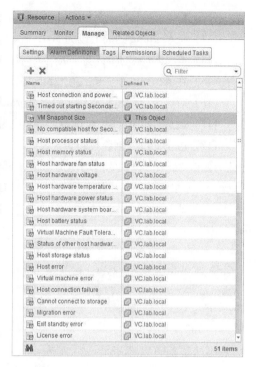

图 13.4　Defined In 列显示警报定义的位置

在创建前一个示例警报时您可能已经注意到，警报有两个可以配置的状态：Warning 和 Critical。在配置警报触发器时，可以设置警报和危险条件的等级，低于这些条件的情况都被视为"正常"。这些条件的变化就会"触发"一组"操作"，"操作"在 Actions 屏幕上配置。在这两个危险等级的两个变化方向上都可以设置操作。

Normal → Warning。

Warning → Critical。

Critical → Warning。

Warning → Normal。

Repeat Actions Every 参数控制不再报告已触发警报的时间周期。以内置的虚拟机 CPU 使用率警报为例，Frequency 参数默认设为 5 分钟。这意味着 CPU 使用率触发这个警报激活的虚拟机，如果条件或状态不变，则在 5 分钟内不再报告。

了解了这些信息之后，下面来看创建警报的另外一个示例。这次我们使用一个触发器来利用时长和操作频率。

执行以下步骤创建基于虚拟机网络使用率触发的警报。

（1）如果 vSphere Web 客户端尚未运行，启动它，并连接到 vCenter Server 实例。

（2）导航到一个目录视图，如 Hosts And Clusters 或 VMs And Templates。

（3）在左侧的 Navigator 中选择数据中心对象。

（4）在中间的内容窗格选择 Manage 选项卡。

（5）单击选项卡栏下面的 Alarm Definitions 按钮，显示警报定义。

（6）单击 add/plus 图标创建新警报。

（7）为新警报命名，提供一个描述。

（8）在 Monitor 下拉列表中选择 Virtual Machines。

（9）选择 Monitor For Specific Conditions Or State, For Example, CPU Usage，单击 Next 按钮。

（10）在 Alarm Definition 对话框的 Triggers 屏幕上，单击 +/add 图标，添加一个新的触发器。

（11）添加一个 Trigger of VM Network Usage (kbps) 类型。

(12) 将 Condition 设为 Is Above。

(13) 将 Warning 列的值设为 500，保持 Condition Length 设置为 5 分钟。

(14) 将 Alert 列的值设为 1 000，保持 Condition Length 设置为 5 分钟。

(15) 在 Actions 选项卡，单击 plus/add 图标，并添加 Send a notification email 活动。

(16) 对这个新创建的操作，确保 Normal Warning 设为 Once，Warning Critical 设为 Repeat。

(17) 最后，将 Repeat Actions Every 设为 15 分钟。

(18) 单击 Finish 创建按钮警报。

现在，如果虚拟机的网络使用率超过 500kps 而且时间超过 5 分钟，这个警报就会发送电子邮件警报。如果虚拟机网络使用率超过 1 000 kps 而且时间超过 5 分钟，则会再次发送邮件，然后每隔 15 分钟就会通报一次这个危险状态，直到警报被手工重置为绿色，或者使用率降到 1 000 kbps 以下。

其他 vCenter Server 对象上的警报

虽然前面创建的 2 个警报特定于虚拟机，但与为 **vCenter Server** 中其他类型的对象创建警报的过程类似。

虽然警报可以有不止一个触发器条件，但是前面创建的警报只有一个触发器条件。对于有不止一个触发器条件的警报，以监控主机连接和电源状态的内置警报为例。图 13.5 显示了这个警报的 2 个触发器条件。注意，在 Trigger if 下拉菜单中 ALL 被选中，它确保只有启动却不响应的主机才会触发这个警报。

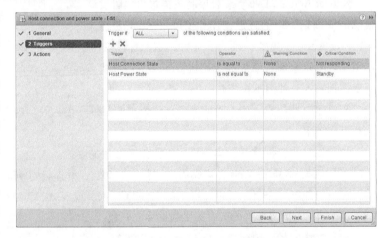

图 13.5　可以将多个触发器组合在一起，创建更复杂的警报

不要修改内置警报

不要修改内置警报，可以禁用内置警报（使用 General 选项卡底部的 **Enable This Alarm** 复选框），然后创建符合自己需求的自定义警报。

也许看起来很明显，但还是需要重点指出，一个对象上可以有不止一个警报。

对于任何新的触发器来说，对其功能进行测试都至关重要，以确保可以得到预期结果。测试的时候，可能会发现配置的阈限对于实际的环境来说不是最优，在应该激活警报的时候没有激活，或在不应该激活的时候却激活。在这些情况下，可编辑警报，对阈值和条件进行适当的设置。或者，如果不再需要这个警报，可在警报上单击右键，选择 Remove 删除警报。

只有当 2 个条件都满足的情况下才能编辑或删除警报。连接 vCenter Server 使用的用户账户必须有编辑或删除警报所需要的权限。其次，必须在定义警报的对象上编辑或删除警报。以前讨论过的警报范围在这里有意义。如果警报是在 vCenter Server 对象上定义的，就不能从数据中心对象上删除它。必须到定义警报的对象上才能编辑或删除警报。

现在已经看过了一些创建警报的示例。记住，与 vCenter Server 中其他对象创建警报的基本步骤相同。下面来介绍如何管理警报。

13.2.3 管理警报

本章前面已经多次使用过 vSphere Web 客户端的 Alarm Definitions 选项卡。迄今为止操作的都是 Definitions，查看的是已经定义的警报。但是，Alarms 选项卡还有其他视图，就是 Triggered Alarms 视图。图 13.6 显示了 Triggered Alarms 视图，单击选项卡栏下面的 Triggered Alarms 按钮可以访问这个视图。单击 Monitor tab → Issues → Triggered Alarms 可以访问 vCenter Web 客户端中选定的对象。

图 13.6　Triggered Alarms 视图显示了 vCenter Server 已经激活的警报

Monitor → Issues → Triggered Alarms 区域显示选中对象及其全部子对象的全部激活警报，在 vSphere Web 客户端右侧窗格的 Global Alarm 区域，显示 vCenter 中的全部警报。在图 13.6 中，选中了一个 Virtual Machine 对象，所以 Triggered Alarms 视图显示这台虚拟机的全部激活警报。

> **迅速打开 Triggered Alarms 视图**
>
> vSphere Web 客户端在右下角提供了一个方便的视图，显示当前触发的全部警报。单击这些警报，会打开触发警报的对象的 **Triggered Alarms** 视图。在这个面板还可以确认警报或将警报重置为绿色。

但是，如果只选择了这台虚拟机，则虚拟机 Alarms 选项卡上的 Triggered Alarms 视图只显示这台虚拟机激活的 2 个警报。这样便于隔离出需要解决的具体警报。

进入某个对象的 Triggered Alarms 视图之后，对于每个激活的警报，有 2 个操作可用。对于资源消耗的警报（即警报定义在 General 选项卡的 Alarm Type 中选择 Monitor For Specific Conditions

Or State 的设置,如 CPU Usage、Power State 设置),则可以选择是否认可这个警报。要认可这个警报,可在警报上单击右键,并在弹出的菜单中选择 Acknowledge。

　　警报被认可时,vCenter Server 会记录警报被认可的时间,以及认可这个警报的用户账户。只要警报的情况继续存在,它就会保留在 Triggered Alarms 视图内,以灰色方式显示。警报的情况解决之后,激活的警报消失。

　　对于监控事件的警报(即警报定义在 General 选项卡的 Alarm Type 中选择 Monitor For SpecificEvents Occurring On This Object 的设置,如 VM Powered On 选项),则既可以像前面介绍的那样认可这个警报,也可以重置警报的状态,如图 13.7 所示。

　　将警报重置为绿色,就会将警报从 Triggered Alarms 视图中移除,即使激活这个警报的底层事件还未解决。思考一下就会知道这个行为是有意义的。监控事件的警报仅仅是对 vCenter Server 记录的事件做响应,所以底层情况是否解决是未知的。因此,将警报重置为绿色,只是告诉 vCenter Server 继续操作,就像底层情况已经解决一样。当然,如果事件再次发生,就会再次触发警报。

图 13.7　对于基于事件的警报,还可以选择将警报状态重置为绿色

　　现在看过了进行主动性能监控的警报,下面来介绍如何使用 vCenter Server 的性能图表查看 vSphere 环境中虚拟机和 ESXi 主机行为的更多信息。

13.3　使用性能图表

　　警报是很好的工具,可以警示管理员注意特定的情况和事件,但警报不能提供管理员需要的详细信息,例如,某个正被使用的资源仍处于警报或危险状态。这时就需要借助 vCenter Server 的性能图表的力量。vCenter Server 有许多新增以及更新的功能,可以创建和分析图表。如果没有这些图表,对虚拟机的性能进行分析几乎是不可能的。在虚拟机内安装代表不会提供服务器或资源消耗的精确细节。原因很简单:虚拟机只配置了虚拟设备。只有 VMkernel 才知道每个设备准确的资源消耗量,因为它是虚拟硬件和物理硬件之间的仲裁。在多数虚拟环境下,虚拟机的虚拟设备可以比实际的物理硬件设备数量多,这要求 VMkernel 提供复杂的共享和调度能力。

　　单击数据中心、集群、主机或虚拟机的 Monitor → Performance 选项卡,可以了解丰富的信息。在使用这些图表帮助分析资源消耗之前,需要介绍一下性能图表和它的图例。先介绍性能图表的 2 个不同布局:Overview(概述)布局和 Advanced(高级)布局。

13.3.1 Overview 布局

Overview 布局是访问 Monitor → Performance 选项卡时的默认视图。图 13.8 显示了一台 ESXi 主机的 Performance 选项卡的 Overview 布局。注意滚动条——这里的信息更多，vSphere Web 客户端在一个屏幕内显示不下。

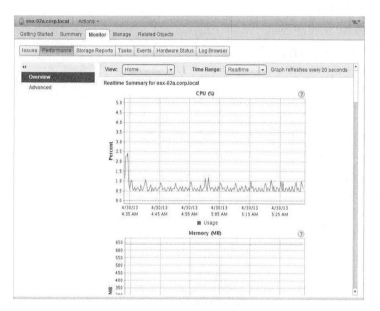

图 13.8 Overview 布局提供一系列性能计数器的信息

在 Overview 布局顶部，是修改视图或改变时间范围的选项。View 下拉列表的内容会根据在 vSphere 客户端中选择的对象而变化。表 13.1 列出了每个对象可用的不同选项。

表 13.1 Performance 选项卡中的 View 选项

选定的对象	View 选项
数据中心	Clusters、Storage
集群	Home、Resource Pools & Virtual Machines，Hosts
资源池	Home、Resource Pools & Virtual Machines
主机	Home、Virtual Machines
虚拟机	Home、Storage

在 View 下拉列表旁边的选项可以修改不同性能图表中当前显示数据的时间范围。用它可以将时间范围设置为天、周、月或自定义值。Realtime 时间范围设置显示最后一小时的数据，并每 20 秒自动刷新一次，其他时间范围设置不会自动刷新。

在这些控件下面，是实际的性能图表。其中的布局和包含的图表根据选中的对象以及在 View 下拉列表中选择的选项而异。

虽然没有空间列出全部图表，但我们在图 13.9 和图 13.10 中显示两个示例。鼓励大家一点一点探索，寻找最适合自己的布局。更重要的是，能够清晰地向您显示性能信息的布局。

如果需要概括了解数据中心、集群、资源池、主机、虚拟机的性能数据，则 Overview 布局很合适。但是如果需要更具体的数据、更加定制的格式，那么又该怎么办？答案就是 Advanced 布局，具体将在下节介绍。

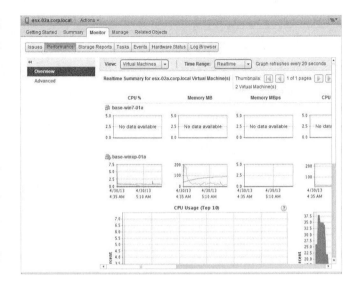

图 13.9　在 Overview 布局下，一台 ESXi 主机的 Performance 选项卡上的 Virtual Machines 视图既提供每虚拟机信息又提供小结信息

13.3.2　Advanced 布局

虽然称为 Advanced 布局，但它比 Overview 布局还简单些。这个视图中只有一个图表，但不要被它欺骗，因为这个性能图表有大量的配置选项。

图 13.11 显示了一个 ESXi 主机集群的 Performance 选项卡的 Advanced 布局。在 Advanced 布局中，vCenter Server 性能图表的真实威力得以展示出来。

在 Advanced 布局的右侧有一个 View 下拉列表，可以快速切换

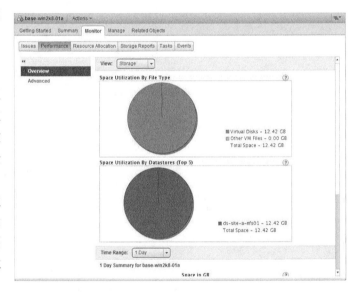

图 13.10　Overview 布局下一台虚拟机的 Performance 选项卡上 Storage 视图显示对存储利用情况的分解

图表设置，后面有两个按钮，可以刷新图表或导出图表。

Refresh 按钮刷新数据，Export 按钮可以将图表导出为 JPEG、BMP、GIF、PNG 图片或 XLS 文档。后面将在"输出性能图表"讨论这个功能。在图表的每一边都是度量单位。在图 13.11 中，选中的计数器以百分比和兆赫兹为单位进行度量。根据选中的计算器，可能只有一个度量单位，但不会超过 2 个。

横轴上是时间间隔。下面是性能图表的图例，用不同颜色的键帮助用户找到特定对象或感兴趣的项目。这个区域还将图表分解成被度量的对象、使用的度量标准、度量单位，以及这个对象记录的最新值、最大值、最小值、平均值。

鼠标指标在图表的某个记录间隔上悬停，会显示指定时刻的数据点。

图表的另一个好功能是能够突出特定对象，这样更容易将这个对象从其他对象中找出来。单击底部图表图例中的特定项目，会突出选中对象和它的代表颜色。

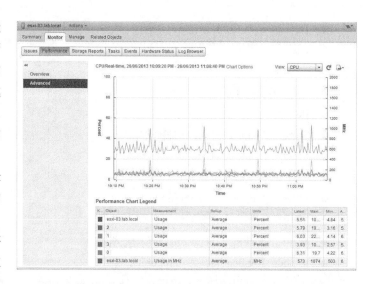

图 13.11 Performance 选项卡的 Advanced 布局为查看性能数据提供了更全面的控制

对 Advanced 布局有了感觉之后，下面进一步来了解 Chart Options 链接。这个链接将 vCenter Server 创建高度定制性能图表的功能展露出来。所有的基本要素都被配置用于性能。图 13.12 显示了 Chart Options 对话框。这个对话框是自定义 vCenter Server 性能图表的核心位置。还可以双击图表显示该对话框。在这里可以选择要查看的计数器、时间范围以及要显示的图表类型（曲线图还是叠加图）。

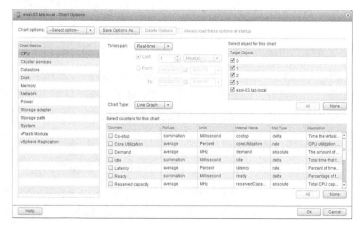

图 13.12 Chart Options 对话框提供了巨大的灵活性，可以创建需要的性能图表

因为 Chart Options 对话框可用的信息很多，所以下面将不同的选项和信息类型组合到不同的小节分别介绍。

1. 选择资源类型

在 Chart Option 对话框的左侧（如图 13.12 所示），可以选择要监控或分析哪个指标。这里列出了可用的全部指标，但根据选择监控的对象，只有全部指标的子集可用：

◆ CPU —— CPU；

◆ Cluster Services——集群服务；

- ◆ Datastore——数据存储；
- ◆ Disk——磁盘；
- ◆ Memory——内存；
- ◆ Network——网络；
- ◆ Power——电源；
- ◆ Storage Adapter——存储适配器；
- ◆ Storage Path——存储路径；
- ◆ System——系统；
- ◆ vFlash Module——vSphere Flash 模块；
- ◆ Virtual Disk——虚拟磁盘；
- ◆ Virtual Machine Operations——虚拟机操作；
- ◆ vSphere Replication——vSphere 复制。

这个区域实际可用的选择会根据在 vCenter Web 客户端中选择的对象类型变化。

这个区域实际可用的选择根据 vCenter Server 中选择的对象不同而变化。即查看 ESXi 主机的 Monitor → Performance 选项卡时可用的选项与查看虚拟机、集群或数据中心的 Monitor → Performance 选项卡时可用的选项不同。

在每个资源中又有不同的对象和计数器。而且可以看到影响它们的因素，例如，在某些情况下，实时间隔显示的对象和计数器比其他间隔多。计数器列表中的描述字段解释了每个计算器代表什么。如果这个描述在 Chart Options 对话框中显示不全，只要将鼠标移到它上面，就可以查看完整文本。下面几节列出 Chart Options 对话框中不同资源类型上可以使用的不同计数器。

2. 查看 CPU 性能信息

如果在 Chart Options 对话框中选择 CPU 资源类型，则可以选择希望在性能图表中查看哪个对象和计数器。注意在查看数据中心对象（DC）的 Performance 选项卡时，没有 CPU 资源类型可用。这个资源类型可以用于集群（CL）、ESXi 主机（ESXi）、资源池（RP）以及单个虚拟机（VM）。

表 13.2 列出了 CPU 性能信息可用的最重要对象和计数器。关于全部 CPU 性能信息的完整列表参阅 www.sybex.com/go/masteringvsphere 中的内容。

表 13.2   **可用的 CPU 性能计数器**

计 数 器	DC	CL	ESXi	RP	VM
Max Limited					X
Ready			X		X
Run					X
Swap Wait			X		X
System					X

计 数 器	DC	CL	ESXi	RP	VM
Total		X			
Usage In MHZ		X	X	X	X
Used			X		X
Utilization			X		
Wait			X		X

可用的 CPU 性能信息很多。在 13.5 节将讨论如何使用这些 CPU 性能对象和计数器监控 CPU 的使用。

3. 查看内存性能信息

如果在 Chart Options 对话框的 Chart Options 区选择 Memory 资源类型，则性能图表中可以显示的是不同的对象和计数器。在查看数据中心对象的 Performance 选项卡时，没有 Memroy 资源类型可用。这个资源类型可以用于集群、ESXi 主机、资源池以及单个虚拟机。

表 13.3 列出了 Memory 性能信息可用的最重要对象和计数器。关于全部 Memory 性能信息的完整列表参阅 www.sybex.com/go/masteringvsphere 中的内容。

表 13.3 可用的内存性能计数器

计 数 器	DC	CL	ESXi	RP	VM
Active			X		X
Compressed			X		X
Consumed		X	X	X	X
Swap In			X		X
Swap Out			X		X
Swap Used			X		
Usage		X	X		X
Balloon Target					X
Zipped Memory					X
Memory Saved By Zipping					X

在 13.6 节将有机会使用这些对象和计数器监控 ESXi 和虚拟机对内存的使用。

4. 查看磁盘性能信息

磁盘性能是 vSphere 管理员需要监控的另一个关键领域。表 13.4 列出了磁盘性能信息可用的最重要对象和计数器。关于全部磁盘性能信息的完整列表参阅 www.sybex. com/go/masteringvsphere 中的内容。

表 13.4　　　　　　　　　　　　　　　　可用的磁盘性能计数器

计 数 器	DC	CL	ESXi	RP	VM
Disk Bus Reset			X		X
Disk Command Terminated			X		X
Disk Kernel Command Latency			X		X
Disk Kernel Read Latency			X		X
Disk Kernel Write Latency			X		X
Disk Maximum Queue Depth			X		X
Disk Command Latency			X		X
Disk Read Latency			X		X
Disk Write Latency			X		X
Disk Queue Command Latency			X		X

　　注意，数据中心、集群、资源池不支持这些计数器，但 ESXi 主机和虚拟机支持。而且不是所有计数器在全部显示间隔中都可见。在本章的 13.8 节将使用这些计数器。

5.　查看网络性能信息

　　为了监控网络性能，vCenter Server 性能图表提供了广泛的性能计数器集合。网络性能计数器在 ESXi 主机和虚拟机上可用，在数据中心对象、集群、资源池上不可用。

　　表 13.5 列出了网络性能信息可用的最重要对象和计数器。关于全部网络性能信息的完整列表参阅 www.sybex.com/go/masteringvsphere 中的内容。

表 13.5　　　　　　　　　　　　　　　　可用的网络性能计数器

计 数 器	DC	CL	ESXi	RP	VM
Data Receive Rate			X		X
Data Transmit Rate			X		X
Receive Packets Dropped			X		X
Transmit Packets Dropped			X		X
Packet Receive Errors			X		
Packet Transmit Errors			X		
Packets Received			X		X
Packets Transmitted			X		X
Data Receive Rate			X		X
Data Transmit Rate			X		X
Usage			X		X

在本章的 13.7 节将使用这些网络性能计数器。

6. 查看系统性能信息

ESXi 主机和虚拟机也在 System 资源类型中提供了一些性能计数器。数据中心、集群、资源池不支持系统性能计数器。

表 13.6 列出了系统性能信息可用的最重要对象和计数器。关于全部系统性能信息的完整列表参阅 www.sybex.com/go/masteringvsphere 中的内容。

表 13.6 可用的系统性能计数器

计 数 器	DC	CL	ESXi	RP	VM
Resource CPU Active (1 Min Average)			X		
Resource CPU Active (5 Min Average)			X		
Resource CPU Maximun Limited (1 Min)			X		
Resource CPU Maximun Limited (5 Min)			X		
Resource CPU Running (1 Min Average)			X		
Resource CPU Running (5 Min Average)			X		
Resource CPU Usage (Average)			X		
Resource Memory Shared			X		
Resource Memory Swapped			X		
Uptime			X		X

这些计数器的绝大多数都只适用于 ESXi 主机，它们都侧重于资源的分配方式以及 ESXi 主机本身消耗 CPU 资源或内存的方式。

7. 查看数据存储性能信息

监控数据存储的性能，可以在不使用每台虚拟机磁盘计数器的情况下查看整个数据存储的性能。数据存储性能计数器只在 ESXi 主机和虚拟机上可用，在数据中心对象、集群、资源池上不可用。

表 13.7 显示了列出了数据存储性能信息可用的最重要对象和计数器。关于全部数据存储性能信息的完整列表参阅 www.sybex.com/go/masteringvsphere 中的内容。

表 13.7 可用的数据存储性能计数器

计 数 器	DC	CL	ESXi	RP	VM
Storage I/O Control Aggregated IOPS			X		
Storage I/O Control Datastore Maximum Queue Depth			X		
Storage DRS Datastore Normalized Read Latency			X		
Storage DRS Datastore Normalized write Latency			X		

续表

计 数 器	DC	CL	ESXi	RP	VM
Highest Latency			X		X
Average Read Requests Per Second			X		X
Average Write Requests Per Second			X		X
Storage I/O Control Normalized Latency			X		
Read Latency			X		X
Write Latency			X		X

8. 查看存储路径性能信息

存储路径属于带有性能计数器的一个新部分，顾名思义，这些计数器有助于排除存储路径问题的故障。存储路径计数器只在 ESXi 上可用，在数据中心对象、集群、虚拟机、资源池上不可用。

表 13.8 列出了存储路径性能信息可用的对象和计数器。

表 13.8   **可用的存储路径性能计数器**

计 数 器	DC	CL	ESXi	RP	VM
Average Commands Issued Per Second			X		
Highest Latency			X		
Average Read Requests Per Second			X		
Average Write Requests Per Second			X		
Read Rate			X		
Storage Path Throughput Usage			X		
Read Latency			X		
Write Latency			X		
Write Rate			X		

9. 查看其他性能计数器

还有其他可用的性能计数器类型。

◆ 参与集群的 ESXi 主机有 Cluster Services 资源类型，带有 2 个性能计数器：CPU Fairness 和 Memory Fairness。这 2 个计数器都显示资源在集群内的分布情况。

◆ 数据中心对象包含标记为 Virtual Machine Operation 的资源类型。该资源类型包含的性能计数器只是监控指定虚拟机操作发生的次数。其中包括 VM Power-On Events、VM Power-

OffEvents、VM Resets、vMotion Operations 以及 Storage vMotion Operations。

10. 设置自定义间隔

正如 Overview 布局，对于每个资源类型，都可以选择查看的间隔。有些对象提供 RealTime 选项：该选项实时地显示资源当前的情况。历史视图记录过去一小时记录，图表每 20 秒自动刷新一次。其他选项的名字说明了它们的功能，但注意它们不会自动刷新。

Custom 选项用来指定你要在性能图表要查看的内容。例如，可以指定希望看到前 8 个小时的性能数据。所有这些间隔选项可以用来准确地选择你所需要的间隔，查看正在寻找的宝贵数据。

11. 管理图表设置

在 Chart Options 对话框中还有一个区域需要讨论，就是顶部的 Chart Options 下拉列表和 Save Options As 按钮。

选中了在要性能图表中查看的资源类型、显示间隔、对象以及性能计数器之后，可以点击 Save Options As 按钮保存图表的设置集合。vCenter Web 客户端只提示为保存的图表设置输入名称。在图表设置保存之后，可以方便地从性能图表 Advanced 视图的顶部下拉列表中再次访问它。图 13.13 显示了 View 下拉列表，其中有 2 个自定义图表设置：CPU-8hr View 和 MEM-Overhead。从 View 下拉列表中选择任何一个，都可以快速地切换到这些设置。这样就能定义自己需要查看的性能图表，并在它们之间快速切换。

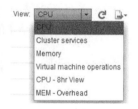

图 13.13　可以从 View 下拉列表访问保存的图表设置

如果已经存在一个自定义图表，Chart Options 按钮用来删除以前保存但不再需要的图表设置。

除了提供保存图表设置的选择，vCenter Server 还允许保存图表本身。

12. 输出性能图表

第一次介绍 Performance 选项卡的 Advanced 布局视图时，简要提到了 Export 按钮。这个按钮在 Advanced 布局的右上角，单击它可以将性能图表的结果保存到外部文档，供长期存档、分析或报告使用。

在单击 Export 按钮时，会出现一个 Windows 标准的"保存"对话框。在这里可以选择结果文件的保存文件，还可以选择将图表保存为图形文件还是 comma-separated values (CSV) 文件。如果还要执行额外的分析，则将图表数据保存为 Excel 电子表格这一选项非常有用。图片文件选项适用于将性能数据附在报告中使用。

vCenter Server 性能图表公开了许多信息。本章后面关于监控特定类型资源的小节还会回顾性能图表。首先，我们将介绍 vCenter Operations Manager 如何帮助监控和为 vSphere 环境排除故障。

13.4 理解 vCenter Operations Manager

vCenter Operations (vC Ops) Manager 是 VMware vCenter Operations Management Suite 的主要组件。这个套件不仅仅为 vSphere 设计，而是为 VMware 的全部 vCloud 基础设施产品套件设计，在运营方面提供了额外的管理能力。VMware vCenter Operations Management Suite 的完整企业版包含以下组件：

◆ vCenter Operations Manager；

◆ vCenter Confi guration Manager；

◆ vFabric Hyperic；

◆ vCenter Infrastructure Navigator；

◆ vCenter Chargeback Manager。

单就 vC Ops 套件就能写一整本书，但本书是关于 vSphere 的，所以我们将重点放在不必任何额外购买就能免费使用的内容。

13.4.1 安装 vC Ops

vC Ops Manager 是由两个虚拟机组成的 vApp，以捆绑开放虚拟化格式（OVA）包的形式提供，可以从 VMware 网站下载，大小为 1.4 GB。拥有 vSphere 许可的全部客户均可下载这个产品并安装进 Foundation，无需额外的许可密钥。在 Foundation 模式下运行时，vC Ops 不允许访问太多高级功能，例如，定制仪表盘、根本原因分析、自动工作流触发器或合规视图，但它确实扩展了 vSphere Web 客户端的功能。接下来，我们将介绍如何安装 vC Ops，然后再介绍在 Foundation 版本中可以使用的功能。

1. 部署 vC Ops vApp

这个过程相对简单，与多数基于一体机的安装类似（例如，第 3 章"安装与配置 vCenter Server"中 vCenter Virtual Appliance 的安装），但我们将介绍这个过程，以备你直接跳到这一节。我们假定你已经登录到 my.vmware.com 并下载了 1.4 GB 的 OVA 文件。

安装步骤如下所示。

（1）用 vSphere Web 客户端连接 vCenter Server 实例。

（2）导航到 Hosts And Clusters 或 VMs And Templates 视图。

（3）在希望托管 vC Ops vApp 的集群对象上单击右键。

（4）选择 Deploy OVF Template。

（5）浏览并选择下载的文件，然后单击 Next 按钮。

（6）检查部署细节，请注意胖供给时的巨大磁盘需求（344 GB）。单击 Next 按钮继续完成向导。

（7）接受许可协议，然后单击 Next 按钮。

（8）命名 vC Ops installation vApp，选择数据中心，然后选择目标文件夹。

（9）选择最适合您的环境的配置大小。单击 Next 按钮继续。

> **vCenter Operations Manager 的大小设置**
>
> 在安装 vC Ops 时，有 3 个环境大小可以选择：小、中、大。虽然通常建议保持 VMware 的预定义值，但即使最小的安装也要求 4 个 vCPU 和 16GB 内存。虽然不能在安装程序中修改这些值，但可以在部署之后修改分配给虚拟机的资源。对于试运行、测试或实验室工作，完全可以降低分配的资源，但如果偏离 VMware 的标准大小，VMware 可能不支持你的安装。

（10）选择数据存储和供给类型，请记住如果磁盘格式设置为 Thick，则需求更巨大。单击 Next 按钮继续。

（11）确保填写了所有相关网络细节，vApp 连接到正确的网络端口组。一旦这个配置完成，单击 Next 按钮进入最终配置页面。

（12）为这台服务器设置正确的时区，然后分配 Analytics 和 UI VM 的 IP 地址。单击 Next 按钮进入审查页面。

（13）在单击 Finish 按钮部署 vC Ops vApp 之前，要确保所有细节正确。

vC Ops appliance VMs 将被部署为 vApp，最后就可以启动。

2. 注册到 vCenter Server

vC Ops 一体机部署并启动后，需要在 vCenter Server 上注册，才能获取测量指标，才能实现 vSphere Web 客户端集成。以下步骤描述了注册的方法。

（1）vApp 启动并完成后，打开一个 Web 浏览器，指向 UI VM 的 IP 地址。

（2）以用户名 admin，密码 admin 登录。

（3）输入 vCenter Server 实例的细节，单击 Next 按钮。系统可能会提示接受 SSL 证书，如果提示，请单击 Yes 按钮。

（4）vC Ops 管理页面现在提示修改默认的根和管理员密码。Admin 账户的默认密码是 admin，root 账户的默认密码是 vmware，仅供参考。在两个账户密码都修改之后，单击 Next 按钮继续。

（5）系统现在提示输入要注册的 vCenter Server 实例的内容。输入之后，单击 Next 按钮检查连接，然后再单击 Next 按钮回到最终屏幕。

（6）在最终屏幕上，vC Ops 管理页面检查 vCenter Server 的连接模式。单击 Finish 按钮完成 vC Ops 到 vCenter 的注册过程；根据 vCenter 管理的对象数量，这个过程可能需要一些时间。

vC Ops 注册到 vCenter 之后，要重新加载 vCenter Web 客户端，看看已经发生了什么变化。

13.4.2　vC Ops Foundation 功能

如前所述，vC Op 有大量功能，但在 Foundation 版本中，大多数功能都被禁用。只有 4 个关键功能被启用：Proactive Smart Alerts（主动智能警报）、Intelligent Operations Groups（智能操作组）、vSphere Health Monitoring（vSphere 健康监控）以及 Self-Learning Performance Analytics（自学性能分析）。

Proactive Smart Alerts 中的警报与本章前面讨论的标准警报不同。这个功能融入了 Self-learning Performance Analytics 功能，当事物超出它们的正常操作等级时，就会产生警报。Self-Learning Performance Analytics 功能会查看累计捕捉的全部测量指标，分析出哪些属于"正常"。例如，您的环境白天可能有相对稳定的工作负载，但在晚上 11 点开始备份时，存储和网络利用的峰值会比白天高许多。如果使用传统的警报，那么阈值需要考虑备份窗口的峰值，但利用 Self-Learning Performance Analytics，vC Ops 知道在晚上 11 点之后的高存储 IO 和高网络 IO 属于"正常"，因此不会发出警报。但是，如果在白天发生 IO 峰值，则依然会产生警报。

Intelligent Operations Groups 这项功能允许根据一个规则集合创建一个监控组。然后自动应用这个规则集合，确保全部对象可以根据规则集合加入组。将一组对象加入组之后，可以将它们作为一个整体监控而不是一个个监控。组的另一个便捷功能是，可以在组内嵌套组，这样在给对象进行分类报告的时候，可以实现必要的粒度。

vSphere Health Monitoring 是 vC Ops Foundation 中可视性最好的功能，它在 vCenter Web 客户端内给一些对象的 Summary 选项卡增加了彩色标记。这个标记会根据标记上显示的数字改变颜色，其中 100 是最健康，0 是最不健康，如图 13.14 所示。但你可能会问，什么是"健康"呢？这个问题很好！

健康是顶级指示器，由子组件故障、工作负载、异常情况组成。

在计算整体健康标志时，故障的权重最大，因为它们是立即发生的问题。工作负载和异常情况组合在一起，协助理解当前的性能特征。可以想象，所有这些组件也都有自己的子组件，但幕后的计算细节与本节内容无关。健康标志可以整体展示 vCenter 中对象的执行情况，每 5 分钟计算

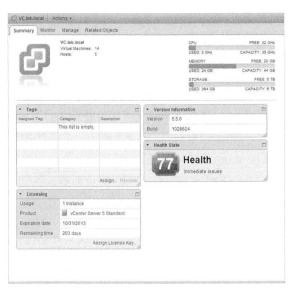

图 13.14 vCenter Operations Manager 与 vSphere Web 客户端集成，显示当前选中对象的健康信息，在本示例中是 vCenter server 本身

一次。如果健康监控器发现了问题，您可以深入进去寻找原因。现在我们来介绍工具箱中的最后一个工具 resxtop，然后介绍如何将所有这些工具组合起来，保持环境处于最佳状态。

13.5 使用 resxtop

除了警报和性能图表。VMware 还提供了 resxtop 以协助监控性能和资源的使用。在早期的 ESX 版本中，有许多工具可以在服务控制台的命令行使用。后来，VMware 发布了 ESXi，限制了

可以直接在主机上使用的命令数量，但又开发了一个特殊的命令行界面来管理 ESX 和 ESXi 主机，这个界面称为 vSphere Management Assistant（vMA）。用户可以使用 vMA 运行针对 ESXi 主机的命令，就像在控制台上运行它们一样。在 ESXi 3.x 和 ESXi 4.0 中，不支持访问控制台。在 ESXi 4.1 中，VMware 又恢复了对控制的支持，但控制台默认被锁定不能访问。虽然控制台上可以使用的命令比以前的 ESXi 版本多了，但是出于一些原因，VMware 仍然建议使用 vMA 运行针对主机的命令。原因之一就是提供另外一种集中的主机管理。

13.5.1 使用 resxtop

也可以使用称为 resxtop 的命令行工具监控虚拟机性能。使用 resxtop 最好的理由就是它提供了立即反馈。使用 resxtop 可以监控指定 ESXi 主机上的 4 个资源类型（CPU、磁盘、内存、网络）。图 13.15 显示了 resxtop 的一些输出示例。

resxtop 包含在 vMA 之中，vMA 与所有 OVF 打包虚拟一体机一样部署。只要从 my.vmware.com 网站下载 vMA，并导入到 vSphere 环境即可。关于部署 OVF 的详细操作说明，请参阅本章前面的"部署 vC Ops vApp"一节。

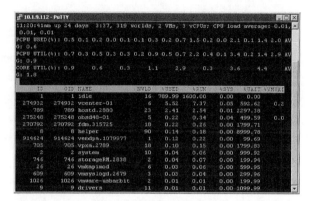

图 13.15 resxtop 显示信息 CPU、磁盘、内存、网络使用的实时信息

在实际可以查看实时性能数据之前，必须告诉 resxtop 要使用哪个远程服务器。要启动 resxtop 并连接远程服务器（vMA），输入以下命令。

```
resxtop --server esxi-03.lab.local
```

可以用实际要连接的 ESXi 主机的主机名或 IP 地址替换 esxi-03.lab.local。在提示的时候，输入用户名和密码，然后 resxtop 就会启动。resxtop 运行起来之后，可以使用单个字母命令在不同的视图间切换。

---

resxtop 仅适用于 VMware ESXi Shell

像以前的 ESX 版本一样，仍然可以在 VMware ESXi 外壳内运行 resxtop，但强烈建议只使用 VMware vMA。

---

resxtop 启动的时候默认显示 CPU 利用，如图 13.15 所示。在屏幕顶部是小结统计信息，下面是特定虚拟机和 VMkernel 进程的统计信息。如果只显示虚拟机，则按 V 键。resxtop 与许多 Linux 命令一样区分大小写，所以需要注意这里使用大写 V 才能切换到只显示虚拟机。

用 c 监控 CPU 使用 用 resxtop 查看的 2 个 CPU 计数器是 CPU Used（%USED）和 ReadyTime

（%RDY）。在虚拟机图表中也可以看到这两个计数器，但用 resxtop 查看时，它们计算为百分比。%RDY 计数器有助于判断是否给虚拟机分配了过多的 CPU 资源。有时会出现这种情况，例如，给某台虚拟机分配了 2 块 vCPU，而实际上它只需要 1 块 vCPU 虚拟机不同组件使用的 CPU 时间。在判断虚拟机的哪个组件占用 CPU 能力的时候，这相当有用。

如果切换到另一个资源，则按 C（大写或小写）键回到 CPU 计数器的显示。要结束 resxtop 的时候，可以按 q（仅限小写）键退出这个工具，返回 vMA 命令提示符。

---

resxtop 只显示单个主机

记住，resxtop 只显示单个 ESXi 主机。在已经部署了 **vMotion**、**vSphere Distributed Resource Scheduler (DRS)**、**vSphere High Availability (HA)** 的环境中，虚拟机可能经常移动。可能正在监控某台虚拟机，这台主机被 **vMotion** 操作突然移走。以批模式捕获性能信息的时候也要注意这个问题。

用 m 监控内存使用　内存是 ESXi 主机最重要的组件之一，因为这个资源通常是最先耗尽的资源之一。

要使用 resxtop 监控内存使用，则按 m（仅限小写）键。这会在上半部分显示 ESXi 主机的内存使用统计信息，在下半部分显示虚拟机的内存使用。同处理 CPU 统计数字一样，可以按 V（仅限大写）键只显示虚拟机信息。这在隔离虚拟机问题时，有助于筛掉 VMkernel 资源。%ACTV 计数器显示当前活动的客户物理内存，是个有用的计数器，与 %ACTVS（长期估计的慢移动平均）、%ACTVF（短期估计的快移动平均）、%ACTVN（对于下次采样 %ACTV 的预测）、SWCUR（当前交换使用）等计数器一样。

用 n 监控网络统计数字　vSphere 环境中的网络通常是既定不变的，但随着环境的成长就会了解到，掌握网络的性能也至关重要。

要监控 vmnics、单个虚拟机、iSCSI 使用的 VMkernel 端口、VMotion 以及 NFS 等网络统计数字，按 n（仅限小写）键。显示网络使用情况的列包括：每个 vmnic 或端口传输的包、接收的包、传输的 MB、接收的 MB。DNAME 列还显示 vSwitches 或 dvSwitches，在左则显示它们上面插入的内容，包括虚拟机 VM、VMkernel 以及服务控制台端口。如果某个虚拟机正在独占 vSwitch，则可以查看这台交换机以及单个端口上的网络流量数量，了解哪台虚拟机是问题所在。与其他 resxtop 视图不同，在这里不能使用 V（仅限大写）键来只显示虚拟机。

用 d 监控磁盘 I/O 统计数字　内存和磁盘是 vSphere 环境中最重要的组件。内存之所以重要，因为它首先耗尽，即使糟糕的磁盘性能会直接影响虚拟机性能，磁盘 I/O 也经常被忽视。

要监控每块磁盘适配器的磁盘 I/O 统计数字，按 d（仅限小写）键；按 u（仅限小写）键监控磁盘设备；按 v（仅限小写）键监控磁盘虚拟机。与其他一些视图类似，可以按 V（仅限大写）键只显示虚拟机。READS/s、WRITES/s、MBREAD/s、MBWRTN/s 几个列是确定磁盘负载最常用的列。这些列根据每秒的读写次数和每秒读写的 MB 数量显示负载。

resxtop 命令还可以用来查看 CPU 的中断，方法是按 i 键。这个命令会显示使用中断的设备，是识别 VMkernel 设备非常好的方法。例如，一个 vmnic 可能正在与服务控制台分享某个中断。这类中断共享会影响性能。

13.5.2　用 resxtop 捕获和回放性能数据

resxtop 的另一个强大功能是能够短时间地捕获性能数据然后回放这个数据。使用 vm-support 命令可以设置捕捉的间隔和时长。

执行以下步骤捕获要在 resxtop 上回放的数据。

（1）使用 PuTTY（Windows）或终端窗口（Mac OS X 或 Linux），打开到 ESXi 主机的 SSH 会话。注意，需要启用 ESXi 外壳和 SSH 这两项都默认为禁用。

（2）输入命令 su –，获得 root 权限。

（3）以 root 登录或切换到 root 用户后，用命令 cd /tmp 将工作目录切换到 /tmp。

（4）输入命令 vm-support -p -i 10 -d 180，创建一个 resxtop 快照，每 10 秒捕获一次数据，周期为 180 秒。

（5）生成的文件是一个 tar 包，并用 gzip 压缩。必须用 tar -xzf esx*.tgz 解压缩。这会创建一个 vm-support 目录，供下一条命令使用。

（6）运行 resxtop -R /vm-support* ，回放数据进行分析。

介绍过在 vSphere 环境中监控性能数据的各种工具（警报、性能图表、vC Ops 和 resxtop）之后，下面来逐一查看四大资源：CPU、内存、网络、磁盘。看看如何监控这些资源的使用。

13.6　监控 CPU 使用

在监控虚拟机时，从监控 CPU 消耗开始总是一个好的起点。许多虚拟机诞生的原因就是物理服务器的利用率不高。VMware 最成功的卖点之一就是能够将这些业务不太繁忙的物理服务器转变成虚拟机。一旦转换成功，虚拟基础设施管理器通常将这些虚拟机当成简单、普通、利用率低的服务器，不需要担心或监控。而事实则完全相反。

在物理服务器情况下，物理器拥有整个设备。变成虚拟服务器之后，它必须与其他许多工作负载分享资源。合在一起就会形成非常大的负载，如果其中某个服务器忙了起来，就会相互竞争，争夺它们运行的 ESXi 主机上有限的资源。当然，它们并不知道自己正在竞争资源，因为 VMkernel 会努力确保它们得到需要的资源。在对虚拟 CPU 进行调度这方面，ESXi 做了许多工作，因为多数时候虚拟机的数量要比物理处理器的数量多。而且，hypervisor 有多少资源才能做多少事，因此不可避免地会出现虚拟机上运行的应用程序要求的 CPU 时间比主机能够提供的 CPU 时间多的情况。

在出现这种情况的时候，通常是应用程序的所有人首先注意到问题并向系统管理员提交警报。现在，vSphere 管理员新增了判断虚拟机性能低下原因的任务。幸运的是，vCenter Server 提供了许多工具来方便监控和分析工作。这些工具前面已经见过，即警报、性能图表、resxtop。

从一个虚拟场景开始。技术支持部门收到一张工单，内容是应用程序的所有者在某台服务器上没有得到期望的性能等级，这个示例中的服务器是台虚拟机。作为 vSphere 管理员，首先需要深入问题，提出尽可能多的问题，了解什么才能满足应用程序所有者需要的性能。有些性能问题是主观的，这意味着有些用户抱怨应用程序缓慢的时候，并没有客观的指标。其他一些时候，这个抱怨有具体的指标反应，例如，数据库服务器执行的事务数量，或者 web 服务器的吞吐量。在这个示例中，问题围绕 CPU 使用的指标展开，所以应用程序做的是 CPU 密集型工作。

评估、期望、调整

如果在对服务器进行虚拟化之前做过评估，就有可能有可靠数据为最低性能、服务等级协议（SLA）的期望指标提供详细的细节支持。如果没有做过评估，vSphere 管理员需要与应用程序的所有者配合，在需要的时候为虚拟机提供更多 CPU 资源。

前面详细研究过的 vCenter Server 图表是分析使用情况的最佳方法，包括长期分析和短期分析。在这个示例中，假定技术支持工单描述的是前一小时的缓慢问题。正如前面已经看到的，可以方便地创建自定义性能图表，显示指定虚拟机或 ESXi 主机前一小时的 CPU 使用。

执行以下步骤创建 CPU 图表，这个图表显示虚拟机前一小时的数据。

（1）用 vSphere Web 客户端连接到 vCenter Server 实例。

（2）导航到 Hosts And Clusters 或 VMs And Templates 目录视图。

（3）在 Navigator 中选择一台虚拟机。

（4）在右侧的内容窗格中选择 Monitor → Performance 选项卡，将视图改为 Advanced。

（5）单击 Chart Options 链接。

（6）打开 Chart Options 对话框，在资源类型列表中 CPU，选择自定义间隔。

（7）将间隔改为 Last 1 Hour(s)。

（8）将图表类型设为 Line graph。

（9）在对象列表中选择虚拟机本身。

（10）在计数器列表中选择 CPU Usage In MHz (Average) 和 CPU Ready。

（11）单击 OK 按钮，应用图表设置。

CPU Ready

CPU Ready 显示虚拟机等待逻辑处理器安排的等待时间。虚拟机等待几千毫秒才得到处理器安排，可能表明 ESXi 主机已经过载、资源池的限制太紧或者虚拟机拥有的 CPU 共享太少（如果没人抱怨，那就什么事也没有）。务必与服务器或应用程序的所有者协调，为任何 CPU 密集型的虚拟机确定可以接受的 CPU Ready 数量。

这个图表显示选中虚拟机的 CPU 利用情况，但不一定会有助于了解这个虚拟机表现不如预期好的根本原因。在这个场景中，预计 CPU Usage In MHz (Average) 计数器的值完全为高，这只代表这台虚拟机使用了它所得到的全部 CPU 周期。除非 CPU Ready 计数器也高，代表这台虚拟机等待

主机给它安排物理处理器，但仍然发现不了触发技术支持工单的性能缓慢的原因，还需要继续监控主机 CPU 的使用情况。

监控主机整体的 CPU 使用情况相当简单。记住，在查看共享 CPU 能力的时候，通常会有其他因素产生影响。扩展程序，如 vMotion、vSphere DRS 以及 vSphere HA 都会对服务器或服务器集群上是否有足够的剩余能力产生直接影响。对比以前的 ESX 版本，VMkernel 通常不太会竞争 0 号处理器，因为消耗 CPU 时间的进程更少。

VMKernel 绑定在 0 号处理器

在旧版 ESX 上，服务控制台绑定在 0 号处理器上。即使出现严重的争用，它也不能迁移到其他处理器。ESXi 中不再有服务控制台，但 VMkernel 进程仍然绑定在 0 号处理器上。

执行以下步骤创建主机 CPU 使用的实时图表。

（1）如果 vSphere Web 客户端尚未运行，启动它，并连接到 vCenter Server 实例。

（2）导航到 Hosts And Cluster 或 VMs And Templates 目录视图。

（3）在 Navigator 中选择一台主机。

这会显示 Summary 选项卡。

（4）选择 Performance 选项卡，切换到 Advanced 视图。

（5）单击 Chart Options 链接。

（6）打开 Chart Options 对话框，选择 CPU 资源类型和 RealTime 显示间隔。

（7）将 Chart Type 设为 Stacked Graph (Per VM)。

（8）选择全部对象。

在选中的 ESXi 主机上应该可以看到每台虚拟机有一个单独的对象。

（9）选择 CPU Usage (Average) 性能计数器。

（10）单击 OK 按钮应用图表设置，返回 Performance 选项卡。

这个图表以堆叠方式显示选中 ESXi 主机上全部虚拟机的使用情况。从这个视图应该能够判断出具体哪个虚拟机或虚拟机消耗的 CPU 能力数量异常。

VMkernel 的平衡行为

在超负荷的 ESXi 主机上，VMkernel 会根据当前每个虚拟机和资源池占用的负载、保留以及共享对虚拟机进行平衡。

在这个场景中，虚拟机内的应用程序是 CPU 密集型的，所以有 2 个性能图表应该可以清晰地表示出虚拟机性能不佳的原因。同样，运行虚拟机的 ESXi 主机没有足够的 CPU 能力来满足所有虚拟机的请求。在这个示例中，解决方案应该是使用第 11 章中介绍的资源分配工具确保这个应用程序得到它需要的资源，以便在可以接受的程度上执行。

13.7　监控内存使用

　　监控内存的使用，不论对主机还是对虚拟机都是一个挑战。监控工作本身并不困难，挑战在于物理资源的可用性。在四大资源中，内存最容易过载。根据选择用来承载 VMware ESXi 的物理形式因素，物理内存不足很容易做到。虽然刀锋服务器的形式可以形成非常高的密度，但刀锋形式有时也限制了能够安装的物理内存和网络适配器的数量。即使采用常规形式，安装足够的内存也取决于物理服务器能支持多大的内存以及预算的多少。

　　如果怀疑内存使用是个性能问题，第一步就是分离问题，看是内存短缺影响主机（物理内存不足，需要添加更多内存）还是内存限制只影响虚拟机（意味着要给这台虚拟机分配更多内存或者修改资源分配策略）。一般来说，如果 ESXi 主机遇到内存利用高的问题，会触发预定义的 vCenter Server 警报，并警示 vSphere 管理员。但是，单纯使用警报并不能深入主机内存使用方式的细节。为此需要一个性能图表。

　　执行以下步骤创建主机内存使用的实时图表。

　　（1）用 vSphere Web 客户端连接到 vCenter Server 实例。

　　（2）导航到 Hosts And Clusters 目录视图。

　　（3）在 Navigator 中单击一台 ESXi 主机，显示 Summary 选项卡。

　　（4）选择 Performance 选项卡，切换到 Advanced 视图。

　　（5）单击 Chart Options 链接。

　　（6）打开 Chart Options 对话框，选择内存资源类型和 RealTime 显示间隔。

　　（7）选择 Line Graph 作为图表类型。主机会被选为唯一可用对象。

　　（8）在 Counters 区域选择 Memory Usage (Average)、Memory Overhead (Average)、Memory Active (Average)、Memory Consumed (Average)、Memory Used byVMkernel 和 Memory Swap Used (Average)。

　　这应该可以相当清楚地看到 ESXi 主机正在使用多少内存。

　　（9）单击 OK 按钮，应用图表选项，返回 Performance 选项卡。

计数器、计数器、更多计数器

同虚拟机一样，主机上有大量计数器可以用来监控内存使用。选择哪些计数器取决于要查看哪些内容。直接的内存使用监控很普通，但不要忘记还有其他计数器可以提供帮助。例如，Ballooning、Unreserved、VMkernel Swap、Shared 以及其他许多计数器。组织合适的计数器、寻找正确信息的能力，既源于经验，也取决于要监控的内容。

　　通过这些计数器，尤其 Memory Swap Used (Average) 计数器，可以了解 ESXi 主机是否处于内存压力下。如果 ESXi 主机没有内存压力，但依然怀疑是内存问题，则可能是虚拟机内的问题。

　　执行以下步骤创建虚拟机内存使用的实时图表。

（1）使用 vSphere Web 客户端连接到 vCenter Server 实例。

（2）导航到 Hosts And Clusters 或 VMs And Templates 目录视图。

（3）在 Navigator 中单击一台虚拟机，显示 Summary 选项卡。

（4）选择 Performance 选项卡，切换到 Advanced 视图。

（5）单击 Chart Options 链接。

（6）打开 Chart Options 对话框，选择内存资源类型和 RealTime 显示间隔。

（7）选择 Line Graph 作为图表类型。

（8）在计数器列表中选择显示 Memory Usage (Average)、MemoryOverhead (Average)、Memory Consumed (Average) 和 Memory Granted (Average) 计数器。这会显示相对于为虚拟机配置内存的使用情况。

（9）单击 OK 按钮，应用图表选项，返回 Performance 选项卡。

从这个性能图表能够看出虚拟机配置的内存实际使用了多少。从中可能会发现，由于虚拟机内运行的应用程序需要的内存比虚拟机分配的内存多，因此给虚拟机增加更多内存（假设主机层面有足够内存）有可能会提高性能。

内存与 CPU 一样，只是可能影响虚拟机性能的若干因素中的一个。网络使用是可能影响性能（尤其是感受到的性能）的另一个领域。

13.8 监控网络使用

vCenter Server 的图表为监控虚拟机或主机的网络使用情况提供了出色的工具。

监控网络的使用情况需要的方法与监控 CPU 或内存的方法略有不同。在 CPU 或内存上预留、限制、共享都可以表明这 2 个资源可供虚拟机消耗的量。但网络使用不受这些机制限制。因为虚拟机连入虚拟机端口组，虚拟机端口是一台主机上一个 vSwitch 的组成部分，虚拟机与 vSwitch 的交互方式可以由虚拟交换机或端口组策略操纵。例如，如果需要限制某台虚拟机整体的网络输出，则可以配置这个端口组的流量，将这台虚拟机的外出带宽设定在指定数量上。除非使用 vSphere 分布式交换机或第三方的 Nexus 1000V 分布式虚拟交换机，否则没有办法在 ESXi 主机上限制虚拟机的进入带宽。

> **虚拟机隔离**
>
> 某些虚拟机可能确实需要限制在特定数量的外出带宽内。例如，FTP 服务器、文件和打印服务器、Web 代理服务器，以及主要功能不是文件存储或连接代理的其他服务器，可能都需要限制在特定数量的带宽内——既能满足它的服务目标，又不会独占运行它的主机。将这些虚拟机隔离到属于它自己的 vSwitch 是个更好的解决方案，但这要求有合适的硬件配置。

要了解实际生成了多少网络流量，可以使用 vCenter Server 的图表测量虚拟机或主机输出或收到的网络流量。图表可以提供实际使用情况的正确信息，以及虚拟机正在独占某个虚拟交换机的丰富信息，尤其是在使用 Stacked Graph 类型的时候。

执行以下步骤，为 ESXi 主机上运行每个虚拟机的网络使用情况创建实时的堆叠图表。

（1）如果 vSphere Web 客户端尚未运行，启动它，并连接到 vCenter Server 实例。

（2）导航到 Hosts And Clusters 目录视图或 VMs And Templates 目录视图。

（3）在 Navigator 中单击一台 ESXi 主机，这会显示 Summary 选项卡。

（4）选择 Performance 选项卡，切换到 Advanced 视图。

（5）单击 Chart Options 链接。

（6）打开 Chart Options 对话框，选择 Network 资源类型，在 Chart Options 区域选择 RealTime 显示间隔。

（7）选择图表类型 Stacked Graph (Per VM)。

（8）在对象列表中，确保选中了全部虚拟机。

（9）在计数器列表中选择 Network Data Transmit Rate 计数器。

用这个计数器可以了解这台 ESXi 主机上的每台虚拟机消耗多少外出带宽。

（10）单击 OK 按钮应用修改，并返回 Performance 选项卡。

如果想对流量按 ESXi 主机上的每块网卡（NIC）分解而不是按虚拟机分解，该怎么办？用 Chart Options 对话框的另一个配置很容易实现这个要求。

执行以下步骤为主机上每块网卡传输的网络使用情况创建实时图表。

（1）用 vSphere Web 客户端连接到 vCenter Server 实例。

（2）导航到 Hosts And Clusters 目录视图。

（3）在 Navigator 中选择一台 ESXi 主机，这会在右侧的 Details 区显示 Summary 选项卡。

（4）选择 Monitor → Performance 选项卡，切换到 Advanced 视图。

（5）单击 Chart Options 链接。

（6）打开 Chart Options 对话框，选择 Network 资源类型和 RealTime 显示间隔。

（7）将图表类型设置为 Line Graph。

（8）在对象列表中选择 ESXi 主机以及全部需要的网卡。

（9）选择 Network Data Transmit Rate 计数器和 Network Packets Transmitted 计数器。

（10）单击 OK 按钮应用修改，并返回 Performance 选项卡。

与前面虚拟机的示例非常像，通过这 2 个计数器可以了解这台主机上每块物理网卡外出方向正在发生多少网络活动。如果想查看每块物理网卡（根据定义，代表不同的虚拟交换机）不同的使用率，则这种做法尤其有用。

看过如何监控 CPU、内存、以及网络的使用之后，只剩一大领域：监控磁盘使用。

13.9　监控磁盘使用

　　监控主机的控制器或虚拟机的虚拟磁盘使用在范围上与监控网络使用类似。这个资源表现为支持的存储类型上的控制器或者虚拟机虚拟磁盘的存储，它不受 CPU 或内存的预留、限制、共享这些机制的限制。限制虚拟机磁盘活动的唯一方式就是给在单台虚拟机上分配共享，然后它可能要与相同存储卷上运行的其他虚拟机争用。vCenter Server 的图表有助于显示 ESXi 主机和虚拟机的实际使用情况。

　　执行以下步骤，创建显示磁盘控制器使用情况的主机图表。

　　（1）使用 vSphere Web 客户端连接到 vCenter Server 实例。

　　（2）导航到 Hosts And Clusters 视图。

　　（3）在 Navigator 中选择一台 ESXi 主机。

　　这会在右侧的 Details 区显示 Summary 选项卡。

　　（4）选择 Performance 选项卡，切换到 Advanced 视图。

　　（5）单击 Chart Options 链接，打开 Chart Options 对话框。

　　（6）在 Chart Options 中选择 Disk 资源类型和 RealTime 显示间隔。

　　（7）将图表类型设为 Line Graph。

　　（8）选择一个对象或多个对象（在这种情况下是控制器），选择一个计数器或多个计数器，监控有意义的活动或对满足服务等级必须的活动。选择代表 ESXi 主机和磁盘控制器的对象。

　　（9）在计数器列表中选择 Disk Read Rate、Disk Write Rate 以及 Disk Usage（Average/Rate）获得选中控制器活动的整体了解。

　　（10）单击 OK 按钮，返回 Performance 选项卡。

　　用这个性能图表可以了解选中磁盘控制器上的。但是如果想按虚拟机查看整个主机的磁盘活动情况，该怎么办？在这种情况下，堆叠图表（Stacked Graph）视图可以显示需要的内容。

> **堆叠视图**
>
> 在判断哪个虚拟机正在独占卷的时候，堆叠视图很有用。只有虚拟机在比堆中的位置最高，才有可能降低其他虚拟机的虚拟磁盘性能。

　　现在切换回虚拟机视图，查看每台虚拟机，深入了解它们的磁盘使用情况，可以得出一些有用的结论。文件和打印虚拟机，或者提供打印队列或数据库服务的其他服务器，都会生成需要监控的与磁盘相关的 I/O 活动。在某些情况下，如果虚拟机生成的 I/O 活动过多，可能会降低在相同卷上运行的其他虚拟机的性能。下面来看一个虚拟机的图表。

　　执行以下步骤创建显示磁盘控制器实时使用情况的虚拟机图表。

　　（1）如果 vSphere 客户端尚未运行，启动它，并连接到 vCenter Server 实例。

　　（2）导航到 Hosts And Clusters 视图或 VMs And Templates 视图。

(3) 在 Navigator 中单击一台虚拟机。

这会在右侧的 Details 区显示 Summary 选项卡。

(4) 选择 Performance 选项卡,切换到 Advanced 视图。

(5) 单击 Chart Options 链接,打开 Chart Options 对话框。

(6) 在 Chart Options 中选择 Virtual Disk 资源类型和 RealTime 显示间隔。

(7) 将图表类型设为 Line Graph。

(8) 设置对象列表中列出的两个对象。

(9) 在计数器列表中选择 Read Rate 和 Write Rate (Average/Rate)。

(10) 单击 OK 按钮,应用这些修改并返回 Performance 选项卡。

利用这个图表,应该有充分的信息可以了解这个虚拟机的 I/O 行为。虚拟机忙着为它的应用程序生成读写操作。图表是否显示有足够的 I/O 可以满足服务等级协议?或者显示这台虚拟机是否需要协助?管理员利用这个图表可以做出有充分依据的决策,通常与应用程序的所有者配合做出,这样为了改进 I/O 而做的任何调整都会让应用程序的所有者满意。

除此之外,通过更长的间隔时间可以了解历史趋势,还会发现虚拟机变忙了或者远远低于正常输出。如果 I/O 数量只有轻微影响,则调整虚拟机共享可能是一种方法,即将它的磁盘 I/O 调整得比共享同一卷的其他虚拟机高。如果共享调整没有实现期望的结果,管理员也可能被迫将虚拟机的虚拟磁盘转移到其他卷或 LUN。可以使用第 6 章中介绍的 Storage vMotion 执行这类基于 LUN 的负载平衡,对最终用户而言没有任何中断。

里里外外都要进行性能监控

需要着重记住的是,虚拟机操作的性质意味着不可能使用客户机操作系统内部的性能指标代表整体的资源利用情况。原因如下。

在虚拟化环境中,每个客户机操作系统"看到"的只是 VMkernel 代表自己的那片硬件。客户机操作系统报告 100% 的 CPU 利用并不代表它 100% 地使用了物理服务器的 CPU,而仅仅是使用了 hypervisor 分配给它的 CPU 能力的 100%。客户机操作系统报告 90% 的内存利用也仅仅是使用了 hypervisor 分配给它的内存的 90%。

这是否意味着客户机操作系统内的性能指标没有用呢?并非如此,这些指标不能用来代表整体资源使用情况——只是相对资源使用。必须将客户机操作系统内搜集的性能指标与客户机操作系统之外搜集到的对应的指标结合起来。通过将客户机操作系统内搜集的性能指标与客户机操作系统之外搜集到的对应的指标结合起来,就可以创建更复杂的视图,了解客户机操作系统对特定类型资源的使用情况,更好地了解需要采取什么步骤才能解决资源的约束问题。

例如,如果客户机操作系统报告内存利用高,但 vCenter Server 资源管理工具表明物理系统有足够的内存可用,则说明客户机操作系统已经充分利用了给它分配的资源,如果给它分配更多的内存,它会执行得更好。

对资源进行监控可能很麻烦，它要求对环境中虚拟机内运行的应用程序有充分了解。如果是新 vSphere 管理员，则值得花些时间使用 vCenter Server 的性能图表建立一些基线行为。这可以帮助用户更熟悉虚拟机的正常操作，这样发生异常情况的时候，就更容易发现它。

13.10　要求掌握的知识点

1. 使用警报进行主动监控

vCenter Server 提供了丰富的警报，向 vSphere 管理员警示超量的资源消耗或潜在的负面事件。几乎可以在 vCenter Server 内任何类型的对象上创建警报，包括数据中心、集群、ESXi 主机以及虚拟机。警报可以监控资源消耗，也可以监控特定事件的发生。警报还可以触发操作，例如，运行脚本、迁移虚拟机或者发送电子邮件通知。

掌握

在创建自定义警报之前，vSphere 管理员应该问什么问题？

2. 使用性能图表

vCenter Server 的详细性能图表是释放信息的关键，可以用来判断 ESXi 主机或虚拟机表现不佳的原因。性能图表公开了大量性能计数器，覆盖各种资源类型，vCenter Server 提供了保存自定义图表设置、将性能图表导出为图片或 Excel 工作簿，或者在独立窗口中查看性能图表等功能。

掌握

你会发现自己反复使用 Performance 选项卡的 Advanced 视图中的 Chart Options 链接设置相同的图表。有没有不需要重复创建自定义图表，节省时间和精力的做法？

3. 理解 vCenter Operations Manager

vCenter Operations Manager 在性能监控和故障排除方面为 vSphere 添加了功能。vC Ops analytics VM 整理了来自主机和 vCenter 的测量指标，计算出标记。 Web UI VM 提供一个标准的 Web 界面，并与 vSphere Web 客户端集成。

掌握

vCenter Operations Manager Foundation 提供所有标准的 vCenter 服务器许可。这个版本限制在 4 个主要功能。它们是什么？

4. 使用命令行工具搜集性能信息

VMware 提供了一些可以用于搜集性能信息的命令行工具。对于 VMware ESXi 主机，resxtop 可以提供 CPU、内存、网络四大资源利用的实时信息。应该从 VMware vMA 运行 resxtop。最后，vm-support 工具可以搜集性能信息，然后用 resxtop 回放。

掌握

知道如何从 VMware vMA 命令行运行 resxtop。

5. 按 ESXi 主机和虚拟机来监控 CPU、内存、网络、磁盘使用

监控 4 个关键资源——CPU、内存、网络、磁盘的使用，有的时候会很困难。幸运的是，VMware 在 vCenter Server 中提供的各种工具可以让 vSphere 管理员得到正确的解决方案。具体来讲，使用自定义性能图表可以公开正确的信息，帮助 vSphere 管理员发现性能问题的源头。

掌握

一位初级 vSphere 管理员正在试图解决一台虚拟机的性能问题。你要求这位管理员看看 CPU 是否有问题，这位初级管理员告诉你虚拟机需要更多 CPU 能力，因为虚拟机内的 CPU 利用率高。根据这些信息，这位初级管理员说得对么？

第 14 章

VMware vSphere 自动化

随着 vSphere 的功能和能力在质量和数量上的增长，对 VMware vSphere 管理员角色的要求越来越高。VMware 已经做了大量工作，使得这些功能可以迅速地为管理员所用，贯穿本书可以看到这点。但是，这些新功能带来额外的职责，随着更多关键、复杂工作能够而且实际进行虚拟化，出现更多错误和不一致的机会也随之增加，对灾害的容忍也越来越低。

作为 vSphere 管理员，需要执行大量重复性任务，接触点也越来越多。例如，用模板创建多台虚拟机，修改全部虚拟机或 Esxi 主机的网络配置，或者用 Storage vMotion 将虚拟机迁移到新的数据存储，为内外部审计搜集关于环境的大量信息。自动化有助于更快完成这些任务，提供更好的一致性，通过减少出错风险和计划外的灾难，最终为组织节约资金。显然，自动化是对环境中采用 vSphere 的每个 vSphere 管理员和每个组织都有益的一个领域。不论环境的规模大小还是以前的经验如何，都可以实现这个好处。

本章的主要内容有：

◆ 认识可以用来自动化 vSphere 的一些工具；

◆ 创建 PowerCLI 自动化脚本；

◆ 使用 vCLI 在命令行管理 ESXi 主机；

◆ 使用 vCenter 与 vMA 结合，管理全部主机；

◆ 利用 Perl 工具包和 VMware SDK 在命令行执行虚拟服务器操作；

◆ 配置 vCenter Orchestrator；

◆ 使用 vCenter Orchestrator 工作流。

14.1 为什么使用自动化

这个问题反复提出，多年以来，我们将它的答案归纳为一个简单的理由。您只有一个人。每个人在指定小时、天、星期内能够手动执行的工作数量是有限的。自动化工具能够让管理员提高效率、准确性以及生产力。

效率 通过自动化，完成重复任务需要的付出更少。接听电话或与同事对话永远不会干扰脚本或工作流的执行，因此也不会让它们遗漏某一步骤或者匆忙完成工作。

准确性 通过自动化，重复性任务可以保持一致。配置变化、报表、过程工作流的自动化，可以高度放心其中不会出错。

生产力 通过自动化，可以提高管理员的生产力。手动执行可能需要数个小时的任务，通过自动化可能会在几分钟或几秒钟内完成。

自动化的好处是在任何环境都适用，尤其在虚拟化环境中。业务需求和期望的增加，意味着我们必须找到方法，提高我们的生产力，并确保交付的一致性。在后面我们将会看到，VMware 在自动化 vSphere 环境方面的工具上大举投入，这些工具对各种需求和背景的管理员都适用。

14.2 vSphere 自动化选项

VMware 的自动化能力和选项都有了巨大进步。这个进步意味着不论是 VMware vSphere 管理员的技能等级还是需求，都有多个选项可供选择，用来实现他们的自动化目标。这一节将简要介绍不同的 vSphere 自动化工具以及目前和它们最匹配的体验。其他自动化和综合管理产品本章不会详细介绍可以自动化 vSphere 环境的任何非 VMware 工具。这些工具与 VMware 自动化工具利用相同的 VMware vSphere API。

本章讨论的 vSphere 自动化工具包括 PowerCLI、vSphere Management Assistant (vMA)、vCenter Orchestrator (vCO)、以及 vSphere Software Development Kit (SDK) for Perl（参见图 14.1）。我们根据虚拟化行业的普遍用法和相对的学习曲线来介绍这些工具。我们期望证明，即使没有或只有很少自动化经验的人，也能开始在他们的环境中利用这些工具将任务自动化。

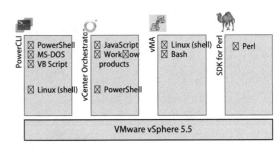

图 14.1 vSphere 自动化选项

显然，要将自动化带入自己的 vSphere 环境，有多个选项可用——而这还是在没有考虑可用的大量第三方解决方案的情况下！

根据我们的经验，VMware 提供的被采用最多的自动化工具是 PowerCLI。正如我们在后面几节讨论的，它对 Windows 背景和 Linux 背景的人都有吸引力。vMA 上的 vCLI 也被广泛采用，很容易为 Linux 或通用命令行背景的人所采用。对于希望投入最少精力，在多台 ESXi 主机上执行 bash 脚本的管理员来说，尤其如此。

vCenter Orchestrator(vCO) 的采用则不太普遍，但我们强烈建议本书读者都应该花时间来了解它的工作机制。vCO 正在紧密地融入许多 VMware 产品，包括 vSphere Web 客户端和 vCloud Automation Center (vCAC)。

自动化和 ESXi 免费版

在生产环境进行测试不是个好主意。因为许多管理员希望测试和学习本章介绍的各个自动化工具，所以需要指出使用 ESXi 免费版本的一些限制。不幸的是，远程管理工具（如 PowerCLI、vMA 以及 vSphere Perl SDK），在 ESXi 免费版上的功能被限制为只读。使用 VMware 的 60 天试用期，可以免费使用全部功能。

14.3　使用 PowerCLI 进行自动化

PowerCLI 是 VMware 被采用最广、最容易得到的自动化工具。由于其最初是 VI Toolkit，因此已经被公认为自动化 vSphere 环境的最佳工具。支持这一要求的，是 PowerCLI 管理 vSphere 环境中多数组件的能力以及它的易用性。有 Windows 管理背景的人员通常对 PowerShell 有所了解，他们发现采用 PowerCLI 比采用其他工具更自然。习惯控制台管理的人会发现 PowerCLI 很容易掌握和使用。

在下面几节，我们将介绍 PowerShell，介绍 PowerCLI 的初始配置，展示一些开始使用的基本 PowerCLI cmdlet，以及如何构建更复杂的脚本，演示 PowerCLI 的复杂功能，并讨论 PowerCLI 5.5 的新功能。

14.3.1　PowerShell 和 PowerCLI

理解 Microsoft Windows PowerShell 是什么以及它的工作机制也是很重要的。没有 PowerShell，就不可能有 PowerCLI。PowerShell 是 Microsoft 的标准自动化平台，从 Winddows 7 和 Server 2008 起就随 Microsoft Windows 一同提供，但可用的时间要长久得多。Microsoft Exchange 管理员和 SharePoint 管理员使用 PowerShell 已经许多年，因为这些产品是 Microsoft 将 PowerShell 作为管理工具选项的最早产品。PowerShell 构建在 .NET 框架之上，拥有丰富的功能，可以管理广泛的 Windows 系统和应用程序。另外，许多公司（如 VMware、NetApp 以及 Cisco），也已经为 PowerShell 开发了模块和管理单元，用于管理他们的应用程序和硬件。这一节将简要介绍有助于 PowerCLI 入门的一些 PowerShell 核心概念。

PowerShell v3 的新功能

PowerShell v3 带来了许多新的增强,让使用 PowerCLI 5.5 管理 vShere 极具优势。下面是其中一些。

◆　工作流和更强健的会话意味着长的或复杂的操作失败的机会降低。

◆　增强的 cmdlet 发现和自动的模块加载，在增加社区资源时特别有用。

◆　Show-Command cmdlet 提供了一个可视的对话框，方便用户认识 cmdlet 的参数。

---

cmdlets

需要定义的第一个 PowerShell 术语就是 cmdlets（发音为"command-lets"），它们是编译后的 .NET 类，功能是在一个对象上执行单个操作。它们的命名格式是 <verb> -<singular noun>。大多数 cmdlets 使用起来都很简单，因为它们没有打算一次做太多工作。而且，因为有确定的命名规范，因此通常只需要猜测就能找到需要的 cmdlet。例如，要获得 vCenter 中的全部 VM，可以运行 Get-VM——很直观的设计。

对象

PowerShell 构建在 Microsoft .NET 框架之上，因此要成功地使用 PowerCLI，对象是需要理解的一个关键部分。简而言之，对象是属性和方法的容器。如果在连接到一台 Virtual Center 服务器的时候执行 PowerCLI cmdlet Get-VM，那么返回的信息就是虚拟机对象的集合。每台虚拟机可以视为独立的对象，里面包含这台虚拟机的信息。虚拟机 A 和虚拟机 B 的信息是不同的，但它们都是同一类型的对象或者容器。这意味着可以筛选或比较每个对象的属性，因为它们共享相同的格式。这样做有助于理解有哪些属性可用。可以用不同的方式来处理。我们将介绍如何迅速地从对象获得一般信息和详细信息。

> **关于本节**
>
> 安装了 PowerCLI 并连接到虚拟环境之后，本节的信息会更有意义。我们建议您在那时回到本节并尝试接下来列出的步骤。

输入 cmdlet 并查看输出，就可以得到常规信息。PowerCLI 的默认输出返回指定对象最常用的属性。例如，运行 Get-VM cmdlet 会返回仓库中的全部 VM，并带有虚拟机名称、电源状态、CPU 数量、内存（MB）等属性。可以在管道中使用 Select- Object cmdlet 指定要查看哪些信息，如下所示。

```
Get-VM | Select-Object Name, PowerState
```

如果您要查看与全部虚拟机关联的全部信息，则可以运行以下单行命令，第二个选项表明很常用的 Select-Object 可以使用别名 Select。

```
Get-VM | Select-Object *
```
或
```
Get-VM | Select *
```

我们建议将这个输出到 CSV 文件或文本文件，因为它很快就会填满整个屏幕。输出的 CSV 或文本文件，请在管道中加入 Export-CSV cmdlet。

```
Get-VM | Select * | Export-CSV -Path C:\Test\VMs.csv -NoTypeInformation
```

前面我们提到过可以得到关于对象的更详细信息。使用 Select * 可以得到全部属性值的完整输出，但有一种更方便的方法可以发现有哪些属性可用。使用 Get-Member cmdlet 可以得到指定对象类型的可用属性及方法的完整清单。请试验以下两行命令，其中第二个选项使用了 GM，它是 Get-Member 的缩写。

```
Get-VM | Get-Member
```
或
```
Get-VM | GM
```

在转到其他重要 PowerShell 术语之前，还有最后一个技巧。如果有一个巨型仓库，在学习的时候希望运行得快一些，请使用 Select -Object cmdlet 的能力，只选择前几个返回的对象。下面一行命令会返回仓库中的前三个虚拟机对象。

```
Get-VM | Select -First 3
```

我们还会接触对象的更多功能，但这节应该让您对选择自己感兴趣的属性有多简单有所感觉，并更好地理解 PowerShell/PowerCLI 中的对象结构。

变量

变量并非 PowerShell 独有，许多编程语言和脚本语言都使用变量。在 PowerShell 中，变量以 $ 开始，后面是字母和数字。变量分为全局变量和用户自定义变量，我们将看到每种变量的示例。

认识变量最容易的办法，就是把它想象成一个空的容器，我们可以用它在 PowerShell 中存储对象。变量最常见的用法就是搜集脚本的结果或存储脚本后面要使用的使用。根据前面讨论对象的示例，假设我们希望将全部虚拟机对象搜集进一个变量，供以后使用。

```
$vm = Get-VM | Select-Object Name, PowerState
```

现在，变量 $vm 包含的全部数据与我们前面运行一行命令生成的数据相同。现在只要将 $vm 键入 PowerCLI 控制台，就可以看到相同的结果。这意味着稍后在控制台或脚本中可以用变量做各种事情。

```
$vm | Export-CSV -Path C:\Test\VMs.csv -NoTypeInformation
$vm | Where-Object{$_.PowerState -eq "PoweredOn"}
```

请记住，在 PowerShell 和 PowerCLI 还有全局变量已经在使用。使用 Get-Variable cmdlet 可以获得全局变量的完整清单。最值得注意的是，请记住 $host 已经被系统占用，不能在脚本中设置。通常使用 $vm 和 $vmhost 代替。在本章后面，在用 PowerCLI 连接虚拟基础设施一节，还会学习 $DefaultVIserver。

本章通篇以及在您查看来自 VMware 和社区的代码示例时，都会看到变量的使用。还要注意的是，在脚本中同一变量不要使用两次，要给变量命名，以方便从名称区分出这个容器中包含什么信息。

管道

PowerShell 能力的基础是管道。有 UNIX 背景的人很熟悉管道的概念。但 PowerShell 对传统的管道做了改良。过去，管理是从一个命令向另一个命令传递文本、从而简化指定操作语法的机制。在 PowerShell 中，管道可以从一个 cmdlet 向另一个 cmdlet 传递完整的 .NET 对象。这个能力极大地增强了管道的威力，同时简化了实现几乎任何管理操作的能力。简而言之，这意味着在您使用 PowerCLI cmdlet 时，可以通过管道传递一个 Cluster 对象，检索到这个集群内的全部主机。在下面的示例中，我们就要这样做，还会检查每个 VMHost 对象，以便只返回处于维护模式的主机。

```
Get-Cluster <cluster name> | Get-VMhost | `
Where{$_.ConnectionState -eq "Maintenance"}
```

在多行之间继续管道

在使用 PowerShell 和管道的时候，可能有些行没有与屏幕或编辑器完美匹配。本书使用 ` 符号表示代码继续到下一行。PowerShell 认识这个符号，知道即使管道写在单独的行内，也继续当前管道。在使用的时候，要注意让分行符合逻辑，以保持代码的可读性。

还有一种办法：可以检查全部集群，寻找其中处于维护模式的主机，这意味着您要在管道中传递仓库中的 Cluster 对象，然后将处于维护模式的主机搜集起来。

```
Get-Cluster | Get=VMhost | Where ($_.ConnectionState -eq "Maintenance")
```

请注意，Where-Object cmdlet 使用了别名 Wherer，它负责搜集 VMhost 对象，检查它们的 ConnectionState 属性值。这只是关于对象通过时，管道真正能够提供的威力的一点皮毛。在本章将看到更多管道示例，希望您能够十分精通对象和管道的概念。

14.3.2 PowerCLI 5.5 的新功能

每个版本的 PowerCLI 都包含了新的 cmdlet，以利用 vSphere 提供的新功能。PowerCLI 5.5 提供了对现有 cmdlet 的增强，支持 Windows PowerShell 3.0，以及大家长久期待的虚拟分布式交换机（Virtual Distributed Switch，VDS）。VDS 管理单元现在提供自动化和管理交换机以及分布式端口组的原生能力。这为 vSphere 管理员提供了编写任务脚本的能力，例如，向分布式虚拟交换机添加主机或移除主机，将虚拟网卡从标准组迁移到分布式端口组，甚至于导入、克隆或回滚分布式虚拟交换机或分布式端口组的配置。我们建议花些时间阅读 PowerCLI 5.5 的发布说明，其中将新功能、以前 cmdlet 的增强、已知问题做了完整的划分。

14.3.3 安装和配置 PowerCLI

要安装 PowerCLI 5.5，必须有 Microsoft Windows PowerShell v 2.0 或 v 3，以及 .NET 框架 2.0 SP2、3.0 或 3.5（参见图 14.2）。我们建议直接将 PowerShell 升级到版本 3，因为前面讲过，现在 PowerCLI 5.5 已经支持它，而且包含多个有价值的新功能。在本书编写的时候，PowerShell v4 已经发布，但还未发布 PowerCLI 对 PowerSehll v4 的支持。

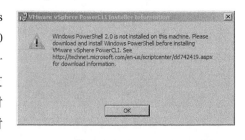

图 14.2 PowerShell 2 的要求

安装 PowerCLI 实际意味着安装 2 个不同的组件。

◆ 从 Windows 7 起，PowerShell 已经成为 Windows 的核心组件，但是如果运行旧版 Windows，则需要安装 Windows 管理框架，可以从 Microsoft 的网站下载，网址是 www.microsoft.com/download。

◆ PowerCLI 可以从 VMware 的网站下载，网址是 www.vmware.com/ go/PowerCLI。

执行以下步骤安装 PowerCLI。

（1）启动从 VMware 网站下载的 PowerCLI 安装程序。

（2）如果出现 Microsoft Windows User Access Control 的提示，则单击 Continue 按钮。

（3）如果安装程序显示一个对话框，提示在设置末尾会安装 VMware VIX，则单击 OK 按钮继续。

（4）如果显示消息，警告 PowerShell 当前的执行策略设置为 "Restricted（受限）"，则单击 Continue 按钮。执行策略可以稍后修改。

（5）在 VMware vSphere PowerCLI Installation Wizard 的第一个屏幕上，单击 Next 按钮开始安装。

（6）选择 I Accept The Terms In The License Agreement，并单击 Next 按钮。

（7）单击 Next 按钮接受默认安装位置，或者修改 PowerCLI 的安装位置。

（8）如果计划使用 PowerCLI 管理 vCLoud Director 环境，请选择安装 vCloud Director 的选项。然后单击 Next 按钮。

（9）单击 Install 按钮。

PowerCLI 64 位和 PowerCLI 32 位对比

如果在 64 位操作系统上安装 PowerCLI，可以注意到桌面上有两个图标：一个针对 64 位，一个针对 32 位。在两个版本之间，只有一个主要功能差异需要注意。在 vSphere 5.0 以前的环境中执行某些 PowerCLI cmdlet 时，需要运行 PowerCLI 32 位版本。例如，Invoke-VMscript 和 Copy-VMGuestFile。纯 32 位 cmdlet 的完整列表，请参阅 PowerCLI 5.5 发布说明。

成功安装 PowerCLI 5.5 之后，在桌面上应该看到两个 PowerCLI 快捷方式。但是，现在开始编写脚本尚未准备就绪。即使已经安装了 PowerCLI，仍然需要修改 PowerrShell 的执行策略。

请执行以下步骤设置 PowerShell 的执行策略。

（1）在其中一个 PowerCLI 桌面快捷方式上单击右键，选择 Run As Administrator。

（2）在 PowerShell 提示符下，输入以下命令。

```
Set-ExecutionPolicy RemoteSigned
```

（3）在提示的时候，输入 Y 并按回车键验证修改，或者直接按回车键接受默认的 Y。

（4）要验证设置，请使用 Get-ExecutionPolicy cmdlet 命令。

```
Get-ExecutionPolicy
```

Get-ExecutionPolicy 命令的应该返回 RemoteSigned。

（5）输入 Exit，并按回车键，关闭 PowerCLI/PowerShell 会话。

现在，在启动 PowerCLI 时，会显示一些优秀的起步 cmdlet，例如，Connect-VIserver、Get-VIcommand、Get-PowerCLIHelp（参见图 14.3）。这些建议很重要，尤其是 Connect-VIServer 是连接虚拟基础设施要求的第一个 cmdlet。现在准备就绪，可以开始使用 PowerCLI 了。

图 14.3　PowerCLI 启动屏幕提供一些有用命令的快速提示

PowerCLI 脚本执行策略

通过 PowerShell 脚本执行策略，可以对哪个脚本能够在您的计算机上运行进行管理。默认情况下，PowerShell 在 Restricted（受限）模式下运行，这意味着不允许运行脚本，PowerShell 只能以交互的控制台模式运行。这也适用于 PowerCLI。推荐的设置是 RemoteSigned（远程签名），它允许运行您的脚本以及由受信发行人（如 VMware）签名的脚本。还有人建议将执行策略设置为 Unrestricted（无限制），它允许运行全部 Windows PowerShell/PowerCLI 脚本。这样做肯定在排除故障时更方便，但在将执行策略设为 Unrestricted 之前，应该考虑系统的安全性。Unrestricted 也允许恶意脚本运行。

在 PowerShell/PowerCLI 控制台输入以下命令，可以对 PowerShell 脚本执行策略了解得更多。

```
get-help about_Execution_Policies
```

额外的 PowerCLI 能力

　　VMware 还发布了其他 PowerShell 管理单元，与 PowerCLI 配合管理 vSphere 环境。在核心的 PowerCLI 5.5 安装期间，包含了自动部署、映像构建器、许可以及新的 VDS 能力等分别对应的管理单元。在安装过程中可以注意到，有一个自定义选项还可以安装和启用 vCloud Director 管理单元。还可以下载额外的管理单元来管理 Vmware View 和 Vmware Update Manager (VUM)，这些管理单元的安装与 PowerCLI 的安装类似。核心的 PowerCLI 组件包括超过 370 个 cmdlet，提供了相当多的功能，而额外的管理单元则提供了更多功能。

PowerCLI 后向兼容性略

Vmware 已经付出卓越努力来让最新版本的 PowerCLI 与以前版本的 vSphere 后向兼容。您应该坚持查看 PowerCLI 最新版本的发布说明，确保脚本可以在环境中正确运行。PowerCLI 5.5 支持 vSphere 4.0 Update 4 及更高版本。

PowerCLI 后向兼容性有一个例外，就是 Vmware Update Manager (VUM) 管理单元。这个管理单元使用的版本要一直与正在运行的 VUM 版本匹配。在升级 PowerCLI 的时候请记住这点。在我们的环境中，我们通常有一台专门的服务器配置有正确的版本，有时就是独立的 VUM 服务器，这样就能更轻松地更新我们的核心系统。

14.3.4　开始使用 PowerCLI

　　关于 PowerCLI 要记住的第一件也是最重要的一件事，就是 PowerShell < 动词 >-< 名词 > 式的 cmdlet 命名方式使得它们可读性好，还便于寻找作业需要的正确 cmdlet。在下面几节，我们将介绍 PowerCLI 的基本起点。在这个讨论结束时，您能够将 PowerCLI 连接到 vSphere 资源，找到需要的 cmdlet，获得如何使用这个 cmdlet 的信息，并开始创建"单行"脚本。这些是使用 PowerCLI 自动化 vSphere 的开始步骤，也是您成为更成熟的用户时将频繁使用的技能。

1. 寻找 cmdlet

VMware 在 PowerCLI 中提供了一个特殊 cmdlet，以协助寻找需要的 cmdlet，它就是 Get-VICommand。Get-VICommand 很像 Get-Command，但它只针对 PowerCLI 提供的 cmdlet。假设您要寻找管理日志的可用 cmdlet，那么使用以下代码，就会得到可用的日志 cmdlet 的清单。

```
Get-VICommand *log*
```

或者，也可以使用 Get-Command cmdlet，并将搜索条件限制在 cmd 的 < 名词 > 区域。

```
Get-Command -Noun *log*
```

在使用这些 cmdlet 时，可以注意到，使用 Get-Command cmdlet 返回的结果更多。为什么？ Get-Command cmdlet 会返回 cmdlet 的名词区域包含 log 的全部 PowerShell cmdlet，而 GET-VICommand 则只返回与 PowerCLI 有关的那些 cmdlet。

如果使用 PowerShell 版本 3，则可以使用 Show-Command cmdlet 得到指定 cmdlet 及其参数的可视展示。

还请记住，PowerShell 为全部 cmdlet 均提供制表键自动完成功能。这意味着如果输入 Get-VM 并按制表键，PowerShell 就会开始梳理以 Get-M 开始的可用 cmdlet，从 Get-VM 开始，然后是 Get-VMGuest。通常，这不是找到需要 cmdlet 的最快方法，但在紧急时刻肯定有效。制表符自动完成在 cmdlet 内部也有效。在 cmdlet 后按空格键，然后再反复按制表键，会在可以指定参数值的参数列表之间循环。

2. 获得帮助

不论使用 PowerShell 或 PowerCLI 的时间有多久，您总会有需要帮助的时候。PowerShell 为这种情况提供了一个非常有用的 cmdlet——Get-Help。Get-Help 能够在 PowerShell 提供关于 cmdlet 的帮助性信息或主题。只要在控制台内输入 cmdlet 并按回车键，就可以得到它的能力说明。在 PowerCLI 中，我们希望展示如何从前面使用 Get-VIcommand 找到的 cmdlet 获得更多信息。

确定需要的 cmdlet 之后，可以使用 Get-Help 查找它的更多内容，例如，参数或参数集合，它的用法说明，以及用法示例。例如：

```
Get-Help Get-Log
```

可以注意到，这条命令返回 Get-Log 的功能概要，使用的语法，更详细说明，以及与这条 cmdlet 关联的链接。如果只想查看使用这条 cmdlet 的救命，只要使用 –example 参数。

```
Get-Help Get-log -examples
```

在 Remark 区域还有其他几个参数可以选择，但最常用的是 –full 和 –examples。

3. 连接 vCenter Server 和 ESXi 主机

任何 PowerCLI 用户必须知道的第一个 cmdlet 就是 Connect-VIServer。这个 cmdlet 有许多功能，方便连接 vCenter Server 或 ESXi 主机。这一节将介绍其中几个功能。如果希望查看 Connect-

VIServer 的完整功能，可以输入以下命令查看 PowerCLI 的帮助。

```
get-help Connect-VIServer -full
```

连接 vCenter Server 是 Connect-VIServer 最基本的用法。要连接服务器，至少需要提供 vCenter Server 的名称，一个用户名，一个密码。

```
Connect-VIServer -server <vCenter Server Name> '
-user <username> -password <password>
```

这样做当然可以，但如果有人在您背后看着，或者在需要分享的脚本中，您肯定不希望这样做。以明文方式包含密码就是在自找麻烦。PowerCLI 能够以原生方式使用用户的凭据进行系统登录。如果账户有权访问 vCenter，就不需要凭据。许多组织遵循管理账户分离的做法，因此，演示保护凭据的方法就显得很重要。为了解决这个问题，可以用 Get-Credential 命令安全地在脚本中请求凭据，并将它们加密保存在一个变量中。在脚本中调用 Get-Credential 时，它会请求用户输入用户名和密码。接着它将用户名和密码存储在 pscredential 对象内，然后 Connect-VIServer 可以像下面这样使用这个对象。

```
$credential = Get-Credential
Connect-VIServer -server <vCenter Server Name> -Credential $credential
```

除了安全性之外，这个方法最好的部分就是，在 PowerCLI 会话打开期间，$credential 变量中的信息一直保持，直到用新的信息替换它。这意味着在 PowerCLI 不同的实例之间，同一个变量可以设置为不同的凭据。对于在同一系统上同时运行多个脚本的情况来说，这样做很合适，可以防止不需要的人看到您的虚拟环境凭据。

还可以在同一会话中连接多个 vCenter Server 实例或者多台 ESXi 主机，只需在实例或主机之间以逗号分隔。

```
Connect-VIServer -server vCenter1,vCenter2 -Credential $credential
```

下面最后一个 Connect-VIServer 技巧提供给用链接模式运行多个 vCenter Server 实例的 vSphere 管理员。如果有个账户跨链接模式下的多个 vCenter 服务器有公共的许可，则可以使用 -AllLinked 参数在 PowerCLI 中连接全部这些实例。

```
Connect-VIServer -server vCenter1 -Credential $credential -AllLinked:$true
```

在结束 Connect-VIServer cmdlet 之前，重要的是要知道它的对手 Disconnect-VIServer。如果在 PowerCLI 控制台中单独运行 Disconnect-VIServer，系统会提示您确认确实要从服务器断开。可以按回车键，这样就会从活动服务器（标识为 VIServer）断开。如果连接了多个系统，这个命令默认不会从它们全部断开。要断开多个系统，可以指定要断开的系统名称，或者使用通配符 *。可以使用 -Confirm 参数禁止出现断开提示。

```
Disconnect-VIServer -Server vCenter1,vCenter2 -Confirm:$false
Disconnect-VIServer * -Confirm:$false
```

您可能想确认连接到哪台 **vCenter** 服务器或 **ESXi** 主机。要做到这点，只需输入变量 $DefaultVIServers。还可以输入 $DefaultVIServer 确定当前的默认系统。默认服务器就是使用 Disconnect-VIServer 时不指定服务器时断开的那台。

4. 第一个单行脚本：生成报告

PowerCLI 最常见的用法就是报告。vSphere 管理员在非常短的时间内就能够搜集关于他们环境的大量数据。之前在讨论管道的时候，我们介绍了如何快速地识别环境中处于维护模式的主机。这个小脚本称为单行脚本（one-liner）。单行脚本是使用管道传递信息，能够写在一行内并能够执行的脚本。我们现在将前面已经讨论过的一些事情组合起来，展示如何快速地生成关于环境的报告。

因为 ESXi 不再长时期地保存日志信息，所以需要让全部 ESXi 主机将它们的 syslog 数据指到一个外部位置。如果没有这样做，就意味着日志会在重启的时候丢失。怎样才能知道哪些主机做了配置，哪些主机没做？使用 PowerCLI，可以非常迅速地找到这个信息。

```
Get-VMhost | Get-VMHostSyslogServer |'
Export-CSV E:\Reports\Syslog.csv -NoTypeInformation
```

这个单行脚本将仓库中的全部 ESXi 主机搜集到一个集合，然后搜集每台主机的 syslog 服务器设置。最后的管道接收这些主机的 syslog 服务器信息，并将它导出到 CSV 文件。可以注意到，这个脚本并没有指出哪些主机有什么配置！

为管道中的 VMHost 创建一个参数可以弥补这个不足。这是一项中级 PowerShell 技术，但我们现在想展示给您，因为它对 Get-VMHostSyslogServer 和 Get-VMHostNTPServer 这样的 cmdlet 非常有帮助。

```
Get-VMHost | Select Name, @{N="SyslogServer";E={$_ |Get-VMHostSyslogServer}} |'
Export-CSV E:\Reports\Syslog.csv -NoTypeInformation
```

有了这个信息之后，如果有多台 ESXi 主机的 syslog 调协错误，您该怎么办？当然要写一个单行脚本来更新它们了！

5. 第一个单行脚本：修改配置

PowerCLI 不仅能报告环境的数据，如果您有合适的权限，还能用它来修改环境。在前面一节，我们会发现 syslog 设置不正确的系统。要修改它们，需要识别支持的 cmdlet。在这种情况下，在 cmdlet 中使用 Get- 动词的地方，通常会有对应的 Set- 动词。在这种情况下，可以使用 Set-VMHostSyslogServer cmdlet。Get-Help Set-VMHostSyslogServer -full 会告诉您说，需要指定 -SyslogServer 参数，如果 syslog 搜集器在特定端口上侦听，可能还需要指定 -SysLogServerPort 参数。假定在这个场景中，您正将日志发送给 IP 地址为 192.168.0.100 的服务器上的 VMware syslog 搜集器，然后指定端口号为 514。

```
Get-VMHost | Set-VMHostSyslogServer -SysLogServer'
192.168.0.100 -SysLogServerPort 514
```

您可能已经注意到，这个单行脚本不仅仅在设置不正确的系统上设定正确的 syslog 服务器设置。它实际上在 Get-VMHost 搜集的全部 VMHosts 上设定了设置。虽然这不算什么问题，但在大型环境中，运行时间可能会比较长。假设您只希望修改那些设置不正确的主机。

如果环境比较小，我们建议直接运行前面的单行脚本一次性更新全部系统即可。但如果环境庞大，或者您有强烈的意愿，只更新不正确的设置，那么我们再进一步设置。我们要在前面的脚本基础之上，使用一些新的 PowerShell 技术。我们要只使用一个单行脚本，既识别设置不正确的主机，还要更新它们。

```
Get-VMHost | Select Name, @{N="SyslogServer";E={$_ |Get-VMHostSyslogServer}} |'
Where{$_.SyslogServer -notlike "192.168.0.100:514"} |'
Set-VMHostSyslogServer -SysLogServer 192.168.0.100 -SysLogServerPort 514
```

如果一直跟着我们的进度，就会注意到这个脚本会抛出一个错误。我们希望向您展示这个方法如何修改 VMHost 对象类型，即 Set-VMHostSyslogServer 不能通过管道接收信息。解决这一问题的一个方法就是使用 ForEach 循环（使用常用别名 %），这样就能处理每个 VMHost，将它的对象类型改为 SetVMhostServer 能够使用的对象。

```
Get-VMHost | Select Name, @{N="SyslogServer";E={$_ |Get-VMHostSyslogServer}} |'
Where{$_.SyslogServer -notlike "192.168.0.100:514"} |'
%{Set-VMHostSyslogServer -VMhost (Get-VMHost -Name $_.Name)'
-SysLogServer 192.168.0.100 -SysLogServerPort 514}
```

感谢一直跟着我们。我们认识到，在这里必须做一些新的事情来实现一些相对简单的工作。我们希望通过这个练习展示管道的价值、理解对象的重要性以及只用一行 PowerCLI 代码就能做许多工作。您现在应该已经有充足认识，可以开始跳出单行脚本，进入多行 PowerCLI 脚本。

14.3.5 构建 PowerCLI 脚本

前面已经看到，单行脚本不过就是放在一系列 PowerShell 管道中的一系列 PowerCLI cmdlet。脚本通常就是一个单行脚本，保存为扩展名为".ps1"的文本文件，供未来重复使用。正如已经看到的，许多时间，必须执行多个步骤才能实现自动化目标。这时您需要开始将前面讨论的所有主题组合在一起。知道这点之后，介绍几个示例，看看 PowerCLI 如何让生活更轻松。

1. 迁移主机上的全部虚拟机

在第一个示例中，将使用多个 PowerCLI cmdlet 构建一个简单的管道。将多个 cmdlet 组合在管道内，可以构建更复杂的命令，如下面这条。

```
Get-VMHost <FirstHost> | Get-VM | Move-VM -destination (Get-VMHost <SecondHost>)
```

这个命令会将第一台主机参数指定的 ESXi 主机上的全部虚拟机转移到第二台主机参数指定的 ESXi 主机，其中包括正在运行中的虚拟机，用 VMotion 移动，还包括关闭的虚拟机。请注意，在定义目标 VMHost 的时候，我们使用了括号。PowerShell 会优先运行括号中的内容，并将结果用于

-destination 参数。这与算术操作的优先级类似。

还可以将源和目标 VMHost 保存在变量中来执行这个操作。

```
$SourceHost = Get-VMHost <FirstHost>
$DestinationHost = Get-VMHost <SecondHost>
Get-VMHost $SourceHost | Get-VM | Move-VM -destination $DestinationHost
Set-VMHost $SourceHost -State Maintenance
```

关于这点，我们已经说得够多了，即实现同一工作总有很多种办法。

2. 操作虚拟机快照

第二个示例演示的是如何在 VMware vSphere 环境中使用 PowerCLI。这个示例将使用 PowerCLI 操作虚拟机快照。

假设需要为多台服务器上的某个系统执行应用程序升级。那么为这个应用程序关联的全部虚拟机创建一个快照可能很有用，这些关联虚拟机已经组织在一个 vCenter 文件夹内。下面的单行脚本可以执行这个任务。

```
Get-Folder <Folder Name> | Get-VM | New-Snapshot -Name "Pre-Upgrade"
```

如果后来又需要删除以前创建的快照，则可以使用 Remove-Snapshotcmdlet 删除快照。

```
Get-Folder <Folder Name> | Get-VM | Get-Snapshot -Name "Pre-Upgrade " |'
Remove-Snapshot
```

最后，可以使用 Get-Snapshot cmdlet 列出全部快照，确保确实创建或删除了快照。

```
Get-Folder <Folder Name> | Get-VM | Get-Snapshot
```

这个命令会返回指定文件夹中虚拟机的快照对象列表。

3. 重新配置虚拟机网络

在第三个示例中，假设要将目前连接在某个端口组上的全部虚拟机转移到另外一个端口组。这个操作在 PowerCLI 中只用一行命令就能实现。

```
Get-VM | Get-NetworkAdapter | ↵
Where-Object { $_.NetworkName -like "OldPortGroupName" } | ↵
Set-NetworkAdapter -NetworkName "NewPortGroupName" -Confirm:$false.
```

这里有一些新思路要介绍，将它们分开来讲。

◆ Get-VM cmdlet 检索虚拟机对象。

◆ 虚拟机对象传递给 Get-Networkdapter cmdlet，返回全部虚拟机的虚拟网卡对象。

◆ 这些虚拟网卡对象使用 Where-Object cmdlet 解析，只包含 NetworkName 属性与字符串 "OldPortGroupName" 类似的虚拟网卡。

◆ 解析完的虚拟网卡列表传递给 Set-NetworkAdapter cmdlet，它将 NetworkName 属性设置为值 "NewPortGroupName"。

◆ Confirm 参数告诉 PowerShell 不要求用户确认每个操作。

4. 在资源池之间移动虚拟机

在最后这个示例中，将使用 PowerCLI 将一组虚拟机从一个资源池移动到另一个资源池。但是，如果只希望移动这个资源池中的虚拟机子集。只有运行 Microsoft Windows 客户操作系统（客户操作系统）的虚拟机才能移动到新资源池。

此处要一步步构建这个示例。首先，您可能已经猜到，可以使用 Get-ResourcePool、Get-VM、Get- VMGuest 这几个 cmdlet 创建资源池中虚拟机客户操作系统对象的列表。

```
Get-ResourcePool <ResourcePoolName> | Get-VM | Get-VMGuest
```

接下来，需要对上面的输出进行筛选，只返回标识为 MicrosoftWindows 客户操作系统的那些对象。如前面的示例所示，可以使用 Where-Object cmdlet 筛选管理中的输出列表。

```
Get-ResourcePool <ResourcePoolName> | Get-VM | Get-VMGuest |
Where-Object { $_.OSFullName -match "^Microsoft Windows.*" }
```

这应该有效，对吗？要完成这个命令，应该添加 Move-VM cmdlet，将虚拟机移动到目标资源池。不幸的是，这个命令是无效的。这里操作的是对象，是虚拟机客户操作系统对象（它是 Get-VMGuest cmdlet 返回的），Move-VM cmdlet 不接受这种对象作为输入。

相反，这个功能必须使用多行脚本，如代码清单 14.1 所示。

代码清单 14.1：选择性地将虚拟机移动到新资源池的 PowerCLI 脚本

```
$VMs = = Get-VM -Location (Get-ResourcePool Infrastructure)
foreach ($vm in $VMs) {
$vmguest = Get-VMGuest -VM $vm
if ($vmguest.OSFullName -match "^Microsoft Windows.* ") {
Move-VM -VM $vm -Destination (Get-ResourcePool "Windows VMs") } }
```

下面还是将这个脚本分开来讲，以便读者理解。

◆ 第 1 行使用 Get-VM 和 Get-ResourcePool cmdlet 获取指定资源池内的虚拟机对象列表。这个虚拟机对象列表存储在 $VMs 变量内。

◆ 第 2 行创建一个循环，操作 $VMs 变量中的每个对象。单个虚拟机对象存储在 $vm 变量内。

◆ 第 3 行使用 Get-VMGuest cmdlet 加 $vm 变量，从虚拟机对象获取客户操作系统对象，并将结果保存在 $vmguest 变量内。

◆ 第 4 行检测 $vmguest 对象的 OSFullName 属性是否与 "Microsoft Windows." 开始的字符串匹配。

◆ 只有第 4 行的检测成功，才执行第 5 行。如果执行第 5 行代码，它会使用 Move-VM 和 Get-ResourcePool cmdlet 将 $vmVariabl 变量代表的虚拟机对象移动到名为 Windows VMs

的资源池。

如果将代码清单 14.1 的脚本保存为 MoveWindowsVMs.ps1，则可以像下面这样在 PowerCLI 中运行它。

```
<Path to Script>\MoveWindowsVMs.ps1
```

用 PowerShell 和 PowerCLI 能做的事情还有很多；这些简单的示例仅仅触及到皮毛。下面一节可以看到使用 PowerCLI 自动化 vSphere 时可以使用的一些高级功能。

14.3.6　PowerCLI 高级功能

现在您对使用 PowerCLI 对 vSphere 环境进行自动化所存在的众多可能性应该有了相当程度的理解。下面要花一点时间介绍一些直接利用 vSphere vCenter API 的高级功能。

PowerCLI 用户不仅可以使用 PowerCLI 5.5 包含的 cmdlet。VMware 还扩展了 PowerCLI 的能力，允许用户访问 vSphere API 中的各种方法和信息。PowerCLI 用户可以利用 Get-View cmdlet 调用这些方法，作为其 PowerCLI 脚本的一部分，也可以直接从 PowerCLI 控制台调用。

代码清单 14.2 涉及的情况是，vCenter 服务器中有一项功能没有在 PowerCLI cmdlet 中原生提供。具体来讲，对虚拟机进行 vMotion 操作时，vCenter 会进行检查，确认符合 vMotion 到这台主机的前提条件。如果发现哪些方面不正确，vCenter 会通知管理员：vMotion 不能执行，一般会指出根本原因。我们希望实现的功能是，在进入计划内维护窗口之前，检查集群中的每台虚拟机，这样我们就可以在计划内维护窗口之前发现任何问题并解决问题，从而将延迟或回滚的需求降到最小。

代码清单 14.2：测试虚拟机 vMotion 能力的 PowerCLI 函数

```
Function Test-vMotion{
 param(
  [CmdletBinding()]
  [Parameter(ValueFromPipeline=$true,Position=0,Mandatory=$false,'
    HelpMessage="Enter the Cluster to be checked")]
  [PSObject[]]$Cluster,
  [Parameter(ValueFromPipeline=$false,Position=1,Mandatory=$false,'
    HelpMessage="Enter the VM you wish to migrate")]
  [PSObject[]]$VM,
  [Parameter(ValueFromPipeline=$false,Position=2,Mandatory=$false,'
    HelpMessage="Enter the Destination Host")]
  [PSObject[]]$VMHost,
  [Parameter(ValueFromPipeline=$false,Position=3,Mandatory=$false,'
      HelpMessage="Set to false to Turn off console writing for use in
Scheduled Tasks")]
    [Boolean]$Console=$true
  )
```

```
$report = @()
#Sets information based on type of work being done.
#Whole cluster or single VM
  If($Cluster -ne $null){
     If($VM -ne $null){
          If($Console = $true){
              Write-Host "VM value $VM cannot be used'
                   when using -Cluster paramenter. Value is being set to null"
            }
          $VM = $null
    }
    If($VMHost -ne $null){
       $DestHost = Get-VMHost $VMHost
       If(($DestHost.ConnectionState -ne "Connected") -or'
            ($DestHost.PowerState -ne "PoweredOn")){
         Return "You must provide a target host that is Powered on and'
            not in Maintenance Mode or Disconnected"
       }
    }
    $singlevm = $false
    $targetcluster = Get-Cluster $Cluster
    $vms = $targetcluster | Get-VM | '
      Where{$_.PowerState -eq "PoweredON"} | Sort-Object
       $vmhosts = $targetcluster | Get-VMHost | Where{($_.ConnectionState
-eq "Connected")and ($_.PowerState -eq "PoweredOn")}
       If ($vmhosts.Count -lt 2){
          Return "You must provide a target host that is not'
             the source host $sourcehost"
       }
    $count = $vms.Count
    If($Console = $true){
       Write-Host "Checking $count VMs in cluster $cluster"
    }
  } ELSE {
     $vms = Get-VM $VM
     If($VMHost -eq $null){
        $DestHost = Get-Cluster -VM $vms | Get-VMHost | '
        Where{($_.ConnectionState -eq "Connected") -and '
        ($_.PowerState -eq "PoweredOn")} | Get-Random | Where{$_ -ne $vms.
```

```
VMhost}
    } ELSE {
        $DestHost = Get-VMHost $VMHost
    }
    $singlevm = $true
}
# Functional Loop
foreach($v in $vms) {
    If($Console = $true){
        Write-Host "------------------------"
        Write-Host "Checking $v ..."
    }
    $sourcehost = $v.VMhost
    If($singlevm -eq $false){
        While(($DestHost -eq $null) -or ($DestHost -eq $sourcehost)){
            #Select random host from the cluster in the event that Source
and Destination
            #are the same or Destination is Null.
            $DestHost = $vmhosts | Get-Random | Where{($_ -ne $sourcehost)'
            -and ($_ -ne $null)}
        }
    }
    If($Console = $true){
        Write-Host "from $sourcehost to $DestHost"
    }
    # Set Variables needed for CheckMigrate Method
    $pool = ($v.ResourcePool).ExtensionData.MoRef
    $vmMoRef = $v.ExtensionData.MoRef
    $hsMoRef = $DestHost.ExtensionData.MoRef

    $si = Get-View ServiceInstance -Server $global:DefaultVIServer
    $VmProvCheck = get-view $si.Content.VmProvisioningChecker
    $result = $VmProvCheck.CheckMigrate( $vmMoRef, $hsMoRef, $pool, $null,
$null )

    # Organize Output
    $Output = "" | Select VM, SourceHost, DestinationHost,'
        Error, Warning, CanMigrate
    $Output.VM = $v.Name
```

```
   $Output.SourceHost = $sourcehost
   $Output.DestinationHost = $DestHost.Name

   # Parse Error and Warning messages
   If($result[0].Warning -ne $null){
      $Output.Warning = $result[0].Warning[0].LocalizedMessage
      $Output.CanMigrate = $true
      If($Console = $true){
        Write-Host -ForegroundColor Yellow'
           "$v has warning but can still migrate"
      }
   }
   If($result[0].Error -ne $null){
      $Output.Error = $result[0].Error[0].LocalizedMessage
      $Output.CanMigrate = $False
      If($Console = $true){
       Write-Host -ForegroundColor Red "$v has error and can not migrate"
      }
   }Else {
      $Output.CanMigrate = $true
      If($Console = $true){
         Write-Host -ForegroundColor Green "$v is OK"
      }
   }
   $report += $Output
   #This resets the Destination Host to the preferred host
   #in case it had to be changed.
   If($VMHost -ne $null){
      $DestHost = Get-VMHost $VMHost
   }
}
Return $report
# End Function
}
```

要实现这个任务，必须认识 vSphere API 使用的方法。VMware 在 www.vmare.com/suppert/pubs/sdk_pubs.htmtl 发布了 vSphere 的 API 参考。在这个参考中，可以找到 CheckMigrate 方法。文档中描述了调用这个方法需要的信息。在提供的脚本中应该注意到，我们在调用 CheckMigrate 方法之前，在脚本中以变量的方式搜集了这些组件、虚拟机、目标主机以及资源池。整个脚本中反复出现下面列出的少量代码。多数脚本的工作是设置必要的变量以使用 CheckMigrate 方法，然后处理这个方法的输出。

```
# Set Variables needed for CheckMigrate Method
$pool = ($v.ResourcePool).ExtensionData.MoRef
$vmMoRef = $v.ExtensionData.MoRef
$hsMoRef = $DestHost.ExtensionData.MoRef

$si = Get-View ServiceInstance -Server $global:DefaultVIServer
$VmProvCheck = get-view $si.Content.VmProvisioningChecker
$result = $VmProvCheck.CheckMigrate($vmMoRef,$hsMoRef,$pool,$null,$null)
```

还应该注意到，这个脚本构建为一个 PowerShell 函数。这意味着它被设计成被加载进 PowerShell 控制台会话，像 cmdlet 一样使用。例如，这个函数加载之后，就可以这样调用。

```
Get-Cluster "ClusterName" | Test-vMotion
```

加载 PowerShell 函数

在收到来自 **VMware** 这样的可信来源或可信的社区贡献者的函数时，需要确保将它们加载进 **PowerCLI/PowerShell** 会话。方法是"用句点指定来源"加载函数。只需要输入一个句点，后面是一个空格，然后是函数的完整路径。除非将函数加入到 **PowerShell** 配置文件，否则在每个新的 **PowerCLI** 会话都需要重新加载它，如下所示。

```
PowerCLI C:> . "C:\Test\Test-vMotion.ps1"
```

现在您应该对 PowerCLI 的广泛能力以及如何开始已经有了深入的理解。我们向您提供的这些基本信息，曾经与其他那些希望开始自动化他们 VMware 环境的朋友分享过。在 PowerCLI 中游弋的时候，请记得经常查看社区的论坛和博客来寻求帮助。我们还强烈推荐《VMware vSphere PowerCLI Reference》(Wiley, 2011) 一书。该书包含了关于 PowerCLI 能力的丰富信息和详细解释。

14.4 从 vSphere 管理助手中使用 vCLI

VMware vSphere 5 彻底废除了 VMware ESX 以及传统的基于 Linux 的服务控制台。这意味着大量 vSphere 管理员和组织需要适应每台主机上没有 Linux 可用的环境。由于管理员仍然需要这类功能，所以 VMware 发布了 vSphere CLI (vCLI)。vCLI 构建在 vSphere SDK for Perl 之上，它在 Windows 和 Linux 服务器上实现了与旧的 ESX 服务控制台相似的控制台命令。通过提供对环境的单一管理接触点，可以提高安全性和伸缩性。

VMwaare 更进一步，引入了 vSphere 管理助手，通常用它的缩写 vMA 表示。这个 64 位的虚拟一体机能够迅速下载并实施进 vSphere 环境，它预先加载了 vCLI 和 vSphere SDK for Perl。它为 vSphere 管理员集中提供了在 vSphere 5.0 之前的服务控制台中熟悉的工具。vMA 可以管理 vSphere

5.0、5.1 以及 vSphere 5.5 环境。vMA 中还提供了额外的功能，使多台 ESXi 主机的管理更方便。下面几节将介绍其中一些功能，但先来介绍 vCLI 和 vMA 的新功能。

14.4.1　vCLI 和 vMA for vSphere 的新功能

vSphere 5.5 的发布，意味着包含了 vSphere 命令行界面（vCLI）和 vSphere 管理助手（vMA）的新功能。最突出的是包含了管理 VSAN 配置、核心转储以及 vFlash 的命令。新功能的完整清单，请参阅 vCLI 的发布说明。vMA 在这个发行版本中变化不大，只是更新了 vCLI 和 SDK for Perl。

14.4.2　开始使用 vCLI

不论是从自己部署的服务器还是从 vMA 运行 vCLI，都有大量任务可以自动化。这一节将介绍几个使用 vCLI 的示例。

我们过去一直使用的一个 vCLI 的常见用例就是在 vSphere 中操纵 vSwitch。典型情况下，这对网络连接的故障排除可能是必需的。幸运的是，vCLI 允许在 ESXi 主机上做大量报告并配置网络。例如，要用 vCLI 向主机添加 vSwitch，使用的语法与前面的语法完全相同，使用增加的选项指定需要连接的主机。

```
esxcfg-vswitch --server <主机名>--list
```

或者，可以使用更新的 vCLI 命名规范，在命令中使用 vicfg- 前缀代替 esxcfg-。保留 esxcfg- 前缀是为了实现后向兼容性，但日后会作废，因此目前可以使用任何一个格式。我们建议尽快采用 vicfg-，并相应地更新现有脚本。

```
vicfg-vswitch --server <主机名>--list
esxcfg-vswitch --server <主机名>--list
```

使用这组命令，以前从 bash 服务控制台做的基本主机配置所需要的常见任务都可以做到。例如，代码清单 14.3 将执行以下任务。

◆ 创建新 vSwitch，命名为 vSwitch1；
◆ 添加 vmnic1，作为到新 vSwitch 的上行链路；
◆ 创建新的虚拟机端口组；
◆ 给新 vSwitch 添加一个 VLAN。

代码清单 14.3：从 vMA 创建的的 vSwitch

```
# add a new vSwitch
vi-admin@vma01:~> vicfg-vswitch --server pod-1-blade-6.v12nlab.net -a vSwitch1

# add an uplink to the vSwitch
vi-admin@vma01:~> vicfg-vswitch --server pod-1-blade-6.v12nlab.net'
```

```
     -L vmnic1 vSwitch1
   # add a VM portgroup to the new vSwitch
   vi-admin@vma01:~> vicfg-vswitch --server pod-1-blade-6.v12nlab.net -A
"VM-Public"
   vSwitch1

   # set the VLAN for the new portgroup
   vi-admin@vma01:~> vicfg-vswitch --server pod-1-blade-6.v12nlab.net'
    -v 10 -p "VM-Public" vSwitch1
```

但是，执行这些命令很快就会变得乏味，因为必须不断地输入用户名和密码来连接服务器。一个解决方法是将命令包装在一个 bash 脚本内，将用户名和密码作为参数传递给它。但这并不很理想，因为凡是登录到服务器上的人，都能看到 ESXi 主机的凭据。这时，在安装了 vCLI 的标准主机上使用 vMA 的好处就体现出来。

vMA 安装了一些额外的功能，称为 fastpass。fastpass 支持安全地将 ESXi 主机、甚至 vCenter 服务器添加到 vMA，只需要添加一次，以后在脚本执行期间连接它们就不再需要密码了。这样可以像在本地主机上一样对待 vMA 命令行。首先，必须用 fastpass 初始化主机，这很容易办到。

vifp addserver < 主机名 >

这个命令提示输入 ESXi 主机的根密码，连接主机，添加 2 个用户到主机，用于执行命令。如果指定 "adauth" 验证策略，fastpass 会使用活动目录账户在主机上进行验证。

可以使用 vifp listservers 命令查看配置了 fastpass 的主机。

```
vi-admin@vma01:  > vifp listservers
vSphere01.vSphere.local ESXi
```

可以看到有一台主机启用了 fastpass，而且是台 ESXi 主机。

现在这台主机上已经启用了 fastpass，可以使用 vifptarget 命令将这台主机设为当前目标。

vifptarget -s < 主机名 >

然后就可以像登录到这台主机的控制台上一样执行 ESXi 配置命令。命令列表现在看起来就像旧的服务控制台中的标准 ESX 配置命令一样。请注意，这些命令上仍然可以使用 esxcfg- 前缀，所有现有脚本只需要最少修改就可以继续使用。例如，代码清单 14.4 使用 vMA fastpassu 给 vSphere01 主机添加了一台 vSwitch。

代码清单 14.4：使用 vMA fastpass 添加 vSwitch

```
vi-admin@vma01:~>vifptarget -s vSphere01.vSphere.local
vi-admin@vma01:~[vSphere01.vSphere.local]> vicfg-vswitch -a vSwitch1
vi-admin@vma01:~[vSphere01.vSphere.local]> vicfg-vswitch -L vmnic1
```

```
vSwitch1
    vi-admin@vma01:~[vSphere01.vSphere.local]> vicfg-vswitch -A "VM-Public"
    vSwitch1
    vi-admin@vma01:~vSphere01.vSphere.local]> vicfg-vswitch -v 10 -p
    "VM-Public" vSwitch1
```

通过给 fastpass 添加额外的 ESXi 服务器，可以使用简单的 bash 循环迅速地配置多台主机。例如，代码清单 14.5 将连接每台主机并添加 vm_nfs01 数据存储。

代码清单 14.5：使用 vMA fastpass 添加 NFS 数据存储或多台主机

```
for server in "vSphere01 vSphere02 vSphere03 vSphere04 vSphere05"; do
> vifptarget -s $server
> vicfg-nas -a -o FAS3210A.vSphere.local -s /vol/vm_nfs01 vm_nfs01
> vifptarget -c
> done
```

14.5　使用 vSphere 管理助手实现 vCenter 自动化

在 vCenter 上使用 fastpass 技术，可以享受小小的奢侈：不必将每台主机都加入 fastpass。但是，有一个技巧，就是必须为每条命令指定额外的命令行参数。

这样做有利有弊。极为方便的是，不再需要考虑正在操纵的主机是否已经为 fastpass 初始化。编写的脚本只要使用 vCenter 凭据就可以操纵主机设置，而且依然在 vCenter 的任务列表中记录。另外，通过 vCenter 执行的所有任务全部在 vCenter 记录在案，以便审计。不足之处是，失去了利用传统脚本的能力，假定管理员在主机的控制台上，传统脚本不需要设置额外的参数集。

将 vCenter 连接到 fastpass 与将主机连接到 fastpass 的方式一样。vMA 非常友好，会提出警告，提示存储 vCenter 凭据有安全风险，所以我们建议使用 vCenter 基于角色的访问将权限限制在最小需要。这就是说，应该像保护环境中的其他服务器一样保护 vMA，确保 vi-admin 用户使用了足够复杂的密码，以防止未经授权的访问。记住，如果 vMA 被侵入，启用 fastpass 的全部主机也将被侵入。vCenter 连接 fastpass 的命令与 ESXi 主机连接 fastpass 的命令相同。

```
vi-admin@vma01: ~ > vifp addserver vCenter01
Enter username for vCenter01: fp_admin
fp_admin@vCenter01's password:
This will store username and password in credential store which is
a security risk. Do you wantcontinue?(yes/no): yes
vi-admin@vma01: ~ > vifp listservers
vCenter01.vSphere.local vCenter
vi-admin@vma01: ~ > vifptarget -s vCenter01
```

```
vi-admin@vma01: ~ [vCenter01.vSphere.local]>
```

注意，可以将 fastpass 目标服务器设为 vCenter，就像设为 ESXi 主机一样，而且也可以执行标准的 host 命令。

```
vi-admin@vma01:    [vCenter01.vSphere.local]> vicfg-vswitch -l
The --vihost option must be specified when connecting to vCenter.
For a summary of command usage, type '/usr/bin/vicfg-vswitch --help'.
For documentation, type 'perldoc /usr/bin/vicfg-vswitch'.
```

但请注意！有一个错误。注意，因为现在连接的是 vCenter，所以必须指定要在哪台 ESXi 主机上执行命令。按照错误信息提供的建议，可以使用 --vihost 或 -h 选项指定主机并执行命令。

```
vi-admin@vma01:    [vCenter01.vSphere.local]> vicfg-vswitch -h vSphere01 -l
Switch Name  Num Ports  Used Ports  Configured Ports  MTU Uplinks
vSwitch0     128        3           128               1500 vmnic0
 PortGroup Name    VLAN ID  Used Ports   Uplinks
 VM Network        0        0            vmnic0
 Management Network 0        1            vmnic0
```

这里可以执行与以前一样的管理任务，只要在执行每个任务时使用额外的 -h 开关指定主机即可。例如，运行以下命令可以在多台主机上设置高级选项和内核模块选项。

```
vi-admin@vma01:~> vifptarget -s vCenter01
vi-admin@vma01:~[vCenter01.vSphere.local]> for server in "vSphere01 ↵
vSphere02 vSphere03 vSphere04 vSphere05"; do
echo "$server is being configured..."
> # see http://kb.vmware.com/kb/1268 for more info on this setting
>vicfg-advcfg -h $server -s 64 Disk.SchedNumReqOutstanding
> # see http://kb.vmware.com/kb/1267 for more info on this setting
>vicfg-module -h $server -s ql2xmaxqdepth=128 qla2xxx
> done
vi-admin@vma01:~[vCenter01.vSphere.local]> vifptarget -c
```

这个脚本还有许多可以改进之处。例如，没有错误检测来保证第一条命令确实找到了匹配的端口组和 VMkernel 接口。熟悉 bash 脚本编程的读者应该发现用 vCLI 和 vMA 自动化 vSphere 环境相当舒服。请一定查看来自 VMware 的 vCLI 概念和示例指南，获得在环境中利用 vCLI 和 vMA 的更多示例和操作说明。

14.6　通过 vSphere 管理助手利用 Perl 工具包

vMA 在 vCenter 上的 fastpass 加 Perl SDK 是个强大组合。通过一些辅助脚本，可以利用 vCLI 通过 vCenter 管理大量主机。

代码清单 14.6 中的 Perl 脚本只是返回集群中的主机名。获得的信息对于配置新数据存储的 ESXi 主机集群、新 vSwitch，或者希望在集群全部成员上匹配的其他项目来说很有用。

代码清单 14.6：使用 Perl SDK 获得集群的全部主机

```perl
#!/usr/bin/perl
#
# Script Name: ~/bin/getClusterHosts.pl
# Usage: getClusterHosts.pl --server vCenter.your.domain clusterName
# Result: a newline delimited list of ESXihosts in the cluster
#
use strict;
use warnings;

# include the standard VMware perl SDK modules
use VMware::VIRuntime;

# some additional helper functions
use VMware::VIExt;
# define the options we need for our script
my %opts = (
    # we can use the special _default_ so that we do not have
    # to provide a command line switch when calling our script.
    # The last parameter is assumed to be the clustername
    '_default_' => {
        # this parameter is a string
        type => "=s",

        # what is reported when the user passes the --help option
        help => "Name of the cluster to report hosts for",

        # boolean to determine if the option is mandatory
        required => 1
    }
);

# add the options to the standard VMware options
Opts::add_options(%opts);

# parse the options from the command line
```

```perl
Opts::parse();

# ensure valid input was passed
Opts::validate();

# the user should have passed, or been prompted for, a
# username and password as two of the standard VMware
# options. connect using them now...
Util::connect();

# search the connected host (should be vCenter) for our cluster
my $clusterName = Opts::get_option('_default_');
my $clusterView = Vim::find_entity_view(
        view_type => 'ClusterComputeResource',
        filter => { name => qr/($clusterName)/i }
    );

# ensure that we found something
if (! $clusterView) {
    VIExt::fail("A cluster with name " . $clusterName . " was not
found!");
}

# now we want to search for hosts inside the cluster we just
# retrieved a reference to
my $hostViews = Vim::find_entity_views(
    view_type => 'HostSystem',
    begin_entity => $clusterView,
    # limit the properties returned for performance
    properties => [ 'name' ]
    );

# print a simple newline delimited list of the found hosts
foreach my $host (@{$hostViews}) {
    print $host->name . "\n";
}

# and destroy the session with the server
Util::disconnect();
```

执行这个脚本，可以看到以下结果。

```
vi-admin@vma01: ~ > getClusterHosts.pl --server vCenter01 cluster01
Enter username: administrator
Enter password:
vSphere01.vSphere.local
vSphere02.vSphere.local
```

注意，脚本提示输入用户名和密码。这是使用 VIRuntime 库带来的功能。VMware 通过提供默认选项替开发人员把事情做了简化。对于所有 vCLI 脚本来说都是一样的，所以不论是使用 vCLI 脚本还是自己创建的脚本，--username 和 --password 都适用。如果通过命令行给脚本传递用户名和密码参量，就不会提示输入它们。或者，使用 fastpass 也可以消除提供用户名和密码的需求。

现在可以将 Perl 脚本与 bash 和 fastpass 结合，迅速而有效地为整个集群配置新的端口组。

```
vi-admin@vma01:  > vifptarget -s vCenter01
vi-admin@vma01:  [vCenter01.vSphere.local]> for server in ↵
'getClusterHosts.pl cluster01'; do
>echo "$server is being configured... "
>vicfg-vswitch -h $server -A VLAN100 vSwitch0
>vicfg-vswitch -h $server -v 100 -p VLAN100 vSwitch0
> done
vSphere01.vSphere.local is being configured...
vSphere02.vSphere.local is being configured...
vi-admin@vma01:  [vCenter01.get-admin.com]> vifptarget -c
```

这个示例只是能用 Perl 工具包所做工具的皮毛。vCLI 没有包含管理虚拟服务器的功能，但可以利用 Perl 工具包和 SDK 像使用 PowerCLI 一样管理虚拟机。使用 Perl SDK，可以通过 VI 客户端或 PowerCLI 完成任何任务，区别在于为了得到相同的结果所要付出的多少。在 vMA 的 /usr/lib/vmwarevcli/apps/ 和 /usr/share/doc/vmware- vcli/ samples/ 中可以找到额外的 Perl 示例脚本。

14.7　使用 vCenter Orchestrator 自动化

vCenter Orchestrator（vCO）是 vMwre 的流程自动化工具，与 vCenter 绑定。在 vCenter 的安装过程中，可能已经注意到其中包含了 vCenter Orchestrator 服务并安装了文件。虽然它是默认安装，但仍需要管理员来配置 vCO 才能在 vCenter Server 上使用。本章后面将介绍这个配置。如果能够使用 vCenter 的简单安装，则大部分 vCO 配置会自动完成。

在 vCenter Orchestrator 的发展过程中，它已经成为 vCloud Director（vCD）和 vCloud Automation Center (vCAC) 的组成部分。但与这一事实相反的是，独立采用这个工具的情况比起 PowerCLI 或 vMA 来说相对少得多。根据我们的经验，这大体上是由以下因素造成的。

◆　vSphere 管理员还没有采用直小型单一目的脚本之上的自动化。

◆　vSphere 管理员发现任务的实现及要求有困难。

◆　vSphere 管理员发现界面陌生、很难掌握。

毫无疑问，您肯定已经见过或听说过 vCenter Orchestrator，但不十分清楚它在 vSphere 生态系统中的地位。

关于 vCenter Orchestrator，有几件事是独一无二的。

◆　管理许多并发流程的工作流引擎的能力。它还能跳跃和管理工作流中的暂停和中断，例如，审批或服务重启。

◆　集成进 vSphere Web 客户端。

◆　向开发新的插件开放。

14.7.1　vCenter Orchestrator 5.5 的新功能

随着 vSphere 5.5 的发布，VMware 扩展了 vCenter Orchestrator 作为 vCAC 一部分的重要性。在 vSphere 5.5 中，它对 vCO 的扩展包含以下功能。

◆　工作流调试器。提供一个调试模式，工作流开发人员可以用其来重新运行工作流，从而更好地排除故障。

◆　vCO 集群模式。在与外部负载均衡器配合使用时，提供协调工作动态的向上伸缩和向下伸缩。这为应用程序提供了高可用性，允许在发生节点故障时，由其他 vCO 节点完成工作流。

◆　安全性增强。

◆　增强了与 vSphere Web 端的集成。

请一定阅读 vCenter Orchestrator 5.5 的发布说明，获得新功能的完整清单，尤其是在从 vCO 4.2.x 迁移到 vCO 5.5 的时候。

14.7.2　理解 vCenter Orchestrator 的前提条件

因为 vCO 随 vCenter Server 自动安装，所以 vCO 的许多前提条件与 vCenter Server 相同。与 vCenter Server 一样，vCO 可以在任何 x64 Windows 服务器上运行并要求独立的后台数据库。这个后台数据库必须独立于 vCenter Server 后台数据库。

下面是 vCO 这个后台数据库支持的数据库服务器。

◆　Microsoft SQL Server Express，针对小型部署。

◆　Microsoft SQL Server 2003 SP3（标准版或企业版），32 位或 64 位。

◆　Microsoft SQL Server 2008（SP1 或 SP2）（标准版或企业版），32 位或 64 位。

◆　Oracle 10g（标准版或企业版）Release 2（10.2.0.3.0），32 位，或 64 位。

◆　Oracle 11g（标准版或企业版）Release 1（11.1.0.7），32 位，或 64 位。

MySQL 和 PostgreSQL 也支持，但仅用于测试和评估目的。

> **为 Orchestrator 数据库使用独立的物理服务器**
>
> 因为 CPU 和内存的使用,VMware 推荐将 vCO 数据库放在独立于 vCO 服务器的机器上。这些机器应该放在同一数据中心内,以实现高速的 LAN 连接。

如果计划使用 Oracle 数据库,则必须下载 Oracle 驱动程序,将它们复制到合适的位置——vCO 安装程序不会自动做这件事。关于这一操作确切做法的完整信息,请参阅 VMware 网站上的"vCO 安装和配置指南",网址是 www.vmware.com/support/pubs/orchestrator_pubs.html。

vCO 还要求环境中有正常工作的 LDAP 服务器。支持的 LDAP 服务器包括 OpenLDAP、Novell eDirectory、Sun Java Directory Server、Microsoft Active Directory。

如果设置 vCO 集群,则需要保证数据库能够接受多个连接,这样才能接受来自每台 vCO 服务器的连接。

确认满足所有这些前提条件之后,就可以开始配置 vCenter Orchestrator 了。

14.7.3 配置 vCenter Orchestrator

vCenter Orchestrato (vCO) 可能是本章讨论的功能最丰富、最强大的自动化技术。要利用这些功能,通常必须应用相当多的配置。下面几节将介绍在环境中利用 vCO 的核心配置。不要被相对较长的配置需求列表吓倒。vCO 与环境有许多接触点,为了让 vCO 正常工作,做这些修改是必需的。

1. 启动 vCenter Orchestrator 配置服务

配置 vCO 的第一步是启动 vCO 配置服务。用这个服务可以配置 vCO 引擎的网络、数据库、服务器证书等设置。这个服务默认设置为手动启动。为了能够访问基于 Web 的配置界面,首先必须启动这个服务。

执行以下步骤启动 vCO 配置服务。

(1)以管理员用户身份登录到运行 vCenter Server 的计算机,这也会自动安装 vCenter Orchestrator。

(2)从开始菜单选择 Run。

(3)在 Run 对话框中输入 services.msc,单击 OK 按钮。

(4)Services 窗口开启后,在右侧窗格的服务列表中滚动,直到看到 VMware vCenter Orchestrator 配置服务。

(5)在 VMware vCenter Orchestrator 配置服务上单击右键,在弹出的菜单中选择 Start。

(6)验证 VMware vCenter Orchestrator 配置服务的状态列显示为 Started,确保服务正确启动。

服务启动之后,就可以访问 vCO 基于 Web 的配置界面。

(7)打开 Web 浏览器,访问以下地址:http://< 计算机的 IP 地址或 DNS 名 >:8283。

(8)使用默认凭据登录。

用户名:vmware

密码：vmware

系统会提示修改默认密码，强烈推荐这样做。确保将这个密码记录下来，以便未来需要修改 vCenter Orchestrator 引擎时使用。这个密码必须复杂，至少包含 8 个字符，包含 1 个数字，1 个大写字母，1 个特殊字条。如果以上任何一个条件没有满足，则会出现提示。

（9）输入新的密码，单击 Apply Changes 应用修改。

登录成功之后，会看到配置 vCenter Orchestrator 实例的全部选项。在图 14.4 中可以注意到，在 vCenter Server 的 vCenter Orchestrator 实例上，已经应用了默认设置。针对以前的版本来讲，这是一个明显改进。

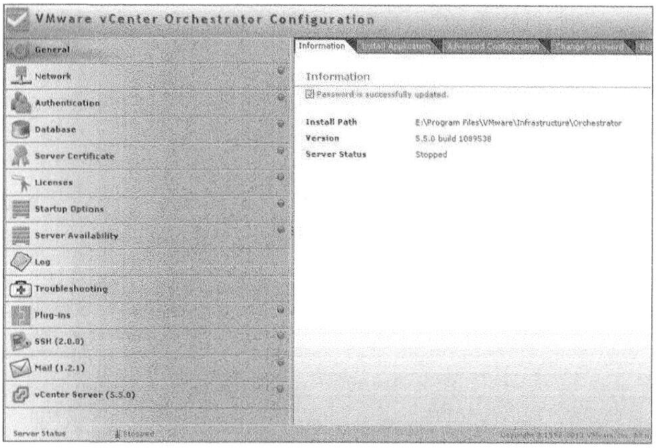

图 14.4　vCenter Orchestrator 配置界面

2. 配置网络连接

根据 vCenter Orchestrator 的部署方式，可能需要为 vCO 指定一个独立的侦听 IP。这个配置可以通过 vCenter Orchestrator 配置页面轻松完成，应该是实现过程中做的第一件事。请按以下步骤进行。

（1）打开 Web 浏览器，访问：

http://<计算机的 IP 地址或 DNS 名>:8283

（2）使用凭据登录。

用户名：vmware
密码：〈您的密码〉

（3）单击左侧的 Network 选项卡。

（4）在 IP Address 下拉列表中选择希望 vCenter Orchestrator 侦听的 IPv4 或 IPv6 地址。可以注意到其中填充了 DNS 信息和端口信息。

（5）单击 Apply 按钮。

3. 配置验证

vCenter Orchestrator 能够与各种目标配合进行验证。验证是充分利用 vCenter Orchestrator 的关键，同时还会保护 vSphere 免受未经授权的访问。下面介绍两个最常用的验证配置：SSO 和 LDAP。请按以下步骤配置。

（1）打开 Web 浏览器，访问：

http://<计算机的 IP 地址或 DNS 名>:8283

（2）使用凭据登录。

用户名：`vmware`
密码：〈您的密码〉

（3）单击左侧的 Authentication 选项卡。

配置 vCenter 单点登录。

vCenter Orchestrator 的默认选项是使用 SSO。在完成单点验证之前，需要导入 SSO SSL 证书。

（1）单击左侧的 Network 选项卡。

（2）选择 SSL Trust Manager 选项卡。

（3）在 Import From URL 下输入 SSO URL。

```
https://<SSO IP address or DNS name>:7444
```

（4）单击 Import 按钮。

（5）单击左侧的 Authentication 选项卡。

（6）输入 vCenter Server 的主机名及端口号。

```
https://<computer IP address or DNS name>:7444
```

（7）输入 SSO 管理员的用户名和密码。

用户名：`admin@vsphere-local`
密码：〈SSO 管理员密码〉

（8）单击 Register Orchestrator 按钮。

配置 LDAP 活动目录。

在多数情况下会使用活动目录作为支持的 LDAP 服务器，因为 vCenter Server 与活动目录集成。前面介绍过，它也支持其他 LDAP 服务器。

执行以下步骤，使用活动目录作为 LDAP 服务器。

（1）选择 LDAP 客户端。在这个示例中，使用活动目录。

（2）输入主 LDAP 主机，还可以输入辅助 LDAP 主机（可选的）。

（3）输入域的根。（例如，vtesseract.lab 域的根是 dc=vtesseract, dc=lab。）

（4）在 Username 和 Password 文本框中提供 vCenterOrchestrator 用来在活动目录上验证的用户名和密码。用 DN 格式（cn=username，cn=Users，dc=domain，dc=com）通用主体名（UPN）格式（username@domain.com）指定用户名。

（5）在 User Lookup Base 文本框中，提供 vCenter Orchestrator 在搜索用户账户时应该使用的 base DN。如果不确定使用哪个，可以指定与根 DN 相同的值。

（6）在 Group Lookup Base 文本框中，提供 vCenter Orchestrator 搜索组时应该使用的 base DN。如果不确定使用哪个，可以指定与根 DN 相同的值。

（7）在 vCO Admin Group 文本框中指定应该收到 vCenter Orchestrator 管理权限的活动目录组的 DN。看起来应该类似于 cn=Administrators，cn=Builtin，dc=domain，dc=com。

（8）单击 Apply Changes 按钮。

在 vCO 上配置好选择的验证方法后，可以用 Test Connection 选项卡对连接进行测试。如果需要更高级的 LDAP 验证操作说明，请参阅白皮书中的"安装和配置 vCenter Orchestrator"。

4. 导出 / 导入配置

为 vCO 数据库准备一个灾难修复计划无疑是个好主意。我们还建议将 vCO 的配置导出。如果需要，还可以在导出时用密码保护它，请通过 vCenter Orchestrator 配置页面的 General 选项卡进行。

（1）打开 Web 浏览器，访问：

http://< 计算机的 IP 地址或 DNS 名 >:8283

（2）使用凭据登录。

用户名：vmware
密码：〈您的密码〉

（3）单击左侧的 General 选项卡。

（4）选择 Export Confingration 选项卡。

（5）如果希望用密码保护配置（推荐），请在 Password 字段输入密码。

（6）单击 Export 按钮。

配置文件保存在服务器上，保存的位置在屏幕上显示。文件的扩展名是 .vmoconfig，文件名中包含日期和时间。日后需要恢复 vCO 配置的时候，可以导入这个文件。

（1）打开 Web 浏览器，访问：

http://< 计算机的 IP 地址或 DNS 名 >:8283
（2）使用凭据登录。

用户名：vmware
密码：〈您的密码〉

（3）单击左侧的 General 选项卡。

（4）选择 Import Confingration 选项卡。

（5）如果需要，在 Password 字段中输入保护密码。

（6）浏览到保存的配置文件。

（7）如果要用新文件覆盖当前的内部证书和网络，选中复选框。

（8）单击 Import 按钮。

这会恢复以前导出到这个文件的配置。Export/Import 能力还让运行中的集群模式更容易配置。

5. 启动 vCenter Orchestrator 服务

完成需要更新和导出的全部配置，就该启动实际的 vCenter Orchestrator 引擎了。有两种方法可以实现。如果希望将服务设置为自动启动，可以使用 Windows 服务控制台。请记住，启动 vCO Server 服务可能需要几分钟时间。

要通过 Windows 服务控制台启动服务，请按以下步骤进行。

（1）从开始菜单，选择 Run。

（2）在 Run 对话框中，输入 services.msc，单击 OK 按钮。

（3）服务窗口打开后，在右侧窗格的服务列表中滚动，直到看到 VMware vCenter Orchestrator Server 服务。

（4）在 VMware vCenter Orchestrator Server 服务上单击右键，选择 Start。请耐心等待。

（5）确认 VMware vCenter Orchestrator Server 服务的 Status 栏显示为 Sarted，确保服务已经正确启动。

（6）在服务名称上单击右键，选择 Properties，将服务设置为自动启动。

（7）将启动类型修改为 Automatic。

要通过 vCenter Orchestrator 配置页面启动服务，请按以下步骤进行。

（1）打开 Web 浏览器，访问：

`http://<计算机的 IP 地址或 DNS 名 >:8283`

（2）使用凭据登录。

用户名：vmware
密码：〈您的密码〉

（3）单击左侧的 Startup Options 选项卡。

（4）单击右侧 Start Service 链接。耐心等待，这个服务需要几分钟启动。

6. 导入 vCenter Server SSL 证书

要将 vCenter Orchestrator 的独立实例连接到 vCenter Server，则需要导入这台服务器使用的 SSL 证书。

（1）打开 Web 浏览器，访问：

`http://<计算机的 IP 地址或 DNS 名 >:8283`

（2）使用凭据登录。

用户名：vmware
密码：〈您的密码〉

（3）单击 vCenter Server 选项卡。

（4）单击右侧的 SSL Certificates 链接。

（5）在 Import From URL 下，输入 vCenter Server 实例的名称或 IP 地址，并单击 Import 按钮。

（6）审核 vCenter 证书信息，并单击 Import。

7. 导入 vCenter Server 许可证

vCenter Orchestrator 包含在 vCenter Server 内并使用后者的许可。在 vCenterServer 上运行的时候，会自动导入 vCenter Server 的许可证。但是，多数实现会在单独的系统上运行 vCO，所以需要导入 vCenter Server 的许可信息。既可以输入 25 位的序列号手动导入，也可以从 vCenter Server 实例导入。

(1) 打开 Web 浏览器，访问：

`http://<计算机的 IP 地址或 DNS 名 >:8283`

(2) 使用凭据登录。

用户名：`vmware`
密码：〈您的密码〉

(3) 单击 Licenses 选项卡。

(4) 选择 Use vCenter Server License 。

(5) 输入 vCenter Server 的主机名或 IP 地址，输入登录凭据。

(6) 单击 Apply Changes 按钮。

根据拥有的 vCenter Server 许可证类型，vCenter Orchestrator 在以下 2 种模式下操作。

◆ 对于 vCenter Server Standard 许可证，vCenter Orchestrator 在服务器模式下操作。这个模式可以完整访问全部 Orchestrator 元素，还能够运行和编辑工作流。

◆ 对于 vCenter Server Foundation 或 vCenter Server Essentials 许可证，vCenter Orchestrator 在播放器模式下运行。对于 Orchestrator 元素只有只读权限，可以运行工作流，但不能编辑工作流。

8. 配置插件

vCenter Orchestrator 利用插件架构给基础工程流引擎添加功能和连接。vCenter Orchestrator 带有默认插件集，但需要提供有 vCenter Orchestrator 管理员权限的用户名和账户来安装它们。

执行以下步骤安装默认插件集。

(1) 在 vCenter Orchestrator 配置界面单击 Plug-Ins 选项卡。

(2) 指定 vCO 管理员组成员账户的用户名称密码。

这个组由前面配置 LDAP 服务器时指定。

(3) 单击 Apply Changes 按钮。

Plug-Ins 状态指示器会变成绿色圆圈，假定其他全部状态指示器也是绿色圆圈，这时 Startup Options 状态指示器也会变绿。从 VMware 的网站可以找到额外的插件，地址是：

`www.vmware.com/products/datacenter-virtualization/vcenter-orchestrator/plugins.html`

14.7.4 vCenter Orchestrator 一体机

虽然 vCenter Server 默认提供了 vCO，但 VMware 强烈建议单独安装 vCO，并在单独的数据库上提供它。要做到这点，可以使用独立安装程序在 Windows 服务器上安装 vCO，独立于 vCenter Sever 实例，或者实施 vCO 一体机。这一节将简要介绍实施 vCO 一体机需要的步骤。

在开始实施 vCO 一体机之前，可能要明确为什么要选择一体机而不是在独立的 Windows 服务器上安装 vCO。稍后就会看到，一体机的主要好处是容易实施。部署 vCO 一体机极为简单。vCO 一体机包含以下额外的好处：

◆ 降低许可性成本；

◆ 更好的伸缩性；

◆ 完全隔离 vCO，从而将对其他程序的影响降到最低。

vCenter Orchestrator 一体机内置了以下软件：

◆ SUSE Linux Enterprise Server 11 Update 1 for VMware, 64- 位；

◆ PostgreSQL（适用于中小环境）；

◆ OpenLDAP（试用于实验和测试目的）；

◆ vCenter Orchestrator 5.5。

vCenter Orchestrator 一体机的最低硬件要求是：

◆ 2 CPU；

◆ 3 GB 内存；

◆ 7 GB 硬盘。

14.7.5 实施 vCenter Orchestrator 一体机

要实施 vCO 一体机，需要从 MyVMware 门户网站中的 vSphere 下载中下载它。将它保存在 vSphere 或 vSphere Web 客户端能够访问的本地目录，因为需要用其中一个 vSphere 客户端部署它。然后按以下步骤部署。

（1）用部署 OVF 的权限登录 vSphere Web 客户端。

（2）选择一个能够包含虚拟机的仓库对象，例如，数据中心、文件夹、集群、资源池或主机。

（3）选择 Actions → All vCenter Actions → Deploy OVF Template。

（4）输入 OVF(.ovf) 文件的路径或 URL，并单击 Next 按钮。

（5）审核 OVF 细节，并单击 Next 按钮。

（6）审核并接受许可协议中的条款，并单击 Next 按钮。

（7）指定一体机的名称和位置，并单击 Next 按钮。

（8）选择目标位置，并单击 Next 按钮。

（9）选择需要的磁盘格式和数据存储。

（10）指定网络设置。推荐使用静态 IP 地址，但也完全支持 DHCP。这个设置以后可以通过一体机的 Web 控制台修改。

（11）审核属性，并单击 Finish 按钮。还可以选择在部署之后启动虚拟机。

（12）浏览 http://< 一体机地址 >，确认一体机已经联机。

14.7.6 修改默认的 root 密码

vCenter Orchestrator 一体机可用以后，应该修改它的 root 密码，这可以很快完成。

（1）打开支持的浏览器，访问。

```
https://<appliance address>:5480
```

（2）输入默认登录凭据。

用户：`root`
密码：`vmware`

（3）单击 Admin 选项卡。

（4）输入当前 root 密码，新的管理员密码，并再次输入新的管理员密码。

（5）单击 Change Password 按钮。

您应该注销，再使用新凭据登录。

14.7.7　访问 vCenter Orchestor

访问 vCenter Orchestrator 可以有多种方式。以前版本的 vCO 要求通过 Web Operator 或 vCO 客户端连接。从 vSphere 5.1 的新 vSphere Web 客户端开始，vCenter Orchestrator 提供通过 vCenter Server 本身的访问。这是一个巨大进步，在 vSphere 5.5 中又得到了极大改进。在 vCO 中构建工作流的人会经常发现自己在使用 vCO 客户端，因为它提供了最大的灵活性。如何做法得当，基础设施的消费者完全可能不登录任何客户端，只需要使用 vSphere Web Cient 集成就可以使用 vCO。

14.7.8　vCenter Orchestor 和 vCenter Server

前面提到过，vCO 已经被广泛地集成进了 vSphere Web 客户端，因此 vSphere 的管理员在 vSphere Server 的大多数对象上都能向各类 Web 客户端用户提供工作流。这意味着可以在 vSphere Web 客户端内配置 vCO 服务器，然后将工作流分配给各种对象类型。然后可以利用基于角色的访问控制（RBAC）为 Web 客户端用户提供更多不离开 Web 界面就利用 vCO 工作流的机会。相对于我们讨论过的其他自动化选项，这个功能具有巨大优势，因为这些工作流现在极易分享，不仅只是那些对工具或环境具备丰富知识的人才能使用。下面是一些示例。

◆ 应用程序所有者能够更新他们虚拟机上的虚拟硬件（其中包含检查 VMware 工具是否更新）。

◆ 系统所有者能够更新一台虚拟机的虚拟硬件，其中还包含一些有限的选项和可选的审批。

◆ 系统所有者能够启动报告，提供关于系统的健康和变化信息报告，甚至系统所在集群的报告。

---

vCO 成功的关键

请记住，要让环境利用这个功能，有几件事必须处于良好的工作顺序。首先，需要有一个配置完全、准备就绪的 **vCenter Orchestrator** 实例。这件工作多数都在简单安装模式和本章前面其他安装提到的步骤中完成。其次，必须正确地配置了验证。这主要与单点登录（SSO）有关。如果 SSO 不能正常工作，则在配置 **vCenter Server** 和 **vCO** 的集成时会遇到巨大困难。最后，必须用服务器证书继续。与以上项目有关的任何问题，都会给 Vco-vCenter 的集成带来挑战。

分配 vCO 实例去管理 vCenter

验证了需要的信任之后，分配 vCO 服务器去管理 vCenter 实际相当简单。需要按照以下步骤使用具有管理员权限的账户登录 vSphere Web 客户端。

（1）确认 vCenter Orchestrator 服务正在运行。

（2）登录 vSphere Web 客户端。

（3）单击 vCenter Orchestrator 选项卡。

（4）单击右侧的 Manage 选项卡。

（5）选择要管理的 vCenter Server 实例所在的行。

（6）单击 Edit Configuration。

（7）输入 vCenter Orchestrator 名称（见图 14.5）。

（8）单击 Test Connection 按钮。

（9）单击 OK 按钮。

图 14.5　分配 vCO 实例

14.7.9　使用 Orchestrator 工作流

迄今为止，只看到了如何配置 vCenter Orchestrator Server，现在服务器已经启动、正在运行，这时可以启动客户端，实际地运行一个工作流。vCenterOrchestrator 客户端可以实际地启动一个工作流。从开始菜单启动 vCenter Orchestrator 客户端，然后用 vCO 管理员组成员账户的活动目录凭据登录（这个组在前面设置 vCenter Orchestrator 的 LDAP 服务器连接时配置）。

vCenter Orchestrator 有一个预先安装好的工作流库。要在 vCenter Orchestrator 客户端中查看这些工作流，单击窗口左侧的 Workflows 选项卡，然后在树形文件夹结构中浏览，查看有哪些工作流可以使用。图 14.6 所示为在 vCenter Orchestrator 客户端中显示了一些预先安装的工作流。

要在 vCenter Orchestrator 客户端中运行工作流，只要在工作流上单击右键，在弹出的菜单中选择 Execute Workflow。根据工作流的不同，vCenter Orchestrator 客户端会提示输入它完成工作流所需的信息，例如，虚拟机名称或者 ESXi 主机名称。vCenter Orchestrator 客户端提示输入的信息根据选择运行的工作流不同而异。

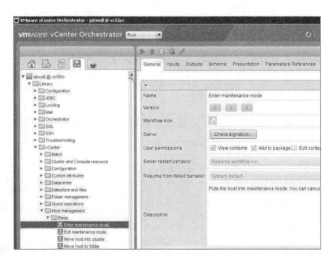

图 14.6　vCenter 文件夹包含在 vCenterServer 中自动执行操作的全部工作流

真实场景

今天的奇迹

星期五，公司的某位部门领导的一封十万火急的语音邮件将您从午饭桌叫了回来。该部门所依赖的一个关键应用程序已经决定进行重大升级。下周一将有位顾问在隔离的开发环境部署这个应用程序。对于如何创建这个环境，进行过讨论，但尚未定论。当然，您虽然抗议，但还是同意周末加班准备这个新环境。根据环境中实施的自动化数量，这个周末的情况会大不相同。

如果您已经把新虚拟机的部署、新 VLAN 的实施、账户的添加、授予访问权限等工作都实现了自动化，那就有可能在几小时内实现新环境的准备工作。如果一项都没有自动化，那么您就得花许多小时手动实现这个解决方案，并牺牲周末的其他活动。在手动实现的过程中，您还很有可能出错，或者遗漏某些步骤，从而影响部门领导和您的领导对您的信任。最后，您知道您会完成这个任务，但要投入的精力会大不相同。不论您投入多少精力，部门领导看的是结果，而且假定这项工作是可以重复的。所以，日后您肯定会再次遇到此类情况，还要重复这些工作。今天的奇迹，到了明天就变成了必然的期望。

创建工作流主要是开发人员的任务

不幸的是，创建自定义工作流的工作可能超出了多数 vSphere 管理员的能力。创建工作流和操作需要有 JavaScript 之类 Web 开发语言的专业能力和经验。如果想了解这方面的知识，可从 VMware 网站（网址为 www.vmware.com/support/pubs/orchestrator_ pubs. html）中下载 "vCenter Orchestrator 开发人员指南"。这份开发人员指南提供了创建 Orchestrator 工作流的更详细信息。

---

vCenter Orchestrator 是个强大的工具，能够创建复杂和高度交互的工作流。但是，vCenter Orchestrator 并没有轻易放弃它的秘密，创建工作流这个工作可能超出了许多 vSphere 管理员的技能范围。幸运的是，有足够多的内置工作流可以完成大多数常见任务。只有一点在现有工作流之间传递信息的实践，就能完成越来越复杂的任务。

14.8 要求掌握的知识点

1. 识别可以用来自动化 vSphere 的工具

VMware 为 vSphere 环境的自动化提供了许多不同的解决方案，包括 vCenter Orchestrator、PowerCLI、针对 Perl 的 SDK、针对 web 服务开发人员的 SDK、VMware ESXi 中的外壳脚本。每个工具都各有利弊。

掌握

VMware 提供了许多不同的自动化工具。选择使用自动化工具的时候，有哪些指导原则？

2. 创建 PowerCLI 脚本来执行自动化

VMware vSphere PowerCLI 基于面向对象的 PowerShell 脚本语言构建，为管理员自动执行 vSphere 环境中的任务提供了简单而强大的方法。

掌握

如果熟悉其他脚本语言，除了语法之外，学习使用 PowerShell 和 PowerCLI 的最大障碍是什么呢？

3. 使用 vCLI 从命令行管理 ESXi 主机

VMware 的远程命令行界面（或称为 vCLI）是使用熟悉的 esxcfg-* 命令集管理 ESXi 主机的新方法。将 fastpass 功能与 vCLI 结合，可以在单点登录下，使用相同的命令集无缝地管理多台主机。

掌握

有没有将目前使用 ESXi 命令行界面进行的管理和配置工具迁移到 vMA？

4. 将 vCenter 与 vMA 结合，管理全部主机

新版 vMA 可以使用 vCenter 作为目标。这意味着不必手动将每台主机添加到 fastpass 目标列表，就可以使用 vCLI 管理全部主机。

掌握

将外壳脚本与 vCLI 命令结合，针对大量主机执行命令。

5. 利用 Perl 工具包和 VMware SDK 从命令行执行虚拟机操作

vCLI 是为主机管理设计的，因此缺少操纵虚拟服务器的工具。利用 Perl 工具包以及 VMware SDK，虚拟基础设施客户端可以实现的任何任务，都可以从命令行完成。

掌握

浏览示例脚本和 SDK 文档，探索使用 Perl，或者其他支持的任何语言所释放的完成管理任务的可能性。

6. 使用 vCenter Orchestrator 工作流

vCenter Orchestrator 配置完成并正式运行后，可以使用 vCenter Orchestrator 客户端运行 vCenter Orchestrator 工作流。vCenter Orchestrator 自带大量预先安装好的工作流来协助自动完成任务。

掌握

管理员配置了 vCenter Orchestrator，现在要求您运行两个工作流。但是，当您登录到安装了 vCenter Orchestrator 的 vCenter Server 时，您看不到 vCenter Orchestrator 的图标，为什么？

附录

要求掌握的知识点

各章的"要求掌握的知识点"小节提供了一些练习，它们可以提供技能和加深理解。有时一些问题只提供了一种可能的解决方案，建议读者通过自身技术和发挥创造性，根据所学知识提出自己的解决方法，同时探索出更多的解决方法。

第 1 章　VMware vSphere 5.5 简介

1. 明确 vSphere 产品套件中各个产品的作用

VMware vSphere 产品套件包括 VMware ESXi 和 vCenter Server。ESXi 提供了基础虚拟化功能，并且支持虚拟 SMP 等特性。vCenter Server 能够管理 ESXi，还包括其他一些功能，如 vMotion、Storage vMotion、vSphere 分布式资源调度器（DRS）、vSphere 高可用性（HA）和 vSphere 容错（FT）。存储 I/O 控制（SIOC）和网络 I/O 控制（NIOC）支持细致的虚拟机资源控制。用于数据保护的 vSphere 存储 API（VADP）提供了一种备份框架，可用于将第三方备份解决方案整合到 vSphere 实现中。

问题 1

哪些产品在 VMware vSphere 套件中授权？

答案 1

VMware vSphere 套件的授权特性有 Virtual SMP、vMotion、Storage vMotion、vSphere DRS、vSphere HA 和 vSphere FT。

问题 2

在 VMware ESXi 和 VMware vCenter Server 中，有哪 2 个特性可以一起减少或消除计划外硬件故障所带来的停机时间？

答案 2

vSphere HA 和 vSphere FT 可以在遇到意外硬件故障时分别减少（vSphere HA）和消除（vSphere FT）的停机时间。

问题 3

说出 vSphere 5.5 新增的两个与存储相关的特性。

答案 3

vSAN 和 vFlash 都是 vSphere 5.5 新增的两个与存储相关的特性，先前的版本中没有这些特性。

2. 理解 vSphere 套件中各个产品的交互与依赖

VMware ESXi 构成了 vSphere 产品套件的基础，但是有一些特性需要使用 vCenter Server。vMotion、Storage vMotion、vSphere DRS、vSphere HA、vSphere FT、SIOC 和 NIOC 等特性需要使用 ESXi 和 vCenter Server。

问题 1

列举只有在同时使用 vCenter Server 和 ESXi 时才支持的 3 个特性。

答案 1

下列特性只适用于 vCenter Server：vSphere vMotion、Storage vMotion、vSphere DRS、Storage DRS、vSphere HA、vSphere FT、SIOC 和 NIOC。

问题 2

列举不需要 vCenter Server 支持但需要 ESXi 授权安装的 2 个特性。

答案 2

在不使用 vCenter Server 时，VMware ESXi 支持的特性包括核心虚拟化特性，如虚拟网络、虚拟存储、vSphere vSMP 和资源分配控制。

3. 理解 vSphere 与其他虚拟化产品的区别

VMware vSphere 的虚拟机管理程序 ESXi 使用类型 1 裸机虚拟机管理程序，它能够在虚拟机管理程序内部直接处理 I/O。这意味着 ESXi 不需要主机操作系统（如 Windows 或 Linux）就可以工作。虽然其他虚拟化解决方案也将自己标榜为"类型 1 裸机虚拟机管理程序"，但是市场中大多数其他的类型虚拟机管理程序都需要使用"父分区"或"dom0"，而所有虚拟机 I/O 都必须通过它们。

问题

团队中的一位管理员询问他是否应该在用于安装 ESXi 的新服务器上安装 Windows Server。应该怎么回答他？为什么？

答案

VMware ESXi 是一个裸机虚拟机管理程序，它不需要安装一般用途的主机操作系统。因此，不需要在运行 ESXi 的设备上安装 Windows Server。

第 2 章　规划与安装 VMware ESXi

1. 理解 ESXi 兼容性需求

与 Windows 或 Linux 等传统操作系统不同，ESXi 有更严格的硬件兼容性要求。这样有利于保证产品线的稳定性和可靠性，从而使之能够支持最重要的关键任务应用程序。

问题

你有一些较老的服务器，并希望在上面部署 ESXi。但是它们并不在硬件兼容性列表上。它们是否能够运行 ESXi？

答案

它们或许可以运行 ESXi，但是得不到 VMware 的支持。在所有情况中，这些老服务器的 CPU 并不支持硬件虚拟化扩展，也不支持 64 位操作，这两个方面都会直接影响硬件上运行的 ESXi。你应该选择属于硬件兼容列表（HCL）的硬件。

2. 规划 ESXi 部署

部署 ESXi 会影响到组织的许多方面——不仅涉及服务器团队，也涉及网络团队、存储团队和安全团队。这里有许多问题需要考虑，其中包括服务器硬件、存储硬件、存储协议或连接类型、网络拓扑和网络连接。规划不当会导致不稳定和无法支持的实现结果。

问题 1

列出 vSphere 设计必须考虑的 3 个网络问题。

答案 1

除了其他问题，网络方面的问题包括 VLAN 支持、链路聚合、网络速度（1Gbps 或 10Gbps）、负载平衡算法和所需要的 NIC 及网络商品数量。

问题 2

ESXi 可以安装在几种不同类型的存储上？

答案 2

目前最常见的，根 ESXi 是 Local/Direct 连接磁盘，但 USB 存储、isolated SAN boot LUN 和 utilizing iSCSI 支持它。

3. 部署 ESXi

ESXi 可以安装到任何支持和兼容的硬件平台上。有 3 种方法可以部署 ESXi：以交互方式安装、执行无人干预安装或者使用 vSphere Auto Deploy，直接将 ESXi 分配到启动的服务器主机内存中。最后一个方法也称为无状态配置。

问题 1

你的经理要求你提供一个无人干预安装脚本，在使用 vSphere Auto Deploy 时用它来部署 ESXi。你是否能够做到？

答案 1

不能。在使用 vSphere Auto Deploy 时，不需要使用安装脚本。vSphere Auto Delpoy 服务器会在物理主机启动时将 ESXi 映像传输到物理主机上。使用 vSphere Auto Deploy 重新部署 ESXi 主机就像重启主机一样简单。

问题 2

列出使用 vSphere Auto Deploy 分配 ESXi 主机的 2 个优点和 2 个缺点。

答案 2

优点包括快速分配、快速重分配及在分配过程中快速增加新 ESXi 映像或更新。缺点则包括增加复杂性及需要额外配置，解决部署的无状态问题。

4. 执行 ESXi 的安装后配置

在 ESXi 安装之后，需要执行另外一些配置步骤。例如，如果给管理网络分配了错误的 NIC，那么服务器将无法通过网络访问。除此之外，还需要配置时间同步。

问题

你已经在服务器上安装了 ESXi，但是无法打开欢迎页面，而且服务器也无法连接。这是什么问题？

答案

很可能是选择了错误的 NIC 作为管理网络接口或选择不合规的 VLAN。需要直接使用 ESXi 主机的直连控制台用户界面（DCUI），才能重新配置管理网络和恢复网络连接。

5. 安装 vSphere C# 客户端

ESXi 是通过 vSphere C# 客户端管理的。这个客户端是一个只支持 Windows 平台的应用程序，它提供了管理虚拟化平台的功能。有多个途径可以获得 vSphere 客户端安装程序，其中包括直接从 VMware vCenter 安装程序运行，或者使用 Web 浏览器从 vCenter Server 提供的 IP 地址下载。

问题

列出 2 种安装 vSphere 客户端的方法。

答案

这 2 种方法分别是，从一个 vCenter Server 实例的 Welcome To vSphere 网页下载，或者从 vCenter Server 安装介质安装。此外，还可以从 VMware 网站下载 vSphere 客户端。

第 3 章　安装与配置 vCenter Server

1. 理解 vCenter Server 的组成与作用

vCenter Server 在 ESX 主机与虚拟机的管理中发挥中心作用。只有部署 vCenter Server，才能使用一些关键特性，如 vMotion、Storage vMotion、vSphere DRS、vSphere HA 和 vSphere FT。vCenter Server 提供了可扩展身份验证和整合 Active Directory 的基于角色的管理。

问题

使用 vCenter Server 有哪 3 个重要优点，特别是在身份验证上？

答案

（1）vCenter Server 集中处理身份验证，所以不需要在各个主机上单独管理用户账号。（2）vCenter Server 不需要在主机间共享 root 密码，或者使用复杂配置，允许管理员在主机上执行任务。（3）vCenter Server 引入了基于角色的管理，支持精细的主机和虚拟机管理。

2. 规划 vCenter Server 部署

规划 vCenter Server 部署包括选择一个后台数据库引擎、选择一种身份验证方法、正确选择硬件规模和实现符合要求的高可用性和业务连续性。此外，还必须确定将 vCenter Server 运行在虚拟机上还是物理系统上。最后，必须决定使用基于 Windows Server 版本的 vCenter Server，还是部署 vCenter Server 虚拟设备。

问题 1

在虚拟机上运行 vCenter Server 有哪些优点与缺点？

答案 1

优点包括简化备份或灾难恢复时的虚拟机克隆，通过创建快照来防范数据丢失或数据损坏，以及使用一些高级特性，如 vMotion 或 Storage vMotion。缺点则包括无法冷克隆 vCenter Server 虚拟机，无法冷迁移 vCenter Server 虚拟机，也无法编辑 vCenter Server 虚拟机的虚拟硬件。如果运行 vCenter Server VM 的基础架构发生中断，它还会增加恢复的复杂性。

问题 2

使用 vCenter Server 虚拟设备有哪些优点与缺点？

答案 2

优点包括简化部署（使用 OVF 部署模板和执行部署后配置，而不需要先安装 Windows Server，接着安装前置软件，最后安装 vCenter Server），一次部署而支持更多服务，以及不需要 Windows Server 授权。缺点包括支持链接模式组和不支持外部 SQL Server 数据库。

3. 安装与配置 vCenter Server 数据库

vCenter Server 支持几个企业级数据库引擎，其中包括 Oracle 和微软 SQL Server。另外，IBM DB2 也支持。要根据所使用的数据库应用不同的配置步骤和特殊权限，才能让 vCenter Server 正确运行。

问题

为什么一定要保护支持 vCenter Server 的数据库引擎？

答案

虽然 vCenter Server 使用 Microsoft Active Directory 执行身份验证，但是 vCenter Server 管理的大多数信息仍然保存在后台数据库中。后台数据库损坏就意味着会丢失大量重要的 vCenter Server 操作数据。应该采用足够的措施去保护后台数据库。

4. 安装与配置单点登录服务

SSO 是 vCenter Server 的安全模式的一个重大变革。它允许 vSphere Web 客户端在单个控制台内提供多个解决方案界面，只要经过身份验证的用户具有访问权限。

问题

安装 vCenter 5.5 和所有适当组件之后，管理员无法使用其本地凭据登录到 vCenter Server Web 客户端并访问 vCenter。SSO 配置中缺少了什么？

答案

SSO 不支持任何形式的本地计算机用户账户。在配置 SSO 时，可以将其链接到一个外部目录服务，比如 Active Directory 或 OpenLDAP。另一个方案是在 SSO 内手动配置本地账户。这些账户是 SSO 本地账户，而不是安装 SSO 所在的服务器的本地账户。

5. 安装与配置 Inventory Service

安装与配置 Inventory Service。vCenter Inventory Service 是位于 vCenter 数据库与 vSphere Web 客户端之间的一个缓存服务，用于减少数据库和 vCenter Server 上的负载。

问题

在 vCenter Server 基础架构中发现一个损坏的 Inventory 数据库，需要从备份中还原。在进行备份与损坏发生这段时间里什么数据会丢失？

答案

幸运的是，Inventory Service 不存放任务关键型数据，它存放的数据不经常变化。自上次备份以来创建的任何自定义标签将是管理员唯一可见的丢失的数据。所有其他数据将被自动刷新，并从 vCenter Server 中重新缓存。

6. 安装与配置 vCenter Server

vCenter Server 是通过 VMware vCenter 安装程序安装。可以将 vCenter Server 安装为独立实例，或者将它加入到一个链接模式组，以提高可扩展性。vCenter Server 将使用一个预定义的 ODBC DSN 与独立数据库服务器通信。

问题

在准备安装 vCenter Server 时，是否应该考虑在安装过程中使用哪一个 Windows 账号？

答案

在 vCenter Server 5 中不需要考虑。所使用的账号只需要拥有安装 vCenter Server 的计算机的管理员权限。在老版本中，如果使用 Microsoft SQL Server 执行 Windows 身份验证，那么在登录运行 vCenter Server 的计算机时，必须使用预先配置了 SQL Server 和 SQL 数据库的相应权限的账号。这是因为老版本的 vCenter Server 安装程序不提供账号选择功能；它使用当前已登录的账号。但是，vCenter Server 5 以及更高版本已经不是这样。

7. 安装与配置 Web Client Server

vSphere Web 客户端是 VMware 的下一代 vSphere 客户端。无需在每台机器上安装一个客户端来管理 vCenter，只需从任何机器上将一个 Web 浏览器指向 Web Client Server。

问题

你的环境中有多个你希望通过 vCenter Web 客户端管理的 vCenter Server 实例。你是否需要为每个 vCenter Server 单独安装一个 Web 客户端服务？

答案

不需要。可以将每个 vCenter Server 实例注册到单个 Web 客户端。

当用户登录到 Web 客户端时，他们只能看到其有权限访问的 vCenter 对象。

使用 vCenter Server 的管理特性。vCenter Server 为 ESXi 主机和虚拟机提供广泛的管理特性。

这些特性包括任务调度、通过主机配置文件实现一致配置、元数据标签和事件日志记录。

问题

你的经理让你展示给他属于财务部的所有虚拟机和主机，但不希望看到测试服务器。vCenter Server 中的哪些工具有助于你完成这个任务？

答案

只要 vCenter Server 配置有适当的标签和类别，只需根据他的要求执行简单搜索，就应可为你的经理提供足够的信息了。

第 4 章　vSphere 更新管理器和 vCenter 支持工具

1. 安装 VUM 并将它整合到 vSphere 客户端

vSphere 更新管理器（VUM）可以从 VMware vCenter 安装介质安装，安装前要求已经安装好 vCenter Server。与 vCenter Server 类似，VUM 必须使用一个后台数据库服务器。最后，必须在 vSphere 客户端上安装插件，才能访问、管理或配置 VUM。

问题

在安装 VUM 之后，你通过笔记本电脑安装的 vSphere 客户端配置 VUM。团队中有一位管理员说他无法访问或配置 VUM，所以安装过程肯定出现了问题。那么问题最可能出现在什么地方？

答案

最可能的原因是另一位管理员的 vSphere 客户端未安装 VUM 插件。这个插件必须安装在每一个 vSphere 实例上，才能从这个实例上管理 VUM。

2. 选择需要更新补丁或升级的 ESX/ESXi 主机或虚拟机

基线是"测量标尺"，VUM 通过它确定 ESX/ESXi 主机或虚拟机实例是否需要更新。VUM 会将 ESX/ESXi 主机或客户机操作系统与基线进行对比，从而确定它们是否需要更新补丁，以及需要更新哪些补丁。此外，VUM 还使用基线确定哪些 ESX/ESXi 主机需要升级到最新版本，以及哪些虚拟机的硬件需要升级。VUM 自带了一些预定义基线，管理员也可以创建适用于他们环境的自定义基线。基线有 2 种：内容保持不变的固定基线和内容不断变化的动态基线。基线组允许管理员组合多个基线，并且一起应用这些基线。

问题

除了保证所有 ESX/ESXi 主机都安装了最新版本的重要安装补丁，还需要保证所有 ESX/ESXi 主机都安装了一些特殊补丁。这些补丁是一般补丁，因此不包含在重要补丁动态基线中。你应该如何解决这个问题呢？

答案

创建一个基线组，其中包含重要的补丁动态基线和一个固定基线，它包含需要在所有 ESX/ESXi 主机的额外补丁。将基线组附加到所有 ESX/ESXi 主机上。在执行修复时，VUM 将保证将动态基线的所有重要补丁及固定基线的附加补丁都应用到主机上。

3. 使用 VUM 升级虚拟机硬件或 VMware 工具

VUM 可以检测到虚拟机硬件版本过期的虚拟机，以及所安装 VMware 工具过期的客户机操作系统。VUM 带有一些支持这个检测功能的预定义基线。此外，VUM 可以升级虚拟机硬件版本及客户机操作系统内的 VMware 工具，保证所有组件都是最新的。这个功能特别适合用于将旧版本的 ESX/ESXi 主机升级到 5.5 版本。

问题

你刚刚将虚拟基础架构升级到 VMware vSphere。接下来，你应该再完成哪 2 个任务？

答案

升级客户机操作系统的 VMware 工具，然后将虚拟机硬件升级到版本 10。

4. 为 ESX/ESXi 主机更新补丁

与其他复杂软件产品类似，VMware ESX 和 VMware ESXi 需要不断地应用软件补丁。这些补丁可能用于修复 Bug 或安全漏洞。为了保持 ESX/ESXi 主机更新最新补丁，VUM 支持为主机选择补丁更新计划。此外，为了减少补丁更新过程的停机时间，或者简化远程环境的补丁部署过程，VUM 还可以先分段处理 ESX/ESXi 主机的补丁，再安装补丁。

问题

如何在为 ESX/ESXi 主机安装补丁（如修复）时避免引起虚拟机停机？

答案

VUM 自动使用 VMware vSphere 高级特性，如分布式资源调度器（DRS）。如果想保证 ESX/ESXi 主机在一个完全自动化的 DRS 集群中，那么 VUM 会使用 vMotion 和 DRS 将虚拟机迁移到其他 ESX/ESXi 主机上，再安装主机补丁，从而可以避免停机时间。

5. 升级主机和协调大规模数据中心升级

手动升级运行着几十个虚拟机的主机是一项繁重的任务，而且如果你有不少主机要升级，无法很好地扩展。短暂中断窗口、主机重启和虚拟机停机，意味着协调升级涉及复杂的规划和仔细的执行。

问题

哪个 VUM 功能可简化跨大量主机及其虚拟机升级 vSphere 的过程？

答案

VUM 可以通过所谓的"编排升级"自动处理这些交互。编排升级将多个基线组结合起来，这些组包含主机更新，也包含虚拟机硬件和 VMware 工具的后续更新，还可包含虚拟设备升级基线。

与完全自动化的 DRS 集群和足够的冗余容量相结合时，可在一个编排的任务中升级整个 vCenter 的主机清单。

6. 需要时利用替代的 VUM 更新方法

VUM 提供最简单且最高效的 vSphere 主机升级方法。然而，有时 VUM 可能不可用。例如，VUM 依赖于 vCenter，所以如果主机不连接到一个授权的 vCenter，那么必须使用一个替代的主机升级方法。

问题

如果不使用 VUM，怎么升级现有的主机？

答案

你可以获取 CD 安装介质，在主机上执行交互式升级。

或者你可以使用主机上固有的命令行工具：esxcli software vib update（参见 VMware 知识库文章 2008939 了解详情）或 esxcli software vib install，通过各个 VIB 给它们打补丁。

7. 安装日志收集器

vSphere 包含面向 ESXi 主机的两个不同日志工具。

ESXi Dump Collector 从主机获取内核转储，而 Syslog Collector 可集中存储主机的日志文件。

问题

你刚找到了一份新工作，在一家公司担任 vSphere 管理员。

这家公司先前没有集中主机的日志，你决定要收集它们，于是你想安装 vSphere Syslog Collector 工具和 ESXi Dump Collector 工具。如何在公司的 vCSA 实例上安装它们？

答案

Syslog Collector 和 ESXi Dump Collector 已经包含在 vCSA 中且默认启用。你应当登录到 vCSA 控制台，检查确认服务在运行，并且调整核心转储的存储库，使其对环境而言足够大。

配置主机来集中化日志记录。如要使用 ESXi Dump Collector 或 Syslog Collector 工具，你必须配置每个主机，使其指向集中记录器。

问题

列出配置主机集中化日志记录的方式。

答案

你可以在每个主机的命令行使用 esxcli system coredump，将核心转储发送到 ESXi Dump Collector。

使用 vCenter 中的 Host Profiles 功能，跨多个主机传播相同的设置，或者继续在每个主机上使用 CLI。

使用 Web 客户端通过其在 syslog.global 下的高级配置配置每个主机。

通过 CLI 使用 esxcli system syslog 设置每个主机。

使用 vCenter 中的 Host Profiles 功能，跨多个主机传播相同的设置，或者继续在每个主机上使用上述两种方法之一。

第 5 章 创建与配置虚拟网络

1. 明确虚拟网络的组成部分

虚拟网络包含各种虚拟交换机、物理交换机、VLAN、物理网络适配器、虚拟适配器、上行链路、NIC 组、虚拟机和端口组。

问题

哪些因素影响虚拟网络及其组件的设计?

答案

虚拟网络设计受到许多因素的影响。每一个 ESXi 主机的物理网络适配器个数、使用 vSphere 标准交换机还是 vSphere 分布式交换机、是否在环境中使用 VLAN、现有网络拓扑、要求支持 LACP 或端口镜像,以及环境中的虚拟机连接需求等,都是可能影响最终网络设计的因素。在设计网络时,通常需要解决下面的常见问题。

◆ 是否有或需要一个专用的管理网络,如物理交换机管理?

◆ 是否有或需要一个专用的 vMotion 网络?

◆ 现在使用 1 千兆比特以太网还是 10 千兆比特以太网?

◆ 是否有一个 IP 存储网络? 这个 IP 存储网络是否是一个专用网络? 现在运行 iSCSI 还是 NAS/NFS?

◆ 虚拟机是否有很高的容错要求?

◆ VLAN 是否由现有物理网络构成?

◆ 是否要将 VLAN 扩展到虚拟交换机上?

2. 创建虚拟交换机(vSwitch)和分布式虚拟交换机(dvSwitch)

vSphere 既支持 vSphere 标准交换机又支持 vSphere 分布式交换机。vSphere 分布交换机给 vSphere 网络环境带来了新的功能,其中包括私有 VLAN 和 ESXi 集群的中央管理程序。

问题 1

你请一位 vSphere 管理员同事创建一个 vSphere 分布式虚拟交换机,但是管理员遇到了一些问题,因为他无法找到在 vSphere Web 客户端如何处理 ESXi 主机。你应该告诉他怎么做?

答案 1

vSphere 分布式交换机并非在每个 ESXi 主机上逐个创建,而是跨多个 ESXi 主机同时创建。这就使分布式端口组的集中配置和管理成为可能。让 vSphere 管理员同事导航到 vSphere Web 客户端的 Distributed Switches 区域,创建一个新的 vSphere 分布式交换机。

问题 2

在网络和服务器团队的一个合作项目中,你打算在 VMware vSphere 5.5 环境中实施 LACP。你需要知道的一些限制是什么?

答案 2

尽管 vSphere 5.5 对 LACP 的支持较先前的 vSphere 版本有所增强,但仍然存在局限性。一个分布式端口组不能有多个活动链路聚合组 (LAG)，也不能为一个给定分布式端口组同时激活 LAG 和独立上行链路。然而，如有需要，不同的分布式端口组可使用不同的 LAG。增强的 LACP 支持还需要使用 vSphere 5.5.0 版本的分布式交换机。

3. 创建和管理 NIC 组、VLAN 和私有 VLAN

NIC 组允许虚拟交换机创建连接其他网络的冗余网络连接。虚拟交换机还提供了 VLAN 支持，能够将网络划分为多个逻辑段。此外，它也支持私有 VLAN，可以在增加现有 VLAN 安全性的前提下允许多个系统共享同一个 IP 子网。

问题 1

你想使用 NIC 组将多个物理链路组合在一起，实现更大的冗余性和提升吞吐量。在选择 NIC 组策略时，你选择了 Route Based On IP Hash，但是 vSwitch 似乎无法正常连接。这是哪里出现了问题？

答案 1

基于 IP 散列的路由的负载平衡策略还要求物理交换机必须配置为支持这种策略。这是通过链路聚合实现的，在思科环境中称为 EtherChannel。如果物理交换机上没有对应的链路聚合配置，那么使用 IP 散列的负载平衡策略将会造成连接中断。如果物理交换机的配置不能修改，则可能更适合使用其他负载平衡策略，如默认策略基于原始虚拟端口 ID 的路由（Route Based On Originating Virtual Port ID）。

问题 2

如何配置 vSphere 标准交换机和 vSphere 分布式交换机，将 VLAN 标签一路传递到来宾 OS？

答案 2

在 vSphere 标准交换机上配置虚拟 Guest 标记（VGT，这个配置的名称），方法是将虚拟机端口组的 VLAN ID 设置为 4095。

在 vSphere 分布式交换机上启用 VGT，方法是将一个分布式端口组的 VLAN 配置设置为 VLAN Trunking，然后指定应将哪些 VLAN ID 传递给来宾 OS。

4. 探讨环境中的第三方虚拟交换机选项

除了 vSphere 标准交换机和 vSphere 分布式交换机，vSphere 还支持大量第三方虚拟交换机。这些第三方虚拟交换机支持众多特性。

问题

在撰写本书之时，可用于 vSphere 环境的 3 个第三方虚拟交换机是什么？

答案

在撰写本文之时，可用于 vSphere 的 3 个第三方虚拟交换机是 Cisco Nexus 1000V、IBM Distributed Virtual Switch 5000V 和 HP FlexFabric 5900v。

5. 配置虚拟交换机安全策略

虚拟交换机支持多种安全策略，包括允许或拒绝混杂模式、允许或拒绝 MAC 地址变更及允许或拒绝伪信号。这些安全方法都有利于增强 2 层网络的安全性。

问题 1

你有一个网络应用程序需要监控同一个 VLAN 中流向其他生产系统的虚拟网络流量。这个网络应用程序使用混杂模式来实现监控。你如何能够既满足这个网络应用程序的需求，又不牺牲整个虚拟交换机的安全性？

答案 1

因为端口组（dvPort 组）可能覆盖虚拟交换机的安装策略设置，而且可能有多个端口组 / dvPort 组与一个 VLAN 关联，所以最佳方法是创建另一个端口组，它应该有与另一个生产端口组完全相同的设置，其中包括相同的 VLAN ID。这个新端口组应该允许混杂模式。给安装这个网络应用程序的虚拟机分配这个新端口组，但是其他虚拟机的端口组则设置为拒绝混杂模式。

这样，网络应用程序就可以查看到所需要的流量，但是又不会过度影响整个虚拟交换机的安全性。

问题 2

你团队中的另一位 vSphere 管理员试图配置分布式交换机安全策略，但有一定的难度。可能会出现什么问题？

答案 2

在 vSphere 分布式交换机上，所有安全策略都在分布式端口组级别（而非分布式交换机级别）得到设置。让你的 vSphere 管理员同事修改分布式端口组（而非分布式交换机）的属性。

他或她还可以使用 vSphere Web 客户端中 Actions 菜单上的 Manage Distributed Port Groups 命令，同时在多个分布式端口组上执行相同的任务。

第 6 章　创建与配置存储设备

1. 区分并理解共享存储的基础概念，包括 SAN 和 NAS

vSphere 依靠共享存储实现一些高级功能、集群范围可用性和集群中所有虚拟机的总体性能。可以在光纤通道、FCoE 和 iSCSI SAN 上设计高性能和高可用共享存储基础架构，也可以使用 NAS。此外，也可以使用中型存储架构和企业级存储架构。一定要先设计符合性能要求的存储架构，再满足容量需求。

问题 1

举例说明每一种协议适合用于哪一种 vSphere 部署。

答案 1

iSCSI 适合目前未使用光纤通道 SAN 的 vSphere 新客户。光纤通道适合目前已使用光纤通道基础架构或者在虚拟机上有高带宽（单个 200+Mbps）要求的客户。NFS 的适用情况是，有许多虚拟机有低带宽需求（单机），但是总带宽又小于一条链路带宽。

问题 2

指出 3 个存储性能参数和存储性能的决定因素，以及如何快速评估一个指定存储配置的性能参数。

答案 2

要考虑的 3 个因素是带宽（MBps）、吞吐量（IOPS）和延迟（ms）。一个光纤通道数据存储（或 RDM）的最大带宽是 HBA 速度乘以系统的 HBA 个数（检查阵列光纤通道端口的扇入比和以太网端口个数）。一个 NFS 数据存储的最大带宽是 NIC 链路速度（跨多个数据存储，带宽平均分布到多个 NIC 上）。在所有情况中，吞吐量（IOPS）主要由锭子功能决定（假设不使用缓存和元 RAID 损耗）。有一个简单的经验法则是 IOPS 总数 = IOPS × 锭子个数。延迟以毫秒为单位，但是在存储阵列过度负载时可能达到几十毫秒。

2.　理解 vSphere 存储方法

vSphere 有 3 种基本存储连接模型：块设备 VMFS、RDM 和 NFS。最灵活的配置会使用全部 3 种模型，这主要是通过一种共享容器模型和适时使用 RDM 实现的。

问题 1

指出 VMFS 数据存储、NFS 数据存储和 RDM 的用例。

答案 1

VMFS 数据存储和 NFS 数据存储都是共享容器模型；它们将虚拟磁盘存储在一起。VMFS 由块存储协议管理，而 NFS 由网络协议管理。NFS 通常（在不使用 10GbE LAN 时）最适合有大量低带宽（任意吞吐量）虚拟机的环境。VMFS 适合有较大工作负载的情况。RDM 则很少用于客户机能够直接访问一个 LUN 的情况。

问题 2

如果使用 VMFS，就需要跟踪一个性能指标，这个指标是什么？配置一个监控程序跟踪这个指标。

答案 2

这个指标是队列深度。使用 resxtop 可以监控这个指标。另一个非性能指标是数据存储可用性或已用容量托管数据存储警报。

3.　在 vSphere 层次上配置存储

在选择共享存储平台之后，vSphere 还需要配置一个存储网络。网络设计（基于光纤通道或以太网）必须满足可用性和吞吐量要求，而这受到协议选择和 vSphere 基础存储协议（在 NFS 中是网络协议）的影响。恰当的网络设计包含物理冗余性和物理或逻辑隔离机制（SAN 分区和网络 VLAN）。在配置好连接之后，再使用预言性或自适应模式（或者混合模式）配置 LUN 和 VMFS 数据存储和（或）NFS 导出 /NFS 数据存储。使用 Storage vMotion 解析热点及其他非最优虚拟机部署。

问题 1

从性能角度看，什么问题能够最恰当地反映一个负载过度的 VMFS 数据存储？如果确定这个问题？它最可能发生在什么地方？你可以采用哪 2 种方法纠正？

答案 1

过度负载的 VMFS 数据存储的最佳识别方法是评估队列深度，而虚拟机速度减慢就是一种征兆。如果队列已满，则要采取下面的部分或全部操作：加大队列深度，相应地增加 Disk.SchedNumReqOutstanding 高级参数；腾出虚拟机（使用 Storage vMotion）；给 LUN 增加更多锭子，使它满足更高速度要求，或者更换速度更快的锭子。

问题 2

当一个 VMFS 卷用完时，你可以采用哪 3 种不间断的纠正操作？

答案 2

可以执行下面 3 种操作。

◆ 使用 Storage vMotion 将一些虚拟机迁移到另一个数据存储上。

◆ 增大后台 LUN，并且增大 VMFS 容量。

◆ 增加另一个后台 LUN，并且增加另一个 VMFS 扩展分区。

问题 3

从性能角度看，什么问题能够最恰当地反映一个负载过度的 NFS 卷？如果确定这个问题？它最可能发生在什么地方？你可以采用哪 2 种方法纠正？

答案 3

数据存储的工作负载达到了一条链路的最大带宽。确定这个问题的最简单方法是使用 vCenter 性能图表和检测 VMkernel NIC 的使用度。如果它处于 100% 状态，那么只能升级到 10GbE，或者增加另一个 NFS 数据存储，增加另一个 VMkernel NIC，从头到尾检查负载平衡和高可用性决定树，确定 NIC 组合或 IP 路由是否为最佳设置，最后使用 Storage vMotion 将一些虚拟机迁移到另一个数据存储上（记住，NIC 组 /IP 路由要使用多个数据存储，而不是一个数据存储）。记住，使用 Storage vMotion 会给已经负载很重的数据存储增加更多负载。因此，即使不需要停机，也要考虑在较低 I/O 期间执行。

4. 在虚拟机层次上配置存储

在配置好数据存储之后，创建虚拟机。在创建虚拟机时，将虚拟机部署到恰当的数据存储，然后在需要时（才）使用 RDM。在需要的位置使用客户机内 iSCSI，但是要理解它对于 vSphere 环境的影响。

问题 1

在不关机的前提下，将一个 VMFS 卷的虚拟磁盘从精简配置转换为胖分配（预归零胖分配），然后再转换为精简配置。

答案 1

使用 Storage vMotion，然后在 Storage vMotion 过程中选择目标磁盘格式。

问题 2

指出应该使用物理兼容模式 RDM 的地方，配置这种用例。

答案 2

有一种用例是微软集群（带 MSCS 的 Windows 2003 或带 WFC 的 Windows 2008）。要下载

VMware 微软集群指南，并根据指南要求配置。另外一些用例包括要求使用虚拟至物理移动性，或者需要使用启用应答的虚拟机。

5. 在 vSphere 中使用 SAN 和 NAS 存储最佳实践方法

阅读、遵循和使用 VMware 及存储供应商提供的最佳实践（解决）方案指导文档。不要一开始就过度设计，而要学会使用 VMware 和存储阵列特性监控性能、队列和后台负载，再执行无间断调整。要先规划性能，然后再规划容量。（通常容量需求要让步于性能需求。）要将设计时间投入到可用性设计和大型高 I/O 负载虚拟机上，并且使用灵活的池设计实现通用的 VMFS 和 NFS 数据存储。

问题 1

快速评估 200 个平均大小为 40GB 的虚拟机所需要的最小可用容量。对 vSphere 快照提出一些假设。在使用 RAID 10、RAID 5（4+1）或 RAID6（10+2）时，阵列所需要的净容量分别是多少？在容量耗尽时，你应该执行哪些无间断操作？

答案 1

按照经验法则计算，200 × 40 GB = 8 TB × 25% 额外空间（快照及其他 VMware 文件）= 10 TB。使用 RAID 10，则需要至少 20TB 的净空间。使用 RAID 5（4+1），则需要 12.5TB。使用 RAID 6（10+2）则需要 12TB。如果容量耗尽，则需要给阵列增加容量，然后增加数据存储和使用 Storage vMotion。如果阵列支持 LUN 动态扩展，则可以扩展 VMFS 或 NFS 数据存储；如果不支持，则要增加更多的 VMFS 扩展分区。

问题 2

还是前一个问题的配置，如果每一个虚拟机的实际保存数据只有 20GB，即使它们分配了 40GB 虚拟磁盘，而且在不支持精简配置的阵列上使用了胖分配，那么所需要的最小净容量是多少？如果阵列支持精简配置，又是多少？如果使用 Storage vMotion 将胖分配转换为精简配置（包括阵列支持精简配置和不支持精简配置 2 种情况），又是多少呢？

答案 2

如果在不支持精简配置的阵列上使用胖虚拟磁盘，那么答案和前一个问题相同。如果使用支持精简配置的阵列，那么答案就是减少 50%：RAID 10 为 20TB，RAID 5（4+1）为 6.25TB，RAID 6（10+2）为 6TB。如果在不支持精简配置的阵列上使用 Storage vMotion 转换为精简配置，那么结果是一样的，就像精简配置转换为精简配置一样。

问题 3

有 100 个虚拟机，每一个虚拟机生成 200IOPS，大小为 40GB，评估它们需要的锭子数量。假设没有 RAID 损耗或缓存增益。如果使用 500 GB SATA 7200 RPM、300 GB 10K Fibre Channel/SAS、300 GB 15K Fibre Channel/SAS、160 GB 消费类 SSD 或 200 GB 企业级闪盘，又分别是多少呢？

答案 3

这个练习说明了服务器用例中对容量的错误认识。100 × 40 GB = 4 TB 可用容量 × 200 IOPS = 20000 IOPS。如果使用 500GB 7200RPM 的磁盘，则需要 250 个磁盘，一共得到 125TB 净容量（因此不是最佳的）。如果使用 300GB 10K RPM 磁盘，则需要 167 个磁盘，得到 50TB 净容量（因此也不是最佳的）。如果使用 15K RPM 磁盘，则得到 111 个磁盘和 16TB 净容量（更接近了）。如果使用消费类 SSD，则是 20 个锭子和 3.2TB 净容量（太小）。这个例子的含义是，15K RPM 146 GB 磁盘是这个工作负载的甜点。注意，除非是一个完全不需要任何性能的工作负载，否则不能使用额外空间——锭子会以最高速度运转。此外，4TB 需求也是适用的，而且计算了净存储容量。因此，在这个例子中，RAID 5、RAID 6 和 RAID 10 最终都可以获得额外的可用容量。通常不可能所有虚拟机都处于正常工作负载，因此 200IOPS（平均值）相对较高。这个练习还说明了为什么设计多个层次并用多个数据存储支持不同类型的虚拟机（一些用 SATA、一些用光纤通道、一些用 EFD 或 SSD）会更高效，因为这样可以提高管理效率。

第 7 章 保证高可用性和业务连续性

1. 理解 Windows 集群及不同集群种类

Windows 集群在设计虚拟与物理服务器的高可用性解决方案中发挥重要作用。Microsoft Windows 支持在主服务器出现故障时，将应用程序转移到副服务器上。

问题 1

关于虚拟环境的 Windows 集群，具体有哪 3 种集群配置？

答案 1

第 1 种是单设备集群，它主要用于测试或开发环境，因为这时 2 个节点均位于同一个 ESXi 主机上。第 2 种是跨多设备集群，这是虚拟环境中最常见的集群形式。在这种配置中，可以在多个物理主机上运行的虚拟机上安装 Windows 集群。第 3 种是物理虚拟混合集群配置，它将 Windows 集群节点安装到物理服务器和虚拟服务器上，从而可以最好地利用物理和虚拟设备。

问题 2

NLB 集群和 Windows 故障恢复集群的主要区别是什么？

答案 2

网络负载平衡（NLB）集群主要用于实现可扩展性能。Windows 故障恢复集群主要用于实现高可用性和冗余性。

2. 使用 vSphere 的内置高可用性功能

VMware 虚拟基础架构内置了许多方便使用的高可用性方法：vSphere HA 和 vSphere FT。这 2 个方法可以帮助优化关键应用程序的正常运行时间。

问题

VMware 在 vSphere 中提供的 2 种高可用性方法是什么，它们有何区别？

答案

VMware 在 vSphere 中提供了 2 种形式的高可用性。vSphere HA 是其中一种高可用性，它能够在主机中任意虚拟机出现故障时重启虚拟机。vSphere FT 则使用 vLockstep 技术记录和重放集群中另一个主机的虚拟机（运行中）。从主虚拟机到副虚拟机的故障恢复不会引起停机时间。vSphere HA 会在虚拟机遇到故障时重启虚拟机；vSphere FT 则不需要重启虚拟机，因为副虚拟机与主虚拟机保持同步（Lockstep），它可以在发现故障时立即接管负载。

3. 理解各种高可用性解决方案的区别

运行在应用层的高可用性方案（如 Oracle Real Application Cluster，RAC）在架构和操作方式上不同于操作系统层解决方案（如 Windows 故障恢复集群）。类似地，操作系统层集群解决方案与基于虚拟机管理程序的解决方案也差别很大，如 vSphere HA 或 vSphere FT。每一种方法都有其优点和缺点，而现代管理员很可能需要在数据中心使用多种方法。

问题

指出基于虚拟机管理程序解决方案优于操作系统级解决方案的一个方面。

答案

因为基于虚拟机管理程序的解决方案可以在接近操作系统的位置上运行，可以独立于客户机操作系统之外，所以有可能支持任意数量和任意类型的客户机操作系统。在特定的实现上，基于虚拟机管理程序的解决方案可能比操作系统层解决方案更加简单。例如，vSphere HA 通常比 Windows 故障恢复集群更容易创建或配置。

4. 理解业务连续性的其他组件

还有其他一些组合可以保证组织的业务连续性。数据保护（备份）和将数据复制到另一个位置，是两个帮助实现业务连续性的方法，即使遇到灾难事件也一样有效。

问题

将数据复制到另一个位置的 3 种方法是什么，所有持续性计划的黄金法则是什么？

答案

第一，使用磁带设备的备份和恢复方法。最好将备份发送到站外磁带上，当需要使用它们执行灾难恢复时，将它们传输到另一个站点。第二，在 SAN 层次上使用块设备级复制功能复制数据。这样就可以将数据复制到远近距离的存储上。第三，使用支持复制到站外位置的磁盘到磁盘的备份设备。这种方法可以实现更短的备份时间，也具有站外备份的优点。最后，任何成功的持续性设计的黄金法则是测试、测试、再测试。

第 8 章　配置 VMware vSphere 安全性

1. 配置和控制 vSphere 的身份验证

ESXi 和 vCenter Server 都有身份验证机制，而且两个产品都能够使用本地用户与组或在 Active Directory 中定义的用户与组。身份验证是安全性的基本要素，一定要确认用户的身份。可以使用 vSphere 客户端或命令行接口（如 vSphere 管理助手）管理 ESXi 主机的本地用户和组。Windows 版本和 Linux 虚拟设备版本的 vCenter Server 都支持使用 Active Directory、OpenLDAP 或本地 SSO 账户的身份验证。

问题

你请团队中一位管理员在 ESXi 主机上创建一些账号。这位管理员不熟悉命令行工具，因此不知道如何创建用户。这位管理员是否可以使用其他方法完成这个任务？

答案

可以，管理员可以使用传统的 vSphere 客户端，直接连接需要创建账号的 ESXi 主机。

2. 管理角色和访问控制

ESXi 和 vCenter Server 都有一个基于角色的访问控制系统，它包含用户、组、权限、角色和权限许可。vSphere 管理员可以使用这种基于角色的访问控制系统定义非常细致的权限，控制哪些用户允许通过 vSphere 客户访问 ESXi 主机或 vSphere Web 客户端或 vCenter Server 实例。例如，vSphere 管理员可以限制一些用户在 vSphere 客户端上对一些对象的特定操作。vCenter Server 包含了一组示例角色，它们可以作为基于角色的访问控制系统的使用实例。

问题

描述 ESXi/vCenter Server 安全模型中角色、权限和权限许可的区别。

答案

一个角色是多个权限的组合；一个角色可以分配给一个用户或组。权限是指一个角色允许执行的一些特殊操作（如打开虚拟机电源、关闭虚拟机电源、配置虚拟机的 CD/DVD 驱动器或者创建快照）。多个权限可以组合到一个角色中。将一个角色（及其关联的权限）分配到 ESXi 或 vCenter Server 的一个目录对象上，就会创建一个权限许可。

3. 控制 ESXi 主机的网络访问

ESXi 提供了一个网络防火墙，它可以控制 ESXi 主机服务的网络访问。这个防火墙可以接近进出流量，也可以进一步限制特定来源 IP 地址或子网的流量。

问题

描述如何使用 ESXi 防火墙限制一个特定来源 IP 地址的流量。

答案

在 Firewall Properties 对话窗口上单击 Firewall 按钮，可以指定源 IP 地址或源 IP 子网。

4. 整合 Active Directory

vSphere 的所有主要组件都支持整合微软 Active Directory，包括 ESXi 主机、vCenter Server（Windows 版本和 Linux 虚拟设备版本）及 vSphere 管理助手。因此，vSphere 管理员可以选择使用 Active Directory 作为 vSphere 5.5 中所有主要组件的集中目录服务。

问题

刚刚在 vSphere 环境中安装了一个新的 ESXi 主机，然后准备配置主机，让它整合 Active

Directory 环境。但是，不知道什么原因，似乎它无法正常工作。可能是什么问题引起的？

答案

这里有几个可能的问题。首先，ESXi 主机必须能够通过 DNS 解析 Active Directory 域的域名。此外，ESXi 主机还需要能够通过 DNS 定位到 Active Directory 域控制器。这通常包括在 ESXi 主机上配置与域控制器相同的 DNS 服务器。其次，也可能是网络连接问题。确认 ESXi 主机能够连接 Active Directory 域控制器。如果 ESXi 主机与域控制器之间有任何防火墙，则要确认 ESXi 主机和域控制器之间打开了正确的端口。

第 9 章 创建与管理虚拟机

1. 创建虚拟机

和物理系统类似，虚拟机由一组虚拟硬件组成——一个或多个虚拟 CPU、RAM、显卡、SCSI 设备、IDE 设备、软盘驱动器、并行与串行端口和网络适配器。这是从底层物理硬件虚拟化和抽象的虚拟硬件，它们可以实现虚拟机的可迁移性。

问题

创建 2 个虚拟机，一个运行 Windows Server 2012，另一个运行 SLES 11（64 位）。记下 Create New Virtual Machine 向导所推荐的配置区别。

答案

vCenter Server 的推荐配置是：64 位 SLES 11 使用 1GB RAM、1 个 LSI Logic 并行 SCSI 控制器和 1 个 16GB 虚拟磁盘；Windows Server 2012 使用 4GB RAM、1 个 LSI Logic SAS 控制器和 40GB 虚拟磁盘。

2. 安装客户机操作系统

正如物理主机需要使用操作系统一样，虚拟机也需要安装操作系统。vSphere 支持许多 32 位和 64 位操作系统，其中包括所有主流版本的 Windows Server、Windows 7、Windows XP 和 Windows 2000 及各种 Linux 发行版 FreeBSD、Novell NetWare 和 Solaris。

问题

客户机操作系统可以使用哪 3 种方法访问 CD/DVD 中的数据，每一种方法的优点是什么？

答案

下面 3 种方法可以评估 CD/DVD。

◆ 客户端设备：它的优点是非常简单、易用；VMware 管理员可以在本地工作站连接一个 CD/DVD，然后再映射到虚拟机上。

◆ 主机设备：CD/DVD 物理连接 ESXi 主机的光驱。这样就可以避免 CD/DVD 流量进入网络，这对于一些环境特别有用。

◆ 共享存储的 ISO 映像：这是最快速的方法，它的优点是允许多个虚拟机同时访问同一个

ISO 映像。但是，创建 ISO 映像需要一些额外工作量。

3. 安装 VMware 工具

为了提高客户机操作系统的性能，需要使用专门针对 ESXi 虚拟机管理程序设计和优化的虚拟化驱动设备。VMware 工具包含了这些优化的驱动程序，以及其他用于优化虚拟环境操作的工具。

问题

有一位管理员同事向你询问一些安装 VMware 工具的问题。这位管理员选择使用 Install/Upgrade VMware Tools 命令，但是似乎虚拟机内没有任何变化。出现这个问题的原因是什么？

答案

这里有多个可能的问题。首先，在安装 VMware 工具之前，必须先安装客户机操作系统。其次，如果虚拟机运行 Windows，则必须禁用 AutoPlay。最后，可能 VMware 工具源安装 ISO 映像已经被损坏或者删除（这个可能性很小），需要在主机上更换 ISO 映像。

4. 管理虚拟机

在创建虚拟机之后，vSphere Web 客户端就可以方便地管理虚拟机。虚拟软盘映像和 CD/DVD 驱动器可以根据需要挂载和卸载。vSphere 支持按顺序关闭虚拟机的客户机操作系统，但是前提是要安装 VMware 工具。虚拟机快照允许创建虚拟机的即时"照片"，所以管理员可以在需要时回滚修改操作。

问题 1

管理员可以使用哪 3 种方法将 CD/DVD 内容恢复回虚拟机？

答案 1

管理员可以将 CD/DVD 插入到运行 vSphere Web 客户端的系统上，然后使用 Virtual Machine Properties 对话窗口的 Client Device 选项，将 CD/DVD 挂载到虚拟机上。此外，管理员可以将主机的物理 CD/DVD 驱动器附加到虚拟机上，然后挂载这个驱动器；或者管理员可以将 CD/DVD 转换为一个 ISO 映像。在转换之后，就可以将 ISO 映像上传到数据存储中，然后挂载到虚拟机上。

问题 2

Shut Down Guest 命令和 Power Off 命令有何不同？

答案 2

Shut Down Guest 命令使用 VMware 工具执行客户机的顺序关机序列。这样可以保证客户机操作系统的文件系统保持一致，而且运行在客户机操作系统上的应用程序也会正常终止。Power Off 命令则是直接"拉下"虚拟机电源，很像按下物理系统的电源开关。

5. 修改虚拟机

vSphere 提供了许多简化虚拟机修改的特性。管理员可以热插拔一些硬件，如虚拟硬盘和网络适配器，另外一些客户机操作系统还支持热添加虚拟 CPU 或内存，但是这些特性必须先启用，然后才能使用。

问题 1

修改虚拟机配置的首选方法是哪一个，是编辑 VMX 文件还是使用 vSphere Web 客户端？

答案 1

虽然可以通过编辑 VMX 文件来修改虚拟机，但是这种方法很容易出错，因此不推荐使用。推荐使用 vSphere Web 客户端。

问题 2

列举虚拟机运行时不能添加的硬件类型？

答案 2

下列虚拟硬件不能在虚拟机运行添加：串行端口、并行端口、软驱、CD/DVD 驱动器或 PCI 设备。

第 10 章　使用模板与 vApp

1. 克隆虚拟机

克隆虚拟机是一个强大的功能，它可以显著地减少创建和启动一个包含完整客户机操作系统的虚拟机的时间。vCenter Server 不仅可以克隆虚拟机，还可以定制虚拟机，使每一个虚拟机都其独特的特性。可以将定制虚拟机的信息保存为一个定制规格，然后不断地重新使用这些信息。vCenter Server 甚至还可以克隆运行中的虚拟机。

问题 1

如何在 vSphere Web 客户端中创建定制规格？

答案 1

管理员可以使用 vSphere Web 客户端首页的 Customization Specifications Manager 创建自定义规格。管理员还可以在克隆虚拟机时创建自定义规格，也可以在从模板部署虚拟机时，在 Guest Customization 向导中填写相应内容，然后将这些设置保存为一个自定义规格。

问题 2

有一名管理员同事请你帮忙优化 VMware vSphere 环境中 Solaris x86 虚拟机的过程。你应该如何回复他呢？

答案 2

你可以在 vCenter Server 中使用克隆功能，克隆运行 Solaris x86 的虚拟机，这样可以加快新虚拟机的部署过程。然而，Solaris 管理员将负责定制所克隆虚拟机的配置，因为 vCenter Server 不能在克隆过程中定制一个 Solaris 客户机操作系统安装过程。

2. 创建虚拟机模板

vCenter Server 的模板功能是克隆功能的一个很好的补充。vCenter Server 有一个将现有的虚拟机克隆或者转换为模板的选项，它可以方便地创建模板。通过创建模板，就可以确保虚拟机主映像不会被意外改变或者修改。然后，一旦创建了模板，vCenter Server 就可以从该模板克隆虚拟机，并在创建过程中定制这些虚拟机，确保它们具有所需要的特殊特性。

问题

在下面的任务中，哪些可以将运行 Windows Server 2008 的虚拟机转换为一个模板？

（1）将客户机操作系统的文件系统修改为 64KB 界限。

（2）将虚拟机整合到 Active Directory 中。

（3）执行一些应用特有的配置和系统微调。

（4）安装操作系统供应商提供的所有补丁。

答案

（1）可以。这是一个正确的任务，但是不需要完成，因为 Windows Server 2008 安装已经符合 64KB 限制。保证限制条件，可以保证从这个模板克隆的所有虚拟机的文件系统都符合要求。

（2）不可以。这可以通过 vSphere 客户端 Windows Guest Customization 向导完成，也可以使用一个自定义规格实现。

（3）不可以。除非是准备创建多个应用程序特有的模板，否则模板并没有任何应用程序特有的文件、定制或配置。

（4）可以。这样有利于减少从模板克隆的虚拟机的补丁和更新数量。

3. 从模板部署新虚拟机

通过组合使用模板和克隆功能，VMware vSphere 管理员就可以标准化所部署的虚拟机配置，避免主映像发生修改，以及减少部署新客户机操作系统实例的时间。

问题

你的另一个 VMware vSphere 管理员打开从模板部署新虚拟机的向导。虽然他有一个准备使用的定制规格，但是他想修改规格中的一个设置。他是否必须创建一个全新的定制规格呢？

答案

不需要。他可以选择想要使用的自定义规格，然后选择 Use The Customization Wizard To Customize This Specification 指定在这个特殊虚拟机部署中想要使用的替代值。他还可以选择克隆现有的定制规格，然后修改这个新克隆的规格中的一个设置。

4. 从 OVF 模板部署虚拟机

开放虚拟化格式（OVF，之前称为开放虚拟机格式）模板提供了一种机制，它可以在不同的 vCenter Server 实例或者完全不同的独立 VMware vSphere 环境之间迁移模板或者虚拟机。OVF 模板包含虚拟机的结构定义和虚拟机的虚拟硬盘数据，并且可以保存为一个包含多个文件的文件夹或者单个文件形式。因为 OVF 模板包括虚拟机的虚拟硬盘，所以 OVF 模板可以包含客户机操作系统安装环境，并且往往被软件开发者作为一种交付软件的方法，他们会将软件预安装到虚拟机内的客户机操作系统中。

问题

供应商提供了一个包含虚拟机的压缩文件，称为虚拟设备。在压缩文件之中，有几个 VMDK

文件和一个 VMX 文件。那么，是否可以使用 vCenter Server 的 Deploy OVF Template 功能导入这个虚拟机呢？如果不可以，那么该如何将这个虚拟机层入到指定的基础架构中呢？

答案

不能使用 vCenter Server 的 Deploy OVF Template 特性。这要求提供虚拟设备的 OVF 文件包含 vCenter Server 所需要的信息。然而，假设虚拟机来自一个兼容的源环境，那么你可以使用 vCenter Converter 执行一次 V2V 转换，将这个虚拟机部署到 VMware vSphere 环境中。

5. 将虚拟机导出为一个 OVF 模板

为了方便在不同 VMware vSphere 环境之间迁移虚拟机，可以使用 vCenter Server 将虚拟机导出为一个 OVF 模板。OVF 模板不仅包含虚拟机的配置，还包含虚拟机的数据。

问题

你准备将一个虚拟机导出为一个 OVF 模板。你又想保证 OVF 模板可以方便地通过 U 盘或者移动硬盘保存和使用。那么，最适合使用哪一种格式，OVF 还是 OVA？为什么？

答案

这里更适合使用 OVA 格式。OVA 可以将整个 OVF 模板发布为一个文件，从而很容易将它复制到一个 U 盘或移动硬盘上，因此很容易传播。使用 OVF，则可能将多个文件融合在一起，从而不会只包含一个文件。

6. 配置 vApp

vSphere vApps 使用 OVF 将多个虚拟机组合为一个管理单元。在 vApp 启动时，它的所有虚拟机也会按照管理员指定的顺序启动。关闭 vApp 也一样。此外，vApp 就像是一个包含多个虚拟机的资源池。

问题

列举 2 种将虚拟机添加到 vApp 的方法。

答案

有 4 种方法可以将虚拟机添加到一个 vApp 上：(1) 在 vApp 上创建一个新虚拟机；(2) 将一个已有虚拟机克隆到 vApp 中一个新虚拟机上；(3) 用模板将一个虚拟机部署到 vApp 中；(4) 将一个已有虚拟机拖放到 vApp 中。

第 11 章　管理资源分配

1. 管理虚拟机内存分配

几乎在几个虚拟化数据中心中，内存都是首先出现争用的资源。多数组织都会在其他资源成为约束之前，用光他们 VMware ESXi 主机上的资源。幸运的是，VMware vSphere 既提供了高级内存管理技术又提供了全面的控制，可以管理虚拟机的内存分配和内存使用。

问题 1

为确保性能保持在一定水平上，IT 总监相信全部虚拟机必须配置至少 8GB 内存。但是，你知道许多应用程序很少使用这么多的内存。为了确保性能，哪些妥协是可以接受的？

答案 1

一种方法是给虚拟机配置 8GB 内存，并指定只保留 2GB。VMware ESXi 会确保每台虚拟机有 2GB 内存，包括如果没有足够内存可以保证新虚拟机得到 2GB 内存的时候，阻止启动额外的虚拟机。但是，大于 2GB 的内存没有保证。如果 2GB 以上的内存没被使用，则会被主机回收用在其他地方。如果主机有足够的内存，则 ESXi 主机会满足请求的内存数，否则，则会根据虚拟机的共享值主持内存的分配。

问题 2

你要配置一个全新的大型 VDI 环境，但担心集群主机不会有足够的 RAM 来处理预期负载。哪个高级内存管理技术会确保你的虚拟桌面有足够的 RAM，而无需使用交换文件？

答案 2

透明页面共享。如果你有多个虚拟机拥有相同的内存块，TPS 可确保你仅分配它一次。这几乎可以看作"RAM 重复数据删除"。在虚拟桌面环境内，许多虚拟机作为"克隆版本"运行，其操作系统和应用程序都一样——这是可利用的一个典型 TPS 案例。

2. 管理 CPU 利用率

在 VMware vSphere 环境中，ESXi 主机控制虚拟机对物理 CPU 的访问。为了有效管理和伸缩 VMware vSphere，管理员必须理解如何给虚拟机分配 CPU 资源，包括如何使用保留、限制、共享。保留提供资源保证，限制提供资源使用的上限，共享协助在受限环境内调整资源的分配。

问题

一位普通 VMware 管理员有点担心 CPU 保留的使用情况。他担心使用 CPU 保留会"耗尽"CPU 资源，妨碍那些保留却未被使用的资源被其他虚拟机利用。这个管理员的担心是有依据的吗？

答案

对于 CPU 保留来说，这个担心是没有意义的。虽然在虚拟机启动的时候，VMware 确实必须拥有足够的未保留 CPU 能力才能满足 CPU 保留的要求,但保留的 CPU 能力并不"锁定"到虚拟机。如果虚拟机拥有保留却未使用的能力，这个能力可以而且会被同一主机上的其他虚拟机使用。但是，管理员对内存保留的担心可能是正确的。

3. 创建和管理资源池

管理大量虚拟机机的资源分配和使用会产生大量管理工作负担。资源池为管理员提供了一个机制，可以同时对全部虚拟机组应用资源分配策略。资源池使用保留、限制、共享来控制和修改资源分配行为，但仅针对内存和 CPU。

问题

公司的测试 / 开发工作负载和生产工作负载都在相同的硬件上运行。如何确保测试 / 开发工作负载不消耗太多资源，影响生产工作负载的性能？

答案

创建一个资源池，将所有测试/开发虚拟机放在这个资源池内。将这个资源池配置为拥有 CPU 限制和较低的 CPU 共享值。这可以确保测试/开发消耗的 CPU 时间永远不会超过指定限度，而且在出现 CPU 争用的时候，测试/开发环境的 CPU 优先级比生产工作负载低。

4. 控制网络和存储 I/O 利用率

与内存和 CPU 一道，加上网络 I/O 和存储 I/O，共同构成了四大资源类型，VMware vSphere 管理员必须有效地管理它们才能拥有高效的虚拟化数据中心。通过在网络 I/O 和存储 I/O 上运用控制，管理员可以确保一致的性能，满足服务等级目标，防止某个工作负载过度消耗资源，影响其他工作负载。

问题 1

指出网络 I/O 控制的两个限制。

答案 1

网络 I/O 控制的潜在限制包括：它只在 vSphere Distributed Switche 上工作，只能控制外出网络流量，它要求有 vCenter Server 才能操作，而且不能给用户创建的端口组合分配。

问题 2

使用存储 I/O 控制有什么需求？

答案 2

参与 I/O 控制的全部存储数据存储和 ESXi 主机必须由同一个 vCenter Server 实例管理。而且不支持原始设备映射（RDM）。数据存储只能拥有一个扩展，不支持有多个扩展的数据存储。

5. 利用闪存

闪存比以往任何时候都更受欢迎，而且 vSphere 5.5 引入了新 vFlash 缓存特性来与 Swap to Host Cache 特性共存。这个新资源类型有益于需要最高性能的环境。

问题

你有一个 I/O 要求高的虚拟机。你应当配置哪个闪存特性？为什么？

答案

应使用 vFlash 缓存。这个特性如同一个缓冲区，可帮助加速各个虚拟机内配置的磁盘的 I/O。而另一个特性——Swap to Host Cache，面向内存使用过量的环境。

第 12 章　平衡资源使用

1. 配置和执行 vMotion

vMotion 这个功能允许运行中的虚拟机从一台物理 ESXi 主机迁移到另一台物理 ESXi 主机，中间对用户来说没有停机。要执行 vMotion，ESXi 主机和虚拟机都必须满足特定的配置需求。另外，

vCenter Server 会执行验证检查，以确保符合 vMotion 兼容性规则。

问题 1

某个厂商刚刚针对你的虚拟化基础架构中的某些客户操作系统发布了一系列补丁。你向主管申请一个停机维护窗口期，但主管说，只要使用 vMotion 就可以做到不停机。你的主管说得对吗？原因是什么？

答案 1

你的主管是错的。vMotion 可以用来将运行中的虚拟机从一台物理主机转移到另一台，但不能解决客户操作系统重启或功能不正常引起的的停机。如果你因为要给主机应用更新而申请停机窗口期，这时主管的说法是对的——可以使用 vMotion 将全部虚拟机转移到环境内的其他主机，然后给第一台主机打补丁。在这种情况下，对最终用户来说没有停机。

问题 2

vMotion 是防止计划外停机的一种解决方案吗？

答案 2

不是的。vMotion 是解决运行虚拟机的 ESXi 主机计划内停机的解决方案，也是跨多台 ESXi 主机手动进行 CPU 和内存利用负载平衡的解决方案。源和目标 ESXi 主机都必须启动运行，可以通过网络访问，然后 vMotion 才能成功。

2. 确保跨处理器系列的 vMotion 兼容性

vMotion 要求源和目标 ESXi 主机上使用兼容的 CPU 系列才能成功执行。为了缓解 CPU 系列变化带来的潜在问题，vSphere 提供了增强的 vMotion 兼容性（EVC），它可以屏蔽 CPU 系列之间的差异，以保持 vMotion 的兼容性。

问题

在虚拟机正在集群的主机上运行的时候，能否修改集群的 EVC 等级？

答案

不能。修改 EVC 等级意味着必须计算和应用新的 CPU 掩码。只有在虚拟机关机的时候才能应用 CPU 掩码，所以在集群中还有虚拟机启动的时候，不能修改集群的 EVC 等级。

3. 使用 Storage vMotion

与 vMotion 的用途是将运行中的虚拟机从一台 ESXi 主机迁移到另一台类似，Storage vMotion 用于将运行中虚拟机的虚拟磁盘从一个数据存储迁移到另一个。

也可以使用 Storage vMotion 在胖瘦虚拟磁盘类型之间转换。

问题 1

一位普通管理员正试图将一台虚拟机迁移到另外一个数据存储和主机上，但选择被禁用（灰色），为什么？

答案 1

Storage vMotion 与 vMotion 类似，可以在虚拟机运行的时候操作。但是，要将虚拟机迁移到新数据存储和新主机，必须将虚拟机关闭。开机的虚拟机只能使用 Storage vMotion 或 vMotion 迁移，不能同时迁移。

问题 2

说出 Storage vMotion 帮助管理员在他们的 vSphere 环境中处理与存储有关改变的 2 项功能。

答案 2

Storage vMotion 可以用来在不停机状态下将存储从一个存储阵列迁移到新的存储阵列，极大地简化了迁移过程。Storage vMotion 也可以在不同类型的存储之间迁移（FC 到 NFS，iSCSI 到 FC 或 FCoE），这有助于 vSphere 管理员处得 ESXi 主机存储访问方式上的变化。最后，Storage vMotion 允许管理员在胖瘦类型之间转换 VMDK，从而获得使用最适合 VMDK 格式的灵活性。

4. 组合使用 vMotion 和 Storage vMotion

在主机之间迁移虚拟机时，同时使用 vMotion 和 Storage 可提高灵活性。当你必须撤走一个主机来进行维护时，利用这一特性还可节省时间。

问题

一位管理员同事试图在一个虚拟机运行期间将其迁移到不同的数据存储和不同的主机，且希望尽快且尽可能简单地完成这个任务。她应选择哪个迁移方案？

答案

与 vMotion 一样，Storage vMotion 可在 VM 运行期间运行。然而，选择一起执行两个迁移不仅可让虚拟机始终开启，而且将通常包含两个步骤的一个过程变为一个步骤。

5. 配置和管理 vSphere Distributed Resource Scheduler

vSphere Distributed Resource Scheduler 使 vCenter Server 能够自动执行 vMotion 迁移的过程，协助在集群内的 ESXi 主机之间平衡负载。

DRS 可以根据需要自动化，vCenter Server 拥有灵活的控制，可以影响 DRS 的行为，也可以影响启用 DRS 的集群中特定虚拟机的行为。

问题

你想利用 vSphere DRS 为环境内的虚拟工作负载提供一些负载平衡。但是，受业务约束所限，有少量工作负载不应该使用 vMotion 自动移动到其他主机。针对这一要求，能否使用 DRS？如果能，如何防止这些工作负载受 DRS 影响？

答案

是的，可以使用 DRS。在集群上启用 DRS，并相应地设置 DRS 的自动化等级。对于不应该由 DRS 自动迁移的虚拟机，可在每台虚拟机基础上将 DRS 自动化等级配置为手动。这样 DRS 会为这些工作负载提供建议，但不会实际执行迁移。

6. 配置和管理 Storage DRS

Storage DRS 构建在 Storage vMotion 之上，就像 vSphere DRS 构建在 vMotion 一样。Storage

DRS 给存储容量和 I/O 利用率的平衡过程带来了自动化。Storage DRS 使用数据存储集群，可以在手动和全自动模式下操作。还有大量的自定义—例如自定义计划、虚拟机和 VMDK 反亲和性规则，以及阈值设置—这些使管理员能够针对他们的具体环境更好地调整 Storage DRS 的行为。

问题 1

说出通知管理员已经生成 Storage DRS 建议的 2 种通知方式。

答案 1

在数据存储的 Storage DRS 选项卡上列出的建议会带有应用建议的选项。另外，在数据存储集群的 Alarms 选项卡上，会触发警报，提示存在 Storage DRS 建议。

问题 2

使用拖放方式向数据存储集群添加数据存储的潜在不足是什么？

答案 2

在使用拖放方式向数据存储集群添加数据存储，如果并非当前连接在数据存储集群上的全部主机都能访问该数据存储，用户就得不到通知。这样，如果 Storage DRS 将虚拟机的虚拟磁盘迁移到一个不是所有主机都能访问的数据存储上，就会有 1 台或多台 ESXi 主机从虚拟机的虚拟磁盘中"脱离"。

第 13 章 监控 VMware vSphere 性能

1. 使用警报进行主动监视

vCenter Server 提供了丰富的警报，可以警告 vSphere 管理员出现了过量资源消耗或者潜在的负面事件。几乎可以在 vCenter Server 中任何类型的对象上创建警报，包括数据中心、集群、ESXi 主机以及虚拟机。警报可以监视资源消耗或者发生了特定事件。

警报也可以触发操作，例如运行脚本、迁移虚拟机，或者发送通知电子邮件。

问题

在创建自定义警报之前，vSphere 管理员应该提哪些问题？

答案

在创建自定义警报之前，应该问自己以下问题。

（1）现有警报中是否有满足需要警报？

（2）vC Ops 是否会向我发出警报，而无需我创建自定义警报？

（3）这个警报合适的范围是什么？需要在数据中心级别上创建，让它影响数据中心内特定类型的全部对象，还是应该在更低层次上创建？

（4）这个警报需要使用哪些值？

（5）如果需要，在这触发这个警报的时候，应该执行什么操作？是否需要发送电子邮件还或触发 SNMP 陷阱？

2．使用性能图表

vCenter Server 的详细性能图表是释放必要信息、判断 ESXi 主机或虚拟机性能低下原因的关键。性能图表公开了大量性能计数器，涉及各种资源类型，而且 vCenter Server 提供了保存自定义图表设置、将性能图表保存为图片或 Excel 工作簿，或者在单独窗口中查看性能图表的功能。

问题

你发现自己反复使用 Performance 选项卡，Advanced 视图中的 Chart Options 链接设置相同的图表。有没有办法节省时间，不必重复创建自定义图表？

答案

有。在使用 Chart Options 对话框配置完性能图表显示需要的计数器之后，可以使用 Save Chart Settings 按钮将这些设置保存以供日后使用。下次需要访问相同的设置时，可以从 Performance 选项卡 Advanced 视图中的 Switch To 下拉列表中找到它们。

3．了解 vCenter Operations Manager

vCenter Operations Manager 是对 vSphere 功能的补充，辅助执行性能监视和故障诊断。

vC Ops 分析虚拟机从主机和 vCenter 收集指标，以计算徽章数。Web UI 虚拟机提供一个独立的 web 界面，而且集成了 vSphere Web 客户端。

问题

所有标准 vCenter Server 许可证随附于 vCenter Operations Manager Foundation。该版本限于 4 个主要特性。它们是什么？

答案

vC Ops 的 Foundation 版本内的 4 个主要特性是 Proactive Smart Alerts、Intelligent Operations Groups、vSphere Health Monitoring 和 Self-Learning Performance Analytics。

4．使用命令行工具搜集性能信息

VMware 提供了一些命令行工具可以用来搜集性能信息。对于 VMware ESXi 主机，resxtop 可以提供关于 CPU、内存、网络或磁盘使用情况的实时信息。应该从 VMware vMA 运行 resxtop。最后，vm-support 工具搜集的性能信息之后可以使用 resxtop 回放。

问题

知道如何从 VMware vMA 命令行运行 resxtop。

答案

输入命令 vm-support -p -i 10 -d 180。这会创建 resxtop 快照，每 10 秒捕捉一次数据，捕捉 180 秒数据。

5．监视 ESXi 主机和虚拟机的 CPU、内存、网络、磁盘使用情况

监视四大关键资源资源（CPU、内存、网络、磁盘）的使用情况很多时候都很困难。幸运的是，VMware 在 vCenter Server 中提供的各种工具可以帮助 vSphere 管理员得到正确的解决方案。尤其

是使用自定义性能图表可以公开正确的信息，帮助 vSphere 管理员发现性能问题的源头。

问题

一位初级 vSphere 管理员正在努力解决一台虚拟机的性能问题。这个管理员向你请教是否 CPU 方面的问题，他不断地对你说，虚拟机需要更多 CPU 能力，因为虚拟机中的 CPU 利用率很高。根据这些信息，这位初级管理员说得对么？

答案

不对。根据现有信息，不必增加更多 CPU 能力。虚拟机可能使用了分配给它的全部 CPU 周期，但因为整个 ESXi 主机的 CPU 有限，虚拟机得不到足够的周期实现可以接受的性能。在这种情况下，给虚拟机增加更多 CPU 能力不一定能解决问题。如果主机 CPU 确实有限，则将虚拟机迁移到其他主机或者改变虚拟机在这台主机上的 CPU 共享或 CPU 限制，可能有助于解决问题。

第 14 章　VMware vSphere 自动化

1. 识别自动化 vSphere 时可以使用的一些工具

VMware 提供了许多不同的解决方案来自动化 vSphere 环境，包括 vCenter Orchestrator、PowerCLI、针对 Perl 的 SDK、针对 Web 服务开发人员的 SDK 以及 VMware ESXi 中的外壳脚本。每个工具各有利弊。

问题

VMware 提供了许多不同的自动化工具。选择使用自动化工具时，有哪些指导原则？

答案

两个主要因素决定应该选择哪种工具：你以前的经验和你要完成的任务。如果以前有使用 Perl 创建脚本的经验，则使用 vSphere SDK for Perl 创建自动化工具对你来说可能最有效。同样，如果以前有 PowerShell 的经验或知识，则意味着使用 PowerCLI 可能最有效。要记得，最常使用的工具是 PowerCLI，因为它易于被拥有各种不同背景的管理员所采用。如果你想实现端到端流程自动化，那么应使用 vCenter Orchestrator 工具。

2. 创建 PowerCLI 脚本进行自动化

VMware vSphere PowerCLI 构建在面向对象的 PowerShell 脚本语言之上，为管理员提供了简单却强大的方法在 vSphere 环境中自动执行任务。

问题

如果熟悉其他脚本语言，那么除了语法，学习使用 PowerShell 和 PowerCLI 的最大障碍是什么？

答案

PowerShell 和 PowerCLI 中的一切都基于对象。因此，在某条命令输出结果时，这些结果都是对象。这意味着必须小心在意，正确地匹配一条命令输出和下一条命令输入的对象类型。

3. 使用 rCLI 在命令行管理 ESXi 主机

VMware 的远程命令行界面，或称为 rCLI，是使用熟悉的 esxcfg-* 命令集合管理 ESXi 主机的新方法。通过将 fastpass 功能与 rCLI 组合，只用一次登录，就可以用相同的命令集合无缝地管理多台主机。

问题

你有没有将当前在 ESXi 命令行进行的管理和配置操作迁移到 vMA？

答案

到 vMA 和 rCLI 的迁移极为简单，可以通过使用 vMA 的 fastpass 技术迅速完成。一旦主机配置了 fastpass，通过设置 fastpass 目标将命令透明地传递给主机，就可以执行以前使用的脚本。

4. 使用 vCenter 与 vMA 结合，管理全部主机

新版 vMA 可以将 vCenter 用作目标。这意味着可以使用 vCLI 管理全部主机，不必手动将每个主机添加到 fastpass 目标列表。

问题

将外壳脚本与 vCLI 命令组合，针对大量主机执行命令。

答案

Bash 是 vi-admin 用户的默认脚本，它具备全功能的脚本环境，能够使用函数、数组、循环以及其他控制逻辑结构。利用这些能力，结合 vCLI 的命令集合通信 fastpas，可以高效地配置集群中的主机。

5. 使用 Perl 工具包和 VMware SDK 在命令行上进行虚拟服务器操作

vCLI 是针对主机管理和缺乏操纵虚拟服务器的工具而设计的。利用 Perl 工具包，利用 VMware SDK，基础架构客户端中可以实现的任何任务，都可以在命令行实现。

问题

课程示例脚本和 SDK 文档，探索 Perl 或支持的其他语言为实现管理任务所释放的各种可能性。

答案

Perl 工具包在 vMA 上提供的示例脚本网址为 /usr/share/doc/vmwareviperl/samples。协助开发 Perl 应用程序的其他实用脚本位于 vMA 文件结构的 /usr/lib/vmware- viperl/ apps。如果在 Windows 服务器或桌面上安装 Perl 工具包，那么在它们的位置上参考这些文档。SDK 文档可以从以下地址获取：http://www.vmware.com/sdk。

6. 配置 vCenter Orchestrator

vCenter Orchestrator 旨在允许 vSphere 管理员在 vSphere 环境中运行工作流。为了针对 Active Directory 和 UCS 等编排业务流程，或者运行 PowerShell 脚本，你需要安装和配置适当的插件。

问题

如何判断哪些插件已安装且可供使用？

答案

vCenter Orchestrator Configuration 页面的 Plug-Ins 选项卡会列出为 vCenter Server 安装的所有插件。这要求 vCenter Orchestrator Configuration Service 运行，而且要通过你的 web 浏览器使用网址 https://<computer IP address> 或 DNS 名称 8283 访问它。

7. 使用 vCenter Orchestrator 工作流

在 vCenter Orchestrator 配置完成运行之后，可以使用 vCenter Orchestrator 客户端运行 vCenter Orchestrator 工作流。vCenter Orchestrator 自带大量预先安装好的工作流，可以自动完成任务。

问题

环境中的一个管理员配置了 vCenter Orchestrator，现在要求你运行 2 个工作流。但当你登录到安装了 vCenter Orchestrator 的 vCenter Server 时，没有看到 vCenter Orchestrator 的图标，为什么？

答案

vCenter Server 安装程序在开始菜单中属于安装用户的部分创建 vCenter Orchestrator 开始菜单图标，所以只有安装 vCenter Server 的用户登录时才会看到这些图标。要让其他用户也能在开始菜单上看到这些图标，需要将它们移动到开始菜单的 All Users 区。